《数字港航建设与发展》由广西壮族自治区港航管理局组织编写，由中国交通通信信息中心信息化所和广西壮族自治区交通运输信息化建设管理中心联合编写。

数字港航建设与发展

杜敬民　庞雪松　主编

科学出版社

北　京

内 容 简 介

本书以数字港航为主题，旨在为推动水路交通信息化的建设与发展而献出微力。本书收集了当前有关水路交通信息化建设较新资料，全面阐述了数字港航建设与发展的新动态、新思维、新经验。

全书共14章，包括：数字港航概论、数字港航建设总体构想、港航数据中心建设、港航地理信息平台建设、港航运行监控服务平台建设、港航公共信息服务平台建设、数字港口建设、数字航道建设、数字航运建设、数字船检建设、方兴未艾的船联网、遥感在港航交通的应用、数字港航建设典型案例、广西数字港航建设与发展的探索。

本书紧贴实际、面向应用、深入浅出、图文并茂、重于实用，本书可供各省（区、市）水路交通运输管理机构、各级水路交通运输信息化建设与管理的人员、技术人员、各类信息系统工程设计与建设企业等参考，也可作为大中专院校相关专业师生的参考材料。

图书在版编目（CIP）数据

数字港航建设与发展 / 杜敬民，庞雪松主编. —北京：科学出版社，2015
ISBN 978-7-03-042641-3

Ⅰ.数… Ⅱ.①杜… ②庞… Ⅲ.数字技术-应用-港口建设-研究 Ⅳ.①U65-39

中国版本图书馆CIP数据核字（2014）第279210号

责任编辑：杨 凯 / 责任制作：魏 谨
责任印制：张 伟 / 封面设计：杨安安
北京东方科龙图文有限公司 制作
http://www.okbook.com.cn

科 学 出 版 社 出版
北京东黄城根北街16号
邮政编码：100717
http://www.sciencep.com

北京虎彩文化传播有限公司 印刷
科学出版社发行 各地新华书店经销
*
2015年1月第 一 版 开本：720×1000 1/16
2021年8月第二次印刷 印张：39 1/4 插页 4
字数：717 000

定价：80.00元
（如有印装质量问题，我社负责调换）

编委会名单

前　　言

中国水运历史源远流长，水上运输与国家经济建设和我们每一个人息息相关。水运承担了我国90%以上的外贸货物运输量，95%的进口原油和99%的进口矿石都是通过航运完成。经过几十年复兴之路，中国航运事业迅速崛起，船队规模不断壮大，港口效率不断提升。我国已成为港航大国，水运服务经济社会发展的能力大大加强，港口货物吞吐量规模和技术水平已位居世界前列，为实现中国梦献出了正能量。

随着经济全球化深入发展，以数字处理为主要特征的信息技术已成为我国各业提升工作效率、提高竞争力的必需手段。纵观世界港航业，信息化已成为当今业界发展的一大趋势，也是营造港航业软环境的主要内容和重要支撑，信息化程度体现了港航业竞争水平的高低。今天，面对信息革命这一严峻挑战和历史机遇，我国港航业把大力发展信息化作为推动现代化建设全局的战略举措，港航信息化已进入“数字港航”阶段，“智慧港航”也方兴未艾。

数字港航是21世纪热门新词汇——数字地球、数字城市在港航行业的延伸。一般而言，数字港航即港航信息化的体现。所谓数字港航是对港航发展方向的一种描述，是指数字技术、信息技术、网络技术渗透到港航业务的各个方面，并在港口、航运、航道、船检、海事五大方面的规划、建设与运营管理以及港航的业务活动中，充分地利用现代信息技术将港航的各种数字信息及港航的各种信息资源加以整合并充分利用。

数字港航是综合运用地理信息系统、遥感、遥测、宽带网络、多媒体及虚拟仿真等技术，对港航的基础设施、功能机制进行信息自动采集、动态监测管理和辅助决策服务的技术系统；它具有港口、航运、航道、船检、海事等复杂系统的数字化、网络化、虚拟仿真、优化决策支持和可视化表现等强大功能。数字港航是以计算机网络为基础，集成多种高新技术的应用，通过虚拟化的手段再现港航的各种资源分布状况及空间地理信息，促进港航不同部门、不同层次之间的信息共享、交流和综合，提高港航资源利用效率，增强港航的聚集、扩散与辐射功能，进而提高港航行业的规划、管理与发展水平。

我们作为数字港航的建设者，学习了一些省（区、市）开展数字港航建设的经验，收集了有关数字港航的相关资料，选择了一些数字港航建设的典型案例，加上我们的体会把它编写成一本反映数字港航建设与发展的专著。本书力求全面阐述数字港航的基础技术、总体结构、应用系统与建设管理；力求回答好什么叫数字港航体系、为什么要建设数字港航体系、建设一个什么样的数字港航体系、怎样建设一个数字港航体系这几个问题。希望本书的出版能对建设数字港航体系起到参考与启迪的作用。我们把本书作为一份习作，献给国家、献给社会、献给同行；同时，对我们自己也是一种鼓励和鞭策。

本书共 14 章，包括：数字港航概论、数字港航建设总体构想、港航数据中心建设、港航地理信息平台建设、港航运行监控服务平台建设、港航公共信息服务平台建设、数字港口建设、数字航道建设、数字航运建设、数字船检建设、方兴未艾的船联网、遥感在港航交通的应用、数字港航建设典型案例、广西数字港航建设与发展的探索。全书以港航数字化建设为主线，涵盖了水路交通信息化建设全过程、全方位的内容，书中的观点前瞻、面向实际、深入浅出、图文并茂、重于应用。

本书可供各省（区、市）水路交通运输管理机构、各级水路交通运输信息化建设与管理的人员、技术人员、各类信息系统工程设计与建设企业等参考，也可作为大中专院校相关专业师生的参考材料。

本书在编写的过程中得到了中国科学院遥感与数字地球研究所、广州港务局、大连港集团、交通电子口岸大连分中心、广西专家咨询服务协会、广西联信科技顾问有限责任公司的帮助和指导；得到了王小辉、谭庆彪、李清凌等同志从选题、编目、插画、绘图到录入、修改、制版、审校的具体帮助，对上述单位和同志一并表示衷心感谢。

由于数字港航建设与发展的题材新颖、范围广泛，涉及现代信息技术的各个门类和多个学科，具有技术管理、经济管理、组织管理、工作协调等多项业务职能；而且，我国的数字港航建设的时间不长，还需要随着事业发展和技术进步而不断完善。在这些方面，我们虽然有所感悟，但限于水平，书中难免会有缺点和错误。恳请各级领导和同行及读者批评指正，对我们提出宝贵意见，不胜感激。

《数字港航建设与发展》编委会
2014 年 7 月

目　　录

第 1 章　数字港航概论

第3章 港航数据中心建设

第4章 港航地理信息平台

第8章 数字航道建设

第9章 数字航运建设

第10章 数字船检建设

第 11 章 方兴未艾的船联网

第 12 章 遥感在港航交通的应用

第 13 章 数字港航建设典型案例

第 14 章 广西数字港航建设与发展的探索

第1章 数字港航概论

“效古人之行，展今人之志”——宋德星*

“仍怜故乡水，万里送行舟”，这首李白《渡荆门送别》的唐诗把我们带入了中国水运历史源远流长的梦境。拂去岁月的灰尘，打开历史的篇章，新石器时代浙江河姆渡一叶扁舟的橹音唤起了对远古水运的赞叹；秦人开凿灵渠引湘入漓，让长江与珠江两大水系潺潺相连，书写了人类航运史上充满智慧光彩的一笔；而三保太监郑和七下西洋海船队起锚的号声曾使世界为之震惊。效古人之行，展今人之志，浴火中成立的新中国，又伴随着科学发展观的春风，引领中国航运事业在复兴的浪潮中劈波斩浪。

水上运输与国家经济建设和我们每一个人息息相关。水路，是人们的一种出行方式；水路，也是大宗货物最常见的运输方式。水运承担了我国90%以上的外贸货物运输量，95%的进口原油和99%的进口矿石都是通过水路运输完成。经过几十年复兴之路，中国航运事业迅速崛起，船队规模不断壮大，工作效率不断提升。我国已成为港航大国，水运服务经济社会发展的能力大大加强，港口货物吞吐量规模和技术水平已位居世界前列。

随着经济全球化深入发展，以数字处理为主要特征的信息技术已成为我国各行各业提升工作效率、提高竞争力的必需手段。纵观世界港航业，信息化已成为当今业界发展的一大趋势，也是营造港航业软环境的主要内容和重要支撑，信息化程度体现了港航业竞争水平的高低。今天，面对信息革命这一严峻挑战和历史机遇，我国港航业把大力推进信息化作为推动现代化建设全局的战略举措，港航信息化已进入“数字港航”阶段，“智慧港航”也方兴未艾。

---

* 宋德星：时任国家交通运输部水运局局长。

1.1　数字港航概述

1.1.1　数字港航的概念

港航的现代化、信息化水平和数字化程度，已经成为衡量一个国家或地区港航行业融入全球化进而提升经济和社会实力以及知名度的重要标志，数字港航建设已经成为中国港航业实现现代化的基础和重要举措。

（1）数字港航是21世纪热门新词汇——数字地球、数字城市在港航行业的延伸。什么是数字港航，目前还没有一个统一的定义，但我们可以从不同的层面来理解。

（2）所谓数字港航是对港航发展方向的一种描述，是指数字技术、信息技术、网络技术渗透到港航业务的各个方面，并在港口、航运、航道、船检、海事五大方面的规划、建设与运营管理以及港航的业务活动中，充分地利用现代信息技术将港航的各种数字信息及港航的各种信息资源加以整合并充分利用。

（3）数字港航是综合运用地理信息系统、遥感、遥测、宽带网络、多媒体及虚拟仿真等技术，对港航的基础设施、功能机制进行信息自动采集、动态监测管理和辅助决策服务的技术系统；它具有港口、航运、航道、船检、海事等复杂系统的数字化、网络化、虚拟仿真、优化决策支持和可视化表现等强大功能。

（4）数字港航是以计算机网络为基础，集成多种高新技术的应用，通过虚拟化的手段再现港航的各种资源分布状况及空间地理信息，促进港航不同部门、不同层次之间的信息共享、交流和综合，提高港航资源利用效率，增强港航的聚集、扩散与辐射功能，进而提高港航行业的规划、管理与发展水平。

1.1.2　数字港航与港航信息化的关系

数字港航是数字化港航的简称。就一般而言，数字港航即港航信息化。但是，这两者还是有区别的。数字化和信息化实际上是港航信息化建设过程中的两个不同阶段，港航数字化的目标是为了实现港航的信息化。港航信息化是建立在数字化之上的抽象与提高过程，是信息的施效和再生阶段。数字化是数字港航的组成部分和基础阶段，信息化是数字港航的最终目标。

1. 数据与信息的关系

要讨论数字港航概念与港航信息化的关系，有必要来分析一下数据与信息的关系。自从信息的概念诞生以来，数据与信息就是一对密切相关的概念。数据是一组可鉴别的非随机符号，是信息的载体，它可以是数字、字母或其他符号等。而信息是经过加工过的数据。一般来说，数据是信息的表达，信息是数据的内涵。

2. 数字化与信息化的关系

数字化与信息化是两个动态的过程。根据数据与信息的关系，数字化是运用信息科学技术，用数字符号对港航系统各个层次的客观对象进行描述的过程，是信息的表达过程。港航信息化的实质是实现港航功能的数字化、网络化和智能化，是指在港口、航运、航道、船检、海事等方面，综合运用信息技术和信息基础设施来改变其运行方式和增强港航相关功能的过程，是信息价值的转换过程。

3. 基础与目标

就数字港航而言，数字化和信息化实际上是港航信息化建设过程中的两个不同阶段，港航数字化的目标是为了实现港航的信息化。港航信息化是建立在港航数字化之上的抽象与提高过程，是信息的提炼和再生阶段。

我们可以这样定义数字化港航与港航信息化的关系：数字化是数字港航的组成部分和基础阶段，信息化是数字港航的最终目标。没有数字化，信息生命周期的循环就会被打破，港航信息化就成了无源之水，无本之木。因此，从根本上说，数字化是港航信息化的基础，信息化是建立在数字化之上的抽象与提高过程。因此，没有数字化就不会有真正意义的信息化。

1.2 数字港航的高级发展阶段——智慧港航

1.2.1 智慧港航的概念

“智慧地球”是IBM公司首席执行官彭明盛首次提出的新概念。通过装置在各类物体上实现物体与物体间的互相沟通和对话，使智慧技术应用到生活的各个方面，如智慧的医疗、智慧的交通、智慧的电力、智慧的食品、智慧的货币、智慧的零售业、智慧的基础设施甚至智慧的城市，这使地球变得越来越智慧化。可以想象，当物体被赋予智慧，人类将真正有可能从资源的使用者变为资源的控制者和资源的守护者。

智慧港航是利用智能传感器、物联网、自动控制、人工智能等技术，自动获取港航系统要素信息，通过融合处理与深度挖掘，实现港航规划建设科学化、养护管理现代化，为港航运输决策、船舶航行安全、航运监管、水上应急提供全方位、实时、精确、便捷的港航服务。

1.2.2 智慧港航与数字港航的关系

数字港航是数字地球、数字城市概念在港航领域的具体应用，它是对港航管辖区域、管理对象及管理活动的数字化表现，是综合运用遥感、遥测、地理信息系统、宽带网络、通讯、计算机模拟、多媒体等多种技术对航道业务流程、动态监测管理和辅助决策服务的虚拟化、数字化、网络化、智能化和可视化的技术系统，是服务于政府、业务部门、公众，以及航道规划、建设、维护、管理和综合应用的、可持续发展的信息基础设施和信息系统的集成。其本质是建设港航空间信息基础设施并在此基础上深度开发和整合应用各种信息资源。

数字港航建设是智慧港航的发展基础，而智慧港航则是港航数字化的高级发展阶段，是从更高的层次推进港航信息化的发展。

1.2.3 智慧港口

"智慧港口"的建设目标是实现港口物流服务和管理智能化，它运用物联网技术将港口的装载设备、船舶、集装箱、车辆、仪表都连接到网中，使源头数据的采集大大提高，抄表员和堆场的工作人员的劳动负担大大降低，错误率也基本杜绝了，使港口工作管理人员把更多的注意力集中在生产管理上。而港口的生产流程会时时刻刻给物联网应用带来庞大的数据压力，因此，在"智慧港口"中，智能技术广泛用于物联网，港口生产中的物联网数据，经过人工智能算法的处理，就可以得到大量的分析结论，最终为港口管理、客户服务等方面提供可用的数据。

（1）实现港口物流服务电子化、网络化、无纸化和自动化，降低港口物流服务成本，提高物流服务效率和港口经济效益。

（2）实现港口与船公司、铁路、公路、场站、货代、仓储等港口相关物流服务企业的无缝连接，通过物流信息平台实现信息集成和共享，优化物流供应链管理，提高物流服务水平。

（3）提高港口管理和决策水平，如实现远程调度，信息自动化采集、存储和加工，优化港口物流流程和生产组织，提高港口物流服务质量。

（4）实现港口与海关、海事、商检等口岸单位的信息一体化，提高"大通关"效率和口岸部门服务水平。

（5）搭建港口物流市场信息服务平台，拓展港口物流市场交易、金融、保险等配套服务功能。

（6）实现港口物流信息资源的整合，为实施智慧港口和智慧交通系统规划提供支持。

1.2.4 智慧航道

智慧航道是在数字航道基础上，利用云计算技术对海量数据进行整理分析，实现从数据到信息、从信息到知识、从知识到洞察力的过程，实现航道管理和服务更加深入的智慧化，并利用人工智能与智能控制技术，实现航道管理养护的智能决策以及养护过程的智能控制。

1. 智慧航道将增强数字航道服务能力

智慧航道是从水运系统本身的需求以及由这种需求带来的功能要求出发，从根本上改变单纯从技术的角度看待航道信息化的误区。智慧航道带来的是一种思想、观念，而不是一套信息管理系统或者仅仅是一套标准，是指导航道未来发展的总体规划、分步实施的方法、策略以及技术体系。智慧航道建设核心思想是：体现主动为航道服务的理念，创建一流航道，凸现智慧航道在智慧航运系统中的先导地位，增强数字航道服务能力。

2. 智慧航道将拓展航道要素感知与信息交互手段

数字航道分为数据采集层、信息传输层、数据库层、服务层以及应用层，技术基础为信息技术与通信技术，技术核心是实现航道要素信息的自动化采集、分析、处理以及数字化模型的建立等。智慧航道分为信息感知层、传输层、数据处理层、数据库管理与交互层、服务应用层，技术基础为智能科学与技术。在智慧航道的感知层通过机器人、智能传感器（智能相机、智能信号处理系统）、无线传感网络、RFID 等物联网手段实现航道要素以及船舶要素透彻的感知。在智慧航道的信息传输层通过船－标－岸一体化多源异构信息化网络与船舶智能终端，实现航道与船舶智慧协同，达到最大化利用航道资源的目的。

3. 智慧航道将提高数字航道要素原始数据质量

数字航道通过航道测量、信息监控、数据自动采集、外部数据输入、手工输入等多种方式获取航道水深、水位、水流速度与流态、船舶机务、监控视频等海量航道数据要素，其中一部分数据存在冗余性，一部分数据存在不完备性。对此，智慧航道通过数据融合以及数据挖掘方法获取特征级数据，减少数据冗余，同时结合各种航道要素数学模型，利用数据同化方法，获取精细化航道要素数据，从而提高航道要素原始数据质量。

4. 智慧航道将丰富数字航道通用技术平台内涵

数字航道通用技术平台按一定的标准规范整合多源异构信息资源，成为信息采集、传输、处理、管理和发布江河航道各类信息的载体，是实现各个子系统间信息交互与共享的重要保证。通用技术平台的主要功能是从各业务子系统提取共享数据，并对多源异构数据进行数据融合，完成多类动态数据、静态数据、时间数据、空间数据等的组织，以保证数据间关系的正确性、一致性以及避免数据的冗余，并对外提供决策支持和信息查询等服务。

智慧航道在数字航道通用技术平台基础上，针对江河航道演变复杂性，构建江河航道知识库，包括专家知识、航道演变模型、航道仿真方法体系等，同时利用云数据库技术实现多源异构数据的有效共享。

1.2.5 智慧港航的特点

1. 港航信息感知更为全面、透彻

通过智能传感器、射频识别、无线传感网络、无线网络、机器人等手段，从空中、水面、水下实现港航要素信息全方位透彻的获取。同时基于港航演变模型计算高分辨率的港航水位、水深、流速、流态等信息，实现港口与航道通航要素信息的精细感知。

2. 港航信息交互更为通畅、友好

港航要素信息以不同方式嵌入网络，与各种先进的感知工具连接，实现更全面的互联互通。同时依托多功能电子航道图系统，利用三维显示技术实现港航信息实时、顺畅的友好交互。

3. 港航信息服务更为实时、便捷

基于云数据库平台，结合多功能电子航道图系统，利用云计算技术对海量数据进行整理分析，实现从数据到信息，从信息到知识，从知识到洞察力的过程，进而实现港航信息全面定制化服务。同时，通过多源港航信息服务发布平台，实现实时、便捷的港航信息服务。

4. 港航管理与养护更为科学、低碳

基于港航知识库，利用人工智能技术对航道规划、执法、养护、资产管理等过程进行决策分析，实现港航管理的科学化。同时利用遥测遥控与智能控制技术，对港航工程船舶、航标状态进行主动监测与智能控制，实现港航养护过程的智能化，达到节能降耗。

1.2.6 智慧港航发展趋势

智慧港航发展总体趋势是：以感知港口、航道及船舶为主线，建立全面感知、广泛互联、深度融合、智慧应用、机制完善的智慧港航技术体系，构建“智慧港口”、“智慧航道”、“智慧航运”，推动水运行业发展的新跨越。

（1）全面感知：应用物联网感知技术等手段，以港口、航道及船舶为关联载体，实现对港口物流、船舶信息、通航环境信息以及航道水深、水流等航道要素的全面实时感知。

（2）广泛互联：完善港口、航道及关联单位间的传输网络建设，实现船－标－岸一体化航道要素感知网络，实现各种异构网络的互联互通。

（3）深度融合：整合信息资源，实现海量数据处理、智能数据分析，提升信息资源的深度开发与综合利用水平，促进信息技术与港口、航道管理及服务的深度融合。

（4）智慧应用：以港口、航道业务对象为核心，以管理组织为依托，实现港口与航道内、外部用户管理和服务的按需定制及港航维护作业的智能控制。

（5）机制完善：建立智慧港航健全的标准和完善的管理组织体系，使智慧港航建设全面推进。

1.3 我国水路交通信息化发展成绩辉煌

“十一五”时期，我国水路交通信息化发展取得了辉煌的成绩。在交通运输部的《公路水路交通运输信息化“十二五”发展规划》中，对“十一五”水路交通信息化发展作了全面的回顾。“十一五”时期，水路交通运输行业全面推进信息化建设，切实加强部省联动、共建共享，以示范、试点工程建设为依托，不断提高信息资源开发利用水平，在水路交通运输动态信息采集与监控、水路交通信息资源整合开发与利用、水路交通运行综合分析辅助决策和水路交通信息服务四个方面取得了较好的成效，水路交通信息化发展开始进入协同应用和综合服务的新阶段。

1.3.1 通行效率明显提高

加强了高风险水域、重要航段和水路客货运输枢纽、港口等基础设施运行监测与监控系统的建设，深化了航道运行和养护管理的信息化应用，有效保障了交通基础设施的通行能力，提高了服务水平。

图 1.1 三峡双线五级船闸

（1）开发了257幅电子海图和2068幅港口电子平面图，有效支撑了水路交通运输规划、建设、运行管理和服务。

（2）全国初步建设了52个重点水域船舶交通管理系统，实现了所辖水域内船舶的跟踪监控；结合卫星定位系统开发的船闸过坝管理系统，实现了船舶合理编队，提高了船闸通过能力，如图1.1所示。

（3）“数字航道”示范工程在珠江三角洲、长江三角洲、长江干线和京杭大运河逐步开展，航道管理模式从现场管理向远程管理转变，提高了航道通行能力和利用效率，如图1.2所示。

图1.2 我国第一段数字航道——长江下游南京至浏河口

1.3.2 信息服务水平明显提升

加强了水路行业公共信息服务平台建设，使水路交通公共信息服务水平稳步提升，内容逐步丰富，手段更加多样，服务覆盖范围愈加广泛。

（1）水路交通出行信息服务系统建设全面启动。交通运输部网站提供了全国水路快讯、航道通告、海事气象等信息服务。推动了各省级水路交通出行信息服务系统的建设。

（2）水路同城、异地客运联网售票系统和港口客运联网售票系统在部分城市得到应用，方便了公众购票。

（3）部分地区建设了水路公共物流信息平台，在提高物流效率、降低运输成本、提升服务质量方面进行了有益探索。

1.3.3 市场监管能力明显增强

加强了水路交通运输管理服务系统建设，重点建设水路运输经营业户、从业人员、营运船舶等重要基础数据库，并在水路建设和运输市场监管信息化应用方面取得了重要进展，市场秩序得到进一步规范，如图1.3所示。

港口的专业化服务水平和运输效率不断提升。图为广东湛江原油码头

现代化千吨级海巡船列编后，我国海域巡航执法力量大大增强。图为我国海巡船正在巡航

内河船型标准化工程启动以来，我国航道通行能力、船舶的安全性能有效提升。图为行驶在长江三峡库区的标准型船舶

我国 90% 以上的外贸货物运输由航运承担。图为中国远洋运输集团 1 万标箱集装箱船“中远亚洲”轮满载前行

图 1.3 水路运输监管能力显著提升

（1）全国绝大部分省（自治区、直辖市）开发应用了省级水路运政管理系统，并由原有单一许可办证功能向运政协同管理延伸；水路运输移动稽查系统在部分地区得到应用，有效提高了执法效率。

（2）组织开展了水路运政管理系统的升级改造工作，并在各省（自治区、直辖市）逐步推广应用，初步实现了对水路运输企业、船舶、航线的信息化管理；通过海事信息一、二期工程和船舶、船员“一卡通”工程建设，规范了全国船舶管理和船员管理业务。

（3）组织开发了水路建设市场诚信及工程质量信息服务系统和公路及水运工程评标专家管理系统，部分省市开展了水路建设市场、运输市场信用信息系统建设，对加强工程管理，维护市场秩序，规范市场经营行为发挥了重要作用。

1.3.4 保障能力明显提高

加强了水路交通安全监管和应急系统建设，运用船舶自动识别、船舶交通管理、全球卫星定位、低极轨道搜救卫星、高频、甚高频、卫星通信、视频监控等多种技术，加强了对水路基础设施和运输装备的监测监控，使水路交通运输安全监管与应急反应能力显著增强。

（1）覆盖全国沿海和重要内河水域的船舶自动识别岸基网络系统基本建成，包括132座基站和22个中心，实现了300总吨以上船舶的有效监控；基本实现全国沿海和长江干线多种安全和遇险通信方式的连续覆盖；建成了52个船舶交通管理中心、202个雷达站；沿海重要港口进港航道、重点码头和内河重点航段的视频监控系统基本建立；整合了雷达、船舶自动识别、卫星定位、视频监控、海岸电台和卫星通信等监控和通信手段，提高了船舶日常监管和应急处置能力。

（2）完成了海事应急辅助指挥系统试点工程、中国船舶远程识别与跟踪工程建设，提高了水上安全监督管理水平和应急反应能力。

（3）海事卫星通信建设成效显著，在海上遇险救助、处置重大突发事件、应对重大自然灾害的应急通信保障中发挥了关键作用。北京海事卫星地面站如图1.4所示。

图1.4 北京海事卫星地面站

1.3.5 发展环境明显改善

加强了信息化发展条件建设，水路交通运输信息化发展理念显著提升，组织机构逐步健全，标准规范相继出台，运行机制在探索中取得积极进展，水路交通运输信息化发展环境得到明显改善。

（1）水路交通政务内网、政务外网、行业专网的架构基本形成，行业专网联通了部与省（自治区）港航管理机构、90多个大中型港口多个政务信息报送单位。

（2）信息化规划与制度建设不断推进。一大批省（自治区）制定并实施了地方水路交通信息化“十一五”规划，各级水路交通运输主管部门陆续制定了交通信息化建设、管理等方面的制度和规范。

（3）水路交通数据库建设初见成效。形成了一批行业基础数据库，数据服务能力得到有效提升。

（4）水路交通信息化建设与管理的组织机构初步建立，一大批水路省级交通运输主管部门设立了信息化组织管理机构，队伍规模不断壮大，人员结构合理性有所改善，专业化水平逐步提升。

（5）水路信息化标准体系不断完善，制定了一批水路交通信息化标准建设方案，颁布了水路交通基础数据元集、信息资源目录体系总体框架等一批标准规范和指南。

1.4 水路交通运输信息化建设存在的问题

“十一五”水路交通运输信息化建设取得了明显成效，为“十二五”交通运输跨区域、跨部门信息化综合应用发展奠定了基础，但信息化整体水平还不能适应现代交通运输业发展的需要。主要的表现是：

（1）水路交通信息化发展尚未覆盖水路交通运输现代化建设全局，信息化与业务管理和服务的融合不足，信息资源开发利用程度不高，信息资源共享水平较低，动态信息采集能力相对薄弱，尚未在规范业务、流程再造等方面实现深化应用，对行业发展的贡献程度有待提升。

（2）水路交通信息化整体效益和规模效益尚未得到充分发挥，部省、地区、部门间水路交通信息化发展水平不平衡，缺乏行业综合性、区域性带动项目，发展合力有待加强。

（3）水路交通信息化发展环境建设相对滞后，法规、机制、资金、人才等制约信息化发展的瓶颈仍未得到有效缓解。

（4）水路交通信息化发展中政府引导与市场驱动结合不足，电子商务与物流信息化集成发展程度不高，行业资源和社会公共资源的整合兼容不足，信息服务领域产业化发展仍然任重道远。

1.5 “兴内河、优港口、强海运”——我国推进水运发展的着力点

1.5.1 我国推进水运发展的总体思路

面对新形势、新要求、新挑战，“十二五”期间我国推进水运发展的总体思路是：深入贯彻落实科学发展观，大力发展现代水路交通运输业，以“兴内河、

优港口、强海运”为着力点，加快基础设施、运输装备结构优化升级，促进现代物流发展和综合运输体系建设，提升水运发展的质量、效益、竞争能力和服务水平，促进水运安全绿色发展，为2020年总体实现水路交通现代化奠定坚实的基础。

（1）兴内河，就是要以加快发展为主题，充分发挥内河水运运量大、能耗小、污染轻、占地少、成本低、投资省的优势，把加快内河水运发展作为完善综合运输体系的重要内容，提高水资源综合利用效率，加大资金投入，加快航道建设和专业化、规模化内河港区建设，积极推进内河船型标准化工作，全面提升内河水运发展水平。

（2）优港口，就是要以调整优化为主题，进一步优化港口布局，积极稳妥推进基础设施建设，提高港口资源利用效率，拓展服务功能，增强港口在现代物流中的枢纽作用，加快推进“两型”港口建设，形成布局合理、服务高效、保障有力、安全环保、管理先进的现代化港口体系。

（3）强海运，就是要以做强、做大为主题，加快建设大型化、专业化、现代化的海运船队，增强国轮船队对我国进口能源、原材料等战略物资的运输保障能力，大力发展现代航运服务业，不断提升我国海运的国际竞争力和服务水平，增强在世界海运界的地位和话语权。

1.5.2 着力健全信息支撑体系

信息化是转变发展方式、改造和提升交通运输业的重要支撑。实现“三个转变”：从效率到效能的转变，以数字化、智能化航道和内河水运综合信息服务系统建设为重点，更加注重提升科学决策水平和公共服务能力及政务效能；从分散到集约的转变，以集装箱多式联运信息服务系统、交通电子口岸建设为重点，推广口岸“一站通”、“单一窗口”等整合建设模式，加快推进集约化建设；从封闭到开放的转变，以部省联网构建全国港口、运政管理、市场信用信息系统为重点，积极推进建设省级港口、航道、运输、海事综合信息平台，加强业务协同，实现资源共享。“十二五”期间，要建成水运经营人、港口、航道等基础数据库，主要港口建立港航EDI中心和区域物流公共信息平台，基本建成全国交通电子口岸物流信息平台和港航数据中心。

1.6 “十二五”我国水路交通信息化的发展计划

在交通运输部的《公路水路交通运输信息化“十二五”发展规划》中，对“十二五”水路交通运输信息化的发展需求、发展目标、基本任务、建设重点、实施效果作了全面的阐述。

1.6.1 发展需求

当今世界，信息技术发展突飞猛进，引发社会生产方式的深刻变革。党中央、国务院高度重视信息化工作，做出了以信息化带动工业化、以工业化促进信息化、走新型工业化道路的战略部署。水路交通运输信息化是国家信息化建设的重要组成部分，是破解水路交通运输业发展难题、促进水路交通运输行业发展方式转变、全面提升水路交通运输管理能力和服务水平的重要抓手。信息化不仅将覆盖水路交通运输现代化建设全局，同时也将成为水路交通运输运行管理和社会公共服务的关键载体。

（1）保障水路交通运输系统的畅通、高效，要求加强对水路交通基础设施和运输装备的运行监测，提高其运营管理水平和运行效率。提供畅通高效的运输通道是水路交通运输行业的重要任务，也是全社会对水路交通运输的基本要求。“十二五”期间，我国水路交通基础设施和运输装备仍将保持较快的发展速度，预计沿海深水泊位达到2214个，内河高等级航道里程超过1.3万公里，营运船舶总数将位居世界前列。水路交通基础设施和运输装备规模总量不断扩大，使我国水路交通运输管理能力面临巨大挑战，利用信息化手段对已形成的资产进行充分利用和潜力挖掘，提高水路交通基础设施和运输装备运行效率，保障水网畅通，已经成为迫在眉睫的重要任务。

（2）满足人民群众安全便捷出行，要求为公众提供优质的水路出行信息服务。为社会提供及时、准确的出行信息服务是水路交通运输行业提供高品质、多样化、多层次的交通运输服务，保障和改善民生的重要举措。“十二五”期间是我国经济社会重要变革期，产业结构、收入分配结构和消费结构面临重大调整，居民收入和消费水平逐步提高。水路交通出行规模扩张，人民群众安全、便捷出行的需求日益增长。水路交通运输服务水平必须与人民群众日益提高的生活品质相适应，利用信息化手段，逐步提高水路交通智能化水平，改善出行信息服务质量，提高公共信息服务能力。

（3）保障水路交通运输安全发展，要求提升水路交通运输安全监管和应急处置的监测预警、通信保障和决策支持水平。保障水路交通运输安全平稳运行是交通运输发展的永恒主题，提高安全监管和应急处置能力是政府的重要职责。“十二五”期间，水路交通运输行业面临的安全形势依然严峻，应对各种突发事件的任务更加繁重，必须充分掌握水路交通运输风险源，利用信息技术加强监测预警，提升安全生产保障能力，有效协调专业和社会力量，提高应对水路交通突发事件的快速反应能力，提供安全的出行环境；必须加强应急通信保障能力建设和应急决策分析，优化配置应急保障资源，提高应急指挥能力；必须面向社会及时发布水路交通信息，维护社会稳定，提高应急信息服务能力。

（4）推进综合运输体系建设和发展现代物流，要求促进多种运输方式的信息共享和业务协同。发展综合运输体系是新时期水路交通运输部门的重要任务，水路交通运输是现代物流供应链中重要的组成部分，促进现代物流业发展是转变发展方式、加快发展现代水路交通运输业的重要途径和切入点。“十二五”期间，推进综合运输体系建设和现代物流业发展，必须以信息化为抓手，加强各种运输方式相关信息资源的交换和共享，促进各种运输方式的有效衔接；促进水路交通物流信息资源交换与共享，提升水路交通物流公共信息服务能力，实现水路交通供应链上下游供需双方业务协同，降低物流成本，提高物流运作效率。

（5）提高决策的前瞻性和科学性，要求准确把握水路交通运输经济运行状况，深化行业综合运行分析。提高决策的前瞻性和科学性是水路交通运输主管部门对国家和人民高度负责的重要体现。“十二五”期间，水路交通运输业面临的形势更加复杂，各种新问题、新矛盾不断涌现，对水路交通经济运行分析工作的广度、深度和时效性提出了更高的要求，决策部门必须借助信息监测、采集、统计、预测预警、挖掘分析等信息化手段，及时获取全面、准确的信息，做出快速判断和科学决策，改变以往决策中以定性和经验分析为主的情况，使决策更加具有前瞻性和科学性，增强指导性，避免决策失误带来的风险和损失。

（6）构建绿色水路交通，要求利用信息技术优化运行组织模式和流程，节约能源，减少排放。水路交通运输是节能降耗的重要领域，降低行业能源消耗水平、减少排放是实现国家“两型社会”重大战略目标和履行国家承诺的客观要求。“十二五”期间，水路交通运输行业发展面临的节能减排任务更加艰巨，资源环境对水路交通运输的刚性约束日益凸显。必须充分利用信息技术改造传统产业，优化运输组织模式和流程，实现运输生产的精细化管理，提高运输装备的利用效率，降低空驶，减少资源消耗、空间占用和污染排放；大力发展智能水路交通系统，保障水路交通运输系统畅通高效运行，避免因水路交通拥堵造成的能耗和污染；加强对水路交通运输行业能源消耗和排放的监测监控，加快高能耗、高排放、高污染运输装备淘汰更新。

1.6.2　发展目标

“十二五”水路交通运输信息化发展目标：建立更加全面、高效的水路交通运输运行监测网络，进一步提升水路交通运输信息资源的深度开发与综合利用水平，水路交通运输系统全网联动、协同应用程度进一步提高，在保障畅通运行方面取得显著实效，在提升运行效率、服务公众出行方面取得明显突破，在规范市场秩序、强化安全应急、服务决策支持方面全面提升，在推进综合运输体系建设、发展现代物流、实现低碳绿色交通方面取得重大进展，为现代水路交通运输业发展提供坚强支撑与保障。

1.6.3 基本任务

（1）推进水路交通基础设施的数字化和智能化，水路交通基础设施和运输装备运行监测网络基本建成，内河干线航道重要航段监测覆盖率达到 70% 以上，重点营业性运输装备监测覆盖率达到 100%：

① 依托水路交通运输运行监测系统建设，实现对全国所有省（自治区、直辖市）重点水域、航道、港口和通航枢纽的运行状态、环境、气象与灾害的动态监测。

② 实现对“四类重点船舶”（客船、危险品船、砂石船和易流态化固体散装货物运输船舶）的动态定位跟踪监测。

③ 初步建立水路客货运输市场动态运行信息监测体系。

（2）提高信息资源开发利用水平，部省两级航道、港口、营运船舶、经营业户、从业人员等行业核心的基础性、战略性数据库 100% 建成：

① 加快行业基础信息资源建设，形成部、省、市三级水路交通数据中心体系，在有条件的地市，重点建设航道、港口、营运船舶等基础数据库。

② 完善水路交通信息资源共享与更新机制，实现跨区域、跨行业的信息交换与共享，全面改善数据质量，数据更新及时率满足应用需求。

③ 鼓励水路交通运输信息资源公益性开发利用，探索建立公益性信息资源开发与服务的长效机制，引导公益性信息服务机构的发展。

（3）推进水路交通行业重大应用工程建设，全面提升行业业务协同、科学决策和信息服务能力，对促进服务型政府建设的作用更加显著：

① 面向公众服务：

• 水路交通运输电子政务服务质量大幅提高，80% 以上的行政许可项目和公共服务事项实现在线办理。

• 建成若干有较好应用实效，具备可持续发展前景的水路区域物流公共信息服务平台，并形成统一的标准规范体系，实现平台间的互联互通和信息共享，适时开展全国性水路物流公共信息交换系统建设。

② 面向行业管理：

• 水路交通运输核心业务信息化应用的广度和深度达到较高水平，核心业务信息化覆盖率达到 85% 以上，并在水路交通运输行政执法、市场诚信体系建设、安全监管与应急处置等领域实现跨区域、跨行业的综合性应用。

• 初步建成覆盖全国的部省两级水路安全监管与应急处置平台，全面掌握交通运输风险源，并实现对 II 级以上突发事件的及时接报和处置信息的分发处理。

• 基本建成部省两级水路建设和运输市场信用信息服务系统，形成政府监管、企业自律、社会监督的信用管理和服务体系。

•建设部省两级水路交通运输经济运行监测预警与决策分析系统，实现对水路交通基础设施和运输市场的运行状态、发展态势等的综合分析，基本形成以数据挖掘分析为重要支撑的水路交通运输决策支持体系。

（4）创新信息化管理机制，水路交通运输信息化发展保障环境基本适应信息化发展的要求：

① 基本建立与行业发展相适应的水路交通运输信息化标准体系，完成标准框架体系中基础性、通用性标准和专用标准的制（修）订工作。

② 按照国家有关要求，实现水路交通运输行业信息系统的分级保护和等级保护，形成较完善的信息安全保障体系。

③ 进一步完善水路交通信息化建设与运营保障体系，在信息化运行管理机制方面务求取得新的突破，增强水路交通运输信息化可持续发展能力。

1.6.4　建设重点

1. 实施水路交通运输行业信息化重大工程

由交通运输部统一组织开展水路安全畅通与应急处置系统、水路交通出行信息服务系统、水路建设与运输市场信用信息服务系统、水路交通运输经济运行监测预警与决策分析系统等四项重大工程建设，促进跨地区、跨部门间的信息资源共享和业务协同，形成发展合力。

（1）水路安全畅通与应急处置系统建设工程：

① 建设互联互通、协同高效的部省两级水网管理平台，完善对重点航道、港口等监控目标运行状态、气象条件等的监测监控，强化预测预警及评估，加强水路管理系统的普及应用，实现养护、收费、水路交通情况调查等管理系统的联网应用，统筹安排养护计划，及时发布航况、气象、交通管制和疏导分流信息，为路网区域协调管理和出行服务提供支撑。

② 完善船舶交通管理、航道管理、港口安全管理信息系统，健全沿海港口重点水域及内河高等级航道的船舶交通、通航环境、航道变迁、港航设施、水域污染、水文气象等状态的实时监测和安全预警体系，整合现有各种交通动态监控资源，合理调度船舶安全通过风险水域，防止航道阻塞，及时发布航行通（警）告、航道通告（通电）等信息，避免船舶交通事故发生，并为水上人命救助、通航水域清障、船舶污染防治、船舶消防等应急抢险提供信息支撑。

③ 建立健全重点营运船舶的监测监控系统，重点跟踪监测“四客一危”船舶的安全技术状态和运行状况；建立水路危险品运输全程联网监管系统，加强源头管理，强化过程控制，打击非法营运，实现跨区域、跨部门信息共享和联防联控。

④ 建设多网联动的部省两级水路安全监管与应急处置平台，实现信息接报、监测预警、风险评估、辅助决策、信息发布、资源管理、异地会商、统计分析等功能，满足“监管到位、协调联动、上下贯通、左右衔接、响应迅速、处置有效”的要求，加强行业内外安全监管与应急处置信息的交换共享，实现应急资源动态管理和科学调度，确保重点物资和抢险物资紧急运输，保障人民生命财产安全。

（2）水路交通出行信息服务系统建设工程：建设内河航运综合信息服务系统，依托海事、航道和运政管理信息系统建设和完善，强化航道状况、水位水深、水上水下施工、交通管制、水文气象等信息服务，并利用网站、呼叫中心、航行广播、短信平台等多种服务方式在内河干线和重要水网地区为通航船舶提供航行信息服务。进一步完善水路客运出行信息服务系统建设，在重点水域引导开展客运联网售票和电子客票系统建设。

（3）水路建设与运输市场信用信息服务系统建设工程：

① 深化完善部省两级水路交通建设市场信用信息管理系统。推广普及水路水运建设工程项目管理、工程标准规范管理系统，建设水运工程招投标管理等系统，构建涵盖勘察设计、施工、监理、试验检测等从业单位和人员的信用监管、征集、发布和奖罚机制，实现水路建设市场责任主体基本信息、信用信息、工程建设项目信息的公开、共享，规范水路建设市场秩序，提高工程质量。

② 建设完善部省两级水路运输市场信用信息服务系统。深化完善水路运输管理信息系统、职业资格管理信息系统，深化部省道路运输信息系统联网工作，推进部省水路运输信息系统联网工作；推广普及船舶船员“一卡通”、船舶电子签证等系统；引导船舶维修及配件质量追溯信息服务系统建设；建设省级统一、覆盖市县的运输企业和从业人员信用管理系统，实现对各类信用信息的分级分类管理和动态更新。依托部级系统建设，实现水路运输行政执法信息、信用信息跨区域、跨部门的交换和共享。及时发布水路交通运输行业经营主体信用信息，为社会提供从业企业、人员的资质和资格认证及信用信息查询服务，形成政府监管、企业自律、社会监督的信用管理和服务体系。

（4）水路交通运输经济运行监测预警与决策分析系统建设工程：

① 建设与业务系统相融合的水路交通统计信息系统，完善水路交通统计信息指标体系，依托业务管理与服务系统，逐步实现统计数据从水路交通运输业务系统的有效获取，提高统计数据的真实性、及时性、准确性。

② 建设部省两级水运行业经济运行监测预警和决策分析系统，构建动态运行监测信息指标体系及信息采集机制，实现重点物资运输、基础设施运行、固定资产投资、生产安全、运输市场、行业能耗等水路交通运输经济运行状态的监测和预警。结合国际和国内、国家和区域经济运行动态，面向水运行业管理

部门开展行业发展态势的综合分析，研判经济社会发展趋势对交通运输行业的影响，适时调整行业发展政策。按国务院有关部门要求，及时上报相关信息，反映国民经济运行和国际贸易情况。面向社会及时发布相关信息，发挥导向性作用，引导行业投资者、运营者进行合理决策。

2. 开展水路交通重点领域示范试点工程建设

为适应现代水路交通运输业发展的形势要求，围绕水运行业管理新职能，在综合运输、现代物流和城市客运三个领域开展示范试点工程建设，积极探索新领域信息化发展路径，带动信息化全面发展。

（1）综合运输协同服务示范工程：示范开展港口集装箱多式联运信息服务系统建设。基于港航电子数据交换（EDI），依托沿海和长江沿线重要港口，实现港口集装箱水水、公水、水铁等联运信息服务，实现多种运输方式单证信息共享和通关一体化服务，提高集装箱整体周转效率，降低物流成本，促进港口集装箱多式联运事业的发展，提升港口竞争力。

（2）区域物流公共信息服务示范工程：政企联合试点推进区域物流公共信息服务平台建设，以水路交通物流信息服务需求为导向，以标准规范建设为基础，整合水路交通物流领域政企相关信息资源，提供水路交通货运物流企业和从业人员资质和资格认证、信用等政府公共信息，物流采购招投标、物流设施设备供求、船舶交易、船员劳务服务、订舱等物流交易信息，卫星定位与货物追踪、船舶维修救援等物流保障信息，金融、保险等增值信息，以及物流应用软件系统托管等服务。积极探索不同地区、不同特点的平台运作模式，加强跨区域物流信息的交换与共享，优化资源配置，显著改善水路交通物流系统的运作效率，降低物流成本，如图 1.5 所示。

图 1.5 港口物流

3. 继续深化水路交通各业务领域管理和服务信息化应用

（1）深化水路交通各业务领域的管理应用，完善发展基础：

① 重点开展长江干线、西江干线、京杭大运河、长三角、珠三角等内河水网地区数字航道建设，发布和应用内河电子航道图；加强航标遥测遥控、船闸联合调度等系统建设；积极推进港航公共基础设施运行和维护管理系统建设；深化港口设施安全和保安系统建设。

② 深化水上重点物资跟踪管理系统；积极推进船舶不停靠报港系统；引导建设完善全国港口信息服务网络，统一发布港口有关公共基础设施运行和生产动态信息。

③ 完善并建设海事综合业务协同管理信息系统，推进省市港政、航政、海事一体化管理信息系统建设。加快救助打捞管理信息系统、交通公安综合业务应用系统和重点水域、沿海港口治安防控信息系统建设。

④ 推广建设交通运输行政执法综合管理信息系统。

⑤ 加快推进水路交通科技信息资源共享平台各子平台建设，形成较为完善的部省两级科技信息共享平台体系，实现跨行业的科技信息资源共享；完善各级水路交通远程教育与培训信息系统。

⑥ 积极推进我国第二代卫星导航系统在水路交通安全、船舶航行、水路交通基础设施监测监控、水路运输和公众出行等领域的民用化应用建设。

（2）深化水运各业务领域的服务应用，增强公共信息服务能力：

① 深化行政许可在线办理平台建设，简化和理顺行政许可事项办理流程。开通省级水路交通政务服务热线，完善各级水路交通政务网站建设，重点解决社会上针对水路交通行业投诉和建议的接收与处理，提高水路交通政务公共信息服务能力。

② 引导水路交通电子口岸建设，开展港口船舶电子结关、查验、危险品申报、港政管理、运政管理等交通行政许可的“一站式”服务，并实现与国家电子口岸对接，为港口生产部门、船舶、船东、货主等提供信息服务。

③ 引导建设航运交易信息服务平台，整合港口、企业、海事等部门数据资源，实现货物交易、船舶交易、船员劳务服务交易信息服务。

4. 进一步完善水路交通信息化发展条件

（1）完善水路交通行业信息基础设施，提升通信信息网络支撑能力：

① 完善水路交通行业信息专网建设，统筹考虑行业通信信息网络建设需求，组建连接部省的水路交通运输行业专网，全面提升通信信息网络的支撑能力。

② 完善水路交通应急指挥通信系统，充分利用并整合海事卫星、甚小孔径卫星地球站（VSAT）、我国第二代卫星导航、海岸电台、公共通信等手段，建

立应急联合通信保障机制，提升水路交通应急指挥通信保障能力。

（2）完善部省两级水路交通数据中心体系，提升行业数据服务能力：加快水路交通行业信息资源目录体系建设，完善信息共享规则、标准和机制，提高数据资源共享水平，有效避免数据重复和无效采集。完善水路交通行业基础数据库建设，结合重大工程和核心业务系统建设，健全和完善水路、港口、船舶、从业人员、经营业户、建设项目等行业基础信息资源数据库，积极推进水路交通地理空间基础信息库建设，全面提升行业基础信息共享和服务能力。完善部省两级水路交通数据交换平台，满足行业数据交换和共享要求。建设运行维护综合管理平台，实现数据和设施设备的维护管理。

（3）构筑水路交通行业信息安全保障体系，提升信息安全防范能力：建设水路交通运输行业统一的信息安全认证体系，为行业提供统一安全认证服务。根据国家有关规定和技术标准规范，开展水路交通运输行业信息系统分级保护和等级保护体系建设，完善信息安全防控技术措施和手段，建立健全信息安全制度。建立水路交通部级数据容灾备份中心，提高重要信息系统的可靠性和安全应急能力。

（4）完善水路交通行业信息标准框架体系，提升信息共享协同能力：加快制定水路交通信息化基础性关键标准，按照行业标准体系框架，结合重大工程和示范、试点工程的建设，及时提炼和完善相关信息标准规范，组织建设标准一致性和符合性检测平台，并采取有效措施，保障水路交通信息标准的贯彻执行。

1.6.5 实施效果

通过实施上述建设重点，将进一步凝聚水路交通运输信息化发展合力，显著提高信息资源的开发利用水平，全面加强信息化对发展现代水路交通运输业的支撑和保障作用：

（1）重大水路交通危险源的智能监控能力明显增强，水路交通运输公共突发事件的信息报送、发布和快速响应水平明显提升，确保水网运行畅通，预防水路交通运输事故发生，有效应对公共突发事件，有力支撑水路交通运输安全畅通发展。

（2）水路交通运输信息服务质量进一步提高，以服务承诺为导向，为社会提供优质的水路交通出行信息服务，全面改善出行质量，提升出行安全、便捷与可靠程度，有力支撑水路交通运输人文和谐发展。

（3）水路交通运输行业信用信息管理水平显著提高，市场协同监管进一步加强，切实提高交通建设市场工程质量和运输市场服务质量，规范市场秩序，有力支撑交通运输健康有序发展。

（4）水路交通运输行业信息共享全面加强，进一步促进多种运输方式协同服务，推进综合运输体系构建，发展现代物流，有力支撑水路交通运输统筹协调发展。

（5）水路交通运输行业管理和服务领域信息化应用继续深化，全面加强业务协同能力建设，进一步优化业务流程，创新管理机制，有力支撑水路交通运输创新高效发展。

（6）水路交通运输信息采集和分析进一步强化，全面加强行业经济运行监测预警，改变政府决策缺乏有效数据支持的状况，保障决策具有前瞻性和合理性，有力支撑水路交通运输科学发展。

1.7 数字港航融入现代信息新技术

现代信息技术发展迅猛，新理念层出不穷。近年，"云计算"、"物联网"、"大数据"的发展将引起信息技术的革新，其在国民经济的建设有广阔的应用前景，也将推动水路交通信息化的进步，促进数字港航的发展。

1.7.1 探索建设"水运交通信息云"

1. 云计算技术简介

云计算是基于网络的一种计算模式，是把存储于PC、服务器、磁盘阵列等基于网络互联的设备上的海量信息和计算能力集中在一起，协同工作。它使得计算能力和存储能力像煤气、水电一样取用方便、价格低廉。用户在建设IT系统时，只需在云计算平台上部署其应用软件即可，由云计算平台向其提供所需的计算和存储资源，而无需关注物理设备配置。根据云计算平台所提供服务的类型，可以将云计算服务分为3类。

（1）IaaS（Infrastructure as a Service，基础设施即服务）：以服务的形式提供虚拟硬件资源，如虚拟主机/存储/网络/安全等资源。用户无需购买服务器、网络设备、存储设备，只需负责应用系统的搭建即可。

（2）PaaS（Platform as a Service，平台即服务）：提供应用服务引擎，如互联网应用编程接口/运行平台等。用户基于该应用服务引擎，可以构建该类应用。

（3）SaaS（Software as a Service，软件即服务）：用户通过标准的Web浏览器来使用云计算平台上的软件。用户不必购买软件，只需按需租用软件。

IaaS是实现云计算的基础，它搭建了统一的硬件平台，通过虚拟化技术实现了计算和存储资源的动态调配；PaaS对外提供了操作系统和应用服务引擎；SaaS则对外提供完整的软件应用服务。

从上述3类服务类型的特点可以看出，只要实现了IaaS，就可以很好地解决目前在IT系统建设中存在的种种问题。而实现IaaS，其核心就是实现IT设备的虚拟化，尤其是服务器的虚拟化。IT虚拟化技术带来的优势可以从两个角度去理解：纵向上，IT虚拟化技术消除了操作系统及应用软件与底层硬件设备之间的对应关系，系统应用软件部署在虚拟主机上，不再依赖于特定的物理设备，部署方式更加灵活，部署速度更加快捷，且虚拟主机可在服务器故障时自动迁移到集群中其他服务器上，极大地提高了系统的可靠性；横向上，IT虚拟化技术打破了支撑系统的烟囱式架构，实现了物理层面的资源共享，提高了设备的利用率，减少设备数量，节省投资，降低维护难度，有利于节能减排。

2. 建设“水路交通信息体系云”

探索建设“水路交通信息体系云”，形成一个面向全行业的数据资源云及水路交通信息体系云。

（1）基于云计算体系架构的开放式海量交通数据汇聚、处理融合、发布、共享和交换关键技术，包括海量交通数据实时汇聚、智能海量水路交通服务数据处理与融合、基于云计算的出行服务体系架构、面向个性化应用的水路交通信息服务自适配与服务组合、面向多模异构导航终端的出行信息发布编码、水运交通出行信息共享交换等技术。

（2）面向水运交通出行的基础云计算工具，包括并行数据挖掘工具、分布式海量数据仓库、弹性计算系统、云存储系统和Map-Reduce并行计算执行环境等云基础工具。

（3）建设形成海量异构交通数据聚合管理、交通出行信息处理融合、交通出行服务质量管理、多模式交通信息开放服务等基础服务系统。水路交通出行基础服务系统提供多源异构海量交通数据汇聚、管理、融合处理、共享和交换等基础服务，支持交通数据、业务处理和出行服务的全方位开放、分布式可扩展、安全隔离和细粒度运行机制，并保障第三方应用服务并发访问的高效性与吞吐量，以及平台运行的稳定性与可靠性。

云计算基础设施提供了云计算硬件环境以及云服务基础架构，如图1.6所示。通过集成后台数据中心的高性能计算服务、海量存储系统和异构复杂交通数据，提供分布式文件系统、分布式海量数据仓库、分布式计算框架、集群管理、云存储系统、弹性计算系统、并行数据挖掘工具等关键功能。

如图1.7所示，云计算基础设施主要分为三个层次：虚拟资源层、云计算基础工具层、云计算基础服务层。虚拟资源层构建在海量同质化PC与不可靠硬盘的基础上，使用开源的Xen提供计算资源的虚拟化，运行在开源的Linux系统之上，虚拟资源层能够最大化利用硬件资源。

云计算基础工具层主要提供了分布式计算工具，包括MapReduce分布式并行计算框架、结构化数据存储工具、分布式海量数据文件存储系统、海量对象存储系统以及云计算平台系统管理。云计算基础服务层提供云服务基础工

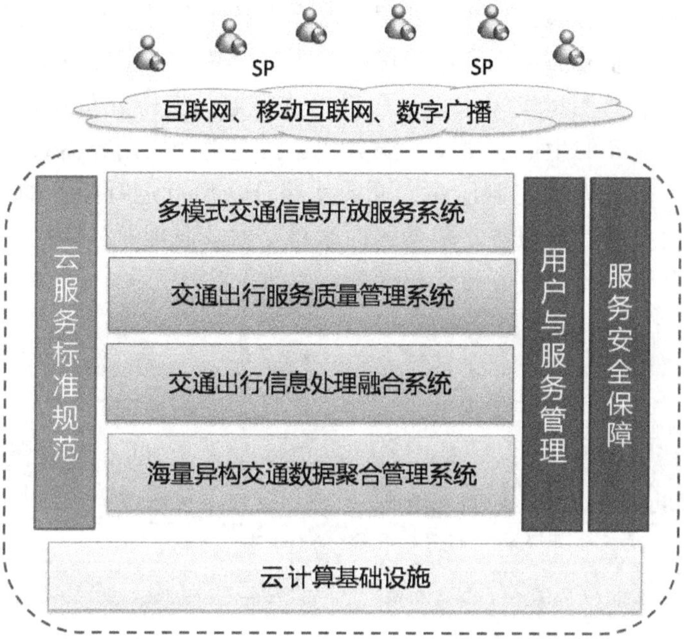

图 1.6 信息资源整合与服务体系云架构

图 1.7 云计算基础设施体系架构

具，包括数据挖掘工具库、云存储中间件、搜索引擎核等。

未来的水运交通服务云平台将具有依托移动互联网云服务模式的通用海量交通数据智能处理和服务开放基础体系架构，适用于面向交通行业的多种业务模式，提供基于交通数据、业务处理和出行服务的多层次开放式接口；平台具有数据虚拟化、业务虚拟化和架构虚拟化机制，充分支持服务提供商业务应用的安全、可靠、透明运营需求；采用组件式容器，支持分布式封装和热部署，满足覆盖增值业务的生产、测试、服务、运营全生命周期容器式业务管理。基于平台可进行二次开发定制应用，面向水路公众出行进行业务的整合和优化，提供多模水路交通信息服务，覆盖面向水路交通及通用业务应用，支持第三方水路交通信息服务商的服务开发和运营。如图 1.8 所示。

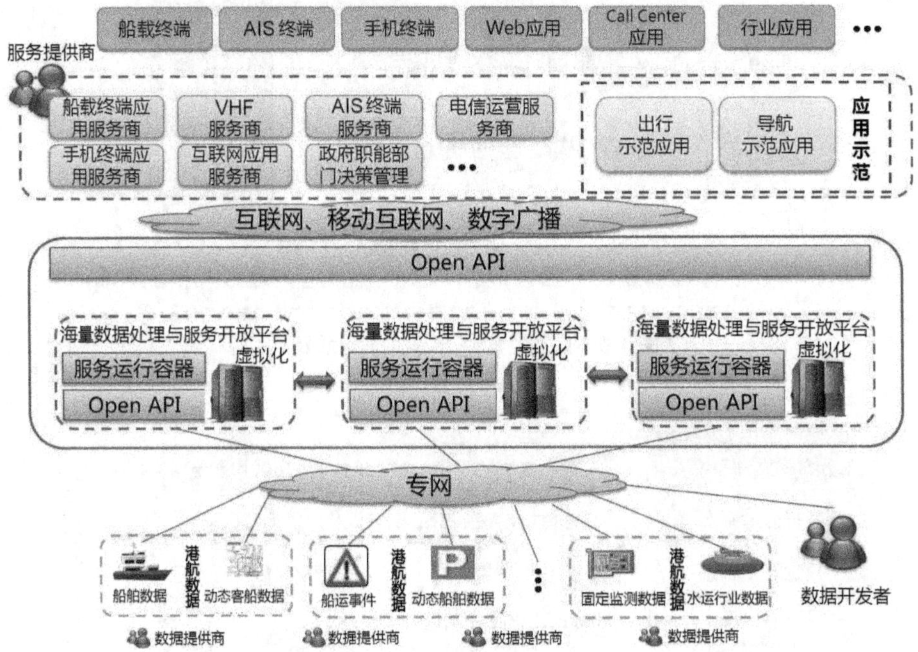

图 1.8 基于云基础设施的水路交通出行服务云部署结构图

1.7.2 把物联网技术引入水路交通信息体系

物联网新技术的应用在我国正方兴未艾，在水路交通信息资源整合与服务体系中，特别是对水路运行监测系统将有广阔的应用前景。需要认真研究、加大力度，把物联网技术逐步引入水路交通信息整合服务体系。

目前，交通运输行业在水路交通运输动态信息采集与监控方面主要使用船载卫星定位系统、视频监控、船舶自动识别、船舶交通管理等传统技术实现船舶的动态信息采集。进一步加强对水路基础设施和运输装备的监测监控，进一步加强水路交通运输行业信息资源的整合力度，提高水路交通运输安全监管与应急反应能力，基于物联网技术，建设智慧型水路交通基础设施，应用船联网等新技术，是我国提高水路路网监管水平和运营效率，提升水路交通运输信息资源整合的力度，实现水路交通运输信息化的可持续发展的有效途径和必然选择。

早期的物联网是依托射频识别（RFID）技术的物流网络，随着技术和应用的发展，物联网的内涵已经发生了较大变化。目前物联网是指在物理世界的实体中部署具有一定感知能力、计算能力和执行能力的嵌入式芯片和软件，使之成为“智能物体”，通过网络设施实现信息传输、协同和处理，从而实现物与物、物与人之间的互联。物联网的关键环节包括“感知、传输、处理”。物联网所涉及的核心技术包括网络和通信技术、新一代智能传感器与执行器技术、嵌入式芯片与软件、RFID联网技术等。

水路交通运输行业是物联网应用和发展的重大领域之一，也是“物联网”的重要环节。以RFID（射频识别）技术为代表的物联网技术广泛应用于水路物流仓储、水路交通运输、海事管理、水运监控跟踪众多领域，使其在“感知中国”道路上迈出“感知交通”的重要一步，进一步提升和促进了现代水路交通运输业的信息化水平，在水路交通运输体系范围内研究物联网技术的应用非常必要，其必要性主要体现在以下几方面：

（1）物联网技术的应用必然加快水运交通运输设施装备信息化的程度，满足交通运输服务型行业的新需求。随着经济社会发展和科技进步，水路交通运输是国家的基础产业和服务性行业，水路交通运输行业也是建立两型社会和低碳社会的重点行业。用现代科技和信息技术改造、提升基础设施和运输装备，适应经济社会发展和人民群众对交通运输安全性、快捷性和多样化、个性化需求，是水路交通运输文明进步和现代化的重要标志。

物联网技术在水路交通运输领域的应用，有效地对现有设施装备进行更新改造和优化升级，推进水路交通运输的信息化进程，将实现全行业数据资源的动态采集、准确分析、统一管理、快速发布和共享交换，提高现有航道、港口等基础设施和船舶等运输工具的运营效能和管理水平。物联网技术的应用将为水路交通运输系统管理者提供实时数据，以便其依据环境因素做出更好的水路交通管理决策；水路交通运输物联网建设促进了绿色交通运输，推动新能源和清洁船舶开发应用；还将使船舶在航道上的行驶和停留时间大量减少，并大大降低船舶噪声总量和尾气的总排放量，带来巨大的生态环境效益，满足水路交通运输行业发展和和谐社会发展的新需求。

（2）物联网技术的应用将加速实现水路交通运输系统间信息资源共享与业务协同，从而促进水路交通运输业发展方式的转变。与传统的提高水路交通运输服务水平的手段相比，依托物联网技术的水路交通运输体系将不再单纯依靠建设更多的基础设施、消耗大量资源来实现水路交通运输系统之间的协同和共赢，而是在现有或较完善的设施基础上，将先进的通信技术、信息技术、控制技术有机地结合，综合运用于整个水路交通运输系统。

通过物联网技术的广泛应用，加快水路交通运输行业信息资源的整合开发和综合利用。通过建立水路综合信息服务系统平台，可以促进水路综合运输管理和公共信息服务平台的建设，提高水路信息资源的共享水平，推进水路信息服务业发展；通过加强综合运输枢纽建设，可以有效地实现各种运输方式“无缝衔接”和“零距离换乘”，优化水路交通运输结构，推进规模化、集约化、网络化运输，引导营运船舶向大型化、专业化、清洁化方向发展，从而提升物联网产业链价值，促进水路交通运输业发展方式的转变，实现水路交通运输产业可持续发展。

（3）物联网技术的应用将成为推进综合运输体系发展的必要技术支撑。国家交通运输部把加快发展综合运输体系作为一项战略任务，要求加快行政管理体制改革，形成权责一致、分工合理、决策科学、执行顺畅、监督有力的行政管理体制。综合运输体系是各种运输方式在现代经济条件下共同组成的布局合理、优势互补、分工明确、衔接顺畅的运输系统和服务系统。

物联网利用各种信息技术、传感技术，把各种交通工具、基础设施连接起来，实现全方位的信息沟通。通过信息化提高水路交通运输产业的整体效率，提升水路交通运输行业的整体素质，提高水路交通行业的综合竞争力，推进综合运输体系的发展建设。

（4）物联网技术的应用在提高水路交通运输安全监管及应急处置能力方面发挥着重要作用。近些年来，重特大自然灾害、恐怖袭击、重大疫情等突发性事件的增多，对交通运输体系安全构成了严重影响和威胁。加强水路交通运输安全监管，防范重、特大事故发生，提高应急保障能力，有效应对和处置突发事件，既是水路交通运输科学发展的重要前提，也是转变发展方式、加快发展现代水路交通运输业的根本保障。

水路交通运输物联网通过建立基于“感知”的交通运输安全监管和应急管理系统，在水路交通运输重大风险源的实时监测、危险品运输过程全方位管理监控、水上交通智能安全监管、海事应急指挥搜救等方面，为应急指挥、搜救提供了辅助决策支持的能力，不断健全水路安全监管和应急保障体系。

1.7.3　把大数据引入水路交通信息体系

大数据时代的到来使得有前瞻性的政府和企业都已经认识到“得数据者得天下”，未来，手中握有数据将不啻于站在金矿上——基于数据交易能产生很好的效益，基于数据挖掘将诞生许多新的商业模式。有统计显示，大数据所形成的全球市场规模将在51亿美元左右，而到2017年，此数据预计会上涨到530亿美元。对采集的海量原始数据进行挖掘和分析，还需要成百上千个项目的支撑，需要使用物联网、移动互联、大数据、云计算等高精尖技术，实现海量数据的储存和管理。

大数据是指无法在一定时间内用常规软件工具对其内容进行抓取、管理和处理的数据集合。大数据技术，是指从各种各样类型的数据中，快速获得有价值信息的能力。适用于大数据的技术，包括大规模并行处理（MPP）数据库、数据挖掘电网、分布式文件系统、分布式数据库、云计算平台、互联网、可扩展的存储系统。大数据具有4个基本特征：

（1）数据体量巨大。百度资料表明，其首页导航每天需要提供的数据超过1.5PB（1PB=1024TB），这些数据如果打印出来将超过5千亿张A4纸。有资料显示，到目前为止，人类生产的所有印刷材料的数据量仅为200PB。

（2）数据类型多样。现在的数据类型不仅是文本形式，更多的是图片、视频、音频、地理位置信息等多类型的数据，个性化数据占绝对多数。

（3）处理速度快。数据处理遵循“1秒定律”，可从各种类型的数据中快速获得高价值的信息。

（4）价值密度低。以视频为例，一小时的视频，在不间断的监控过程中，可能有用的数据仅仅只有一两秒。

众所周知，大数据已经不简简单单是数据大的事实了，而最重要的现实是对大数据进行分析，只有通过分析才能获取很多智能的、深入的、有价值的信息。越来越多的应用涉及大数据，而这些大数据的属性，包括数量、速度、多样性等都呈现了大数据不断增长的复杂性，所以大数据的分析方法在大数据领域就显得尤为重要，可以说是决定最终信息是否有价值的决定性因素。基于如此的认识，大数据分析普遍存在的方法理论有哪些呢？

（1）可视化分析。大数据分析的使用者有大数据分析专家，同时还有普通用户，但是他们二者对于大数据分析最基本的要求就是可视化分析，因为可视化分析能够直观地呈现大数据特点，同时能够非常容易被读者所接受，就如同看图说话一样简单明了。

（2）数据挖掘算法。大数据分析的理论核心就是数据挖掘算法，各种数据挖掘的算法基于不同的数据类型和格式才能更加科学地呈现出数据本身具备的特点，也正是因为这些被全世界统计学家所公认的各种统计方法（可以称之为真理）才能深入数据内部，挖掘出公认的价值。另外一个方面也是因为有这些数据挖掘的算法才能更快速地处理大数据，如果一个算法得花上好几年才能得出结论，那大数据的价值也就无从说起了。

（3）预测性分析。大数据分析最重要的应用领域之一就是预测性分析，从大数据中挖掘出特点，通过科学的建立模型，之后便可以通过模型带入新的数据，从而预测未来的数据。

（4）语义引擎。非结构化数据的多元化给数据分析带来新的挑战，我们需要一套工具系统地去分析，提炼数据。语义引擎需要有足够的人工智能以从数据中主动地提取信息。

（5）数据质量和数据管理。大数据分析离不开数据质量和数据管理，高质量的数据和有效的数据管理，无论是在学术研究还是在商业应用领域，都能够保证分析结果的真实和有价值。

大数据分析的基础就是以上五个方面，当然更加深入大数据分析的话，还有很多很多更加有特点的、更加深入的、更加专业的大数据分析方法。

整个大数据处理的普遍流程至少应该满足以下四个方面的步骤，才能算得上是一个比较完整的大数据处理。

（1）采集。大数据的采集是指利用多个数据库来接收发自客户端（Web、App 或者传感器形式等）的数据，并且用户可以通过这些数据库来进行简单的查询和处理工作。比如，电商会使用传统的关系型数据库 MySQL 和 Oracle 等来存储每一笔事务数据，除此之外，Redis 和 MongoDB 这样的 NoSQL 数据库也常用于数据的采集。

在大数据的采集过程中，其主要特点和挑战是并发数高，因为同时有可能会有成千上万的用户来进行访问和操作，比如火车票售票网站和淘宝网，它们并发的访问量在峰值时达到上百万，所以需要在采集端部署大量数据库才能支撑。

（2）导入 / 预处理。虽然采集端本身会有很多数据库，但是如果要对这些海量数据进行有效的分析，还是应该将这些来自前端的数据导入到一个集中的大型分布式数据库或者分布式存储集群，并且可以在导入基础上做一些简单的清洗和预处理工作。也有一些用户会在导入时使用来自 Twitter 的 Storm 来对数据进行流式计算，来满足部分业务的实时计算需求。

导入与预处理过程的特点和挑战主要是导入的数据量大，每秒钟的导入量经常会达到百兆，甚至千兆级别。

（3）统计 / 分析。统计与分析主要利用分布式数据库或者分布式计算集群来对存储于其内的海量数据进行普通的分析和分类汇总等，以满足大多数常见的分析需求，在这方面，一些实时性需求会用到 EMC（易安信公司）的 GreenPlum、Oracle 的 Exadata，以及基于 MySQL 的列式存储 Infobright 等，而一些批处理或者基于半结构化数据的需求可以使用 Hadoop。

统计与分析这部分的主要特点和挑战是分析涉及的数据量大，其对系统资源，特别是I/O会有极大的占用。

（4）挖掘。与前面统计和分析过程不同的是，数据挖掘一般没有什么预先设定好的主题，主要是在现有数据上面进行基于各种算法的计算，从而起到预测（Predict）的效果，进而实现一些高级别数据分析的需求。比较典型算法有用于聚类的Kmeans、用于统计学习的SVM和用于分类的NaiveBayes，主要使用的工具有Hadoop的Mahout等。该过程的特点和挑战主要是用于挖掘的算法很复杂，并且计算涉及的数据量和计算量都很大，常用数据挖掘算法都以单线程为主。

数据应用为社会上的诸多产业带来潜移默化的变革。每一分钟，我国的航运业发生了什么？有600吨货物通过水路运输，有300万吨货物通过水路中转，有2万吨货物抵达或离开港口，有370只集装箱运往世界各地，有160位旅客乘船出行。当前，尽管航运业运行产生海量数据，但是，这些数据目前却保持着一种混乱状态：标准涣散、条块割据、处理缓慢、目标缺失，这导致航运业成为一个数据上的“三无”产业。

将大数据技术应用在水路交通体系中，如何实现数据和信息的交换与集成，并最终实现数据的商业应用，如何通过对大数据的研发应用来改善提高竞争力，全面服务于口岸物流、通关服务、贸易金融和电子政务等领域，覆盖全产业链，这就涉及航运大数据应用的问题。

航运业是最受世界经济影响的周期性行业，其实在这个跌宕起伏、神秘莫测的周期中已经隐含着一个大数据的概念。大数据革命是一个难得的机遇，也是一个艰难的挑战，面对这种变革，如何对现有数据进行保护，实现高效的存储，如何有效地管理和利用数据，使企业的营销管理更加智慧化，成为企业要面临的新课题。一些大型航运企业，在经营中积累了大量极具商业价值的航运专业数据，而且培养了一大批IT专业人才，这些都是开发大数据的独特的宝贵资源。如果能尽快意识到大数据带来的潜在商机，航运企业可以在大数据的开发和应用方面抢占商机，并将获得明显的行业竞争优势。根据美国企业和阿里巴巴的经验，航运企业可以在班轮运输、干散货运输和运费定价的预测等方面开展大数据的研发和应用工作，通过对所收集的数据进行分析，提高航运企业在航运业特别是物流方面的竞争力和利润率，同时发现新的商机。

伴随着移动互联网的步伐及水运大数据的应用，通过数据的清洗、整合和挖掘，水运数据蕴藏的丰富的信息和价值会得到进一步的应用和巨大商业价值提升，水运数据中心将为船东、船厂、货主、银行、保险、基金公司、港口等提供船舶经营服务、货主经营服务、航运金融服务、用户职业服务等信息；同时全面提升水运相关信息为政府、行业和社会服务的水平。

当前是大数据信息时代，数据的规模、活性，以及收集、运用数据的能力等元素是数据商品化的标签。通过对大数据技术的应用，可采取迭代式开发方式，建造水运数据服务、经济运行分析、投资决策、优化运输过程、便利公众水路出行、涉水行业管理、行业社会化沟通、行业媒体倾听的精细化深度整合互联网平台，实现洞察信息产业发展规律的目标。

1.8 数字港航关键技术

现代信息技术日新月异，港航业的信息化正逐步从数字化向智慧化发展。建立全面感知、广泛互联、深度融合、智慧应用、机制完善的智慧港航技术体系，需要新一代的网络与通信技术，需要无线传感器网络、射频识别技术（RFID）、M2M 技术、GPS 技术等关键技术来支撑。

1.8.1 网络与通信技术

网络是数字港航信息传递和服务支撑的基础设施，通过广泛的互联功能，实现感知信息的高可靠性、高安全性传送，数字港航中感知数据的传递主要依托网络的通信技术，其中涉及更多的是无线网络技术和移动通信技术。

无线网络技术主要包括蓝牙、红外、ZigBee（低功耗近距无线组网技术）、超宽带、Wi-Fi（无线保真）等，它们的最高传输速率大于 100Mbit/s，支持视频、音频等多媒体信息的传输，可以广泛应用于物联网底层数据的感知。但是由于绝大多数的短距离无线网络技术都应用在公共的 JSM 频段，频段间的干扰问题日益严重。如何避免冲突，实现频率间的复用需要进一步解决。

蓝牙是一种小型化、低成本和微功率的无线通信技术，提供点对点和点对多点的无线连接，在任意有效通信范围内，所有设备的地位都是平等的，是一种典型的 Ad-hoc 网络结构（无中心自组织的多跳无线网络）。目前，蓝牙技术已经广泛应用于手机、耳机、PDA、数码相机和数码摄像机等设备中。

红外使用红外线作为载波，是一种点对点的传输方式，只能视距传输，覆盖范围约为 1m，带宽通常为 100Kbit/s。红外适合于低成本、跨平台的数据连接，主要应用于移动设备之间的数据交换。目前红外技术在红外线鼠标、红外线打印机等设备中均有应用。

ZigBee 技术是一种面向工业自动化和家庭自动化的低速、低功耗、低成本的无线网络技术。ZigBee 适用于多个数据采集与控制点、数据传输量不大、覆盖面广、造价低的应用领域，在家庭网络、安全监控、医疗保健、工业控制、无线定位等方面有较好的应用前景。

UWB（Ultra Wide Band，超宽带）技术具有低成本、低功耗、高性能等优点，因此成为近距离无线通信研究的热点技术。与常规无线通信技术相比，其电路简单、成本低廉，具有很高的分辨率和很低的发射功率，可以实现全数字化结构，主要应用于小范围，高分辨率，能够穿透墙壁、地面、身体的雷达和图像系统中。UWB 的一个非常有前途的应用是车船防撞系统。戴姆勒–克莱斯勒公司已经试制出用于自动刹车系统的雷达。

Wi-Fi（Wireless Fidelity，无线保真）是一种短程无线传输技术，能够在数百米范围内支持互联网接入，可以将个人计算机、手持设备（如 PDA、手机）等终端以无线方式互相连接。Wi-Fi 为用户提供了无线宽带的互联网访问方式，为在家中、办公室或旅途中上网提供了快速、便捷的途径。能够访问 Wi-Fi 网络的地方被称为热点。大部分热点都位于人群集中的地方，例如车船、港口、旅馆等。Wi-Fi 热点是通过在互联网连接上安装访问点来创建的，这个访问点将无线信号通过短程进行传输，一般覆盖范围为 100m。

移动通信技术应用于底层感知数据的远程传输，通过不同类型网络最终将数据交付给用户使用，主要包括 2G/3G/4G 移动通信技术。

第三代移动通信技术简称为“3G”，是指支持高速数据传输的蜂窝移动通信技术。3G 服务能够同时支持语音通话信号、电子邮件、即时通信数字信号的高速传输。相对于 2G 而言，3G 能够在全球范围内更好地实现无线漫游，提供网页浏览、电话会议、电子商务、视频等多种信息服务。为了提供这种服务，无线网络必须能够支持不同的数据传输速度。3G 可以根据室内、室外和移动环境中不同应用的需求，分别支持不同的传输速率。同时，3G 也要考虑与已有 2G 系统的兼容性。

4G 是第 4 代移动通信及其技术的简称，是集 3G 与 WLAN 于一体、能够传输高质量视频图像、图像传输质量与高清晰度电视不相上下的技术产品。4G 系统能够以 100Mbit/s 的速度下载，比电话拨号上网快 2000 倍，上传的速度达到 20Mbit/s，能够满足几乎所有用户对于无线服务的需求。

适应数字港航的业务需求，实现信息安全、可靠的传送，是当前数字港航研究的一个重点，对网络与通信技术提出了更高要求，而以 IPv6 为核心的下一代网络的发展，更为数字港航提供了高效的传送通道。数字港航中的网络层面将不再局限于传统的、单一的网络结构，并最终实现互联网、2G/3G/4G 移动通信网、广电网等不同类型网络的无缝、透明的协同与融合。

1.8.2 甚高频（VHF）与中 / 高频（MF/HF）技术

1. 甚高频（VHF）

VHF 的全称为 Very High Frequency，是指频带为 30~300MHz 的无线电电波。带宽通常为 25kHz，为了频谱的效率，12.5kHz 也是允许的。VHF 主要应用于 FM 电台广播、电视广播、地面–飞机之间的通信（导航和交通控制）、陆地移动站（应急、商业和军事领域）、海上移动通信，以及私人广播（Amateur radio）和天气广播等。

在海上移动通信中，随处可见VHF的身影，包括遇险报警、安全信息和一般性通信。利用VHF频段（156.025~162.025 MHz）的语音通信，是船到岸、船到船通信的主要方式。通常VHF通信为单工方式，即每次通信都是单向的，但是VHF也可以进行双向的通信，使用CH16（156.8MHz）和另一个通道。也有使用VHF频段的卫星通信，通常提供SMS、天气和追踪方面的商业服务（如Orbcomm卫星）。

VHF通信方式的优势在于便宜、可靠（具有纠错机制）、安全（具有加密手段）、无时延、不易受干扰（与宽频无线电相比）。

VHF传播的特性使其仅适用于短距离通信。由于电离层在正常情况下只能反射40MHz以下的无线电波，高于40MHz的无线电波会穿透电离层射向太空，所以电离层通常不能反射VHF的信号，VHF的使用受到距离的限制。该现象可以称为“视线现象”（Line-of-sight），即在没有阻碍的情况下，两个天线必须彼此看见才能进行通信。VHF的通信距离主要由天线的高度和增益、发射机输出环境和接收机灵敏度、周围有无障碍物等因素决定。在海事领域，发射机的功率为1 ~ 25W，因此立在大船或高山间的天线的通信距离约111km，立在海平面上小船间天线的通信距离约9km。与较低频率的技术（如HF）相比，VHF不易被环境噪声和电子设备影响，更易受地形因素影响。

2. 中/高频（MF/HF）

MF/HF全称为Medium Frequency/ High Frequency Band，可以利用它在船到船、船到岸、岸到船三个方向间进行语音、数据通信。MF/HF支持利用DSC（数字选择性呼叫）、NBDP（窄带直接印字电报）和语音/数据方式，进行一般性通信和遇险相关通信。在海事通信中，MF/HF的频率范围为1.6 ~ 26.5 MHz，遇险通信所使用的频段是其中的一个子集。带宽分别为0.5kHz（DSC和NBDP）和3kHz（语音和数据）。

由于电离层可以很好地折射MF/HF信号，使跨洲、甚至全球的长距离通信成为可能，但是由于该折射受到很多因素的影响，如发射和接收处的太阳光线、季节、太阳活动、极光等，所以MF/HF的通信并不稳定。MF的传播主要依赖于地面波（ground-wave），岸站至多可以在300nm的范围内进行语音通信，对于船站，因为发射机和天线系统都略差，通常可以在150nm的范围内进行语音通信，在300nm内进行DSC和电传通信。HF主要依赖于天空波（折射），一般HF的频率越高，它可以传播的距离越远，在日出和日落时信号是很不稳定的。

1.8.3 无线传感器网络

无线传感器网络（WSN）是由部署在监测区域内大量微型而又廉价的传感器节点组成，通过无线通信方式搭建的一个多跳的具有自组织特点的网络系统，其目的是将覆盖区域中的感知对象的信息进行感知、采集和处理，并最终发送给观测者，无线传感器网络结构如图 1.9 所示。

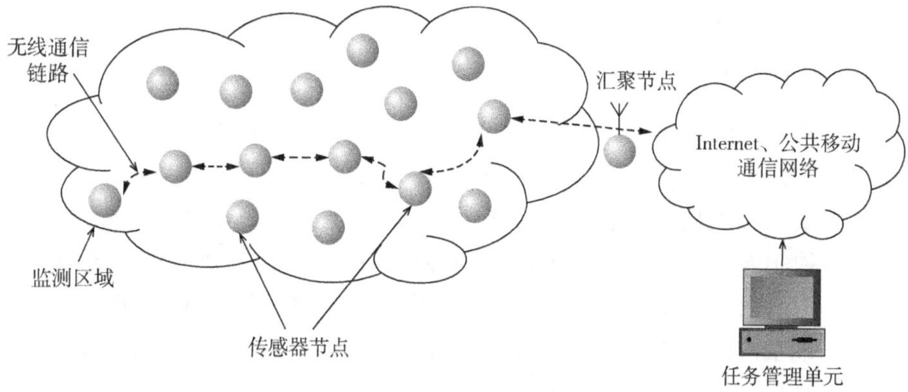

图 1.9 无线传感器网络结构

无线传感器网络是由大量传感器节点通过无线通信方式形成的一个多跳的自组织网络系统，它能够实现数据采集的量化处理、融合和传输。其综合了微电子技术、嵌入式计算技术、现代网络及无线通信技术、分布式信息处理技术等先进技术，能够协同地实时感知和采集网络覆盖区域中各种环境或监测对象的信息，并对其进行处理，再将处理后的信息通过无线方式发送，并以自组织多跳的网络方式传送给观察者。

无线传感器网络是一种无中心节点的全分布系统，通过随机投放的方式，将众多传感器节点密集部署在监控区域。这些传感器节点集成有传感器、数据处理单元和通信模块，它们通过无线通道相连，自组织地构成网络系统。传感器节点借助于其内置的形式多样的传感器，测量所在周边环境中的热、红外、声呐、雷达和地震波信号，也包括温度、湿度、噪声、光强度、压力、土壤成分、移动物体的大小、速度和方向等众多人们感兴趣的物理现象。传感器节点间具有良好的协作能力，通过局部的数据交换来完成全局任务。由于传感器网络的节点特点的要求，多跳、对等的通信方式较之传统的单跳、主从通信方式更适合于无线传感器网络，同时还可有效避免在长距离无线信号传播过程中遇到的信号衰落和干扰等问题。通过网关，传感器网络还可以连接到现有的网络基础设施上，从而将采集到的信息回传给远程的终端用户使用。

无线传感器网络将逻辑上的信息世界与客观上的物理世界融合在一起，改变人与自然界的交互方式。人们将通过遍布在四周的传感器网络直接感知客观世界，从而极大地扩展网络的功能和人类认识世界的能力。无线传感器网络具有十分广泛的应用前景，范围涵盖交通、军事和家庭等很多领域。例如，无线传感器网络快速部署、自组织和容错特性使其可以在交通、指挥、控制、通信、计算、智能、监测、勘测方面起到不可替代的作用。在港航领域，可以部署无线传感器网络用来监测船舶运行。其他商业应用还包括跟踪产品质量、监测危险地域等。

1.8.4　RFID 技术

射频识别（RFID）技术是数字港航感知层的关键技术之一，是一种非接触式的自动识别技术，它通过无线射频方式进行双向数据通信，对目标对象加以识别并获取相关数据。它广泛应用于交通、物流、军事、医疗、安全与产权保护等各种领域，可以实现全球范围的各种产品、物资流动过程中的动态、快速、准确的识别与管理，因此已经引起了世界各国政府与产业界的广泛关注。

典型的 RFID 系统由标签（Tag）、阅读器（Reader）、天线（Antenna）、计算机四部分组成，如图 1.10 所示。

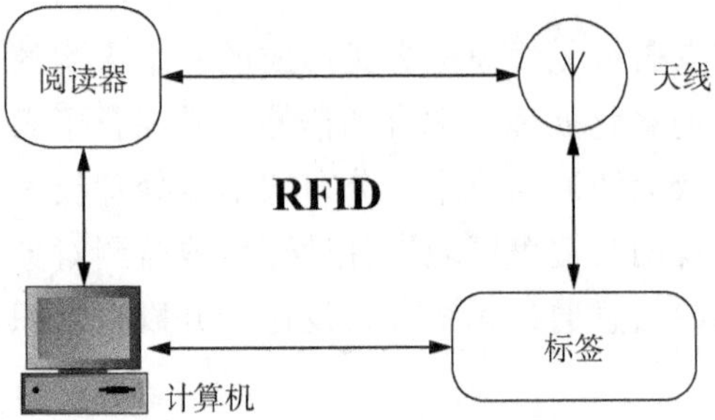

图 1.10　RFID 系统图

标签又称电子标签、射频卡或应答器，类似货物包装上的条形码功能，记载货物的信息，是 RFID 系统真正的数据载体，用以标识目标对象。RFID 标签是一种集成电路产品，由耦合元件和专用芯片组成。RFID 标签芯片的内部结构包括谐振回路、射频接口电路、数字控制和数据存储体四部分。给移动或非移动物体附上 RFID 标签，就意味着把“物”变成了“智能物”，就可以实现对不同物体的跟踪与管理。

阅读器又称读 / 写器或读卡器，是读取（或写入）标签信息的设备。RFID 阅读器可以无接触地读取并识别 RFID 标签中所保存的电子数据，从而达到自动识别物体的目的。

天线是将 RFID 标签的数据信息传递给阅读器的设备。RFID 天线可分为标签天线和阅读器天线两种类型。这两种天线因工作特性不同，在设计上关注重点也有所不同。对于标签天线，着重考虑天线的全向性、阻抗匹配、尺寸、极化、造价，以及能否提供足够能量驱动 RFID 芯片等方面。对于阅读器天线，考虑更多的是天线的方向性、天线频带等因素。

计算机用做后台控制系统，通过有线或无线方式与读写器相连，获取电子标签的内部信息，对读取的数据进行筛选和处理并进行后台处理。通常将电子标签、读写器和天线三者称为前端数据采集系统。

按照 RFID 标签有源和无源来划分，RFID 系统可分为：主动式、半主动式和被动式 3 种。主动式和半主动式标签内部都携带电源，因此均为有源标签。无源被动式 RFID 标签内部没有电源设备，其内部集成电路通过接收由阅读器发出的电磁波进行驱动，向阅读器发送数据。

RFID 系统按工作频率可以分为低频（LF）、高频（HF）、超高频（UHF）和微波（MF）4 种，如表 1.1 所示。

表 1.1 RFID 工作频率分类表

频 段	频率范围	工作原理	应用特点
低频（LF）	30~300kHz	电磁感应	识读距离短（<10cm），低成本，被动标签
高频（HF）	3~30MHz	电磁感应	识读距离短（<10cm），数据量大，被动标签
超高频（UHF）	300MHz~3GHz	反向散射	识读距离远（可达 10cm），速度快，被动标签
微波（MF）	24GHz, 5.8GHz	反向散射	识读距离远，速度快，半主动和被动标签

1.8.5 M2M 技术

M2M 指的是各类物体（机器）通过有线和无线的方式，在没有人为的干预下实现数据通信。这些物体可能是工业设备、电表、医疗设备、运输车队、移动电话、汽车、贩卖机、家电、健身设备、楼宇、大桥、公路和铁路设施等。这些物体将配备嵌入式通信技术产品，通过各类通信协议和其他的设备及 IT 系统进行信息交换，提供连续的、实时的和具体细节的信息，自动获取人类无法得到的大量信息。

在 M2M 技术中，信息的来源纷繁复杂，流向却是相同的。现有的 M2M 标准涉及 5 个重要的技术部分：机器、M2M 终端、通信网络、中间件、应用，如图 1.11 所示。

图 1.11 M2M 系统架构

从广义上来说，M2M 可代表机器对机器、人对机器、机器对人、移动网络对机器之间的连接与通信，它涵盖了所有实现存入、机器、系统之间建立通信连接的技术和手段。M2M 技术综合了数据采集、GPS、远程监控、通信等技术，能够实现业务流程的自动化。M2M 技术使所有机器设备都具备联网和通信能力，它让机器、人与系统之间实现超时空的无缝连接。M2M 作为数字港航的核心技术之一，主要应用在船舶管理、机械服务、维修业务、安全监测、水运交通系统等业务。M2M 应用在我国起步较早，目前在我国，中国移动、中国联通、中国电信等移动运营商是 M2M 的主要推动者，中国电信的 M2M 平台从 2007 年就开始搭建；中国移动搭建了 M2M 运营平台，要求所有与设备相关的 GPRS 数据流量都通过 M2M 平台；中国联通 M2M 相关业务已经推出。目前国内 M2M 业务应用如表 1.2 所示。

表 1.2 国内 M2M 业务应用

行 业	典型应用
电力部门	无线远程抄表
交通物流	移动定位、条码扫描
金融商业	无线 ATM、无线 POS
公共管理	水文、森林火警、空气质量等环境监测
生产部门	生产过程的监测与控制

1.8.6 GPS 技术

全球定位系统（Global Positioning System, GPS）是一种全新的定位方法，它是将卫星定位和导航技术与现代通信技术相结合，具有全时空、全天候、高精度、连续实时地提供导航、定位和授时的特点。GPS 在空间定位技术方面引起了革命性的变化，已经在越来越多的领域替代了常规的光学与电子定位设备。用 GPS 同时测定三维坐标的方法将测绘定位技术从陆地和近海扩展到整个地球空间和外层空间，从静态扩展到动态，从单点定位扩展到局部和广域范围，从事后处理扩展到定位、实时与导航。同时，GPS 系统将定位精度从米级提高到厘米级，可以广泛用于陆地、海洋、航空航天等领域。

GPS 由空间部分、地面控制部分与用户接收机 3 个部分组成。地面监控系统承担着两项任务，一是控制卫星运行状态与轨道参数，二是保证星座上所有卫星时间基准的一致性。GPS 接收机硬件一般由主机、天线和电源组成。为了准确定位，每一颗 GPS 卫星上都有两台原子钟，GPS 接收机需要从 GPS 信号中获取精确的时钟信息，通过判断卫星信号从发送到接收的传播时间来测算出观测点到卫星的距离，然后根据到不同卫星的距离通过计算得出自己在地球上的位置。GPS 接收机能够接收的卫星越多，定位的精度就越高。

目前全球主要的 GPS 系统有四个：美国的“全星球导航定位系统（GNSS）”、欧盟的“伽利略（Galileo）”卫星定位系统、俄罗斯的“格洛纳斯（GLONASS）”卫星定位系统与我国的“北斗”卫星定位系统。这四个系统并称为全球四大卫星导航系统。目前，联合国已将这四个系统确认为全球卫星导航系统核心供应商。

（1）美国的“全星球导航定位系统（GNSS）”。该系统是目前应用较为普遍的定位系统，它使用的是由波音公司与洛克西德•马丁公司制造的一种轨道航天器卫星。全星球导航定位系统由28颗轨道卫星组成，24颗正常工作，4颗备份，轨道高度为20 200km。第一代系统能够为军队的飞机、舰船与车辆提供高精度的三维速度与时间服务，同时也为民间用户提供精度较低的服务。该系统建设历经20年，耗资超过500亿美元，是继“阿波罗登月计划”和“航天飞机计划”之后的第三项庞大的空间计划。

（2）欧盟的“伽利略（Galileo）”卫星定位系统。Galileo是欧盟一个正在建造中的卫星定位系统，有“欧洲版GPS”之称，预计会于2014年开始运作并在2019年完工，该系统将提供开放服务、商业服务、公共规范服务和生命安全服务。其卫星总数达到38颗，离地面高度23 222km。

（3）俄罗斯的“格洛纳斯（GLONASS）”卫星定位系统。GLONASS是苏联在1976年启动的项目，可提供高精度的三维空间和速度信息，也提供授时服务。按照设计，格洛纳斯星座卫星由中轨道的24颗卫星组成，包括21颗工作星和3颗备份星，分布于3个圆形轨道面上，轨道高度19 100km，倾角64.8°。到2009年年底其服务范围拓展到全球。该系统主要服务内容包括确定陆地、海上及空中目标的坐标及运动速度信息等。

（4）我国的“北斗”卫星定位系统。“北斗”卫星定位系统是中国自行研制开发的区域性有源三维卫星定位与通信系统，可在全球范围内全天候、全天时为各类用户提供高精度、高可靠的定位、导航、授时服务，并兼具短报文通信能力。第8颗和第9颗北斗卫星于2011年被长征三号甲运载火箭送入太空预定转移轨道。从2011年12月27日起，已开始向中国及周边地区提供连续的导航定位和授时服务，该系统将在2020年形成全球覆盖能力。

1.8.7 AIS技术

船舶自动识别系统（Automatic Identification System, AIS）是一种新型的集网络技术、现代通信技术、计算机技术、电子信息显示技术为一体的数字助航系统和设备。AIS是一种为船舶和VTS（Vessel Traffic Services）使用的，主要用来识别和定位船舶的系统。AIS为船舶提供了一种与他船或岸基VTS自动交换船舶信息的一种手段，这种信息可以显示在屏幕上或ECDIS（电子海图显示与信息系统）上，可以方便海事监管人员跟踪和监控船舶的航行路线。AIS系统的目的就是在于识别船舶；帮助岸台和其他船舶跟踪目标，为避免碰撞提供辅助信息；简化和促进信息交换，减少强制口头报告。

AIS工作在海上VHF波段，其主要功能包括以下三个方面：

（1）连续向其他船舶和VTS站传送船舶自身数据。

（2）连续接受其他船舶和 VTS 站的数据。

（3）显示这种数据。

AIS 发送或接收的数据包含以下信息：

（1）静态信息。包括：IMO 编码、MMSI 码（海上移动识别码）、船舶呼号、船名、船舶长度和宽度、船舶类型、定位天线在船上位置。

（2）动态信息。包括：船位、国际协调时、对地航向、对地航速、航迹向、航行状态、转向率、横倾角、纵倾和横摆。

（3）与航次相关的信息。包括：船舶吃水、危险货物的类型、目的港和预计到达的时间、航行计划、简明安全信息。

当船舶在航或锚泊时，AIS 应始终处于工作状态，数据的传输依赖航速与航向的改变，按具体规定的时间间隔定时发出。AIS 的实施在船舶航行避碰，船舶自动识别，船舶遇险、搜救，海岸监控等方面都有重要的意义。尤其是海岸监控，能够对船舶进行实时跟踪，在未来的海上安全信息共享中必将发挥重要的作用。

1.8.8 视频智能分析技术

视频智能分析技术即利用动态图像理解技术和多视觉传感器数据融合技术对内河船舶的交通状况进行检测的技术。视频智能分析技术应用于内河的安全预警，通过对交通流信息的实时采集、处理、跟踪与分析，得到内河航道中交通状态信息，如船舶流量、船舶速度、通航密度等重要基础信息。

1.8.9 内河电子航道图技术（Inland ECDIS）

内河电子航道图是内河航道和航运管理部门进行航道日常管理、水上安全监管等工作的重要基础资料，也是我国重要的基础地理信息数据之一。目前，基于航道电子地图的内河航道应用系统正在广泛建设。但是，我国尚未形成统一规范的内河电子航道图标准，所使用的航道电子地图格式、内容各不相同，系统之间数据难以共享。因此，相关的内河电子航道图交换标准和显示标准亟需制定。

为了推动国际电子海图的发展和协调，使各国生产的电子海图能够兼容，国际海道测量组织（IHO）专门成立了制定电子海图标准的委员会（CHRIS），制定了电子海图的一系列标准，如电子海图交换标准（简称 S-57），国际海道测量组织还会同国际海事组织（IMO）和国际电工委员会（IEC）制定了电子海图显示及信息系统（ECDIS）标准（简称 S-52）等。鉴于一方面我国是 IHO 的会员国，另外水运本身即具有长距离、跨地区、跨国界运输的特点，交通部相关司局领导及业内有关专家提出，我国内河电子航道图标准规范的制定必须遵循相关的国际标准。除此之外，该规范还必须符合我国地理信息标准化的有关要求。

注：本书各章出现大量的“水路”与“水运”名词，从词义上来说，“水路”与“水运”的内涵是不同的，“水路”是指承载运输的通路，惯称航道；“水运”是指依托水路（航道）的运输。但由于交通运输管理层不同业务部门对同一业务的表述略有差异，交通运输部在《公路水路交通运输信息化“十二五”发展规划》提到“水路交通运输信息化”与交通运输部水运局在《全国水运行业综合信息平台建设方案及推进思路（征求意见稿）》提到的“水运信息化”其内涵相同。对文件中同一内容的两种表述，不便于统一，所以，本书所述的“水路信息化”与“水运信息化”的内涵是相同的。

第2章 数字港航建设总体构想

"谋定而后动，知止而有得"——孙子

当今中国的水运港航事业取得了过去任何时期不可比拟的伟大成就。按照中国港航业"兴内河、优港口、强海运"的发展目标，到2020年，我国将形成长江干线、西江航运干线、京杭运河、长江三角洲高等级航道网、珠江三角洲高等级航道网、18条主要干支流高等级航道（简称两横一纵两网十八线）和28个主要港口的布局，构成我国各主要水系以通航千吨级及以上船舶的航道为骨干的航道网络，以及以区域主要城市对外辐射的内河港口体系。内河高等级航道和主要港口将遍及全国20个省（自治区、直辖市），连接56个50万以上人口的城市。届时，将有越来越多的人择水而居、择水而行。

中国现代水运港航事业发展这一宏愿，需要信息化手段的强力支撑。孙子兵法云:"谋定而后动，知止而有得"。数字港航的建设将按照"顶层设计、整合资源、统一标准、互联互通、分步实施"的原则，构建水运行业信息化总体架构，推进水运信息综合平台建设。积极推进水运行政许可网上办理，完善运政、重点物资、建设市场、港口及航道等专业管理信息系统，整合现有各个信息系统为一个平台。简化程序，方便服务对象；完成水路运政管理信息系统的部省联网，再造业务流程。开展长江危险化学品运输调研，研究建立长江危险化学品运输动态监管信息平台，实施全过程动态监控；推进长三角、京杭运河、珠江等内河航运综合信息服务系统建设；深化交通电子口岸建设，加强同质检等相关口岸部门的合作，推动铁水联运信息化建设。积极推进水运工程物联网技术标准体系建设和信息化试点示范项目，完善水运工程建设标准体系。

2.1 我国数字港航建设战略构想

我国水域辽阔，大陆海岸线长18 000多公里，河流5万多条，总长42万多公里，有大小湖泊900多个。信息化建设贯穿水运交通发展的全过程，要充分认识到其复杂性、艰巨性和长期性。从总体来说，水运的信息化基础相对薄弱，发展也不平衡，不同地区、不同水域的差异很大。因此，数字港航建设是一项十分复杂的、庞大的系统工程，是一项长期的战略任务，其工程的复杂程度和规模之大并不亚于“物质（现实）港航”的建设，一个成熟的数字港航的建成需要二十几年或更长的时间。“物质（现实）港航”是可持续发展的，作为其虚拟对照体的数字港航也应是可持续发展的，因此必须长远规划、有序推进。数字港航建设的发展必须与国家信息化发展的规划相适应。“物质（现实）港航”与数字港航长期互动，最终推进和实现港航的信息化。

2.1.1　我国信息化发展的战略目标与方针

根据党中央、国务院批准的《2006—2020年国家信息化发展战略》，到2020年，我国信息化发展的战略目标是：综合信息基础设施基本普及，信息技术自主创新能力显著增强，信息产业结构全面优化，国家信息安全保障水平大幅提高，国民经济和社会信息化取得明显成效，新型工业化发展模式初步确立，国家信息化发展的制度环境和政策体系基本完善，国民信息技术应用能力显著提高，为迈向信息社会奠定坚实基础。

我国信息化发展的战略方针是：统筹规划、资源共享，深化应用、务求实效，面向市场、立足创新，军民结合、安全可靠。要以科学发展观为统领，以改革开放为动力，努力实现网络、应用、技术和产业的良性互动，促进网络融合，实现资源优化配置和信息共享。要以需求为主导，充分发挥市场机制配置资源的基础性作用，探索成本低、实效好的信息化发展模式。要以人为本，惠及全民，创造广大群众用得上、用得起、用得好的信息化发展环境。要把制度创新与技术创新放在同等重要的位置，完善体制机制，推动原始创新，加强集成创新，增强引进消化吸收再创新能力。要推动军民结合，协调发展。要高度重视信息安全，正确处理安全与发展之间的关系，以安全保发展，在发展中求安全。

2.1.2　我国数字港航的发展构想

我国数字港航的发展，应按照科学发展观的要求，坚持统一领导、统筹规划、先易后难、突出重点、以点带面、分步实施、注重实效的方针，到2020年初步建成具有中国特色的数字港航；到21世纪中叶，建成全面感知、广泛互联、深度融合、智慧应用、机制完善的智慧港航综合体系，全面达到甚至超过国际水平。

根据国家经济和信息化发展的思路，结合港航发展战略，建议实施数字港航的“三步走”策略。

（1）第一步，在国民经济“十三五”规划期间，到2020年以港航信息服务平台建设为核心，以应用为重点，加强保障体系建设。建立起能支撑水运交通现代化的、总体为初级水平的数字港航体系。使港航数字化基础设施、港航数字化管理、港航数字化经济、港航数字化环境从总体上达到初级的水平。能支持基本达到世界先进平均水平、以长江黄金水道为重点的内河航运基础设施、装备和服务体系；对实现海运综合实力、内河航运优势起推动作用；对与其他运输方式相互协调，形成安全、高效、畅通、可持续发展的水运交通系统起促进作用；能基本适应水运经济社会发展和国家经济安全的要求。

① 在环渤海、长江三角洲、东南沿海、珠江三角洲建成的数字港航体系，基本达到世界平均水平。

② 在我国的西江航运干线、珠江三角洲高等级航道网和澜沧江、黑龙江、淮河等内河航运建立起的数字港航体系，达到 21 世纪初世界发达国家港航信息化的平均水平。

③ 在我国的非水网地区和少数民族地区的水运干线建立起数字港航体系，达到世界发达国家港航 20 世纪末的平均水平。

（2）第二步，到 2030 年建立起能支撑水运交通现代化的、总体为中级水平的数字港航体系。使港航数字化基础设施、港航数字化管理、港航数字化经济、港航数字化环境从总体上达到中级水平。能支持达到世界先进水平，以长江黄金水道为重点的内河航运基础设施、装备和服务体系；对实现海运综合实力、内河航运优势起推动作用；对与其他运输方式相互协调，形成安全、高效、畅通、可持续发展的水运交通系统起促进作用；能较好适应水运经济社会发展和国家经济安全的要求。

① 在环渤海、长江三角洲、东南沿海、珠江三角洲建成的数字港航体系，达到世界先进水平。

② 在我国的西江航运干线、珠江三角洲高等级航道网和澜沧江、黑龙江、淮河等内河航运建立起的数字港航体系，达到 21 世纪 20 年代世界发达国家港航信息化的平均水平。

③ 在我国的非水网地区和少数民族地区的水运干线建立起数字港航体系，达到 21 世纪 10 年代世界发达国家港航信息化的平均水平。

（3）第三步，到 2050 年建立起能支撑水运交通现代化的、总体为高级水平的数字港航体系。使港航数字化基础设施、港航数字化管理、港航数字化经济、港航数字化环境从总体上达到高级水平。能支持达到甚至超过世界先进水平，以长江黄金水道为重点的内河航运基础设施、装备和服务体系；对实现海运综合实力强、内河航运优势起推动作用；对与其他运输方式相互协调，形成安全、高效、畅通、可持续发展的水路交通系统起促进作用；能完全适应水运经济社会发展和国家经济安全的要求。

① 在环渤海、长江三角洲、东南沿海、珠江三角洲的建成数字港航体系，

达到甚至超过世界先进水平。

② 在我国的西江航运干线、珠江三角洲高等级航道网和澜沧江、黑龙江、淮河等内河航运建立起的数字港航体系，达到21世纪30年代世界发达国家港航信息化的水平。

③ 在我国的非水网地区和少数民族地区的水运干线建立起数字港航体系，达到21世纪20年代世界发达国家港航信息化的水平。

港航信息化水平评估，建议交通运输部水运局根据港航的业务，参考《中国城市信息化指标体系方案（试行）》来制定港航信息化指数：如总分在85分以上为高级信息化；60至85分为中级信息化；30至60分为初级信息化。信息化水平等级划分标准可随港航信息化的发展情况与时俱进地进行调整和完善，以便分阶段引导、分层次推进，使数字港航的建设得到健康、有序、高效的发展。

2.1.3 我国数字港航的发展策略

1. 我国的数字港航建设必须结合国情

我国是一个幅员广阔的发展中国家，经济发展、文化背景、生活贫富的地区差异性很大，而数字港航建设又是一个长期的、复杂的、巨大的系统工程，这就决定了我国的数字港航建设必须结合国情。

考虑到不同地区之间、水域之间发展的差异性，特别是发达地区、欠发达地区和不发达地区之间的差异性，及随之而来的文化背景、技术支持能力等方面的差异性，不能脱离经济发展水平推进信息化，不能搞不切实际需要的信息化形象工程，更不要人为制造信息化硬环境的畸形发展和投资建设的攀比。

应根据港航的实际需要，根据实际条件和发展需要，在进行数字港航建设时有重点、有步骤地采取措施，不能强求一律，搞齐步走、一刀切、一个模式。从全国范围来讲，要结合东部、中部、西部地区各自的港航特点，在数字港航建设方案指导下制定符合本地区港航自身实际情况（技术、经济、文化背景）的推进策略，体现跨越式发展、集中式发展、特色式发展、渐进式发展。

2. 以科学发展观来指导数字港航建设

科学发展观，就是以人为本，全面、协调、可持续的发展观。科学发展观的主题是发展，首先是发展经济，不断增强综合国力；必须在经济发展的基础上，推动社会全面进步和人的全面发展，促进社会主义物质文明、政治文明、精神文明协调发展；必须着力提高经济增长的质量和效益，努力实现速度和结构、质量、效益的统一，经济发展和人口、资源、环境相协调，不断保护和增强发展的可持续性；必须坚持理论和实际相结合，因地制宜、因时制宜，既要遵循普遍规律，又要考虑地区之间、水域之间的发展差异和不同情况，坚持一切从实际出发。数字港航建设是港航现代化、信息化、数字化和智能化的具体落实，是为发展经济服务的，是为提高经济增长的质量和效益服务的，是为保护和增强发展的可持续性服务的。

3. 防止数字港航建设的盲目性

（1）对数字港航要有一个基本的统一的认识，各级领导务必弄清什么是数字港航、为什么要建设数字港航、建设什么样的数字港航和怎样建设数字港航这样几个基本问题，避免盲目性。

（2）要充分认识数字港航建设的长期性、复杂性和可持续发展性，工作要抓紧，但不能急于求成。

（3）要充分认识到数字港航是随着信息技术的发展而出现的，是信息社会的产物，十分重视信息技术的运用与管理改革的互动过程这样一个核心问题，勇于进行必要的组织机构、管理机制和业务流程的改造、优化和重组，防止“穿新鞋，走老路”。

4. 搞好数字港航总体规划

鉴于数字港航建设是一个综合的、复杂的和巨大的系统工程，是一项长期的、战略性的目标和任务，一个先进而切合实际的数字港航建设方案和总体规划，对于任何一个港航系统都是十分重要的，有了这样一个数字港航建设方案和规划，就可以在其指导下进行数字港航工程建设，避免条块分割、各自为政、盲目行动而造成的“形象工程”、“面子工程”甚至“花瓶工程”，确保有计划、有步骤地开展数字港航建设。

5. 抓住四个要点，积极稳妥有序推进数字港航建设

（1）把信息化基础设施建设作为数字港航的物质基础来抓。特别是空间数据基础设施即港航基础地理空间数据库建设，以此作为港航各个专业（部门）数据定位加载和连续空间化的依据，保证港航各类数据的一体化，这对于任何一个港航系统都是必要的。

（2）数字港航建设的核心是促进并实现“信息共享”。促进并实现信息共享是建设“节约型社会”的重要战略举措之一，我国的港航业迫切需要解决目前存在的“信息孤岛”和“数字鸿沟”问题。要充分利用和完善已有信息化成果，通过整合共享、部省联动，以跨区域、跨部门重大信息化工程为牵引，全面推动行业管理与服务协同机制的建立，改变以往分散建设、各自为政的局面，形成行业信息化发展合力，凸显信息化建设整体效果和规模效益。

（3）要坚持三个面向，提升三个能力。即面向港航水运行业管理部门，提升管理协同能力；面向港航水运行业决策部门，提升科学决策能力；面向社会公众，提升港航水运公共服务能力。其建设重点是以综合应用需求为导向，通过统一标准和技术要求，切实加强港航水运交通运输动态信息的监测与采集，

以港航水运行业基础数据库建设为核心，逐步形成较完备的港航水运行业数据资源体系，开展跨区域、跨部门协同共享机制和综合应用系统建设。

（4）按照“三统三分一加强”的原则推进数字港航建设。“三统”就是统一规划、统一标准和统筹协调。统一规划，基于顶层设计的思想，由交通运输部统一制定数字港航重大工程的总体建设方案、技术指南、标准指南、管理办法，各省（自治区、直辖市）在部总体方案的基础上，制定本地区数字港航工程建设方案。统一标准，由部统一制定重大工程的数据标准和采集标准、部省信息交换标准、部级数据库标准，部省按照统一标准开展工程建设，并通过工程建设完善标准。统筹协调，由部统筹全局，协调部省间、部门间和不同区域间的资源共享、业务协同，合力推进数字港航重大工程建设。

“三分”就是分级建设、分步实施和分类指导。分级建设，交通运输部统一组织重大工程和示范试点工程建设，并负责部级系统的开发建设和维护；各省在部总体方案的指导下，负责本省范围内的数字港航应用系统开发建设和运营维护。部对省级项目的支持，将根据规划确定的“政府主导、政府引导、政府倡导”不同类型，区别对待，给予资金支持的建设项目将按统一标准给予资金补贴。分步实施，即根据工程特点、项目划分和建设基础，采用分期分批或先试点、再推广等方式开展工程建设。分类指导，对于不同类型的系统，采用不同的组织管理模式、工作机制和推进方式，部与省（自治区、直辖市）、政府与市场发挥不同的作用。

“一加强”，就是加强管理。电子政务项目应严格遵循国家发改委2007年55号文《国家电子政务工程建设项目管理暂行办法》的规定开展项目管理工作。严格落实信息化建设项目需求分析制度，加强建设过程管理，实施工程效能评价。

6. 建立科学的数字港航测评体系

建立全国统一的港航信息化指标体系，采用定量分析方法对数字港航的信息化发展水平进行测算，可以从数量上反映不同地区、不同水域信息化发展的状况，以及同地区、同水域不同时期信息化发展的程度，从统计规律角度总结信息化发展的一般规律和趋势，为进一步的理论和政策分析创造基础条件。这对于科学评价港航信息化水平，提高港航信息化建设决策的科学性和准确性，正确指导港航信息化发展都具有重要意义。

要研究和设立港航信息化测评的软性指标。要针对互联网应用、信息资源建设、网站网页管理和更新以及民众满意度等建立相应的指标体系，促进港航信息化质量的提高。

7. “以点带面”推进数字港航建设进程

“以点带面”是很重要的发展观念和策略，推进我国的数字港航建设进程，必须区分基础性建设和示范性建设的差异和作用，有针对性地采取不同的政策措施。将有限的资金首先用在重点港航信息化试点工程中，可以从总体上避免低水平重复和浪费，最后达到节约信息化投入资金、缩小数字鸿沟的长远目标。

要进一步规范和抓好港航信息化试点。信息化试点布点考虑的主要是港航经济发展水平的代表性、港航政治地位的代表性、港航辐射作用的代表性、港航在相关产业链中地位的代表性、港航规模的代表性、港航区域分布的代表性、港航产业特色的代表性等因素，要抓住典型，普及推广。但是，港航信息化试点布点也不能太多。主动要求试点的积极性值得鼓励，既要保护积极性，也要坚持原则，防止不切实际在硬件投资方面造成浪费。既要有超边际分析的远大目光，又要特别防止“以硬补软”和“投资黑洞”状况的出现。

数字港航要建立港航之间的“传帮带关系”，建立“港航信息化联谊制度”。港航信息化的先进地区要发挥辐射作用，带动周边地区、甚至中西部边远地区的发展。建议由有关部门牵线搭桥，建立经济发达和不发达港航单位之间的“联谊”关系，建立“信息化联谊制度”，进行信息化“传帮带”，填补我国港航信息化的空白点，以先进带动后进。

2.2 全国水运行业综合信息平台建设方案及推进思路

2013 年 4 月 16 日，交通运输部水运局为了实现“我国到 2020 年将总体实现水运交通现代化”的目标，为了更好地发挥信息化对水运发展的引领作用，为了加强全国水运信息化建设指导，按照“顶层设计、整合资源、统一标准、互联互通、分步实施”的原则，提出了构建全国水运行业综合信息平台方案及推进思路的初步设想，并以交通运输部办公厅 - 厅水便 [2013]57 号的文件向全国水运行业征求意见。交通运输部水运局、中国交通通信信息中心、交通运输部水运科学研究院做了大量的艰苦调研与分析研究，提出了这一份高瞻远瞩、开拓创新、脚踏实地的初步构想。本节将全文展示这份征求意见稿，以供读者参考；也希望关心水路交通现代化的同仁们多提建设性意见，以收集思广益之效。

2.2.1 总体目标和总体思路

全国水运行业综合信息平台建设是落实国家水运战略的必然要求，是水运行业转型升级的必然要求，是建设服务型政府的必然要求，是强化行业管理的必然要求和提升行业话语权，维护政府形象的必然要求。建设全国水运行业综合信息平台，通过信息化的手段，引领水运行业未来更好地发展，更好地支撑综合运输体系的发展。

1. 总体目标

以信息化智能化为引领，以创新驱动为重点，以“兴内河、优港口、强海运”为着力点，建立全国水运行业综合信息平台，进一步提升水运行业信息资源的深度开发与综合利用水平；在水路运政 / 港政监管力度、市场秩序规范水平、安全应急处理能力、服务决策支持深度等方面全面提升；水运系统全网联动、协同应用程度进一步提高；在提升水路运输运行效率、服务公众出行方面取得明显突破；在推进综合运输体系建设、发展现代物流、实现低碳绿色交通方面取得重大进展，为现代交通运输业发展提供坚强支撑与保障。

2. 具体目标

推进水运基础设施的数字化和智能化，水运基础设施和运输装备运行监测网络基本建成，重点运营船舶监测（包括危险化学品运输船舶）覆盖率达到100%；提高信息资源开发利用水平，部省两级港口、船舶、企业、从业人员等行业核心的基础性、战略性数据库100%建成；推进水运行业重大应用工程建设，全面提升行业业务协同、科学决策和信息服务能力，对促进服务型政府建设的作用更加显著；创新信息化管理机制，水运信息化发展保障环境基本适应信息化发展的要求。

3. 总体思路

依托水运局行业管理职能，建立稳定、可靠的行业数据交换网络，加强行业数据采集和信息整合，形成集成共享的部级水运数据中心，并融入交通运输信息资源体系。水运行业综合信息平台以目前基础条件较好的水路运政、港政、信用信息等业务系统的部省市联网为核心，依托“十二五”信息化建设，构建互联互通、信息共享的水运业务协同系统；在此基础上，进一步完善全国交通电子口岸等应用平台，开展水运信息资源整合工作，逐步建成支撑引领水运行业发展的水运综合信息平台。

4. 具体要求

具体要求是:“应用主导、纵向贯通、横向集成、信息共享、保障安全”。

（1）应用主导：紧紧围绕行业宏观管理和信息交换共享需求，优化行业数据采集指标，完善行业数据采集范围，适度、充分、集约地掌握行业信息资源，提高应用支撑效能。

（2）纵向贯通：按照水运行业不同业务特点，推进部、省、市、港航企业间的信息联网，优化上下级机构间的业务流程，提高信息交换共享效率和行业协同管理水平。

（3）横向集成：推进水运行业不同业务数据的整合，并与交通运输部门内外相关业务数据有效集成，以便基于集中统一的数据资源平台开展业务协作，共同支撑行业宏观管理和科学决策。

（4）信息共享：推进水运行业信息与海关、国检等相关口岸部门以及铁路等其他运输方式之间的信息交换共享，以便在更大范围业务协作的基础上提高航运物流效率。

（5）保障安全：强化水运行业信息资源的管理，保障行业信息安全，提高行业信息资源的可靠性。

2.2.2 建设内容

1. 总体架构图

全国水运行业综合信息平台总体布局图与全国水运行业综合信息平台总体架构图如图 2.1 和图 2.2 所示。

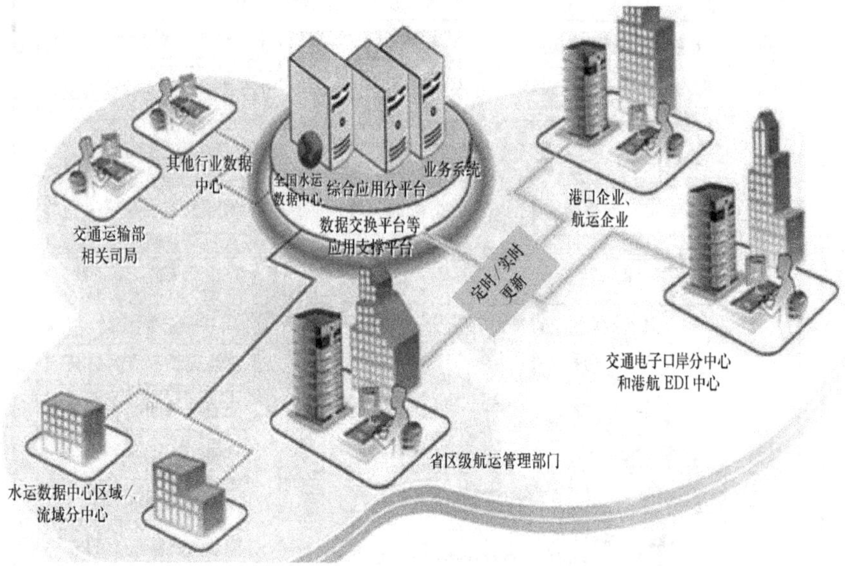

图 2.1 全国水运行业综合信息平台总体布局图

2. 主要建设内容

全国水运行业综合信息平台将建设一个数据中心、三个应用支撑平台、九个综合应用分平台和两个展示平台，建立并完善水运信息化标准规范和信息安全两个体系。

（1）建设一个水运数据中心。“十二五”期间，部水运局在升级改造现有相关信息系统并整合相关信息资源的基础上，形成部级水运数据中心。

水运数据中心建设以水运基础数据整合共享和服务应用为手段，以数据标准体系为保障，按照统一、规范、有序的原则，形成水运信息系统统一的基础支撑环境，搭建上下联动、科学规范的信息交换共享平台，建立实时、准确、全面获取水运港航基础信息的主渠道，构建良好的数据环境，为水运行业的运

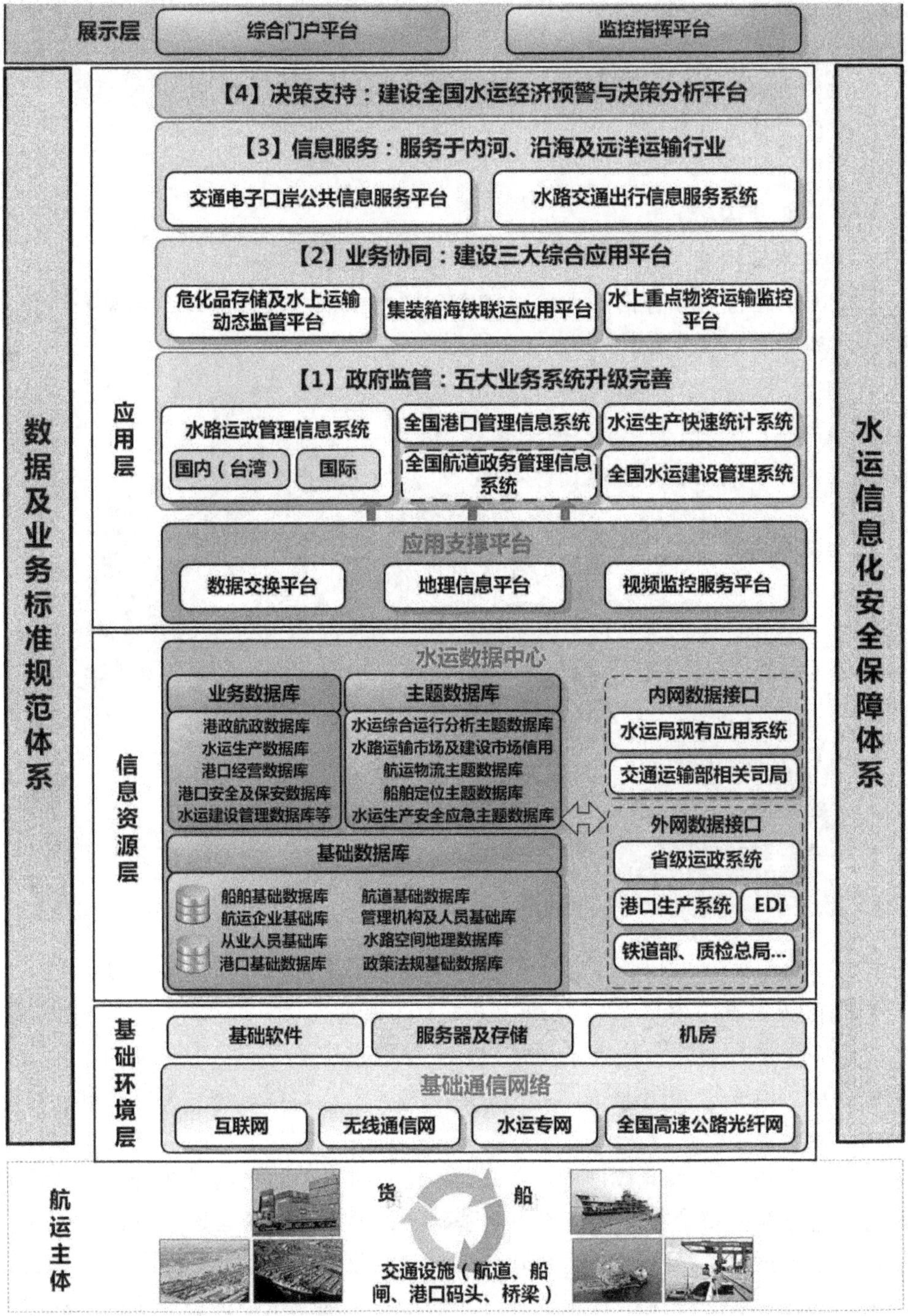

图 2.2　全国水运行业综合信息平台总体架构图

输监管、行业协同、公共服务提供数据支撑，从而全面提升水运相关信息为政府、行业和社会服务的水平。

水运数据中心建设内容包括“建设两个平台，实现两个服务”，即建成统一的数据交换共享平台，建成行业基础数据的统一管理平台，实现基础数据质量管理服务，实现面向管理决策与综合应用的基础数据服务，以统一支撑全国水运行业综合信息平台在运输监管、行业协同、公共服务的职能。

（2）形成三个应用支撑平台：

① 数据交换平台：数据交换平台软件提供异构数据间交换与整合功能。用其制定水运局内部各处室间、部省管理部门间、水运局内外数据交换策略，构建水运行业数据交换平台，支持部省间、各类业务管理系统之间的数据交换与共享。

② 航道港口地理信息平台：整合全国航道、港口等各类水运交通基础设施的空间信息，建设全国统一的航道港口地理信息数据库，实现全国航道港口地理信息服务平台，为水运行业规划建设、安全监管、港口航道管理、物流服务及公众服务等应用，提供基础的地理信息支撑服务。

③ 视频监控服务平台：整合接入全国主要航道、港口视频监控系统，形成全国联网的水运行业视频监控共享服务平台，为全国航道、港口日常监管和应急指挥等工作提供所需的视频监控服务，实现视频监控图像的广泛共享。

（3）建设九个综合应用分平台：

① 行业管理类：

• 水路运输与建设政务管理信息平台。水路运输与建设政务管理平台主要是在“六合一”和“三合一”项目成果的基础上，结合当前的业务需求，通过新建、完善港口管理信息系统、水路运输与市场信用管理系统、水运建设管理系统、水运生产快速统计与分析系统，新建航道政务管理系统，将部水运局水路运输与建设政务管理工作全面整合在一个平台之下，实现业务数据共享，为行业公共服务奠定基础。

• 全国水运经济预警与决策分析平台。依托水运数据中心，汇总全国港口经营、生产数据，采集船、港、货相关动态信息。利用工具化的 ETL、数据仓库、联机分析处理（OLAP）和数据挖掘等软件进行数据挖掘分析，从而掌握港口的运行状态、重点货类的运输运行情况等，为水运行业宏观决策分析提供智能化支持，为制定相关政策措施提供辅助决策支持。

② 业务协同类：

• 危险化学品存储及水上运输动态监管平台。对全国重点地区（如长江沿线）危险化学品运输船舶和港区储存实施动态全过程监控，加强现场作业安全监管，加强对危险化学品水路运输企业准入管理和港口装卸作业、储存的安全监管，加强对辖区内危险化学品码头的重点监控，建设危险化学品运输事故应急救援系统。

• 集装箱海铁联运应用平台。依托国家集装箱铁水联运物联网应用示范工程，以现代物联网技术为基础，实现集装箱铁水联运全程的联网联控，显著提升铁路与水路集装箱运输的信息共享效率与质量，提高集装箱在铁路运输和水路运输中的业务协同水平和服务效能。

• 水上重点物资运输监控平台。整合水上重点物资多式联运物流信息资源（矿 - 路 - 港 - 航 - 电或钢），形成部级和地方港口两级物流数据中心，并建立标准统一、上下一体、安全节能的连接港口和铁路的干散货物流平台，实现重点物资物流信息在不同运输方式下不同层次的规范和协同，促进多种运输方式的联动。

③ 公共服务类：

• 交通电子口岸公共信息服务平台。通过交通电子口岸分中心、港航 EDI 中心的网络互联和数据共享，建立全国交通电子口岸公共信息服务平台，为运输和物流企业以及相关利益人提供准确、高效的信息服务，促进国际运输和物流便利化。前期已初步实现国际集装箱船动态信息共享和查询服务，后期将进一步完善功能，并实现集装箱动态信息等运输信息共享和查询服务。为适应两岸贸易和物流业的快速发展，加快两岸船舶周转和通关效率，可在交通电子口岸公共信息服务平台的基础上建立“两岸运输和物流共享信息平台”。

• 水路交通出行信息服务系统。包括内河航运综合信息服务系统和水路客运联网售票及电子客票系统。依托海事、航道和运政管理信息系统建设和完善，强化航道状况、水位水深、水上水下施工、交通管制、水文气象等信息服务，并利用网站、呼叫中心、航行广播、短信平台等多种服务方式在内河干线和重要水网地区为通航船舶提供航行信息服务。进一步完善水路客运出行信息服务系统建设，在重点水域引导开展客运售票联网和电子客票系统建设。

• 两岸交通物流信息服务平台。建立两岸交通运输数据中心，搭建两岸运输数据交换平台和信息服务平台。开发两岸运输数据交换系统、两岸多式联运数据交换系统、两岸船舶进出港口电子申报和通行管理系统、两岸船舶和集装箱等货物运输和物流信息公共服务系统、多式联运动态信息服务系统、多式联运业务协同与物流信息增值服务系统、安全与认证系统等业务应用系统，逐步实现两岸运输单证和港口作业单证的电子化管理，建设两岸交通物流信息服务平台标准规范体系，促进两岸集装箱等货物电子报文和信息交换标准的衔接。

• 长三角港航信息服务平台。整合港口、航运、海事、航道等职能部门监管体系的共享数据，实现对危险化学品的实时监督管理，对接海关、海事、国检等口岸管理部门系统，提供口岸业务集中办理的一站式服务；整合船舶网络信息平台、船岸通信系统，实现船岸信息一体化。在此基础上，建立综合电子商务平台，实现对货物流动的全程跟踪，提高区域内物流效率。

（4）建设两个综合展示平台：

① 水运“一站式”综合门户平台。水运“一站式”综合门户平台作为部水运局信息化对内、对外的统一界面，集成单点登录、各应用系统及基础平台，具有信息发布、信息查询、权限管理等基础功能，这个门户不仅是一个信息发布的平台，更是一个部与地方，部与企业，部与公众沟通的平台。统一门户应实现外网受理和发布，内网审批，既保证安全又实现服务行政相对人。

② 水运综合监控指挥平台。交通运输部、水运局领导及各处室管理人员可以利用监控指挥平台对四客一危船舶和重点物资进行动态监控和管理，对相关业务信息进行统计分析。监控指挥平台是整个信息平台的大脑和司令部，各种船舶信息、位置信息、视频信息、业务信息像血液一样在这里汇聚，在统一的地理信息平台上进行展示，管理者可以直观地看到重点港口、船闸或者船舶的运行状况，有助于增强管理者的管理效率和决策水平，增强水运行业应急处置和节能减排能力。

（5）建立并完善两套标准和规范：

① 建立并完善水运信息化数据标准规范。在国家、部有关信息化标准的基础上，根据水运信息化建设的实际需求，补充有关数据规范，明确水运信息资源数据字典、数据分类编码、业务数据库的结构以及各主题数据库的基本表，构建信息资源目录体系，在数据资源层面实现标准化和规范化。

② 建立并完善水运业务标准规范。通过对水运业务流程和协同运行流程的梳理，优化并形成既满足法律法规政策要求，又符合我国水运管理客观实际的业务标准规范，建立业务流程规范的控制和评估机制，为各类业务系统的互联互通、集成共享奠定业务基础。进而通过信息化管理驱动的业务流程优化、重组和再造，逐步形成统一标准的、协同运转的、信息化手段支撑的管理服务流程框架，从而有力支撑水运管理机构履行职责。

（6）建立并完善信息安全保障体系。建立并完善水运行业信息安全管理体系、信息安全技术体系和信息安全运维体系。

2.2.3 建设原则

水运信息化建设将遵循“顶层设计、整合资源、统一标准、互联互通、分步实施”的原则。

（1）顶层设计。由部水运局统一制定水运信息化总体架构和建设推进方案，各省区在推进方案的基础上，根据本省情况，制定本省区的实施方案，可以统一建设或者对原有系统进行升级改造。

（2）整合资源。部水运局在升级改造现有相关信息系统并整合相关信息资源基础上，形成部级水运数据中心。水运数据中心建设以水运基础数据整合共享和服务应用为手段，以数据标准体系为保障，按照统一、规范、有序的原则，解决水运行业基础数据缺乏共享、标准不统一、质量不高、开发利用水平低等问题。

（3）统一标准。基于交通运输行业已颁标准，结合水运行业已有信息系统建设情况，由部水运局统一组织制定完善水运行业基础业务数据采集、交换、共享等标准规范，并在此基础上，逐步提出水运行业核心业务功能等要求。

（4）互联互通。纵向上，按照水运行业业务特点，推进部、省、市、港航企业间的信息联网，优化上下级机构间业务流程，提高行业协同管理水平；横向上，推进水运行业内部数据整合并与交通运输部门内相关业务数据有效集成；逐步实现与海关、国检等相关口岸部门以及铁路等其他运输方式之间的信息交换共享。

（5）分步实施。根据建设内容和建设基础，水运信息化建设采用分期分批建设和先试点、再推广的方式开展。在建设过程中，充分利用现有信息化基础，尽量兼容已有信息系统。

2.2.4 实施方案

根据部“十二五”期间信息化有关规划以及水运局实际需求，并考虑到本方案实施时间长，建议实施方案按照“整体策划、分期建设”原则分三阶段开展。

1. 第一阶段（2013 ~ 2014 年）

（1）提炼部四大重点工程建设内容，整合开展“水路运输与建设政务管理信息平台工程”，以“部省联网”为核心，在港政、运政、航政、建设市场、水运生产统计等业务线上完善“纵向到底”的业务系统。

（2）以长江沿线为切入点，启动全国（长江沿线）危险化学品存储及水上运输动态监管平台等综合应用平台的建设。

（3）以重点港口为试点，启动水上重点物资运输监控平台，建立标准统一、上下一体、安全节能的连接港口和铁路的干散货物流平台。

（4）启动国家集装箱铁水联运应用平台，实现集装箱铁水联运全程的联网联控。

（5）以渤海湾的客滚联网售票为试点，启动水路客运联网售票及电子客票系统建设。

（6）以厦门港为试点，启动两岸交通物流信息服务平台建设，实现两岸船舶进出港电子申报和通行管理，实现两岸舱单、旅客名单、船期等运输单证和港口作业单证的信息交换。

（7）启动长三角港航信息服务平台建设，建立综合行政管理平台，整合港口、航运、海事、航道等职能部门监管体系的共享数据，形成便捷高效的长三角区域航运信息交换系统。

（8）启动水运数据中心（一期）工程建设，开展水运信息化数据和业务标准规范体系研究；实现水运局内部的数据资源整合，形成统一的基础数据库、业务数据库和主题数据库，形成水运数据中心的基本框架。

（9）搭建视频监控服务平台、数据交换平台等应用支撑平台，建设水运综合监控指挥平台，实现监控管理一体化。

（10）搭建水运“一站式”综合门户平台。

2. 第二阶段（2014 ~ 2015 年）

（1）启动全国交通电子口岸公共信息服务平台、全国水运经济预警与决策分析平台等综合性应用平台建设，形成航道港口地理信息平台等应用支撑平台。

（2）全面推进全国危险化学品存储及水上运输动态监管平台、水上重点物资运输监控平台、国家集装箱铁水联运应用平台、水路交通出行信息服务系统、两岸交通物流信息服务平台等综合应用平台的建设，扩展系统的覆盖范围。

（3）全面推进长三角港航信息服务平台建设，建设综合电子商务平台，实现对货物流动的全程跟踪，提高港航基础设施的运行效率和企业的经营效益，提高区域内物流效率。

（4）启动水运数据中心（二期）工程，数据资源整合成效进一步显著，成为部内、部与地方信息交换与共享的枢纽，水运信息集聚、智能分析与增值效益更加显现。

3. 第三阶段（2016 ~ 2017 年）

（1）完善启动“水路运输与建设政务管理信息平台工程”，深化应用港政、运政、航政、建设市场、水运生产统计等业务线的功能。

（2）启动水运数据中心（三期）工程，整合部省信息资源，建成水运行业“云数据中心”，建成水运行业与其他行业信息交换枢纽，实现信息汇聚与分发按需分配、高效及时。

2.2.5 总体要求

考虑系统资源整合和业务协同，水运信息化建设要部省一盘棋，要处理好部省两级信息系统之间的关系。

（1）各省在进行省级水运信息系统建设时，应主动与全国水运行业综合信息平台进行对接。如果部已有信息系统，推荐采用部级系统，或者在部级系统的基础上进行二次开发；若省里已有相应系统，则利用标准化接口进行系统对接；如果部相应系统在建或待建，省级系统建设或者规划单位要与部级系统的建设或者规划单位协商，以保证部省两级系统的对接。

（2）各省在报送水运信息化项目（尤其是四大工程）工程可行性研究报告或者初步设计方案时，请同时报水运局进行技术业务审查。如有必要，水运局将派员或委托技术支持单位参加评审，以保证部省之间业务系统的技术和业务一致性。

2.3　数字港航建设方针与设计原则

2.3.1　数字港航建设的方针

（1）数字港航的建设将按照“顶层设计、整合资源、统一标准、互联互通、分步实施”的原则，推进规范化、标准化建设，建立互联互通、功能强大的数字港航体系。

（2）坚持以需求为导向，从需求上找准切入点，从应用效益和现实情况出发确定重点建设内容，在港航业数据共享应用方面下工夫。

（3）坚持采用现代信息技术中的先进成熟技术，保证系统的安全性、可靠性、可扩充性、易维护性和开放性。

（4）遵循系统工程建设的规律，对数字港航总体设计进行详细、科学的论证，加强项目过程管理，规范技术文档。

2.3.2　数字港航设计的原则

为保证达到数字港航的建设目标和要求，在系统设计中，应坚持以下原则：

（1）先进性、标准性。采用先进成熟的技术和设计规范，保证系统的稳定、高效运行，选用符合国际标准的技术和产品，以保证系统的一致性，保证在以后的发展过程中能够适应信息技术的发展趋势。

（2）经济性、实用性。根据数字港航的实际应用需求进行方案的设计，选用性价比高的设备，好的系统应该既能够满足业务系统的应用需求，又能适应将来应用需求的扩展，使系统能够方便升级，充分保护原有投资。

（3）开放性。采用符合OSI（开放系统互连）标准的技术和通信协议，采用国际和国家标准的网络规范，充分考虑与软硬件的兼容性，使得符合国际标准的不同厂商的产品可以无缝地添加进来。

（4）可扩展性。采用的实现技术和产品必须标准化，系统结构及设备应易于扩展，技术和产品发展具有良好的可持续性、可扩充性，将来能够方便平滑地对原有系统进行升级和更新。

（5）结构的合理性。采用合理高效的系统结构，设计的系统结构应能合理安排冗余和负载，实现有效的流量控制和负载均衡，能够避免网络风暴和数据瓶颈，确保系统正常畅通运行，并适应数字港航多业务发展需求。

（6）高可靠性。在系统设计中特别是关键节点的设计中，选用高可靠性产品，并有合理的冗余和可靠的系统备份策略，保证系统具有故障自愈的能力，保证系统的可靠运行。

（7）高性能。设计中必须保障服务器、网络及设备的高吞吐能力，保证各种信息（数据、语音、图像）的高质量传输。构建高质量的可服务于图像、语音、数据的多业务网，为关键业务提供 QoS 保障。

（8）安全性。设计的系统应具有足够的安全性，能够防止来自系统内部的恶意破坏和来自外部的恶意攻击；能有效防止因人为误操作带来的影响。应采用有效的安全防范措施和安全手段，保证系统的完整性和机密性，并对信息访问和系统操作提供有效的权限认证。系统应能提供有效的容灾、容错等风险保障机制，系统能够对雷击、火灾、盗窃等意外和人为误操作等不可预知的问题有良好的预防和恢复措施。

2.4 数字港航建设遵循的政策、规范及标准

2.4.1 建设应遵循的主要政策、法规

（1）中共中央办公厅、国务院办公厅转发《国家信息化领导小组关于我国电子政务建设指导意见》的通知（中办发 [2002]17 号）。

（2）中共中央办公厅、国务院办公厅转发《国家信息化领导小组关于加强信息安全保障工作的意见》的通知（中办发 [2003]27 号）。

（3）《国家信息化领导小组关于推进国家电子政务网络建设的意见》（中办发 [2006]18 号）。

（4）公安部、国家保密局、国家密码管理委员会办公室和国务院信息化工作办公室《关于信息安全等级保护工作的实施意见》（公通字 [2004]66 号）。

（5）《电子政务标准化指南（征求意见稿）》（国家标准化管理委员会、国务院信息化工作办公室 2003 年 1 月印发）。

（6）《中国交通电子政务建设总体方案》（交科教发 [2003]461 号）。

2.4.2　建设应遵循的主要规范及标准

1．一般标准规范

（1）ISO/IEC11801-9《信息技术互联国际标准》。

（2）ANSI/TIA-942-2005《Telecommunications Infrastructure Standard for Data Centers》（数据中心的通信基础设施标准），是国际上第一部较为全面的以数据中心为对象的技术规范标准。它由美国国家标准学会（ANSI）和美国通信工业协会（TIA）于2005年4月12日共同发布。

（3）GB ／ T 15629-2003《信息技术系统间远程通信和信息交换局域网和城域网特定要求》。

（4）《电子政务标准化指南》（第一版）（电子政务国家标准委、国务院信息办，2002年5月）。

（5）GB17859-1999《计算机系统安全保护等级划分准则》。

（6）GB50174-2008《电子信息系统机房设计规范》。

（7）GB7450-87《电子设备雷击保护导则》。

（8）GB4943-95《信息技术设备包括电气设备的安全》。

（9）GB50303-2002《建筑电气工程施工质量验收规范》。

（10）GB50348-2004《安全防范工程技术规范》。

（11）GB/T 8567-2006《计算机软件文档编制规范》。

（12）GB/T 9385-2008《计算机软件需求规格说明规范》。

（13）GB/T 9386-2008《计算机软件测试文件编制规范》。

（14）GB/T 12505-1990《计算机软件配置管理计划规范》。

（15）《公路水路交通运输信息化“十二五”发展规划》（交规划发[2011]192号）。

（16）《交通电子政务建设标准化指导意见》（交科教发[2004]281号）。

（17）《交通运输电子政务网络及业务应用系统建设技术指南（试行）》（交通运输部2008.12）。

（18）《交通运输信息化标准体系表》（2013）。

2．水路建设与管理标准规范

水路建设与管理领域相关标准规范如表2.1所示。

表2.1　水路建设与管理领域相关标准规范

序号	标准名称	标准代号与编号	序号	标准名称	标准代号与编号
1	港口外贸收费管理系统规范	JT/T 485-2002	4	港口收费信息分类与代码	JT/T 430-2000
2	港口计量术语	JT/T 555-2004	5	中国港口代码	JT/T 24-2002
3	港口管理信息系统数据字典	JT/T 484-2002	6	海上运输航线代码	JT/T 470-2002

3. 运输及物流领域相关标准规范

运输及物流领域相关标准规范如表 2.2 所示。

表 2.2 运输及物流领域相关标准规范

序号	标准名称	标准代号与编号
1	智能运输系统体系结构服务	GB/T 20607-2006
2	物流公共信息平台应用开发指南第 1 部分：基础术语	GB/T 22263.1-2008
3	物流公共信息平台应用开发指南第 2 部分：体系架构	GB/T 22263.2-2008
4	物流公共信息平台应用开发指南第 7 部分：平台服务管理	GB/T 22263.7-2010
5	物流公共信息平台应用开发指南第 8 部分：软件开发管理	GB/T 22263.8-2010
6	物流管理信息系统应用开发指南	GB/T 23830-2009
7	集装箱自动识别	GB/T 17894-1999
8	智能运输系统电子收费系统框架模型	GB/T 20135-2006
9	水路客运计算机售票管理信息系统要求	JT/T 406-1999
10	交通科技信息资源共享平台系统建设要求	JT/T 734-2009
11	供应链监控用集装箱电子箱封应用技术规范	GB/T 23678-2009
12	集装箱电子标签技术规范	GB/T 26934-2011
13	智能运输系统数据字典要求	GB/T 20606-2006
14	智能运输系统通用术语	GB/T 20839-2007
15	道路、水路货物运输基础数据元	GB/T 26768-2011
16	智能运输系统中央数据登记簿数据管理机制要求	GB/T 20611-2006
17	物流术语	GB/T 18354-2006
18	水路客运术语	GB/T 18225-2000
19	港口装卸术语	GB/T 8487-2010
20	集装箱术语	GB/T 1992-2006
21	集装箱运输术语	GB/T 17271-1998
22	道路运输术语	GB/T 8226-2008
23	航海常用术语及其代（符）号	GB/T 4099-2005
24	交通信息基础数据元第 9 部分：建设项目信息基础数据元	JT/T 697.9-2009
25	交通信息基础数据元第 10 部分：交通统计信息基础数据元	JT/T 697.10-2009
26	交通信息基础数据元第 11 部分：船舶检验信息基础数据元	JT/T 697.11-2009
27	交通信息基础数据元第 12 部分：船载客货信息基础数据元	JT/T 697.12-2009
28	交通信息资源核心元数据	JT/T 747-2009
29	交通科技信息资源共享平台系统建设要求第 1 部分：核心元数据	JT/T 735.1-2009
30	交通科技信息资源共享平台系统建设要求第 2 部分：分类与编码	JT/T 735.2-2009
31	交通科技信息资源共享平台系统建设要求第 3 部分：数据元	JT/T 735.3-2009
32	运输货物分类和代码	JT/T 19-2001
33	国际集装箱货运交接方式代码	GB/T 15419-2008
34	国际贸易运输船舶名称与代码编制原则	GB/T 18366-2001
35	集装箱代码、识别和标记	GB/T 1836-1997
36	集装箱设备数据交换（CEDEX）一般通信代码	GB/T 17273-2006
37	物流信息分类与代码	GB/T 23831-2009

续表 2.2

序号	标准名称	标准代号与编号
38	商品条码物流单元编码与条码标记	GB/T 18127-2009
39	运输工具类型代码	GB/T 18804-2010
40	中国及世界主要海运贸易港口代码	GB/T 7407-2008
41	中华人民共和国口岸及相关地点代码	GB/T 15514-2008
42	行政、商业和运输业电子数据交换（EDIFACT）代码表	GB/T 16833-2011
43	运输方式代码	GB/T 6512-1998
44	公路水路交通信息资源业务分类	JT/T 748-2009
45	交通信息资源标识符编码规则	JT/T 749-2009
46	运费代码（FCC）运费和其他费用的统一描述	GB/T 17152-2008
47	集装箱在船舶上的信息箱位坐标代码	GB/T 17272.1-1998
48	集装箱在船舶上的信息电传数据代码	GB/T 17272.2-1998
49	国际航运货物装卸费用和船舶租赁方式条款代码	GB/T 15420-1994
50	包装 - 用于发货、运输和收货标签的一维条码和二维条码	GB/T 19946-2005
51	运输计划及实施信息报文 XML 格式	GB/T 19948-2005
52	运输设备堆存报告报文 XML 格式	GB/T 20525-2006
53	运输设备进 / 出场站报告报文 XML 格式	GB/T 20526-2006
54	运输指示报文 XML 格式	GB/T 19947-2005
55	基于 XML 的运输工具到达通知报文	GB/T 20534-2006
56	基于 XML 的运输工具驶离通知报文	GB/T 20535-2006
57	基于 XML 的托运通知报文	GB/T 20536-2006
58	基于 XML 的海运提单报文	GB/T 20537-2006
59	基于 XML 的货物装卸与搬移报文	JT/T 656-2006
60	基于 XML 的道路客运结算数据交换	GB/T 20925-2007
61	集装箱船装卸报告报文	JT/T 466-2001
62	集装箱多式联运电子数据交换 – 基于 XML 的装 / 卸报告报文	JT/T 725-2008
63	集装箱运输电子数据交换　进 / 出门报告报文	GB/T 22430-2008
64	集装箱运输电子数据交换　船舶离港报文	GB/T 22431-2008
65	集装箱运输电子数据交换　挂靠信息报文	GB/T 22432-2008
66	集装箱运输电子数据交换　堆存报告报文	GB/T 22433-2008
67	集装箱运输电子数据交换　运输计划及实施信息报文	GB/T 22434-2008
68	交通及出行者信息（TTI）经交通报文编码的 TTI 报文第 1 部分：使用 ALERT-C 的广播数据系统 - 交通报文频道（RDS-TMC）编码协议	GB/T 20612.1-2006
69	交通及出行者信息（TTI）经交通报文编码的 TTI 报文第 2 部分：广播数据系统 - 交通报文频道（RDS-TMC）的事件和信息编码	GB/T 20612.2-2006
70	交通及出行者信息（TTI）经交通报文编码的 TTI 报文第 3 部分：ALERT-C 的定位参考	GB/T 20612.3-2006
71	实际订舱报文第 1 部分：联合国标准实际订舱报文	GB/T 18016.1-1999
72	实际订舱报文第 2 部分：实际订舱报文子集订舱报文	GB/T 18016.2-1999
73	订舱确认报文第 1 部分：联合国标准订舱确认报文	GB/T 18017.1-1999
74	订舱确认报文第 2 部分：订舱确认报文子集订舱确认报文	GB/T 18017.2-1999

4. 安全应急领域相关标准规范

安全应急领域相关标准规范如表 2.3 所示。

表 2.3 安全应急领域相关标准规范

序号	标准名称	标准代号与编号
1	船用通信、导航设备安装、使用、维护、修理技术要求全球定位系统（GPS）接收机	JT/T 219-1996
2	甚高频（VHF）岸台技术要求	JT/T 679-2007
3	交通专用集群移动通信系统技术体制	JT/T 404-1999
4	水上移动业务通信规则总则	GB/T 19490-2004
5	水上通信、导航、信息词汇	JT/T 704-2007
6	交通小型无线电基地台接地和防雷技术要求	JT/T 228-2008
7	雷达指向标	JT/T 74-2007
8	kμ 波段车 / 船载卫星电视接收站	JT/T 629-2005
9	内河船舶导航雷达第 1 部分：性能要求	JT/T 681.1-2007
10	内河船舶导航雷达第 2 部分：实船性能试验方法	JT/T 681.2-2007
11	船用雷达性能监测器	JT/T 73-2007
12	交通系统水运人工制有线 / 无线转接控制台技术要求和检测方法	JT/T 75-2007
13	海（江）岸台中频 / 甚高频数字选择呼叫（MF/VHF-DSC）系统维护修理技术要求	JT/T 624-2005
14	内河 VHF 船岸数据通信系统技术要求	JT/T 627-2005
15	内河航运企业 GPS/GSM&GPRS/GIS/NET 系统技术要求	JT/T 625-2005
16	沿海无线电指向标差分全球定位系统（DGPS）播发标准	JT 377-1998
17	长江船用短波单边带电台性能要求	JT/T 696-2007
18	城市地理信息系统设计规范	GB/T 18578-2008
19	城市基础地理信息系统技术规范	CJJ 100-2004
20	卫星导航船舶监管信息系统第 1 部分：系统组成与功能定义	GB/T 26782.1-2011
21	船舶卫星定位应用系统技术要求第 1 部分：系统平台	JT/T 732.1-2008
22	船舶卫星定位应用系统技术要求第 2 部分：船载终端	JT/T 732.2-2008
23	航标遥测遥控系统技术规范	JT/T 788-2010
24	内河 VHF 船岸数据通信终端设备技术要求	JT/T 627-2005
25	国际移动卫星 B 船舶地球站技术要求	GB/T 19491-2004
26	国际海事卫星 C 船舶地球站技术要求	GB/T 16982-1997
27	内河交通安全电视监视系统技术要求	JT/T 370-1997
28	卫星导航船舶监管信息系统第 3 部分：船载终端技术要求	GB/T 26782.3-2011
29	全球海上遇险安全系统（GMDSS）搜救雷达应答器（SART）性能要求	GB 15216-1994
30	全球海上遇险安全系统（GMDSS）船用无线电通信设备技术要求	GB 15304-1994
31	北斗卫星导航系统船舶导航监测终端设备技术要求	JT/T 766-2009
32	北斗卫星导航系统船舶遇险报警终端设备技术要求	JT/T 768-2009
33	北斗一号民用车（船）载遇险报警终端设备技术要求和使用要求	JT/T 590-2004
34	北斗一号民用数据采集终端设备技术要求和使用要求	JT/T 591-2004
35	北斗一号民用车（船）载终端设备技术要求和使用要求	JT/T 592-2004

续表 2.3

序号	标准名称	标准代号与编号
36	船用自动雷达标绘仪（ARPA）性能要求、测试方法和要求的测试结果	GB/T 11711-2002
37	中华人民共和国航行警告标准格式	GB 17577-2009
38	船舶维修保养体系表格样式	GB/T 16558.7-2009
39	道路、水路货物运输地理信息基础数据元	GB/T 26767-2011
40	全球海上遇险和安全系统（GMDSS）术语	GB/T 16162-2009
41	基础地理信息城市数据库建设规范	GB/T 21740-2008
42	运输信息及控制系统车载导航系统通信信息集要求	GB/T 23434-2009
43	国际航行船舶识别代码	GB/T 12410-1990
44	内河船舶分类与代码	GB/T 16158-1996
45	船舶维修保养体系第2部分：船舶维修保养体系代码	GB/T 16558.2-2009
46	船舶维修保养体系第3部分：船舶维修保养的分级、周期代码及周期允差	GB/T 16558.3-2009
47	船图、积载图报文	GB/T 17184-1997
48	北斗卫星导航系统船舶监测终端数据交换协议	JT/T 767-2009
49	卫星导航船舶监管信息系统第2部分：系统信息交换协议	GB/T 26782.2-2011

2.5 数字港航体系的总体结构

省（自治区、直辖市）级数字港航体系不仅要实现对省（自治区、直辖市）内水路信息资源的全面整合及统一管理，同时应为与全国水运行业综合信息平台的对接打下基础。通过数据资源的全面整合，带动新业务应用系统的开发建设。数字港航体系的总体结构由五个层次和三大保障体系共同构成，五个层次包括基础环境层、数据资源层、应用支撑层、业务应用层、前端展示层；三大保障体系包括信息安全保障体系、建设与运营保障体系和港航数据标准与规范体系。数字港航体系的总体结构如图 2.3 所示。

2.5.1 结构层次

省（自治区、直辖市）级数字港航体系的总体结构由五个层次组成：

1. 基础环境层

基础环境层是省（自治区、直辖市）级数字港航体系的基础，是实现水路信息化各类应用的基础平台，是支撑水路交通信息化的物理设施。基础环境层由机房设施、网络设备、主机设备和系统软件等组成，它包括内网和外网两大平台，内网和外网之间物理隔离，外网与因特网之间逻辑隔离。通过构筑标准统一、结构合理、链路通畅、安全可靠的基础信息网络平台，利用互联网、物联网、船联网、无线通信网、水运专网实现省（自治区、直辖市）级水路交通

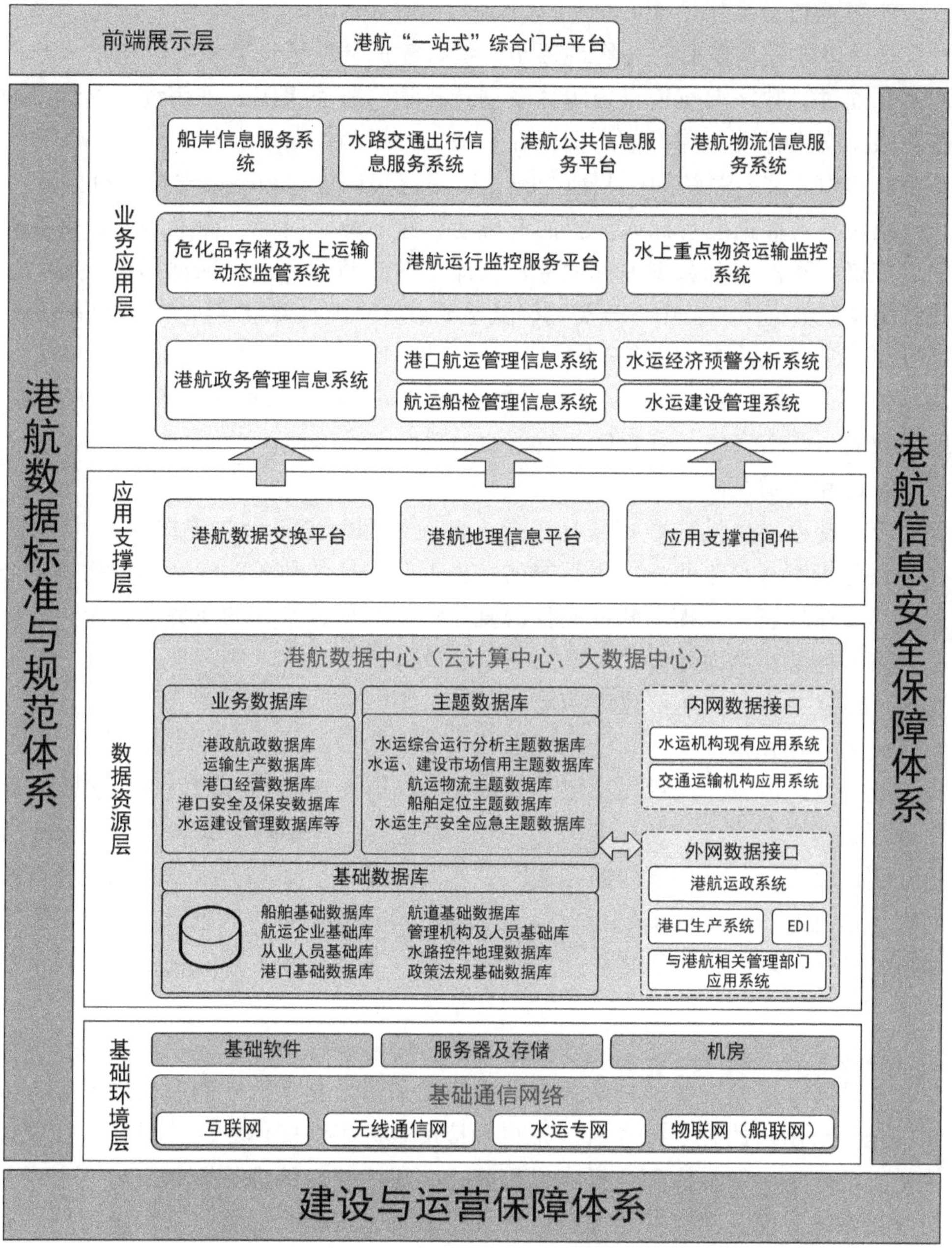

图 2.3 数字港航体系的总体结构图

系统的信息交换和信息共享，为数据管理层、业务应用层等提供支撑服务。

基础环境层应当充分利用现有省、市、县三级水路交通管理机构的各类网络资源，实现对省（自治区、直辖市）域范围内各级行业管理机构和骨干企业的覆盖。

2. 数据资源层

构筑港航数据中心，并实现逐步升级。建成港航云计算中心、港航大数据中心，通过对数字港航信息资源体系进行科学的分类组织，采用统一的建设规范和数据交换标准，确保信息资源在采集、处理、传输及分析、管理和共享的整个流程中能在各系统间顺利地交换，以实现知识管理和决策支持的目标。

在对各类数据进行深入分析的基础上，建成分类明确、标准统一、来源唯一、准确一致的基础数据库和业务数据库，在此基础上开展数据抽取挖掘，建成各类主题数据库。其中，分类明确就是要对每一类水路数据进行合理的归类；标准统一是指水路数据库编码必须统一、数据库命名必须统一、开发流程管理必须统一；来源唯一、准确一致指的是要逐一明确每个数据项的采集维护主体，赋予权利，落实责任，有效保证数据的一致性和准确性。

3. 应用支撑层

应用支撑层由港航数据交换平台、港航地理信息平台与支撑中间件组成。在深入分析所有水路业务应用系统的基础上，选择各种成熟的中间件构成系统的应用支撑环境，以提高软件构件的复用程度，形成统一的业务分析架构、统一的编写框架，从而最终提高开发效率、降低开发成本，实现业务协同、数据交换、信息共享、快速部署等功能。

4. 业务应用层

数字港航体系在应用支撑层的基础上，结合交通运输部印发的《公路水路交通运输信息化“十二五”发展规划》，通过对行业管理与服务需求的深入分析，建设涵盖行业管理部门的“建”、“养”、“管”、“征”、“运”各项业务职能的应用信息系统。建设港航行业运行监测平台、港航公共信息服务平台、数字港口、数字航道、数字航运、数字船检，提高各项业务工作的规范化、科学化水平。

5. 前端展示层

前端展示层是港航“一站式”综合门户平台，它是数字港航体系的综合体现，是面对用户的统一服务窗口，将直接反映数字港航体系的建设成果和应用效果。前端展示层应为用户提供风格统一、界面友好的虚拟服务平台，实现各类应用系统界面及功能的全面整合和集中展现，在整合的统一平台上为用户提供综合性的信息服务应用，并以多种视图进行直观展现，以便于各类用户使用。

2.5.2 数字港航三大保障体系

省（自治区、直辖市）级数字港航的三大保障体系是：

（1）港航信息安全保障体系。为数字港航信息平台提供安全支撑，保障信息资源的安全可靠性，如：提供VPN、防火墙、网络入侵检测等安全保障；提供数据库访问控制、数据加／解密、操作审计等安全保障；提供消息传递的加／解密、身份验证、软件服务的访问控制、审计等安全保障；提供身份验证、软件功能的访问控制、审计等安全保障；提供系统日常安全运行的相关管理规范。

（2）港航数据标准与规范体系。数字港航的建设需要制定统一的水路数据标准与业务管理规范，包括：在数据管理层建设过程中需要参照的部颁水路交通信息资源整合数据标准；水路交通资源整合数据采集、接口、交换标准规范；水路整合资源库的管理规范；明确水路资源库的数据维护、责任分工及共享访问等管理要求。

（3）建设与运营保障体系。数字港航需要建立健全省（自治区、直辖市）级的建设与运营保障体系，落实机构、人员和资金，制定一整套科学合理的建设管理系统以及长效运营机制，规范建设管理，以保证数字港航建设全面、协调和可持续发展。

2.6 数字港航体系的建设任务

建设数字港航体系的主要工作任务是：夯实港航网络系统，构建港航数据中心，建设港航地理信息平台，建设港航行业运行监测平台，建设港航公共信息服务平台，建设数字航运系统，建设数字港口系统，建设数字航道系统，建设数字船检系统，构筑水运“一站式”综合门户平台。

2.6.1 夯实港航网络系统

（1）科学规划网络系统服务分区。港航网络系统需要根据面向用户的不同提供多层次的服务，同时在网络中众多的设备重要性各不相同，面临的安全威胁也不同，需要按照这些设备的实际情况制定不同的安全策略和信任模型，从而需要将网络划分为不同区域。港航网络系统的网络架构设计中要突出“分区”理念，首先可以针对使用者的身份、业务应用的范围以及安全等级要求，将网络划分为内部核心网、远程业务专网以及公众服务网三大部分，简称为三网划分。

① 内部核心网（内网）。内部核心网是指港航网络系统内的面向内部的骨干网络部分，简称为内网；其承载本省（自治区、直辖市）港航管理机构最核心的各种业务系统；它与外部网络实行物理隔离，在国家相关法规允许、并采取有国家相关专业部门确认的安全技术手段的情况下，可以与外界其他网络系统进行有限制的互通。

② 远程业务专网（外网）。远程业务专网是指港航网络系统内提供与本省（自治区、直辖市）港航管理机构分布在国内、外的派出单位，或与本机构在

省、市、县的所辖部门的信息系统实现互联互通，独享内部数据信息资源的部分网络，简称为外网。在互联网上，通过 IPsec VPN/MPLS VPN 等技术在网络系统网络中建立起专网隧道，满足本机构与其分支机构或移动用户的需求。它与公众服务网（即国际互联网）采用防火墙等技术实行逻辑隔离，在有国家相关专业部门确认的安全技术手段的情况下，可以与公共服务网或其他网络系统进行互联互通。

③ 公众服务网。公众服务网（国际互联网）是本省（自治区、直辖市）港航管理机构与国内外、与社会、与民众进行沟通和联系的窗口，是各级港航管理机构为国内外、为社会、为民众提供服务的门户。它一般是指网络系统的国际互联网出口，是网络系统与国际互联网进行数据交换的必经之路，同时也是面向社会提供信息资源服务的公共区域。

（2）港航水路交通电子政务网络由港航水路交通政务内网和港航水路交通政务外网两部分组成。港航水路交通政务内网与港航水路交通政务外网物理隔离。

① 港航水路交通政务内网。港航水路交通政务内网是港航系统内部传输涉密信息的网络，是内部办公网，主要部署港航系统内部日常办公业务和公文流转系统、涉密政务信息报送系统、内部数据共享平台，与政府系统业务网络连接等。

② 港航水路交通政务外网。港航水路交通政务外网是水路运输行业的外部业务办公网，由水路运输行业信息专网、水上安全监督子网和水路运输行业公众信息服务网组成。它是各级水路运输行业管理单位信息交流和开展业务应用的网络系统，也是对社会公众提供信息服务的重要通道。

（3）凡是不涉及国家秘密的、面向水路运输行业的专业性业务系统应部署在港航水路交通政务外网的水路运输行业信息专网上。水路运输行业信息专网将建立统一的数字证书认证体系，并建立电子政务安全信任机制和授权管理机制。

（4）服务于水路运输行业从业企业、从业人员及社会公众的信息系统原则上接入政务外网的水路运输行业公众服务网（国际互联网），并须采取相应的信息安全措施。接入水路运输行业公众服务网必须遵循国家有关互联网接入要求。

（5）整合各类水路交通信息网络资源。数字港航体系需要整合现有的各类水路交通信息网络资源，充分利用高速通信网络和国家公共通信资源，灵活采用多种合作模式，充分发挥高速骨干光纤容量大、距离远以及通信运营商网络覆盖密度大、服务质量好的优势，构建、优化、完善统一的全省（自治区、直辖市）级水路交通通信信息专用网络，实现部、省、市、县四级水路和水路运输管理机构的联网，实现基础网络向水路交通行业业务管理基层部门的延伸，最终形成标准统一、结构合理、链路通畅、安全可靠的水路交通基础通信信息网络，为省（自治区、直辖市）级数字港航建设与运行提供基础链路保障。

2.6.2 构建港航数据中心

1. 数字港航数据中心总体结构

数字港航要以行业管理业务链条为线索，以业务应用系统完善为突破，以实现业务系统运行协同化和综合应用系统整体化为目标，建立完善省、市两级水路交通数据中心，完成相关业务数据的中心化和链条化。依托完善畅通的水路交通基础信息网络，分阶段、分层次地实现全省（自治区、直辖市）级各类业务数据在省（自治区、直辖市）级各业务数据分中心的集中共享。

省（自治区、直辖市）级港航数据中心负责定义全省（自治区、直辖市）级的交换存储策略、基础数据标准；修正完善各业务数据流程；授权用户对业务数据的访问权；从各类业务应用系统中抽取整合所需的业务数据，形成全省（自治区、直辖市）级水路交通基础性、战略性信息资源数据库，为省（自治区、直辖市）级数字港航综合应用系统提供数据支撑；根据各地市港航数据中心的数据需求提供数据共享与交换；向省（自治区、直辖市）内各地市级港航数据中心提供全省（自治区、直辖市）级水路交通行业各类数据统计查询和对比分析服务。

根据省（自治区、直辖市）水路交通运输管理机构和各业务职能局的管理职能和业务需求不同，将省（自治区、直辖市）级港航数据中心划分为省（自治区、直辖市）交通运输管理机构数据中心和省业务数据分中心两个层次。省（自治区、直辖市）交通运输管理机构港航数据中心将首先满足省（自治区、直辖市）水路交通运输管理机构各职能处室业务需求，提供各种业务相关的对比分析和统计查询数据，以反映整个水路交通行业的整体运行情况，通过对这些数据的分析，总体监控行业运行状况，为重要调整性决策和制定相关发展政策提供辅助支持。数字港航业务数据分中心是省（自治区、直辖市）水路交通运输管理机构数据中心的逻辑组成部分，是管理维护各类日常业务系统正常运行，并对相关业务数据进行管理和使用的业务数据分中心。港航数据中心体系结构如图 2.4 所示。

地市级数据中心负责维护地市内各类业务子系统信息的流转，为地市内各业务系统的正常运行提供数据与技术支持；根据需要通过省（自治区、直辖市）级水路数据中心共享其他数据中心的所需数据。

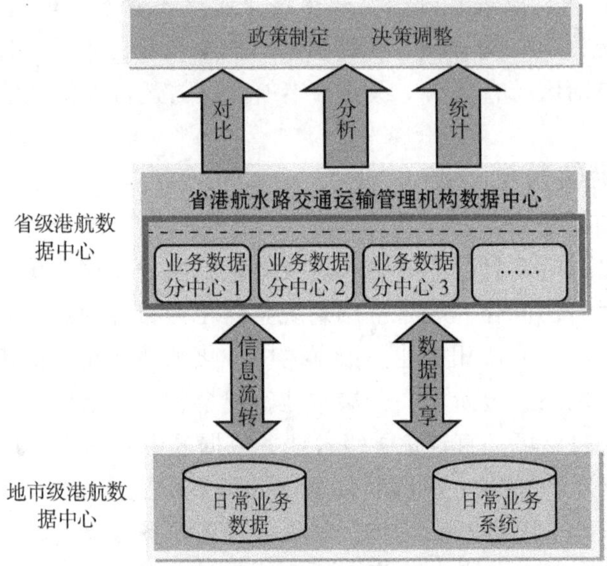

图 2.4 港航数据中心体系结构图

2. 数据中心的基本功能

港航数据中心主要功能包括：数据汇集、数据存储、数据交换和数据展现，数据整合与服务功能如图 2.5 所示。

（1）数据汇集：实现具有开放性的、可调整的数据抽取、清洗、处理、加

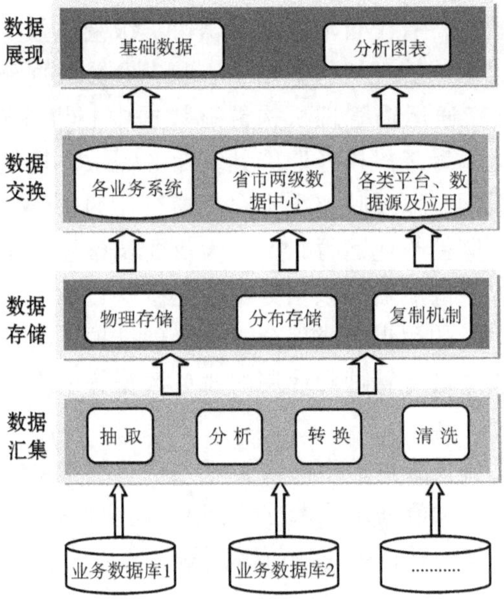

图 2.5 数据整合与服务功能图

载的工具平台，可将来自于不同数据源的数据进行重新组织后存入数据中心。

（2）数据存储：负责构建数字港航数据存储体系架构，包括各类数据的物理存储、数据分布存储、复制机制。对综合性强、实时性强、存储频度高、服务等级高的数据实行本地集中存储，其他数据分布存储。

（3）数据交换：为数据中心与业务系统间以及省市两级数据中心间的信息交互和共享提供集成化数据交互和共享空间，具有较好的开放性，同时满足用户各类平台、数据源及应用间的数据交换需求。

（4）数据展现：用以展示基础数据、分析统计图表的工具平台，应具有良好的可扩展性和易用性。

3. 制定数据标准规范

（1）资源整合数据标准。围绕水路交通行业管理部门“建”、“养”、“管”、“征”、“运”各项业务职能，在现有应用系统的数据字典基础之上，根据各业务线上的基本信息资源项及其属性，进行数据归并整理和统一归类，形成不同门类和主题的业务信息要素。在此基础上，按照信息化系统的设计原则，给出信息项的标准代码、名称、类型和长度定义，形成一个经过有机组织的、全面反映信息项元描述定义的数据组织目录，并规范命名标准、业务组织分类标准、代码引用标准、值域标准，形成统一规范的元数据描述标准和值域引用表。通过制定水路交通信息资源整合数据标准，实现各类业务数据的全面归集与整合，并有效保证数据的一致性和准确性。

（2）数据交换标准规范。通过制定省（自治区、直辖市）级水路交通信息数据交换标准规范，将水路交通行业内相关应用系统与省（自治区、直辖市）级水路交通信息资源交换平台之间进行数据交换与共享时遵循的统一规则进行明确和规范，内容包括基本交换模式、接入交换系统遵循的技术规范、参与交换的相关系统的信息描述规范、交换的工作流程等，确保分散的各类信息资源根据实际需要在各应用系统间顺利地交换、流通及共享。

4. 建设数据交换平台

数据交换平台为港航的数据中心与业务系统间以及省市两级数据中心间的信息交互和共享提供了一个集成化数据交互和共享平台。该平台是通过在数据交换的源点和目标点间建立源数据和目标数据的映射关系，通过数据交换平台的数据转换规则，实现港航数据中心和省（自治区、直辖市）内其他地市水路数据中心以及其他业务数据库的自动数据交换任务，省（自治区、直辖市）内水路交通行业管理的相关业务系统可以将数据中心作为基础资源平台的信息源，实现信息资源的上载汇聚和分发共享，数据交换平台功能结构如图 2.6 所示。

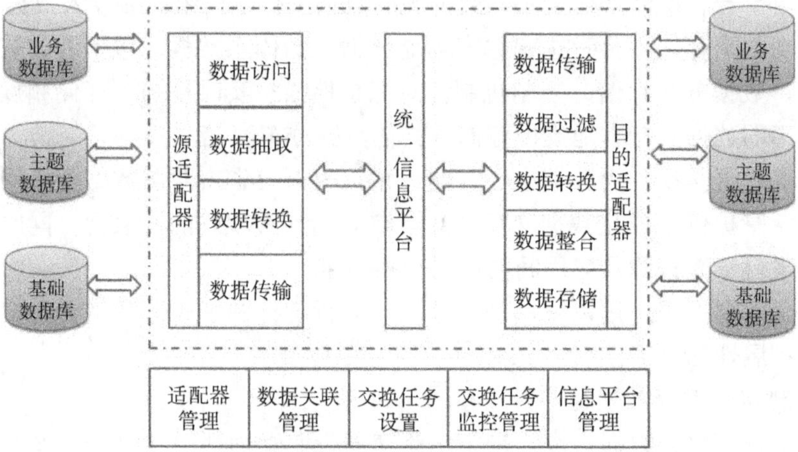

图 2.6 数据交换平台功能结构图

5. 建设数据资源库

数据资源库是支撑数字港航各种应用系统的重要基础，按照不同应用系统需求和用途，数据资源库可以大致分为三类：业务数据库群、基础数据库群和主题数据库群。

（1）基础数据库群。基础数据库群是通过对全省（自治区、直辖市）级水路交通数据资源的管理对象和数据共享需求分析，确定若干满足于全省（自治区、直辖市）级各类水路业务应用需要的，具有基础性、战略性的数据库，开放给各级各类水路业务系统共享使用。基础数据库主要包括空间地理数据库、水路（桥梁）基础属性数据库、从业人员数据库、船舶数据库（含营运船舶）、企业及业户数据库、港口数据库、航道数据库、多媒体数据库等。

（2）业务数据库群。业务数据库群是按照水路交通行业管理业务划分，分类整合各种业务应用系统形成的业务处理数据。业务数据库包括：水路养护与评价数据库、水路工程项目数据库、水路收费数据库、水路交通规费征稽数据库、水路交通稽查数据库、水路客运联网售票数据库、水路运政数据库，其中包括水路运输业户、营运船舶信息、从业人员信息、航线信息、运政稽查信息等。

（3）主题数据库群。主题数据库群来源于业务数据库群和基础数据库群，主要用于支撑全省（自治区、直辖市）级水路综合服务平台应用，通过对综合应用平台需求分析，建立若干分析主题，以应用主题为对象，以基础数据库为根本，整合各类动静态业务数据，形成针对某一主题的综合数据支持库。主题数据库包括水路交通应急指挥数据库、水路公众出行交通信息服务数据库、水路交通综合运行分析数据库、水路交通行业信用管理数据库等。

2.6.3 建设港航地理信息平台

港航地理信息平台是以电子海图为基础、利用地理信息系统技术和工具开发、以港航地理信息为主要内容，集图形显示、信息查询、数据库管理、信息分析等功能为一体的信息系统。该系统能在数字地图的基础上，完成港航信息的查询、统计、分析和管理，为港航的规划、建设、管理提供准确、科学的辅助手段，地理信息平台是港航系统地理数据服务的提供平台、地图应用平台和业务集成平台。开展港航地理信息平台的建设，既是适应数字港航规划的客观要求，也是加快科技兴交，努力为港航经济服务的必然选择。

港航地理信息平台的建设将在统一的空间数据基础设施平台上整合本行业的大量信息资源，提高港航信息资源的开发利用程度，推进港航信息化的进程。同时港航地理信息平台所产生的共享信息资源及形成高质量、多层次的信息服务，无疑将提供高效益、多机遇的港航经济活动条件，开辟丰富的港航信息工作环境，从而极大地提高港航全行业信息化应用水平。因此做好港航地理信息平台的建设工作，对促进港航管理现代化，推动本行业数字化、信息化、智能化具有重要的战略意义。

目前，港航地理信息平台的建设还相对落后，在港航行业管理中的应用也不多，大大落后于其他行业的应用水平，加快 GIS 在港航行业管理的应用是当务之急。以港航地理信息平台为基础开发业务应用系统，如航标监控、海事监管、水上搜救、船舶管理、信息发布、水上警务动态跟踪等系统，实现港航信息的数字化、监控实时化、信息服务网络化，为今后真正实现智能航运奠定基础。

随着港航科技信息化建设和发展，港航地理信息平台作为日常管理手段，在港口、航道和船舶管理等方面均发挥了积极作用。港航地理信息平台的建设内容包括：

（1）港航地理信息资源组织：利用遥感、GIS 和数据库以及计算机网络等现代信息技术，按照统一标准和规范对分散在省（自治区、直辖市）各级港航管理部门的信息资源进行有效梳理、整合，实现港航地理信息资源的有序组织、管理、服务和应用。

（2）制作数字港航“一张图”：以电子海图数据为基础，整合集成港航业务信息，建立国家级、省市级等不同粒度的数字港航“一张图”。

（3）建设港航地理信息共享服务平台：利用相关软件技术，构建港航地理信息公共共享服务软件系统，该系统作为港航地理信息平台的门户，面向用户提供相应的查询、统计、接口等服务。

（4）建设港航地理信息平台服务接口体系：建立统一规范的港航地理信息

平台应用服务接口，集中对港航管理部门和公众提供“一站式”地理信息服务，包括相应的GIS通用组件、数据共享、港航专题图等应用服务接口。

（5）数据更新：制定港航地理信息平台的数据更新方案（空间数据和属性数据），建设适合电子海图、电子航道图的数据管理和更新系统平台。

2.6.4 建设港航行业运行监测平台

港航行业运行监测平台是数字港航的重要组成部分。水路运输是国民经济的基础性、服务性产业，水路运输的安全畅通关系到我国经济社会发展的全局。近年来，全球气候变暖，强台风、强降雨、大雾、暴风雪等极端天气频繁，我国大陆及沿海发生洪涝、旱灾以及江河严重枯水的频率和强度明显增加，地震、海啸等特大自然灾害时有发生。这些极端天气和突发性自然灾害造成恶劣海况以及滑坡、泥石流等，导致水毁、雪阻、船舶停航等，严重影响水路运输安全。

1. 建设的目标

交通运输部在《公路水路交通运输信息化“十二五”发展规划》中明确规定了有关运行监测体系建设的具体目标是：推进水路交通基础设施的数字化和智能化，水路交通基础设施和运输装备运行监测网络基本建成，干线网重要河段和内河干线航道重要航段监测覆盖率达到70%以上，重点营业性运输装备监测覆盖率达到100%。

（1）依托水路交通运输运行监测系统建设，在全国所有省（自治区、直辖市）大型客货运输枢纽、重点水域、航道、港口和通航枢纽的运行状态、环境、气象与灾害实现动态监测。

（2）实现对“四客一危”船舶（客渡船、旅游客船、高速客船、滚装客船和危险品运输船）的动态定位跟踪监测。

（3）初步建立水路客货运输市场动态运行信息监测体系。

2. 建设的内容

港航水路交通运输行业运行监测平台主要建设的内容包括：

（1）建设互联互通、协同高效的部省两级水网管理平台，完善对重点航道、港口等监控目标运行状态、气象条件等的监测、监控，强化预测预警及评估，加强水路管理系统的普及应用，实现养护、收费、水路交通情况调查等管理系统的联网应用，统筹安排养护计划，及时发布航况、气象、交通管制和疏导分流信息，为路网区域协调管理和出行服务提供支撑。

（2）完善船舶交通管理、航道管理、港口安全管理信息系统，健全沿海港口重点水域及内河高等级航道的船舶交通、通航环境、航道变迁、港航设施、水域污染、水文气象等状态的实时监测和安全预警体系，整合现有各种交通动态监控资源，合理调度船舶安全通过风险水域，防止航道阻塞，及时发布航行通（警）告、航道通告（通电）等信息，避免船舶交通事故发生，并为水上人命救助、通航水域清障、船舶污染防治、船舶消防等应急抢险提供信息支撑。

（3）建立健全重点营运船舶的监测监控系统，重点跟踪监测“四客一危”船舶的安全技术状态和运行状况；建立水路危险品运输全程联网监管系统，加强源头管理，强化过程控制，打击非法营运，实现跨区域、跨部门信息共享和联防联控。

（4）建设多网联动的部省两级水路安全监管与应急处置平台，实现信息接报、监测预警、风险评估、辅助决策、信息发布、资源管理、异地会商、统计分析等功能，满足“监管到位、协调联动、上下贯通、左右衔接、响应迅速、处置有效”的要求，加强行业内外安全监管与应急处置信息的交换共享，实现应急资源动态管理和科学调度，确保重点物资和抢险物资紧急运输，保障人民生命财产安全。

2.6.5 建设港航公共信息服务平台

港航公共信息服务平台是数字港航的应用系统之一。它包括了港航交通出行信息服务系统、船岸信息一体化服务系统、港航物流信息服务平台，其任务是运用信息化手段建设覆盖本省（自治区、直辖市）级水路交通运输管理机构所辖地域、乃至形成全国的水路交通行业统一的信息服务平台。水路信息服务平台将用信息数字技术为各类不同需求的社会民众或团体提供出行方面的全面、权威、方便的信息服务，为实现船岸信息一体化服务，为实现港航物流信息化服务。

在数字港航建设中，将根据社会公众对出行服务及水路交通行业信息的各类需求，建立一个面向省（自治区、直辖市）级水路交通运输管理机构所辖地域的，涵盖出行前、出行中、出行后的出行信息服务系统。系统将本地域公路、水路出行服务系统在“一张图”中集中展现，既能够从本省（自治区、直辖市）级水路交通运输管理机构数据中心的数据库中采集各类水路交通业务信息，也能通过多种方式接入铁路、民航、气象和旅游等其他部门相关数据；系统能够根据公众的各种需求对这些数据进行加工整理，形成出行服务信息。系统将提供公众出行信息服务网站、热线电话、广播、短信等信息发布方式，通过本系统的水路交通服务信息发布平台，将服务信息推送给社会公众，为各类不同需求的社会民众或团体提供出行方面的全面、权威、方便的信息。

建设内河航运综合信息服务系统，依托海事、航道和运政管理信息系统的建设和完善，强化航道状况、水位水深、水上水下施工、水路交通管制、水文气象等信息服务，并利用网站、呼叫中心、航行广播、短信平台等多种服务方式在内河干线和重要水网地区为通航船舶提供航行信息服务。进一步完善水路客运出行信息服务系统建设，在重点水域开展客运联网售票和电子客票系统建设。

2.6.6 建设数字港口系统

港口是国内外贸易重要的服务基地和货流分拨配送中心，负责储存、分拣、理货、配货、分发、倒装、分装、装卸、加工和送货等；同时，港口又是一个重要的信息中心，汇集了大量的货源信息、技术信息、服务信息等，负责整个供应链的信息处理工作。港口作为生产要素的最佳聚合点，有利于吸引产业在港内的布局，有利于推动区域经济发展，汇集人流、物流和信息流，成为区域产业、商务中心及信息中心。货主、船方、代理商和零售商及政府机构之间不断地进行着信息传递，这些信息在港口辐射的范围内汇集。港口为这些信息及时准确的互通搭建了平台，为用户提供方便的运输服务、商业服务和金融服务。

数字港口是指港口在向现代化港口发展的过程中，为了达到货主、港口企业、口岸监管部门、港口行政管理部门以及社会其他部门之间大量、及时的信息交流、互动，为了更精确、高效地完成船舶进出港、货物装卸、货物集疏运等生产活动，利用现代信息技术，充分开发和利用港口内部与外部的各种信息，进行统一协调的转变过程。它具有以下特点：

（1）数字港口的基础是港口的管理、服务方式和运行模式，而不是信息化技术本身，其中的计算机网络技术仅仅是港口信息化的实现手段之一。

（2）数字港口建设的概念是动态发展的，它随着港口的发展需求、管理理念、实现手段等因素的发展而发展。

（3）数字港口是一项集成技术：数字港口的关键点在于信息的集成、共享和互动，即实现将关键的、准确的数据及时地传输给相应的管理者和企业主体，为港口管理和生产过程中各方的信息交流提供便利，并使管理和生产效率得到提高。

（4）数字港口是一项系统工程：数字港口建设是一项人机合一的有层次的系统工程，包括港口管理部门、港口企业管理层和员工对港口信息化的理解和接受程度，决策、组织管理信息化，经营、服务手段信息化，流程信息化等。

（5）数字港口的实现是一个过程：包含了人才培养、咨询服务、方案设计、设备采购、网络建设、系统建设、应用培训、二次开发等过程。

数字港口的表现形式就是在全球信息化的背景下，港口的生产、管理和服务与计算机技术、现代通信技术等电子信息技术的结合过程，使得操作数字化、商务电子化、经营网络化、港口智慧化，最终促使信息流、物流、资金流和商流的融合和一体化，是信息技术在港口信息化过程中的具体展现。

数字港口从不同的层面看，主要有以下表现形式：

（1）互联网与物联网基础上的信息共享与传输。数字港口解决信息的采集、传输、加工和共享，可以提高决策水平，为港口管理和生产带来效益。在这个层面上可以不涉及或少涉及流程改造和优化的问题，主要表现为信息系统为决策提供及时、准确的信息。

（2）将系统论和优化技术用于流程设计和改造。数字港口的信息系统表现为固化新的流程或新的管理模式，使其得以规范地贯彻执行，并使港口经营过程在固定的流程中有效运行，优化操作方案，例如对仓储存取的方案、运输路线方案、综合执法方案及服务方案等进行优化。

（3）信息系统应用于供应链的管理。在对供应链管理上，数字港口的信息系统表现为对以港口为依托的一些相关系统和衍生物的管理，对整个物流链进行高效、及时、准确的跟踪，并及时做出决策。

数字港口建设是在港口规划建设与生产运营中，利用数字化信息处理技术和网络通信技术，将港口的各种数字信息及各种信息资源加以整合并充分利用，从而构筑起港口数字化基础信息平台和决策支持平台。数字港口建设的基本内容包括：

（1）港口管理信息平台建设。根据港口管理相关法律法规的规定，港口行政管理部门需履行其在港口规划、建设、维护、经营管理、安全监督等方面的权利与义务。港口管理信息平台的建设可以提高工作效率，为港口经营人、船主、货主提供更加全面、快捷的服务，提升港口行政管理部门的工作水平，港口管理信息平台的建设还能为与其他口岸管理部门交换数据提供接口，避免因多头重复输入为相关企业带来的不便和出现差错的可能，提高通关效率。港口管理信息平台主要包括四大部分：一是港口行政管理系统，包括经营管理、岸线管理、危货管理、港口设施保安管理、日常生产管理、应急预案管理、港口统计等功能；二是港口公共信息发布系统，通过网络实时发布政务信息；三是港口行政办公系统，完成日常办公管理；四是港口信息交换平台，实现与相关口岸管理部门的数据交换与共享。

（2）专业港口信息服务平台建设。专业港口信息服务平台是为其直接的主要客户和贸易伙伴，如货主、船主或其代理商提供特殊的服务，因而它的建设主体一般是港口集团企业或者企业联盟体。专业信息服务平台可以分为两大类：一类是由单一行业组成的信息服务平台，其连接的操作实体业务模式较为简单。另一类是跨行业的信息服务平台。信息服务平台将各物流企业实体连接起来，形成了一个虚拟社区。主要包括：陆向腹地和海向腹地的集装箱班列服务系统、散杂货服务系统、粮食运输服务系统、矿石运输服务系统、滚装客运服务系统、油品运输服务系统以及集装箱场站服务系统等。

（3）电子口岸建设。建设电子口岸是发展现代港口的一种重要方式，电子口岸主要有货物通关申报协作、船舶电子申报、海港快速验放和综合信息服务平台等功能。电子口岸的建设标志着口岸由传统走向现代，由分散走向聚合，由繁杂走向标准，由沿海走向内地，由国内走向国际。电子口岸的开通有利于落实区域发展战略，实现信息资源共享，促进合作互利共赢。由于电子口岸连接了各专业平台和各支撑系统，因此通过这个平台就能实现整个口岸业务的电子化。一般来讲，电子口岸能提供三个不同层次的服务：一是口岸信息交换EDI，其主要功能是客观而中立地传输各种商业信息；二是口岸流程规则工作流，其主要功能是接入各专业平台信息和服务，然后将之与现有其他平台和系统相连接；三是口岸公共信息服务，其主要功能是提供各类口岸公共信息服务，包括各种船期、班列、物流单位基本情况、航运指数等，而这些专业信息的采集则来自各专业平台和各实体单位。

（4）物流中心信息化建设。现代物流是信息网络与综合运输体系物理网络的有机结合，以信息技术为基础使各种交通运输方式有效地衔接起来从而实现货物的连续、安全、准时、高效的多式联运以及运输全过程的一体化运营管理、决策与信息服务。物流中心信息化建设以建立现代化物流为目标，紧密链接货主、客户、内外贸公司、仓储公司、运输公司、生产和供销单位，共同开发、建设、管理、经营，最终实现“产、路、港、航一条龙，产、供、销、贸一体化”的战略格局。通过现代化信息系统开展电子商务，进行网上交易，并集中办理有关业务的各种手续是物流中心的必备条件。

2.6.7 建设数字航道系统

数字航道是对航道空间区域、管理对象管理活动的数字化表现。通过综合运用现代信息技术，开发、整合和利用各种信息资源，实现航道业务流程、动态监测和辅助决策的数字化、网络化、智能化，为政府、企业、公众提供高效的航道信息服务。

数字航道主要包括以下两个方面含义：

（1）航道信息资源数字化。通过建立数字化模型，实现水文数据、河床数据、航道尺度、航标及其他助航设施等信息的自动化采集、分析、处理，是数字航道的基础支撑。

（2）航道管理与服务数字化。在航道信息资源数字化的基础上，借助交互式的信息发布网络平台，构建全方位、全天候的数字化、可视化的远程服务体系，实现航道维护管理与信息服务的数字化。

数字航道的主要特点：

（1）航道的可视性。数字航道建立了反映航道真实状况的数字化可视模型，其影图可视性是数字航道的重要特征。

（2）信息的及时性。数字航道能及时采集航道数据，反映航道的真实变化，为管理者提供决策依据，向社会用户及时提供准确的信息。

（3）处理的融合性。数字航道能够对所涉及的多来源、多层次的数据信息资源实施融合处理。

（4）系统的开放性。数字航道能针对不同类别的业务应用，采用开放性架构实现资源共享。

（5）服务的多样性。数字航道能根据不同的服务对象和应用需求提供相应的信息服务方式和内容。

2.6.8 建设数字航运系统

依托水路运政系统等业务系统的数字航运系统由水路建设与运输市场信用信息服务平台、水路运输经济运行监测预警与决策分析系统组成。

1. 建设水路建设与运输市场信用信息服务平台

目前，各行各业已充分认识到信用体系的重要性，信用体系的建立，是一个行业不断走向成熟的标志之一。通过建设完善水路建设与运输市场信用信息服务平台，推广普及水运建设工程项目管理、工程标准规范管理系统，建设水运工程招投标管理等系统；深化完善水路运输管理信息系统，推广普及船舶船员“一卡通”、船舶电子签证等系统，实现水路运输行政执法信息、信用信息跨区域、跨部门的交换和共享，形成政府监管、企业自律、社会监督的信用管理和服务体系。

水路建设与运输市场信用信息服务平台已纳入交通运输部《公路水路交通运输信息化“十二五”发展规划》，主要建设内容包括：

（1）深化完善部省两级水路交通建设市场信用信息管理系统。推广普及水运建设工程项目管理、工程标准规范管理系统，建设水运工程招投标管理等系统，构建涵盖勘察设计、施工、监理、试验检测等从业单位和人员的信用监管、征集、发布和奖罚机制，实现水路建设市场责任主体基本信息、信用信息、工程建设项目信息的公开、共享，规范水路建设市场秩序，提高工程质量。

（2）建设完善部省两级水路运输市场信用信息服务系统。深化完善水路运输管理信息系统、职业资格管理信息系统，推进部省水路运输信息系统联网工作；推广普及船舶船员“一卡通”、船舶电子签证等系统；引导船舶维修及配件质量追溯信息服务系统建设；建设省级统一、覆盖市县的运输企业和从业人员信用管理系统，实现对各类信用信息的分级分类管理和动态更新。依托部级系统建设，实现水路运输行政执法信息、信用信息跨区域、跨部门的交换和共享。及时发布水路交通运输行业经营主体信用信息，为社会提供从业企业、人员的资质和资格认证及信用信息查询服务，形成政府监管、企业自律、社会监督的信用管理和服务体系。

在数字港航建设中，水路建设市场信用信息服务平台将针对水路施工企业基本信息和信用信息查询和公示，用以辅助水路交通主管部门进行企业资质信息和承揽建设项目信息的监督、管理和维护。对公众的信息发布，满足公众对水路施工企业的基本信息、承揽水路建设项目基本信息以及项目施工过程中的信用信息浏览和查询。通过本系统可以查询指定企业的基本信息、企业类型、企业资质及等级、承揽项目历史信息、企业信用信息。对企业信用信息则可以按照时间序列在网站上予以分类动态公示，一般性资料信息和承揽项目信息变动为提示性信息；企业存续、违法经营、违规违章施工、施工质量问题等信息为警示性信息；受表彰、奖励和政府鼓励支持信息为表彰信息。

水路运输企业信用管理信息系统将融合运政管理、规费稽征、运政稽查、投诉服务热线、港政管理等系统数据资源，实现对运输企业安全状况、经营行为、服务质量、企业管理的综合考核和对运输企业信用等级的动态管理。系统汇集现有水路运输行业经营者（业户）、运营船舶、从业人员等的资质管理信息，定期采集水路交通执法部门、公安交通管理部门的行业违规处罚、交通违章处罚等信息，通过数据分析和对应甄选，向管理部门提供对运输业户安全状况、经营行为、服务质量、企业管理等情况的检索查询，为实施行业信用管理考核提供依据，并通过网上公示，为社会提供或推荐经营规范、优质服务、信誉度高的运输经营者，提高行业管理部门的监督管理工作，维护消费者合法权益，确保守法经营者的利益。

2. 水路运输经济运行监测预警与决策分析系统

我国在“十二五”期间重点建设包括水路交通运输经济运行监测预警与决策分析系统在内的四大工程，其中水路交通运输经济运行监测预警与决策分析系统建设主要内容包括：

（1）建设与业务系统相融合的水路交通统计信息系统，完善水路交通统计信息指标体系，依托业务管理与服务系统，逐步实现统计数据从水路交通运输业务系统的有效获取，提高统计数据的真实性、及时性、准确性。

（2）建设部省两级水运行业经济运行监测预警和决策分析系统，构建动态运行监测信息指标体系及信息采集机制，实现重点物资运输、基础设施运行、固定资产投资、生产安全、运输市场、行业能耗等水路交通运输经济运行状态的监测和预警。结合国际和国内、国家和区域经济运行动态，面向水运行业管理部门开展行业发展态势的综合分析，研判经济社会发展趋势对交通运输行业的影响，适时调整行业发展政策。按国务院有关部门要求，及时上报相关信息，反映国民经济运行和国际贸易情况。面向社会及时发布相关信息，发挥导向性作用，引导行业投资者、运营者进行合理决策。

在数字港航建设中，水路运输经济运行监测预警与决策分析平台将解决三方面问题：一是解决水路交通运输统计、投资、规划三大业务的部、省、市、县四级联动和协同管理问题；二是解决水路交通运输统计与业务管理系统有效衔接，拓展统计数据采集渠道，增强统计数据的鲜活性和及时性，提高统计快速响应能力，缓解基层统计工作压力问题；三是解决水路交通行业宏观经济运行监测预警分析手段有待提高问题。

本系统将实现五大建设目标：

（1）进一步优化水路交通统计、投资、规划业务的日常工作方式，规范工作行为，推动管理科学化、精细化，提高工作质量。

（2）建立起基于计算机网络的信息交互渠道，彻底转变各级水路交通统计、投资管理部门靠人工、邮寄完成信息交互的落后工作方式，大大增强各级水路交通统计、投资管理部门的工作手段。

（3）转变统计、投资、规划三大业务以纸质资料为主要沟通介质的协作方式，建立起基于信息化条件的资源共享机制和协同办公机制，提高三大业务工作人员整体管理、分析能力，降低劳动强度，提高工作效率。

（4）探索搭建基于云计算技术的海量数据存储、应用架构，探索建立水路交通行业景气指数、水路交通运行主要统计指标短期预测等系统，提高对业务系统信息挖掘、综合利用能力，提升水路交通宏观经济运行监测、分析、预警和科学决策能力。

（5）面向基层水路交通管理部门、社会公众的需求，丰富统计信息服务内容、完善统计服务手段，进一步提高水路交通行业统计服务的全面性、针对性和及时性。

2.6.9 建设数字船检系统

数字船检系统承担的船舶检验工作是水上交通安全管理工作的重要组成部分，当今的船舶检验业务已贯穿于船舶与海上设施及其配套产品的设计、制造、安装、使用直至灭失的整个生命周期的全过程，渗透到航运、造船、海洋开发、海洋利用及其有关产业部门各个领域，成为有关部门的联系纽带，并且在它们的发展中起着不能忽视的重要作用。推进数字船检是实现数字港航战略目标的一项重要工作内容。数字船检的主要内容包括：

（1）推动船检网络环境建设、建立船检信息化基础设施平台。各地船检机构要依据交通运输部相关规范建设本辖区的网络，并接入海事信息网和交通行业专网。满足船检管理应用系统运行的需要。

（2）推动船检数据库群建设、加大船检信息资源应用及共享水平。有计划、分步骤地建立船检管理数据库群。船检管理的数据资源包括：船检机构、验船师、船舶检验、船用产品检验、海上设施检验、船厂认可等。建立船检管理数据库群，是实现港航与海事工作“有效监管、优质服务”的发展目标的有效手段。对船检信息进行分析加工，可以为船检管理的决策提供准确的数据依据。

（3）推广船舶检验发证管理系统、建立可靠基础数据源。完善推广船舶检验监督管理系统的使用，在加强业务管理的同时，为船检机构、验船师信息资源库和各地船检船舶技术信息数据库提供及时、准确的数据；完善推广船舶检验发证管理，规范各地船舶检验管理，建立各地船检数据库的数据采集渠道；逐步开发完善推广船用产品检验、海上设施检验等船检管理的子系统，加强管理的同时为全国船舶检验数据库提供基础数据。

（4）推动船检信息化标准建设、保障船检信息化有序开展。制定船检信息化的标准，推动船检各业务系统信息资源的整合，使船检机构之间、船检业务与其他海事业务之间能够在统一的业务和数据标准规范指导下，实现信息互通共享。

船检管理信息系统由面向多种用户的应用系统、船检业务信息资源数据库群、统一的智能管理系统组成。

面向多种用户的应用系统包括：面向船检机构和船检管理机构及其人员的业务处理系统、面向海事系统内部所有用户的Web应用及信息服务系统、面向社会的Web应用及信息服务系统、面向其他业务系统的数据共享服务。

面向船检管理人员的业务处理系统为船舶检验管理人员提供业务处理服务，用户包括：部局船检处、地方船检管理处、现场审核员、验船专家。业务处理系统包括：船检机构管理、国外驻华机构管理、验船师管理、船检相关机构管理、进口船舶管理，以及船检机构使用的船舶图纸审查管理、船舶检验管理、船用产品检验管理、水上设施检验管理、船检服务对象管理。这些系统是操作层的应用，是数据的产生和维护者。

面向海事内部所有用户的统一Web应用及信息服务系统为海事内网上的所有用户提供信息服务，用户包括：部海事局领导、相关处室、现场监督人员。此系统为管理层应用，是数据的分析和使用者。

面向社会的Web应用为社会提供信息服务，包括：船舶检验机构、船舶设计单位、船舶制造厂、船东、海上搜救中心、海上遇险船舶、海上平台、船代货代、国际相关机构等。这是社会服务层的应用，主要提高船检对外的服务能力和政府形象。

面向其他业务系统的数据服务，为其他业务系统提供数据共享服务，包括：各船检机构的业务处理系统、应急救助系统、交通部船舶库、水监其他业务系统。

船检业务信息资源数据库群包括：船舶检验机构库、国外船检驻华机构库、验船师数据库、船检相关机构数据库、船舶图纸数据库、船舶检验数据库、船用产品检验数据库、海洋工程检验数据库、船厂数据库、进口船舶数据库、技术支持数据库、相关标准数据库及船检政务数据库。船检资源数据库群中的数据来自于各船检处、全国各船检机构的各类应用系统。

2.6.10 构筑水运“一站式”综合门户平台

数字港航体系涵盖了所有支撑港航水运业务的信息化系统，要进入港航数据中心、港航网络系统、港航地理信息平台、水路交通运输行业运行监测平台、水路出行信息服务平台、数字航运系统、数字港口系统、数字航道系统、数字船检系统等众多的业务系统，必须构筑一个高效、便捷、开放、安全的水运“一站式”综合门户平台。“一站式”综合门户平台实现了用户通过访问某个服务站点，而快捷地解决问题的目的。

1. 水运“一站式”综合门户平台构筑在港航电子政务办公平台之上

我国各省（自治区、直辖市）港航水路交通运输电子政务系统经过十多年的信息化建设，已初具规模。在经历不断地改造、更新、升级之后，电子政务工作平台已从早期的单一办公自动化、网站、业务管理系统转变成“平台”+“应用”+“门户”的形式。它采用了涉及面非常广的综合信息平台，包含了内网门户、外网门户、公网门户、工作流、公文管理、信息整合、知识管理、沟通交流，以及数据交换等丰富的内容。可以说，港航电子政务办公平台是各省（自治区、直辖市）港航管理机构的“一站式”门户，是本机构办公与业务处理的舞台；它是承上启下、信息交流的总汇，是面向社会、面向民众的一扇窗口；它是承载水路交通各个应用系统的导航台。

2. 水运“一站式”综合门户承载了港航综合信息管理平台

各省（自治区、直辖市）港航综合信息管理平台的内容不尽相同，一般可分为航道信息、船舶信息、港口信息、规费征收及非结构化数据（包括航运方面、建设项目、统计数据、规划计划、电子地图和短信服务）五大方面。

（1）平台首页面。平台首页面是整个管理平台的入口所在，包括：用户登录入口、功能模块入口及相关链接入口等。在平台首页面将较为重要的信息资源直观地显示出来，提供用户访问数据资源的快捷方式。用户可以在首页面对最新公告、重要通知、文件精神、相关资料、统计数据等非结构化数据信息进行浏览，同时也可以对港航通告、许可审批业务结果等从业务系统中取出的动态结构化数据进行浏览。

（2）主要栏目板块：

① 航道信息：对航道、航段、过河建筑物、航标、滩险等基础设施、水情水位、航道通告、行政许可、行政执法、直属机构及航道维护统计等方面的信息资源进行查询和浏览。

•航道基础设施：航道基础设施是综合信息管理的基础，用户可根据需要对本地区的航道基础设施进行查询，对各类基础设施根据一定的条件进行查询，对查询出来的单条记录可以进行详细浏览。

•航道通告：用户可以通过该系统对各航道局已经发布的航道通告进行查询和浏览。

•行政许可：行政许可是对在航道管理信息系统中的航道行政许可项目所进行的查询浏览功能。用户可以通过这部分对各航道局、航道分局所进行的航道行政审批项目进行查询和浏览，审批项目的动态会根据航道管理信息系统中许可项目状态的变化而变化。

•工作动态：工作动态是对无信息系统支持的航道相关信息的查询浏览功能，各科室用户可以根据需要，查看相应的工作动态详情。

② 船舶信息：对船名录、船舶检验信息、船厂信息等方面的信息进行查询和浏览。

③ 港口信息：港口信息的主要数据来源是针对港口的历次普查数据，系统能够对港口、港区、码头泊位、装卸机械、仓库堆场、港口吞吐量等方面的信息进行查询和浏览。其中港口基础设施是综合信息管理的基础信息，用户根据需要对相关港口基础设施进行查询，可对各类基础设施根据一定的条件进行查询，对查询出来的单条记录可以进行详细浏览。工作动态主要体现港口科的业务，信息发布等工作由该科室负责。

④ 规费征收：对各类规费（船舶检验费、港口建设费、港口设施保安费、货物港务费、引航费）征收方面的信息进行发布及对比分析。

⑤ 非结构化数据

•航运信息：航运信息的数据来源主要为航运科通过信息发布平台发布的非结构化航运数据，主要是对营运船舶、运力运量、航运安全、航运企业等信息进行查询和浏览。

•建设项目：建设项目信息的数据来源主要为基建科通过信息发布平台发布的非结构化基建项目数据，包括的栏目有：项目进度、基建工作动态、政策法规等。该部分主要体现基建科的业务，信息发布等工作由该科室负责。

•统计数据：对统计部门可以对外公布的航道、港口、航运、船舶等方面的统计数据进行发布和浏览的功能。该部分主要体现规划科的业务，信息发布等工作由该科室负责。

•规划计划：对港航管理部门在航道、港口等方面的规划计划信息进行发布和浏览的功能。该部分主要体现规划科的业务，信息发布等工作由该科室负责。

•电子地图：电子地图功能是为了满足港航管理部门对所掌握的航道基础

设施进行基于电子地图的查询，主要的功能包括对电子地图的点图查询、鹰眼、放大、缩小、拉框等。电子地图的查询将根据航道不同的数据实体进行分类查询。在 GIS 平台上综合以上各项可以整合的数据信息，并结合已有的基础数据信息，通过 GIS 电子地图的方式查询浏览数据。

• 短信服务：通过加强与当地短信运营商的合作，向社会提供水路交通信息手机短信服务，将适合短信方式发布的交通综合信息提供给社会公众。作为互联网、热线电话等服务方式的有效补充，手机短信服务方式将为社会公众提供更加便捷的水路交通信息服务。社会公众可以通过手机进行短信定制，系统将根据用户的不同需求将适合通过短信发布的水况信息、气象信息、水运信息等，通过手机短信的形式向社会公众发布。

（3）水运“一站式”综合门户还把展现形式延伸到呼叫中心、电子屏幕显示、交通广播和出行宣传册等，使水运管理人员、各类水运业务人员、各类水运用户与水路出行民众获得更多优良的实时服务。

2.7 信息安全保障体系

根据交通运输部的《交通运输电子政务网络及业务应用系统建设技术指南》，数字港航的信息安全保障体系主要涉及物理层、网络层、系统层、信息交换层、应用层、管理层等六个方面。

2.7.1 建设原则

信息安全保障体系的建设必须从系统工程的高度着眼，突出水路交通运输行业自身的特点，遵循以下的基本原则：

（1）严格遵守中华人民共和国相关法律和法规。

（2）符合国家涉密计算机系统安全要求和保密规范。

（3）严格遵守国家有关信息安全部门相关规定。

（4）选择先进的、标准化的信息系统安全建设模型。

（5）技术手段与管理制度并重。

2.7.2 遵循的主要规范及标准

（1）《计算机信息系统安全保护等级划分准则》（GB 17859-1999）。

（2）《信息安全技术 信息系统安全管理要求》（GB/T 20269-2006）。

（3）《信息安全技术 网络基础安全技术要求》（GB/T 20270-2006）。

（4）《信息安全技术 信息系统通用安全技术要求》（GB/T 20271-2006）。

（5）《信息安全技术 操作系统安全技术要求》（GB/T 20272-2006）。

（6）《信息安全技术 数据库管理系统安全技术要求》（GB/T 20273-2006）。

（7）《信息安全技术 入侵检测系统技术要求和测试评价方法》（GB/T 20275-2006）。

（8）《信息安全技术 网络脆弱性扫描产品技术要求》（GB/T 20278-2006）。

（9）《信息安全技术 网络和终端设备隔离部件安全技术要求》（GB/T 20279-2006）。

（10）《信息安全技术 防火墙技术要求和测试评价方法》（GB/T 20281-2006）。

（11）《信息安全技术 信息系统安全审计产品技术要求和测试评价方法》（GB/T 20945-2007）。

（12）《信息安全技术 服务器安全技术要求》（GB/T 21028-2007）。

（13）《信息安全技术 信息系统物理安全技术要求》（GB/T 21052-2007）。

2.7.3 安全策略

1. 总体策略

（1）必须定期对系统进行整体的风险评估，及时发现安全隐患，调整安全策略，实行动态防护。

（2）根据系统的重要程度和自身安全需求，依据国家标准《计算机信息系统安全保护等级划分准则》，实行等级防护、适度防护，使系统达到相应级别安全保护标准的要求。

（3）所有被采用的安全产品都必须提供开放接口，以利于建设统一的安全管理中心，并对安全事件进行有效及时的监控和响应。

2. 物理层策略

（1）保障系统重要数据和重要系统在遭遇自然灾害、遭受各种攻击时具有较高的抗毁性，能够提供一定的灾难恢复能力。

（2）保障租用公共电信线路的传输安全。

（3）加强水路交通运输政务内网共享平台和各涉密机房的监控措施，通过电磁屏蔽等技术手段全面提高机房安全等级。

3. 网络层策略

采用统一的网络防护技术体系，从可控性和可审计性两个方面来保障不同网络信任域之间互联的安全。

4. 系统层策略

（1）能够及时防御网络病毒和恶意代码的侵害，能够及时检测到外部入侵和非法行为，并及时做出反应。

（2）重点加强关键主机的防护和加固，全面提升操作系统的安全等级。变被动防御为主动防御，防患于未然。

5. 信息交换层策略

（1）利用密码技术，采用国家信息安全保密部门批准采用的设备，为敏感信息提供传输和存储过程中的加密服务，为应用系统提供相应的加密应用接口。

（2）在国家信息安全主管部门指导下，划分不同信息安全域，确定各安全域安全交换原则。

6. 应用层策略

（1）建立基于 PKI 的统一信任体系。为系统提供身份认证（人员、设备）、数字签名。同时，基于 PKI 技术实现授权管理和统一密钥管理。

（2）考虑建立动态口令系统用于部署于交通运输政务外网上的业务系统的人员身份认证和授权管理。

（3）对各种用户进行的任何与安全相关的操作进行记录和追踪，为内部人员非法操作或发生安全事故后的追查和审计提供依据。

7. 管理层策略

（1）成立统一的安全管理机构，统一领导、统一标准、统一管理、各负其责。明确安全管理的职责，完善安全管理机制。

（2）建立定期安全保密检查制度，根据新出现的安全问题和隐患进行及时的处理。有条件的可以考虑初步建立应急响应和检查的技术队伍，提供技术支持。

（3）依托统一的安全管理机构，成立专门的信息保密和密码管理小组。对使用的各类密码设备实行统一配置、统一管理、分清责任、分头维护。

2.7.4 安全措施

数字港航信息安全管理体系的安全措施与安全层次对照见表 2.4。

表 2.4 安全措施与安全层次对照表

层次 措施	物理层	网络层	系统层	信息交换层	应用层	管理层
安全管理	设备管理规定、设备监控	网络管理规定、网络设备监控	系统评测规范	信息交换规范	系统运行规定、信息系统运行和信息内容监控	相应的组织机构及职能
网络防护		防火墙和网络入侵检测系统联动				

续表 2.4

措施＼层次	物理层	网络层	系统层	信息交换层	应用层	管理层
不同信息安全域的信息安全交换		内网部分加密机之间设备认证；外网利用VPN技术提供接入设备的认证功能		内网部分利用普密级加密机提供链路级的加密；外网利用VPN技术提供数据加密功能	利用“安全岛”或离线方式实现内、外网之间的数据适度安全交换	
安全审计	设备的审计	网络层审计	系统层审计		应用层审计	管理层审计
局部计算环境安全			关键主机加固		病毒和恶意代码防治	
数据和系统备份	加密设备和网络设备备份		系统容灾恢复	数据存储备份	提供重要系统的系统备份	
应急响应与技术支持服务	物理环境安全性评估	网络脆弱性分析	系统漏洞分析		提供应急情况的响应和技术支持	提供安全培训和各类安全服务

2.7.5 安全管理

建立健全有关安全管理的组织机构，制定有关规章制度，确保系统安全、可靠地运行。

1. 组织结构

应成立安全保密管理办公室（简称“安全办”）。安全办由信息保密与密码管理小组、网络安全监控和管理小组、认证与授权管理小组、检查预警与应急响应小组组成。

（1）信息保密与密码管理小组负责起草有关信息保密的规章制度，提出相应的保密等级以及信息交换保密规则，对相关网络信息保密工作进行指导和监管检查。

（2）网络安全监控和管理小组负责起草有关网络和信息安全的规章制度，提出信息系统等级保护的实施细则，对策略的执行情况进行检查。

（3）认证与授权管理小组提出统一的身份认证策略和授权管理机制，负责统一授权访问控制系统的日常管理和维护工作。

（4）检查预警与应急响应小组负责督导和检查系统运行期间的病毒和垃圾邮件的检测和防治工作。

2. 规章制度

应严格遵守国家的法律法规和网络信息安全的相关规定，包括：

（1）《中华人民共和国保守国家秘密法》。

（2）《中华人民共和国国家安全法》。

（3）《中华人民共和国计算机信息系统安全保护条例》。

（4）《计算机信息系统国际联网保密管理规定》。

（5）《计算机信息系统安全专用产品检测和销售许可证管理办法》。

（6）《计算机病毒防治管理办法》。

3. 建设安全管理中心

安全管理中心功能如下：

（1）集中安全管理：安全设备管理、配置管理、事件管理、策略管理。

（2）服务器操作系统补丁管理：可以自动分发、安装补丁，自动检测补丁安装情况。

（3）综合安全审计与分析：提供安全事件的综合分析和事件回放功能。存储应用系统、网络系统、安全设备的安全事件日志，汇总各种报警信息，分析后进行综合报警。

（4）共享平台客户端安全管理：IP 地址信息搜集、违规非法外联监控、客户端补丁分发和管理、客户端防病毒软件日志情况监控。

（5）监控管理：对安全设备和关键应用系统实时监控。

（6）安全信息发布：在安全网站上及时发布综合报警信息、各类安全事件。

（7）安全平台用户管理：对使用安全管理平台的用户进行管理，并具有权限分级的功能。

（8）日志收集和格式支持：主要收集网络设备、安全设备、操作系统、应用系统的日志。支持 Syslog、Webtrends、ODBC、SNMP Trap 和其他日志格式。

2.7.6 政务内网的安全防护

（1）在水路交通运输政务内网节点网络边界处，部署由国家信息安全保密部门批准装备的普密级 IP 网络密码机，保证在网络线路上进行数据传输的安全。部署防火墙与入侵检测系统，保证网络层的安全。

（2）在水路交通运输政务内网节点局域网中采用安全保障措施。对水路交通运输政务内网信息共享平台划分信息安全域，实施等级保护。信息共享平台按三层结构设计，分为外联层、渗透层和核心数据层。

① 外联层，是实现与信息共享平台连接的连接区。包括公共区的门户服务器和 DMZ 区的应用访问控制服务器、安全管理中心和网络管理设备等。

② 渗透层，是实现信息服务和业务应用的功能区。包括应用服务器、共享支撑服务器等。

③ 核心数据层，是存放共享数据的核心区。主要部署数据库服务器和数据仓库服务器。

（3）在信息共享平台安装由安全管理中心统一控制进行病毒特征码和防毒策略分发的防病毒网关和网络防病毒软件，并布置网络层和应用层的审计系统；对信息共享平台外联层的门户服务器、访问控制服务器、渗透层的应用服务器、核心层的数据库服务器、数据目录服务器采用主机加固的防护措施。

（4）在IP地址划分、VLAN技术的使用和路由策略等方面考虑安全要求，阻断未经身份认证的用户进入外联层，阻断一般用户进入数据核心层。

（5）在管理上区分用户角色，如网络管理员（保证网络联通性）、网络安全员（网络安全策略配置）、网络审计员（审计检查网络安全事件）等角色，杜绝内部人员非法操作、监守自盗的可能性。

2.7.7　政务外网的安全防护

在水路交通运输政务外网各节点网络边界处，采取防火墙与入侵检测系统联动的技术方案。互联网用户如需接入交通运输行业信息专网，需通过VPN接入系统，在VPN网关和用户终端之间建立专用的加密信息通道，对用户身份进行认证，保障信息的保密性和不可篡改。

水路交通运输行业公众信息服务网上的各网站应配置网页防篡改系统，保护系统门户网站免受外部黑客和内部成员攻击，有效保障网站数据的完整性和真实性。

2.7.8　不同信息安全域的信息安全交换

主要通过鉴别服务、访问控制、数据完整性、数据保密和抗抵赖等技术措施实现不同安全域的信息安全交换，保证系统中信息内容在存取、处理和传输中，保持其机密性、完整性和可用性。

（1）不同网络信任域之间的信息安全交换。水路交通运输政务外网各网络之间的数据交换属于不同网络信任域之间的信息交换，安全措施应采用访问控制、身份认证、加密通信等手段，必要时可采用经过国家主管部门批准使用的普密级链路加密机。

（2）不同信息安全域的信息安全交换。物理隔离的两个网络之间的信息交换属于不同信息安全域之间的信息交换，安全措施主要采用人工离线或“安全岛”等方式。人工离线指采用光盘刻录的方式进行信息交换；“安全岛”方式是在两个网络之间设置缓冲区单向访问接入，缓冲区为内网和外网之间提供数据交换服务，保证数据交换时，只能够单向访问，并且对使用者进行身份认证，对交换的数据进行完整性校验，以达到物理隔离的目的。

2.7.9 安全审计

主要包括对操作系统、应用系统、数据库系统、设备和网络应用的审计。

操作系统的审计包括：系统启动、运行情况、管理员登录、操作情况、系统配置更改（如注册表、配置文件、用户系统等）以及病毒或蠕虫感染、资源消耗情况的审计；硬盘、CPU、内存、网络负载、进程、操作系统安全日志、系统内部事件、对重要文件的访问等的审计。

应用系统的审计主要包括：应用程序重要操作的审计，如系统运转情况，用户的增加和删除操作，修改用户权限、资料等。还应包括重要应用进程的审计，如 Web 服务器、邮件服务器、中间件系统等系统的运行情况审计。

数据库系统的审计主要包括：数据库进程运转情况、绕过应用软件直接操作数据库的违规访问行为、对数据库配置的更改、资料备份操作和其他维护管理操作、对重要资料的访问和更改、资料完整性等的审计。

设备的审计：指对系统重要设备操作的审计，如加密机的开关、备份设备的开关等操作。

网络应用的审计主要包括：对网络流量中典型协议分析、识别、判断和记录，对通过 Telnet、HTTP、Email、FTP、文件共享等协议的入侵检测；流量监测以及对异常流量的识别和报警、网络设备运行的监测等。

综合安全审计系统通过统一的安全管控平台，对多种复杂日志格式进行统一管理，高效管理海量日志，支持方便的日志查询，有利于综合分析，方便及时地发现问题。同时，为安全事故发生后的调查取证提供可信的第一手资料。

2.7.10 局部计算环境安全

加强系统层和应用层局部计算环境的安全，是信息系统安全保障体系的核心内容，将对保证数据安全起到十分重要的作用。

1. 关键主机系统加固

在水路交通运输电子政务内、外网关键业务服务器上安装主机加固服务系统，并根据实际运行情况及时进行策略修改和调整。关键主机系统加固主要提供如下安全保护：

（1）超级用户的权限控制：采用权限分离的安全策略，限制超级用户的权利，降低系统的安全风险。

（2）栈溢出攻击保护：采用 STOP 技术随机化内存缓存位置使攻击者无法知道代码加载到内存中的具体位置，阻止 UNIX 系统上常见的缓冲区溢出攻击。

（3）增强的系统资源访问控制：用户只有在安全策略规定的设备上和时间

内才能访问主机资源。

（4）访问权限细化：除了对资源的读、写、执行三种权限外，定义更为细化的访问权限。

（5）安全级别划分：对信息和用户都定义安全级别，用户只可能访问同等安全级或低安全级的资源（包括文件、设备等）。

（6）进程和服务的保护：主动保护系统进程和关键进程不被恶意中断。

（7）加强的系统口令管理机制：通过强制性的口令更改机制和复杂度要求，减少攻击口令机制的成功率。

（8）有效的主机访问审计：完整的系统活动审计记录有助于对安全行为的分析和行为追踪，提高安全震慑能力和恢复能力。

2. 病毒和恶意代码防治

防病毒措施主要包括管理和技术两方面。管理上应制定一套严格的规章制度，从日常管理上堵住病毒流入和导出的途径。在技术上采用在网络连接处，分别设置防病毒网关，配合网络防病毒软件，以二者相结合的方式，及时将病毒清除或者阻断，形成一体化的网络病毒防护体系。

3. 漏洞检测和安全评估系统

应配备漏洞检测和安全评估系统，用于识别检测对象的系统资源，分析这一资源被攻击的可能指数，了解系统本身的脆弱性，评估可能存在的安全风险。

2.7.11 数据安全

数据安全包括数据的备份和恢复、制定数据安全制度。

1. 数据的备份

数据的备份包括本地备份和异地容灾备份。

本地备份可采用如下的备份策略：

（1）数据相对较稳定的数据库，可设计每周一次的自动全数据库备份。

（2）对于数据经常变化的数据库，设计每天的差异数据库备份和每周一次的全数据库备份。

（3）对于数据相对重要的数据库，除了设计每天的差异数据库备份和每周的全数据库备份外，还要设计实时的事务日志备份。

（4）差异数据库和全数据库自动备份时间要安排在非工作时间进行。

（5）数据备份介质可选择磁盘阵列及磁带库，推荐采用专业的备份软件进行数据备份。

数据中心建设过程中，条件允许情况下，建议考虑建设异地数据容灾中心，建设过程中应遵循如下几点：

（1）异地数据容灾中心建设距离应考虑与数据中心保持100公里以上。

（2）异地数据容灾中心的核心硬件设备应尽量和数据中心保持一致。

（3）非常重要的核心业务数据容灾策略，应考虑完全同步的方式进行数据实时备份。

（4）重要的核心业务数据容灾策略，应考虑接近同步的方式进行数据实时备份。

（5）一般的业务数据容灾策略，应考虑异步的方式进行数据实时备份。

2. 制定数据安全制度

制定数据安全制度包括数据管理制度、数据文档管理制度、数据备份和恢复制度等。

2.7.12 应急响应体系

（1）建立应急响应组织，专职负责各种突发信息安全事件的处理工作。

（2）建立技术交流机制，加强各级水路交通运输信息化管理部门之间的技术交流和协作，共享网络监控预警情报。

（3）建立一支应急响应和支援的技术队伍，对病毒防治、网络防护、关键数据修复等突发情况进行支援。

（4）针对可能出现的突发情况制定相应的应急预案，并进行定期演练，在重要会议、重大活动或特殊情况下，准备及时提供技术支援。

2.7.13 安全服务与风险评估

引入或建立安全服务机制和安全保障服务队伍，开展安全服务与风险评估工作，包括：威胁与脆弱点分析、系统安全风险分析、系统安全设计、安全需求分析、更新补丁、安全风险分析、安全审计分析、安全策略调整、安全产品升级、系统安全测试等。定期进行风险评估，预先发现信息系统面临的威胁，将安全威胁发生的可能性和造成的影响降到最低。

2.8 标准与规范体系

数字港航的建设是一个系统工程，标准规范的建设至关重要。它一般包含以下内容：政策标准（依据已有的法律法规和指导性文件制定相关政策标准，该部分不在软件实施范围之内）、软件接口标准、基础数据元标准、数据交换格式标准、文档交换格式标准、信息分类编码标准、共享数据集标准、认证、授权和访问控制标准、安全技术标准、系统管理规范等。我国已制定了一大批与数字港航的建设相关的标准规范，应优先采用。对于尚未制定和下发的相关的标准规范，有条件和能力的部门与机构，可组织制定。但应知道，数据标准的制定是一项很宏大的工程，需要参考已有的政策法规以及客户的数据现状、应用现状和要满足的数据共享要求、新建系统情况进行制定。下文的内容只对要建设的标准范围进行列示，并不对标准的内容进行描述。

2.8.1 软件接口标准

软件接口标准是建设数字港航不可忽视的一项工作。软件接口大致可以分为同步和异步两种方式。接口标准要与国家电子政务平台等相关的软件接口标准保持充分的一致性。

软件接口分为数据接口和应用接口两类，包括以下内容：

1. 数据接口

（1）SQL Server。

（2）ORACLE。

（3）DB2。

（4）XML。

2. 应用接口

（1）Soap。

（2）Web Service。

（3）COM/DCOM。

（4）J2EE 构架。

2.8.2 基础元数据标准

元数据是最小的不可再分的信息单位，是一类数据的总称。基础数据元集定义了信息系统中进行数据描述的元素的基本集合。基础数据元集的确定是制定数据交换格式标准、文档交换格式标准以及进行数据库设计的基础。要定义基础数据元集，首先要制定数据元的命名标准、标识标准和一致性标准。针对每一个数据库，我们需要建立一套数据元集，它反映了该数据库中存储了哪些基本的数据及信息包含的内容和访问控制等定义。例如水运库的元数据之一的"船舶基础信息"就包含了：船舶识别号、船舶呼号、船舶种类、船舶总长、船舶型宽、船舶型深、主机功率、船速、载货（客）定额等 28 个信息。

2.8.3 数据交换格式标准

为使数字港航能在不同的部门间更好地进行数据交换，必须制定统一的数据交换格式标准，才能保证数据交换的有效性，实现"互联互通、资源共享"的要求。

具体内容包括：

（1）数据交换代码格式规范。

（2）服务请求标准。

（3）服务请求应答格式规范。

（4）会话协议标准。

2.8.4 文档交换格式标准

数字港航不但要管理结构化数据，还要管理非结构化数据。在交换的数据资源中，公文等电子文档的数据交换需要单独考虑。公文在计算机系统中以一定的电子文档的形式表述，公文的电子表述格式的好坏，直接关系到电子文档类数据的共享，以及系统在未来的使用寿命和可扩展性。因而，必须在充分分析行业业务处理需求的基础上，借鉴国内外经验，搞好电子文档交换格式标准的制定工作。应参照国家的电子公文交换格式标准进行设计。如：

（1）电子政务业务流程设计方法通用指南。

（2）XML 业务表示规范。

（3）电子公文交换处理规范。

（4）电子公文存档管理规范。

（5）电子公文处理流程规范。

（6）电子政务业务生成的通用技术要求。

2.8.5 信息分类编码标准

信息分类就是根据信息内容的属性或特征，将信息按一定的原则和方法进行区分和归类，并建立起一定的分类系统和排列顺序，以便管理和使用信息。信息编码就是在信息分类的基础上，将信息对象（编码对象）赋予有一定规律性的、易于计算机和人识别与处理的符号。应遵照国际标准 - 国家标准 - 行业标准 - 企业标准的序列，建立全行业信息系统所使用的信息分类编码标准。

在标准的建设过程中，可以参照以下标准：

（1）GB/T2260《中华人民共和国行政区划代码》。

（2）GB/T4754《国民经济行业分类和代码》。

（3）GB/T6565《职业分类与代码》。

（4）GB/T7027《信息分类编码的基本原则采方法》。

（5）GB/T7635《全国工农业产品（商品、物资）分类与代码》。

（6）GB 11643《公民身份号码》。

（7）GB/T 11714《全国组织机构代码编制规则》。

（8）GB/T 18391（系列标准）《信息技术数据元的规范与标准化》。

2.8.6 共享数据集标准

共享数据集标准是定义面向不同的服务对象建立数据共享集合的业务主题及其属性，从而为数据共享服务。

2.8.7 认证、授权和访问控制标准

认证是确认用户身份的机制，授权是对用户进行权限管理的机制，访问控制是根据系统中用户权限的描述信息限定系统资源使用范围的机制。认证和授权如何实现，权限如何描述，资源的使用范围如何描述，都需要一套合理的标准。主要考虑以下几种标准：

1. 访问控制及认证技术标准

（1）访问控制技术标准：

① 自主型访问控制。

② 强制型访问控制。

③ 基于角色的访问控制。

（2）认证技术标准：服务请求应答格式规范。

2. 资源访问控制的标准化

（1）系统资源定义规范。

（2）资源访问控制规范。

（3）用户和角色定义规范。

（4）系统身份认定规范。

2.8.8 安全技术标准

数字港航的安全体系涉及物理安全、网络安全、系统安全、信息安全以及安全管理等方面。信息安全涉及信息的完整性、私密性和不可抵赖性等方面。这方面，应采用相应的国家标准，对于有特殊需要的地方，依据国家标准做必要的扩展。

为保证数字港航系统的安全和稳定运行，必须遵循以下安全规范和标准：

1. 加密算法、数字签名及 PKI 标准

（1）加密算法：对称密钥加密算法、公开密钥加密算法。

（2）数字签名标准：数字签名算法、单向散列函数。

（3）PKI 标准：IETF PKIP、IETF PKIX、ITU-T X.500、ITU-T X.509。

2. 安全体系结构标准

（1）国际标准化组织 ISO-7492-2。

（2）国标 T9387.2-1995。

3. 安全等级评估标准

（1）联合公众标准 CC。

（2）欧洲 ITSEC。

（3）美国 TNI（安全红皮书）。

（4）美国 TCSEC（安全桔皮书）。

4. 分布式系统的安全

（1）DCE Kerberos。

（2）SESAME。

2.8.9 系统管理规范

管理是一个系统可靠运行的必要保障。系统的稳定运行，既取决于各技术环节的处理能力，同时系统的管理工作也是不可缺少的。在系统开发工作进行的同时，管理工作必须跟上。我们要以规范化的运作，严格的管理体系为管理原则，既要借鉴已有的系统管理经验，也要在别人成功的基础上制定与本单位数字港航业务发展情况适合的各类管理规范，并严格监督执行。在制定规范的过程中，可以参照以下的管理规范和制度：系统工程质量验收与竣工验收规范、系统运行管理制度、数据采集维护管理制度、资源（软件、硬件、数据）管理规范等。

2.9 建设与运行保障机制

2.9.1 建设保障机制

1. 组织保障

省（自治区、直辖市）级数字港航体系的建设内容多、涉及面广，为保证数字港航体系建设的顺利实施，项目建设单位应设置信息化专责机构和项目管理组织，负责对项目实施的组织、协调和管理。组织保障是数字港航体系建设实施的基础和条件。

组织机构的建立应体现领导重视、机构健全、分工细致、职责明确等特点。组织机构一般由数字港航体系建设领导小组和工作组两部分组成。数字港航体系建设领导小组应由项目建设单位的主要领导负责，并由水路管理部门的相关领导共同组成。领导小组主要负责协调解决数字港航体系建设中的重要事项和重大问题，对数字港航体系的建设和管理进行检查和指导。工作组是在领导小组的指挥和领导下，负责数字港航体系建设的具体实施工作，包括：系统方案设计、建设招投标、合同管理、数字港航体系建设、系统测试、系统验收、标准规范制定等；负责建设资金的使用和管理，并及时向建设领导小组汇报建设情况。为使数字港航体系建设更加贴近实际，满足各类用户的实际需求，做到高效实用，在数字港航体系建设过程中应努力提高业务人员的参与程度。成立专项组织机构时应加大相关业务人员在人员构成中的比重，并充分重视和发挥业务人员在系统分析、设计、开发和测试等工作中的作用。

2. 资金保障

省（自治区、直辖市）级数字港航体系的资金来源主要包括争取上级主管部门拨款、地方财政支持、单位自筹以及广泛吸收社会投资等，项目建设单位应积极争取拓展资金渠道，筹措并落实项目建设资金，保证资金足额及时到位，为系统建设提供可靠的资金保障。

同时，省（自治区、直辖市）级数字港航体系建设重在信息资源的整合、分析与利用，项目建设应充分依托已投入使用的各类应用系统和网络资源，重视对现有软、硬件资源的调整、配置和有效利用，减少新增软硬件投入，合理控制数字港航体系建设的规模和成本。数字港航体系建设严格按照基本建设管理程序，对建设资金实行预决算管理。并应严格执行国家有关建设法规、财务制度，保证项目资金专款专用，严格项目资金管理，保障资金安全及使用效率。

2.9.2 运行保障机制

为保障省（自治区、直辖市）级数字港航体系长期、稳定运行和可持续发展，建设单位应根据数字港航体系的自身特点和当地实际情况，积极探索，勇于创新，建立一套完善的运行管理机制，满足系统数据更新、运行维护、对外服务以及升级完善的实际需要。

1. 组织机制

在项目建成并投入运行后，为保证其长期、稳定运行，并为各类用户提供优质的水路交通信息服务，项目建设单位首先需要明确或组建系统的运行管理主体。系统的长期运行管理一般由项目建设单位的信息技术部门负责，也可以由建设单位根据当地的实际情况另行指定相关机构负责，或者采取组建专门机构（单位、企业）或专业化外包方式委托专业机构负责系统的日常管理以及运行维护工作，以保障系统的长效运行。

系统运行管理机构的建立应保证岗位分工明确、职责清晰、人员齐整，切实保证数据采集与更新、系统运行维护、水路交通信息服务、业务联系与拓展等各项工作的正常开展。系统运行管理机构应重视人员的配备、选拔和培养，应根据岗位需要采取单位指派和社会招聘相结合的方式满足人力资源需要，并重视和加强人才队伍的培养和建设，为系统的可持续发展提供可靠的组织保障。

2. 协调机制

省（自治区、直辖市）级数字港航体系涉及点多面广，系统的数据来源于许多部门和企业，为了保证系统数据采集和更新工作的正常开展，为用户提供全面、及时、准确的水路交通信息服务，系统运营管理机构应建立合理完善的信息采集工作协调机制，以满足系统丰富服务内容、完善服务功能的需要。

为保证系统所需数据的采集和更新，系统运营管理机构应在上级主管部门的帮助和协调下，积极与各类数据的提供方进行沟通和协商，并应通过签署相关数据交换协议构建全面、稳固的数据采集渠道。通过协议的形式确定数据采集与提供双方的权利、义务以及合作期限，并明确数据内容、提供方式、数据更新方式等技术细节，确保系统能够长期、稳定、及时地获得所需要的各类数据，为系统的正常运行提供可靠的数据支撑，保障系统用户能够得到丰富、实用的水路交通信息服务。

3. 运营机制

省（自治区、直辖市）级数字港航体系投入运行后，系统的运行与维护需要有不断的人力和资金投入。因此，为保证系统的持续运行和不断发展，项目建设单位应结合实际积极探索并建立起一整套科学、长效的系统运营机制，保障系统的长期运行和健康发展。

由于省（自治区、直辖市）级数字港航体系主要为行业管理部门整合信息资源，行使“建”、“养”、“管”、“征”、“运”等各项业务职能提供信息化手段，并为公众提供基础性、普遍性的水路交通信息服务，因此其具有较强的社会公益性。在系统的运营过程中，运营管理机构可以通过向政府申请专项资金和财政支持，保障系统运行维护的资金投入。同时，系统运营管理机构应积极探索系统的商业化运作模式。一方面，应树立以服务换效益的市场经营理念，通过不断挖掘市场需求，努力寻求和拓展系统的经济增长点，提高系统的自我生存和发展能力，逐步降低对政府财政支持的依赖。另一方面，应重视社会资源的整合与利用，加强对外合作，并积极吸收社会力量参与到系统的运营和发展中来，不断进行系统运营机制的探索和创新，通过建立完善的运营机制保障系统的稳定和可持续发展。

第3章 港航数据中心建设

"中心者，信息总汇，交换枢纽，兴业之基"——佚名

港航数据中心是各省（自治区、直辖市）港航行业管理机构信息管理的枢纽，是实现港航信息存储管理、交换共享和综合服务的重要信息基础设施，也是数据大集中、大整合的核心载体。它在数字港航体系中处于核心的地位，是港航现代化管理的重要组成部分。一个结构合理、功能完整、安全高效的港航数据中心，不仅仅是数据汇集调取的集散地，更能凭借数据挖掘和综合分析技术，强化数据可用性和可信管理，充分发掘数据的系统价值，进一步成为行业运行分析和领导辅助决策的中心，而从相关行业管理、公众出行的信息集中和服务着眼，数据中心也是本省（自治区、直辖市）港航行业的信息及数据服务中心。

港航数据中心依照全国交通运输行业数据资源统一规划，建立港航行业数据资源更新与开发、交换与共享利用机制，在横向上与同级交通运输行业数据中心对接数据共享交换应用，融通数据应用服务，开放标准化服务接口。在本行业以加强数据采集、整合、服务能力为目的，对港口、航道、航运、船舶检验、水运基础设施建设信息资源进行梳理，开展信息资源规划，建立信息资源管理标准和规范，搭建数据交换平台。在港航行业数据标准规范、数据资源建库、数据交换共享、数据服务与管控等几大功能方面设计开发，拓展功能，为本行业提供数据应用服务的基础运行环境，向行业电子政务、综合分析、运行监测、专项业务、协同工作提供数据支撑。在采用成熟适用技术的同时，积极推进虚拟化、云计算以及大数据技术在数据中心的应用，不断提高数据资源价值，推动行业升级、转型与发展。

3.1 建设目标、任务

3.1.1 建设目标

港航业务众多，业务支点分散，决定了数字港航建设要采用统一规划、分类指导、因地制宜的原则。数字港航数据中心的设计要主线清晰，层次合理，

结构紧密，既要有传统数据中心的数据资源规划、海量数据建库、信息交换管控等任务，也要善于把握信息技术趋势，利用虚拟化、分布式系统、云计算等趋于成熟的新技术，走集约化数据中心之路。

目前，各省、市区港航行业的信息化发展水平各不相同，数据中心的建设或未规划，或实现形式仅限于一套或若干套常见数据库，有的已经建成。各类数据中心实现形式的共同点都是基于港航信息化数据中心基本结构考虑，先行解决数据标准不统一、数据质量不高、数据开发利用水平低等问题，并面向加强基础数据共享，数据标准进一步规范，数据集中管理，基础设施集约化等要求建设发展。

根据港航信息化发展的趋势，面对港航信息数据集中管理的要求，港航数据中心的建设目标是：

（1）以提升行业服务以及业务协同能力作为出发点，以基础数据整合共享为手段，以数据标准体系为保障，按照统一、规范、有序的原则，形成各级港航信息系统统一的基础支撑环境。

（2）构筑一个设计合理、分层、分布式部署的整合资源库，利用数据交换和整合技术，实现港航行业之间、应用系统之间数据有机整合和数据共享，实现港航系统内部和外部相关应用系统之间的有机连接。在此基础上，形成港航数据中心和各业务数据分中心。

（3）搭建上下联动、科学规范的信息交换共享平台，建立实时、准确、全面获取港航行业基础信息的主渠道，构建良好的数据环境，为公众服务、行业管理以及领导决策提供数据支撑，从而全面提高港航行业基础信息为政府、企业和社会服务的水平。

3.1.2 建设任务

围绕各项建设目标，建设港航数据中心的主要任务应为：建设统一开放的港航数据交换共享体系；建设港航基础数据与业务数据的一体化管理系统；构建基于分布式结构的云计算数据分析服务中心；实现面向顶层设计与总体规划的决策辅助服务；实现数据质量监测与优化服务；构建安全可靠集约的基础支撑环境。

（1）建设统一开放的港航数据交换共享体系。数据交换共享体系是实现异构数据库和多样化应用服务之间数据流动汇集的基本循环系统。编制发布统一的信息资源目录，建设跨部门、跨地区的统一数据交换共享平台，形成中央与地方之间、地方省份之间、不同部门之间统一共享、信息交换的分布式数据分析处理基础支撑平台是建设数据交换共享体系的主要组成部分。

（2）建设港航基础数据与业务数据的一体化管理系统。基础数据是指港航行业基础性、战略性的公用信息资源（如船舶、港口、航道、航运专业户、从业人员信息等数据），是一些相对稳定、基础性强、具有战略意义且被广泛共享的核心数据。业务数据是指港航行业在对管理对象（人、户、船、航道等）实施管理产生的业务动态数据，相对于基础数据相对稳定的特点，业务数据具有更新频率较高的特点。

（3）构建基于分布式结构的云计算数据分析服务中心。以面向服务的分布式设计结构为基础架构，为数字港航各类业务应用系统和专用数据库赋予数据表示与消息传递接口虚拟层，数据中心云计算实体将根据业务计算需要，选取相应的业务应用系统与专用数据库加入分析计算，从而提供适应跨业务、综合集成的高效分析服务功能。支持异构环境，可扩展性好，软硬件循环利用率高是数字港航云计算数据中心的显著特征。依托云计算数据分析服务中心，形成加强部门业务协同，面向跨域合作，优化公众服务的综合数据分析与服务机制。

（4）实现面向顶层设计与总体规划的决策辅助服务。搭建面向政府、企业和公众的数据服务平台，为行业用户提供多层次、多类型、多形式的数据服务，逐步建立满足行业管理、业务协同和综合应用的行业数据服务中心。建立常规的数据分析挖掘机制，挖掘数据资源价值，形成支撑领导决策与行业综合应用的数据服务体系，提高数据资源开发利用水平。

（5）实现数据质量监测与优化服务。从由点及面的信息化改造到形成信息共享、业务协同的数字港航体系，数据的质量是数据可信度和可用性的重要保障。数据的质量监测与筛滤处理将贯穿港航数据中心数据交换层面的全部环节，数据管控与数据交换共享过程紧密结合，制定数据元标准以兼容异构数据源，建设数据前置机以分析异构数据结构，设计数据管控平台以定义数据筛滤和挖掘环节，最终数据将以统一的标准化形式存入中心信息资源库。关键信息与可信数据源保持一致，严控二次误差的产生概率。

（6）构建安全可靠集约的基础支撑环境。港航数据中心要求具备绿色节能、高可靠性的基础物理条件，建筑设施具有防火、防盗、防破坏的物理安全；动力电源设备使用UPS旁路应急电源结构以保证中心系统能够承受常见的短时外部电源故障，提高运行数据的安全保障系数；基础网络使用全双路备份的拓扑结构，使用常规的数据链路层冗余技术和路由策略技术，确保数据服务由于网络问题中断的概率控制在国家标准以内；逐步应用虚拟化技术，使有限数量的服务器硬件支撑尽可能多地应用系统，以控制空间占用和能源消耗。

3.2　数据中心结构

3.2.1　总体结构

以“中心集中，业务侧重”为特点，按业务分块，按管理分层，形成省级 - 业务、业务 - 市县级的层次化架构，同时具有横向或跨层的数据便捷交换通道。省级港航数据中心是数据整合、分析、存储的枢纽部分，是港航数据中心建设和运行的重点环节，由省级港航主管机构直接管理；为适应港口、航运、航道、船检等业务的特点，依托省级业务系统创建各专业数据区域，纳入省级港航数据中心的高速交换共享体系，实现省级数据资源整合。

港航数据中心还作为省级交通运输数据中心的港航分中心，与省级交通运输数据中心建立高速稳定、安全可靠的标准化数据交换通道，及时获取和上传各类行业数据，其总体结构如图 3.1 所示。

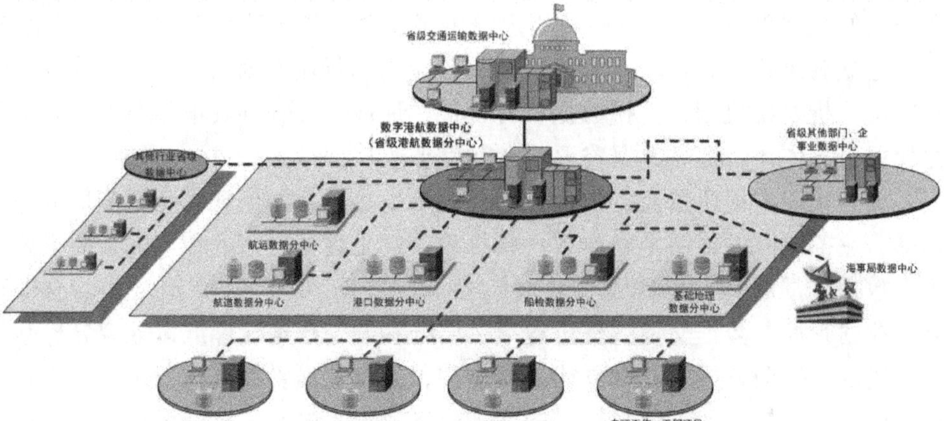

图 3.1　港航数据中心总体结构

市级港航、港口主管机构、省级直属航道、船检主管机构负责建设本级业务系统和数据库，根据数据元和共享交换的标准与省级港航数据中心对接，上传下载数据，执行本级计算分析任务。在部署有云计算数据中心情况下，此层级业务系统将利用上级数据中心的云计算资源，生成云服务应用实体以承载业务应用系统，而不是以传统方式建设独立应用系统，由此减轻硬件和操作系统的维护量，专注于业务数据本身的维护与更新工作。

3.2.2 逻辑结构

港航数据中心体系架构可分为基础设施层、交换汇聚层、信息资源层、服务层、应用层、数据质量服务体系、数据标准规范体系、信息安全管理体系八个部分，其逻辑结构如图 3.2 所示。

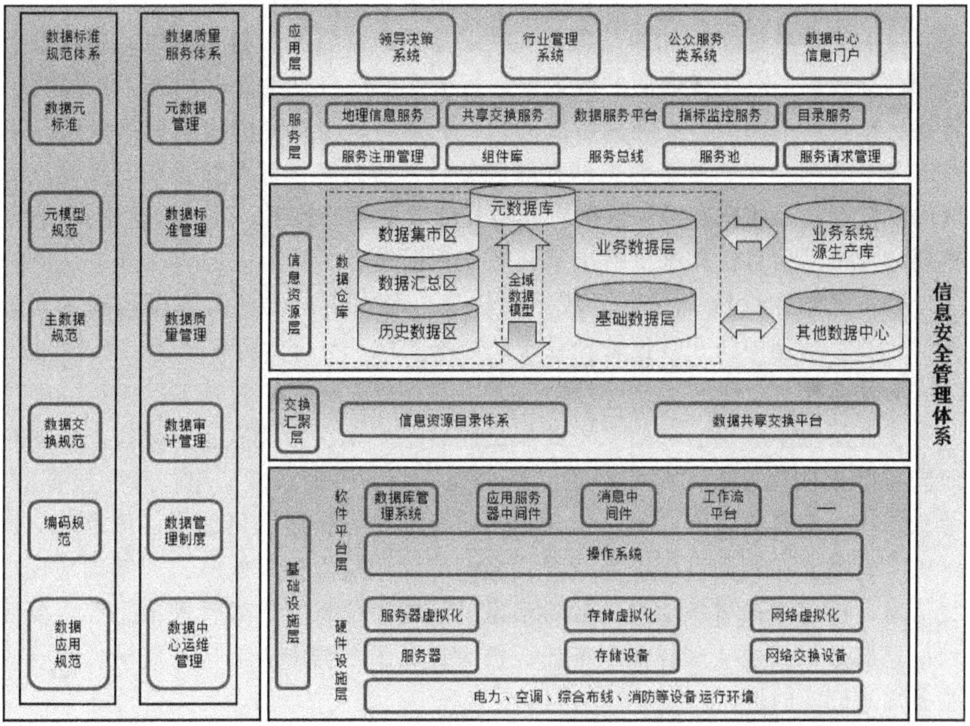

图 3.2 港航数据中心逻辑结构

1. 基础设施层

基础设施层主要由硬件设施层和软件平台层两部分组成。机房物理环境的动力供电、温湿度控制、防盗 / 防火设施为数据中心最基本的运行条件，服务器、存储系统及基础网络是直接支撑软件系统的硬件资源。硬件设施层在设备运行环境的基础上，通过虚拟化技术将物理服务器、存储以及网络资源虚拟化，并形成相应的资源池供上层调用。软件平台层架构于硬件设施层基础之上，其包含有操作系统、数据库以及应用服务器中间件、消息中间件、工作流平台等众多通用软件和支撑软件平台，是各类服务与底层硬件设施层之间的桥梁。

2. 交换汇聚层

交换汇聚层定义了数据中心与各应用系统的数据服务应用接口和消息通信机制，建立了信息资源基本目录，通过目录对信息资源库进行目录查询和检索，并利用数据交换共享平台实现数据的自动提取和转换，为跨区域、多业务的异构数据源或数据库搭建了聚合交会通道，开放兼容式的接口规范能够适应大部分主流数据形式，提供高效快捷的数据交换共享服务。

3. 信息资源层

信息资源层即数据中心的核心数据区，为各类应用系统和服务提供数据支撑，主要有综合数据库、数据仓库及元数据库三个组成部分。

（1）综合数据库存储的是参加交换共享的数据资源，包含基础数据与业务数据两类数据。对交换取回的源数据进行格式梳理与质量分析，经过数据清洗、转换、整合后为面向各类业务系统的统一数据共享服务提供数据支撑。

（2）数据仓库侧重于数据的存储和整合，通常采用轻量级索引。数据仓库区内的数据按照主题存放，数据粒度与基础数据库的数据一致，包含了长期的、概要的分析型信息，用来支持决策和填充数据集市。

（3）元数据库统一保存了数据中心全生命周期的业务元数据与技术元数据，是数据管理中的元数据管理系统的数据支撑。

4. 服务层

服务层位于应用层和信息资源层之间，主要采用企业服务总线技术，融合面向服务架构理念，向相邻逻辑结构层提供服务管理调度、组件库、服务池、消息转换、消息路由等功能，实现信息服务的“可扩展、可编排、可重用、可维护”特性。在不同港航业务的异构数据库之间建立检索服务，为基础地理水文信息、航道维护事务信息、船检信息、从业者信息、航运管理信息等重要后台信息服务灵活建立多样化服务流，极大提高了数据中心架构的灵活性和响应服务需求的实时性。

5. 应用层

应用层处于数据中心逻辑结构的顶层，各项功能模块和实现系统直接面向使用者，形成使用者与港航业务信息服务、业务信息数据进行交互的应用服务平台。通过应用层实时生成的信息检索、分析等应用服务实例，交换共享下层服务资源，调取信息数据视图，能够为领导决策、行业管理和社会公众提供良好的数据支撑和服务内容。

6. 数据质量服务体系

数据质量服务体系是为了规范数据标准、提高数据质量和保证数据一致性而建立的组织、流程、工具和评价考核体系，包括元数据管理、数据标准管理、数据质量管理、数据审计管理及相关的管理组织和管控机制，对数据产生到应用全过程、数据质量分析以及反馈、数据参标率分析及反馈进行统一管理，保证数据准确性、一致性、完整性和可用性。

7. 数据标准规范体系

数据规范体系包含了建设港航数据中心过程中必须遵守或逐步形成的各类技术要求与标准规范，包含数据元标准、元模型规范、主数据规范、数据交换规范等众多内容，在数据中心建设过程形成参照准则，促进数据在交换流动过程中得到充分的标准化，有利于同时处理海量结构化数据和非结构化数据，形成良好的结构化数据资源，从而保证数据资源的一致性与服务的高质量。

8. 信息安全保障体系

信息安全保障体系由信息安全管理，物理安全、网络安全、系统安全和应用安全等安全措施，测评检查及风险评估方法组成。以“技管并重”为原则，以确保信息数据资源的机密性、完整性和可用性为目标，建立健全安全管理制度和机构人员设置，提供网络安全设备、应用监测与审计系统、网页防篡改、高密级 VPN 等安全软硬件系统，实施数据加密、应用级访问控制，多级备份，消息通信加密等安全技术，提供系统日常安全运行的相关管理规范，保障港航数据中心的安全可靠性。

3.2.3 技术框架

港航数据中心的技术框架可以分为数据存储域、数据架构域、数据交换域、数据资源域、数据应用域与数据管理域 6 大领域。其技术框架如图 3.3 所示。

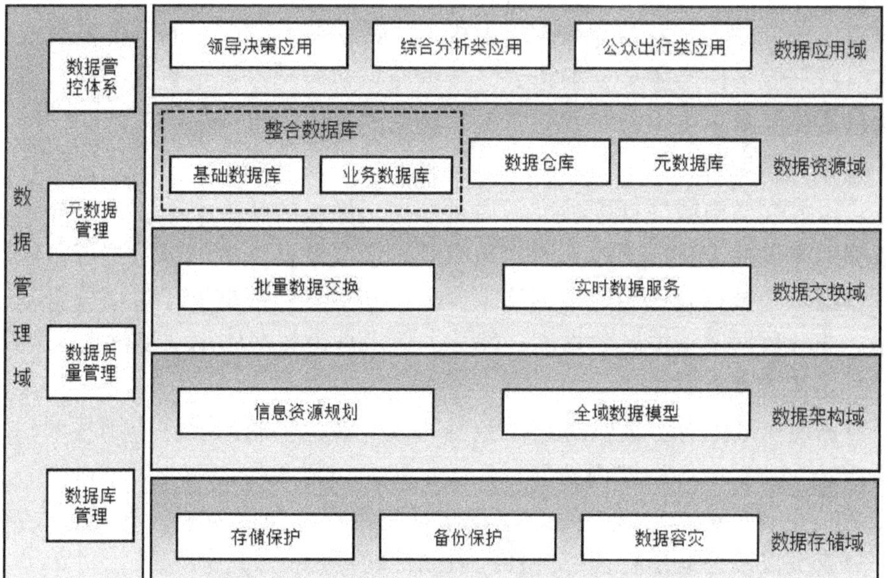

图 3.3 港航数据中心技术框架

1. 数据存储域

数据存储域应用大规模数据存储技术如虚拟磁带库、快速索引管理、重复数据删除方法等，为持续增长的大规模港航业务信息数据提供高性能存取的结构化累存空间。数据保护和备份恢复技术通常使用受损数据扫描监测、多级异步备份、密钥或数字证书安全访问等技术向数字港航体系信息资源提供稳定可靠的多层次数据保护服务。

2. 数据架构域

数据架构域包括信息资源规划与全域数据模型两部分内容。信息资源规划是港航数据中心建设的基本优先工作，其目的是立足于港航行业管理的高度，统领规划全行业业务架构和数据架构，梳理定义行业业务模型与数据模型，明确数据对象及其关系，以交通运输行业信息资源标准规范与目录，定义港航行业数据标准及编码规范，为形成行业一数一源的基础性、全局性数据资源中心奠定基础。全域数据模型是港航数据中心建设的重要组成部分，其目标是设计出一个兼具效益与弹性、能适应未来业务及技术变化的数据模型以支撑港口、航运、航道、船检各类业务应用系统的数据模型。

3. 数据交换域

数据交换域关键特性在于应用适应性较强的交换模型，具备跨操作系统、能够将MsSQLServer、Oracle、Sybase、DB2、MySQL等关系数据库及文件系统等异构环境资源接入平台，解决消息格式转换，识别负载信息、数据清洗重构等工程问题。依托源系统-前置机-资源库三元结构，形成批量数据交换和实时数据服务两类主要交换形式，数据交换初始化以批量数据交换为主，数据增量更新则能够支持实时数据服务。

4. 数据资源域

采用数据架构域的规则标准，通过数据交换域的转换汇集，来自异构平台的数据对象以标准化形式按照既定组织规则形成数据资源域。数据资源域包含综合数据域、数据仓库与元数据库三部分，其中综合数据库还可细分为基础数据库、业务数据库和主题数据库三部分，作用是为数据应用域提供数据支撑。

5. 数据应用域

数据应用域集合了统计分析、挖掘提取、多样呈现的数据应用技术，各类应用系统在数据中心框架内访问调用数据资源域形成的体系化、基础性、战略性交通信息资源，按照业务需求呈现于最终用户。此区域中包含领导决策类、综合分析类以及公众出行类综合性与协同性的应用。

6. 数据管理域

数据管理域承担了港航数据中心数据质量控制的任务，其主要作用是基于数据架构域的定义，实施标准化体系，定义数据操控流程，建立健全运维管理制度等规章制度，建设数据管控系统、数据库管理系统等系统，对数据中心的数据创建、数据传递、数据装载等主要过程进行管理。

3.3 信息资源规划

3.3.1 信息资源规划的目的

港航行业信息化建设总体上已处于系统应用和行业覆盖的发展阶段，常见部署的信息系统有航道信息管理系统、电子航道图和电子海图系统、航标遥控遥测系统、自动水位监测系统、AIS 导航定位系统、船闸联合调度系统、水路视频监控系统、港口管理系统、港口引航调度系统、水路运政管理系统、航运运单管理系统、船检征费与发证系统、船舶信息管理系统等，初步形成了分门别类，各有侧重的信息资源基础。但由于行业发展不平衡，信息化建设滞后于行业前进步伐等客观原因，异步建设的业务信息系统界限分明，系统实现形态多样化，数据资源架构迥异，系统间关联互动不足。缺乏统一规范和数据标准，信息存在很大的冗余，甚至产生大量的垃圾信息，数据质量不高，数据缺乏一致性，使信息沟通形成障碍，数据资源通常只能在单个业务中发挥局部作用，难以发挥其整体的效应。因此，在港航数据中心建设中，需要编制水路交通运输数据资源规划，以“数据资源规划的理论与方法”为指导，在港航行业既有数据资源的组织结构和原型格式的基础上，重构港航行业数据环境，规范交通运输数据资源的开发和利用。

港航信息资源规划的主要目的是立足于港航行业管理的高度，优先设计好数字港航信息资源框架结构，统领规划全行业业务架构和数据架构，梳理定义行业业务模型、业务流程、业务数据流图，明确数据对象及其关系，定义数据标准及编码规范，为形成全国或区域性港航行业一数一源的基础性、全局性数据中心奠定基础。从而使得各级管理者了解掌握信息资源的分布状况，在管理层面上实现对行业信息资源的统一有效组织和管理规划，避免重复建设，并逐步建立行业信息资源长效共享机制，以指导实现行业信息资源的共享和整合应用，促进行业信息化建设统筹协调发展。

通过信息资源规划，港航行业数据将被划分为若干面向主题的数据域，每个主题域是基于业务环境视角设计的，并不直接反映现有业务系统的实际数据状况，因此定义了各类业务对象的抽象属性及逻辑关系的理想模型。

3.3.2 信息资源规划的内容

信息资源规划主要内容应包括业务模型的建立、数据模型的建立、数据标准及编码规范的制定等内容。

1. 业务模型

港航业务模型的规划主要基于港口管理、航运管理、船舶检验、航道养护、政策法规、信息化管理等6大职能域，按层次分类别梳理业务信息单项，并借助表格、制图、标准规范等进行建模描述，表现形式为模型图及相应的文档说明。

（1）从港航行业管理部门既有的机构设置以及业务分工出发，对六类主要职能业务进行梳理归类，明确该部门的主要管理对象、相应管理域以及二者之间信息逻辑关系。

（2）从已经确定管理对象和对应管理域的信息逻辑关系出发，通过业务管理实践调研，确定主管对象及相应管理职能直接关联的在用应用系统以及待建应用系统，总结描述出应用架构。

2. 数据模型

对港航数据中心信息资源进行结构化和标准化的主要方法就是建立全域数据模型。在业务模型基础上，设计出一个兼具效益与弹性、能适应港航行业运行从传统方式向智慧港航转变的数据模型，并能支撑港航行业各专项业务应用系统。港航数据中心的数据模型应是按照港航主要业务进行分层设计，结构清晰的数据表模型和重要关系要素。根据数据对象的不同，数据模型可分为港航基础数据模型、港航业务数据模型两部分。

（1）港航基础数据模型包含了省（自治区、直辖市）港航行业基础性、全局性的数据，是其他专项业务应用的基础数据源，通常为更新频率较低的“静态”数据。例如航道基础信息、航运经营主体基本信息、从业人员基本信息等。

（2）港航业务数据模型可以认为是包络在港航基础数据模型外围的更面向专项业务和项目计划的关系数据模型，在信息化调用和处理中与基础数据模型相互支撑，紧密关联。相对于基础数据模型更新频率较低的特性，业务数据更新较为频繁。在数字港航体系中，业务数据模型包含了对管理对象（船、港、航道、人、户等）实施管理产生的业务动态数据。

3. 数据标准及编码规范

数据标准及编码规范是数据中心的“辙”，贯穿于整个港航数据中心的建设过程中，只有遵循统一的标准落实数据模型才能建立合乎标准的数据资源库。数字港航体系建设应形成的数据标准及编码规范包括数据库规范、数据库码表和数据元标准三大部分。

（1）数据库规范包含了数据库规划、数据库命名标准等内容。综合考虑港航行业数据管理与使用的普遍特性，使用数据库流行范式，定义港航数据中心创建和使用数据库的基本规则要求，按行业特色设计清晰而有条理的层次结构。

（2）数据库码表用于规范数据库设计中属性代码的编制和使用。港航数据中心建设中将使用统一的码表规范船舶类型、航道要素及行政区划等代码，以保证数据库的唯一性和专有性。

（3）数据元标准把基础数据对象抽象为数据元，以交通运输行业数据元标准为准则，系统性描述港航行业特色数据元的中文名称、定义、类型、长度、值域等重要属性及取值规则。港航行业数据大集中、大交换将遵循数据元标准，以利于进一步完成港航数据普查、主要业务主题库建库等基础性工作。

3.3.3 信息资源规划的原则

信息资源规划质量的高低从根本上决定了数据资源库的优劣，在进行信息资源规划时，应秉承以需求为导向，以建模为支撑，以应用为目的的指导思想，坚持如下原则：

（1）命名规范：以国家或交通运输行业的数据标准命名规范为蓝本，编制港航数据中心数据库规范，对数据库对象命名进行约束。命名规范还要充分考虑跨省区和跨行业数据对接交换的通用性。

（2）设计规范：遵循关系数据库的规范化理论，按照第三范式的要求进行库表设计。数据库的定义描述结构应着眼总体设计，向量要素属性丰富，表图层次多样、清晰。在特殊情况下，如基于性能等因素考虑，适当采用有限的数据冗余。

（3）统一数据模型：数据中心建设中所有应用系统均采用全局统一的数据模型，并共享使用底层的基础数据模型与业务数据模型。

（4）公共代码：遵循行业编码规范，保障业务可持续发展与行业内相关系统保持数据一致性。

3.3.4 信息资源规划的思路

在信息化和工业化紧密结合的发展新阶段，数字港航信息资源规划更为注重顶层设计，坚持以信息化现状和发展需求为导向。一方面应通过梳理港航行业各类信息资源和业务流程，摸清信息资源现状，从既有标准出发，进一步健全完善行业规范标准，建立范式严格、层次清晰的港航基础数据模型；另一方面应全面细致地理清各个业务领域的多样化用户需求，建立起贴合实际行业运行需要的基础数据模型与业务数据模型。

1. 需求导向，充分做好需求分析

港航数据中心建设需全面认识了解当地港航行业发展与信息化建设同步进行、相互促进的现实需求，把握好行业信息化和管理方式转变的动态趋势，着眼实际业务需求复杂多变的特点，定义职能域，逐一建立基础数据模型和业务数据模型，形成相应数据标准及规范。

2. 统一规划，建立科学、完整的数据资源体系

在数据中心建设中，为了实现资源充分整合，业务有效衔接，信息资源的组织和运行架构必须自顶向下，分层别类建模，既重视元数据、数据模型、交换准则等基础性框架要素的总体统一，也要对基础数据和业务数据全面覆盖和系统分类，既有紧密的逻辑关联，又有清晰的层次切面，支持未来发展中的可继承性和可扩展性，从而形成系统化、结构化的信息资源体系。信息资源体系内容包括数据指标、数据模型、数据存储及数据管理等规范化的组织内容。

3. 分布采集、顶层建模、开放兼容、集中管理的建设模式

港航数据中心建设中的数据采集既覆盖到港航行业部门的港口管理、航运管理、船舶检验、航道养护、政策法规、信息化等主要职能域中的应用系统，也会涉及跨行业相关部门的应用系统（例如气象部门应用系统、公安部门应用系统等）。各式异构信息系统的数据存储方式、数据质量不尽相同，建设模式既要做到整合集中，又要应对开放兼容。因此如何利用数据共享交换平台实现相关数据交换与共享，通过顶层设计，科学、有效、系统地组织好各类资源和二次处理信息，完成构建港航数据中心的任务，对形成的综合数据库、数据仓库以及元数据库进行运行管理，从而满足各级相关管理部门和社会公众的多样化需求是实施合理建设模式应考虑的重点问题。

3.4 数据资源库

数据资源库是港航数据中心的核心战略资源，在数据中心逻辑结构中，其对应于八层架构中的信息资源层，其作用是通过数据交换层的数据共享交换平台抽取各个源系统（业务系统或其他数据中心）的数据，并将数据执行清洗转换后进行统一的组织与存储，从而为上层的各类应用提供直接的数据支撑，是数字港航体系统一使用的可靠可信的大规模数据来源。

3.4.1 建设要求

从数据中心逻辑结构中可以看到，数据资源库从属于信息资源层，位于基础设施层之上，支撑着上层应用服务的数据使用需求。其可分为综合数据库、数据仓库以及元数据库三部分。作为服务层与应用层的基础，为了给上层服务与应用提供高质量、稳定、实时的数据服务，数据资源库建设需达到如下要求：

1. 统一准实时数据共享

数据资源库的主要实现形式和功能分工各有不同，但又在数据间紧密联系。数据库架构应使用主流的面向对象关系数据库架构，采用识别精简数据依赖、合并分解范式、消除冗余联系等方法优化数据库结构。为各类业务系统设计统一共享应用编程接口，减少系统间互联接口的重复性，简化较为复杂的接口，提高接口调用的效率与质量。

2. 源数据质量检查

数据资源库是收纳汇聚各类业务系统数据的数据存储单元，从而成为提升业务数据质量的承载平台。建设港航数据中心的数据资源库，应首先精心编制逻辑严密、定义合理、覆盖全面的港航行业数据元标准和数据质量检测规则，以此构建良好的数据质量服务系统。依托数据质量服务，数据资源库对抽取到的各业务系统的数据进行属性合法性检查、数据表关联性检查、数据比对稽核等，以发现数据质量问题，提交给源生产系统做数据的修正后再提交给数据中心，形成这样一个数据质量管理的闭环流程，提升业务系统的数据质量。另外数据资源库通过向其他应用提供经过质量增强、标准化后的数据，可促进行业标准化数据的推广应用。

3. 统一数据视图展示

数据资源库的数据应能向各专项业务系统使用者和领导者提供属性名称、分类方式、结构编排保持一致的数据视图。如人员、船舶、企业的基础信息、许可信息、信用信息、GPS 地理信息、执法信息等，都可调用到统一的界面上集中展现，并能够体现内在的关联关系。

3.4.2 综合数据库

综合数据库是数据资源库建设取得成效的关键部分，该类型数据库存储着调用频度较高的准实时数据，包含基础数据库、业务数据库和主题数据库三类数据库。综合数据库中数据来源于各个源系统（业务系统或其他数据中心），是在源系统数据基础上进行了数据识别与质量分析，经过数据清洗、转换、整合后成为统一数据共享服务的基本数据来源。

1. 基础数据库

基础数据库用于存储港航行业管理、生产和运行的基础性、战略性的数据。这些数据的来源包括航道及沿线管理对象基本信息，水文、测绘等基础地理信息，船型尺度、年度船舶总量等船舶宏观统计数据，港口、运输的运营总体数据等。此类数据在年统计期间内变化平稳，多反映宏观状态和趋势，在数据中心运行过程中更新频率较低，数据变化量也不大。基础数据库主要由源数据层、整合数据层、基础数据层组成，内在结构框图如图 3.4 所示。

源数据层存储的是由基础数据库从源系统采集的数据，其数据结构与源系统保持一致并与源系统保持实时 / 准实时同步。在该层可进行源系统数据剖析与质量分析的工作。源数据层包含了具有标识业务系统来源，适应业务系统数

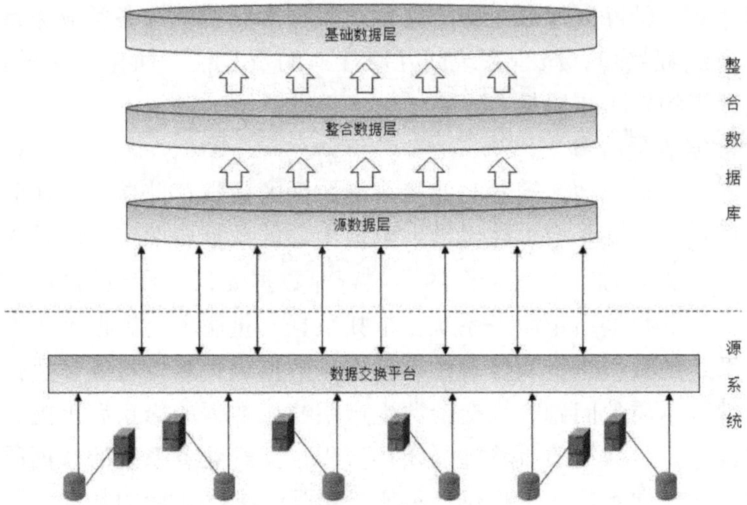

图 3.4 基础数据库结构框图

据格式的一系列数据表和流动存储区，在建设中设置合理时限的源数据排队时间长度。

整合数据层存储的是经过数据清洗、转换、整合后的数据，整合数据层中的数据原则上是统一编码格式的数据。整合数据层在很大程度上依赖数字港航元数据标准和数据交换共享标准而运行，高吞吐量和高转换效率是整合数据层需要着眼的重点问题。

基础数据层接收并存储着港航行业管理、生产和运行的基础性、战略性的数据资源，是基础数据库的核心可用数据，是基础数据模型的最终实现形式。基础数据层的数据表逻辑关联强，标准化数据记录总量庞大，能够支持高速读取和高冗余级别的备份。具体数据类别一般应包含政策法规标准信息、航道基本信息、航标基本信息、临跨河建筑物信息、枢纽及通航建筑物信息、航道其他建筑物信息、航道养护信息、港口基本信息、港口基础设施信息、港口经营和服务管理信息、水运工程建设项目信息、船舶信息、水路运输船舶信息、水路运输业户信息、水路运输航线信息、机构人员设备信息、统计分析信息以及地理空间信息等种类。

2. 业务数据库

业务数据库用于存储港航行业在业务处理过程中形成的基础性、战略性的数据。此类数据与港航业务的流程处理和动态事务相关联，具有过程性、时效性等特点，在数据中心运行中更新频率较高。业务数据库的内在结构框架与基础数据库相似，可分为源数据层、整合数据层、基础数据层三层结构，层次关系与数据流动参照图 3.4 的基础数据库结构框图。

源数据层存储的是业务数据库从源系统采集的数据，其数据结构与源系统保持一致并与源系统保持实时/准实时同步。在该层可进行源系统数据剖析与质量分析的工作。源数据层包含了具有标识业务系统来源，适应业务系统数据格式的一系列数据表和流动存储区，在建设中设置合理时限的源数据排队时间长度。

整合数据层存储的是经过数据清洗、转换、整合后的数据，整合数据层中的数据原则上是统一编码格式的数据。整合数据层在很大程度上依赖数字港航元数据标准和数据交换共享标准而运行，高吞吐量和高转换效率是整合数据层需要着眼的重点问题。

基础数据层接收并存储着港航行业在业务处理过程中形成的基础性、战略性的数据资源，是业务数据库的主力数据集合，是业务数据模型的最终实现形式。基础数据层的数据表逻辑关联强，标准化数据记录总量庞大，能够支持高速读取和高冗余级别的备份。具体数据类别一般应包含人员信息、水运工程建设质量监督信息、航道养护信息、航标养护信息、通航信息、出航巡查信息、行政执法信息、港口生产信息、水路运输船舶信息、船舶检验信息、港航收费信息、水运生产信息、交通应急信息、交通科技信息、统计分析等种类。

3. 主题数据库

主题数据库的数据内容来源于基础数据库和业务数据库，主要用于支撑全省（自治区、直辖市）级水运行业综合服务平台的各类专题应用模块。省级水运行业综合服务平台通常具有基本业务应用模块和动态业务分析服务两类数据分析应用。行业的各类基本业务管理在实际工作中常常存在协同合作和信息共享的工作要求，从而形成具有领域交叠、业务协同的专题工作，如交通应急、出行服务、行业信用管理等工作。为了适应水运行业管理和综合服务突破相对封闭的条块化管理模式的趋势，建立主题数据库成为为此类专题工作提供数据服务的必然要求。主题数据库还能为具有阶段性、协调性的业务工作提供动态业务分析服务的数据基础。主题数据库可以包括水路交通应急指挥数据库、水路公众出行交通信息服务数据库、水路交通综合运行分析数据库、水路交通行业信用管理数据库等。

3.4.3 数据仓库

数据仓库是面向港航行业历史数据存储的需求而形成的集中化、一体化数据存储区域。数据仓库侧重于数据的归纳存储和挖掘分析，通常采用轻量级索引，多为顺序、线性数据结构，数据时变性不强。数据仓库以面向主题方式组织存储数据，仓库数据粒度与综合数据库的数据一致，是决策支持系统和综合分析应用系统的重要数据来源。

1. 历史数据区

历史数据区的数据模型与综合数据库的整合数据层保持一致，通过添加时间标识等方法实现对综合数据库历史数据的保存。历史数据区的数据或对综合数据库对应信息应用时间性查询视图，或直接进行转存。数据的组织存储方式以面向主题为特点，可根据港航行业特点设置港口管理、航运管理、船舶检验、航道养护、政策法规、科技信息等主题仓库。

2. 数据汇总区

根据数据颗粒度的大小区分，数据汇总区可以对历史数据区的数据进行分层聚合，形成轻度汇总层和深度汇总层。轻度汇总层是基于低级别、细粒度的数据信息，根据数据分析需求建立的一定粒度的汇总数据，主要表现形式为航道年度管养里程表、水运基建工程信息统计表、行政执法历史案卷数据汇总表。深度汇总区则是通过对数据进行高度聚合成为高级别、粗粒度的汇总，主要表现形式为航道管养五年计划统计表、水运基建工程各年数据趋势分析表、行政执法各年统计表等数据汇聚表，以实现高层次的应用分析。

3. 数据集市

数据集市是一组特定的、针对某个主题域、部门或用户分类的数据集合。在港航数据中心建设中，数据集市是数据仓库按照特定主题域存储与使用数据的组织管理形式，每个主题域可以有独用物理存储区。数据集市需要针对各主题域特定用户的快速访问和数据输出进行优化，优化的方式可以通过对数据结构进行汇总和索引。通过数据集市可以保障数据仓库的高可用性、可扩展性和高性能。结合港航数据中心的综合数据库与数据仓库不同层次的建设内容，可以从表 3.1 了解其定位差异。

表 3.1　综合数据库、数据仓库以及数据集市差异表

对比项目	综合数据库	数据仓库	数据集市
业务功能	操作支持	分析支持	分析支持
数据规模	GB 级别	GB-TB 级别	GB 级别
数据源	分散的、来自业务应用与外部数据源的数据	从基础数据库获得	从数据仓库获得
主题范围	按数据主题划分	按数据主题划分	按部门或需求划分
实效性	新数据	历史数据	历史数据
更新频率	准实时更新	中等更新频率	较低更新频率
集中度	低度集中	高度集中	高度集中
用途	操作型，只读	信息型，只读	信息型，只读
使用者	所有人员	港航业务管理人员	港航业务管理人员

3.4.4 元数据库

元数据是描述数据及其环境的数据，主要用于描述信息资源或数据的内容、质量、表示方式、空间参考、管理方式以及其他必要特征。在港航数据中心中，元数据是数据大集中、大整合，搭建数据交换共享机制的最基本、最必要的条件。元数据能提供基于用户的信息，如记录数据项的业务描述信息的元数据能帮助用户使用数据。同时，元数据能支持系统对数据的管理和维护，如关于数据项存储方法的元数据能支持系统以最有效的方式访问数据。元数据对数据管理的描述和支撑作用贯穿数据中心的全生命周期，实践中分为技术元数据与业务元数据两类。

1. 技术元数据

技术元数据描述了数据中心技术领域数据组织的相关概念、关系和规则，主要包括对数据结构、数据处理方面的特征描述，覆盖各类数据源接口、数据库、ETL、OLAP、数据封装和前端展现等全部数据处理环节。

2. 业务元数据

业务元数据描述了对象领域相关概念、关系和规则的数据，在数字港航体系中主要为港航行业术语、信息分类、指标定义和业务规则等信息。业务元数据字典应覆盖港航行业总体宏观情况及港口管理、航运管理、船舶检验、航道养护、政策法规、科技信息等专项业务有关数据。同时，业务元数据字典还能够与交通运输资源整合体系的元数据字典建立继承关系，描述定义方法保持一致。业务元数据之间的转换和翻译方法使用基于 XML 的 RDF（资源描述框架）描述体系。

数据中心使用的元数据管理方案采用一种联邦式元数据管理架构。在这样的联邦式架构中，各个独立系统仍可以使用其原有的元数据存储库，称之为局部元数据存储库。在局部元数据存储库中，又可把其中的元数据分为两类：一类仅仅为本系统服务，称之为私有元数据；另一类除了为本系统服务以外，还需要在整个数据中心范围内共享，称之为共享元数据。

3.5 数据采集交换

数据采集交换体系是指由交换平台、交换模式、交换技术、技术标准与管理机制组成的整体，其目的是实现数据的采集、转换、传输、融合和加载，从而解决跨部门、跨业务的数据交换与共享。由于没有传递就无法体现数据资源之间的关系，也无法实现共享和利用，所以数据采集交换体系是港航数据中心建设的核心枢纽。

3.5.1 数据采集交换主体

依照数据中心的定位，港航数据中心是行业基础数据与业务数据的汇集、交换、共享和服务中心，其涉及的交换主体众多，主要包括如下内容：

（1）港航行业应用系统。

（2）交通行业同级应用系统。

（3）交通行业外应用系统。

（4）港航行业内业务分中心。

（5）港航行业下属机构数据中心。

（6）交通运输行业数据中心。

（7）其他行业数据中心。

3.5.2 数据采集交换内容及其特点

数据采集交换主体众多决定了港航数据中心数据来源极其广泛，相应地，其数据采集交换内容也极其多样。从数据采集交换内容所属行业角度看，港航数据中心的数据既包含行业内数据，也包含行业外数据；从数据采集交换内容所属类别看，港航数据中心的数据来源既包含应用系统，也包含数据中心；从数据项组成看，数据采集交换相应内容既包含综合数据库中基础数据库数据项，也包含综合数据库中业务数据库数据项。

1. 基本特点

港航数据中心数据采集交换有如下的特点：

（1）分布式。港航数据中心需采集交换的数据主要来源于港航行业内管理部门、业务主体、专项子系统等，同时和交通运输行业内外的数据中心与应用系统也有交换，软件应用和管理系统各有不同结构。所有这些资源都必须通过数据采集交换平台聚合到数据中心的信息资源库中。

（2）异构式。港航数据中心中需采集交换的数据资源既有以数据库方式进行结构化管理的数据，也有大量以非结构化文件方式管理的数据。有以数据方式提供的资源，也有以接口方式提供的资源。这些数据具体形式可包括视频、动画、矢量工程图、资料扫描图等结构化数据和非结构化数据，在实施数据交换共享设计时需充分考虑数据的异构性对数据识别转换效果的影响。

（3）多种协议。从数据交互协议来说，交换平台接入的各类信息系统的信息交互协议是多种多样的，包括传统的TCP/IP网络协议，应支持对不同技术、语言、应用提供的功能封装服务接口，如JDBC、EJB、LDAP、XML、Web Services、CORBA、RMI等；支持多种基于标准协议的服务共享方式，包括Socket、SOAP/HTTP、JMS/MQ等。

（4）平台多样性。数据交换平台接入的目标业务系统可以存在不同的操作系统平台、数据库平台、数据传输和接口协议平台、接口组件平台中，对数据接入必须考虑兼容多种平台。

（5）跨越不同网络类型。由于港航行业各部门、各层级以及各类业务专用网络的基础建设与发展步骤不尽相同，网络技术类型和复杂程度迥然相异，因而数据中心建设需选择依赖策略路由、多协议交换技术、VPN 隧道技术、密钥交换和证书认证技术以提供不同需求层级数据采集交换的网络互联条件。

2. 数据采集交换流程

港航数据中心面向众多的数据交换主体开展数据交换工作，为了保证各主体的数据交换顺利进行，在对各主体进行数据采集交换时需遵循图 3.5 所示的数据采集交换流程。

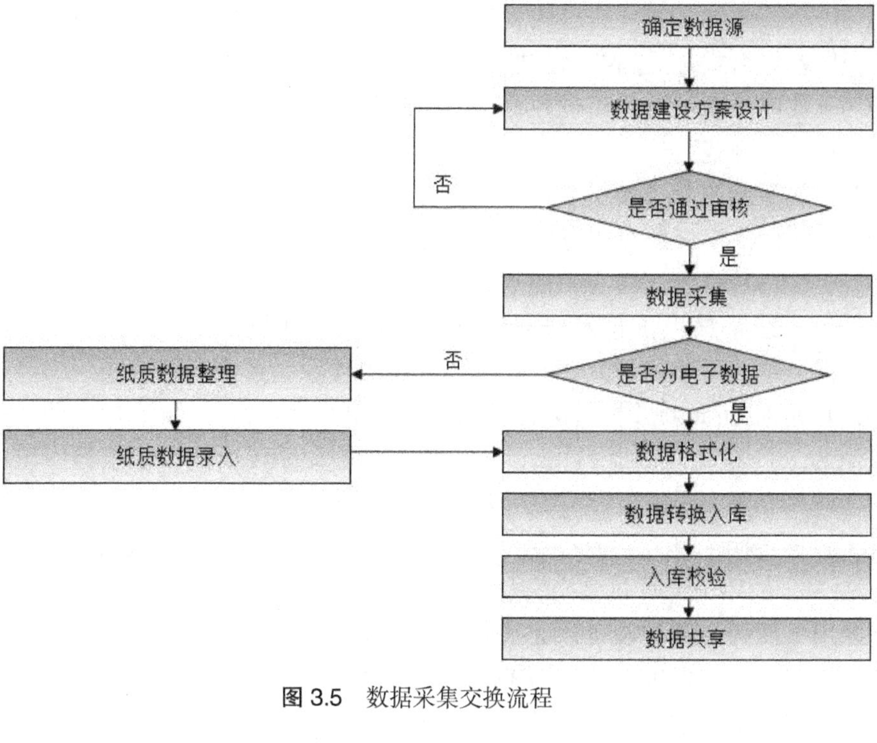

图 3.5 数据采集交换流程

数据采集交换通常可以分为 9 个步骤：

（1）确定数据源。对各业务系统和数据资源进行梳理（含数据库、数据备份存储和纸质资料），确定数据中心建设工程所需要采集的数据源。

（2）数据建设方案设计。根据数据源情况设计数据建设的成套解决方案，包括确定采集的数据内容、采集方式、数据整理、数据录入、数据格式化、数据转换和入库核验等方案。

（3）审核。由信息化部门、业务部门以及应用开发方共同审定数据建设方案，重点对系统采集数据内容的有效性、完整性、准确性和可行性进行校验审核。

（4）数据采集。按照设计的数据建设方案由指定部门和指定人员在指定时间内对规定内容进行采集。

（5）纸质数据整理。当数据资源为纸质资料时，按照系统的数据要求，对纸质数据进行录入前的数据整理，以元数据标准为准则，确定数据录入范围、内容、历史口径、统计口径等工作。

（6）纸质数据录入。按照整理好的纸质数据，依据相关标准、要求确定录入数据要求，由专门人员进行数据录入。

（7）数据格式化。对录入的数据或采集的电子数据，按照系统数据转换的要求，由规定的部门、规定人员，按照要求、时间进行分类、标准化、格式化。

（8）数据转换入库。开发数据转换程序或者利用数据采集交换平台已有的转换程序，将格式化后的数据转换入库。

（9）入库校验。对入库的数据进行有效性、完整性、准确性校验，保证入库数据标准、规范。

3. 数据采集交换方案分析

完成数据采集交换主要有三种方案可供选择，具体如下：

（1）使用数据库本身自带的工具完成数据交换。现在市场上很多数据库系统的管理系统都提供了将外部文件中的数据存入到数据库的工具，常见的有Oracle导入导出工具、SQL Server的DTS工具等。其中Oracle导入/导出主要的作用是对Oracle数据库进行逻辑备份，利用Export导出数据库的数据然后转储为二进制文件，而利用Import将二进制文件转换为存在数据库里的文件从而达到移植的目的。而SQL Server的DTS是Microsoft公司开发的SQL Server数据转换工具。它允许用户在多种数据源之间导出和导入数据或在使用SQL Server的多个计算机之间转移数据库和数据库对象。

使用上面的工具的确可以完成一些数据交换的任务，但这些工具有一个很大的缺点就是仅仅提供自己的DBMS访问异构数据库的机制，通用性不好。

（2）利用中间数据库完成数据交换。在网络环境下和不同的操作系统间进行数据转换时可以借助如Access、MySQL等较小的桌面数据库系统，先对要转出的数据库生成脚本，得到该数据库的表结构，然后按照不同数据库系统间的区别对脚本进行修改，生成符合规范的SQL语句，最后再在新环境的数据库系统中执行脚本。

这种方法的确能够完成一定的数据转换，但是这种利用中间数据库的转换办法的缺点是在实现过程中比较复杂，转换质量不高，效率不足，转换过程长。

（3）使用中间件技术完成数据交换。中间件，顾名思义就是在异构数据库间起到桥梁作用的程序模块。当前国外一些著名的数据库公司如 Sybase、IBM、Oracle 和中间件公司如 CA、TIBCO 等都开发了相应的中间件产品，用于解决异构数据共享问题。使用这些中间件产品可缩短开发周期，但需要客户进行数据接口开发，这就要求熟悉业务逻辑，尽管国外也有比较成熟的产品和应用项目，但由于软件成本比较高，而且接口开发量大，不太适合我国国情。同时国内一些公司如北京中交、东方通、慧点科技、中软等在这个领域也进行了系统的研究，开发了一些数据交换中间件产品，较好地满足了数据交换的需求。

依照上述分析结果，由于港航数据中心存在交换主体众多、交换内容复杂、交换模式多样、未来需求发展变化快速的特点，为了保证数据交换的准确性、安全性与实时性，在进行港航数据中心建设时，宜采用成熟的商业中间件技术和 SOA 面向服务的架构方法来构建数据交换平台。

4. 大数据技术在数据交换共享体系的应用初探

“十二五”以来，电子信息技术和移动互联应用技术发展齐头并进，迅猛发展，对交通运输全行业信息化发展带来了重大变革。物联网、数据挖掘、移动应用服务等技术在交通领域的加速推广应用，不仅给港航信息化注入新的技术内涵，也使交通数据采集的范围、广度和深度急剧增加，形成以微波、GPS、电子标识等港航管理检测数据，港航监控视频数据，以及系统数据和服务数据等为主体的海量港航信息资源。根据调查，一个行业发展处于国内中等水平的省级港航行业的数据量在“十二五”期间能够达到 50TB，在 10 年内预计将发展到 300 ~ 500TB。

大数据技术的海量数据存储和高效计算能力，将推进数字港航体系数据中心与业务系统跨区域、跨部门的集成和组合，将会更加有效地配置港航管理与运行资源，从而大大提高港航通行效率、安全水平和服务能力。

为了有效实现数字港航体系对海量港航管理与运行数据的实时采集、分布存储、快速交换、集中共享、高速分析和有效服务，数据中心数据交换共享平台应能在大数据条件下实现高吞吐量的数据交换、清洗、转换，消除海量数据处理流程中的潜在瓶颈环节。

目前，大数据技术在行业信息化的主要部署模式是采用信息行业提供的面向大数据的分布式并行计算处理框架解决方案。应用较为广泛的一种主流解决方案为使用 Hadoop 框架以 MapReduce 模式处理海量数据。

（1）MapReduce 模式。MapReduce 模式是一种分布式运算技术和分布式编程模式，起初主要用于解决问题的程序开发模型，也是开发人员拆解问题的方法。MapReduce 模式的主要思想是将自动分割要执行的问题（例如数据采集交换）拆解成 Map（映射）和 Reduce（化简）的方式，流程图如图 3.6 所示。

MapReduce 致力于解决大规模数据处理的问题，因此在设计之初就考虑了数据的局部性原理，利用局部性原理将整个问题分而治之。MapReduce 集群由普通服务器构成，为无共享式架构。在处理之前，将数据集分布至各个节点。处理时，每个节点就近读取本地存储的数据处理（map），将处理后的数据进行合并（combine）、排序（shuffle and sort）后再分发（至 reduce 节点），避免大量数据的传输，提高了处理效率。无共享式架构的另一个好处是配合复制（replication）策略，集群可以具有良好的容错性，一部分节点的宕机对集群的正常工作不会造成影响。

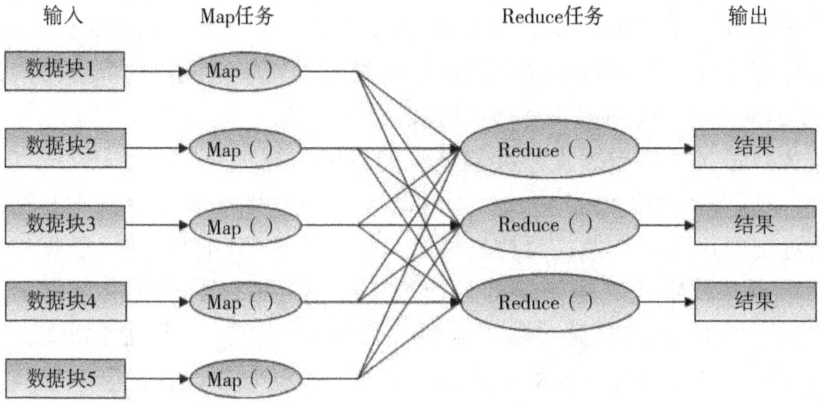

图 3.6　MapReduce 处理流程

（2）Hadoop 框架。Hadoop 是一个实现了 MapReduce 计算模型的开源分布式并行编程框架。借助 Hadoop 开发数据采集交换平台，运行于服务器机群上，从而实现对海量数据的处理。Hadoop 框架包括分布式文件系统 (HDFS）和分布式数据库（HBase），用来将数据存储或部署到各个计算节点上，并以 MapReduce 执行数据处理。Hadoop 框架如图 3.7 所示。

HDFS 是 MapReduce 模式下数据处理的基础组件，同时也是承载大数

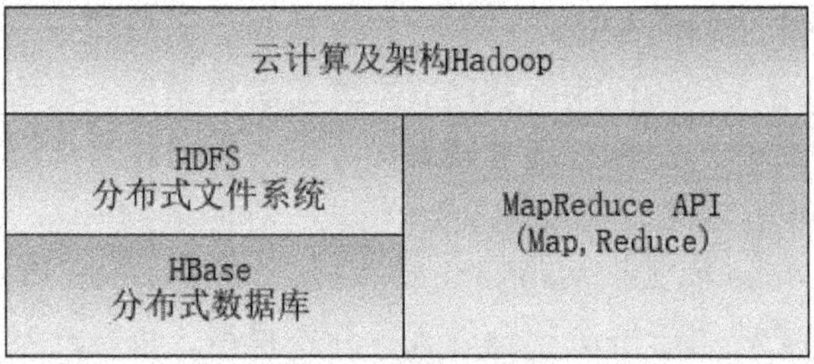

图 3.7　Hadoop 框架

据表（如HBase、HyperTable）的底层分布式文件系统。HDFS与Hbase共同把海量数据分布式存储和转移到服务器系统集群的各个主机节点。HadoopMapReduce数据处理的最小单位是MapReduce作业（job），通常会把输入的数据集切分为若干独立的数据块，由Map任务（task）以完全并行的方式处理它们。框架会对Map的输出先进行排序，然后把结果输入给Reduce任务。通常作业的输入和输出都会被存储在分布文件系统中。整个框架负责任务的调度和监控，以及重新执行已经失败的任务。

采用了基于MapReduce模式的Hadoop框架的数据采集交换平台的结构可以有图3.8所示的新变化。

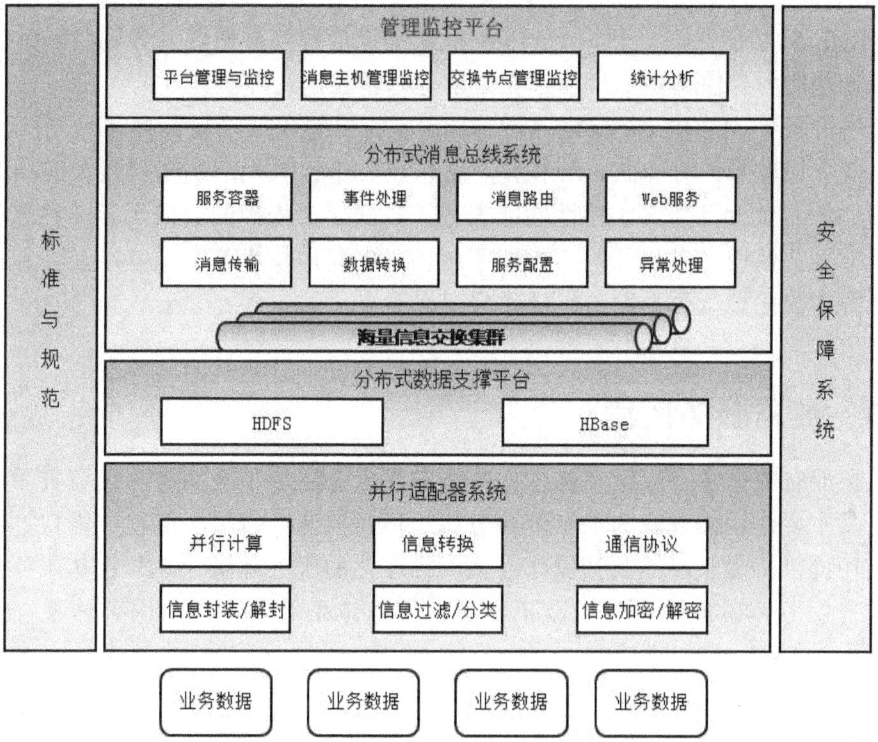

图3.8 数据采集交换平台的结构

新一代的数据交换平台将由分布式数据支撑平台（Hadoop基础架构）、分布式消息总线系统、并行适配器系统、管理监控平台和安全保障体系五大功能模块构成。

基于分布式框架的并行适配器系统是采用分布式计算体系，实现基于事件驱动的数据处理的框架体系。并行适配器系统应由连接组件即适配器和连接系统框架组成，采用以数据流向为主线，组件化体系结构，通过连接各种组件形成数据流，实现应用系统和中间件或消息系统的连接。并行适配器系统从各种异构数据源中获取数据，向目标应用系统写入数据，并实现两者之间的信息格式自动转换。自动根据某个数据库中数据的变化，将数据可靠发送给其他数据库或应用。通常在一个节点前置机上部署一个并行适配器。

分布式消息服务总线系统利用分布式存储和并行计算技术，实现消息服务的大规模分布式处理，实现消息服务的横线扩展。分布式消息服务总线系统是异构系统之间的通讯机制，为不同应用系统间的信息交换提供集成环境，包括安全的、可靠的信息传输、信息转换、信息路由等环境，使应用系统间实现松耦合的体系架构。

分布式数据支撑平台采用Hadoop分布式大数据框架作为支撑，充分利用Hadoop框架提供的一整套大数据处理功能，包括HDFS、HBASE和MapReduce功能。充分利用Hadoop框架提供的超强分布性、容错性和并行运算级处理能力，使交换平台能够充分承担海量数据处理任务。

部署基于MapReduces模式的Hadoop框架的数据采集交换平台对当前数据采集交换体系的分布式、异构性、多协议、平台与网络的多样性没有根本性影响，却能大大提高这些特性性能表现。数据交换依赖的数据元标准规范可以继续遵循和使用。由于并行适配器系统仍以中间件技术为基础，港航各专项业务系统的数据接口再开发工作量和难度都不大。

3.6 数据服务应用

在港航数据中心逻辑架构中，数据中心服务层位于应用层与信息资源层之间，其主要作用体现在为上层综合分析、运行监测、航道、船检、港口、航运等应用提供持续、灵活及互操作性强的标准化的服务环境。本节将从服务体系结构、服务体系建设内容以及不同类型服务体系等多方面对服务体系进行研究。

3.6.1 服务应用系统结构

为了达到为上层应用提供稳定、安全、高速数据服务的要求，交通运输数据中心服务应用体系的应用架构应被分为接入层、应用层、数据层、安全防护体系以及规范标准体系五个层次，框架结构如图3.9所示，其中：

（1）接入层主要负责为不同服务对象提供不同的接入方式，是服务应用体系的窗口，主要的方式包括通过业务单点登录平台或门户网站、中间件访问以及编程访问。

（2）应用层分为三个部分：服务应用体系分系统、服务应用体系分系统实现的主要业务逻辑以及支撑这些流程的关键组件（从应用角度看）。

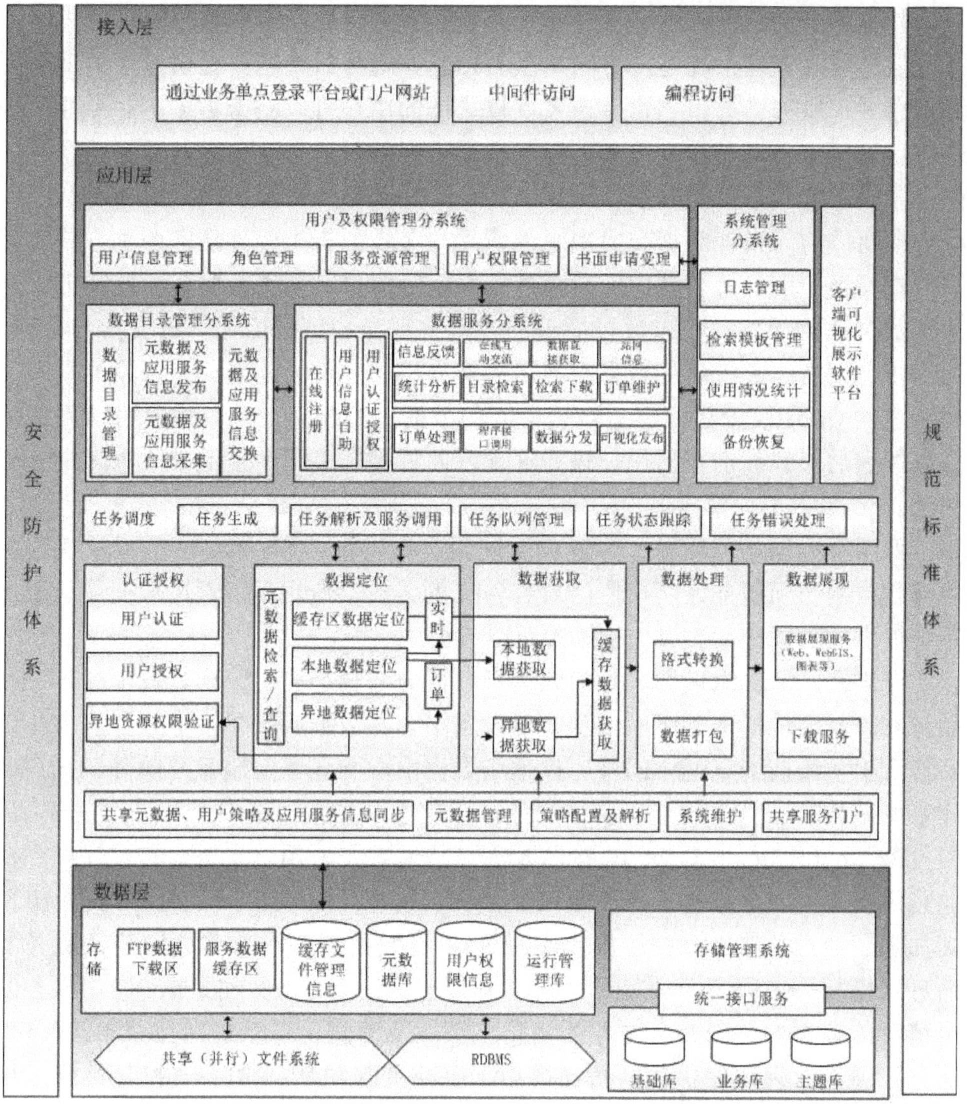

图 3.9　数据中心服务应用体系的框架结构

（3）数据层是服务应用体系的最底层，为系统提供数据环境的支撑。

（4）安全防护体系是服务应用体系稳定健康运行的重要保障，包括了安全管理机制与技术防护措施等内容。

（5）规范标准体系是服务应用体系的参考比照准则，通过规范标准体系的规正，服务应用体系的服务设计和服务内容须符合规范标准体系的要求。

在上述服务应用体系的五层架构基础上可以将服务应用体系细化为七个部分：服务接入、服务应用分系统、应用实现的业务逻辑、支撑服务的关键组件、数据环境的支撑、安全防护体系、规范标准体系。

1. 服务接入

信息资源管理系统与门户网站以HTTP方式为最终用户提供基本的港航业务信息共享服务，通过用户登录及授权认证的用户可以获得更多定制专业化的港航信息服务，此种接入服务可以分别为不同类用户建立独立的数据共享服务门户，提供的服务级差有别。

中间件访问包含数据交换中间件访问与多维分析中间件访问两种方式，其中数据交换中间件为行业内或行业外各类系统提供数据交换服务，此种方式屏蔽了数据库的异构，可以通过简单的方式实现异构数据库的数据交换与共享，适用于定期的、大批量的数据交换；多维分析中间件访问是通过预设的具有交通特色的Cube及分析模型对数据中心的数据进行统计分析，然后将访问的结果以图表的形式在前端对用户进行展现，此种访问多用于辅助决策等多维分析系统。

可编程数据访问服务，为业务系统用户提供采用Socket/Soap方式实现的可编程数据访问服务，用户使用封装API的客户端应用程序调用数据共享服务系统提供的数据访问接口，检索并获取数据。

近年来，随着海量港航管理和运行数据的增长趋势，云计算技术的各种产品将越来越多地渗透到港航信息化建设当中，在数据服务体系中服务接口的设计将会引入面向消息的中间件，以适应数据中心和业务应用系统向分布式云计算系统架构转型。面向消息的中间件在企业总线技术的基础上，引入发布-订阅模型（publish/subscribe）、排队及消息传递系统，用以支持分布式计算。企业总线技术可以为数据服务体系创建优良的消息总线机制，而发布-订阅模型则加强了消息总线上数据服务和应用服务的消息协调效率，数据/应用服务的消息采用与关键词表中的若干主题词关联的新标识方法，使数据/应用服务的申请者能够更快协商相关主题的消息。排队及消息传递系统则在分布式代理、消息投递、队列顺序优化、访问模型、缓冲机制和Web服务支持等性能上得到优化，对TCP/IP网络模型的传输协议和消息容错机制支持也较好。已投入公共事业和科研行业中的开源云计算系统NaradaBrokering是使用面向消息中间件技术的一个典型系统。未来面向消息中间件软件工具或产品的应用将主要在港航数据中心的数据服务体系实施。

2. 服务应用分系统

（1）数据服务分系统是服务应用体系的核心。数据服务分系统提供的服务方式包括：程序调用服务、数据信息展现、数据直接获取服务、数据检索下载服务、数据分发服务等五种服务方式，这些服务方式可依托于接入层现有的方式对外提供服务。

（2）数据目录管理分系统是服务应用体系的支撑。主要完成服务应用体系涉及的港航元数据和应用服务信息的采集、发布、交换和使用，并以元数据及应用服务为核心进行数据目录组织和管理，实现统一的数据目录访问服务。

（3）用户及权限管理分系统是服务应用体系的基础。依据共享服务数据分级和用户分级分类管理规定，提供对整个用户服务流程和服务资源授权分配的统一管理。

（4）系统管理分系统是服务应用体系的保障。提供数据共享服务系统各类日志的管理、日常维护、计划任务和备份管理、系统状态统计报表生成等。

（5）客户端可视化展示平台软件是基于客户端的设计，基于插件式技术，主要提供与港航行业或其他交通运输部门信息有关的可视化功能，如：数据加载、空间分析、查询检索、专题图制作、动画显示、三维动画显示、统计分析等。

3. 应用实现的业务逻辑

应用实现的业务逻辑从流程上来讲分为用户认证、数据定位、数据获取、数据处理、数据展现五个部分，由任务调度统一管控。

（1）用户认证。对用户的身份进行认证，并赋予相关使用权限的功能。当用户使用已建立的服务应用体系访问数据时，首先要进行身份验证。

（2）数据定位。通过对港航元数据的检索对数据资源进行定位，并通过实时订单判断机制确认数据资源的展现方式。

（3）数据获取。根据用户的请求以及数据定位，从异地、本地或缓存区中获取相应的数据，进入本地缓存。

（4）数据处理。适用于以订单方式展现的数据请求，对已获取到的数据进行数据打包、格式转换等处理，最终形成符合用户要求的数据格式。

（5）数据展现。将经过数据处理的资料通过特定的方式进行展现，主要包括数据展现服务（如 Web、WebGIS、图表等）和下载服务两种形式。

（6）任务调度。负责后台业务处理，提供业务支撑，整体管控业务流程，包括任务的生成、解析、相应服务的调用、任务队列管理、任务状态跟踪以及错误处理。

4. 五个关键组件

服务应用体系提供五个关键组件：共享元数据、用户策略及应用服务信息同步，元数据管理，策略配置及解析，系统维护，共享服务门户。其中，共享元数据、用户策略及应用服务信息同步组件为元数据及应用服务信息、用户信息的采集、发布和交换提供支撑；元数据管理组件基于数据分类编目规则建立港航元数据目录树，完成各个目录项的组织、著录；策略配置及解析组件提供对后台业务处理的策略配置与解析；系统维护组件负责整个数据服务应用体系外实现系统的运维管理，包括日志管理、检索模板管理、使用情况统计、系统备份恢复等；共享服务门户组件根据需求编排业务流程，处理用户请求，展现港航行业数据及其产品等。

5. 数据环境的支撑

数据中心服务应用体系的存储与数据存储管理系统共同构成了数据共享服务系统的数据支撑。其中，存储分为两个文件系统（FTP数据下载区、服务数据缓存区）和四个关系型数据库（缓存文件管理信息、元数据库、用户权限信息、运行管理库），分别采用并行文件系统及RDBMS（关系型数据库管理系统）进行管理。数据存储管理系统的三大库：基础库、业务库及主题库通过其统一服务接口为数据共享服务系统的应用层提供支撑。

在港航数据中心向云数据中心演进中，云计算技术能够提供某种形式的结构化或半结构化数据库处理能力。如港航业务系统在提取处理其他B/S应用或服务系统的Web页载信息时，由于Web页是HTML格式的半结构化数据，使用半结构化数据库功能，港航业务系统的开发将更容易构造应用逻辑。半结构化数据功能的一个实例为Hadoop框架下的HBase，这是提供高可靠性、高性能、列存储、可伸缩、实时读写的分布式数据库系统，可以认为是当前小规模云数据库的一种典型实现。该数据库介于NoSQL和RDBMS之间，仅能通过主键(row key)和主键的range来检索数据，仅支持单行事务(可通过hive支持来实现多表join等复杂操作)。主要用来存储非结构化和半结构化的松散数据。Hbase目标主要依靠横向扩展，通过不断增加廉价的商用服务器，来增加计算和存储能力。

6. 安全防护体系

数据中心服务应用体系的安全防护体系不能脱离数据中心的安全防护体系，也不能依靠单独的某个安全产品，而要依托整个网络中各部件的安全特性。系统安全级别的高低取决于系统安全管理最薄弱的环节，要增强服务应用体系的总体安全级别，必须从网络、计算机操作系统、应用业务系统甚至系统安全管理规范、使用人员安全意识等各个层面统筹考虑。

7. 规范标准体系

规范标准体系包括一揽子与数据中心建设相关的标准体系，例如:《交通信息基础数据元第1部分:总则》、《交通信息基础数据元第2部分:公路信息基础数据元》、《交通信息基础数据元第3部分:港口信息基础数据元》等，从某种程度上说，政策法规与技术标准执行情况可以衡量数据中心建设质量的高低，作为数据中心窗口的服务应用体系建设更需要注意政策法规与技术标准的遵守执行情况。

3.6.2 数据服务内容

港航数据中心服务对象繁多，服务应用体系极为复杂，不同服务对象的服务内容与服务形式也多种多样，结合前面章节中对数据中心的定位以及需求进行分析，总结出港航数据中心服务内容主要体现在如下几个方面：

1. 数据存储服务

建设完成后的港航数据中心提供了完备的存储设备，同时还具有较完备的备份策略、容灾体系以及良好的网络安全平台，在这个基础上，该中心需要能按照实际需求为下属港航部门或所属业务部门提供数据存储服务，以减少信息化建设中的重复投资。

2. 数据查询服务

港航数据中心数据来源广泛，既包括了业务系统的结构化数据，也包括规章、法规等非结构化数据。这些数据经过交换、清洗、标准化等一系列操作后集中到数据中心，港航数据中心按主题对数据进行划分，建立了数据目录库，完备严格的权限管理机制，提供统一的基础数据查询访问，进一步消除信息孤岛，分等级为不同类型用户便捷地查询到所需要的数据提供服务。

3. 数据订阅服务

根据相关的获取策略，某些数据的下载请求不能达到实时响应（如数据量过大，在线无法获取或请求的数据离线存储等，或者有些数据需要通过付费才能获取），则需要进行数据订阅。

数据订阅的服务方式是多样的，包括在线生成数据资源订单、传真、电子邮件、邮寄、电话、个人上门获取等，其中数据资源订单是需要通过在门户填写订单而实现的。无论是数据检索下载服务方式中的数据订单，还是数据接口服务中的数据订阅，都需要在线填写数据订单。

4. 数据下载服务

数据检索下载服务是基于港航信息资源管理系统或门户网站的浏览、检索、下载、数据订单等一站式服务，授权用户可以在系统或门户网站进行数据浏览、检索，然后可以对需要的数据进行下载，相对于数据订阅服务而言，此种服务方式适合于数据量不大或需求频率不高的情况。

5. 数据交换服务

数据交换服务是港航数据中心的核心，其可以为行业内、外授权用户提供稳定可靠的数据交换功能。此种服务适用于数据量大、时效性要求不太高的情况，例如：行业统计分析辅助决策类系统。

6. 云分析服务

近年来互联网业界提出了越来越多的云计算服务方案。数据中心的数据分析服务可以选取其中一种或若干种得到广泛推广应用的方案来支持传统的数据分析服务。以基于 MapReduce 框架和 HDFS 分布式文件系统的 Hadoop 方案为例，将数据的分析计算工作单元根据港航业务应用的常见统计方式和业务需求定义为最小的数据操作逻辑，并封装为数据分析挖掘组件。以 Hadoop 提供的 MapReduce 框架作为数据分析计算过程执行平台，对由数据分析挖掘组件组成的分析工作流进行并行分流，执行容错、数据分布、负载均衡等一系列复杂的分布式计算处理，形成高度颗粒化、强自动调度和资源最大化的云分析能力，并能支持根据港航综合应用系统和专项业务系统开发运行标准规范而设计的分布式计算分析平台应用接口，来实现与港航业务系统高吞吐量的数据上传下载和按需提取展示。

7. 数据归档服务

建设完成的港航数据中心具有完备的备份与安全防护体系，应用云计算技术的 IaaS 服务产品（基础设施即服务）可以实现设备集中化、资源虚拟化、部署标准化及管理自动化。面向云计算的基础设施虚拟化，可以充分调节各个数据存储单元和网络通道的动态负载，可以灵活选择故障冗余资源，极大地提高数据存储的性能表现和备份可靠性。云架构的数据中心使用标准化的虚拟存储与网络设备资源，可为其下属数据中心或各个业务部门业务系统提供数据归档服务，将重要数据在数据中心进行归档，有利于数据的集中存储和安全管理，发挥数据中心的作用，有助于推动各级部门使用数据中心的积极性和主动性。

8. 移动数据核对服务

此服务的主要服务对象包括流动行政执法人员、外出领导以及社会用户，该服务的主要内容为提供短信接口用于对港航数据中心中数据的查询，是数据查询服务的延伸。

9. 数据接口服务

针对实时性要求较高、数据请求服务频繁的用户，例如：业务系统，本服务应用体系提供了数据接口服务以满足此类需求。传统的数据接口服务是通过 API 调用实现，同时逐渐进入行业应用主流的云数据管理接口（CDMI）还确定了使用者或用户系统与基于云架构和云存储的数据中心之间数据交换接口，两种数据接口类型提供的服务主要内容包括：

（1）API 调用访问的方式在于给用户提供可编程的客户端函数库，在提供基础的数据访问、数据检索、数据下载功能的同时，保障在大并发、大数据量传输时的数据可靠和高效。

（2）向用户提供具有业务功能的客户端类库，提供用户所需的数据功能。服务端程序为数据 / 产品服务程序，与港航数据资源库进行数据库层的交互，处理各客户端发送的数据请求。

（3）云数据管理接口的一种被广泛采用的实现方式为对象型方式。CDMI将对象看作可以通过URI（统一资源ID）来访问的独一无二的项目，数据对象被看作可以创建、搜索、更新和删除的独立资源。通过对象，封装器可以封装其他封装器。准确地说，CDMI定义了应用程序在云中创建、搜索、更新和删除数据组件的功能接口。客户端可以发现云存储服务的功能，并利用CDMI来管理封装器和其中的数据。此外，通过CDMI接口还可以在封装器和它们的数据组件上设定元数据。

3.7 数据管控

数据管控体系是港航数据中心高质量、高安全数据服务的基础，其对应于数据中心逻辑结构中数据质量服务体系层，主要作用是保证数据中心中数据按照相关规则与要求进行组织。本节将从数据管控体系总体结构、元数据管理、数据标准管理、数据质量管理等多个方面对数据管控体系进行全方位描述。

3.7.1 数据管控体系总体结构

数据管控体系描述了如何管理数据资产，保证数据准确性、一致性、完整性、可用性和安全性。数据管控体系是为了规范数据标准、提高数据质量和保证数据安全而建立的组织、流程、工具和评价考核体系，其具体架构如图3.10所示。

1. 数据管控对象

数据管控对象为数据模型、元数据、主数据、共享交换数据、事务数据。

根据信息系统数据对象的粒度划分，可以将数据对象划分为以下五类，具体包括:业务术语、指标定义、数据模型（逻辑 / 物理）、数据元素和基础编码。

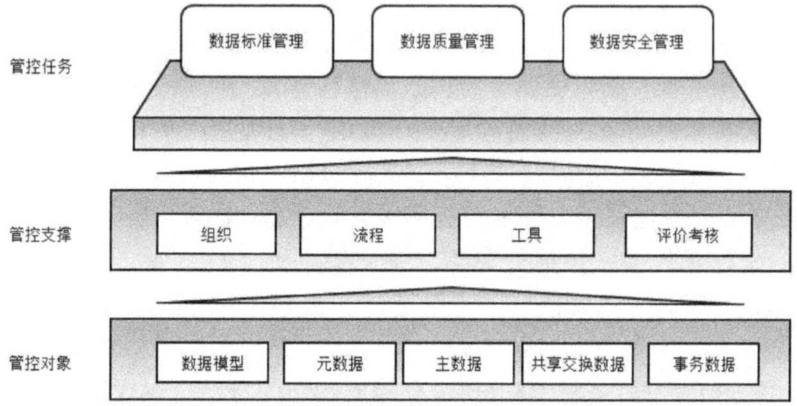

图3.10 数据管控体系总体架构

数据管控对象应覆盖以上五类数据对象。

2. 数据管控支撑

实现有效的数据管控，需要从管控组织、管控流程、管控工具和评价考核等方面进行建设，这四项工作内容相互作用、相互支撑，彼此之间关系如图3.11所示。

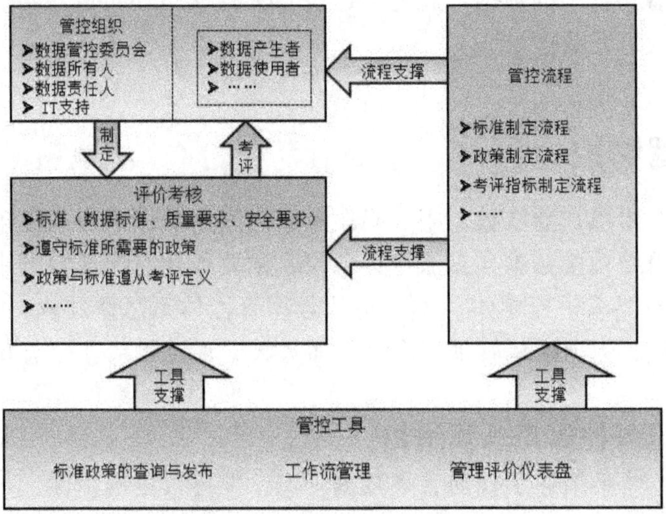

图 3.11 数据管控体系流程

3. 数据管控任务

数据管控的任务包括：数据标准管理、数据质量管理、数据安全管理等。

3.7.2 元数据管理

元数据管理是定义、描述系统数据的重要技术手段。元数据管理系统贯穿数据中心的整个生命周期，为用户提供统一的数据描述和定义。元数据涵盖了数据中心建设过程中源系统、数据交换、数据存储和数据应用的全过程，通过元数据对业务术语、逻辑模型、物理数据结构和数据转换过程等基础数据信息进行统一分类管理，建立“概念层—逻辑层—物理层”的端到端全局数据视图。

数据中心元数据管理范围主要包括两类元数据：业务元数据和技术元数据。

（1）业务元数据：包括交通信息基础数据元（JT/T 697）在内的各类行业编码和分类编码、数据值域、业务规则定义（指标的定义）、各类电子文档（DOC, XLS 等）等业务信息内容。

（2）技术元数据：包括获取层、存储层和访问层数据库数据结构信息、接口文件信息、ETL 程序、ETL 工具、元数据映射关系等技术信息内容。

元数据管理不直接对业务应用产生支持，但是它清晰地装载着系统的数据脉络，时刻保证全局数据的标准、稳定和可用。元数据管理是数据中心的信息资产容器，为基于数据中心的应用扩展建设提供可靠的数据基础，有效提升数据中心的建设效果。

3.7.3 数据标准管理

数据标准管理提供系统化的支撑手段，能够将已有信息标准在数据中心中的建设和运维过程中进行有效的承载和管理，并在数据中心数据标准和行业数据标准之间搭建映射，有效描述业务子库在建设、应用过程中的物理数据结构与业务信息的关联关系。通过数据标准管理，统一业务子库之间的数据标准和关联关系，保障数据中心建设的完整性、准确性、共相性，消除不同系统交互困难的信息壁垒，保证信息的有效统一。

数据标准管理的主要目的是：

（1）建立各级部门行业数据标准，指导并规范信息系统建设过程，实现面向数据生命周期的数据规范化管理，提升数据质量。

（2）对信息系统数据标准的执行情况进行定期核查，根据核查结果对信息系统进行改造或对数据标准进行修订。

（3）面向业务发展实际需要，以专项工作和常态工作相结合的数据标准管理工作机制促进信息系统建设的规范化和数据标准的持续更新。

3.7.4 数据质量管理

数据质量管理为数据中心提供数据质量监控的技术支撑手段。管理范围涵盖对数据源、数据源接口、数据实体、处理过程、数据应用和业务指标等相关内容的管控机制和处理流程，也包括对数据质量管控和处理的信息总结和知识应用等辅助内容。数据质量系统主要功能包括：源系统变更协同管理、数据质量监控、数据质量问题处理、数据质量评估、数据质量报告、数据质量知识库和数据质量对外服务等。

3.8 趋向虚拟化的港航数据中心

经过“十一五”建设的起步发展，港航行业信息化建设取得了较大发展，基础网络和各主要业务大类应用系统在不同程度上完成了初步建设，信息化程度越来越高，随着业务数据集中和交换共享的事务逐渐增长，数据中心作为核心基础信息化设施，得到日益普及。数字港航建设已进入走向资源整合、系统互联、业务协同、数据集中的新阶段。港航行业基础设施运营管理、航务经济活动运行，对基础网络和行业信息化应用服务体系的依赖程度越来越高，经由数字港航体系存储、处理、调度的行业运行数据量快速增长，传统的资源固定分配模式的信息化基础设施面临严峻的挑战。人们已经越来越清楚地看到：许多按照传统模式建立起来的信息化系统的症结的关键不是性能不够，而是适应变化的能力不够。信息化体系架构正在从“以网络为核心”向“以数据为核心”转变，大量数据的存储和处理分析被提升到前所未有的位置，数据中心作为信息化体系架构核心组成的地位得到空前强化，成为海量数据存储的基础载体，成为有效控制利用信息飞速膨胀的统一平台。如何进一步改进技术架构，高效地管理数据中心的数据，轻松实现对数据的访问，同时又能保证数据的安全，是已经初步取得数据中心建设运行良好成果的信息化工作者关心的问题。

3.8.1 面向数据中心的虚拟化应用技术

虚拟化是一种计算机体系结构技术，其中，多个虚拟机共享同一台物理硬件机器。引入虚拟机的目的是在多用户之间共享资源并提高资源利用效率和应用程序灵活度。硬件资源（CPU、内存、I/O设备等）或软件资源（操作系统和软件库）可以在不同的功能层进行虚拟化。近年来，随着分布式系统和云计算技术的迅速发展，虚拟化技术得到广泛应用普及。

面向数据中心的虚拟化应用技术通常是在数据中心的软件平台层中，新添加一系列虚拟化应用系统模块和产品形成虚拟化层，其中虚拟化应用系统模块、产品以及虚拟化操作系统全都运行在硬件设施层之上。虚拟化层并不完全局限于传统数据中心功能层级边界清晰、自成一体的特点，而是能够渗透到抽象硬件、操作系统、组件接口库和应用程序等层级内容中。从硬件到应用程序的5个虚拟化抽象层次如图3.12所示。

通常虚拟化层包括指令集体系结构级、硬件抽象级、操作系统级、库支持级和应用程序级，其中指令集体系结构级和硬件抽象级主要面向基础支撑硬件系统的虚拟化，经过虚拟化后，这两个层级形成的虚拟化资源开放的使用方式、计算结构、数据传递都与被虚拟化的硬件对象大同小异，在本节就不多赘述。

操作系统级是指处于传统操作系统和业务应用系统之间的抽象层。操作系统级虚拟化利用数据中心中的软硬件，在一个单一物理服务器上创建隔离的容器和操作系统实例，这些容器像真实服务器一样运行。操作系统级虚拟化常被用来创建虚拟主机环境，在大量互斥的并行用户业务系统之间分配硬件资源。在较小程度上，也可以通过将独立主机上的服务移动到一台服务器的容器或虚拟机中来进行服务器硬件合并。

在库支持级中，大部分应用程序使用用户级提供的API而非操作系统提供的冗长的系统调用。由于大部分系统提供文档完备的API，这样的接口就成为

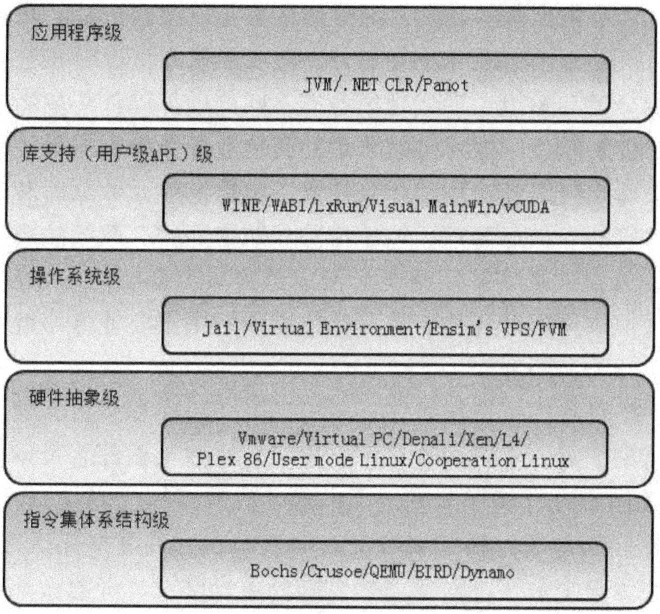

图 3.12 从硬件到应用程序的 5 个虚拟化抽象层次

虚拟化实施的另外一种选择。通过 API 控制应用程序和其他系统部分之间的通信连接，使得带有库接口的虚拟化成为可能。软件工具 Wine 就实现了这种方法，它支持在 UNIX 主机上运行 Windows 程序。另一个例子是 vCUDA，它允许应用程序在虚拟机中执行时利用 GPU 的硬件加速功能。

应用程序级的虚拟化将一个应用程序虚拟化为一个虚拟机。在传统操作系统中，应用程序常以进程的方式运行，因此，应用程序级虚拟化也称为进程级虚拟化。较主流的方法是部署高级语言虚拟机。在这种情况下，虚拟化层作为一个应用程序处于操作系统之上，并且这一层抽象出一个虚拟机，该虚拟机可以运行为一个特定抽象的机器定义所编写和编译的程序，任何用高级语言编写并为这个虚拟机编译的程序都可以在其上运行，微软的 .NET CLR 和 Java 虚拟机是该类型虚拟机的典型例子。其他形式的应用程序级虚拟化也称为应用程序流，虚拟化进程将应用程序包装在与操作系统和其他应用程序相隔离的一层，此时应用程序更易于发布或从操作系统环境中移除。这方面的一个例子是 LANDesk 应用程序虚拟化平台，它将应用程序软件部署为隔离环境中的自包含、可执行文件，且无需进行服务注册、修改系统参量或提高安全级别。

虚拟化技术对数据中心的最大改变在于资源管理。从虚拟化资源管理到云资源管理，从硬件虚拟化到存储、应用虚拟化的构建和自动部署，虚拟化技术都成为关键实现环节。虚拟化资源管理的特点是统一部署，集中管理，分布使用。在资源虚拟化技术的基础上，采用各种技术实现资源的自动部署、集中监控、动态优化、节能低耗等功能。通过应用虚拟化架构产品，数据中心依托的CPU计算力、内存、存储形成粒度较小的虚拟资源单元，并能通过虚拟化资源管理系统进行分配和重组，形成规模各有不同的虚拟硬件环境组合，用来向数据中心的核心体系软件、数字港航体系的其他业务系统提供灵活的虚拟硬件支持。同时通过库支持级和应用程序级技术，根据港航元数据库和业务数据库的特点，为港口管理、航运管理、船舶检验、航道养护、政策法规、科技信息等主要职能域，以及根据实际需要交叉形成的跨域综合职能（如基建项目管理）建立相应的虚拟应用程序环境，从而支持职能域中主要业务系统和次级职能信息系统的快速开发和部署。

虚拟硬件环境和虚拟应用程序环境可以灵活组成和运行，随着某些管理部门和业务职能的拓展，进行再次分解、重组。这些重新部署可以依托虚拟化资源管理平台架构来进行编程开发定义，或者修改虚拟应用接口，迁移数据库，重新把数据库和新部署拼搭的业务交会对接。在这种虚拟化运行管理方式下，数据中心能够为整个数字港航体系提供降低重复建设、资源循环利用、降低软件开发成本、灵活地按重要性分配计算资源的基础设施支撑运行模式。在基础硬件支撑架构上，虚拟化技术屏蔽了低层物理设备的差异，对数据中心的低层架构进行抽象，从而实现资源的统一管理。目前一些相对成熟，具有代表性的虚拟化主流产品主要由IT集成科技公司提出。IBM的TPM(Tivoli Provision Manager)是数据中心实现资源虚拟化管理的核心产品，可以自动完成服务器、存储器、网络设备、操作系统、中间件、应用程序的部署和配置。通过实现从低层硬件、系统的虚拟化到存储、网络的虚拟化，使数据中心的IT资源成为一个虚拟的资源池，可以按照一定的粒度来实现资源分配。VMware的数据中心产品VMware Infrastructure虚拟化软件套件能提供虚拟化基础架构、应用程序和管理等多种服务。其中，ESXServer能整合数据中心的计算、存储和网络资源，构建动态虚拟资源池。微软公司的虚拟化集成管理软件是System Center。其中，Virtual Machine Manager能管理数据中心的基础架构，包括服务器以及虚拟机，实现平台中虚拟化资源的动态优化。浪潮云海•云计算操作系统架构于服务器、存储、网络等基础硬件资源之上，通过基于Xen平台的虚拟化技术，构建计算节点、存储节点，形成动态虚拟计算资源池、存储资源池和网络资源池，实现了资源的有效监控、动态流转与伸缩，以IaaS的模式为用户提供云计算服务。

3.8.2 数据中心应用虚拟化的方案

应用虚拟化技术方案内容一般有计算资源梳理、选定虚拟化技术架构、建设虚拟资源池、建立虚拟资源管理系统。

计算资源梳理以统计估算数据中心或未形成数据中心的网络中心机房的服务器、存储硬件资源构成物理实体资源基础。在投资大、设计要求较高的数据中心项目中，同型同构的服务器和存储硬件资源被视为分布式服务器集群和存储集群。一个虚拟集群可以由多台物理机器构成，也可以由一个可运行在多个物理集群上的虚拟机构成。为了大致掌握应用虚拟化后资源可用情况，应该通过 CPU、内存和 I/O 设备虚拟化技术测算统计经过虚拟化归入虚拟资源池的 CPU、内存和存储的大致总量、最小组成单元，从而数据中心管理员才能真正了解清楚有多少 IT 资产纳入虚拟化架构进行管理，有利于评估虚拟化对提高资源利用效率，对节省成本、降低资源浪费产生积极影响。

目前，主流的虚拟化技术都是在近十年内发展成熟的高新技术，因此，虚拟化技术架构和产品方案主要在 VMWare vSphere、微软 Microsoft Hyper-V 和 Citrix XenServer 之中。我国华为提出了自有的技术架构 Fusion Computer，浪潮云海·云计算操作系统能够提供虚拟化组件方案。产品化的虚拟化技术架构一般由基础设施服务和应用程序服务两大功能软件系列组成。基础设施服务软件套件包括用于虚拟化库支持的软件、用于虚拟资源管理和精简配置的虚拟存储软件、提供分布式切换和网络函数的虚拟网络软件。应用程序服务软件套件包括可用性、安全性和可扩展性三种类型。可用性软件用于虚拟资源动态迁移分配、虚拟资源的备份及快速恢复，安全性软件有虚拟防火墙和虚拟数据安全检测等功能，可扩展性软件有分布式资源调度器和在线热插拔等功能。

虚拟资源池是相对于虚拟化集群的概念。一个虚拟化集群的资源池包含集群中所有物理主机和存储的资源总和。比如一个由 2 台主机组成的集群，每个主机都有 16GHz CPU 和 16GB 内存，那么这个集群的资源总和就是 32GHz 的 CPU 和 32GB 的内存，在这个集群中创建的资源池就从这个总的可用资源中分配。集群的可用资源总是小于集群的总资源，这是因为每台主机都会占用一部分 CPU 和内存资源，保留给自身的虚拟平台软件和虚拟资源管理进程。虽然集群资源池是所有主机资源的总和，但是目前并没有实现某一虚拟计算环境平台可以使用超过某一主机的资源。虚拟资源池的资源通常通过份额来分配，资源分配方法常见为预设的份额分配方式，比如分为高、中、低三档分配权重。在虚拟化软件都部署到虚拟化集群的主机和存储单元后，通过高带宽基础网络，物理实体上的虚拟化进程建立虚拟层上的管理信令交换和保持，虚拟化的资源便可在集群的虚拟资源管理系统上进行注册，接受动态分配调度，一个与虚拟化集群关联的虚拟资源池便可形成。应用程序级别的虚拟资源构建与管理在当前还没有成熟的技术方案和产品，应用服务环境动态分配组合的实现方法和功能还有待完善和丰富。

虚拟资源管理系统可以对虚拟化的计算资源进行有效管理，在虚拟操作系统、数据中心核心应用系统和港航业务专项系统之间处理资源申请消息，合理分配计算资源，在业务系统运行周期中灵活调配占用的计算资源，以提高资源利用效率。虚拟资源管理服务可以包括虚拟存储服务、虚拟服务器服务、虚拟文件系统服务、虚拟集群系统服务、虚拟用户系统服务等资源服务。虚拟资源管理系统将这些资源服务整合在统一的管理平台，提供灵活、快速、动态的综合资源服务。虚拟资源管理除了能够将物理资源虚拟化成统一的逻辑资源视图外，还能提供逻辑资源组合而成的高级资源形式。基于统一逻辑视图的资源管理使得虚拟化资源很容易被分配或调度，多种资源还能快速组合及获取，从资源配置模式的角度支撑了资源的按需服务。

虚拟化资源的自主调度技术能够自主地、动态快速地调整资源以满足应用的需求。系统可以动态地分配、回收和调度资源，自主地使资源升级运行或降级运行。升级运行即指计算负载增大、服务质量下降时，系统可以为之增加资源或提高资源性能；降级运行即指计算负载降低、资源过剩供应时，资源管理系统回收资源或降低资源性能。数据中心对数字港航体系各应用系统的计算资源和数据资源支撑可以在虚拟化资源管理技术帮助下实现一定程度的集约化和智能化。

3.9 数据中心建设

港航数据中心建设是一项以数据为中心的数据工程，同时更是一项面向港航行业管理与运行业务的信息化建设工程，因此，在数据中心建设过程中，我们需秉承的理念是“从业务问题入手而不是仅仅单纯依赖技术”，工程的建设一定要解决港航实际业务问题而不是引入新的困扰，也不能以技术能否驱动作为选择实施方案的首要依据。在云计算技术加快推广应用的条件下，云计算基础设施应与数据中心各层面充分整合，云计算数据中心是自上而下的全程融合和优化，包括应用软件、数据库、系统软件、处理器、存储、IT 支撑体系。

3.9.1 建设理念

1. 数据中心建设以标准化建设为先导

数据标准规范体系是严谨、客观、准确地定义描述港航数据中心数据可用性、完整性和有效性的先导规则。在把传统的信息孤岛数据库逐一整合，形成数据中心信息资源库的过程中，首先要解决标准化问题，完成规范化任务，对数据交换共享体系、信息资源建库、数据服务体系和信息安全管理体系的建设有方向性指导意义。数据标准化工作可以以国家、交通运输部以及本省（自治区、直辖市）出台的规范化业务管理文件为指导依据，制定或补充元数据标准、主数据标准等主要组成标准。数据中心的总体建设都要参照标准体系定义和操作数据，确保数据中心和源业务系统、客户业务系统能够有机集成，应用云计算技术则更为强化数据标准化和规范化的要求。

2. 数据中心建设应遵循以管理对象为中心的设计理念

数据中心建设从始至终都要以需求为导向，管理对象则是需求集合的关联主体。港航业务的船舶、从业人员、航道要素、港口监管、运输主体都具有相对稳定的基本属性和复杂多变的管理属性。围绕这些对象特点进行数据中心建设方案设计的好处是：业务稳定性好，数据中心架构稳定；数据中心可扩展性强，支持未来业务的变化；消息表示统一规范，降低系统集成的难度；流程可变性强，支持业务部门的管理变化调整。

3. 数据中心设计以成熟的应用解决方案为主要技术路线

港航数据中心是数字港航体系优先建设的核心基础设施，是数字港航体系其他部分赖以集成和运行的基础数据环境，承载着数字港航体系最重要的数据价值。为了确保数据中心长期稳定健康的运行，建设方案技术路线应主要选择在信息技术市场得到充分推广应用，并有长时间运营案例的数据、软件和计算技术或技术组合。成熟的应用解决方案能够有清晰的技术开发平台、软件设计工具，模块化的应用组件能够有灵活有效的再组装或再封装性能，在应对港航系统多样化的异构业务系统和数据库时，能够最大程度地进行识别、适应和对接。软件开发和产品服务团队可以敏锐地捕捉需求的细微差别和波动变化，以提供灵活有效的技术服务。

4. 数据中心应将管理与服务融合一起

数据中心建设的目的一方面是面向省（自治区、直辖市）港航行业的领导综合决策和业务综合协同，另一方面是面向公众服务的，因此在数据中心建设过程中应该将管理和服务进行有机融合，提升对业务管理部门信息系统的信息服务能力，缩短服务时间，才能最终提高业务管理部门的服务水平。

5. 注重虚拟化、云服务等新技术的应用，稳步建设私有云计算服务中心

私有云计算服务平台的主要设计目标为可扩展性、虚拟化、有效性和可靠性。在数据中心逻辑体系结构中引入云技术能够很好地支持 Web 2.0 应用、面向服务的分布式体系架构以及面向消息的中间件，云平台管理器接收用户业务系统请求，找到并合理分配数据服务组件、虚拟存储结构、虚拟 IT 支撑资源等资源类型，调用云平台配置服务并启用云资源。云计算服务中心能够通过多路复用、虚拟化和动态资源部署增加数据中心体系各系统模块层次的利用效率。云计算服务中心所应用的关键技术有快速平台配置、按需的虚拟机集群、多租户技术、海量数据处理、Web 规模通信和分布式存储授权与计费服务。云平台可以根据配置或移除服务器、软件和数据库资源动态形成，其中云服务器可以是物理机器或虚拟机。云平台的软件基础设施必须管理所有资源并自动维护大量任务。软件必须探测每个进入和离开的节点服务器的状态，并执行相关任务。因此，私有云计算服务中心能够更为灵活地管理虚拟化硬件和计算资源，配置数据服务搭配，形成混搭式的云服务，面向基础硬件支撑系统可以降低能耗，节省资源，形成绿色、智慧的系统运行方式，面向数据应用服务，可以较好满足由于应用层上用户和业务系统需求的快速发展变化而发生的应用服务部署调整要求。

3.9.2 建设步骤

港航数据中心工程建设可分为需求分析、构建虚拟化和云服务环境、设计与开发、测试与培训、验收等五个阶段。

1. 需求分析

这个阶段的基本任务是，港航业务系统及数据服务的用户（一般是港航行业管理或从业人员）和数据中心分析人员共同确定业务需求的主线和枝节，运用数据流图、数据结构和面向对象建模方法等软件工程方法和工具，对业务流程、数据对象、数据集合做好抽象定义，选择与业务实际比较贴近的数据中心基本模型，确定最终的功能和产品模型。需求分析一般可形成现状调研总结报告、需求规格说明书、业务模型以及数据流图等多项成果，需求分析一般还可分为需求准备与需求调研两个阶段。为了保证调研的准确性与效率，这两个阶段是交叉进行的。

（1）第一阶段，需求准备：

① 了解本省（自治区、直辖市）港航行业各个部门涉及的业务、相关的专业术语、工作内容等，对业务流程进行分解，形成业务模型。

② 对本省（自治区、直辖市）所有业务系统进行初步调研，了解现有业务系统支撑的业务类型，完善之前的业务模型，并形成现有业务系统的数据流图。

③ 在前期分析的基础上针对主要业务部门编制合适的调研问卷，对前期的不确定问题进行确认，为后期资料调研做好准备。

④ 在对各个主要业务部门返回的业务问卷进行分析的基础上，编制调研大纲，为后期实地调研做好准备工作。

⑤ 整理实地调研的内容，进一步完善业务模型与数据流图，明确依然存在的问题，为下一步补充调研做好准备。

（2）第二阶段，需求调研。需求调研是项目的第一个重要成果产出阶段，通过此阶段可产出需求分析的所有成果，一般而言，该阶段可通过资料调研、实地调研与补充调研三种方式进行：

① 资料调研一般通过调研问卷、电话、文献查阅等方式进行，是工程开始

阶段必不可少的工作，通过此项工作可让项目组成员尽快熟悉业务，从而为后期业务模型的建立奠定基础。

② 实地调研一般是在完成资料调研后进行，需遵循资料调研完成后编制形成的实地调研大纲进行，应具有较强的针对性，能解决前期业务模型建设过程中存在的绝大多数疑问。

③ 补充调研并不是对每个数据中心建设工程都是必需的，对于经过整理资料调研以及实地调研成果后依然存在疑问的工程需开展此项调研工作，通过此工作的开展可对前期调研工作进行查漏补缺，以便让各相关人员能更清晰地理解交通业务。

2. 构建虚拟化和云服务环境

虚拟化技术通过在同一组硬件主机上以多路复用虚拟机（Virtual Machine）的方式实现共享投资较多的硬件资源。虚拟机软件产品的大量涌现扩展了系统应用的范围，并且提升了计算机性能和效率。使用虚拟机在线迁移、虚拟集群构建、资源配置、虚拟配置适应等虚拟机技术可以构建面向云计算应用的虚拟化数据中心功能。

1）以虚拟化精简服务器

在数据中心中，大量不同类型的负载可以在不同时期运行在服务器上。这些不同类型负载大致可分为两类：交互频繁型和非交互型负载。交互频繁型负载会发起突发性的操作，随后再回归沉寂。应急视频指挥平台是该方面的典型实例，在进行港航应急事件处置时，视频平台会处于大吞吐量提取和分析数据的状态。非交互型负载则在任务提交后不再需要用户的参与。高性能计算是该方面的典型实例。在不同时间和条件下，这些负载业务对资源的需求也有显著的不同。然后，传统的数据中心为保证负载总可以及时响应处理请求，常常按峰值需求为负载静态分配足够资源。对于数据中心的服务器虚拟化，资源优化的粒度主要是 CPU、内存和网络接口。因此在数据中心中，大部分服务器的资源并未得到充分利用。大量硬件、空间、能耗和管理成本被浪费。

如前文所述，虚拟化技术对数据中心的最大改变在于资源管理。从虚拟化资源管理到云资源管理，从硬件虚拟化到存储、应用虚拟化的构建和自动部署，虚拟化技术都成为关键实现环节。虚拟化技术整合数据中心的计算资源、网络资源和存储资源，并将它们动态地分配给虚拟机，实现数据中心资源的动态部署，提高资源利用率。新建的业务应用系统可以用更少甚至不需增加服务器便可实现，原有的业务应用系统部署可以借助虚拟资源管理和动态热迁移技术在服务器之间克隆转移，进而实现服务器合并任务。

服务器合并采用减少物理服务器数目的方法，是改进硬件资源低利用效率的有效途径。在许多服务器合并技术（如集中合并和物理合并）中，基于虚拟化的服务器合并是最有效的合并方式。数据中心需要优化资源管理器，但是这些服务器合并技术在服务器整机级别进行，很难使资源管理得到有效优化。服务器虚拟化则处在一个比物理服务器更小的资源分配粒度上，可以更有效地优化资源管理。

服务器虚拟化还将产生以下额外效果：

（1）合并增强了硬件利用效率。合并未被充分利用的服务器可以增强资源利用效率。合并也使得备份服务和灾难恢复更便于进行。

（2）资源得到更灵活的配置和调度。在虚拟化环境中，易于克隆和重用客户操作系统及其应用程序的镜像。

（3）总体拥有成本得到降低。服务器虚拟化可以延迟服务器的更新，降低数据中心场地占用、维护成本、耗电、制冷和线缆需求。

（4）改进了可用性和业务连续性。某个客户操作系统的故障并不会影响其主机系统或其他客户操作系统。由于虚拟服务器对其之下的硬件透明，易于将虚拟机从一台服务器迁移至另一台服务器。

为自动管控数据中心操作，必须考虑资源调度、体系结构支持、能耗管理、自动或自主的资源管理、分析模型性能等。在虚拟化数据中心中，有效的、按需的、细粒度的调度器是改进资源利用效率的一个关键因素。资源调度和重分配可在数据中心的多个级别进行，至少应与虚拟机级别、服务器级别或数据中心级别匹配。理想情况下，资源调度和重分配应在所有级别进行，由于理想实现模式过于复杂，当前技术通常关注单一级别或至多两个级别。

2）虚拟存储管理

在不久前，存储虚拟化还仅限于物理机器领域，常常被用于描述在很粗的粒度上聚集和重新划分磁盘。在系统虚拟化中，虚拟存储包括由 VMM 和客户操作系统管理的存储。通常来讲，存储在该环境中的数据可被分为两类：虚拟机镜像和应用程序数据。虚拟机镜像是虚拟机环境中的特殊产品，而应用程序数据及所有其他数据则与传统操作系统中的数据相同。

在虚拟化环境中，在硬件和传统操作系统之间插入一层虚拟化，或修改传统操作系统来支持虚拟化。

在云计算中，数据存储的另一种形式是键值对。在云计算中，一般基于数据存储或分布式文件系统建立大规模数据库，用于处理海量数据。主要目的是以结构化或半结构化方式存储数据，以便业务系统或应用程序接口可以轻松地按定制的数据集合或呈现方式来查询和调用数据。

3）构建云服务平台

云服务是利用云计算技术为各业务系统提供数据服务的模式。此架构下，各类计算资源和业务资源高度集中，用户无须了解提供服务的来源和实现的过程。当用户有数据要求时，只需在数据云交换平台的框架下提出数据服务请求，相关业务云将返回数据，用户综合汇总处理所获数据就能得到结果。

以开发节能减排项目管理系统为例，传统方法是开发一个完全的应用系统，节能减排指标数据、评价信息、节能减排资金使用情况等数据通过日常信息维护报送录入系统，或通过数据交换共享体系从其他业务系统或节能减排项目管理子系统抓取推送入数据库，最后形成分析统计结果在用户界面展示。在云服务平台上，可以免于投入整个软件工程生命周期从无到有开发新的系统，而是建立节能减排项目管理业务流，向经过结构整合已经标准化的项目管理云和各专项业务云申请节能减排相关的数据分析或提取服务，使节能减排项目管理的数据汇集和处理分析可以部分在其他云系统完成，再由节能减排项目管理系统云进行计算量较小的汇总和展现。此种云服务平台工作方式下，只要进行更少的系统编程开发，更短的应用系统开发周期，即可实现相关业务系统功能，并能够适应行业管理各方面需求的快速多样的变化。

云服务平台建设进程结构一般有三层：基础设施层、平台层和应用程序层。这三个逻辑层使用云中分配的经虚拟化和标准化的硬件与软件资源实现。首先部署基础设施层来支持 IaaS 服务（基础设施即服务）。通过前文所述的虚拟化技术，数据中心把包括服务器、存储、网络和数据服务等基础设施统一调度和分配，形成虚拟资源池，为数据中心推出 IaaS 提供了首要前提。基础设施层是构建平台层和应用程序层的基本支撑。基础设施层从应用虚拟化技术的计算、存储和网络资源三方面着手建设。虚拟化实现了自动分配资源，优化了基础设施管理进程，资源的微观抽象化可以为系统建设方提供实现所需功能的灵活性。平台层的设计能够提高 SaaS 服务应用通用性和开发环境的重复利用率。平台层是在应用层上充实丰富 SaaS 服务的基础。使用不同开发工具的云应用服务分别需要平台层不同开发和运行环境的支撑。该层为用户提供了一个开发应用程序、测试操作流、监视程序执行结果和性能的环境。该平台应该确保用户具有可扩展性、可靠性和安全性保护。在这种方式下，虚拟化的云平台作为一个系统中间件处于云的基础设施和应用层之间。应用程序层由 SaaS 应用所需的所有软件模块集合构成。该层的服务应用程序包括每天的办公管理工作，如信息检索、文档处理和日历与认证服务。

3. 设计与开发

系统设计与实施是绝大部分信息化工程的最主要阶段，其时间长度在整个工程生命周期是最长的，此阶段将产出信息化工程的所有成果，而因为数据中心建设工程一般包含综合类应用系统的建设，所以其必然包含常见信息化系统的概要设计与详细设计，本章将不再赘述信息化工程生命周期中设计和实践的通用做法，本章将对港航数据中心建设过程中需解决的行业特色问题以及一些专门化工作进行重点描述。

在数据中心建设中，根据逻辑结构，专门化工作内容具体包括标准规范制定、系统与存储资源的虚拟化、数据模型设计、信息资源库设计与实施、交换体系设计与实施等多项内容。

（1）标准规范制定。从前面的内容可了解到数据中心的建设需遵循标准先行的原则，此项工作贯穿于整个数据中心的建设过程中，一般而言，此工作在设计与开发阶段产出最多。数据中心相关的标准体系包括数据更新规范、数据采集规范、数据交换规范、数据元标准、主数据标准等。具体工作包括制定发布数据元标准、主数据标准、信息资源目录等标准规范文本，形成港航行业信息系统开发与应用数据指导书。将数据更新规范、数据采集规范、数据交换规范以电子化或印刷品形式发布，落实在信息化项目工作流程管理中，并以此形成数据中心核心功能、专项业务系统以及工程质量控制的质量评价体系。

（2）数据模型设计。数据模型设计是设计阶段的重要工作，是整个信息资源库建设的基础，基于前期设计的业务模型，项目组成员应设计出兼顾灵活与高效的数据模型，为下一步信息资源库的建设奠定基础，在数据模型设计过程中应受到相关标准规范的约束，同时也应对相关标准规范进行补充完善。数据模型的主要属性设置应充分覆盖到港口管理、航运管理、船舶检验、航道养护、政策法规、科技信息等主要职能域的信息内容，并根据属性之间的共同性和差异性构建从高度抽象到具体详细的数据模型层次。

（3）信息资源库设计与实施。信息资源库包括基础库、业务库以及主题库等多项内容，是数据中心的最核心内容，是上层应用系统运行的基础。在上述设计的数据模型基础上，项目组的数据库专家可依照信息资源库的类型进行相应的数据库设计，从而为最终的信息资源库实施奠定基础。为适应未来云计算技术应用趋势，除了设计结构化的信息资源库外，还可以引入非结构化的数据库产品，如 BigTable、HBase 等。这些非结构化数据库产品，仅使用主键和主键值区间检索数据，具有面向列的横向扩展优化特性，数据访问以行访问方式为主，有基于单主键、通过主键值区间、全表扫描等数据定位访问方法。港航的视频监控数据、历史及进行时航道水文档案、行政审批单据等非结构化数据可以选择此类非结构化数据库产品加入信息资源库。

（4）交换体系设计与实施。交换体系是数据中心的基础，只有准确的交换体系才能保证数据交换的准确与高效，才能最终保证信息资源库中数据的准确。交换体系的设计应严格遵守一数一源的原则，对于部分现在不存在的业务数据可通过填报系统上报，此类数据也应补充到交换体系中。

4. 测试与培训

由于数据中心在数字港航体系中处于数据资源大集中、大交换的枢纽位置，因而数据中心的数据服务性能和数据支撑能力表现成为数字港航建设和发展需要特别关注的重要方面之一。同时，方法多样、流程完善的测试工作是数据中心建设生命周期中不可忽视的关键环节。数据中心的建设是一个自顶向下逐步细化的过程，而测试过程是以相反顺序进行的集成过程。软件测试的组成包括单元测试（模块测试）、集成测试、有效性测试等阶段。单元测试和集成测试能够保证数据中心从细枝末节到系统整体的功能实现达到设计要求。有效性测试特别是性能测试则能够保证应用云技术的数据中心能够在完全投入使用前就展示出在承担海量数据采集、存储和分析挖掘任务条件下满足优良而稳定的性能表现的要求。数据中心的有效性测试往往还会采取以数据完整处理回路为对象的端到端的测试模式。

虚拟化云数据中心有着新的特点：在性能方面不仅要关注数据吞吐量，还要充分考虑延迟表现；在可用性方面，需要关注数据在随着虚拟机迁移的过程中是否会受到影响；云计算还使得数据中心在可扩展性方面要求大大提高。因此有效性测试的方案要覆盖到长时间运行、高数据通量压力验证、多种异构数据源并行在线处理、大量数据调用的请求等应用场景。

港航数据中心是行业基础数据和业务数据的汇集、交换、共享和服务中心，因此数据中心的培训一般应围绕数据的汇集、交换、共享和服务这 4 大逻辑组成功能展开，并着重强调这些功能之间的有机统一性和系统一体性。应用了云技术的数据中心更要求对新技术有良好的了解，准备把握新技术对管理信息化带来的切实提升和改进。管理员、操作员和业务使用者，乃至领导决策者是数据中心发挥数据核心价值的最终实现者，逻辑严密、条理清晰的数据中心培训教程可以最大程度加强数据中心和使用人的契合度，从而消除最终使用接受环节的短板。

5. 验收

与一般信息化工程类似，数据中心类建设工程的验收往往需视项目具体情况而定，一般可分为初步验收与最终验收两个阶段。初步验收往往会遗留一些问题，但是最终验收需解决所有工程应解决的问题。

第4章 港航地理信息平台

"凡兵主者，必先审知地图"——管子

《管子·地图》曰："凡兵主者，必先审知地图"，也就是说，在计划战斗行动的时候，首先要在图上分析研究地形，弄清哪里地形险要，哪里有不便车辆通行的河流，哪里有制高点，谷地、平原、丘陵和村镇都在什么位置，然后再决定战斗行动，只有这样，才能立于主动。恰当处置各种情况，正确利用地形的有利条件，这就是地图的作用。

对于港航领域而言，海图作为描述海洋信息的可视化产品，是大海的地图，也是地图的一种。由于海洋与陆地最大的不同是基岩上覆盖着海水，因而在海洋各处，海水有不同深度、温度、盐度、密度以及透明度；由于天文、气象以及地壳运动等原因引起海水不停运动，因此海洋信息必须采用与陆地中不同的测量方法，这就导致海图的成图方式与地图大不相同。除此之外，海图表示的内容和表示方法也明显不同于地图。海图的产生源于人类对于海洋认识的逐步深入，而航海则是人类认识海洋的重要手段。郑和七次率船队下西洋，在第六次下西洋之后，绘制成整幅《郑和航海图》。《郑和航海图》是以行船者站在船头观测有关景物时产生的视觉感受而绘制的，有山画山，有岛画岛，突出了海岸线、离岸岛屿、港口、江河口、浅滩、礁石以及陆地上的桥梁、寺庙、宝塔、旗杆等沿岸航行的标志。图高20.3cm，全长560cm，包含500个地名，是目前世界上最早的系统航海图集。

随着时代变迁，纸质海图已经远远不能满足军事与经济生产的需要，因此，更为精准的电子海图登上了历史的舞台。简而言之，所谓电子海图就是以数字形式表示的、描写海域地理信息和航海信息的海图。它的出现是海道测量领域和航海领域的一场新技术革命。电子海图不仅具有常规海图的特性，也同时包含船舶航行需要的各种信息，且更新及时，方便用户灵活便捷地进行海图显示控制和各种信息查询，能为船舶导航、航运管理、港口工程等提供极大的便利，也有助于保障航海安全。一套性能完善的电子海图系统可以实现航线辅助设计、船位实时显示、航向航迹监测、航行自动警报（如偏航、误入危险区等）等功能。

电子海图承载港航的河、海地理信息，是现代水运信息化的基础元素。应用电子海图可以帮助船舶实现自动导航；提高船舶的航行精度；方便船舶根据电子海图提供的水深、流速、流向等水文要素安全、精确、高速地驰向目的地。电子海图在方寸之间便可洞察千里河道、万里海疆，连浩瀚的海洋也能够尽在掌握。

4.1 概述

4.1.1 港航地理信息平台简介

港口与航道作为水上交通运输的重要组成部分，日益呈现其重要性。港口、航道的业务主管部门往往需要处理大量的港航信息，以前采取人工查询、人工分析的方式，既费时费力，又无法做到及时、便捷，在某种程度上制约了港航管理决策的效率。随着信息技术的飞速发展，港航系统的计算机网络已相继建成，如何充分利用这一资源提高办公效率和管理决策水平，建立港航地理信息平台是一种必然的选择。建设港航地理信息平台，可进一步提高港航管理工作的运行效率和服务水平，使得港航信息的获取、查询、分析和输出更加数字化、智能化。

地理信息系统（Geographic Information System，GIS）是在计算机硬、软件系统支持下，对整个或部分地球表层（包括大气层）空间中的有关地理分布数据进行采集、储存、管理、运算、分析、显示和描述的技术系统。GIS 系统将描述位置（地方）的信息结合在一起形成图层，通过这些图层信息可以使你更快地定位到这个位置（地方）。GIS 处理与管理的对象是多种地理空间实体数据及其关系，包括空间定位数据、图形数据、遥感图像数据、属性数据等，用于分析和处理在一定地理区域内分布的各种现象和过程，解决复杂的规划、决策和管理问题。GIS 具有快速灵活性、客观定量性和强大的分析模拟能力等优点，并提供数字地图及面向管理决策的巨大功能，在各行各业都有着广泛的用途，也是今后信息化发展的趋势。

港航地理信息平台是以电子海图为基础、利用地理信息系统技术和工具开发、以港航地理信息为主要内容，集图形显示、信息查询、数据库管理、信息分析等功能为一体的信息系统。该系统能在数字地图的基础上，完成港航信息的查询、统计、分析和管理，为港航的规划、建设和管理提供准确、科学的辅助手段。港航地理信息平台是港航系统地理数据服务的提供平台、地图应用平台和业务集成平台。开展港航地理信息平台的建设，既是适应“数字港航”规划的客观要求，也是科技兴港航，努力为港航经济服务的必然选择。

港航地理信息平台建设将在统一的空间数据基础设施平台上整合本行业大

量的信息资源，提高港航信息资源的开发利用程度，推进港航信息化的进程。同时港航地理信息平台所产生的共享信息资源和高质量、多层次的信息服务，无疑将提供高效益、多机遇的港航经济活动条件，开辟丰富的港航信息工作环境，从而极大地提高港航全行业信息化应用水平。因此做好港航地理信息平台的建设工作，对促进港航管理现代化，推动行业数字化、信息化、智能化具有重要的战略意义。

4.1.2 国内外港航地理信息发展现状及趋势

1. 国外港航地理信息系统发展现状及发展趋势

1）国外发达国家港航地理信息发展现状

欧洲、北美、日本等发达国家早在20世纪60年代就开始了航运电子商务管理的研究工作，经过多年的努力，实现了航运设施及运输的信息化管理。信息作为纽带促成了其以港口枢纽为中心、国家航运网络机制、跨国家地区性航运合作组织等多形式的航运市场体系。

当前，计算机技术和航测遥感技术（RS）、全球卫星定位技术（GPS）的发展为GIS的进步和实际应用提供了先进的技术手段，美、加、英、德、日等发达国家均投入大量人力、物力、财力开展GIS应用研究，并在农业、林业、水利、气象、城市、交通、环境等领域取得若干成功的应用。在交通领域的应用上，发达国家普遍利用GIS技术建立交通信息数据库和公路、航运数据库，通过多种分析、评价模型，为交通规划提供决策依据。

2）国外发达国家港航地理信息发展趋势

随着现代物流向全程物流发展，在物流的运输、仓储、搬运、配送、包装、报关等全程化、全方位服务与管理中，将计算机、网络、通信与地理信息系统（GIS）、全球卫星定位系统（GPS）及先进的公路运输、铁路运输、海洋河流航运等设施结合起来，形成多式联运的高效运输方式是国外发达国家港航地理信息发展趋势。

自从Internet出现以后，电子订货系统（EOS）、电子报关系统、电子数据交换技术（EDI）与Internet相结合彻底改变物流供应链模式，进一步延伸了航运业的服务深度，增强了发达国家航运业的国际竞争力。

2. 国内港航地理信息系统发展现状及发展趋势

1）国内港航地理信息发展现状

随着中国经济的持续高速发展，尤其是加入WTO以后，我国进一步参与国际经济大循环体系，港口码头新建泊位以及与之配套基础设施建设项目纷纷上马，港口的吞吐能力持续增长。然而目前我国的航运局势相对高速增长的经济形势不容乐观，尤其是已有的硬件设施尚未得到充分利用，成因复杂，但信息建设滞后是主要原因。

计算机、网络、通信设施等与发达国家的差距不大但缺少软件的支持，尤其是自主开发的适合本港、本地区、本国的航运调度、物流管理的各层次的软件，以信息技术为主导的电子物流调度机制相当薄弱。

行业内信息渠道不畅通，导致相邻港口、本地区港口之间资源不能共享，不利于行业协作机制的形成。

港口管理部门重硬件资源建设、轻软件信息建设，长此以往将严重影响我国航运体系同国际市场接轨。国际和国内的紧迫形势，要求我国提高运输业管理水平，提高对全国航运物流的调度能力。

国内港口航道部门已开始尝试将GIS应用于港口航道信息的管理，但是我们注意到海洋和内河GIS的应用明显滞后于陆地GIS，这种现象是由海洋河流环境、海洋河流研究的特殊性所造成的。首先，海洋河流环境的数据获得不管从技术上还是从经济上来说都有很大难度；其次，目前流行的各种地理信息系统软件和开发平台基本上是基于陆地应用开发的。

2）国内港航地理信息发展趋势

随着中国现代港口物流对外交流和进一步发展，港口与航道的管理向网络化、实时化、信息化、系统化方向发展。在我国经济比较发达的地区，正在建设航道管理GIS系统，实现的功能包括：航道专题信息管理、岸线专题信息管理、跨江建筑物信息管理、临航设施信息管理、助航设施信息管理、派出机构专题信息管理、航道养护信息管理等。港区规划三维GIS系统实现的功能包括：场景交互漫游、交互式场景浏览编辑修改、视点定位、场景输出、三维查询与分析。

整体而言，我国港航地理信息平台的建设还相对落后，在港航行业管理中的应用还不多，落后于其他行业的应用水平，因此，加快其在港航行业管理中的应用是当务之急。同时，以港航地理信息平台为基础开发系列应用系统，如航标监控、海事监管、水上搜救、船舶管理、信息发布、水上警务动态跟踪等系统，实现港航信息数字化、监控实时化、信息服务网络化，并逐步向智能港航发展。

4.1.3　港航地理信息平台的建设内容

随着港航信息化建设和发展，港航地理信息平台作为日常管理工具，在港口、航道和船舶管理等方面均发挥了积极作用。港航地理信息平台的建设内容包括：

（1）港航地理信息资源组织：利用遥感、GIS和数据库以及计算机网络等现代信息技术，按照统一标准和规范对分散在全省各级港航管理部门的信息资源进行有效梳理、整合，实现港航地理信息资源的有序组织、管理、服务和应用。

（2）制作数字港航“一张图”：以电子海图数据为基础，整合集成港航业务信息，建立国家级、省级等不同粒度的数字港航“一张图”。

（3）建设港航地理信息共享服务平台：利用相关软件技术，构建港航地理信息公共共享服务软件系统，该系统作为港航地理信息平台的门户，面向用户提供相应的查询、统计、接口等服务。

（4）建设港航地理信息平台服务接口体系：建立统一规范的港航地理信息平台应用服务接口，集中对港航管理部门和公众提供“一站式”地理信息服务，包括相应的 GIS 通用组件、数据共享、港航专题图等应用服务接口。

（5）数据更新：制定港航地理信息平台的数据更新方案（空间数据和属性数据），建设适合电子海图的数据管理和系统更新平台。

4.1.4 港航地理信息平台的基本功能

港航地理信息平台的基本功能主要包括以下几方面：

1. 港口、航道信息查询

将港口、航道空间信息输入到 GIS 系统中，建立港航数据库，有关部门可对港航信息进行实时查询，实现港航信息共享。

（1）港口信息查询：查询港口各类信息，包括内河航线及内河、沿海主要港口基本状况、码头泊位状况、库场状况、锚地状况、装卸设备状况、港作船舶、客运量、分货类吞吐量、进出港船舶类型和等级、港口企业及其生产状况等信息，利用 GIS 技术直观地看到建筑物地理位置、港区现状等信息。

（2）航道信息查询：查询航道各类信息，包括航道状况、航标状况、航道运量、跨江建筑物信息等。对于航道，采用不同颜色标注表现其数值的差异；对于跨江建筑物，包括水上跨江建筑物、水下跨江建筑物、通航枢纽设施等信息，利用 GIS 技术直观地看到建筑物地理位置、所在河段、建设地点等，也可以直接点击查询通航净空等信息。

2. 船舶信息查询

船舶在海图上的信息包括静态信息、动态信息、航行信息、安全信息等，具体如下：

（1）静态信息：海上移动业务识别码（MMSI）、呼号、船名、船舶长度、船舶类型、GPS 在船上的位置等。

（2）动态信息：船舶位置、UTC 时间、对地速度、航向、航行状态、转向率等。

（3）航行信息：船舶吃水、货物类型、目的港及预计到达时间（ETA）等。

（4）安全信息：有关船舶航行的安全类信息。

3. 港航信息相关分析

（1）港口布局规划分析：利用港航基础数据库，建立经济发展与港口交通量模型，通过综合分析，建立最佳港口布局方案。

（2）航道网规划分析：根据港口布局规划和航道资源信息情况，对航道网进行优化分析，建立最佳航道网布局方案。

（3）港口航道变化分析：对积累的大量港航历史测图和文件资料进行整理，结合水文、地质、气象等变化情况，利用 GIS 软件的二次开发功能，开发出河道演变、内河航道水深监控等模块，可实时监测河道变迁、航道演变等。

（4）最佳航线分析：利用船载 GIS 系统和 GPS 系统连接，通过实时提供准确的船舶位置和附近的航道航标情况，选择最佳航线，加快船舶周转率。

4. 专题图制作

根据业务部门的实际需要及数据库中已有的各类信息数据，制作各类直观、易于展示和理解的专题图，如港口专题图、航道航段、航道枢纽、临航设施、瓶颈区段、桥孔桥梁、枢纽船闸、枢纽升船机、滩险信浅滩等航道专题图、航标分布专题图、港区布置现状图、等级航道分布现状及规划图等。

5. 海图服务接口

港航地理信息平台将为交通行业内各港航业务部门建设基于 GIS 的业务应用系统提供基础支撑。基于 GIS 的业务系统只需按照港航地理信息平台提供的应用开发服务接口，确定空间和属性基础数据库的数据共享和数据调用服务接口方式，保证数据的安全使用和调用效率，然后针对各自系统平台的特点进行业务数据展示层的相关开发，通过地理信息平台提供的服务接口将专属业务系统的业务数据层叠加到 GIS 平台提供的基础数据展示层上，满足港航各业务部门基于地理信息平台的实现和应用，为港航相关业务部门及社会公众提供各类港航信息服务。

4.1.5 港航地理信息平台的应用范围

交通行业覆盖的空间范围广泛，涉及的地理信息较丰富，利用 GIS 技术管理和处理这些信息，对于提高港航业务管理效率、交通规划质量和科学决策水平都具有至关重要的作用。港航地理信息平台可为水路情况和日常运行监测等业务系统提供地理信息支持，同时为相关业务系统的研发人员提供港航地理信息服务接口。

1. 水运交通行业内应用

港航地理信息平台在水运交通行业内的应用是其最基础、最主要的应用，它包括如下几方面：

（1）船舶调度监管。

（2）航道使用情况监测。

（3）水位情况监测。

（4）港航设施搜索定位。

（5）水路交通规划。

（6）港航 GIS 信息标注。

（7）水路综合运行分析。

（8）移动 GIS 应用。

（9）水路设计和管理。

（10）水路运输企业运营管理。

（11）其他应用。

2. 跨部门应用

港航地理信息平台应能满足跨部门的信息共享，以实现协同工作。当前，随着跨部门的信息交互日益频繁，人们对交通规划和行业管理提出了更高要求，但由于不同领域的业务数据采集权限归属不同部门，其他部门只能通过共享的方式获取相应的基础数据和服务，这就决定了各部门之间的信息交互需建立在一套相应的地理信息共享平台之上。同时，港航部门也可与水利部门、环保部门等进行数据交互和信息资源共享，从而整体提升行业信息服务水平。

3. 社会公众应用

目前，港航地理信息平台还主要是面向行业内外相关业务部门，对于公众的应用尚不普及。相信随着水路运输的大力发展，该平台面向社会公众也将提供越来越广泛的应用，从而构建水路运输相关的信息服务系统。

4. 相关系统研发应用

为各类相关系统研发提供地图应用服务接口，满足开发人员的 GIS 研发需要。

4.1.6 电子海图在港航地理信息平台中的作用

随着计算机技术和航海技术的发展，产生了以数字形式表示的、描写海域地理信息和航海信息的电子海图以及各种电子海图应用系统。它们的出现是海道测量领域和航海领域的一场新技术革命，使海图研究、生产以及使用跨入了一个新的纪元，也促使航海自动化迈上新的台阶。从 1996 年 IHO 发布最新的有实用价值的电子海图标准以来，短短十几年时间，电子海图以其强大的生命力，迅速走过了从推出概念到软件产品开发，再到实用推广应用之路，电子海图已经深入到了与航运相关的每一个行业和角落。

电子海图系统的诞生掀起了信息时代背景下航海领域的一场技术革命。而且，随着计算机、信息、通讯等领域新技术的出现，电子海图系统的结构、功能、性能以及应用也在不断地快速发展。一方面，电子海图系统的功能不断完善，性能不断提高，并逐步完成了系统的标准化和规范化，系统技术和形式也在不断多样化，如嵌入式电子海图系统、基于 Web 的电子海图系统等；另一方面，电子海图系统作为一种水上的基础地理空间信息系统，从最初面向船舶导航的应用，逐步向航海、航运领域的其他应用扩展，各种基于电子海图系统的应用研究层出不穷，如基于电子海图的船舶监控系统、基于电子海图的 VTS 系统等，电子海图系统已经推广深入到了包括引航、船舶监控、港口管理、VTS 交通管理、海事管理、航道管理、应急与搜救、船代货代及船员培训等在内的各种应用中。

电子海图是港航领域的一项新技术，由于其能融合多种不同的信息，自动化水平高，因此本文选取电子海图作为构建港航地理信息平台的基础数据。

4.1.7　相关术语

（1）GIS 服务：GIS 服务是 GIS 功能处理的实体，主要包括地图服务（Map Service）、数据服务（Data Service）、网络分析服务（Network Analyst Service）、空间分析服务（Spatial Analyst Service）等。这些 GIS 服务分别处理不同功能类型的 GIS 请求。

（2）面向服务的体系结构（Service-Oriented Architecture，SOA）：是一个组件模型，它将应用程序的不同功能单元（称为服务）通过这些服务之间定义良好的接口和契约联系起来。接口是采用中立的方式进行定义的，它应该独立于实现服务的硬件平台、操作系统和编程语言。这使得构建在各种这样的系统中的服务可以一种统一和通用的方式进行交互。

（3）空间数据库引擎（Spatial Database Engine，SDE）：是指使空间数据可在工业标准的数据库管理系统中存储、管理和快速查询检索的客户 / 服务器软件。它将空间数据加入到扩展关系数据库管理系统中，并提供对空间、非空间数据进行有效的管理、高效率操作与查询的数据库接口。

（4）开放地理信息联盟（Open Geospatial Consortium，OGC）：是一个非盈利的国际标准化组织，引领着空间地理信息标准及定位基本服务的发展。

（5）表述性状态转移（Representational State Transfer，REST）：是 Roy Fielding 博士在 2000 年提出来的一种软件架构风格，采用 REST 架构风格的 Web 服务，相比复杂的 SOAP 服务更加简洁、易用，这一特点为它带来了越来越多的“支持者”。在 SOA 盛行的时期，Web 服务成为实现 SOA 架构的一个优秀的技术，而 REST 服务以其简单、轻量级的优势更成为构建 Web 服务的主要风格之一。

（6）地图缓存：是指在进行地图浏览、查询、编辑、分析等过程中，对出现的地图数据 / 图片按照特定的方式进行存储，以便在以后访问同样的数据 /

图片时不需要服务器重新生成，从而提高数据的访问效率。

（7）元数据：是关于空间数据的描述性信息，包括投影信息、地理范围等信息。

（8）脱密：这里指使用测绘局解密处理技术处理电子地图数据。该解密处理技术为国家系列比例尺地形图解密处理技术，由中国测绘科学研究院完成。

（9）互联网地图：互联网地图是指登载在互联网上或者通过互联网发送的基于服务器地理信息数据库形成的具有实时生成、交互控制、数据搜索、属性标注等特性的电子地图。包括二维地图以及影像地图、三维虚拟现实地图、实景（街景）地图等。

（10）地图 API（Application Programming Interface，应用程序编程接口）：是一种通过 Java Script（或其他语言）将地图嵌入到网页的 API。该 API 提供了大量实用工具用以处理地图，并通过各种服务向地图添加内容，从而使您能够在自己的网站上创建功能全面的地图应用程序。

（11）国际海道测量组织（International Hydrographic Organization，IHO）：协调发展海道测量的政府间咨询组织。1921 年 6 月成立，总部设在摩纳哥，常设机构为国际海道测量局（IHB）。

（12）物标（Object）：可标识的信息集合，S-57 的一个物标类可以对应不同的几何图元（点、线、面）或是非几何图元。可以根据物标的性质界定该物标允许使用的几何图元。

（13）结点（Node）：用一对坐标描述其位置的 0 维空间物标。结点可以是孤立结点，也可以是连接结点。其中，孤立结点是指一个孤立的 0 维空间物标，不应作为边的起点或终点；连接结点是指用作一条或多条边的起点或终点的结点。

（14）边界（Edge）：一个 1 维空间物标，由两个或两个以上坐标及可选的内插参数来定位。若省略了参数，坐标间的内插方式默认为两点间的直线内插。

（15）面（Face）：一个 2 维空间物标。面是由环绕它的边界所定义的连续表面。面可以包含由封闭边界围成的内部洞，这些内部洞的边界应在面的外部边界之内。边界不应自身交叉，仅应在首末点汇合；边界不应相互交叉。

4.2 电子海图的基本概念

4.2.1 电子海图

电子海图是一个总的概念名词，可分为两部分，一部分是电子海图数据，另一部分是各种基于电子海图数据的应用系统。从广义角度上来讲，电子海图这个概念是对所有有关电子海图的生产或应用、软件或硬件的技术泛称，即包含了所有涉及电子海图数据和基于电子海图数据的应用系统的内容；从狭义角度上来讲，电子海图就是指电子海图数据。

国际上电子海图的研究始于20世纪70年代初，1993年国际海事组织（IMO）正式颁布了电子海图技术标准，使得电子海图可与使用了几百年并被国际法规认可的纸质海图等效，成为海事基础性资料。

电子海图的发展大致经历了三个阶段：

（1）纸质海图等同物阶段。1970年末到1984年，人们主要是想减轻海图作业的劳动强度，因此，仅仅是把纸质海图经数字化处理后存入计算机中。

（2）功能开拓阶段。到1986年，人们开始挖掘电子海图的各种潜能，如在电子海图上显示船位，进行航线设计，显示船速、航向等船舶参数，报警等。

（3）航行信息系统阶段。将电子海图作为航行信息核心，包括电子海图数据库的完善及与雷达、定位仪、计程仪、测深仪等各种设备和系统的接口和组合等。

我国海域辽阔，改革开放以来，对外交流日益繁多，海运的需求也随之剧增，只有现代化的航海设施及导航技术才能适应我国经济发展的迫切需要，同时这也是顺应世界航海领域的发展趋势。除了海运方面的需要之外，远洋考察、渔业、海上石油勘探、海洋救援等也都需要先进的电子海图显示与信息系统。

4.2.2 电子海图数据

电子海图数据是指描写海域地理信息和航海信息的数字化产品，是数字海图的一种。其内容以海域要素为主，详细表示海底地形（水深）、航行障碍物、助航标志、港口设施、潮流、海流等要素；陆地着重表示沿海的航行目标和主要地貌、地物。电子海图数据一般由各个国家权威的官方海道测量机构出版发行，这些机构还负责根据航行要素的变化情况及时对已出版的电子海图数据进行补充和改正，以保持电子海图数据的现势性。电子海图数据就是上文从狭义角度上来讲的电子海图，可分为栅格电子海图和矢量电子海图两大类，见图4.1。

1. 栅格电子海图

栅格电子海图是指以栅格形式（也就是通常所说的图像方式）表示的数字海图。国际标准的栅格电子海图被称为“Raster Navigational Chart（RNC）”，须符合IHO《栅格航海图产品规范》（S-61）的要求。栅格电子海图是纸质海图的翻版，通常由纸质海图数据直接生成栅格数据得到，因此具有制作工艺简单、成本低的优点。在栅格电子海图中，海域中的要素是通过一个个像素点的排列反映出来的，只有当其被显示出来时，使用者才能够通过眼睛识别出每个要素，而在数据文件中像素与像素之间并没有任何的关联。因此，在实际使用

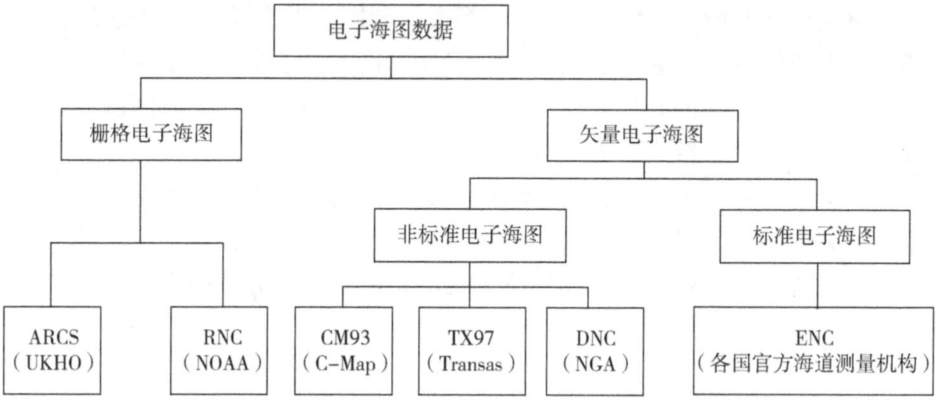

图 4.1 电子海图数据的划分类型

时，基于栅格电子海图的应用系统只是将海图显示在屏幕上，而不能实现一些智能化的功能。由于栅格电子海图天生所具有的缺陷，在当前电子海图数据领域并不具有主导地位，在电子海图应用时也只是起辅助作用。目前世界上主要的栅格电子海图产品有英国海道测量局（UKHO）生产的 ARCS 和美国国家海洋及大气管理局（NOAA）生产的 RNC。

2. 矢量电子海图

矢量电子海图是指以矢量形式（也就是通常所说的图形方式）表示的数字海图。在矢量电子海图中，通过点、线、面等几何图元的形式描述出海域中要素的位置信息，同时每个几何图元又具有一定的特征属性，以此来反映海域的真实状况。矢量电子海图具有存储量小、显示速度快、精度高的优点。此外，由于矢量电子海图的特点，电子海图应用系统在使用矢量电子海图时，既可以人工查询到每个要素的属性，也可以由系统根据要素的属性自动实现某些智能化的功能，例如：当船舶靠近危险物时可以自动报警。正是由于矢量电子海图在航海智能化方面具有众多优点，在实际应用时，矢量电子海图占主导地位，也代表了当前和未来电子海图数据的发展方向。

按照标准化程度的不同，矢量电子海图又可分为非标准电子海图和标准电子海图。

1）非标准电子海图

非标准电子海图就是指不符合 IHO 相关标准的电子海图。由于标准电子海图必须由官方海道测量机构制作并发行，因此，世界上几个从事电子海图数据研究的知名公司各自开发了本公司的电子海图格式，这些电子海图就属于非标准电子海图，主要有 C-Map 公司（现已被波音旗下的 Jeppesen 公司收购）的 CM93 格式和 Transas 公司的 TX97 格式。这些非标准的电子海图也是采用专业技术和专业软件制作而成，由于其生产不受国家限制，因此，这两家公司的产品均覆盖全球海域。CM93 和 TX97 都属于专用数据格式，其格式没有公开，为了便于电子海图应用系统的使用，两家公司均开发了显示电子海图数据的软件开发包供应用系统的开发商使用。因此，目前有一部分电子海图的应用系统支持 CM93 或 TX97 格式的电子海图。

非标准电子海图由于不受国家限制，所生产的非标准电子海图产品覆盖海域范围广，并且由于是同一家公司制作，在数据一致性方面也不存在问题，所以，在某些领域，非标准电子海图有一定的市场。但是，非标准电子海图也存在着明显的缺陷，主要有：

（1）由于不是官方海道测量机构制作的，数据的权威性不能得到保证。

（2）由于不直接从事测量作业，没有第一手资料，数据的现势性不能得到保证。

（3）虽然也得到了一些应用系统的支持，但与标准电子海图相比，通用性较差。

由于以上缺陷的存在，可能会对用户带来安全方面的隐患，这对于电子海图来说无疑是致命的，因此，非标准电子海图不能代表电子海图数据的发展方向，也是用户在使用时需引起注意的。

除以上两类由公司生产的非标准电子海图数据以外，还有一类就是由美国国家地理空间情报局（NGA）生产的数字航海图（Digital Nautical Chart），简称 DNC，也属于非标准电子海图。DNC 不如 CM93、TX97 应用广泛，但由于美国在世界海道测量界具有重要的影响，因此 DNC 也得到了多个电子海图应用系统的支持。

2）标准电子海图

电子海图（Electric Nautical/Navigational Chart，ENC）是指在内容、结构和格式上均已标准化，专为 ECDIS 使用而由官方海道测量局（IHO）发行的数据库。ENC 包含安全航行需要的全部海图信息，以及其他一些纸质海图上没有的，但被认为是保证航行安全所必需的补充信息（如航路指南、港口概况等）。

标准电子海图就是指符合 IHO 相关标准的电子海图。目前 IHO 关于电子海图数据的标准是《数字海道测量数据传输标准》（S-57），我们把基于 S-57 标准的电子海图数据产品称为电子海图（Electronic Navigational Chart，ENC），所以说标准电子海图就是指 ENC。在 S-57 标准中规定，只有由各国官方海道测量机构制作并发行的符合 S-57 标准的电子海图才是 ENC。ENC 需采用专业技术和专业软件制作。由于 ENC 符合国际标准又是由各国官方海道测量机构制作，因此是标准化程度最高、最具有权威性的电子海图数据类型。

ENC 保证了电子海图数据与电子海图应用系统之间的有效衔接，可以使电子海图数据与应用系统分离开来，也就是说任何一个国家制作的 ENC 都能够在任何一个电子海图应用系统中有效使用。因此，ENC 是当前电子海图数据领域中最主要的力量，也代表了电子海图数据当前和未来的发展方向。

4.2.3 电子海图应用系统

电子海图应用系统是指接收并显示电子海图数据，同时提供一定功能的软件或设备（包括软件和硬件）。电子海图应用系统的种类繁多，主要有电子海图显示及信息系统（ECDIS）和电子海图系统（ECS）。

电子海图显示及信息系统（Electronic Chart Display Information System，ECDIS）是指符合 IMO、IHO 和 IEC 有关国际标准的船用电子海图系统，属于标准化的航海设备，主要用于大型船舶的综合导航。ECDIS 的功能须满足 IMOECDIS 性能标准的要求，使用符合 IHO S-57 标准的 ENC 数据，按照 IHO S-52 标准进行数据的显示，并且 ECDIS 的硬件设备要通过 IEC 61174 的性能测试。ECDIS 在硬件上主要是以加固计算机为主体，集成船上多种航海设备信息，包括 GPS、测深仪、电罗经、计程仪、雷达和船舶自动识别系统（AIS）。软件的主要功能有四个方面：一是电子海图操作，包括电子海图的导入、更新、显示、查询等功能；二是计划航线设计；三是航行监控和报警；四是航迹记录和回放。

电子海图系统（Electronic Chart System，ECS）也是一种船用电子海图系统，但是它不必符合 IMO、IHO 和 IEC 的有关国际标准，主要用于小型船舶导航。ECS 的基本功能与 ECDIS 类似，但在硬件和软件方面可根据用户的需要灵活设计。

船舶交通管理（服务）系统（Vessel Traffic Services，VTS）是集雷达、通信、导航、计算机数据处理和电子海图显示于一体的高技术系统，具有信息服务、助航、船舶交通组织、联合行动支援等功能。它对于保障港口航行船舶安全，维护航道船舶航行秩序，降低船舶事故发生概率具有重要意义和作用。系统除电子海图显示功能外，主要是监控和指挥功能。通过雷达扫描得到港口、航道中船舶的动态，并标示在电子海图上，供管理人员进行船舶交通管理，以保障港口和航道内船舶的航行安全和航道的通畅。VTS 系统主要应用于海事及港航管理。

4.2.4 系统电子航海图

系统电子航海图（System Electric Nautical/Navigational Chart, SENC）是 ECDIS 中直接读取和显示的数据库，是 ECDIS 内部的一个数据库。它由 ECDIS 对 ENC 进行格式转换而成，还包括 ENC 改正信息和由航海人员输入的其他信息，如航线信息，包括航线设计使用的点、线和区域以及ECDIS图库中的任何符号和文本注记信息。这个数据库被ECDIS直接用来显示电子海图以及完成其他航海功能，SENC还包含来自其他信息源的信息。

4.2.5 内河电子航道图

内河电子航道图（Inland Electronic Navigation Charts，IENCs）是数字航道的核心部分。内河电子航道图的研究源于电子海图（ENC），其利用ENC的核心技术，在遵循相关国际标准和国内技术规范的前提下，有机地融入了大量内河航道要素。可以说，内河电子航道图是电子海图理论及其应用的一个分支，是电子海图技术在内河航运中的特殊应用。

4.2.6 相关标准规范

国际海事组织（IMO）和国际海道测量组织（IHO）于1986年成立了由多国专家组成的电子海图委员会，着手电子海图世界标准的研究。1995年，IMO第十九届大会正式采纳了电子海图执行标准，从此ECDIS的IMO性能标准被确定。而IHO先后于1987年和1992发布了专用出版物《ECDIS海图内容和显示规范》（即S-52篇）和《IHO数字海道测量数据传输标准》（即S-57篇），并进行了多次修改，到1997年9月正式发行了S-57 V3.10格式，使它成为各国相关部门广泛采用的国际民用数字海图数据传输标准。国际电工技术委员会（IEC）应IMO的要求也于1996年公布了IEC的ECDIS性能标准，对于按照IMO和IHO的ECDIS技术规范和标准研制的有关设备进行必要的性能测试和评定，IEC的这个标准已成为ECDIS形式认可技术规范的开发基础。

1.IHO数字海道测量数据传输标准（S-57）

为了使电子海图及其应用系统走上国际统一的轨道，国际海道测量组织（IHO）成立了电子海图显示与信息系统工作委员会，就电子海图及其应用系统所涉及的各个方面开展标准化和规范化的研究。国际海道测量组织电子数据委员会于1992年4月第九届国际海道测量大会上通过了《S-57篇IHO数字海道测量数据传输标准》为IHO正式标准的决议。

《S-57篇IHO数字海道测量数据传输标准》旨在对各国海道测量部门之间用于交换数字化海道数据以及将这些数据传递给生产厂家、航海者和其他数据用户的标准加以说明。例如，该标准可用作ECDIS的数据源，并且，在交换传递过程中，数据的含义不能有任何的改变。

2.ECDIS海图内容与显示规范（S-52）

本规范的最初草案于1987年5月在摩纳哥召开的第十三届国际海道测量会议上提出，后提交给IHO各成员国的海道测量学家们。此草案也分发给了各国航运管理部门、航海人员协会和制造商以广泛征求意见，自此以后，《ECDIS海图内容与显示规范》（S-52 篇）及其相关附录已被修改了多次。

发表在专用出版物（S-52）上的《ECDIS 海图内容与显示规范》及其附录是 IHO 制定的规范，为了确保海道测量局成员国所提供的海道测量数据在使用时能提高航行的安全性和有效性，数据应满足 IMO 的 ECDIS 性能标准中所提出的要求。包含在 ENC 中的数据质量指示符可作重要海图要素精度的定量评估，与卫星导航位置精度的评估共同使用时，可确定距危险物的安全距离。按照顺序，航海人员可以知道它使用的信息的质量。

3. 数据保护方案（S-63 Data Protection Scheme）

为保护电子海图信息避免被非授权复制，同时确保其来源真实性和数据完整性，IHO 制定并颁布了 S-63 数据保护方案。该方案基于 PRIMAR 保护方案发展而来，采用 Blowfish 分组算法对海图信息加密保护，通过 SHA-1 哈希函数和 CRC 循环冗余校验确保传输数据的完整性，并采用 DSA 算法进行签名认证。S-63 数据保护方案描述了该组织推荐的电子海图信息保护标准及与其相适应的安全构造和操作程序，提出了相应系统的规格。

4.ECDIS 硬件检测标准

IEC 制定了 ECDIS 硬件设备的性能和测试标准 IEC 61174，它描述了符合 IMO 标准的 ECDIS 的性能测试工作方法和要求的测试结果。ECDIS 符合该标准便是得到了类型认证，从而合法地成为船用设备。

5.《水运工程测量规范》（JTS131—2012）

内河电子航道图多数以航行参考图为依据，参照的是内河《水运工程测量规范》。该规范统一了水运工程测量技术要求，满足水运工程规划、设计、施工和验收与运营的需要，适用于港口、航道、通航建筑物和修造船水工建筑物等工程的测量。

4.3 总体设计

4.3.1 系统目标

港航地理信息平台在从相关海事测绘部门获得的电子海图数据基础上，整合港航管理机构现有的空间信息资源，采集各类空间数据，全面梳理港口、码头、航道、航标等空间位置数据和属性数据，整合加工形成数字港航“一张图”，并为各业务相关单位提供统一的港航地理信息共享服务以及通用的 GIS 应用程序接口服务，保障空间数据的一致性，降低空间数据的维护成本，为航标监控、海事监管、水上搜救、船舶管理、信息发布、水上警务动态跟踪等应用系统提供统一的电子地图应用。

4.3.2 支撑体系

（1）网络层：在网络层上，依托各级交通运输管理机构及各下属业务管理机构局域网支撑业务系统内部运行；依托交通专网支撑纵向联动。

（2）平台层：基于 GIS 数据加工套件、空间数据库引擎和 GIS 服务引擎等建设数字港航“一张图”软件环境，作为地理信息系统的搭建和运行平台。

（3）安全保障体系：安全保障体系为网络层、数据层、平台层、应用层等层次提供安全保障，主要考虑地图应用服务的身份验证、授权、服务器端 Web 站点和后台数据库的安全。采用合理的信息技术以保证传输安全、消息安全、信息加密等，以加强系统的安全性。系统的安全保障体系可划分为：

① 操作安全性：用设置用户权限的方式来限制用户在系统确认的安全范围内操作。同时，系统要具有容错功能，避免用户的不当操作引起系统崩溃，要保证系统能够长时间稳定的连续工作。

② 网络安全性：整个网络要安装防火墙、杀毒软件等提供网络运行环境安全的必备工具软件，以防黑客、恶意代码及病毒的攻击。

③ 业务安全性：系统需要保存用户操作日志，供管理者查询分析。

④ 数据安全性：通过基于 WMS/WFS/REST 的缓存服务提供地图数据共享服务，在满足用户使用要求的同时，使其不能直接操作到原始空间数据。

⑤ 数据保密性：提供给公众用户的地图服务，应使用脱密地图，即地图数据需经过国家测绘局规定的保密技术处理，以满足互联网地图服务要求和地图保密处理要求。

（4）标准规范体系：在数据存储、处理、信息输出以及信息系统开发和应用、网络建设、信息安全等相关工作中实施的标准化管理。

4.3.3 总体架构

根据港航地理信息平台的公用性和基础支撑性特点，并考虑平台的可持续发展，采用先进的软件架构 SOA 技术。SOA 要求应用程序功能单元（服务）之间定义完善的接口和契约进行联系。港航地理信息共享平台通过 Web 服务方式提供地图数据服务和 GIS 应用程序接口服务。

港航地理信息平台是数字港航建设的基础性数据支撑和公共服务平台，为港航业务日常运行监测系统、港航综合运行分析系统等应用系统以及今后建设的业务应用系统，提供空间信息服务和 GIS 应用程序接口服务。各应用系统构建时，可以使用不同 GIS 中间件应用软件的客户端 API，只需要调用平台提供的空间信息数据服务和 GIS 应用程序接口服务，便可以实现数字港航“一张图”的地图数据展现以及相关的通用 GIS 操作和 GIS 业务功能。

港航地理信息平台的总体框架从数据中心建设的层面，全面考虑空间地理信息数据共享及交换需求，综合运用电子海图技术、地理信息系统、数据库技术、计算机网络技术、多媒体技术等先进手段，整合不同业务部门获取的多源异构空间地理信息资源，配套完善的标准、规范、安全与管理机制，建立方便实用、安全扩展的交通地理信息服务平台接口，为业务部门的综合应用与决策支持系统、各相关业务系统提供数据与功能服务，并为交通运输部相关机构、行业外其他相关机构提供共享服务。在应用过程中有针对性地提取部门业务数据，扩展完善基础数据库。

港航地理信息平台的总体架构如图 4.2 所示。

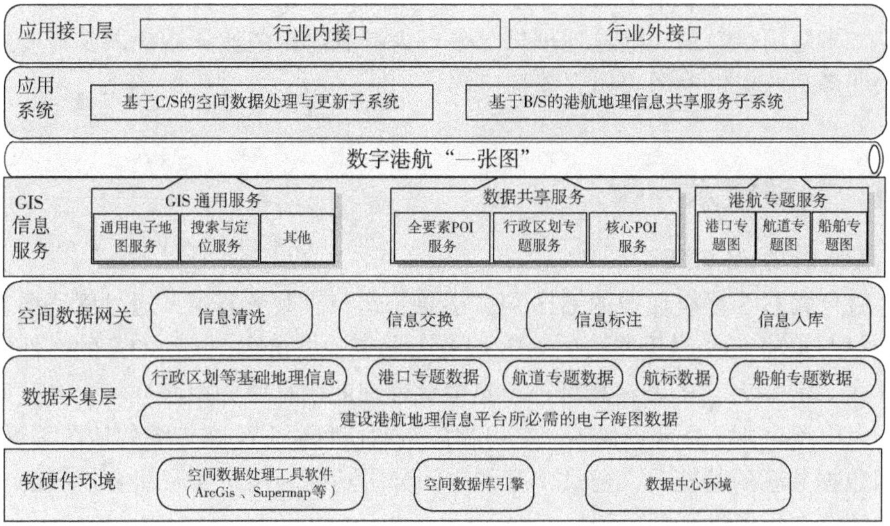

图 4.2 港航地理信息平台总体架构

整个系统数据流设计共分为如下几个层次：软硬件环境、数据采集层、空间数据网关、GIS 信息服务、数字港航“一张图”、应用系统、应用接口层等。

（1）软硬件环境。港航地理信息平台建设的软硬件环境依托于数据中心环境、空间数据处理工具软件和空间数据库引擎。

（2）数据采集层。以从相关海事测绘部门获取的电子海图数据为基础，数据采集的内容包括行政区划等基础空间地理信息、港口专题数据、航道专题数据、航标数据和船舶专题数据等。

（3）空间数据网关。按照统一标准和规范对多源异构信息资源进行有效梳理、整合，完成信息清洗、信息交换、信息标注、信息入库等功能，实现港航地理信息资源的有序组织、管理、服务和应用。

（4）GIS 信息服务。港航地理信息平台是基于 SOA 架构的系统，采用 Web Services 技术，通过组件封装和应用程序接口（API）的方式为上层应用系统提供服务。对各应用系统共用的 GIS 功能进行设计和封装，形成 GIS 通用服务接口和 GIS 业务服务接口，为港航业务日常运行监测系统、港航综合运行分析系统等应用系统以及其他港航信息化应用系统提供统一的 GIS 数据服务和应用程序接口服务。

（5）数字港航“一张图”。基于数据支撑层的数据库信息支撑，对经过数据加工的空间信息数据进行整合，构建港航地理信息平台水路“一张图”。采用数据缓存存储为存储方式，以提高数据运行和使用的效率，并通过 GIS 共享服务子系统进行地图数据服务展示以及 GIS 应用接口发布。

（6）应用系统。港航地理信息平台的应用系统建设，可由基于 B/S 的港航地理信息共享服务子系统及基于 C/S 的空间数据管理与更新子系统构成。

（7）应用接口层。港航地理信息平台为行业内相关业务系统以及行业外各相关业务系统提供地图应用服务接口。

4.4 关键技术

4.4.1 服务式 GIS

服务式 GIS 是企业级的 GIS 服务引擎，运行于服务器端，通过网络向客户端提供与桌面 GIS 同等能力的 GIS 服务。服务式 GIS 是基于 SOA 的高性能的服务式 GIS 平台，部署在高可控、集中化管理的信息服务中心环境，为政府部门、大中型企业、公众提供统一、可靠的空间信息服务，在传统的地图可视化、空间数据共享的基础上，通过丰富的空间分析功能为用户实现服务模式的空间业务智能应用提供高品质开发平台。

服务式 GIS 是高性能全功能的服务式 GIS。它可以通过服务的方式提供 GIS 的全部功能，包括地理空间数据的管理，可视化和分析等。既是地理空间信息（数据）的服务平台，也是 GIS 能力（功能）的服务平台，还是 GIS 服务的聚合和集成平台。服务式 GIS 全面支持 SOA，如图 4.3 所示。

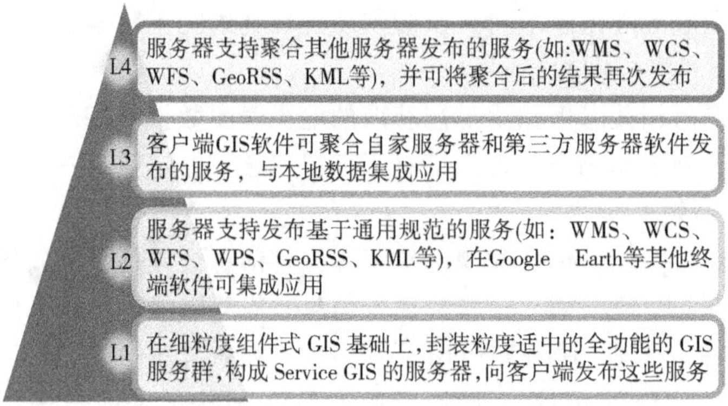

图 4.3 服务式 GIS 全面的 SOA 支持

为了确保平台的可持续发展，需要采用先进技术以确保平台的技术架构和技术体系长期不落后，通过先进的技术延长平台的生命周期。根据平台公用性和基础性的特点，系统软件架构将必须采用面向服务的软件架构（Service-Oriented Architecture，SOA），SOA是一种组件模型，它通过应用程序功能单元（称为服务）之间定义完善的接口和契约，来联系应用程序中的不同服务。

SOA模型如图4.4所示。

服务式GIS是一种基于面向服务软件工程方法的GIS技术体系，它支持按照一定规范把GIS的全部功能以服务的方式发布出来，可以跨平台、跨网络、跨语言地被多种客户端调用，并具备服务聚合能力以集成来自其他服务器发布的GIS服务。

服务式GIS能更全面地支持SOA，通过对多种SOA实践标准与空间信息服务标准的支持，可以用于各种SOA架构体系中，与其他IT业务系统进行无缝的异构集成，从而可以更容易地让应用开发者快速构建业务敏捷应用系统。与基于面向组件软件工程方法的组件式GIS相比，服务式GIS继承了前者的技术优势，但同时又有一个质的飞跃。

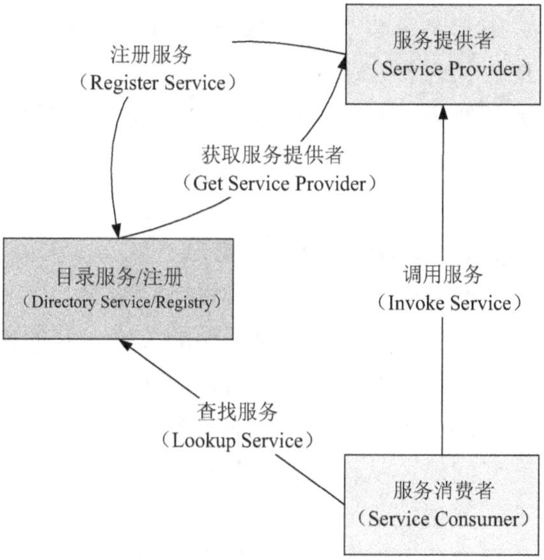

图4.4 SOA模型

为了实现空间数据的开放性和互操作，目前ISO和OGC对于如何提供地理信息服务都已经有了相应的抽象规范，OGC已经开始制定相应的执行规范，其中有一部分涉及在网络上提供各种服务。

面向服务空间信息服务的主要接口需支持：矢量数据服务（Web Feature Services，WFS），栅格数据服务（Web Coverage Service，WCS），地图服务（Web Map Service，WMS）等。WMS的主要接口是GetMap，它将有相同的空间参照系的各个图层组合在一起，给定空间坐标及边界范围，就可以得到相应的地图以及向服务器查询显示在地图上的要素信息。WFS规范规定了返回的是要素级的GML编码，并提供对要素的增加、修改、删除等操作，是对网络地图服务的进一步深入。WCS规范面向空间影响数据，它将包含地理位置的地理空间数据作为“覆盖”（Coverage）在网上相互交换。

除了OGC提出的互操作规范外，也要支持以下两种服务规范：

（1）GeoRSS：提供了一种地理位置搜索与聚合的方案，并且可以用于地理分析、地理搜索和地理聚合。服务式GIS能够为ATOM和RSS提供地理信息扩展的 Feeds。

（2）KML（Keyhole Markup Language）：是由 Google 公司提供的一种描述地物空间信息的标准，目前 KML 已经提交国际标准化组织。服务式 GIS 支持发布动态 KML 服务。

服务式 GIS 提供了基于 Web，实现数据共享、程序间互操作和服务集成的 Web 服务开发方式。基于 Web 服务开发方式，用户能够开发出跨平台的，实现数据和程序无缝集成的服务式 GIS 系统。服务式 GIS 服务开发方式主要分为两部分：基于 XML Web Service 标准的 Web Services 开发方式；基于开放标准的 Web 服务组件库开发方式。

4.4.2 OGC 互操作规范

不同 GIS 间的互操作性已经成为一个至关重要的问题，制定地理信息的互操作标准、规范是解决问题的关键。互操作是指各种功能单元之间的通信、执行程序或转换数据的能力，即便用户不了解各功能单元独立特征或对其知之甚少。GIS 互操作的核心是用统一的标准协议通信，来解决对象跨平台的连接和交互问题，从而实现在不同分布式计算平台、不同数据模型、不同数据结构、不同数据定义语言和数据操作语言之间自由地数据交换与协同处理。GIS 互操作标准化可以归结为在技术、数据、应用与企业等不同层次，其中地理数据模型互操作、编码互操作以及协议互操作对实现 GIS 互操作至关重要。

目前 OGC 指定的标准已逐渐成为广泛认可的主流标准。美国联邦地理数据委员会（FGDC）在 1994 年就计划引用 OGC 的标准实现国家空间数据基础设施工程，并于 1997 年正式开展地理信息数据处理互操作技术合作，实现网上地理信息数据和传播功能。OGC 提出的地理数据互操作技术被普遍接受并开始付诸实践，OGC 目前在因特网上公布的标准约有 30 项，分基本规范和执行规范。

OGC 和 ISO/TC211 共同推出了基于 Web 服务（XML）的空间数据互操作实现规范 WMS、WFS、WMTS、WCS、WPS 等，以及用于空间数据传输与转换的地理信息标记语言 GML。

GIS 服务引擎需支持 OGC 标准的 Web 服务，包括：

（1）WMS 服务：Web 地图服务（Web Map Service），该服务符合 OGC 制定的 WMS 实现规范。WMS 通过具有地理空间信息的数据制作地图，在国际规范中，地图（map）被定义为地理数据的可视化表现，WMS 返回的地图并非地图数据，而是地图图像，格式类型可以是 PNG、GIF、JPEG、SVG、WebCGM 等。

（2）WFS 服务：Web 要素服务（Web Feature Service），该服务符合 OGC 制定的 WFS 实现规范。WFS 通过 GML（Geography Markup Language，地理

标记语言）传递地理空间数据，它支持在基于HTTP协议的分布式计算平台上对地理要素进行插入（INSERT）、更新（UPDATE）、删除（DELETE）和发现（DISCOVERY）等操作，并且在这些操作的过程中保证了地理数据变化的一致性。

（3）WCS服务：Web覆盖服务（Web Coverage Service），该服务符合OGC制定的WCS实现规范。WCS是OGC定义的在Web上以“Coverage”的形式共享地理空间数据的规范。所谓“Coverage”是指能够返回其时空域中任意指定点的值的数据，其形式易于输入到模型中使用。WCS服务以“Coverage”的形式实现了栅格影像数据集的共享。

（4）WMTS服务：Web地图瓦片服务（Web Map Tile Service），该服务符合OGC制定的WMTS实现规范。WMTS是OGC提出的缓存技术标准，即在服务器端缓存被切割成一定大小瓦片的地图，对客户端只提供这些预先定义好的单个瓦片的服务，将更多的数据处理操作如图层叠加等放在客户端，从而缓解GIS服务器端数据处理的压力，改善用户体验。

（5）WPS服务：网络处理服务（Web Processing Services），该服务符合OGC制定的WPS实现规范。WPS服务是通过网络向客户端提供GIS空间分析和处理功能的服务，这些GIS处理功能的操作对象是空间数据。

以下介绍基于OGC标准的Web服务组件所支持的操作，如表4.1所示。

表4.1 基于OGC标准的Web服务组件支持的操作

Web服务组件	服务版本号	支持的操作
WMS服务组件	WMS 1.1.1	GetCapabilities操作：返回服务级元数据，它是对服务信息内容和要求参数的一种描述 GetMap操作：返回一个图层级的地图影像，其地理空间参数已经得到定义 GetFeatureInfo操作：返回地图上某些要素的信息
WFS服务组件	WFS 1.0.0	GetCapabilities操作：返回要素能力描述XML文档 DescribeFeatureType操作：返回描述可以提供服务的任何要素结构的XML文档 GetFeature操作：获取要素实例操作，返回的是要素级的GML编码
WCS服务组件	WCS 1.0.0 WCS 1.1.0	GetCapabilities操作：返回描述服务和数据集的XML文档 GetCoverage操作：使用通用的覆盖格式返回地理位置的值或属性 DescribeCoverageType操作：允许客户端请求由具体的WCS服务器提供的任意覆盖层的完全描述
WMTS组件服务	WMTS1.0.0	GetCapabilities操作：返回服务元数据ServiceMetadata，即服务能力和信息内容 GetTile，返回瓦片地图Tile GetFeatureInfo操作：返回显示在瓦片地图上的要素信息FeatureInfo，是可选操作
WPS组件服务	WPS 1.0.0	GetCapabitities操作：返回服务级元数据 DescribeProcess操作：返回指定的一个或多个空间分析操作的详细描述信息，包含输入、输出参数和格式等 Execute操作：返回指定执行操作的处理结果

4.4.3 空间数据库引擎

空间数据库引擎（Spatial Database Engine，SDE）是GIS系统借以实现基于大型关系型数据库的客户/服务器模式的软件，也叫中间件软件，它相当于在空间图形数据和大型关系型数据库之间建立起了一道桥梁。空间数据库引擎在常规数据库管理系统之上，除具备常规数据库管理系统所必备的功能之外，还提供特定的针对空间数据的存储和管理能力。空间数据库引擎是GIS平台软件的空间数据库技术，也是GIS平台软件数据模型的重要组成部分，主流GIS软件平台软件均具有其空间数据库引擎产品，如ESRI的ArcSDE，超图软件的SDX+等。各种空间几何对象和影像数据都可以通过空间数据库引擎存放到关系型数据库中，形成空间数据和属性数据一体化的空间数据库。

空间数据库引擎采用真正的客户/服务器体系结构，是高性能、面向目标的空间数据库管理系统，并提供一系列用于管理和访问大型分布式的地理数据的功能，SDE为系统开发者和集成商提供了一个高效能分布式和多用户的实时应用系统开发工具，它由一个多线程的空间数据库服务器和客户应用程序接口（API）组成。

SDE具有如下的主要特点：

（1）支持超大型数据集。

（2）高性能的空间数据提取。

（3）灵活、高性能的空间数据搜索。

（4）专门为多用户、分布式环境设计。

（5）开放的体系结构。

（6）逻辑上的无缝、连续的非瓦片式的空间目标数据模型。

（7）两阶段事物提交控制。

（8）支持多种硬件平台。

（9）具有有力而灵活的应用开发环境。

（10）完整灵活的安全控制机制。

（11）多用户并发查询的快速响应。

4.4.4 REST服务

表述性状态转移（Representational State Transfer，REST）是Roy Fielding博士在2000年提出来的一种软件架构风格，采用REST架构风格的Web服务，相比复杂的SOAP服务更加简洁、易用。SuperMap iServer Java专门为GIS的用户提供了REST风格的GIS服务。

SuperMap iServer Java将REST服务带来的诸多优势引入到GIS服务中，

严格遵循 REST 设计准则，同时兼顾功能丰富、开发简单易用、操作灵活、平台扩展性强的原则，开发出专门针对 GIS 的 REST 服务，为 GIS 服务的需求者、GIS 服务的供应商、GIS 服务管理者提供更加简单、开放、灵活的解决方案。

SuperMap iServer Java REST 服务特点如下（以下各章节如不做特殊说明，所有 REST 服务均指 SuperMap iServer Java 提供的 REST 服务）：

（1）严格遵循面向资源的架构设计，真正 RESTful 的服务。SuperMap iServer Java 的 REST 服务严格遵循 ROA（面向资源的架构）设计，GIS 的各种功能都以资源的形式进行发布，而且任何对资源的操作行为都是通过 HTTP 协议来实现，即 HTTP 把对一个资源的操作限制在 4 个方法以内：GET、POST、PUT 和 DELETE，这正是对资源 CRUD（Create，Retrieve，Update，Delete）操作的实现。SuperMap iServer Java REST 服务是一个真正 RESTful 的服务，它继承 REST 所有的优势，为使用者提供简单的操作方式。使用者了解 REST 服务的资源后，可以通过 REST 统一的操作方式对所有的资源进行操作。例如，SuperMap iServer Java 提供 map 资源表示一个地图，下面为 World Map 地图的资源地址：

http://localhost:8090/iserver/services/map-world/rest/maps/World Map

通过 Map 资源可以获得该地图的基本状态信息，如中心点、比例尺、地图范围、图片大小、地图单位、包含的图层、包含的图片等。通过 PUT 方法可以对该地图资源执行修改地图信息的操作，如修改地图中心点、比例尺、图片大小等。

（2）提供丰富的响应码，便于开发者判断操作结果的信息。REST 服务与客户端是一个交互的过程，客户端提出请求，需要 REST 服务进行响应，客户端根据响应判断操作情况，以便后续的处理。为了方便客户端能够详尽地判断响应结果，SuperMap iServer Java REST 服务提供了丰富的响应码，将客户端到 REST 服务器这样的一个交互过程中可能出现的问题映射到不同的响应码中，如 401 表示因为安全的原因，导致对资源的操作没有完成。客户端通过获取这些响应码，可以判断请求的操作是否成功，如果不成功，问题出现在哪里。

（3）各种 REST 服务之间松耦合，确保系统可重用性。SuperMap iServer Java 将所有 GIS 功能抽象为 REST 服务的资源，这些资源都具有相对独立性，通过通用的链接器接口对资源进行操作，这样保证各类 REST 服务都是解耦的，改善系统可重用性。

（4）REST 服务支持多种中间件。REST 服务作为独立应用程序发布，它可以被部署到各种中间件中，如 Restlet、中间件（Tomcat，JBoss，Weblogic 等）、Tuscany。同时 REST 服务可以不依赖任何中间件，直接通过 SuperMap iServer Java 发布，服务供应商可以根据自身特点灵活选择。

（5）开放的结构，灵活的扩展能力。SuperMap iServer Java 不仅提供各类GIS 功能的 REST 服务，还提供 SuperMap iServer REST SDK。开发商可以利用 REST SDK 对资源、安全、表述等进行扩展，SuperMap iServer Java 开放的 REST 服务结构允许向服务中加入自定义的资源、安全控制器、响应表述器等。

（6）简单、易操作的服务配置方式。SuperMap iServer Java 提供可视化服务配置工具——iServerManager，该工具提供服务配置向导，用户根据向导可以轻松实现对 GIS 服务的定制。利用该工具，可以创建、修改、删除 GIS 服务，集群服务，可以控制服务的启动与停止。

总的来说，REST 服务是一种以非常简单、轻量级的方式实现服务与客户端之间真正互操作，服务需求者可以很容易地掌握如何使用 REST 服务，并且在某种程度上，REST 风格的 GIS 服务简化了二次开发者构建应用系统的工作量。对于服务提供者来说，SuperMap iServer Java 提供简单、方便的创建和发布资源的方式，还提供灵活自由的服务扩展机制以及 REST 服务的 SDK，是服务提供者构建服务式 GIS 服务的最佳选择之一。

4.4.5　地图缓存

地图缓存又称地图瓦片，为提高地图服务的响应速度，可预先制作系列显示比例尺地图瓦片，图片格式支持 JPG、PNG、位图、TIFF、GIF 等格式，通常采用 JPG 或无损压缩的 PNG 格式，瓦片大小为 256 或 512 像素。GIS 软件除了提供预先制作缓存并提供缓存服务外，还支持基于 WebGIS 技术的动态切片、动态加载地图的缓存技术，即当没有生成预缓存的情况下，在浏览地图时，会实时生成地图缓存。通常所讲的地图缓存技术，一般是指“预生成”缓存技术，支持基于“预生成”技术，将 GIS 数据切片并预生成图片保存在缓存库中，通过检索返回缓存图片的方式完成用户的地图请求，从而提高系统效率并降低系统负担。

预生成缓存技术是一种用空间来换取时间的存储方式。预生成缓存技术是为了改善用户体验，提高运行效率，节省工作时间而出现的一门技术，是目前主流地理信息系统中普遍采用的一种图形显示技术手段。使用缓存大大缩短了用户等待地图展示的时间，同时提高了工作效率，使图形数据的浏览过程变得高效流畅，尤其是当发布更新频率低的海量数据时，若使用地图缓存技术可大大提高地图浏览速度。生成地图缓存时需要注意以下内容：

（1）地图缓存包含了不同比例尺下整个地图范围的地图切片的目录。即一个缓存的地图服务就是能够利用静态图片来快速提供地图的服务。为了充分利用预缓存服务生成的缓存，并能实现多级缩放，可以对一幅地图预先生成多个比例尺的缓存图片，在 Web 客户端 API（for Ajax、for Flex、for Silverlight 等）

中的地图接口可以对应服务器上的缓存比例尺，设置对应的比例尺数组，从而限定地图在指定比例尺内缩放，实现多级缩放的效果。以 for Ajax 客户端为例，将 Map 的比例尺数组 Scales 设置成与预缓存比例尺相同，这样在进行地图缩放时，地图下所有图层将只显示设置的比例尺，即预缓存图片的比例尺，从而充分利用预缓存服务生成的缓存图片。

（2）港航“一张图”空间数据更新时，用户可以根据数据变更的情况来选择是更新全部缓存，还是只更新部分缓存。如果地理范围内的数据都发生了变化，此时，需要更新全部缓存。如果用户知道数据变更的地理范围，此时，只需要对缓存进行部分更新。

4.5 制作数字港航“一张图”

“一张图”数据制作是目前地理信息公共服务平台建设的热点话题。将不同类别、不同比例尺、不同地域、不同年代、异构的空间地理信息进行技术处理，存储在统一标准的数据库中，为开发基于数字港航“一张图”的港航地理信息共享服务平台建立基础。通过对多源异构的不同业务部门数据库整合技术的探索，研究制定港航地理信息平台数据库整合的标准与规范，整合和建立港航空间数据库。建立统一的数字港航“一张图”，为实现水路交通 GIS 空间业务集中统一管理和开发利用，构建水路交通管理决策服务平台探索一条科学、实用、便捷的技术途径和方法。

数字港航“一张图”资料是由不同比例尺、不同精度多数据源融合形成，存在同层相同要素之间、不同要素之间、不同层之间要素关系的协调等诸多问题，如不同比例尺间地图上河流网关系、实体内容、空间关系等不一致，现实中为邻接关系的物标在多源空间数据集中其关系表现为相交等问题。

港航地理信息平台中制作“一张图”的总体思路为：

（1）对异构的基础地理数据、交通专题数据进行初步清洗，剔除和修补问题数据。

（2）整合与建立统一坐标系、统一数据格式、统一数据比例尺的数据。

（3）通过各类数据编辑工具，完成对空间数据的加工处理。

（4）制作和使用专题图模板，对不同专题图设置不同风格的渲染。

（5）提高地图服务访问速度，制作地图数据缓存。

（6）研究统一标准和规范的整合技术，建立一个统一的、系统的平台数据库。有了统一的技术标准，才能支撑数据库整合。

（7）在统一技术标准和规范的前提下，研究数据整合技术路线和整合流程，研制关键的数据整合工具，对有代表性的数据库进行整合试验。

选取合适的工具软件，以完成数字港航“一张图”的制作。本章以超图软件工具为平台（见图 4.5），以广西壮族自治区内各航道局提供的电子航道图数据为例，简要介绍数字港航“一张图”的制作过程及注意事项。

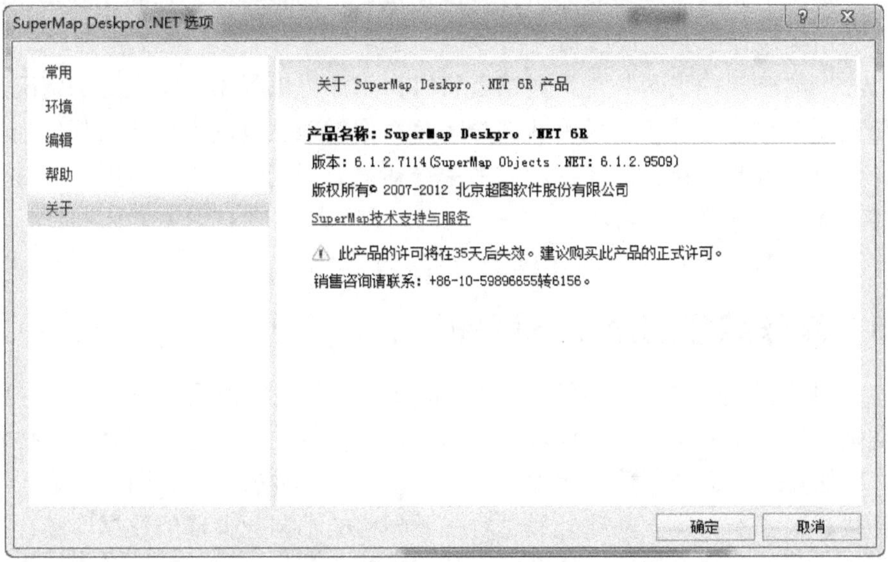

图 4.5 超图 GIS 管理工具平台

4.5.1 数据预处理

数据预处理是建设数字港航“一张图”的基础，也是第一步要进行的重要步骤，其目的是分析源数据的数据基础、建库标准、空间图层分层、属性信息、数据质量等情况，整理源数据与整合标准之间的差异，编辑新旧标准之间信息分类、图层关系对照表；在元数据分析的基础上，分类进行数据预处理，对属性数据库、图文数据库、空间数据库进行数据处理，剔除和修补各类问题数据，为下一步工作做好准备。

通过对港航业务所涉及的多源数据的现状分析不难发现，由于多源数据生产时期、使用标准、数据获取方式各不相同，导致现有数据源间存在诸多不一致，特别是多源数据间相同要素的几何表示、空间关系、空间实体等内容，因此数据源选取时应综合考虑各种因素，即选取数据源既要满足“一张图”数据制作的要求，又要尽量减小工作量。对于多源数据，应尽量选取某一权威数据使用，一项数据不够完整的，需进行数据整合，专题数据还需考虑空间数据与业务数据的对接。专题数据应统一属性数据与业务库相关数据的唯一标识，参照相关数据库设计规范进行制定。

依据空间数据的时态特征，提取出港口、航道等港航业务图层的现势数据，建立相应的版本管理规则，使用现势数据来制作“一张图”，历史数据则进行归档管理。电子海图一般按照图幅进行管理，依据航道管理机构、比例尺、所属河流等信息进行图幅编号，以后缀名或其他方式区分版本号，提取时应结合相关管理规定。

4.5.2 图幅预处理

1. 空间数据格式转换

港航数据库的业务数据来自各业务部门上报的年度空间数据，有为了某些实时业务需求而采集的最新空间数据，这些数据格式上一般会存在较大差异，因此要实现不同格式的空间数据的转换。

（1）将多源异构的空间数据转换成统一的数据格式。一般通过使用 GIS 数据加工套件将数据转换为 GIS 软件支持的数据格式，如使用 ArcGIS 可转换为 shp 格式，超图软件可转换为 UDB 格式。

（2）使用 GIS 软件的海图扩展模块将电子航道图导入为约定的数据格式。电子航道图采用电子海图的数据格式，数据文件是 000 格式的二进制文件，每个图幅的电子海图数据为一个独立的 000 格式的数据文件。电子海图 S57 的矢量图形数据由 Node 节点、Edge 边、Face 面图形组成，使用 GIS 海图扩展模块转化为 GIS 空间数据的 Point 点、Line 线、Area 面等空间物标对象，方便后续的数据加工和管理等。

将原始“*.000”格式的数据转换为超图工具软件的数据格式，即 UDB 格式数据源。按照各航道局管辖水域，分别进行存储；分别建立南宁局、梧州局、桂林局、柳州局等多个不同航道局数据源，在超图桌面软件环境下打开工作空间，加载这些数据源，如图 4.6 所示。

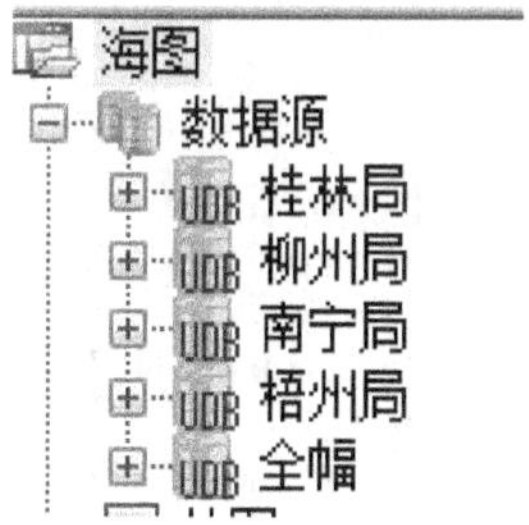

图 4.6 数据源加载

2. 空间数据坐标转换

空间数据的坐标系通常分为三类：平面坐标系、地理坐标系、投影坐标系。

（1）平面坐标系。一般用来作为与地理位置无关的数据的坐标参考，也是默认新建数据的坐标参考，如 CAD 设计图、纸质地图扫描后的图片、与地理位置无关的示意图等。平面坐标系是一个二维坐标系，原点坐标为（0，0），数据中每一个点的坐标是由其距水平和垂直的 X 轴和 Y 轴的距离确定。

（2）地理坐标系。使用经纬度坐标来表示椭球上任意一点的坐标。地理坐标系中，通常包含对水平基准、中央子午线和角度单位的定义。常用的地理坐标系有：WGS 1984、Beijing1954、Clarke 1866 等。例如：Google Earth 上的 KML 数据，全球定位系统采集的数据，都是以 WGS 1984 为坐标系的；大地测量获取的控制点坐标以西安 80 或 Beijing 1954 为坐标系。

（3）投影坐标系。通过某种投影方式和投影类型，将椭球上的任意一点投影到平面上。使用二维平面坐标（X、Y）来表示点线面地物的位置。投影坐标系中，通常包含对地理坐标系、地图投影、投影参数及距离单位的定义。常用的投影坐标系有：Gauss Kruger、Albers、Lambert、Robinson 等。一般，经过投影的地理数据，可进行地图量算、各种空间分析、制图表达等。例如，我国基本比例尺地形图中，1∶100 万地形图采用 Albers 投影，其余大部分都采用了高斯 - 克吕格 6° 带或者 3° 带投影，而城市规划中用到的大比例尺地图，如 1∶500，1∶1000 等的道路施工图、建筑设计图等多采用平面坐标系。

在坐标系的选择上，国内地区采用国家统一规定的坐标系。国外地区采用国际海道测量组织规定的 1984 年世界大地坐标系（WGS 1984）。当制图资料、电子海图、定位系统三者坐标系不一致时，在制图生产与海图使用两个环节上均应进行坐标改算。若无法改算，应在海图显示时标注相应提示信息。但标注的船位须与显示的海图坐标系一致。比例尺小于 1∶100 万者，不予改算。

3. 空间数据比例尺转换

由于异构的数据来源存在不同比例尺的空间数据，因此需在提供统一数据格式、统一空间数据坐标系的前提下，将不同比例尺的空间数据向统一比例尺的空间数据转换。比例尺转换后，图像内容可能出现显示不美观，需要进行要素简化、要素抽稀等方面的加工处理。

对于比例尺小于 1∶2 万的海图采用墨卡托投影。成套航海图采用统一基准线，不连续的单幅图取本图中纬为基准纬线。1∶2 万及更大比例尺的图采用平面图或高斯 - 克吕格投影。

4.5.3 地图加载

为提高加载地图的效率，按以下步骤进行：

（1）打开超图 Deskpro.NET 平台，添加一幅海图到地图中，双击或右键点击一幅海图选择“添加到新地图”。

（2）在地图空白处右键单击，勾选“局部刷新”，并勾掉“编辑实时刷新”两个选项，如图 4.7 所示。

（3）选择其他要加载的海图数据，点击右键选择“在当前窗口打开海图”，如图 4.8 所示。

至此可完成电子航道图数据的加载。

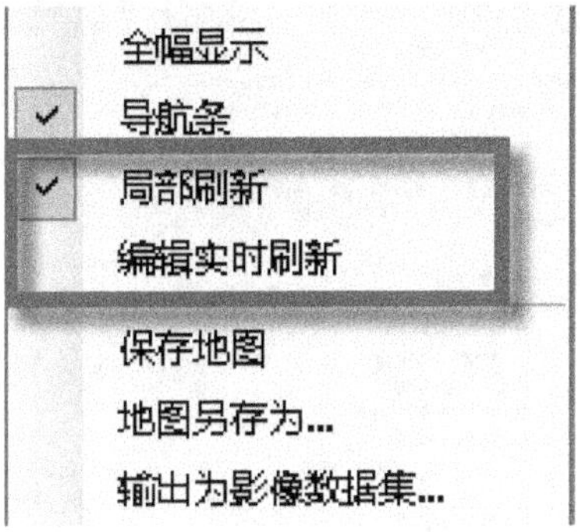

图 4.7　地图刷新选项

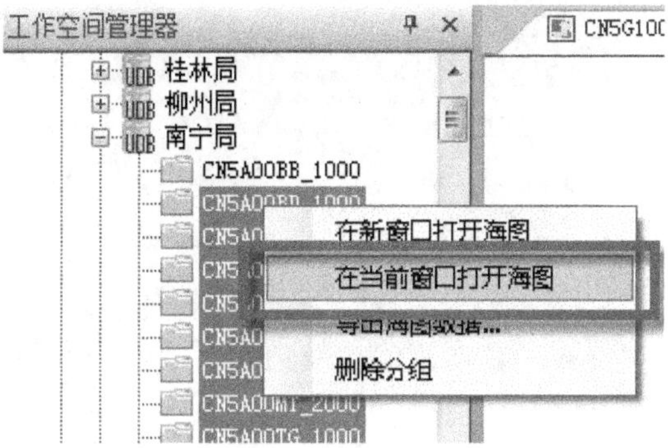

图 4.8　地图加载

4.5.4　地图渲染

海图渲染遵循 S-52 标准，超图 Deskpro.NET 平台已对此进行封装，相关功能存在于“海图属性”菜单功能中，包括显示属性、水深配置、显示过滤等功能模块，如图 4.9 所示。

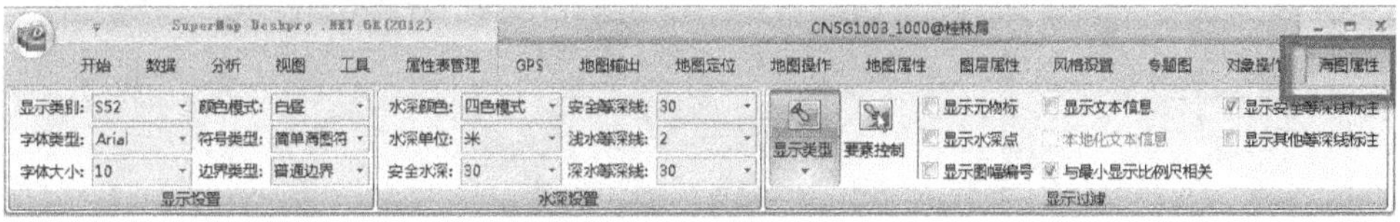

图 4.9　海图操作菜单

简单的地图渲染只需按以下步骤进行配置：

（1）可选择“显示类型”为“其他”，如图 4.10 所示。

（2）选择“要素控制”功能，将港航“一张图”中不需要显示的要素勾掉，例如可勾掉“桥梁”、“建筑群区”、“陆地区”等，如图 4.11 所示。

（3）海图标记显示的配置：对相关的标记进行显示过滤，如图 4.12 标注区域所示。

（4）设置相应的字体大小，默认为 10 号字，例如可使用 10.5 号字，如图 4.13 所示。

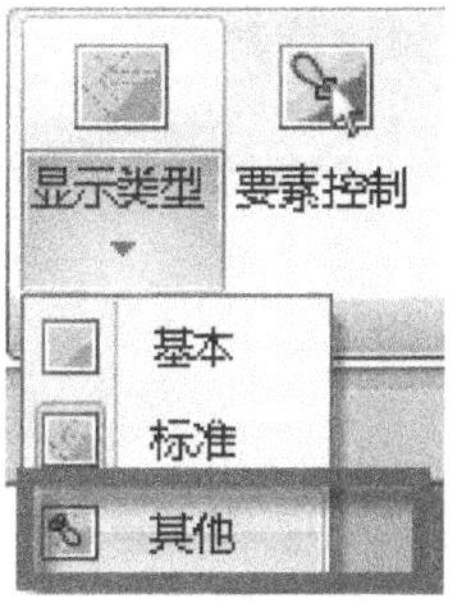

图 4.10　地图渲染——显示类型选择

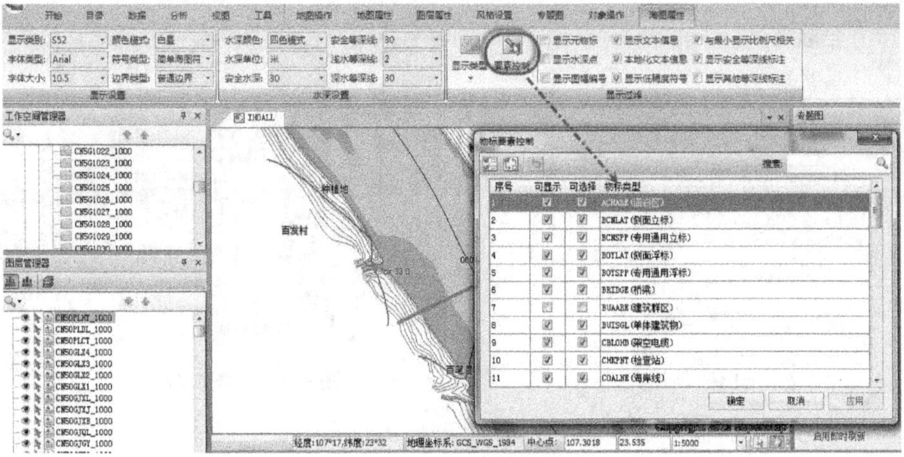

图 4.11 物标要素控制

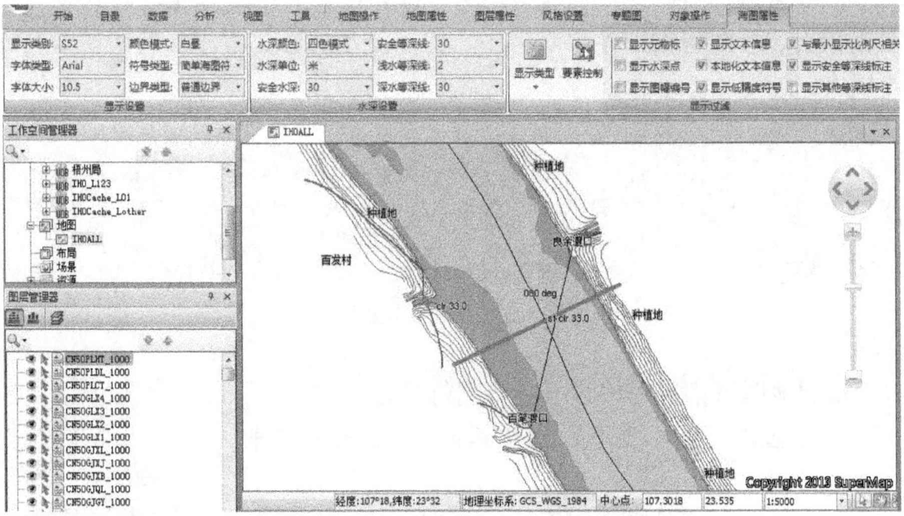

图 4.12 海图标记显示配置

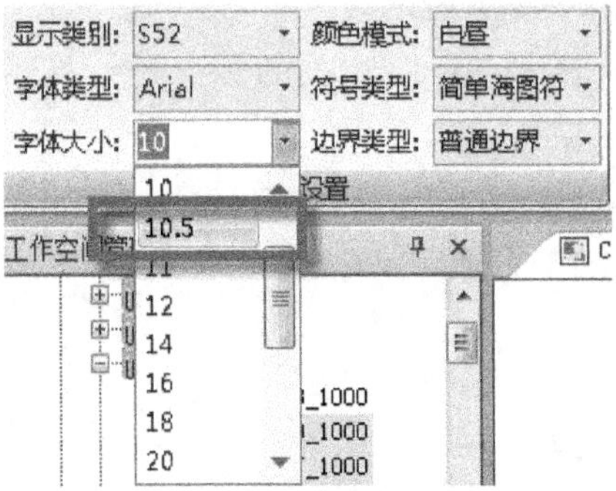

图 4.13 字体大小设置

4.5.5 专题图层加工

以约定的相关数据规范为依据，加工专题图。为方便对相关交通设施基础图层数据的查看和编辑，在港航电子数据库中将若干个相关的图层共同保存为一个项目图，并制作和使用专题图模板，对不同专题图设置不同风格的渲染颜色和符号等。例如，根据实际情况，可制作如下几类港航专题图层，如表 4.2 所示：

（1）航标专题图层。按照行政等级划分建设图层，图层主要包括各航段航标等信息。

（2）航道航段专题图层。按照行政等级划分建设图层，图层包括的具体信息分为航道、险滩、浅滩等。

（3）港口专题图层。按照行政等级划分建设图层，图层包括的具体信息分为港口、码头、泊位、港口构建物等。

表 4.2 港口专题图层

序号	专题图名称	专题类型	所用数据集	所用字段	值	图例标题	符号 / 填充色
1	航标专题图	单值	航标 _ 点	ACRONYM	BCNLAT	侧面立标	
					BCNSPP	专用通用立标	
					BOYLAT	侧面浮标	
					BOYSPP	灯标	
					LIGHTS	灯标	
					LITVES	船标	
					TOPMAR	顶标	
2	航道专题图 按河流名称	单值	航道 _ 线	RIVERNAME	右江	右江	
					红水河	红水河	
					柳江	柳江	
					桂江	桂江	
					浔江	浔江	
					漓江	漓江	
					邕江	邕江	
					郁江	郁江	
					黔江	黔江	
					西津水库	西津水库	
			深水航道 _ 面	RIVERNAME	右江	右江	
					红水河	红水河	

续表 4.2

序号	专题图名称	专题类型	所用数据集	所用字段	值	图例标题	符号/填充色
2	航道专题图 按河流名称	单值	深水航道_面	RIVERNAME	柳江	柳江	
					桂江	桂江	
					浔江	浔江	
					漓江	漓江	
					邕江	邕江	
					郁江	郁江	
					黔江	黔江	
					西津水库	西津水库	
3	航道专题图 按类型	单值	航道_线	ACRONYM	DWRTCL	深水航道中心线	
					RCRTCL	推荐航道中心线	
					RECTRC	推荐航道	
		—	深水航道_面	—	—	—	
4	港口专题图	单值	港口_码头_点	KIND_TYPE	渡口	渡口	
					码头	码头	
					港口	港口	

4.5.6 缓存制作

采用后台数据管理软件对已经采集整合的空间数据进行“网格化”切图处理，统一存放在服务器磁盘空间里，通过GIS服务器来发布，支持基于WebGIS技术的动态切片、动态加载地图的缓存技术。若后期空间数据发生变化，需要对待修改的“网格”重新切片进行局部更新即可，避免因微小变化而将所有的地图数据重新加工更新。

缓存制作实现地图图片的分级切割，以目录方式存储切割后的地图瓦片数据，形成基础缓存数据、专题应用数据、元数据等数据库，配合平台运维数据，共同构成一套公共服务数据库。

电子航道图显示应以能够完整显示航道管理要素及其逻辑关系，并综合考虑用图需要、使用权限、图面简洁等。电子航道图的采集比例尺较精细，一般考虑以下几个比例尺的显示内容（见表 4.3）。

表 4.3 电子航道图显示内容说明

比例尺	显示物标内容
总图	水系网 城市、河流、航道管理局（注记）
1:100000 至 1:50000	助航标志 等深线、等高线、岸线、礁石、码头（滑槽、缆车轨道）等、船闸、管线设施、交通设施（路、桥、渡口等） 村庄 地名注记（城市、河流、县城、乡、镇、航道管理局、分局、航道站点、重要地名注记） 各类物标属性 各类面域
小于或等于 1:10000	1:10 万至 1:5 万的全部内容 助航标志（注记）、航道中心线、规划航道中心线、水深点（密度符合 1:1 万比例图数据要求）
小于或等于 1:5000	小于或等于 1:1 万的全部内容
小于或等于 1:1000	水深点
大于 1:1000	可显示全部内容

为确保电子航道图的保密要求，应对不同专用图的显示物标及数据量进行技术处理，形成不同版本，表 4.4 为某港航管理机构对不同专用图显示物标的要求。

表 4.4 电子航道图用图权限控制

显示比例	对外发布用图	监控用图	养护用图
总图	√	√	√
小于或等于 1:10000	√	√	√
小于或等于 1:5000	√	√	√
小于或等于 1:2000			√
小于或等于 1:1000			√
大于 1:1000			√

由于海图通常数据量大，计算机软硬件性能若支撑不足，全部加载海图时可能会出现保存不成功的现象，建议采取分开加载的方式，例如针对广西电子航道图，可先加载南宁局的航道图保存成地图，并制作缓存。然后再依次加载

其他航道局的航道图，采取“追加缓存”的方式，完成整幅海图的缓存制作。操作简单说明如下：

（1）选择“地图缓存”，如图 4.14 所示。

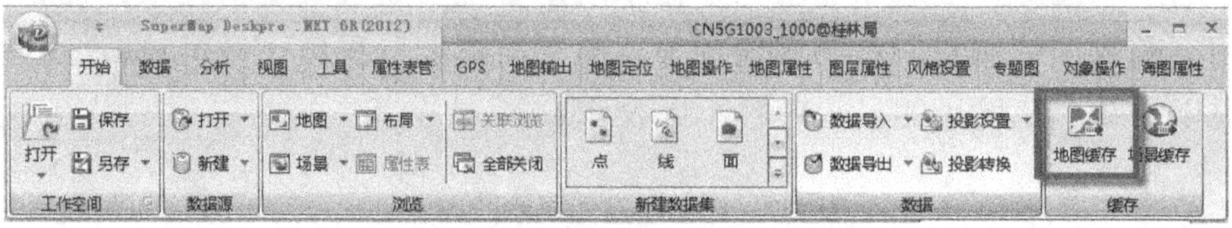

图 4.14 地图缓存选择

（2）导入已经制作好的 sci 文件，选择之前制作的海图缓存配置文件即可，如 IHOAllBin.sci，如图 4.15 所示。

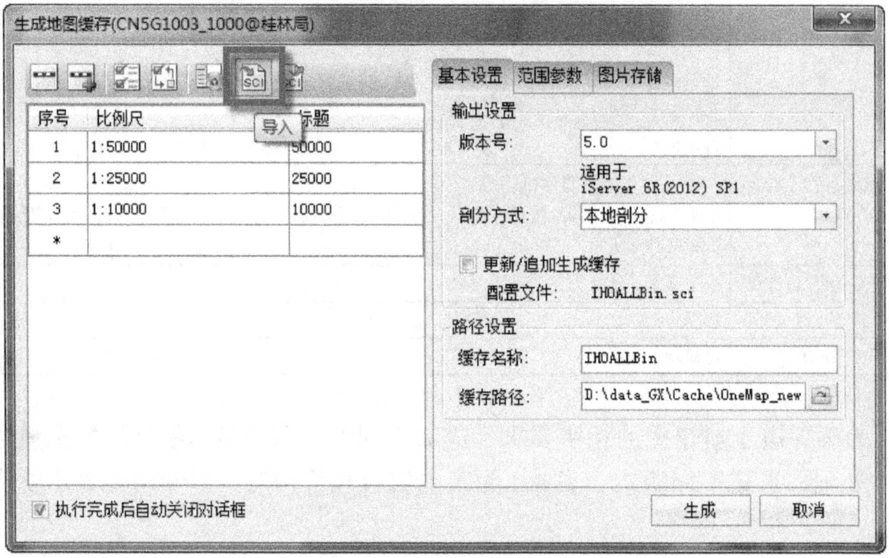

图 4.15 sci 文件导入

（3）检查“范围参数”，主要是索引范围，其值如图 4.16 所示。

（4）图片存储注意勾选“完全填充缓存图片”，图片类型可以为 PNG 或 JPG，如图 4.17 所示。

（5）切换到基本设置选项卡中设置缓存名称及缓存路径，如图 4.18 所示。

（6）第一幅地图缓存制作完毕后，其他水域的地图制作缓存时，选择所存储缓存的 sci 文件导入使用即可，勾选“更新 / 追加生成缓存”，使新生成的缓存追加到原有缓存中，如图 4.19 所示。

图 4.16 范围参数设置

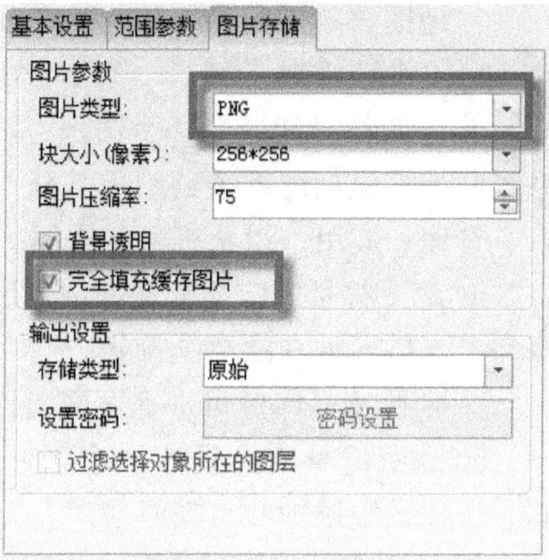

图 4.17 图片存储设置

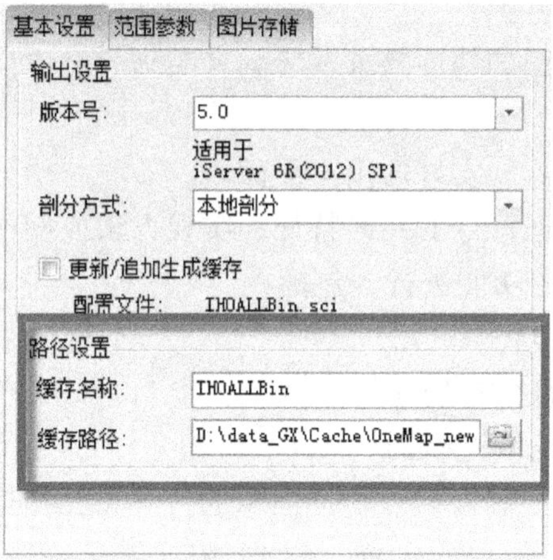

图 4.18 缓存设置

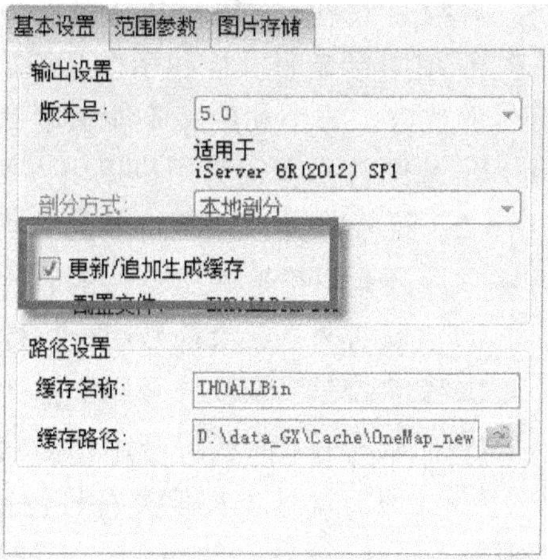

图 4.19 追加缓存设置

4.5.7 标准规范

在港航“一张图”的制作过程中，形成了一系列有关业务系统、空间数据等的标准规范。

1. 图层命名、分类规范

空间专题数据分层、分类体系是本平台建设的关键点之一，考虑到空间专题图层规划内容一方面要符合现有的业务工作实际，另一方面也必须能够支持随着工作业务调整所带来的变化。具体规划过程中需要遵循标准化、实用性和可扩展性的原则。

2. 地图渲染规范

（1）符号原则：

① 地图符号库应是一个结构、功能完整的专用软件系统，或其他地理信息系统和计算机制图系统的组成部分。应能提供各种地图符号的创建、组织、检索、管理和应用，以及符号的增加、删除、修改等功能。

② 地图符号库应能管理和制作所有现行的各种比例尺地形图符号，也可根据需要支持各种专题地图符号。

③ 地图符号库应可根据不同条件和图式变化进行扩充、更新和调整。

④ 地图符号库在设计与建立时，应同时编制和保留各种较详细的文档资料，以便系统维护和更新时使用。

⑤ 地图符号库应支持通用的数据格式和接口。

⑥ 地图符号库所管理和制作的符号须具有高度的灵活性，符号的色彩、大小、旋转、平面位置等参数变量应为外部变量。

⑦ 地图符号的设计和制作必须满足地图的精度要求，应具有明确的定位且符号的放大、缩小和旋转不能引起变形。

⑧ 地图符号库须为用户提供方便的工具和友好的用户界面。

（2）符号分类。地图符号的分类应依据符号的几何特征、实现方法或操作方法，以及地图符号库所支持的软件平台的功能进行，包括：

① 点状符号：点状符号用于描述独立地物。

② 线状符号：线状符号用于描述呈线状分布的地物。

③ 面状符号：面状符号用作面状地物的填充模式。

④ 其他类符号：其他类符号包括用于绘制以多点定位表示的符号（其符号结构一定，但符号尺寸可变，且取决于定位点的位置），如半依比例尺符号、特殊的专题图符号等。

3. 数据更新规范

（1）制定数据更新机制：

① 数据更新机制根据数据的分布情况、服务对象、职能部门、技术力量、基础设施等多种因素综合考虑。

② 根据交通专题图层规划内容，具体管辖交通专题图层专门的内容的业务部门原则上负责该数据资源的更新。

③ 基础测绘地图及遥感影像图进行周期性更新。

（2）制定数据的更新维护的安全控制机制：

① 结合数据库的权限管理和数据管理服务系统的权限管理，建立起数据更新的权限控制机制，包括图形操作用户组、图形浏览用户组，图形操作用户组的不同用户只能具有更新操作该具体专题图层的权限。

② 建立港航专题图层的更新审查机制，对于具体需要更新的专题图层的内容，只有经过上级主管单位负责人批准后才能进行更新操作，对各基层业务单位更新后的信息必须通过负责人审查后才能进入数据库中。

③ 基于 GIS 软件本身的数据版本控制工作，对于不同时期的历史数据建立起版本管理机制，同时，通过备份方式，存储不同版本的数据资源，充分保障由于不确定性因素而导致的数据遗失。

（3）制定数据的更新维护相关保障机制：数据的更新维护必须建立起相关的保障制度规范，各个业务部门必须根据该制度内容进行执行，从制度源头保障数据更新工作。

4.5.8 港航“一张图”建设效果

港航“一张图”的建设效果如图 4.20 所示。

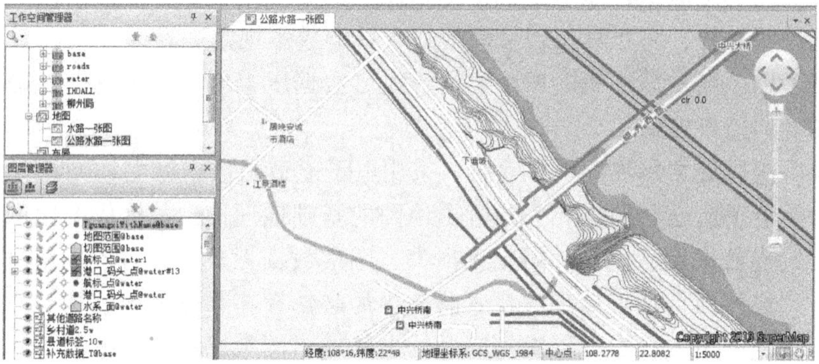

图 4.20 港航“一张图”效果图

将比例尺进行放大，可更清晰地展示电子航道图的内容，如图 4.21 所示。

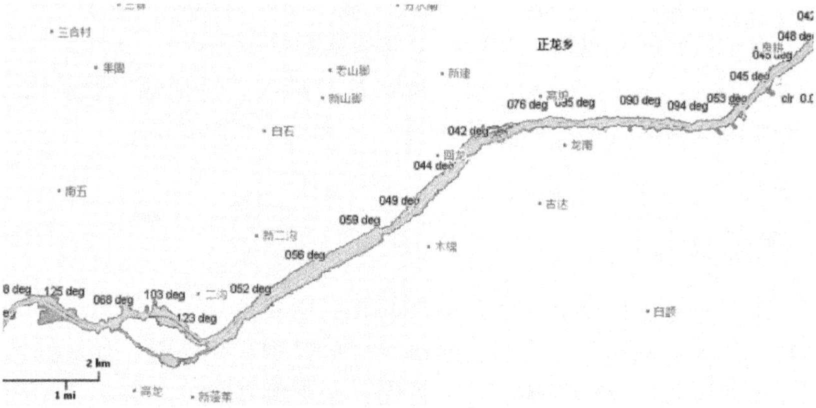

图 4.21 电子航道图示例

4.5.9 港航“一张图”与公路“一张图”的整合

在交通行业的实际应用需求中，往往需要将数字港航“一张图”与公路“一张图”进行整合，形成交通运输行业统一电子地图（即公路水路“一张图”），为日常运行监测与分析、行业综合运行分析和公众出行信息服务等业务系统及各相关业务部门提供完整的交通地图数据展现。

整合后的地图数据，需严格按照平台管理约定的图层命名、分类规范等内容进行，尤其对专题图层进行加工设计后叠加完成。进行地图渲染和加工时，使用预先制作地理实体数据模型、电子地图模板以及相应矢量、栅格、晕渲地图符号库和字体库，实现数据整合的快捷、标准化处理。

数据整合时，可按下列顺序进行图层的叠加汇总：

（1）以基础地理信息数据为底图，主要内容为行政区划数据。

（2）以电子航道图压盖基础地理信息底图，电子航道图中应将“陆地”内容进行透明处理，防止其压盖沿岸地物，并形成不规则边界。

（3）以公路专题数据、POI数据、地名数据压盖电子航道图，以确保电子航道图上的路桥连通。

（4）接边处水路界线不一致时，采用电子航道图数据为主。

由于电子航道图数据和公路电子地图的基础地理信息数据成图比例尺不一样，要实现数据无缝拼合、精度无损失、图层数据无缺失，对于数据拼合处需要进行一定的数据加工处理。在水路交界处必然存在水路地图数据的衔接以及水路数据相互覆盖或存在缝隙等问题。电子航道图数据和公路电子地图数据分别按不同比例尺成图，前者在沿岸要素详细程度、数据精度等方面远远优于后者，两种数据所表达的信息在接边处经常会发生矛盾。由于公路电子地图数据成图更新频率低、比例尺小，信息比电子航道图数据要少，二者衔接的处理原则是小比例尺数据服从大比例尺数据、信息简单的数据服从信息丰富的数据。根据该原则对被服从方数据进行更新（包括重新绘制）。

数据整合过程基本上符合“低精度服从高精度，小比例尺服从大比例尺，不明显地物服从明显地物”的原则。

4.6 服务接口

为确保以港航地理信息平台为基础的各应用系统规范、快速、稳定地开发建设，并为以港航地理信息平台为基础开发的系列应用系统，如航标监控、海事监管、水上搜救、船舶管理、信息发布、水上警务动态跟踪等系统的未来应用提供服务，须对各应用系统共用的GIS功能进行设计和封装，形成一套港航地理信息服务接口。

将港航地理信息平台“一张图”及航标、航道、港口等专题图进行缓存数据处理，并通过服务式 GIS 产品发布相应 WMS/WFS/REST 地图数据服务。根据服务的功能类型，在构建港航地理信息服务平台的过程中，可将地理信息服务接口划分为三类：GIS 通用组件服务、数据共享服务、港航业务专题服务。

4.6.1 GIS 通用组件服务

此类服务的设置可列举如下：

1. 通用电子地图操作服务 API

主要包括地图显示和操作、图层控制、多图同屏显示、多源数据接入、鹰眼、定位、地图测量、用户标注、绘图、专题制图、查询搜索、空间分析、保存打印等功能，提供 API 调用，支持二次开发。

（1）地图显示与操作。实现地图基本的显示以及用户自由漫游地图所具备的基本功能，包括：地图放大、缩小、平移、居中、全屏、指北针与比例尺等功能。

（2）图层控制。自由选择需要加载的图层，图层以分组方式显示，用户可以自由设置地图上需要显示或隐藏的图层。

（3）多图同屏显示。一个视图上能支持多个地图显示，地图之间的操作可设置自动联动。

（4）多源数据接入。电子地图 API 须提供接口使用多种数据源（如公众版电子地图数据、政务版电子地图数据、业务信息图层数据、遥感影像电子地图数据等）；电子地图 API 还可以调用平台外部提供的数据服务和 GeoRSS、JSON、GML、KML、WMTS、WMS-C、WFS 等数据（服务）格式。

（5）鹰眼。鹰眼地图能够显示当前用户浏览地图的所在区域，也可以通过单击鹰眼图，让地图中心平移到该点上。鹰眼可以隐藏和显示。

（6）定位。可根据坐标点或范围定位。

（7）地图测量。支持用户通过互联网直接在地图上行对各种地图实体进行测量，包括坐标测量、长度测量和面积测量三种。

（8）用户标注。用户可以在地图上添加、删除和修改标注（点、线、面，例如轨迹、路线、集合点等用户自定义信息），定义标注样式，选择绘制点的图标（包括各种图片格式和 swf 文件），相关 tip 的背景、透明度、颜色、字体、链接、图片等，管理标注信息。在地图操作时，点击标注可以显示标注的内容信息，信息保存在服务器端，支持用户上传和下载标注信息。

（9）绘图。绘图功能是支持用户在地图上绘制点、线、面等图形，可以编辑以及删除已绘制的图形，用户可自定义图形样式，样式定义采用 SLD 标准，使用绘图接口开发者可进行空间拓扑、标注、数据编辑等方面功能的扩展开发。

（10）专题制图。在空间统计单元基础上，支持页面直接输入数据，或关联已经存在的数据表格，将数据以专题图的形式在地图上展示，专题图的样式等可配置，制图成果可打印输出。

（11）查询搜索。提供的地图搜索有POI查询（按类型、区域等进行查询）、道路信息查询、公交线路查询（包括站点的查询）等功能。在交互方式上，用户既可根据属性数据查询地图信息，也可以通过地图交互查询相关位置或对象的属性数据，同时进行定位显示。

（12）空间分析。空间分析主要包括缓冲区分析、叠置分析、网络分析等多个类型的服务。

（13）保存打印。支持对当前地图的保存和打印，可以包含当前地图上的POI和标注信息。支持pdf、jpg输出。

（14）提供API调用，支持二次开发。

2. 地图信息搜索和定位功能服务API

（1）实现用户指定行政区划、航线地图定位。

（2）实现用户对港口、航道航段等信息的模糊搜索定位。

4.6.2　数据共享服务

对港航专题数据、基础数据均提供WFS/REST类型的数据共享服务。港航专题包括河流、航道管理处、航标等数据共享服务。基础数据服务提供行政区划、桥梁等数据共享服务。对于有公众出行服务需求或兴趣点服务需求较多的服务平台，可提供包含各类兴趣点要素的全要素POI数据共享服务。

港航“一张图”为各业务系统提供丰富的交通地理信息服务，空间地理信息数据作为一种战略资源，需要为互联网地图应用系统如公众出行服务系统提供服务时应尤其注意保密工作。如果使用1:1万参考比例尺数据在非涉密环境运行时，应进行脱密处理，即国家测绘局保密技术处理和涉密内容删除操作。通过导航电子地图提供商购买已经脱密的导航电子地图，或由测绘部门对电子地图数据进行脱密处理，均可达到数据脱密要求。

4.6.3　港航业务专题服务

为港航相关应用系统提供服务，对常用的GIS业务功能进行设计和封装，形成GIS业务组件和接口，提供专业性较强的地图数据服务和业务功能服务。例如建立航道信息服务API，航道信息属于交通行业特有的数据，封装航道信息服务接口，提供航道信息的查询以及定位等服务。

充分利用港航地理信息平台“一张图”，建立各专题图层的WMS/WFS/REST地图数据服务和动态数据服务，同时，使用服务聚合技术，将不同的地图服务进行组合，形成港口、码头、航道、航段、航标、枢纽等丰富多样的专题图地图服务。

4.7 港航地理信息应用系统

港航地理信息应用系统建设，可由空间数据管理与更新子系统及港航地理信息共享服务子系统构成。以下以广西壮族自治区港航地理信息应用平台为例，说明该平台应用系统的建设要点。

4.7.1 空间数据管理与更新子系统

电子海图数据更新分为小改正更新、改版更新和新版更新等。电子海图的小改正更新是根据《港口航道图改正通告》出版时间和间隔进行更新，《港口航道图改正通告》内容涉及的电子海图都会更新。电子海图的改版更新则为不定期更新，根据电子海图所在区域、图幅位置的不同，其数据测量时间间隔也不同，目前存在着每3个月、半年、一年等多种再版情况。新版更新则是电子海图的重新出版。

电子海图的小改正更新对于航海用户是十分重要的，这些更新包括水深、锚地、航标、航行障碍物等与航海相关信息的更新，关系到船舶航行的安全。电子海图小改正更新能避免用户自己根据《港口航道图改正通告》等实施更新改正可能产生的各种错误和偏差，从而影响航行安全。

港航地理信息平台空间数据管理与更新子系统主要实现对空间数据和GIS属性数据的统一管理，并提供更新和维护手段来完成地图的更新。

1. 空间数据库管理

当用户新增一类空间数据时，就需要调用该功能模块来实现空间数据的扩增。主要包括以下功能：

（1）创建/注册/注销数据源库，包括设置投影信息。

（2）注册/注销/删除数据集，数据集的导入。

（3）数据集属性字段的扩展（用户可以自定义每个数据集的属性字段）。

（4）数据集索引维护（为数据集创建空间索引和影像金字塔）。

2. 目录管理

目录管理主要是用来组织数据，可以将逻辑库、数据集、地图、图层分目录组织显示，尤其在数据集和图层中，将其按最新的八大类来分层显示。主要包括以下功能：

（1）创建/编辑/删除逻辑库目录。

（2）创建/编辑/删除数据集目录。

（3）创建 / 编辑 / 删除地图目录。

（4）创建 / 编辑 / 删除图层目录。

3. 元数据管理

元数据是关于数据的数据，主要描述数据的内容、质量、空间范围、来源、精度等，元数据是用于管理基础地理数据的数据。元数据管理的功能主要有：元数据的生成、录入与修改、元数据输出、元数据查询、元数据检查等功能，支持项目制定的多级元数据应用以及元数据与空间数据库的动态一致性维护、版本控制等。其中元数据的生成、录入与修改、检查等面向元数据管理人员使用，元数据的查询和输出可以面向基础地理信息系统的普通用户使用。

系统中可以对逻辑库、数据集、地图、图幅定义元数据。

4. 空间数据编辑

用户通过工具栏进行数据编辑，提供绘制点、线、面、注记等功能，并且通过编辑工具栏实现修剪、延伸、打断、重采样线段、节点编辑、复制、旋转等功能。

5. 历史数据管理

目前由于电子航道图主要是基于图幅来进行更新，所以系统要支持图幅范围的历史，可以进行历史的查询、浏览、导出下载；同时也要支持图幅时序的功能，实现可以查看任一时刻入库的图幅。

6. 制图打印输出

实现对地图的如下打印输出功能：

（1）将当前窗口 / 全幅地图输出到 bmp 文件。

（2）将当前窗口、画定区域范围输出到布局窗口进行多要素布局打印。

7. 数据索引管理

数据索引管理主要包括图幅索引和行政区划索引。由于传统测绘都是基于图幅来生产数据，而且在实际应用中也多是以图幅为单位进行（如：以图幅来提取数据，以图幅来进行数据查询、分析及定位），所以系统要建立图幅索引，方便用户使用，同样行政区划则也是一级用来进行数据浏览定位的索引。此外系统还要将行政区划和图幅索引进行关联，可以实现互查。

8. 数据入库

数据入库分为两部分，基础地形空间数据和元数据。基础地形空间数据入库时先要自动保存空间数据历史，自动根据入库数据包含的图幅进行历史数据的裁剪。元数据入库时也是先要保存历史。数据入库时会涉及用户权限问题，所以在数据处理子系统启动时，登录用户必须具有入库权限。

9. 数据交换

为实现交通地理信息资源纵向与交通部、各厅直属部门和市级交通行政管理部门、横向与省政府和其他省级机关部门的交换和共享，系统基础地理数据的组织（数据集、分层、编码等）依据国家测绘局和省测绘局的基础地理信息数据组织的相关规定进行；交通专题数据的空间数据组织也采用基础地理信息的类似组织原则进行。在此基础上制定港航 GIS 相应的数据组织规范和标准，提供将本系统的数据转换为标准数据格式的功能，使数据能够与其他业务部门的地理信息数据交换。

10. 系统权限管理

各种格式的空间数据和属性数据是基础地理信息系统的血液，其重要性不言而喻，如何安全、合理地管理这些数据是系统重点考虑的问题。

系统主要包括如下安全管理功能：

（1）用户管理：用于增删编辑系统用户，设置用户隶属的角色。

（2）角色管理：用于定义对系统资源与功能进行权限访问设置。

（3）日志管理：用于记录用户对系统操作的过程，包括分类数据浏览、编辑、下载、删除等日志记录。

有关港航地理信息平台空间数据管理与更新子系统的界面如图 4.22 所示。

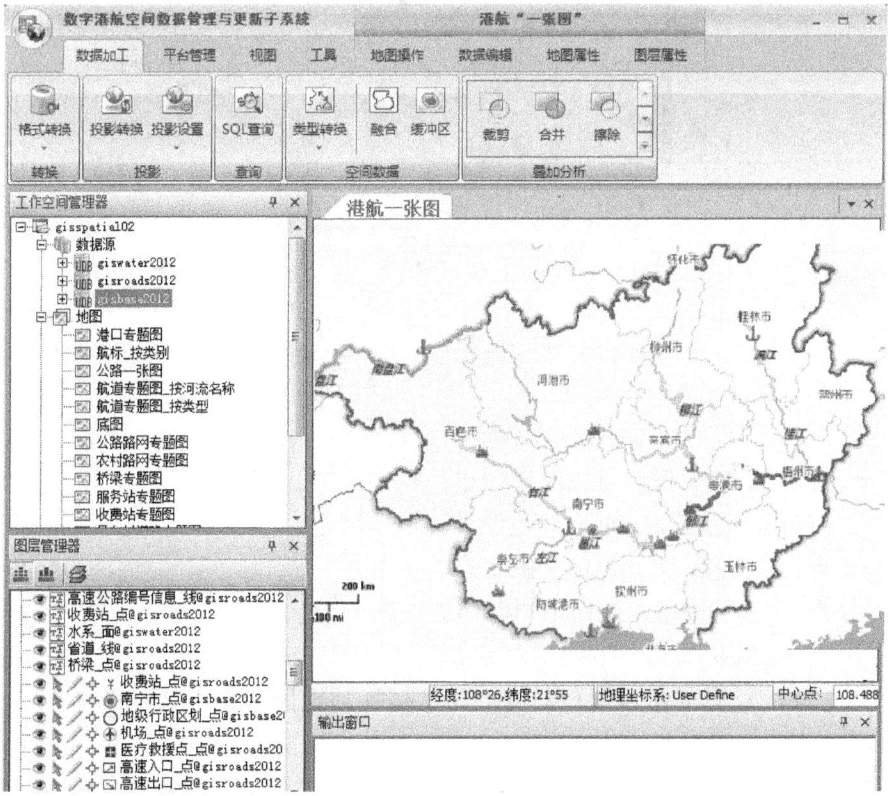

图 4.22 港航地理信息平台空间数据管理与更新子系统

4.7.2 港航地理信息共享服务子系统

港航地理信息共享服务子系统提供了 GIS-T 的综合展示功能。主要功能包括：

（1）用户登录。用户通过认证登录到客户端系统中，系统自动识别登录用户的身份，查询用户对空间地理信息平台的目录及元数据的操作权限以及对空间数据的浏览访问权限。调用身份认证接口判断用户是否有权限登录共享交换客户端子系统。查询出用户能访问的目录以及元数据信息，以及用户能访问的空间数据信息。

（2）数字港航“一张图”功能。利用港航地理信息服务平台，提供港航“一张图”以及各专题图层的 WMS/WFS/Rest 地图数据服务和动态数据服务，构建 GIS 综合展示平台的港航 GIS“一张图”展示功能。其展示效果如图 4.23 所示。

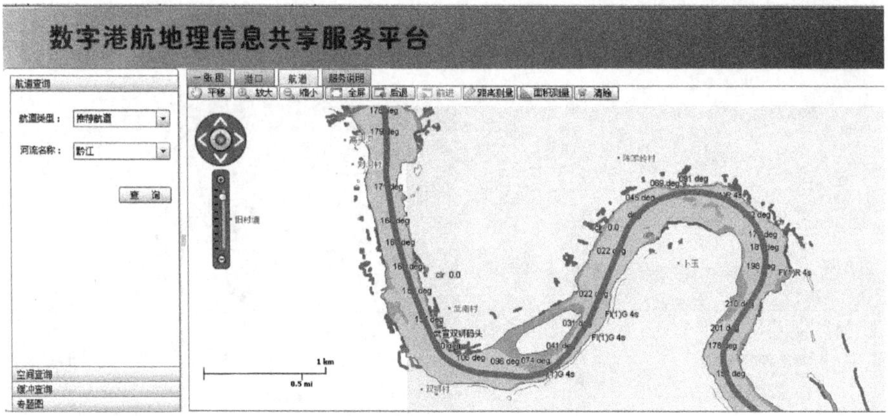

图 4.23 数字港航地理信息共享服务平台

在“一张图”中对地图的基本操作可概括为：

① 点击按钮，可以对地图进行拉框放大。

② 点击按钮，可以对地图进行拉框缩小。

③ 点击按钮，返回全图状态。

④ 点击按钮，返回用户操作的地图上一状态。

⑤ 点击按钮，返回用户操作的地图下一状态。

⑥ 点击按钮，用户只可以用鼠标拖动地图，不可通过鼠标对地图进行放大、缩小操作。

⑦ 点击按钮，可以对地图进行测距。操作方法为：用鼠标点击地图上的一点，然后点击地图上的另一点，直到在最后一点的时候双击。这时点击

后连起来的线的距离就会显示到提示框中。

⑧ 点击按钮，可以对地图进行测面。操作方法为：用鼠标点击地图上的一点，然后点击地图上的另一点，直到在最后一点的时候双击。这时点击后连起来的线范围内的面积就会显示到提示框中。

⑨ 打印输出，用户可以将地图按指定需要的范围导出成 *.shp、*.jpg 等通用的矢量、栅格数据格式，也可以将图形打印输出，包括标准图幅出图、不规则范围出图等，并提供文本编辑功能和图元添加功能；用户可以在出图前，在地图上添加本文内容来注释图形；用户可以根据自己需要来添加图片、指北针等元素到地图上。

（3）水路专题图展示功能。水路专题图展示主要实现对水路进行航道搜索、空间查询、缓冲查询以及对水路相关图层的专题图的展示。其查询条件可参考如下设置：

① 空间数据库信息：空间数据源标识、端口、IP、描述性信息。

② 按航道等级：选择一级航道、二级航道、三级航道、四级航道和五级航道。

③ 按河流名称：用以定位水路的区域范围。

④ 按航段名称：航段搜索的名称。

⑤ 图层名称：选择港口、航标、水位水情监测设备图层。

⑥ 缓冲对象：选择要查询的缓冲对象。

⑦ 查找对象：选择港口、航标、水位水情监测设备。

⑧ 查找范围：选择直线缓冲范围长度。

（4）服务综合展现功能。本系统可提供 GIS 通用组件与接口、GIS 业务组件与接口的列表展示和使用说明。GIS 应用程序接口使用 Web Services 技术实现，封装 GIS 地图信息搜索和定位、数据查询、通用电子地图操作等通用组件与接口，以及桩号航标定位、路径策划、视频监控等业务组件与接口，通过 Web 服务的方式进行发布并提供。GIS 综合展示提供 GIS 应用程序接口内容及使用说明等内容。

其展示效果如图 4.24 所示。

（5）系统管理。系统管理包括用户管理、参数设置、日志管理、数据备份和恢复等功能，具体如下：

① 用户管理：提供设置窗口设置访问交通地理信息服务平台的用户管理功能，包括增加、删除、修改用户角色、设置每个用户角色的用户名、用户口令、用户权限等。

② 参数设置：用于设置系统的运行参数，包括设置工具栏、长度、面积单位、系统界面、图形符号等与系统运行状况和运行效果等相关的参数。

③ 日志管理：提供日志管理窗口，记录当前使用用户的用户名称、每一项

GIS通用组件封装与接口

1. 接口说明：为确保以GIS为基础的各应用系统规范、快速、稳定地开发建设，并为自治区交通运输厅未来应用提供服务，须对各应用系统共用的GIS功能进行设计和封装。

2. 实现功能：

（1） 实现用户指定区划、路线地图定位；

（2） 实现用户对地名、路线或港口、航道等信息的模糊搜索定位；

（3） 实现路线用户指定里程段、指定桩号、位置的定位；

（4） 实现用户指定桥梁、隧道或航段其它相关点位要素的定位。

4. 接口详细：

名称LocateByAttribute

描述 根据地物属性信息进行定位，包括区划、路线、地名、港口、航道、桥梁、隧道等要素的定位，支持关键字的精确查询和模糊查询

参数 名称	类型	描述	约束
AttributeID	String	属性Id	Not null
AttributeValue	String	属性值	Not null

返回 （Feature）

图 4.24 GIS 服务列表

操作内容、操作时间、用户登录机器名、IP 地址等信息。同时提供删除、清空等管理日志功能。

④ 数据备份和恢复：提供系统数据库备份和恢复，提高系统安全可靠运行。提供备份数据库向导，备份系统的所有数据；提供两种恢复方式，即恢复到备份状态和恢复到系统数据库破坏状态。

第5章 港航运行监控服务平台建设

“明者远见于未萌，而智者避危于无形”——汉·司马相如

港航运行监控服务平台是数字港航的重要应用系统之一。它包括了水路交通运行监测系统、水路重点物资运输监控系统、水路危险化学品存储及动态监管系统，其任务是运用信息化手段建设覆盖本省（自治区、直辖市）级水路交通运输管理机构所辖地域，乃至形成全国水路交通行业统一的水路交通运行监测系统。港航运行监控服务平台通过对水路基础设施和运输装备运行的特征指标值监测，及时接报本行业各管理部门上报的运行数据和事件信息；监测水路交通运输日常运行状况，及时有效地发现异常状态，将突发事故消灭在萌芽之中；辅助主管部门及时把握行业运行动态，快速发现行业运行的异常情况，并采取相应调整措施，预防突发安全事件的发生。古人说得好“明者远见于未萌，而智者避危于无形”，通过港航运行监控服务平台实现水路交通运输行业内外监管与处置信息的交换共享，实现资源动态管理和科学调度，确保水路交通运输行业安全、有序、高效地运行。

5.1 水路交通运行监测系统

水路交通运行监测系统在深入分析水路交通的日常运行管理业务需求的基础上，重新审视和梳理各类应用场景，归纳和总结具体功能需求并抽象出具体的交换模型，同时针对各类传统的应用集成模式进行分析，建立统一的系统平台，主要实现水路交通基础设施的日常运行状况监测及各类突发事件的应急处置，对各类特征指标值进行实时监测，及时发现和接报各行业的异常运行状态和事件，便于主管部门及时把握行业运行动态，快速发现行业运行的异常情况并采取相应措施。

5.1.1 系统任务

水路运输是国民经济的基础性、服务性产业，水路运输的安全畅通关系到我国经济社会健康发展的全局。近年来，全球气候变暖，强台风、强降雨、大

雾、暴风雪等极端天气频繁，我国大陆及沿海发生洪涝、旱灾以及江河严重枯水的频率和强度明显增加，地震、海啸等特大自然灾害时有发生。这些极端天气和突发性自然灾害造成的恶劣海况以及滑坡、泥石流等，导致水毁、雪阻、船舶停航等，严重影响水路交通运输安全。目前，我国水路的运输体系已初步建成，但其资源调配、实时运行监测、应急处置以及大范围水路交通服务等能力仍有待提升。

近年来，我国水网规模日渐扩大并逐步走向完善。在水网中，由于“微循环”的日渐形成，重点航段船舶流量趋于饱和等因素使得水网对气象、突发事件、自然灾害等紧急情况的敏感度越来越高，因此，对水网运行状况进行必要的监测，并提供相应的信息服务的重要性日渐凸显。交通运输部推进水网管理和水网监测工作，而且各地水路交通运输管理机构也在大力推进水路交通状态视频监测、气象监测与预警等系统的建设。之所以建设水路交通运行监测系统，与以下几方面因素有关：

（1）恶劣天气剧增：极端异常天气增多，暴雪、大雾、结冰等恶劣天气急剧增多。

（2）地质灾害频发：山体滑坡、泥石流、地震等地质灾害事件频发。

（3）水路交通流量上升：机动船舶保有量快速增长，干线网水路交通流量快速上升。

（4）出行需求加大：伴随出行需求的快速增长，部分航段交通流量大，处于饱和状态的运输通道日益增多，造成局部水网时常出现水路交通拥挤现象。

建设水路交通运行监测系统背景因素如图5.1所示。

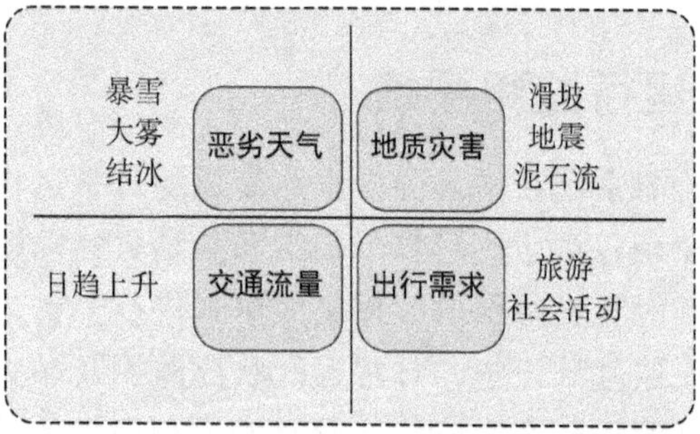

图5.1　建设水路交通运行监测系统的背景因素

以上因素导致水路交通运行环境趋于复杂，水网压力呈逐年上升趋势，有效地对水路交通实现日常运行状况监测及预警，可有效缩短水路交通突发事件的响应时间，提高应急处置效率，以有限的资源获得最大的安全效益，改善水路交通领域整体的安全状况及服务水平。

交通运输部在《公路水路交通运输信息化“十二五”发展规划》中明确规

定了有关运行监测体系建设的具体目标是：推进水路交通基础设施的数字化和智能化，水路交通基础设施和运输装备运行监测网络基本建成，干线网重要航段和内河干线航道重要航段监测覆盖率达到 70% 以上，重点营业性运输装备监测覆盖率达到 100%。

（1）依托水路交通运行监测系统建设，在全国所有省（自治区、直辖市）重点水域、航道、港口和通航枢纽的运行状态、环境、气象与灾害实现动态监测。

（2）实现对“两客一危”船舶和“四客一危”船舶（客渡船、旅游客船、高速客船、滚装客船和危险品运输船）的动态定位跟踪监测。

（3）初步建立水路客货运输市场动态运行信息监测体系。

5.1.2 系统需求

1. 功能性需求

通过水路交通运行监测系统的建设，实现信息接报、监测预警、信息发布、信息上传下达、资源管理、异地会商、统计分析、辅助决策等功能，满足“监管到位、协调联动、上下贯通、左右衔接、响应迅速、处置有效”的要求。日常运行状态的监测、预测和预警是应急管理的基础工作之一。根据交通运输部发布的《水路交通突发事件应急预案》，对于水路交通突发事件应急，应树立“以人为本、平急结合、科学应对、预防为主”的理念，“增强预警预防和应急处置能力，坚持预防与应急相结合，常态与非常态相结合，提高防范意识，做好预案演练、宣传和培训工作”，“建立和完善监测、预测和预警体系，做好常态下的风险评估、物资储备、队伍建设、预案演练等工作”，提高水路交通突发事件的应急处置能力。建设运行监测系统，有助于加强行业内外安全监管与应急处置信息的交换共享，实现水路日常运行资源的动态管理和科学调度，确保应急重点物资和抢险物资紧急运输，更好地保障人民生命财产安全。开展结合我国水路实际特点的运行监测技术研究是当前水路交通领域重点建设的系统平台之一。

1）监测对象

运行监测系统的主要监测对象可概括为以下几类：

（1）水网日常运行状态。

（2）水路交通日常运行状态。

（3）基建项目建设进展状态。

（4）重点水域等实时视频及移动视频。

2）预测预警

系统对于水路的日常运行状态进行实时监测，并对各类指标阈值进行预先设置，当运行状态指标超出相应的阈值时实现预测预警。

预测预警是指水网管理者在掌握现有信息的基础上，依照一定的方法与规律对未来的事情进行测算，以预先了解水路交通事件的发展结果。根据分析结果及可能性前兆，对可能发生的公共交通突发事件进行预警，报告危险情况，以最大限度地降低事件所造成的危害和损失。只有完善预测与预警功能，才能够使日常运行监测脱离“人海”战术和“数据海洋”，真正有效、及时地发现异常运行状态，综合分析可能引发特别重大、重大、较大突发公共事件的预测预警信息，做到“早发现、早报告、早处置”，将突发事故消灭在萌芽状态。

3）指挥调度

指挥调度是对整个事件的发生过程进行跟踪、支持，在短时间内对突发性危机事件做出快速反应并提供妥善的应对措施预案。当应急事件发生后，相关应急指挥机构应根据应急预案和流程，实现水路突发事件信息的报送接收、分析处理、综合显示、分发下达等功能；实现应急队伍、物资装备等应急资源的辅助调度和部署；实现应急处置指令跟踪、执行反馈、过程监督和效果评估等功能；实现对应急管理机构、应急队伍、物资设备、通信保障等人力、物力、财力资源的信息管理，包括资源监控（应急资源跟踪反馈、应急资源分布、应急资源状态等）以及物资储备、配置调度和编码管理等功能。科学开展相关处置措施及决策支持工作，必要时按照指令对水路实施调度指挥的具体执行工作，配合有关部门对局部拥堵航段进行水路交通分流和疏导，保障水路交通运行畅通。

当应急事件发生后，值班人员可借助热线电话、传真、短信平台和视频会议等通信手段，将指令信息下达给各级单位，也可以直接下达指令给各级单位人员，各级单位把事件进展和处理情况及时回复给调度中心，调度可并发进行。指挥调度人员将事件调度信息登记记录、处理和反馈，系统自动记录相关信息，包括电话录音、传真副本、短信内容、视频会议全程录像等。

4）基于移动终端的监测技术

水路交通运输具有地理位置分散的特点，在水路交通运输应急处置方面，不仅需要应急指挥中心的指挥调度，更重要的是要建立应用于水路交通运输日常事件监测及应急处置现场的移动智能终端体系。通过建立覆盖全省（自治区、直辖市）日常值守、航道管理人员的移动视频监控体系，可以极大地扩展应急处置范围，提高应急处置的效率和整体水平，从而使得水路交通运输应急处置摆脱“人海”战术、“拍脑袋决策”等过时的做法，进入智能化、信息化的时代。

随着近年来兴起的4G技术、WiFi技术等无线通信技术的成熟，特别是国家的政策支持有力地推进了我国移动互联网的建设和应用。同时，智能手机、云计算技术的发展，为应用于水路交通运输领域的智能终端的研发和推广应用提供了广阔的发展空间。

（1）适用于通用移动终端的视频监测技术。视频监控体系必须具有覆盖面广、灵活可移动、可大量配置的特点，满足现场数据采集和上传、应急资源和实时水路交通信息查询、应急指令同步等基本功能。

目前，国内常见的视频监控技术主要以固定摄像头、专用移动终端设备（例如视频监控船）为主。这两种方式各有优缺点：

固定摄像头主要适用于在重点航段布设监控，可以以较低的成本覆盖较大的范围，可大量配置。但是由于固定摄像头布设后不可移动，因此监控设备的重用性较低，适合于长期监控。

专用移动终端设备具有灵活可移动的特点，适用于针对突发事件的短期监控，并且可以为应急处置提供更专业、监测与应急指挥一体化的监测服务。但是由于专用移动终端设备的专用性，其价格非常昂贵，应用范围也相对受限制。移动视频通信设备由基本硬件配置、车载云台摄像机、3G（4G）通信包、海事卫星通信包组成。若只配置少量设备，很难覆盖全省（自治区、直辖市）内河航道、出海港口的监管范围。因此，通常并不适合构建低成本、覆盖面广、可大量配置的移动智能终端监控。

有关移动终端视频监测技术的建设需求如图 5.2 所示。

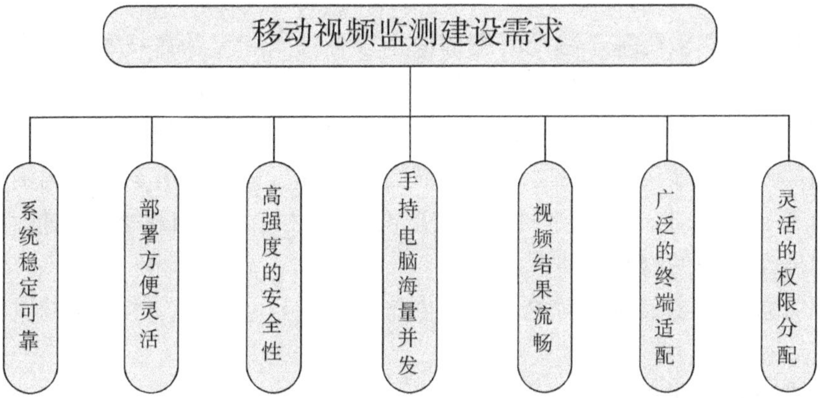

图 5.2 移动终端监测建设需求

可以设想，完成建设应用于水路交通运输日常事件监测及应急处置现场的移动智能终端体系之后，当突发事件发生时，航运应急工作人员可以利用随身携带的移动终端采集现场数据，通过 3G（4G）移动通信网络实现数据传送和远程图像传送，让指挥中心随时掌握现场情况，并作出科学评估，启动应急预案，制定行动方案，并通过 3G（4G）移动通信网络向当地应急工作人员下达具体的行动指令；当地应急工作人员可以通过移动设备连到指挥中心的应急处置平台上，查询全省（自治区、直辖市）水路交通和航道网的运行情况，反馈每一步行动指令下达后的反应效果，并与应急指挥中心和全省（自治区、直辖市）应急工作人员交流现场情况和处置情况。

（2）船载信息服务终端技术。目前，除了利用传统的桌面电脑与互联网接入系统获得服务外，系统用户还可以基于智能终端量身定做相应的终端程序，只要将智能终端接入无线网络，无论是在船上还是办公室内，都可以方便地查询、发布相关的服务信息和使用其他拓展功能。例如，基于适用性广、安全性高且便宜的Android系统智能终端，可以在提供在线海图和地图导航的基础上，融合发布航道实时水位水深信息及跨河拦河建筑物的净空高度信息，从而大大提高船舶内河航运安全性。

目前，内河航道电子地图所标的水深值通常采用近30年的水文观测的最低潮面作为基准面，内河航道水深受降雨影响，在洪水期和枯水期的差别较大，以内河航道电子地图所标的水深值发布给船舶，使得船舶无法获得内河航道实时水深。因此，如何及时获取内河实时水深信息是船舶在内河航行中一个非常关键的问题。另外，电子海图只适用于海洋运输，无法覆盖内河航道，这使得海船入江航行时，无法获得航道的实时动态信息；内河航道电子地图适用于内河运输，缺少港口地图信息，这对船舶与港口的信息交互造成极大不便。因此，如何实现内河航道电子地图、港口电子地图和电子海图的融合是船舶在内河航行中的又一个关键问题。

对此，可以采用基于移动终端的应用服务技术和云计算技术，实现内河航道电子地图、港口电子地图和电子海图的融合以及实时水深、实时净空的推算，通过移动终端在线发布实时水深，为船舶在内河航运中提供航行参考信息，大大提高船舶内河航运安全性。通过船载智能终端，使得所有运行在内河中的船舶均可被智能感知、监测和调度，实现船与船之间、船与岸之间的信息互通，建立起航运船舶的物联网体系。

针对系统的主要监测对象，结合值班人员的日常工作，本系统的主要需求如表5.1所示。

2. 非功能性需求

（1）性能需求。系统通过灵活的架构设计、优化的数据查询服务、优化的数据交换与共享服务等，对系统性能保障进行设计，主要需满足以下性能指标：

① 可用性及可靠性：系统满足7×24小时可持续使用，传输数据服务准确，不丢失数据。

② 可扩展性：系统功能扩充或使用单位增加时不影响现有系统功能和结构；当系统数据量和访问量增大而导致系统配置不能满足要求时，可以通过仅增加服务器等硬件进行解决，而不是在软件上做修改。

表 5.1 运行监测系统需求表

需求类型	需求内容
日常值守管理	值班员接收各单位工作报送的日常运行业务，如水路阻断、水路交通管制、异常天气等，根据实际情况录入系统，并在GIS上标注，同时将异常或预警信息审核后推送到有关部门，通过公众出行信息服务系统的网站、呼叫中心、短信平台、广播及网站模块进行发布
日常运行监测与预警	基于GIS平台，对水路交通量、能见度、气象、视频等信息监控，以便及时发现异常情况，通过与历史数据对比，为工作决策提供信息服务。对养护施工、阻断、气象、水路交通量、其他信息采集设备采集或人工填报的信息等进行处理、分析，实现日常监控
水路日常运行监测与预警	基于GIS平台，对港口码头、航道运行情况及重点水域进行视频监测
基建项目建设日常监测	基于GIS平台，在一张图中标注水路交通基础设施建设项目的位置，通过鼠标悬停显示项目基础信息、施工进度、投资完成情况等信息，点击查看详细信息
信息上传下达	上级水路交通运输管理机构对下级水路交通运输管理机构进行信息下达；下级机构值班人员对上级机构进行信息上传及对其他部门相关人员进行信息传达；自动记录上传下达的相关信息
初步应急处置	当发生水路交通突发事件时，系统可具备初步的应急处置功能，减轻和消除水路交通突发事件引起的严重社会危害，及时恢复水路交通正常运行，保障水路畅通，满足有效应对水路交通突发事件的需要

③ 实用性：系统设计以方便、简洁、高效、实用为目标，系统平台实现操作风格的统一、操作环节简洁、操作互动性强。允许用户自定义应用视角及界面展示方案，既充分体现快速反应的特点，又方便操作人员进行业务处理和综合管理。

④ 先进性：使用先进的计算机技术、通信技术、测控技术、视讯技术等，保证系统的技术领先性。

⑤ 响应性能：一般的查询响应时间在 2 秒内；带有复杂饼图、柱形图等的查询，响应时间在 5 秒内；统计分析的响应时间不超过 10 秒。

（2）故障处理需求。设置系统自检等运行状态，系统自检状态中，各分系统通过自我检测故障，及时提示系统的故障情况。

（3）安全性需求。为了防止用户误操作对系统运行及内部数据的损坏，本系统采取如下防护措施：

① 身份验证：用户须输入合法的用户名、口令方能进入系统进行操作；根据不同的用户权限，打开不同的功能模块。

② 输入信息的合法性检查：用户输入的信息需经过合法性检查，对于超出系统要求之外的内容需过滤掉。

③ 误操作防护：对关键数据的删除操作不实际删除，采取建立删除标志的方式，当出现误操作时，系统管理员可进行数据恢复。

④ 数据删除警示：在删除任何信息之前，都需提示用户是否确实进行删除操作。

5.1.3 系统服务对象

水路交通运行监测系统主要针对行业主管部门的各级管理者，根据不同的所属机构，以省级水路交通运输管理机构为例，可分为省港航管理局用户和港航管理局直属业务局用户两类。港航管理机构用户根据角色不同又可分为运维部门用户和业务部门用户。具体涉及本系统的用户如下所示：

（1）港航管理机构用户：

① 运维部门用户。

② 业务部门用户。

（2）直属业务机构用户：

① 信息查询类用户。

② 信息填报类用户。

③ 业务接收、处置、反馈类用户。

5.1.4 系统架构、流程、接口及建设任务

1. 系统架构

1）业务体系架构

根据我国水路交通行业的管理体制和机构现状，初步构建形成了国家级 / 省级 / 下属业务局级等多个层次的水路交通运行监测业务体系架构，如图 5.3 所示。

根据国家级、省级、下属业务局级、路段 / 航道段级等不同层面的管理和

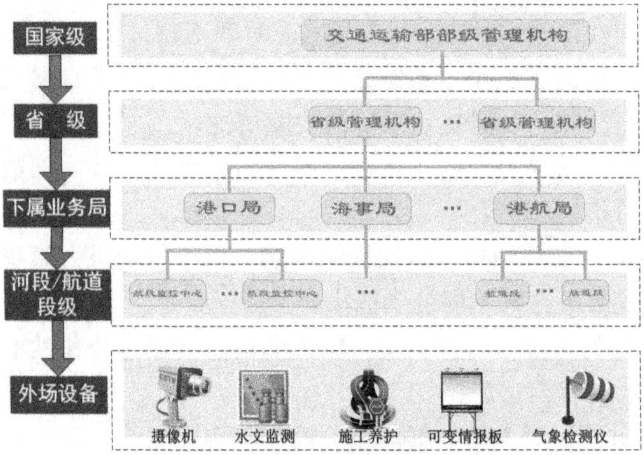

图 5.3　水路交通运行监测业务体系架构

使用需求，构建了相应的从简到繁的业务功能抽取、集中、集成，形成了不同层面的一体化运行监测模型。各层级关注的业务对象日常监测范围及内容从数据规模、信息发布、对外交互性等方面均存在差别，如图 5.4 所示。

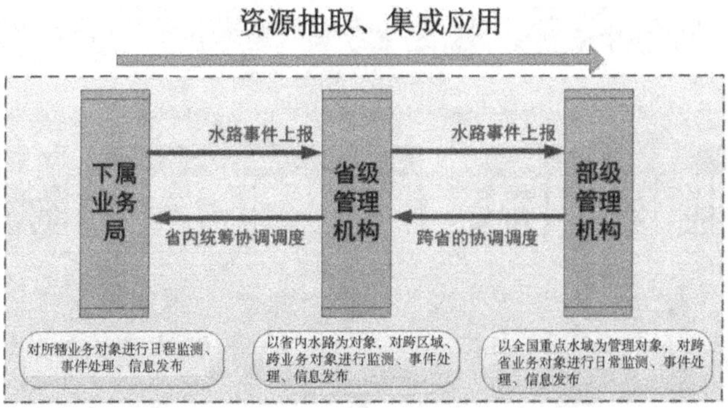

图 5.4 各层级关注的业务对象日常监测内容

（1）交通运输部部级管理机构。该机构作为国家级水路交通运行监测与协调管理的专门机构，负责全国沿海及重点内河水域等运行状态的日常监测，可随时调看监控录像和动态监测数据，实现跨区域、跨省的信息交换与协调指挥调度。当发生重特大水路突发事件时，对应急处置工作在事件动态信息获取、决策支持和指令下达等方面提供有效支撑。

（2）省级管理机构。该机构作为省级水路交通运行监测与协调管理的专门机构，负责省内水路交通业务的归集管理和综合应用，对全省重点水域进行运行状态的日常监测预警，可随时调看全省重点水域的监控图像和动态监测数据，负责全省范围内的动态调度和省内重特大水路突发事件的处置。

（3）下属业务局。按照单业务模式单独进行其机构所辖业务内容的日常运行监测。

2）应用体系架构

水路交通信息整合服务服务体系运行监测系统，所涉及的业务功能繁杂。为了更好地组织本系统的总体设计和开发，最大限度地实现相关已有系统及组件的可重用性和可扩展性，尽量减少其他系统对本系统的危害和影响，以客观、实际满足业务应用需求为主导，采取面向服务的架构（SOA）的设计思想，以“服务”为核心，采用分层结构，以企业服务总线（ESB）方式建立统一通信服务支撑平台，构造多层松散耦合的体系架构，实现水路各业务功能间的无缝集成，形成统一的体系结构和完整数据链，满足运行监测系统业务功能的集成需求。本系统的总体架构如图 5.5 所示。

运行监测系统的应用系统架构包括基础支撑层、数据资源层、应用系统通信平台、综合应用层等四个层次：

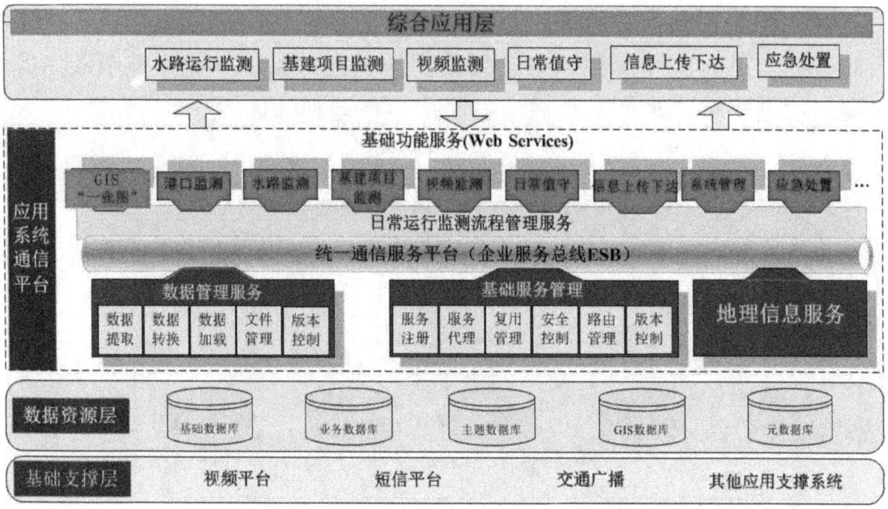

图 5.5　运行监测系统应用体系架构

（1）基础支撑层。基础支撑层主要包括视频平台、短信平台、水路交通广播等。其中，视频平台用于实现对各二层局视频接入；短信平台支持对行业管理者和社会公众提供各类水路交通短信提醒业务；水路交通广播可实现将水路交通行业运行监测信息交换至合作的广播水路交通频道。

（2）数据资源层。包括基础数据库（如水路基础设施、监控设施、收费设施、气象设施等）、各类业务实时业务数据库、主题数据库、GIS 数据库、元数据库等。通过对信息资源进行科学的分类组织，采用统一的建设规范和数据及交换标准，确保信息资源在采集、处理、传输以及分析、管理和共享的整个流程中在各应用间顺利交换，以实现知识管理和决策支持的目标，数据资源层为各类综合应用系统提供了数据支撑。

（3）应用系统通信平台。应用系统通信平台介于数据资源层和综合应用层之间，其功能是面向不同功能应用，为数据集成、应用集成和用户界面集成提供基础支撑。

① 数据管理服务：包括数据提取、数据转换、数据加载、文件管理和版本控制，提供数据相关的数据库管理服务。

② 基础服务管理：基于 Web Services 的接口方式，提供服务注册、服务代理、复用管理、路由管理、安全控制、版本控制等。

③ 地理信息服务：提供水路交通 GIS 共享平台的接入接口，通过 GIS 共享平台提供的开发接口将本系统的业务数据层叠加到 GIS 共享平台提供的基础数据展示层上，满足运行监测业务基于水路交通 GIS 共享平台的实现和应用。

（4）综合应用层。通过深入分析水路交通运输行业的业务需求，整合、设计开发综合应用子系统。本系统可依据业务的耦合性及功能的独立性划分为日常运行监测、水路日常运行监测、基建项目监测、视频监测、日常值守、信息上传下达、应急处置等。

3）系统架构实现方式

根据日常监测系统的建设特点，本系统的实现可采用图 5.6 所示方式。

系统采用 Silverlight 应用程序（客户端）和服务器应用程序（服务器端）设计，其中 Silverlight 应用程序由用户控件和样式构成。客户端通过调用服务器端的 WCF 服务数据访问接口，依照服务的操作约定和数据约定，来实现各类水路交通运行数据在 Silverlight 程序与服务器端的远程通信。数据约定公开了服务器应用程序中的实体类结构。

在服务器的后台数据中心端，设计定义了各类数据资源供系统使用。系统采用 B/S 模式，客户端和服务器端连接采用 HTTP 协议，并且 WCF 服务寄宿于 IIS 中，系统的安全性问题将考虑 WCF 服务的身份验证、授权、服务器端 Web 站点和后台数据库的安全。采用 WCF 提供的传输安全模式、消息安全模式、.NET Framework 提供的加密技术，来加强系统的安全性。本系统的建设中，为了提高访问速度，业务逻辑大部分采用数据库的存储过程加以实现。

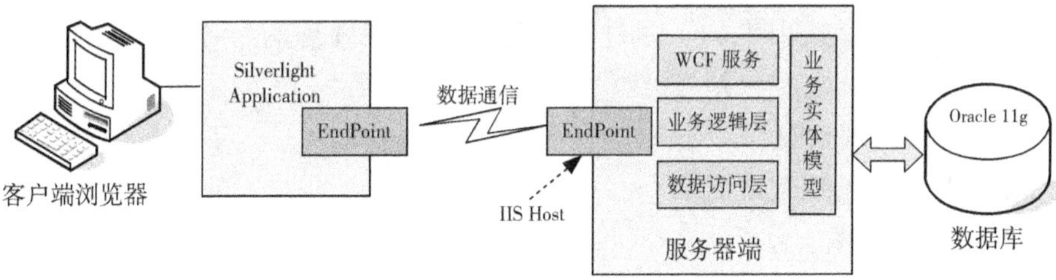

图 5.6 运行监测系统实现模型

2. 系统流程

运行监测系统遵循“数据采集、日常监测、预测预警、应急处置”的系统流程设计。

本系统通过采集各类水路、基建项目、视频等静态与动态数据，实现水路交通运行状况的日常监测，对重点关注的业务进行阈值设置并实现预测预警，最终实现初步的应急处置功能。

系统流程如图 5.7 所示。

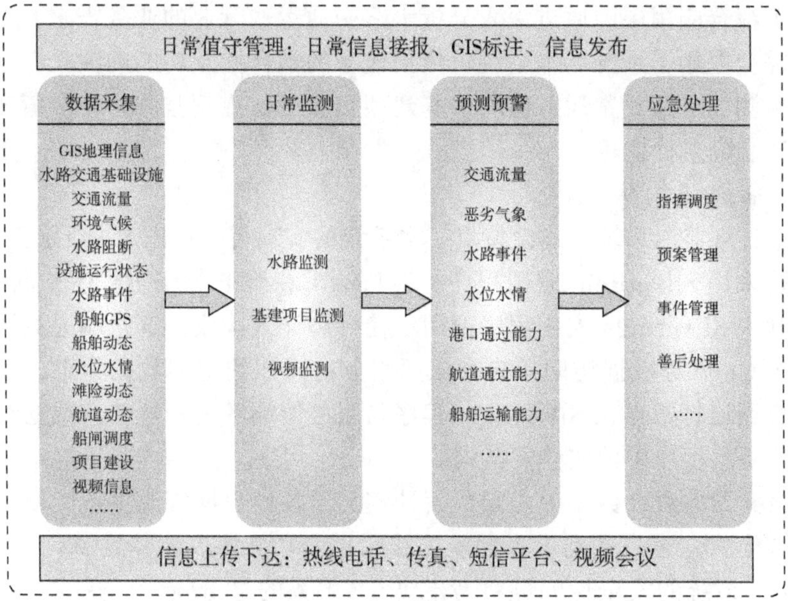

图 5.7 运行监测系统流程

1）数据采集

本系统采集所需的各类水路交通运行数据，该数据是指以文字、语音、图像、数字等形式反映出来的、通过网络传输与系统处理的、各种表明水路交通运行状态的内容。主要包括：

（1）GIS 地理信息。

（2）水路交通基础设施。

（3）交通流量。

（4）环境气候。

（5）水路阻断。

（6）设施运行状态。

（7）水路事件。

（8）船舶 GPS。

（9）船舶动态。

（10）水位水情。

（11）滩险动态。

（12）航道动态。

（13）船闸调度。

（14）项目建设。

（15）视频信息。

2）日常监测

根据采集到的各类水路交通运行信息，完成日常监测系统功能，主要包括:

（1）水路监测。

（2）基建项目监测。

（3）视频监测。

3）预测预警

通过对采集的数据进行分析处理，开展水网运行态势评估、突发事件预测预警等工作，科学制定灾害性天气、饱和水路交通流量、港口航道日吞吐量、设计水位等水路运行预报预警内容和级别，并提供水路运行趋势预报和特定区域内水路运行中短期预测预警服务。

4）应急处置

开展水路运行统筹调度、水路交通组织和疏导、应急抢修保通等事项的组织与协调工作，具备重特大水路突发事件信息获取和汇总、预案组织管理、抢通方案制定、协调调度指挥、应急资源调配等应急处置功能。

3. 系统接口

1）内部接口

运行监测系统与各相关系统的内部接口如图 5.8 所示。

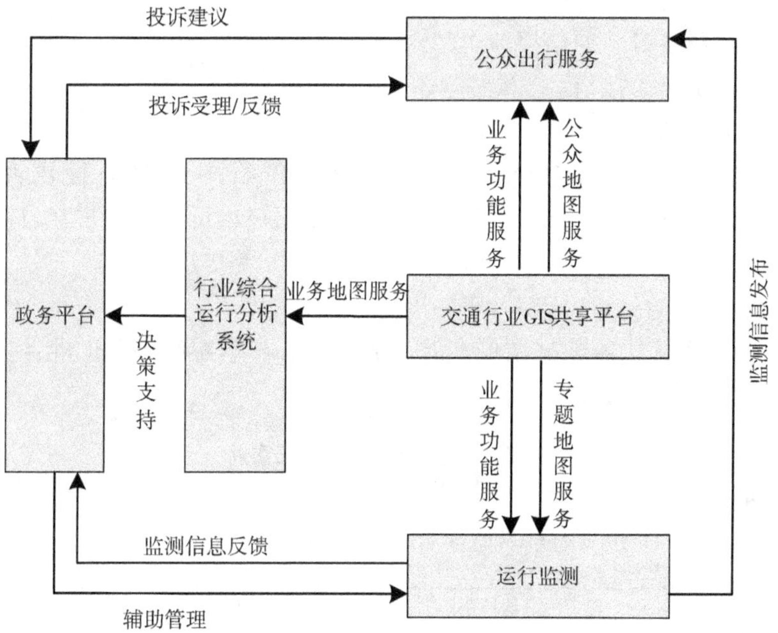

图 5.8 运行监测系统内部接口

（1）运行监测与政务平台接口。运行监测系统将水路运行状态信息、基建项目信息反馈至政务平台，便于政务平台各类用户能及时掌握水路交通行业运行信息。同时运行监测系统也接受政务平台相关修正、质询等辅助管理信息。

（2）运行监测与公众出行服务接口。运行监测系统将水路运行状态信息、判定出的异常信息等发布到公众出行服务系统（以多种形式发布）。常见信息如航道的阻断施工信息、航道 / 水位公告等自动更新发布，重大及紧急事件及应急处置、疏散指导措施等也以公告形式发布。

（3）其他接口说明：

① 本系统将运用资源整合平台的数据进行查询分析和运行监测，主要通过数据库访问的方式实现。

② 本系统与其他业务类系统通过信息交换共享平台建立互联互通的信息通道。

③ 与现有业务系统：可由现有业务系统提供 Web Service 调用接口。

④ 本系统与水路交通运输管理机构的门户网站可通过相应的接口，实现单点登录。

⑤ 通信接口包括如下：

- TCP/IP 通信协议接口。
- SMS 短消息通信协议接口。
- 视频控制接口（通信接口）。
- 视频显示接入接口。

2）外部接口

运行监测系统提供 Web Service 服务接口给中间服务提供商，采用 WebRPC 方式，将部分二次开发的信息开放给用户，可以供用户在自己的平台上进行二次开发。

3）数据接口

运行监测系统所需数据主要来源于数据中心。本系统涉及的业务数据资源信息梳理如表 5.2 所示。

表 5.2 运行监测系统数据需求

序号	数据对象	数据信息
1	基本地理信息	行政区划信息、乡镇以上行政机构所在地信息、主要河流及水域信息、山脉信息、旅游景点信息等
2	水路交通基础地理信息	口岸信息、港口码头信息等
3	水线基本信息	线路代码、名称、起止桩号、里程等

续表 5.2

序号	数据对象	数据信息
4	航段地理位置	航段所在区、航段所在地市、航段所在县、起点名称、分界点类别、终点名称等
5	航道段基本情况	是否为界河航段、是否有分叉辅航段、是否有主要浅滩航段里程、是否有瓶颈区段、是否为重复航段、航道水深、航道宽度、最小弯曲半径、现状技术等级、航段属性等
6	航段辅助信息	航道管理机构名称、所在行政区域航段、是否通航、最低通航水位保证率、是否为专用航道、航段维护类别、航标配布类别、重点航标配布、是否为季节性航道航段、代表船型编码、航段代表船队编码、航段海船代表船型等
7	航道险滩信息	滩险名称、所属河流、所属航道处、位置、滩长、枯水河面宽、河床底质、落差、平均洪水坡降、最大洪水坡降、平均枯水坡降、最大枯水坡降、航深、航宽、最小曲率半径、枯水最大表面流速、碍航性质、滩头水尺编号、滩头水尺水位、滩中水尺编号、滩中水尺水位、滩尾水尺编号、滩尾水尺水位、设计流量等
8	港口基本信息	港口名称、港口所在行政区划名称、港口所在地海区、港口所在港湾、港口行政管理部门等
9	码头基本信息	所属港区、码头名称、码头用途、码头设计货物吞吐量（万吨）、码头设计旅客吞吐量（万人）、码头年货物通过能力（万吨）、码头年旅客通过能力（万吨）、码头年集装箱通过能力（万 TEU）、码头前沿设计水深（米）等
10	泊位基本信息	所属码头、港口经营人名称、泊位名称、泊位用途、专业化泊位分类、设计靠泊能力（吨级）、核查靠泊能力（吨级）等
11	航线信息	航线名称、类型（内、外贸）、经营公司、航线、航班、运力（TEU）等
12	港口经营人信息	港口经营人名称、单位主要负责人、联系人、联系电话、Email、传真、注册地址、办公地址、法定代表人、经营地域、生产经营范围、港口经营许可证编号、发证日期、许可证有效期、发证机关等
13	船舶信息	船舶识别号、识别号生成时间、中文船名、曾用中午船名、曾用英文船名、船舶呼号、IMO 编号、航区代码、船籍港代码、初次登记号、船舶种类、船体颜色、船舶建造日期、造船厂名称、造船厂英文名称、船舶建成日期、船舶总长、船舶型宽、船舶型深、总吨、净吨、载重吨、主机种类代码、主机数量、主机功率、船籍代码、船速、乘客定额等
14	基建项目基础信息	项目名称、所在地区、建设地址、建设类别代码、建设性质代码、建设依据、建设单位、项目类别代码、水路类型代码、建设规模、建设年限（开工年、完工年）项目级别代码、计划下达机关、计划下达文号、计划开工日期、实际开工日期、计划完工日期、实际完工日期、工程估算额度、工程概算额、工程预算额、工程决算额、财务决算额、地方自筹资金落实情况、可研进展、环评进展、水土保持进展、用地预审进展、地灾进展、压矿进展、银行贷款承诺进展、项目选址进展、初步设计进展、施工图设计进展、文物（初设阶段开始）进展、林地审批（初设阶段开始）、建设单位、备注等
15	项目资金来源情况	年度、计划总投资、中央投资（燃油税中央专项支付资金）、国家预算内资金、部专项资金、专项资金、国内贷款、利用外资、地方自筹、企事业单位资金、社会资金、其他资金、未安排投资规模、计划年度数
16	项目资金使用情况	建设安装费用、直接费、直接工程费、其他费、间接费、规费、企业管理费、利润、税金、购置费、工程建设其他费用、预备费、工程建设监理费、工程质量监督费、前期工程费、勘察设计费、研究试验费等
17	项目资金建设进度	月份、年度、本期投资情况、主要建设内容、本期形象进度、本期建设存在问题

续表 5.2

序号	数据对象	数据信息
18	水路基础设施静态信息	水路、铁路、高速出入口、收费站、加油站、停车场、服务区、船舶维修站（名称、详细地址、主修车型，特约维修车型、维修能力、维修价格、联系电话、24 小时救援电话、类别、地区等详细信息）、客运站、货运站、港口、航道、险滩等信息
19	阻断信息	线路名称、线路编号、阻断（事件）位置、起止桩号、行政区划、管理单位、发现时间、预计恢复时间、现场情况描述、阻断原因、处置措施、实际恢复（事件结束）时间等
20	养护信息	养护计划信息、养护进展信息、各类里程信息、水路桥梁隧道养护信息、灾害防治情况信息等
21	水路交通量信息	年均日水路交通量折算值
22	事件信息	包括船舶停驶、遗洒物、船舶慢行、塌方、落石、路面覆盖等异常事件
23	气象信息	风况、气温、降水、雾、能见度等
24	船舶监控信息	船舶 ID、船名、定位时间、经度、纬度、航向、艏向、发送状态、类型、周期、转向速率、船舶状态、UTC 时间、数据来源等
25	水位水情信息	记录日期、水位站编号、水位、记录时间、涨落情况、趋势、与设计水位相差、所选水尺、水尺读数等
26	航道公告信息	通告日期、河流名称、所属航道处、航道编号、公告信息（如断航、碍航）等
27	滩险公告信息	滩险 ID、记录时间、航道水深（左、中、右）、航道宽度、所属航道站、异常发现（探测 / 扫床）、处理情况、是否撤销异常等
28	船舶上、下行调度信息	调度编号、闸室编号、上闸开门时间、下闸开门时间、船舶登记 IDS、船舶名称、操作员、船舶进闸添加信息时间、调度结束时间、上游水位、下游水位等
29	视频信息	非结构化数据

4. 系统建设任务

运行监测系统主要是在全面整合水路日常运行信息资源的基础上，着力开展综合水路交通运行监测，动态监测水路交通运输行业各项指标变化和水路交通发展态势的工作，具备日常值守、信息传输、预警提示、日常状态监测、视频监测、综合分析、初步应急处置等功能。

水路交通运行监测系统有以下功能：

（1）水路日常运行监测与预警。

（2）基建项目监测。

（3）视频监测管理。

（4）日常值守管理。

（5）信息上传下达。

（6）初步应急处置管理。

根据行业管理的需要，本系统采用用户权限管理策略，可灵活、方便定制各用户功能模块及功能范围。

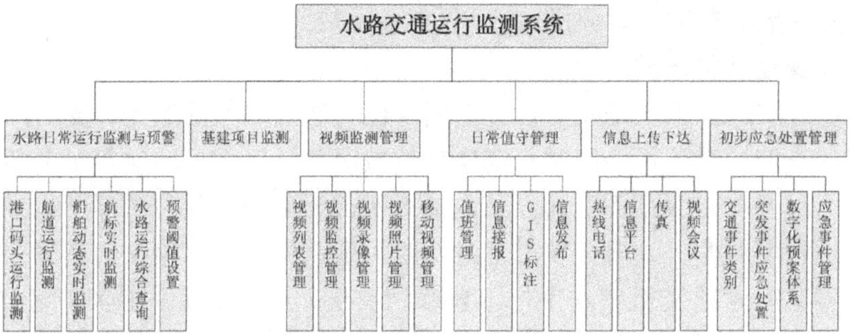

图 5.9 水路交通运行监测系统功能模块组成

本系统的功能模块组成如图 5.9 所示。

5.1.5 水路日常运行监测与预警

通过水路监测功能的建设，健全沿海港口重点水域及内河高等级航道的船舶水路交通、通航环境、航道变迁、港航设施、水域污染、水文气象等状态的实时监测和安全预警体系，整合现有各种水路交通动态监控资源，合理调度船舶安全通过风险水域，防止航道阻塞，及时发布航行通（警）告、航道通告（通电）等信息，避免船舶水路交通事故发生，并为水上人命救助、通航水域清障、船舶污染防治、船舶消防等应急抢险提供信息支撑。

以电子海图为基础平台，通过水路监测可以了解当期航道水位、日船闸船舶通过量、日船闸货物通过量及不均衡系数、日船舶港口进出量、港口货物吞吐量、集装箱堆存量等动态数据，并对超过阈值范围的状况进行预警提示。

1. 监测内容

通过对航道、港口等运行数据的整合，实现港口码头运行监测、航道运行监测、船舶状态运行监测等。

水路监测的内容包括港口码头运行情况监测、航道运行情况监测、船舶动态实时监测等几个方面。

2. 预警内容

水路交通突发事件预警预防信息包括：水路交通突发事件风险源信息，可能诱发水路交通突发事件的自然灾害（如气象、海洋、水文、地质等）和社会安全事件、公共卫生事件等相关信息，以及需要提供水路交通运输保障的紧急事件信息。

3. 港口码头运行情况监测

港口码头运行情况监测主要包括：

（1）实现港口、码头、泊位等水路基础设施的日常运行监测。

（2）实现对港口、码头、泊位等水路基础设施的数量及吞吐量监测，支持与历史同期数据查询比对分析。

4. 航道运行情况监测

实现对航道里程、通航里程、当期水位与通过能力的监测，支持与历史同期数据的查询比对分析，同时系统还支持按时间、区域、堵航等级分析统计堵航次数，以及在 GIS 地图上对航道的通行情况、航道内航行的船只以及航道天气情况进行实时监控，遇突发事件时及时预警。根据《水路交通突发公共事件应急预案》对水路交通突发事件预警级别要求，将预警分为特别严重（I 级）、严重（II 级）、较重（III 级）和一般（IV 级）四级，分别用红色、橙色、黄色和蓝色来表示。

本模块主要实现的功能包括：

（1）航道及通航里程监测。实现对航道里程、通航里程、当期水位与通过能力监测，支持与历史同期数据进行查询比对分析；实现对航道的通行情况、航道内航行的船只以及航道天气情况进行实时监测。

（2）水位情况监测。配置每个水位站的最大水位值，实时监测水位的信息，并通过与设计水位进行对比分析涨落趋势，发现异常情况及时进行预警，并按要求发布预警级别。

水位监测的界面例图如图 5.10 所示。

1.各水文、水位站当天8时水位(黄基)　　单位：米

站名	水位	涨（+）退（-）	趋势	站名	水位	涨（+）退（-）	趋势	与设计水位相差
柳州	78.21	-0.09	↓	贵港	38.54	-0.89	↓	9.45
迁江	70.28	-0.61	↑	江口	27.57	-0.46	↓	8.24
武宣	43.51	-1.00	↓	藤县	20.42	-0.11	↓	1.82
太平	34.27	-0.10	↓	梧州	13.41	-0.05	↓	10.35
金鸡	28.93	-0.40	↓	昭平	54.08	0.24	↓	2.58
京南	18.04	0.66	↓	龙圩航道站	14.10	-0.08		9.75
长洲枢纽坝上	19.36	-0.05		长洲枢纽坝下	14.29	-0.07		9.74

图 5.10　水位水情实时情况监测显示

（3）实现对船闸等航道枢纽的实时通行状况进行监测。

5. 船舶动态实时监测

系统支持对船舶的 AIS 数据接入，将船舶的实时位置在地图上进行标注，实时地监测船舶的位置，并支持对历史行驶轨迹进行查询。

系统基于水路交通 GIS 共享平台水路“一张图”中的电子海图专题图，提供快捷友好的 GIS 电子地图操作和灵活多样的监测内容显示。以船舶的日常运行监测为例，根据船舶最新动态，依船舶类别、状态等在 GIS 上可标绘显示对应船舶符号、速度矢量等，界面例图如图 5.11 所示。

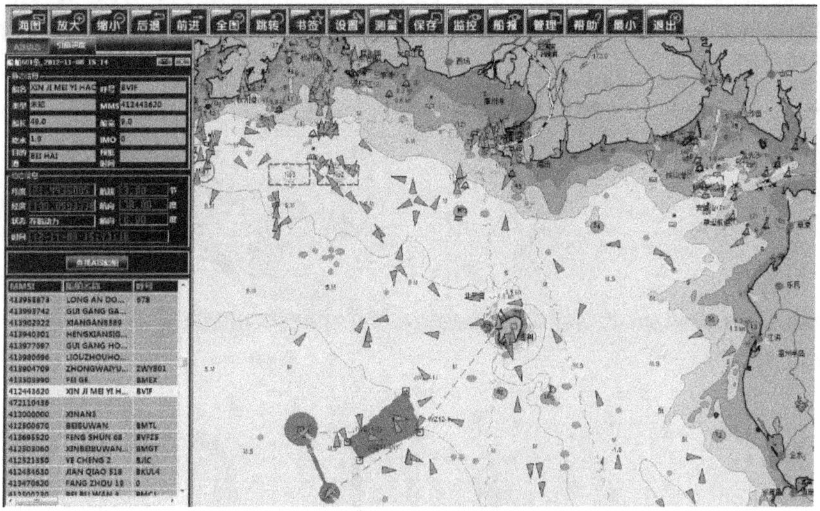

图 5.11 船舶实时运行状态监测显示

6. 航标实时监测

航标是保证船舶安全、经济航行的重要设施，对发展水上水路交通运输、海洋资源开发等起到重要作用，设备运行的好坏直接影响船舶的安全通行。系统通过对灯质、日光阈值、工作电压、工作电流、充电电压、充电电流等航标灯参数进行实时监测，以达到提高航标设备的可利用率，降低维护成本，提高管理效率等目的。

7. 水路运行综合分析与查询

系统融和电子航道图系统、航标遥测遥控系统、航道管理信息系统、水路货物信息服务系统、港口管理信息系统、船检信息系统等业务数据，实现对水路交通日常管理业务的综合查询。同时通过对多种业务数据关联性的挖掘分析，从不同角度反映水网运行的综合状态，为日常监测及决策分析提供数据支撑。

通过实现水路运行综合查询功能主要达到以下几个目的：

（1）满足对区航道水位、船舶船型、港口能力、船舶通过量、港口吞吐量、船舶进出港签证量等关键指标历年数据的查询分析。

（2）重点物资运输分析，集装箱、危险货物、农副产品、大宗矿建原材料等物资运输情况分析，科学调度港口、船闸通行，保证重点物资运输。

（3）实现对日船舶港口进出量、集装箱堆存量等动态运行情况的查询分析。

（4）实现对航道运行情况、港口码头运行情况、航标运行情况等历史信息的查询分析。

以港口、码头查询为例，界面例图如图 5.12 所示。

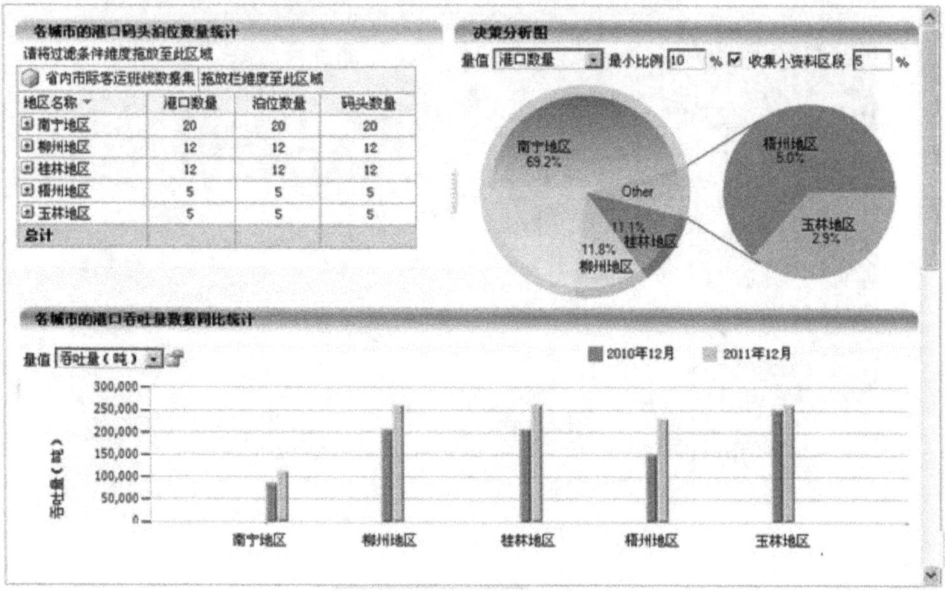

图5.12　港口码头统计查询界面例图

8. 报警阈值设置

本系统提供对水路运行主要参数进行预警阈值设置功能。主要包括设计水位、港口通过能力、航道通过能力、船舶运输能力等数据，对于超过阈值范围的状况进行预警提示。

（1）港口通过能力。港口的通过能力是指在一定的时期内（年、月、昼夜），港口在一定的条件下，利用其劳动力，设备所能装卸船舶货物的最大数量。港口的通过能力并不是一个常数，它是随着港口生产任务的变化，根据任务的实际情况进行测算的。

（2）航道通过能力。航道通过能力是指某段航道一年内可能通过的船舶总数或货物的总吨数。前者为过船能力，后者为过货能力。由于通过航道的船舶包括货船、客船、工程船、服务船以及其他类型的船舶，而在货船中又有满载船、非满载船和空船的区别，因此过船能力相同的航道，通过货物的数量并不完全相同。在一般情况下，航道通过能力是指每年可能自两个方向（上、下行）通过航道的货物总吨数。

（3）船舶运输能力。船舶运输能力指在一定时期内、在一定的运输环境下，船舶完成客、货运输的最大能力，通常以所能完成的运输量或周转量表示。船舶运输能力的大小由船舶营运特性与航线营运条件所决定，主要受船舶载重吨、营运率、航行率、航速、船龄、航道条件、港口效率、船舶运输组织和管理水平等因素影响。

5.1.6 基建项目监测

1. 监测内容

基建项目监测用于满足各级水路交通运输管理机构的相关用户对基建项目的管理和查询等需求。该系统中，用户能够直观地在电子地图上获取水路基础设施建设项目的信息，通过鼠标点取地图标注图标获得建设项目的地理位置、项目建设内容、项目招投标、项目施工、项目交工验收、项目竣工验收、目标、投资情况、形象进度及存在问题等信息。

2. 系统功能

本模块主要实现的功能包括：

（1）提供给用户能够直观地在电子地图上获得水路基础设施建设项目的信息的功能。

（2）提供在地图上显示所有基础设施建设项目的功能，并标注出项目完成情况进度条。

（3）提供查看当前基础设施建设项目信息的功能，用户通过鼠标悬停，可以查看当前基础设施建设项目的基础信息、形象进度、存在问题。用户点击地图上一个基础设施建设项目图标，弹出基础设施建设项目信息窗口，显示该项目的详细信息。

3. 建设目的

对水路交通行业基建项目监测主要达到以下几个目的：

（1）满足行业管理部门对建设项目投入、进度、质量等情况的综合查询分析。

（2）掌握水路交通建设水平。不同时期、不同机构水路交通基础设施建设资金投入、建设资金来源及数量、计划投入、工程质量、水路交通基础设施的国民经济效益等主题的趋势、结构和序化分析，反映水路交通基础设施建设强度、速度和持续性。

（3）了解水路建设关键指标里程、高等级比例、水路交通量等数据，掌握水路交通建设同其他地区差距与优势，及时采取相应推进措施。

（4）港航基础设施适应度分析，包括航道水位、船闸通行能力、港口吞吐能力与实际发生量的对比趋势分析。

5.1.7 视频监测管理

视频监测主要实现在“一张图”中通过前端摄像头（固定或由本次工程配置的移动视频终端设备）实现对重点地区进行监测，包括视频点定位、视频显示、视频管理、照片管理和监控点维护等功能。系统监测的主要内容包括：

（1）实现对移动视频的实时监测。

（2）在“一张图”中通过前端摄像头实现对重点港口（码头）、航道、船闸进行监测，包括视频点定位、视频显示、视频管理、照片管理和监控点维护等功能。

视频信息采用调用的方式进行监控，不在本地进行存储，系统可以采用触发的方式对现场视频进行随时查询。

视频监测管理的流程如图5.13所示。

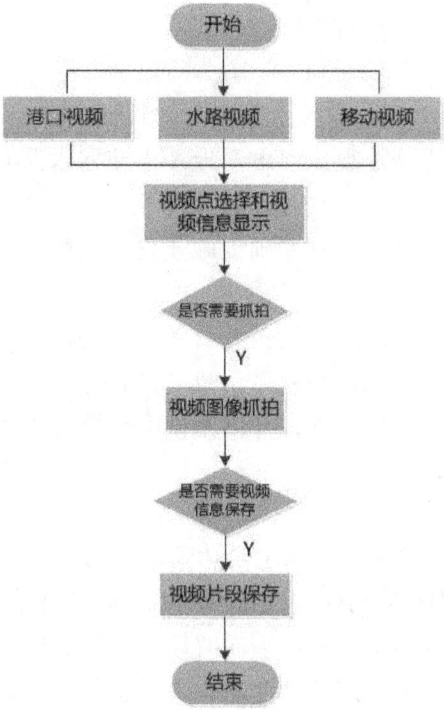

图5.13　视频监测管理流程图

视频监测包括视频监控列表管理、视频监控管理、视频录像管理、视频照片管理、移动视频管理等模块。

1. 视频列表管理

系统将监控点的基本信息与GIS地图相结合，通过与GIS地图关联，可以清晰地查看到各监控点分布情况，从而为监控点的统计分析提供数据支撑。该监控点的主要基础数据包括：设备编码、监控点名称、设备地址、设备类型等。

本模块主要建设内容包括：

（1）监测点基本信息导入。系统提供数据导入功能，用户从视频服务器获取到监测点信息后，将信息导入到系统中。

（2）GIS地图标注。支持在地图上进行标注、获取并编辑监测点的位置。

通过以上操作将监测点数据与GIS地理位置关联，水网检测到有异常情况时可通过GIS空间地理位置查询模块查询周边的视频点，为路况异常情况确认及分析提供辅助决策。

本模块具体的功能需求定义如表5.3所示。

表5.3 视频列表系统需求表

功能编号	功能需求描述
1	添加监控点基本信息：通过从视频设备服务器获取监控点的信息，可以将监控点的信息添加到系统中
2	导入监控点信息：可将规定的文件格式数据直接导入系统
3	编辑监控点信息：支持对监控点的基本信息进行修改，便于与视频服务器的监控点信息进行同步
4	监测状态同步：系统会定期与视频服务器的监控点信息进行同步，实时更改监控点的状态，比如是否在线等
5	GIS标注：可以在地图上进行标注，获取并编辑监测点的位置
6	监控点信息检索：根据指定条件查询监控点基本信息

2. 视频监控管理

系统接入固定视频监控点、移动单兵系统和智能手机等各监控点采集视频数据后，经过统一编码，接入到视频监控网络的流媒体服务器，再通过视频服务器进行命令转发、统一编解码，将数据流输出，从而实现视频的浏览、拍照、录像、历史视频检索回放等常规功能，为重点航段监测提供有效的数据支持。

本模块的主要建设内容包括：

（1）多路视频实时预览。系统接入各监控点采集的视频数据，包括固定视频监控点、移动单兵系统以及智能手机，经过统一的编码后接入到视频监控网络的流媒体服务器，再通过视频服务器进行命令转发、统一编解码及数据流传输，从而实现视频的浏览、拍照、录像、历史视频检索回放等常规功能。

（2）查看监控点分布情况。系统对监控点信息进行统一管理，并通过GIS标注的功能将监控点信息与地理位置进行关联。值班员在日常监测过程中可以在GIS地图上直接查看视频点的分布情况。

（3）在地图上查看视频。值班员在日常监测过程中可以查看指定范围内的所有视频监控点并以图标的方式展现在地图上，点击视频图标则可以在地图上直接查看视频。

本模块具体的功能需求定义如表5.4所示。

表 5.4 视频监控系统需求表

功能编号	功能需求描述
1	启动图像实时预览
2	关闭图像预览功能
3	多路视频同时预览
4	云台控制：放大、缩小、上、下、左、右控制摄像头方向
5	本地拍照：通过点击抓拍按钮，调用视频控件的本地拍照接口图片抓拍成图片保存到指定路径
6	前端拍照：请求设备进行拍照，并将图片上传到指定的网络位置
7	开始平台录像：通过点击平台录像，请求视频服务器进行录像，将录像文件保存在视频服务器
8	结束平台录像：通过点击结束平台录像请求视频服务器结束平台录像
9	本地录像：通过点击本地图像按钮，调用视频控件的本地录像接口并将录像语文件保存到指定路径
10	搜索平台录像：可从视频服务器搜索指定条件的视频文件
11	下载平台上的视频文件：将平台上的视频文件下载到本地
12	实现监控点的空间查换：以某点为中心查看指定范围内的所有监控点，并以图标的方式叠加在地图上
13	结合 GIS 查看视频：通过点击地图上的监控点图标可以打开视频播放窗口

3. 视频录像管理

用户向视频服务器发送视频录像请求，视频服务器在接收请求后，会返回本次视频录像的网络路径，用户可以根据提供的路径将视频录像信息添加到系统数据库中。该模块的基础数据有：预警信息标号、监测点位置、拍摄时间、文件的网络路径等。

本模块具体的功能需求定义如表 5.5 所示。

4. 视频照片管理

用户向视频服务器发送拍照请求，视频服务器在接收请求后，会返回本次拍照产生图片的网络路径，用户可以根据提供的路径将视频照片信息添加到系统数据库中。该模块的基础数据有：预警信息标号、监测点位置、拍摄时间、文件的网络路径等。

本模块具体的功能需求定义如表 5.6 所示。

表 5.5 视频录像系统需求表

功能编号	功能需求描述
1	添加视频录像信息
2	编辑视频录像信息
3	删除视频录像信息
4	根据条件查看指定视频录像的内容
5	下载视频录像

表 5.6 视频照片系统需求表

功能编号	功能需求描述
1	添加视频照片信息
2	编辑视频照片信息
3	删除视频照片信息
4	根据条件查看指定视频照片的内容
5	下载视频照片

5. 移动视频管理

随着智能手机等智能移动终端产品的普及应用，基于智能手机的移动视频指挥调度应用的需求应运而生。

移动视频管理充分结合视频监控技术特点和无线应用优势，实现手机、PAD、船载等无线设备的视频监控业务应用，从空间和时间上扩展了监控业务的覆盖范围，使监控和管理无处不在。客户端功能主要包括：

（1）视频采集及上传功能。

（2）现场事件采集及上传。

（3）参数设置及管理功能。

客户端软件适配主流的智能手机开发平台和手机终端，以及移动终端设备，主要包括：

（1）Android 开发平台和不同厂家手机、移动终端设备。

（2）Android PAD 终端设备。

（3）iPhone 手机开发平台和手机终端、移动终端设备。

（4）iPAD 终端设备。

移动视频监控系统由监控中心、业务管理平台、视频转码服务器和流媒体服务器四部分组成，与现有监控大厅 CCTV 系统在业务管理、视频转换、应用功能等进行无缝对接。其系统结构如图 5.14 所示。

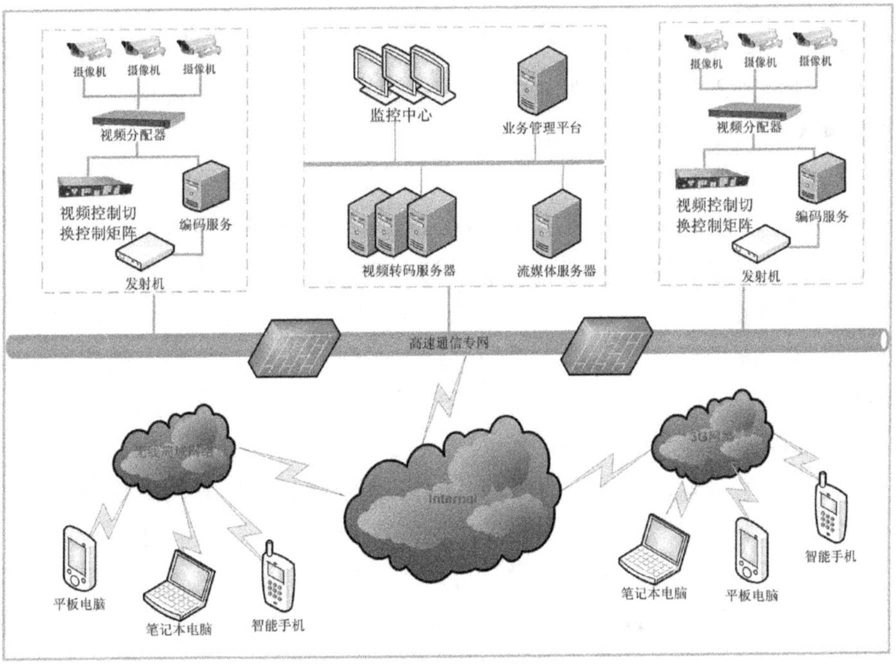

图 5.14　移动视频系统结构图

本模块具体的功能需求定义如表 5.7 所示。

表 5.7 移动视频系统需求表

功能编号	功能需求描述
1	参数设置与管理：对移动终端进行各类参数设置和管理
2	视频采集与上传：拍摄 H264、FLV 等格式的视频，将视频流实时上传到流媒体服务器
3	现场事件采集与上传：现场事件信息、位置信息、图片信息等的采集和上传

5.1.8 日常值守管理

日常值守管理子系统主要实现值班管理、信息接报、GIS 标注、信息发布等。

（1）日常值守主要实现日常信息接收和信息审核、发布，接收各业务单位工作人员报送的日常运行的业务内容值班管理，并在 GIS 上进行报送信息标注。对于日常发现的水路交通各业务单位异常运行或者预警信息，可直接报送有关单位，并通过网站及短信的方式发布给公众。

（2）值班管理实现对值班人员、值班时间进行管理和查询，设定值班排班，以短信形式发送给值班人员，同时还可以在线填写值班记录。

1. 值班管理

值班管理主要以日历方式设置和显示值班人员出勤情况、值班人员、值班时间等信息。值班管理具有排班功能，通过与通信录的关联关系，可以方便地选择值班人员并以日历的方式显示给用户。

系统提供对值班人员排班的添加、修改功能，在系统页面上以日历方式选择值班时间，通过值班人员通信录选择值班人员，通过拖拽或者选择的方式实现值班排班，并保存排班信息，系统通过短信、邮件和系统客户端自动通知值班人员（调用信息上传下达中的信息发送模块）。通知发送成功后刷新排班列表，并对发送成功的排班记录进行颜色标注，同时提供对值班人员排班情况的查询功能。

该部分数据流如图 5.15 所示。

（1）值班人员管理。实现对值班人员基本信息、值班时间的管理。通过值班人员姓名、编号和值班时段查询或修改值班人员信息。

（2）排班管理。以日历方式设置值班人员的排班，通过值班人员通信录选择值班人员，通过拖拽或者选择的方式实现值班排班，并保存排班信息。通过短信、邮件和系统客户端自动通知值班人员。

通过值班人员姓名、编号和值班时段查询排班情况，同时对某段时间内的

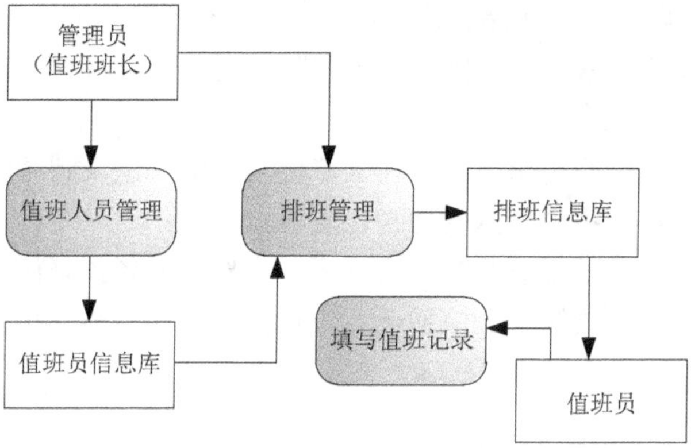

图 5.15 值班管理数据流示意图

排班情况进行修改和保存。

（3）填写值班记录。值班人员在系统中填写值班记录，记录的主要内容包括：值班人员姓名、值班时间、值班地点、值班记录、处理情况等。其中值班人员姓名、值班时间、值班地点由系统自动填写。

2. 信息接报

本模块可分为自动接收和人工接收两种功能。自动接收模块负责接收各业务单位工作人员报送的电子数据信息，在数据库内保存，并在系统中显示。对于新信息的到来，给出提示（闪动或者声音），提醒值班人员查看。人工接收模块是在值班人员接收到业务单位报送到的文本信息或者电话信息后，在接收模块中录入相应信息，并保存在数据库中。

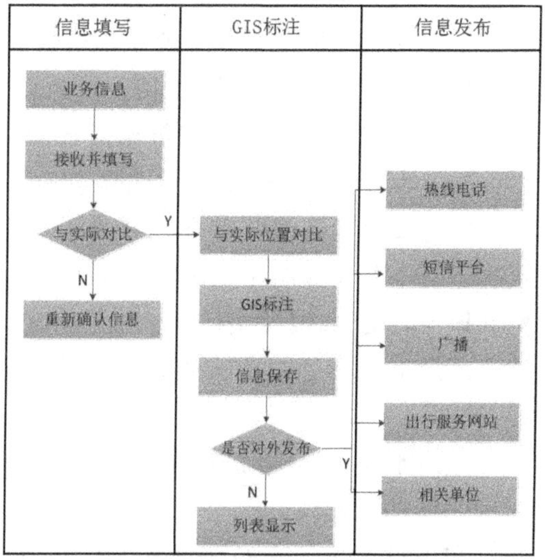

图 5.16 信息接报与发布业务流程

信息接报的内容主要是指业务单位报送到的文本信息或者电话信息（包括施工信息、水路阻断信息、水路交通量信息、水路交通管制信息、气象信息、水位水情信息、航道公告信息、水毁信息）等，经过审核确认，在接收模块进行人工录入，并在电子地图中显示。

当采用人工接报时，处理流程如图 5.16 所示。

流程步骤说明：

（1）值班人员接收各业务单位工作人员报送的水路日常运行监测的业务内

容，如施工、水路阻断、水路交通管制、异常天气等日常运行信息。

（2）值班人员根据接收的信息结合实际情况，可以将异常或者预警信息进行确认审核。

（3）值班人员根据实际情况将确认审核过的信息记录到系统中，并根据实际位置在 GIS 上进行报送信息的地理位置标注。

（4）在需要对社会公众发布的情况下，将异常或者预警信息推送到有关单位，并通过公众服务热线、短信平台、广播及大屏幕、公众出行信息服务网站进行显示。

3.GIS 标注

根据业务系统发送的信息，结合水路交通整合 GIS“一张图”电子地图，根据值班人员手工录入、业务系统自动接收的日常业务信息、事件信息等对事件发生的位置及相关信息在电子地图上进行地图标注。用户能够在电子地图上快速直观地了解到日常业务信息和事件信息，点选图标即可获得详细信息。

系统应具备提供点、线、面等不同需求的 GIS 标注功能，并可保存至相应的空间数据库中。

4. 信息发布

值班人员根据接收的信息结合实际情况，在确认异常或者预警信息后，对异常或者预警信息进行编辑，编辑后可直接将这些信息报送有关单位，并通过网站、短信、广播、服务热线等方式发布给社会公众。在系统的信息发送模块和其他业务单位系统、公众出行信息服务系统之间需要规范统一的信息接口。

（1）与公共服务系统：公众出行信息服务系统中可以通过 Flex、Ajax 的方式调用标注过的 GIS 地图数据。可提供 URL，在公众出行信息服务系统中通过网页解析自动实现文本和数据提取。

（2）与现有业务系统：可由现有业务系统提供 Web Service 调用接口。

信息发布业务流程如图 5.17 所示。

5.1.9 信息上传下达

信息上传下达的方式主要依托热线电话、传真、短信平台和视频会议等手段。

上级水路交通运输管理机构对其下属水路交通运输管理机构进行信息下达时使用该功能模块。

在信息上传下达的同时系统会自动记录相关信息：电话录音、保留传真副本、保留短信内容、时间、电话号码、传达人、视频会议全程录像等。

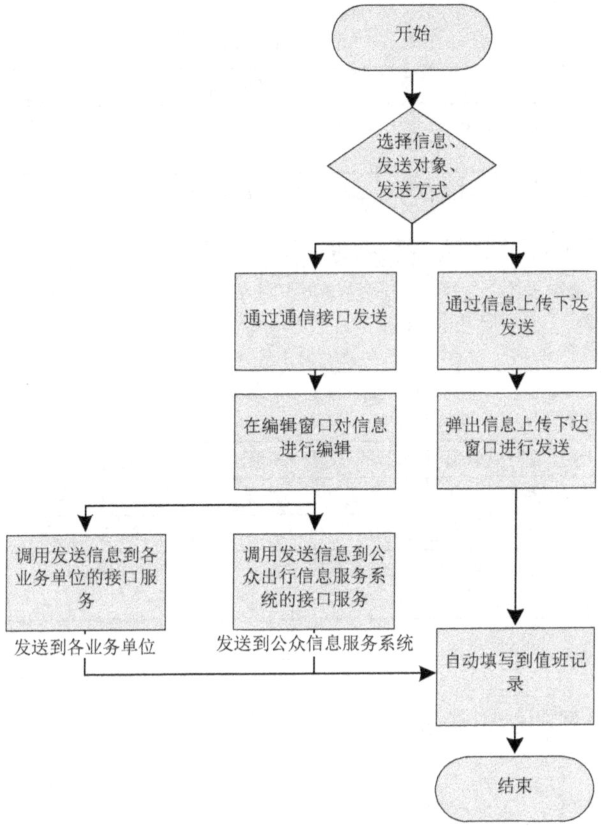

图 5.17 信息发布业务流程

1. 热线电话

系统主要实现功能有拨打电话、建立电话会议实现多方通话、座席转接、会议加入 / 拆除用户、座席置闲 / 忙、来电转接、黑名单管理、电话录音、播放录音等，为信息上传上达提供技术支撑。

当系统监听到电话呼入时，首先会从系统配置表中查找黑名单，如果该呼入电话是黑名单用户，则在 CTI 服务器直接拒接来电。电话呼入后，从现有的数据库中找到关联来电人员姓名、省市，将内容以自动弹出提示框的方式通知值班人员。电话接通后将自动开启电话会议，用户可以通过加入 / 拆除号码、禁用 / 恢复某用户发言等方式召开电话会议。

值班员通过系统拨打电话和接听电话后系统会自动保存电话录音，并产生通话记录与事件进行关联，值班员可对通话记录的详细信息进行编辑，在事件中将通话记录手动关联事件。

本模块具体的功能需求定义参见表 5.8。

表5.8 热线电话系统需求表

功能编号	功能需求描述
1	拨打电话：直接通过系统拨打电话，可以通过点击“联系人”按钮选择联系人，实现快速的电话拨打
2	电话会议：电话接通时自动开启电话会议，可配置加入 / 拆除会议成员和一些常用的权限管理操作
3	改变座席状态：系统将常用的按钮放置在右上方，系统用户临时离开或有事时可以通过点击在右上方“座席置忙”的按钮，将当前座席切换成“忙”的状态，此时所有的来电将会接入到其他的座席，但是该座席可以正常拨打电话。同样可通过点击右上方的“座席置闲”按钮，将座席状态切换成“闲”状态，此时功能恢复正常
4	来电转接：系统将常用的按钮放置在右上方，系统用户临时离开时可以点击右上方的“开启转接”按钮将来电转接到配置的手机上
5	黑名单：系统监听到来电时会自动匹配黑名单用户，如果该来电用户为黑名单时则自动挂断来电
6	电话录音：电话接通时自动进行电话录音，并保存在热线电话服务器
7	播放录音：用户点击播放电话录音后，可以通过座席电话听取电话录音
8	保存通话记录：通过系统拨打电话和来电时系统会自动保存通话记录，如果有产生录音文件，则会在记录中保存录音文件的位置

2. 传真

系统整合传真功能，通过该模块实现传真的收发，并将收发记录进行统一的管理。

（1）发送传真。系统融入传真控件，用户可通过系统操作直接发送传真。

（2）收取传真。当收到传真时，系统会弹出消息提示框通知用户。

（3）保存传真副本。系统在发送传真后会自动生成传真记录，记录的内容主要包括发送时间、发送人、文件副本等。

本模块具体的功能需求定义如表5.9所示。

表5.9 传真系统需求表

功能编号	功能需求描述
1	发送传真：系统融入传真控件，用户可通过系统操作直接发送传真
2	收取传真：当收到传真时，系统会弹出消息提示框通知用户
3	保存传真副本：系统在发送传真后会自动生成传真记录，记录的内容主要包括发送时间、发送人、文件副本等

3. 短信平台

整合短信发送接口，实现短信息的发送和接收。用户可以通过短信平台的Web客户端进行短信收、发、群发等操作，并且在系统中保存短信发送接收记录，为信息上传下达、指挥调度等提供技术支撑。

各个系统通过调用发送短信模块可以向指定用户发送短信、向指定号段发送短信。同时，各个系统可以调用在发短信模块查询未发短信、取消未发短信。

短信平台管理员需要实现对平台的各项管理，除了可以调用短信服务模块进行短信服务定制和取消短信服务之外，还可以实现短信服务查询、短信服务的注册和取消的功能。

短信平台整体上分为发送短信、在发短信、短信服务、日志浏览、历史记录查询、统计功能、用户管理七大模块，分别负责不同的功能。

（1）发送短信模块下分为两种发送短信的模式，一种是向指定用户发送短信，一种是向指定的号段发送信息。

（2）在发短信模块负责管理在发短信队列，可以查看在发短信信息和取消在发短信。

（3）短信服务模块提供接口供系统管理员或者社会公众进行短信服务的定制、取消、查看工作，系统管理员还可以通过此模块下的短信服务注册 / 取消功能进行短信服务的注册 / 取消工作，实现短信服务的增删。

（4）日志浏览模块主要进行日志的浏览。

（5）历史记录查询模块下分按号码查询、按服务查询、按发信系统查询等多种查询历史记录的方式。

（6）统计功能模块由于目前不清楚需要统计的数据以及统计方式，所以目前仅提供对短信计数的统计。目前可以提供的子功能有各系统发出短信数、各系统接收短信数、指定用户发送短信数、指定用户接收短信数。

（7）用户管理模块可提供对用户的管理，目前对于用户管理的需求不明确，故采用通用的设计，分为用户查询、新建用户和删除用户几个较为简单的功能。

短信平台的功能模块设计如图 5.18 所示。

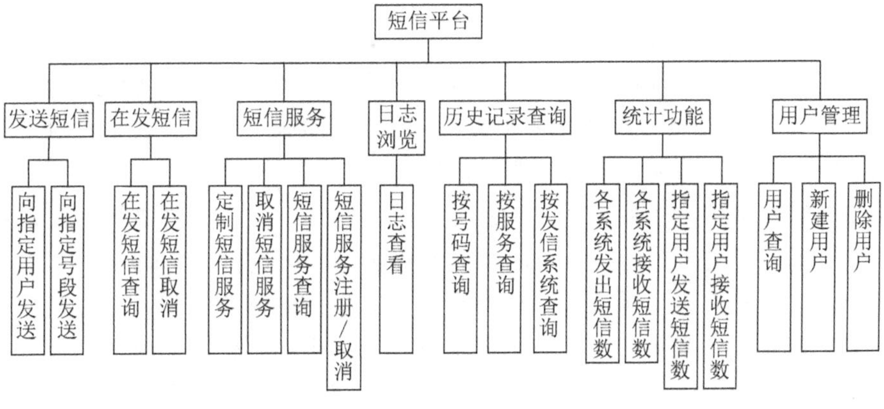

图 5.18 短信平台模块设计图

4. 视频会议

系统集成视频会议系统，用户在登录系统后，可以通过该模块召开视频会议，最大限度地节省各部门的沟通成本。

本模块具体的功能需求定义如表 5.10 所示。

表 5.10 视频会议系统需求表

功能编号	功能需求描述
1	开展视频会议：系统融合视频会议软件，加载视频会议控件后可以直接在系统中进行视频会议，并支持在系统中开展视频会议的常用功能
2	视频会议录像：用户在系统中可以通过点击开启录像按钮，记录视频会议的全过程
3	视频录像的播放和下载：通过视频控件搜索视频录像文件，并支持录像的播放和下载
4	保存视频记录：系统在视频会议后会自动生成视频会议记录

5.1.10 应急处置管理

应急处置管理功能实现当发生水路交通突发事件时，本系统采取相应处理，辅助控制、减轻和消除水路交通突发事件引起的严重社会危害，及时恢复水路交通正常运行，保障水路畅通，满足有效应对水路交通突发事件的需要。应急处置管理主要完成如下功能：

（1）实施对专业队伍、储备物资、救援装备、通信保障和医疗救护等应急资源的动态管理，为应急指挥调度提供保障。

（2）利用监测网络，掌握重大危险源、关键基础设施以及重要防护目标等空间分布和运行状况信息，进行动态监测，分析风险隐患，对可能发生的突发公共事件进行预测预警。

（3）实现突发事件信息的接报处理、跟踪反馈和情况综合等应急值守业务管理；接收上级部门下达的指挥协调指令，并按照统一格式，在事发时及时向有关部门报送特别重大突发公共事件信息。

（4）突发事件发生后，通过汇总分析预测结果，结合事件进展情况，对事件影响范围、影响方式、持续时间和危害程度等后果进行综合研判。

（5）根据有关应急预案，利用对突发公共事件的研判结果，通过应急平台对有关法律法规、政策、安全技术要求以及处理类似事件的案例等进行智能检索和分析，并咨询专家意见，提供应对突发公共事件的指导流程和辅助决策方案。

（6）自动记录事件的应对过程，根据有关评价指标，对应急过程和能力进行综合评估。同时，可在应急平台上进行应急处置模拟推演，提高相关人员突发事件处置的能力和效率。

对于应急处置管理，从业务支撑层面定义了三类主要应急数据的支撑，包括应急预案体系、应急资源信息、应急机构信息。只有具备了这三类数据，才可以建设相对完备的应急处置信息系统，如果没有这些数据做支撑，建设的信息系统将无法发挥太多的实际作用。

1. 水路交通突发事件类别

水路交通突发事件是指由下列突发事件引发的、造成或可能造成航道或港口出现中断、瘫痪、重大人员伤亡、财产损失、生态环境破坏和严重社会危害，以及由于社会经济异常波动等造成重要物资需要由水路交通主管部门提供水路应急运输保障的紧急事件。

（1）水路运输事件。主要包括航道堵塞或中断，港口瘫痪受损，港口危险品事故，港口环境污染损害，水运施工建设事故等。

（2）社会安全事件。主要包括恐怖袭击事件，严重破坏基础设施事件，群体性事件，偷渡、走私等涉外事件等。

（3）公共卫生事件。主要包括重大传染病疫情，群体性不明原因疾病，食品安全和职业危害，动物疫情，以及其他严重影响公众健康和生命安全的事件。

（4）自然灾害。主要包括水旱灾害，气象灾害，地震灾害，地质灾害，海洋灾害，生物灾害和森林草原火灾等。

为便于对可以预警的突发事件进行预警，根据已经发生或潜在的水路运输事件、社会安全事件、自然灾害、公共卫生事件、紧急运输事件等对港口和航道可能造成的危害程度、紧急程度和发展态势等，水路交通突发事件预警级别分为特别严重（I 级）、严重（II 级）、较重（III 级）和一般（IV 级）四级，分别用红色、橙色、黄色和蓝色来表示。水路交通预警级别判断标准如表 5.11 所示。

2. 应急处置

突发事件应急处置可大体划分为如下几个流程：

（1）确定预警级别：依据事件的类型及严重性，确定突发事件的预警级别，启动相应响应机制。

（2）生成运行协调组织措施：根据突发事件类型及发生地点，手动添加或自动生成应急事件处置协调组织措施。

（3）预案调用：采用工作流技术实现应急预案的自动分析流转。例如发生跨省水路拥堵的时候，系统立即给出提示应该给哪个省、哪些航段发送信息等。

（4）物资调配：给出现有应急资源分布的状况图，提供用户界面进行应急物资的调配，包括物资类型、物资所在地、发往目的地、数量、时间等信息。

表 5.11 水路交通突发事件预警级别

预警级别	级别描述	颜色标示	发生可能性较大的事件情形
I 级	特别严重	红色	重要航道中断；重要通航设施特大损坏；重要港口瘫痪 水运能力遭受特别严重损失或秩序严重混乱且影响重大 特大人员伤亡、特大环境污染损害 关系国计民生的重要物资严重短缺
II 级	严重	橙色	重要航道严重堵塞；重要通航设施严重损坏；重要港口局部瘫痪 一般航道及通航设施通行中断；一般港口瘫痪 水运能力遭受严重损失或秩序混乱 重大人员伤亡、重大环境污染损害 关系国计民生的重要物资短缺
III 级	较重	黄色	重要航道堵塞；重要通航设施损坏；重要港口受损 一般航道堵塞；通航设施损坏严重；一般港口能力遭受较重损失 较重人员伤亡、较重环境污染损害 关系国计民生的短期物资供应紧张
IV 级	一般	蓝色	一般航道受阻；通航设施受损坏 港口受损、人员伤亡和环境污染损害较轻 关系国计民生的短期物资紧缺

3. 数字化预案体系

采用以 GIS 共享平台“一张图”为基础的地理信息系统为支撑，以水路交通突发事件管理流程为主线，以各类水路交通突发事件的不同特性和不同的文本预案为依据，建立功能完备的数字化预案管理体系。数字化预案体系的基本功能包括：

（1）水路应急预案管理。

（2）水路突发事件的预警等级与信息发布。

（3）水路交通应急方案的优化确立。

（4）应急预案的功效评估。

（5）应急预案的培训与演练。

通过数字化预案，可以快速明确在水路交通突发事件的事前、事中、事后的各个环节，谁来做，怎样做，何时做，以及用什么资源来做。充分发挥应急预案的管理、协调、指挥的作用。

构建本系统的数字化预案模块可划分为如下几个功能模块：

（1）应急资源数据管理。建立数字化预案体系的基础为应急资源数据库。本模块实现各类应急资源数据的录入、查询、修改、保存等操作。应急资源包括：

① 应急物资：应急物资包括抢通物资和救援物资两类。抢通物资主要包括砂石、水泥、钢桥、钢板、木材、编织袋、防滑料、吸油材料等；救援物资包括方便食品、饮水、防护衣物及装备、医药、照明、帐篷、燃料、安全标志、

船舶防护器材及常用维修工具、应急救援船舶等。

② 空间数据：指应急使用的矢量数据及相关联的空间数据，包括多比例尺的水网地图数据库、航空摄影、卫星遥感影像等。

③ 案例：国内外典型的有重大影响的水路交通突发事件案例，为决策提供参考。

④ 知识：各类突发事件的法律法规、专家知识和经验等信息。

⑤ 文档：日常工作中流转的公文和各类文档信息。

⑥ 预案：各类文本的应急预案。

（2）预案生成。包括基础信息录入、查询、修订，预案制作、预案审核等功能。

（3）预案管理。包括预案的查询、演示、调整、更新、优化和导入导出等功能。

预案管理的界面例图如图 5.19 所示。

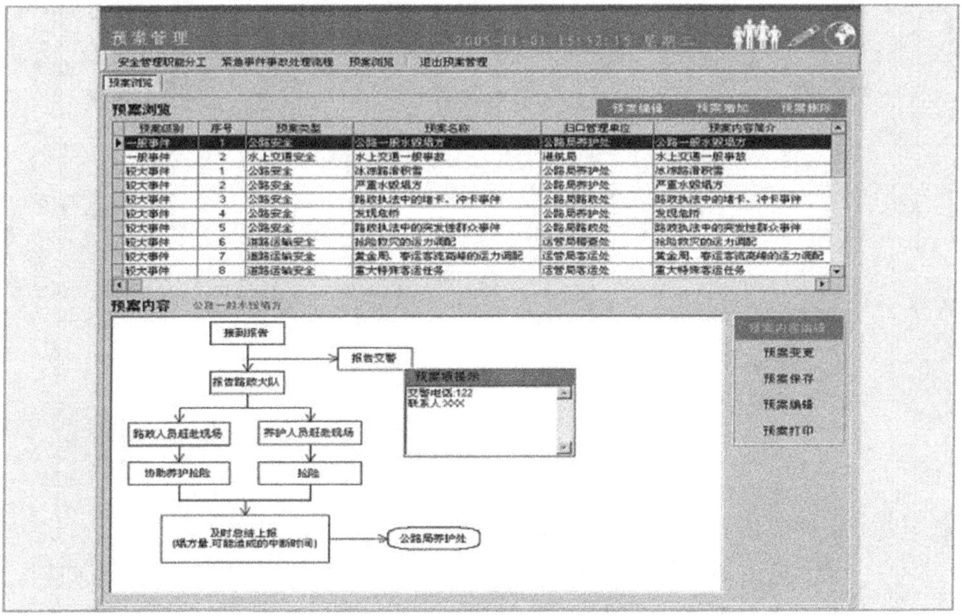

图 5.19 预案管理模块显示例图

（4）预案建模。采用工作流技术，构建应急预案组织模型，对应急预案结构进行规范化。

4. 应急事件管理

应急事件管理模块用于记录及储存处置后的历史事件。每次事件处理完成后，需要将事件的基本情况、处理措施及结果等进行归档和储存，方便用于之后的查询以及统计分析。历史数据库的事件数越大，每一个事件在处理完后，记入数据库的数据类型越多，对于后期通过历史数据来进行统计分析就越有利。本模块应为事件记录提供操作方便的结构化模板。

应急事件管理模块还应实现以下功能：

（1）应急事件结果记录。主要实现对应急事情的处置情况进行系统记录，如图 5.20 所示。

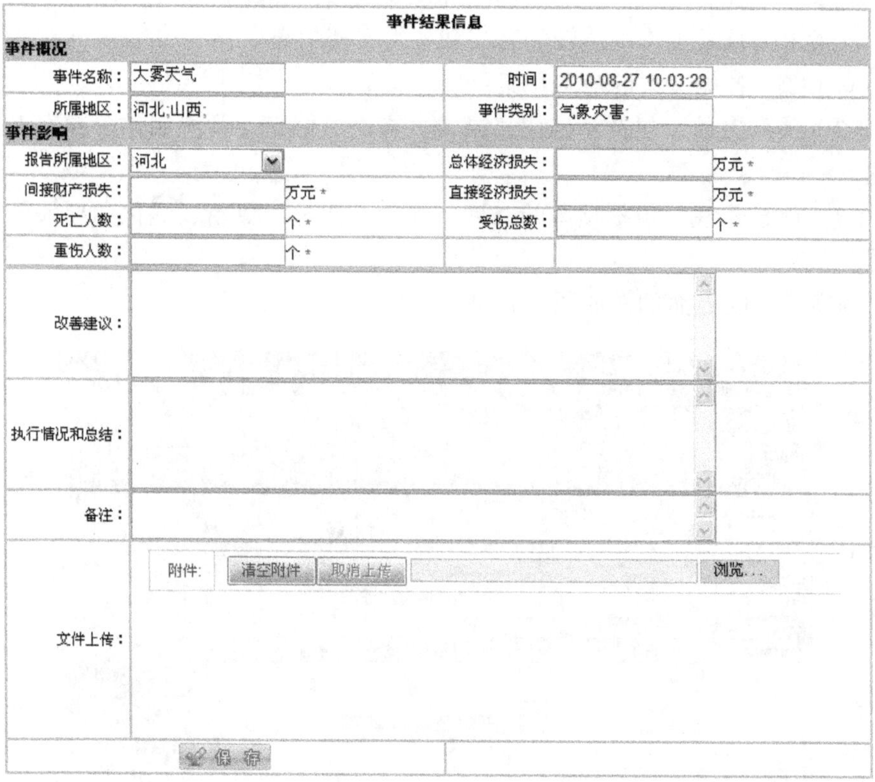

图 5.20 应急事件处置结果记录界面例图

（2）事件归档。完成对应急事件的归档。

① 归档：把该事件的结果报告、奖惩管理、成本与费用核算的信息归档。

② 打印：将该事件的结果报告、奖惩管理、成本与费用核算的信息打印出来。

③ 导出：将该事件的结果报告、奖惩管理、成本与费用核算的信息导出。

5.2 水路重点物资运输监控系统

为了保证船舶的安全技术状态和运行状况，必须建立和健全水路重点物资运输监控系统，必须强化过程控制，打击非法营运，实现跨区域、跨部门信息共享和联防联控。港航重点物资运输监控手段很多，比较先进、高效又经济的手段是全球卫星导航系统。

当今国际卫星导航系统有美国的全球卫星导航系统“GPS”，俄罗斯的全球卫星导航系统“格洛纳斯（GLONASS）”，中国的全球卫星导航系统“北斗系统”和欧洲的全球卫星导航系统“伽利略（Galileo）”。而北斗工程是一个相对庞大且繁复的技术工程，它涉及卫星导航技术、通信辅助导航、RFID、通信系统、Wi-Fi、MEMS、GIS 和因特网等技术的综合运用，这意味着北斗需要将云计算网、大数据资源、无线通信网络以及服务平台整合，从而形成一体化的产品与服务。随着科技进步与社会经济的发展，我国卫星导航与位置服务产业已进入黄金发展期，成为信息产业中发展最快的领域之一。

5.2.1 北斗导航系统的优势

水路重点物资运输的监控平台宜采用我国的北斗二号导航系统来实现，该系统是我国自主研发、独立运行的全球卫星导航系统。北斗系统至 2012 年已形成区域覆盖能力，到 2020 年左右，将形成全球覆盖能力。

北斗二号是 GPS 全球定位系统和伽利略系统的新发展，定位精度达到 GPS 民用水平，并且技术上不受制于人。GPRS 通信网络具有永远在线、快速登录、高速传输、按量收费、价格低廉等优点。其物资运输监控系统具有定位精确、价格低廉、简单实用的优点，在物资运输监控领域具有广阔的应用空间。交通运输部组织推进的重点运输过程监控管理服务示范系统工程，是北斗卫星导航系统专项启动的第一个北斗系统民用示范工程，该工程由交通运输部与总装备部联合组织实施。

5.2.2 北斗二号系统功能

1. 物资监控和管理

系统可以对物资的位置、速度、方位、状态进行监控，对物资的出入库、运输过程、运达情况、消耗情况进行全程掌握。系统管理平台设置有各类动态和静态信息数据库，终端机上报的位置信息由管理平台进行存储，用户可根据地图、时间段、回放速度对运输物资船舶的行驶轨迹进行回放。船舶的历史轨迹包含了时间、地点等多种信息，为事后的数据分析和物资管理以及新物资运输方案的制定提供了有力支持。

2. 运输定位和导航

系统终端机接收北斗卫星信号，获得物资实时位置，并向监控中心发送位置、行驶速度、方向和状态数据，从而在物资监控中心得知所运物资的动态。利用北斗卫星定位导航系统对运输物资的船舶提供导航服务，同时物资监控中心根据水路通行情况，为船舶选择最佳的运输路线，及时掌握航道损毁和通行情况，根据需要随时调整运输路线，保证运输任务顺利完成。

3. 安全防范

物资遇到危险或紧急情况后，可以触动船内的报警开关，终端机立即报告船舶的位置、速度、状态等，并发出报警信号，监控中心弹出报警幕，以红色警示提醒值班人员运输物资遇险。系统平台自动显示求救物资的信息，可根据指令打开单向语音监听装置，求助状态可由系统平台解除。对运输特殊物资的船舶可设置限制速度、温湿度、船舶倾斜度等特殊条件。一旦超过限速设置，终端会向用户监管中心自动报警，也有声音提示，监控中心人员也会提示该物资出现危险报警。船舶在执行任务前，可以根据需要，指定行驶区域或路线。当船舶行驶中偏离区域或路线时，监控软件会发出警报，管理人员就会及时通知船舶及时纠正。

4. 电子地图功能

可对当前地图进行放大与缩小操作，以便了解整个地区的总体情况和某个区域的详细情况。电子地图对不同的地物具有不同的编码，在地图上以其特定的方式和颜色显示，值班员可以根据爱好和需要自行配置显示方案。地图上可以显示路名、建筑物名称等标注信息，值班员可以根据需要隐藏或显示标注。电子地图在移动时，航道可以动态显示位置，保证航道处于可见状态。电子地图在缩放时，相邻标注可以自动避让，保证注记不被压盖。可进行地理位置、建筑物的查询，以及该位置附近空船、重船、所有航道的查询。

5.2.3 北斗二号定位原理

北斗二号卫星定位系统是我国独立研制的新一代卫星导航系统，该系统于2004年开始建设。在体制上北斗二号卫星和美国的GPS、俄国的GLONASS和欧盟建设中的Galileo一样，同属于RNSS（Radio Navigation Satellite System）。

北斗二号卫星定位系统通过测量卫星至用户的信号传播延迟，利用测距原理实现导航定位。通过3颗卫星测距，得到用户至卫星的距离，确定两维位置；再通过增加第4颗卫星的测量，可以计算三维位置和时间。该系统由地面段、空间段和用户端组段构成，采用CG3200坐标系，以北斗时为系统时间基准。正在建设的北斗二号卫星定位系统空间段，将由5颗静止轨道卫星和30颗非静止轨道卫星组成，作为无源导航卫星，不同于第一代有源导航，可以为需要导航的用户带来安全。该卫星提供两种服务方式，即开放服务和授权服务。开放服务是在服务区内免费提供定位、测速和授时服务，定位精度为10m，授时精度为50ns，测速精度为0.2m/s。授权服务是向授权用户提供更安全的定位、测速、授时和通信服务。

和其他定位系统一样，北斗二号卫星定位系统的所有功能最终都是通过用户设备实现的，因此用户设备是系统的一个重要组成部分。从应用对象区分，用户设备包括手持、船载以及嵌入式等，个人、船舶等移动载体提供导航定位、报文通信和授时业务。而从功能上，用户设备则分为基本型、授时型等多种类型。北斗二号卫星星座图如图 5.21 所示。

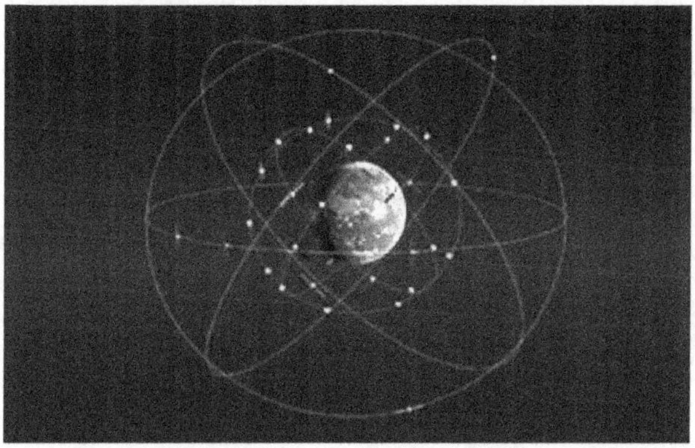

图 5.21　北斗二号卫星星座图

5.2.4　重点物资运输监控系统的构建

重点物资运输物资监控系统由监控中心、通信网络和终端机组成。其中通信网络选择 GPRS 公共通信网络。

1. 监控中心

监控中心是系统的重要组成部分，负责和接收终端的交互及用户管理，并根据接收终端的请求响应定位服务，同时负责各个分中心的网络互连，完成各种信息的分类、记录和转发以及分中心之间业务信息的流动，并对整个网络进行监控。监控中心动态获取水路状况及实时监控、指挥移动终端，GIS 系统与卫星定位系统的紧密结合可以提高监控中心的工作效率。

监控中心硬件由一台服务器、监控端计算机以及部分辅助设备构成，服务器和监控端计算机由局域网连接。如因条件限制也可将服务器和各监控端功能集成在一台电脑上。

监控中心客户端软件有系统设置、地图窗口、位置管理和物资管理 4 个功能模块。其中，系统设置有通信设置、修改密码、报警开关和轨迹回放等；地图窗口有地图选择、地图设置、图元设置和船舶状态设置；位置管理有围栏设置、区域设置和位置设置；物资管理有状态查询、各种数据统计、报警处理和指令发送等功能，软件功能模块如图 5.22 所示。

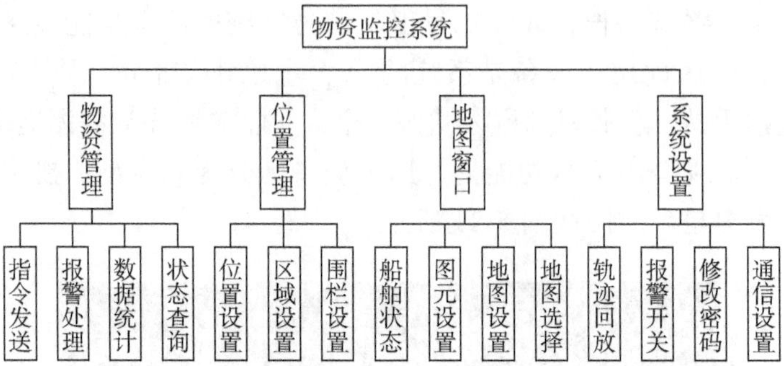

图 5.22 软件功能模块图

2. 终端机设计

终端机的功能模块主要由主控机、北斗定位导航模块、GPRS 模块和 LED 显示模块组成，具体如图 5.23 所示。

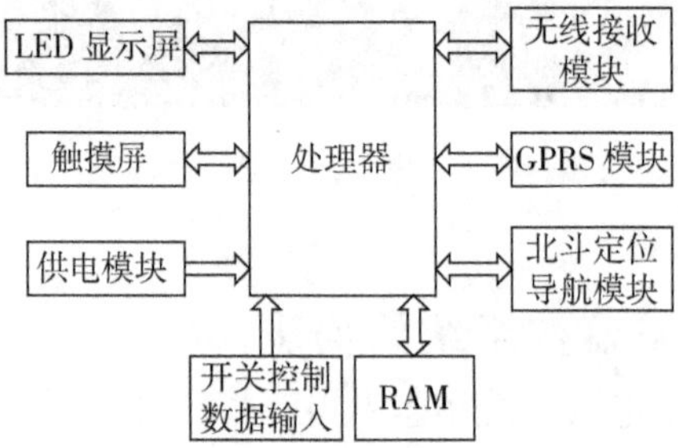

图 5.23 终端机原理框架图

（1）主控机。是船载终端的核心部件，主要负责与北斗定位导航模块、GPRS 模块的通信，提供人机交互的接口 LED 显示屏及触摸屏，同时支撑嵌入式操作系统所需的底层硬件资源和相关硬件部分。

（2）北斗定位导航模块。主要接收北斗定位导航信息，实时提供船舶的位置、速度、时间等信息。

（3）GPRS 模块。主要负责与监控中心的通信，将物资的位置信息、送达情况、安全情况传给监控中心，监控中心发来的指令也通过 GPRS 网络传播。

（4）LED 显示屏及触摸屏。主要提供人际交互的平台，通过 LED 显示屏提供给用户简单友好的界面；用户可以通过触摸屏输入控制命令等。

5.3 水路危险化学品存储及动态监管系统

水路危险化学品存储及动态监管系统的任务是对水路沿线危险化学品运输船舶和港区储存实施动态全过程监控，对危险化学品水路运输企业准入管理和港口装卸作业、储存的安全监管，对辖区内危险化学品码头的重点监控。

随着国民经济的快速发展，国家对能源和化工产品的需求急速增长，大量具有易燃、易爆、毒害、腐蚀性、放射性的危险品不断问世，水路危险品货物的运输量和种类也随之日益增长。从水上和海上穿梭而过的危险品货物船舶不仅为沿江沿海地区带来经济繁荣，同时也带来了重大的污染和安全隐患。水路危险品货物运输是一个高风险行业，一旦发生事故，不仅可能造成重大的人身伤亡，而且还有可能给社会、经济和环境造成巨大的危害，特别是很多危险品货物对环境的破坏是不可逆的。水路危险品货物安全运输问题引起了社会各界广泛关注和重视。加强对危险品船舶、码头、运输企业、管理部门等的综合化管理和数据共享，降低危险品船舶运输的风险，减少和避免事故的发生，对促进危险品运输业的健康发展具有极其重要的意义。

5.3.1 技术原理

水路危险化学品存储及动态监管系统以 GPS 技术、RFID 技术、GIS 技术、无线数据网络等技术实现实时途中监控，利用信息化手段，有效解决行业中运输、交接、结算等各环节的管理难点问题。

这个系统在每个运输容器的箱门上安装基于 RFID 技术电子封锁设备，这是存储了必要的信息的开放式设备。同时在每个运输船舶上配备电子押运员，作为电子封锁分布式控制信息终端，实现与每次电子封识绑定的动态数据认证、数据录入、数据存储、实时监控数据传输等功能，电子押运员设备通过 GPRS 网络与后台系统数据互通，建立覆盖运输全程、全线的数据监控网，实现了对整个危险品物流供应链进行的实时监控、统一管理。

这样一个透明化的监控模式，可以提高安全保障，提升管理部门的监管力度，提高运输企业的效率，提升企业的服务质量，降低管理成本。

5.3.2 系统框架

该系统将为政府监管部门和危险品生产、销售、仓储、运输企业提供危险品运输车辆及车队监管、违反危险品运输规程的事件报警、船舶盗抢劫持的安全防范和跟踪以及紧急突发事件的快速综合响应服务。该系统框架可抽象成一个集中管理式（运营）分层嵌套的系统模型。全系统由一个运控管理中心和多个子系统组成。

该系统的主要组成部分：

（1）运控管理部分。

（2）平台应用部分。

（3）服务响应部分。

（4）通信处理部分。

（5）用户终端部分。

水路危险化学品存储及动态监管系统应用整体架构如图 5.24 所示。

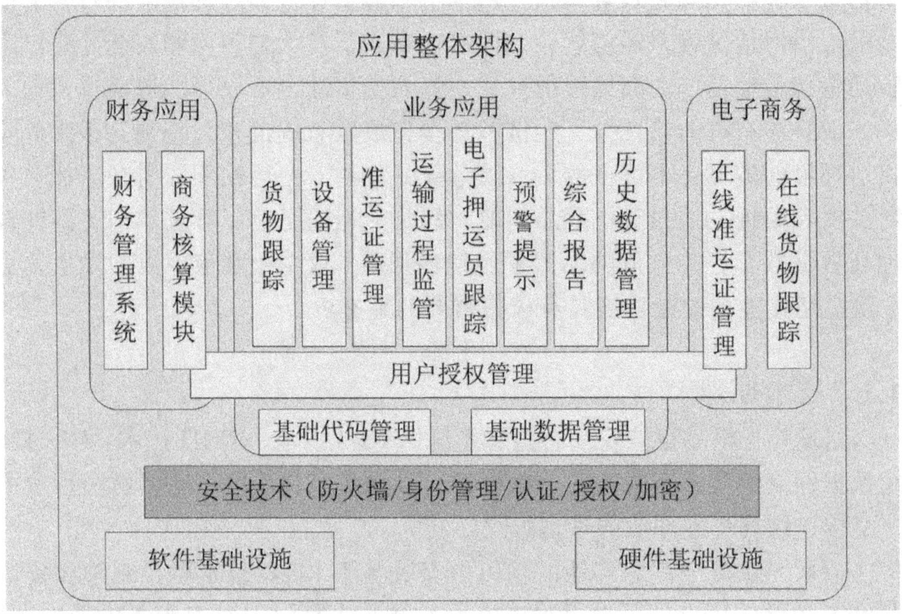

图 5.24　系统应用整体架构图

5.3.3　系统的作用

水路危险化学品存储及动态监管系统是监管部门与企业的重要利器，它的作用是：

（1）加强危险品的全程监管，防范事故发生：发生事故后第一时间掌握各类信息及时做出应急方案，减少损失，提高企业运行效率，降低管理成本，堵塞风险漏洞，已成为危险品运输行业目前的当务之急。

（2）节约企业安全成本：使用电子签封锁，有效降低人员现场检查的人力、交通、施封设备等的总成本，在运输量大的情况下将为企业节约可观的安全成本。

（3）堵塞货物途中安全漏洞：电子签封锁途中安全防范功能将从根本上杜绝货物途中的安全隐患，施封 / 解封操作和途中报警等数据可全部永久保存，作为数据依据，出现事故时责任明晰，避免无法举证造成的企业损失，对不法分子产生极大的震慑力。

（4）提高船舶调度管理水平：电子签封锁施封 / 解封等信息可与船舶调度、任务安排等系统相结合，为船舶承担任务中或任务已完成的实时状态提供可视化的管理途径，提高船舶调度管理水平，提高船舶人员等企业资源的使用效率。

第6章 港航公共信息服务平台建设

"科学的事业就是为人民服务。"——托尔斯泰

港航公共信息服务平台是数字港航的重要应用系统之一，它包括了水路交通出行信息服务系统、船岸信息一体化服务系统、港航物流信息服务平台，其任务是运用信息化手段建设覆盖本省（自治区、直辖市）级水路交通运输管理机构所辖地域，乃至形成全国的水路交通行业统一的信息服务平台。托尔斯泰说得好："科学的事业就是为人民服务"。港航公共信息服务平台将用信息数字技术为各类不同需求的社会民众或团体提供出行方面的全面、权威、方便的信息服务；为实现船岸信息一体化服务，为实现港航物流信息化服务。

6.1 水路交通出行信息服务系统

水路交通出行信息服务系统的任务是充分利用已有资源，建设覆盖本省（自治区、直辖市）级水路交通运输管理机构所辖地域、进行扩展乃至形成全国的水路交通行业统一的水路交通出行信息服务系统。采用网站、呼叫中心、广播、短信平台的方式，为不同出行人群提供水路交通行业基础设施静态信息、水路路况动态信息、水路交通旅游信息、水路交通气象信息等实用的综合信息服务，全面提升本省（自治区、直辖市）水路交通行业面向社会公众的综合信息服务能力。

6.1.1 系统任务

交通运输部在《公路水路交通运输信息化"十二五"发展规划》中明确提出，我国在"十二五"期间重点建设包括水路交通出行信息服务系统在内的四大工程，其中水路交通出行信息服务系统建设主要内容包括：

（1）深化完善省域水路交通出行信息服务系统，积极推动跨区域水路交通出行信息的交换共享。依托路网监测监控系统完善水路交通管制、气象等实时信息服务，并在完善网站、服务热线、水路交通广播、短信平台等服务方式的基础上，充分利用水路上固定和移动式可变情报板为水路出行者提供出行信息

服务。引导开展省域、跨省域客运售票联网和电子客票系统建设，以网上购票和电话购票等多种形式,方便出行者购票,并为长途客运乘客提供相关信息服务。

（2）建设内河航运综合信息服务系统，依托海事、航道和运政管理信息系统建设和完善，强化航道状况、水位水深、水上水下施工、水路交通管制、水文气象等信息服务，并利用网站、呼叫中心、航行广播、短信平台等多种服务方式在内河干线和重要水网地区为通航船舶提供航行信息服务。进一步完善水路客运出行信息服务系统建设，在重点水域引导开展客运联网售票和电子客票系统建设。

（3）市级以上城市加快建设覆盖城乡的公共水路交通信息服务系统。积极推进开展动态船载导航系统的研发与产业化应用试点。

（4）建设以全国统一特服号、统一水路交通广播频率为特征，提供有机衔接的多种服务手段，并覆盖广大城乡地区的水路交通出行信息服务体系。鼓励和引导社会力量广泛参与，培育水路交通出行信息服务产业的健康发展，方便百姓安全便捷出行。

6.1.2 系统需求

随着水路交通运输蓬勃发展，公众对水路交通出行服务水平的要求在不断提高，不仅对水路交通信息服务提出了差异化、个性化服务的要求，还对运用信息化、智能化手段提升现有水路交通设施运行效率和服务水平的需求日益突显，特别是随着跨省（市）区域出行需求快速递增而对跨省（市）出行服务提出更高质、更时效、更安全、更便捷的要求，对水路交通出行需求的增加而对综合信息服务提出全面、便捷、准确、迅速等要求。

针对公众水路交通出行的特点，即跨地市大范围出行数量的增加，节假日自驾出行比例的提高和水路交通出行在途路径选择灵活性的提高，多方式、动态、可靠、高效的水路交通出行信息服务将是信息系统建设的最根本目标。公众水路交通出行信息服务的主要需求如表6.1所示。

表6.1 公众水路出行信息需求表

需求类型	需求内容
水路交通气象信息查询	市域范围内主要水路的气象相关信息，包括雨、雪、雾、风级等相应信息，为其提供出行参考
水路事件信息发布	水路交通事件时间、地点、类型等； 事故区域周边路网路况及水路交通状态； 紧急状态时的路径规划与绕行建议； 接入路网相关事件报警信息
其他需求	出行路径规划信息；施工路段相关信息；水路交通救援信息；在途路线诱导信息等

6.1.3 系统的结构与流程

水路交通出行信息服务系统在整合与公众服务相关的各类信息资源的基础上，采用水路交通出行信息服务网站、呼叫中心、广播、短信平台的方式和手段，为不同出行人群提供水路交通行业基础设施静态信息、水路路况动态信息、客运票务信息、船舶维修救援、水路交通旅游、水路交通气象等实用的综合信息服务，建设覆盖本省（自治区、直辖市）的水路交通行业统一的水路交通出行信息服务系统，逐步推进公众服务系统与水路交通行业业务系统的有效结合，全面提升水路交通行业面向社会公众的综合信息服务能力。

1. 系统结构

1）系统总体结构

从水路交通数据的采集、处理、发布的流程角度来讲，水路交通出行信息服务主要包括水路交通数据采集与接入、通信网络、水路交通数据处理中心、水路交通信息发布四部分。水路交通数据采集与接入是系统的数据基础；通信网络为系统数据传递和信息发布提供了网络平台；数据处理中心是系统的枢纽，负责采集与接入数据的初步处理、存储以及数据的深层次分析，并生成可用于面向用户发布的水路交通信息；数据发布系统，为用户提供多种获取水路交通信息的方式，通过这些方式，不同出行者可以在出行前、出行中获得各类水路交通信息服务，并可在出行后通过网站、呼叫中心等手段进行意见的投诉和反馈，其总体结构如图 6.1 所示。

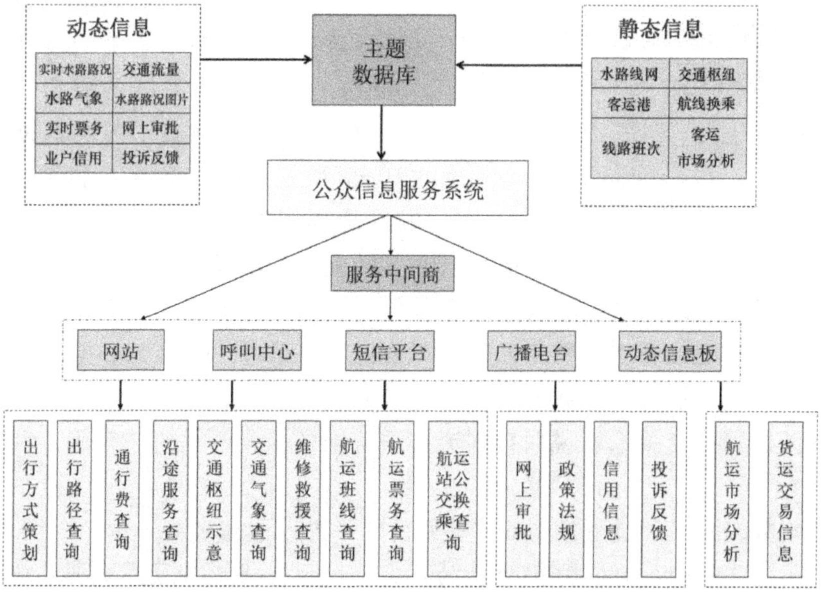

图 6.1 水路交通出行信息服务总体结构

2）系统的逻辑结构

水路交通出行信息服务系统的建设包含较多的子系统的构建，其中包括公众出行水路交通服务热线建设、公众出行门户网站建设、短信平台建设等，涉及大量的应用系统开发。这些系统的逻辑结构是以XML/Web服务和中间件作为核心技术，以信息处理为基础，信息服务为目的，所形成的层次化的结构。

（1）数据层。数据库操作模块可对数据库中的相关业务数据执行查询、添加、修改、删除等操作。此外，数据层还为业务层提供数据基础。

（2）中间层（业务层）。中间层又称为业务层，包括业务相关模块和接口服务。业务相关模块主要包括业务流程、业务组件和业务实体；接口服务主要包括WCF外部接口和WCF内部接口（名称未定），其中WCF内部接口为公众出行网站提供数据，WCF外部接口根据需求分析为其他使用人员提供数据。

（3）表现层。表现层负责与用户进行交互，包括界面组件和处理组件，以公众出行服务网站形式展现，并以模块化形式实现各功能，并可根据需要进行扩展。

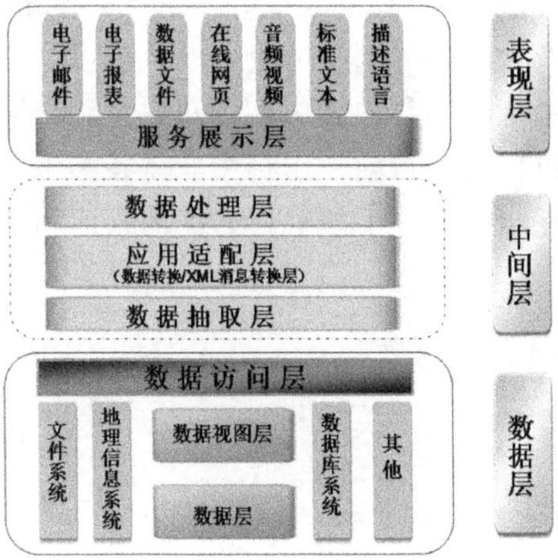

图6.2 系统逻辑架构

从图6.2中可以看出，系统的逻辑架构是一个分层次的模型，自下而上可以分为三个层次，分别为“数据层”、“中间层”和“表现层”，其中数据整合集中在中间层，是数据中心建设的重要内容。在这个架构中，下一层为上一层提供服务，上一层调用下一层提供的服务。这种分层的架构有利于系统的设计、开发和部署，也保证了系统的稳定性、可用性和可扩展性，屏蔽了各层具体实现的相关性和复杂度，降低了系统应用之间的耦合程度，以适应业务不断扩展和变化的需要，避免因底层、局部或高层业务的变化影响整个应用的表现。从另一个角度来说，这是从系统的整体来考虑系统的设计和部署。

2. 水路交通出行信息服务系统的数据流程

我们可以从系统的数据流入手，通过分析出行者、展示平台、共享数据库和数据源的数据流关系，说明数据流在系统中的采集、处理、存储、利用的全过程。

系统数据流处理过程如图6.3所示，可分为以下几种：

（1）由出行者发起，到出行者结束。出行者向人机交互界面即系统信息展示平台发送查询条件或水路交通原始数据信息→系统信息展示平台与共享数据

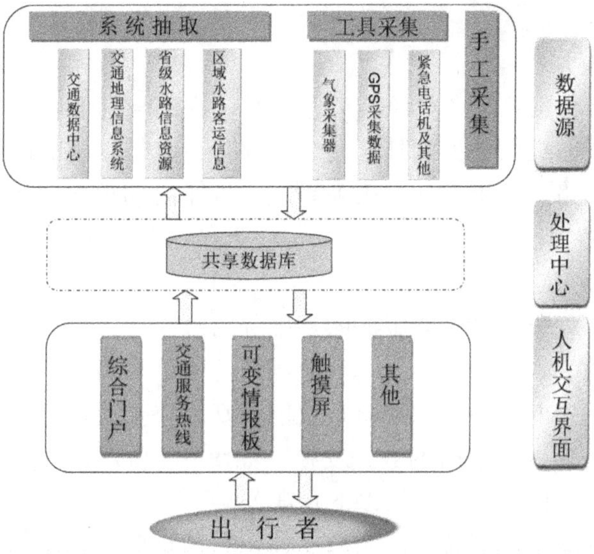

图 6.3 系统数据流处理过程

库发生数据交互，将所收到的信息提供给共享数据库→共享数据库将处理结果信息通过系统信息发布平台提供给系统信息展示平台→由系统信息展示平台提供服务信息给出行者。

（2）由共享数据库发起，到出行者结束。共享数据库将处理好的服务信息通过信息发布平台提供给系统信息展示平台→由系统信息展示平台提供服务信息给出行者。

（3）由被抽取的业务系统发起，到业务系统结束。业务系统向系统抽取平台发送抽取数据或系统交换的访问申请信息→系统抽取平台与共享数据库发生数据交互，将收到的信息提供给共享数据库→共享数据库将处理结果信息提供给系统抽取平台→由系统抽取平台提供系统交换结果或应答信息给业务系统。

（4）由采集终端发起，到共享数据库结束。采集终端将采集到的原始水路交通信息提供给系统采集平台→系统采集平台对收到的原始水路交通信息进行清洗、加工、处理后，提供给共享数据库。

（5）由共享数据库发起，到采集终端结束。共享数据库通过信息采集平台向采集终端发送控制指令、应答指令信息。

综上所述，系统的数据流程实际上是由出行者→水路交通出行信息服务系统→出行者；业务系统→水路交通出行信息服务系统→业务系统；采集终端→水路交通出行信息服务系统→采集终端的三套闭环组成，并互有交叉。

6.1.4 系统接口

水路交通出行信息服务系统接口包括系统内部与其他应用系统之间的内部接口和对外采集、提供数据的外部接口两部分，此外在内部接口和外部接口基础上具体提出水路交通出行信息服务系统与行业内部和外部部门相关系统的数据接口。

1. 内部接口

水路交通信息资源是公众服务的基础，而水路交通出行信息服务系统和其他各种水路交通管理、处置、办公等业务系统也是水路交通信息资源的重要信息来源，因此完善的系统内部接口不仅能丰富水路交通信息资源，还能为公众服务系统提供可靠的、及时的数据支撑。如图 6.4 所示，水路交通出行信息服务各类业务系统的接口主要包括以下几部分。

（1）日常运行监测系统——水路交通出行信息服务系统。日常运行监测系统将水路运行状态信息、水位水情信息、航道公告信息、水路交通量信息等输入到水路交通出行信息服务系统的内容管理子系统，经处理后，将水路交通状况动态信息通过网站、呼叫中心、水路交通广播、短信平台发布发送给用户。

（2）电子政务系统——水路交通出行信息服务系统。电子政务系统主要将

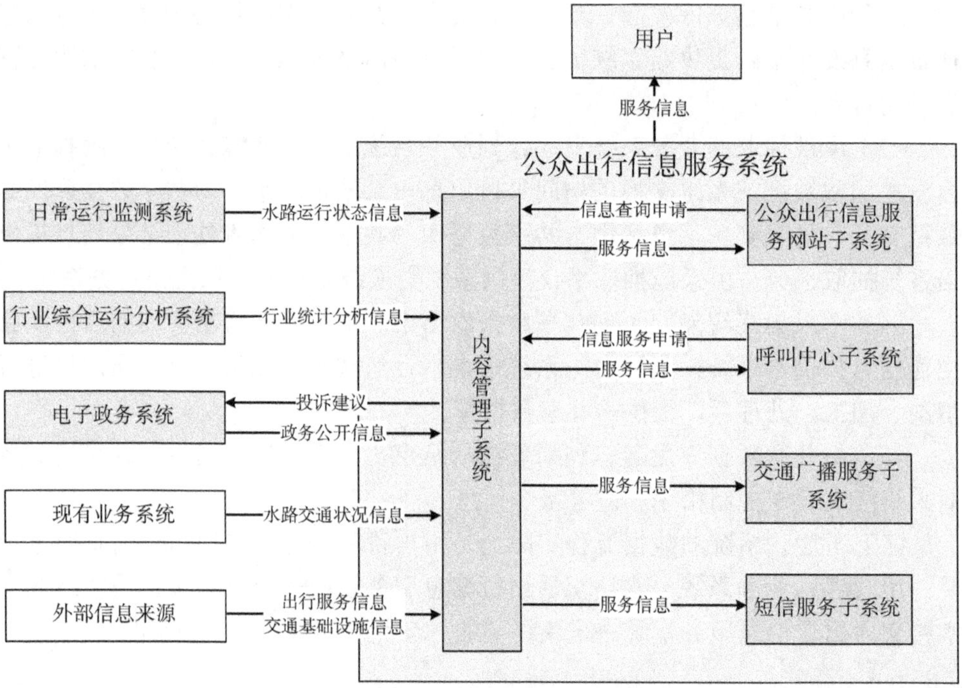

图 6.4 水路交通出行信息服务系统内部接口

政务公开信息、通知公告信息、政策法规等信息通过内容管理子系统审核处理后，再通过出行信息服务网站发布给公众；通过出行信息服务网站和呼叫中心热线电话采集的公众投诉建议等信息输出给电子政务系统。

（3）现有业务系统——水路交通出行信息服务系统。现有业务系统将出行基本信息、水位水情信息、水路交通状况信息、实时监控信息、运政稽查信息、行政执法信息、水路交通量信息等输入给水路交通出行信息服务系统的内容管理子系统，经过信息审核、信息分析处理，形成公众需求的格式通过网站、呼叫中心、水路交通广播、短信平台予以发布。

（4）外部信息来源——水路交通出行信息服务系统。外部信息来源主要指数据中心和其他一些相关部门，它们将出行基本信息、行政执法信息、水路交通出行服务信息、水路交通基础设施信息、气象信息等输入给水路交通出行信息服务系统的内容管理子系统，经过信息审核、信息分析处理，形成公众需求的格式通过网站、呼叫中心、水路交通广播、短信平台予以发布。

（5）内容管理接口。公众通过网站子系统向内容管理子系统提出信息查询申请；通过呼叫中心热线电话提出故障救援、事故报警、信息查询服务申请和投诉建议；内容管理子系统将各种类型的服务信息经处理和审核后通过服务网站子系统、呼叫中心子系统、广播子系统和短信服务子系统发布给社会公众等用户。

（6）与短信平台接口。短信平台与软件接口通过 TCP/IP 协议实现。

短信平台接口如图 6.5 所示。

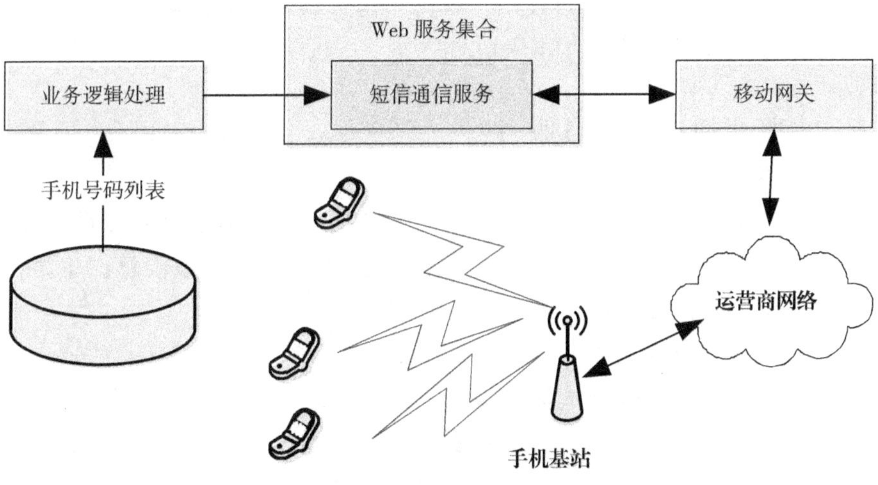

图 6.5　水路交通出行信息服务系统与短信平台接口

2. 外部接口

水路交通出行信息服务系统提供 Web Service 服务接口给中间服务提供

商，采用 Web RPC 方式，将部分二次开发的信息开放给用户，可以供用户在自己的平台上进行二次开发。

3. 数据接口

数据接口建设目标是设计水路交通出行信息服务系统与行业内部和外部部门相关系统的数据接口，为信息服务系统提供数据支持，满足水路交通出行信息服务的数据需求，同时向外部提供信息服务接口。包括与水路交通管理部门内部以及气象局、铁路、民航、旅行社等外部相关部门的数据接口，涵盖水路路况与服务设施、路况与气象、旅游景点、酒店餐饮、政府公示、行业动态等多种信息的水路交通出行信息服务数据库。以上信息将通过数据中心获取。

（1）与本省（自治区、直辖市）级水路交通运输管理机构职权范围内的业务系统接口：

① 与日常运行监测系统：由日常运行监测系统提供 Web 地图服务，在本系统中通过 Flex、Ajax 的方式调用。

② 与现有业务系统：可由现有业务系统提供 Web Service 调用接口。

（2）与非本省（自治区、直辖市）级水路交通运输管理机构职权范围内的业务系统接口：

① 旅游局：与旅游局合作，提供相关信息，水路交通出行信息服务系统通过内容管理功能直接导入旅游信息。

② 酒店、餐饮：与各大酒店及特色餐饮服务机构合作，提供相关信息，水路交通出行信息服务系统通过内容管理功能直接导入相关信息。

③ 气象：通过与气象部门合作，提供相关信息，水路交通出行信息服务系统通过内容管理功能直接导入相关信息。

6.1.5 水路交通出行信息服务

1. 对数据的需求

水路交通出行信息服务系统所需采集的数据信息内容包括：水路基础静态信息、水路交通状况动态信息、公告信息、执法信息、气象信息、旅游信息、政务公开信息、其他便民信息等，具体需求见表 6.2。

2. 系统的主要服务内容

水路交通出行信息服务系统主要服务内容有：

（1）水路交通气象服务。为出行者提供不同地区和主要水路沿线的气象状况及预报。当发生或即将发生对水路交通影响较大的雨、雪、雾等不利气象时，可通过水路上的可变情报板、出行网站图形化示意、图片和发送手机短信等形式，对出行者给予必要的提示。

（2）水路航况信息服务。水路航况信息服务主要包括水路交通流量、突发

表 6.2 水路交通出行信息服务系统输入数据需求

数据源		数据项名称	输入数据内容	提供（获取）方式
所属部门	所属系统			
水路管理部门	航道管理系统	航道、险滩信息	航道段基本信息、航道枢纽基本信息、临航设施基本信息、瓶颈区段基本信息、桥孔基本信息、桥梁基本信息、枢纽船闸基本信息、枢纽升船机基本信息、滩险信息、主要浅滩基本信息	数据导出、转换
水路管理部门	航道管理系统	航道动态生产信息	航道客货运量及港口吞吐量	数据导出、转换
		水位、水情信息	记录日期、水位站编号、水位、记录事件、涨落情况、趋势、与设计水位相差、所选水尺、水尺读数等	数据导出、转换
		航道公告信息	通告日期、河流名称、所属航道处、航道编号、公告信息（如碍航、断航）等	数据导出、转换
		行政执法信息	水路运输黑名单信息、执法档案基本信息、行政执法文书内容	数据导出、转换
	港口管理信息系统	出行基本信息	港口、码头、泊位、航线、班次、票价、船票公司及船舶等信息	数据导出、转换
呼叫中心	呼叫中心子系统	故障救援信息	登记单编号、主叫号码、联系电话、联系人、地市名称、路段代码、救援类型、救援内容、救援时间、受理人、满意度等	呼叫中心直接采集
		事故报警信息	工单编号、工单类型、派工人员、派单日期、地市名称、路段代码、联系人、联系电话、报警类型、报警内容、用户报警日期、完工状态、施工人员、完成时间、备注等	呼叫中心直接采集
		信息查询信息	登记单编号、主叫号码、联系电话、联系人、地市名称、路段代码、咨询内容、咨询时间、受理人、满意度等	呼叫中心直接采集
		线路查询	工单编号、工单类型、派单日期、地市名称、路段代码、联系人、联系电话、查询线路内容、咨询时间、处理结果、受理人、备注等	呼叫中心直接采集
		投诉受理信息	登记单编号、主叫号码、联系电话、联系人、地市名称、路段代码、投诉内容、投诉时间、受理人、满意度等	呼叫中心直接采集
		换乘信息	公路、铁路、民航等多种运输方式的客运服务信息查询，以及多种运输方式之间衔接换乘等参考信息	人工采集
		旅游景点信息	景点名称、位置、简介、电话、旅行社及电话、水路交通线路、票价、旅游贴士等	人工采集或与相关部门合作
		酒店及宾馆信息	名称、地址、水路交通线路、价格、星级、规模、电话等	人工采集或与相关部门合作
		紧急事件信息	非水路部门管辖，但可能会对水路出行造成影响的事件	人工采集

续表 6.2

数据源		数据项名称	输入数据内容	提供（获取）方式
所属部门	所属系统			
呼叫中心	呼叫中心子系统	水路交通出行常识信息	水运的相关规范、行李包裹携带和托运知识、出行方式基本介绍和对比、出行信息获取途径等	人工采集
		其他常识性信息	常用应急对策、便民信息、法律法规等	人工采集
		国际水路交通政策及动态信息	口岸介绍、政策法规、口岸新闻、边境风情、口岸建设等	人工采集
		新闻动态	时间、类别、事件内容等	人工采集

事件等信息的发布与查询。水路交通流量信息主要根据水路交通流量采集设备采集的水路交通流量信息，为出行者提供出行线路通行状况信息。突发事件信息是指影响水路交通正常运行的自然灾害、事故灾难、公共卫生事件、社会安全事件等突发公共事件。

（3）旅游水路交通信息服务。向游客提供本地主要旅游景点的水路交通信息服务。为出行者提供基于骨干水路交通网络的从出发点到旅游景点的路径规划服务。

以上这些服务内容，要求水路交通出行信息服务系统为公众提供水路基础设施静态信息、水路路况动态信息、客运票务信息、水路交通旅游、水路交通气象等信息服务，如表 6.3 所示。

表 6.3 水路交通出行信息服务系统输出数据需求

数据项分类	数据项名称	输出数据内容
水路基础设施静态信息	基础设施状况信息	水路、航道航线、港口、航道、险滩等信息
水路路况动态信息	临时船次变更信息	
	水路突发事件信息	影响范围、事件进展、预计处置完成时间等信息
	航道动态路况信息	船闸通过量信息，航道水位水情信息，航道碍航、断航信息
	航道通航阻断信息	
	船闸通行信息	
	水路交通气象信息	城市气象和主要道路沿线、水路的气象状况及预报
水路出行服务信息	多种运输方式服务信息	公路、铁路、民航、水运等多种运输方式的客运服务信息（场站、港口、客运线路、航线、班次、票务等），多种运输方式之间的衔接换乘信息
	出行方式选择信息	传统出行方式（汽车、火车、飞机、航运等）的车船票费、所需时间、路程长度、班次、水路交通工具类型信息等
	路径规划信息	最优路径分析，基于出行起讫点、公路及水路交通状况、行驶时间、里程、收费情况等多方面因素，提供出行最佳路径建议方案，路径类型包括：时间最短路线、路程最短路线、收费最少路线、路面最好路线等

续表 6.3

数据项分类	数据项名称	输出数据内容
水路出行服务信息	水上安全出行信息	水上安全法规知识、季节性安全工作要求、危险天气、水位信息、水上违法行为或事故通报、出行温馨提示
	救援机构信息	位置、联系方式
	口岸相关政策信息	口岸出入境的流程、口岸物流园区以及口岸相关的政策信息
	水路交通出行常识信息	客运的相关规范、行李包裹携带和托运知识、出行方式基本介绍和对比等信息
	其他常识信息	常用应急对策、便民信息、水路交通相关法律法规等信息
旅游信息	旅游景点信息	景点名称、具体地址、实景图、景点级别、景区介绍、服务热线、票价、水路交通线路、周边配套设施介绍等信息
	热点旅游专题信息	著名旅游景点及线路信息，以及热点旅游景区及相关线路
	酒店及特色小吃	酒店名称、星级、实景图、地理方位示意图、地址、电话及水路交通线路等酒店信息以及当地特色小吃的相关内容
	旅游常识	旅行中的着装、各类（如登山、漂流）防护措施、防骗技巧、急救知识和旅游文明规约等

3. 系统服务方式

水路交通出行信息服务系统的服务方式包括网站、水路交通服务热线、广播、短信、电子屏幕显示、手持或车载终端、出行宣传册，可以直接系统地面向公众服务，同时设置数据接口向其他行业、出行信息服务商或社会团体提供信息支持。

（1）网站方式。水路交通出行信息服务门户网站具有强大的水路交通信息查询功能，各类用户可以随时进行水路交通出行信息的查询，合理选择出行方式和安排出行时间。网站利用图形化界面将水路交通网络与基础设施信息，以及水路路况信息，通过示意图的形式向社会公众进行展示，以便于出行者全面、直观地掌握主要的水路交通出行信息。为出行者提供通行里程、通行费用等信息查询服务，并以本地区骨干水路交通网络为基础，提供基于最小距离、最短时间或最少费用的静态路径规划服务，为用户提供出行参考。同时，出行网站可接收社会公众针对水路交通运输服务的咨询及投诉。

（2）水路交通服务热线。构建水路交通出行信息服务热线，实现计算机、网络等高新技术与传统服务方式的有效结合。并根据各类出行者的不同需求，为其提供个性化的出行信息服务。出行用户可以通过拨打水路交通出行服务热线，接受人工电话语音服务，满足涉及出行水路交通信息的查询需求，并可以就水路交通运输服务进行电话投诉。全省统一的出行信息服务特服号码宜统一资费标准，不同地区拨打均按本地通话资费标准执行。

（3）手机短信。通过与当地短信运营商的合作，向社会提供水路交通信息手机短信服务，将适合短信方式发布的出行水路交通信息提供给出行者。作为互联网、热线电话等服务方式的有效补充，手机短信服务方式将为出行者提供更加便捷的水路交通信息服务。出行者可以通过手机进行短信定制，系统将根据用户的不同需求将适合通过短信发布的水路路况信息、气象信息等，通过手机短信的形式向出行者发布。

（4）电子屏幕显示。在水路沿线和客运站场内，通过设置可变情报板、大屏幕显示屏、触摸屏等电子显示装置，为出行者提供气象、水路路况、票价等出行水路交通信息的直观显示及查询服务。

（5）广播。充分发挥广播电台的信息传递特点和优势，随时将水路路况、气象等水路交通信息以水路交通广播的专业形式向社会公众进行播报。通过开展同当地水路交通广播电台的合作，充分发挥广播电台的信息传递特点和优势，以便于出行者及时进行合理的出行安排和出行路径调整，有效提高出行效率，并缓解水路交通压力，从而进一步突出水路交通信息服务的多样化和人性化特点。

（6）手持或船载终端。随着无线网络的普及，利用手持终端设备进行实时信息交换的需求越来越明显，利用船载设备或无线通信运营商设备可以直接接入网络，不仅可以实时接收各类动态、静态信息，也可以将水况信息直接发送出来，使这些终端成为信息采集设备。

（7）出行宣传册。在水路交通出行信息服务系统的建设过程中，应重视发挥传统纸媒体的作用，以满足不同受众的服务需求。印制公众出行宣传册，并在码头、客运站等旅客集散地进行免费发放。通过发放出行宣传册向用户提供适于纸媒体发布的出行水路交通信息，为出行者提供出行参考。同时，出行宣传册印有公众出行水路交通信息服务系统使用指南，宣传和介绍本系统的功能、作用和使用方法，以使系统能够被社会公众更加广泛的认识、了解和使用。

4. 系统建设任务

水路交通出行信息服务系统建设任务将根据各省（自治区、直辖市）级水路交通运输管理机构已有出行信息服务系统情况、数据资源整合情况及公众需求情况综合确定。各省（自治区、直辖市）实际建设任务有所差别。作为省（自治区、直辖市）级水路交通行业主管部门，建立的水路交通出行信息服务系统一般包括以下几个部分：

（1）出行内容管理子系统。

（2）出行网站子系统。

（3）呼叫中心子系统。

（4）水路交通广播服务子系统。

（5）短信平台。

6.1.6 出行内容管理子系统

出行内容管理子系统是构建水路交通出行信息服务系统的基础，是提供公众出行水路交通信息服务的前提条件。主要建设内容包括数据采集、数据处理与分析挖掘、信息发布等功能。同时，为了确保本省（自治区、直辖市）级水路交通运输管理机构外网门户和水路交通出行信息服务系统信息的一致性和同步性，提供水路交通出行信息服务系统按规定格式转发至本省（自治区、直辖市）级水路交通运输管理机构外网门户的功能。

如图 6.6 所示，内容管理子系统包括数据采集、数据处理与分析挖掘、信息发布、内容管理、信息查询分析管理、地理信息管理、系统管理等模块。

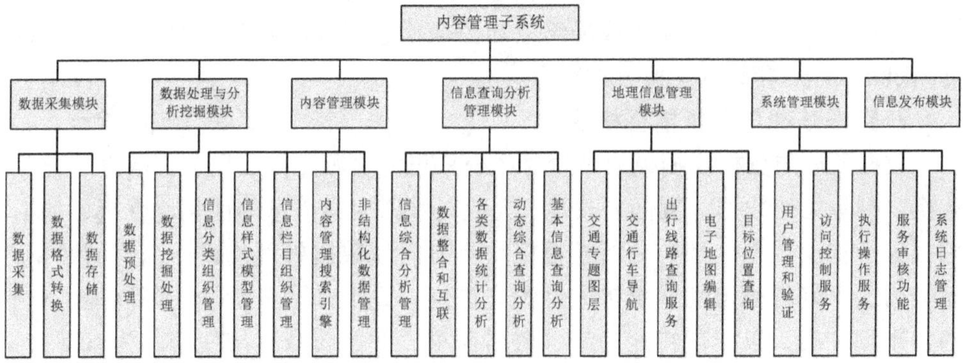

图 6.6 内容管理子系统功能模块划分

1. 数据采集模块

模块采集和接入满足出行信息服务需要、分布在水路交通行业内外各应用系统中的动态、静态水路交通数据。该模块由数据采集、数据格式转换以及数据存储等功能子模块组成。数据内容涵盖水路静态、动态数据，同时提供其他运输方式班线班次、换乘等信息，此外，还有旅游等生活娱乐信息体现地区特色。数据来源主要为本省（自治区、直辖市）级水路交通运输管理机构数据资源中心。该中心数据库存储了大量水路交通服务信息，是公众出行水路交通信息服务系统的主要数据来源。大部分数据经过数据存储功能子模块导入数据库中，其他的数据获取后经过数据格式转换，再通过数据存储功能子模块导入数据库中。对应于不同的数据源，数据采集功能提供了多种采集方式，主要包含多种数据采集手段，如网页引用、手工录入、数据导入、访问数据源接口等。这些采集方式保证了数据获取的有效性、及时性和准确性。

（1）公众出行服务专题数据库数据来源包括：

① 现有业务系统：GIS 工作平台系统、水路运政业务管理系统、港航管理

系统（日常运行监控系统、综合运行分析系统、政务工作平台）。

② 外部信息来源：公安交警部门、铁路部门、民航部门、旅游部门、气象部门、公众。

③ 港航地理空间数据库、港航基础属性数据库。

（2）水路交通出行信息服务系统所需采集的数据信息内容包括：

① 水路出行服务信息：港航、班次、航线、气象、票务等。

② 其他便民信息：旅游景点、酒店、新闻、出行常识等。

③ 政务公开信息：一般性政务信息以及公众关心的业务信息和法规。

根据采集的信息种类，采集方式有直接访问数据库、手工录入、Web Service 和数据交换等。直接访问是从公众信息服务资源库可抽取的信息，手工录入的是不能通过交换工具获取的信息，如临时性信息、水路交通管制和事故等突发性信息，针对互联网或网络上与公众信息服务网站互通的情况，可以通过 Web Service 和数据交换方式获取。

2. 数据处理与分析挖掘模块

数据处理与分析挖掘模块负责对系统采集的多源异构数据进行清洗、合并、转换、剔除无效数据、数据装载等；完成对水路交通信息的优化、分析、加工、挖掘等工作。数据处理与分析挖掘模块具有海量数据处理能力、强大的数据存储能力、良好的稳定性、可扩展性和先进性。每个查询分析功能可以提供定制的若干图、表，以实现特定的统计分析需求，方便公众直接使用。为管理者提供地理信息系统图层展现手段，相关分析结果数据可以通过地理信息系统展现。

（1）路径分析功能：建立网络水路交通流量模型，对路网进行综合分析，进而为公众出行者提供各种最优路径（如最短时间、最少费用等）服务，并对不同时间段的水路交通流量和通行能力进行评估和预测。

（2）动态水路交通信息分析功能：根据具体水路交通状况，例如水路路网状况、出行时的环境气象信息等分类综合分析。

（3）水路交通出行规则分析：对各种不同出行方式综合分析，提供包括出行方式选择、出行辅助信息建议等出行策划功能。

3. 内容管理模块

内容管理模块负责对整个系统水路交通信息资源的综合管理及其他模块之间的功能协调。内容管理模块负责发动绝大部分的水路交通服务原始数据的采集，并对这些数据进行分类，将其组织成水路交通服务信息，通过各种样式的模板显示。

内容管理模块也负责将出行者提出的水路交通信息服务请求，例如，路径分析等，提供给地理信息管理模块，进行分析处理，生成地图图片信息，保存到水路交通综合信息数据库中。

4. 地理信息管理模块

地理信息管理模块提供一个地理信息服务的基础平台，它能够在网上支持包括水路、行政区、旅游景点在内的水路交通或水路交通相关地图的显示、放大、缩小、旋转、空间查询等出行者要求的基本功能，也能够实现系统管理员要求的一些功能，如：数据的编辑和创建、要素的更新和创建等，以实现对地理数据库中地理数据的管理。

地理信息管理模块能够将查询分析模块生成的数据，通过各种数据展示方法显示，例如柱状图、饼状图等，并结合地图进行显示发布。

出行者提交的服务请求，也可以通过内容管理模块处理后，提交到地理信息管理模块，经地理信息管理模块提供的分析处理功能做数据处理后，生成地图图片信息，经过信息发布平台，发布给出行者。

5. 信息查询分析管理模块

信息查询分析管理模块主要提供数据的查询、统计和综合分析，包括基础数据和水路交通业务数据查询、各类数据统计、数据整合和关联及数据的综合分析，并结合地理信息系统，直观有效地展现查询和分析结果，以实现对各类水路交通信息资源的综合查询和分析。

6. 系统管理模块

与本系统交互的用户有两类，一类是为获取水路交通信息服务的信息需求者，另一类是对本系统进行维护和更新的系统维护人员。本模块将对信息需求者进行权限管理、身份认证等管理，使出行者只能获取指定的服务，看到指定的内容。本模块也对不同的系统维护人员进行管理，同时赋予不同的维护人员创建服务信息、修改服务信息、删除服务信息等不同的权限，并对操作进行统计。

7. 信息发布模块

水路交通出行信息通过信息服务网站、呼叫中心热线电话、水路交通广播、短信等渠道发布，为出行者提供较为完善的出行信息服务。

本模块根据水路交通出行的出行前、出行中、到达前三个阶段，以及公众对水路交通信息及其服务的不同需求，提供相应的水路交通信息服务。

对于乘坐公共水路交通的出行者来说，出行前的信息需求主要有：港口位置信息、水路路线信息、发船方向、发船班次、票务、站务、换乘、搭载合乘信息等，出行者可以在水路交通出行信息服务网站查询各港口轮渡时刻表、售票情况等信息，或通过拨打呼叫中心热线电话等实现水路交通信息的查询，船票购买；出行中的信息需求主要有：轮渡换乘信息等，出行者可以通过轮船上的广播系统获取所需的换乘信息；到达前的信息需求主要有：目的地住宿情况、休息场所、目的地旅游信息、餐饮娱乐信息等，出行者可以通过短信服务获取所需信息或拨打热线电话及时查询相关信息。

据此，出行者可提前安排出行计划，变更出行路线，定制最佳出行路线，使出行更安全、便捷、可靠。同时，系统与铁路、民航、旅游、气象等相关的各类信息进行整合，提供更全面、更多方式的服务。政务公开信息可以通过网站、呼叫中心供公众查询和咨询。

6.1.7 出行网站子系统

水路交通出行信息服务网站建设目的是为广大的社会公众提供及时、准确、全面的水路交通信息服务，让用户能够在第一时间掌握行业动态和水路交通信息。主要服务内容包括路况信息、航道及水位水情信息、票务信息、班次信息、水路路况信息、水路交通管制、突发事件信息、公告信息等。网站的展现方式依托整合的水路“一张图”工程，提供信息服务的方式包括文字、图片、视频和地图。

出行网站子系统架构于 Internet 上，提供简单直观的信息交互方式，公众通过这一 Web 上的水路交通信息服务中心，能全面了解全区水路交通情况，网站提供信息服务的方式主要是文字、图片、视频和基于 WebGIS 的电子地图。功能主要包括新闻公告、水路交通出行、电子地图服务、水路交通快讯、水路交通信息查询服务、特色旅游、出行常识、综合服务等。

1. 新闻公告

新闻公告即在网站页面上滚动发布与水路交通和水运相关的实时新闻信息，以及最新更新时间，便于公众了解最新信息，方便出行。

新闻公告数据来源于资源整合数据中心的数据库，同时对相关行业新闻信息采用从互联网抓取获得。数据通过数据库获取或 XML（可扩展标记语言）配置。数据获取后按照数据的大小对页面进行数据排版，接着按时间对取出数据进行排序，然后按照需要显示的项筛选显示字段，最后将以条目形式显示于页面的导航栏的右下方。

2. 水路交通出行

为用户提供“一站式”的出行功能，包含了“出行前”的出行方式选择、“出行中”的出行辅助信息、“出行后”的信息反馈等与水路交通出行相关的所有信息为一体的综合出行策划服务功能。

（1）出行方式选择。提供出行方式（航运等）的车船票费、所需时间、路程长度、班次、水路交通工具类型信息等，以及省域的公交信息查询。

（2）航径规划。为出行者提供最优航径分析，基于出行起讫点、水路交通状况、行驶时间、里程、收费情况等多方面因素，为公众提供出行最佳路径辅助决策。路径类型包括：时间最短路线、路程最短路线、收费最少路线等。

航径分析结果基于 GIS 地图的方式在地图上标识出规划的路线，并且结合列表的方式进行辅助描述，列表中的信息是按照路线中路段的不同来进行分组显示，列表的详细信息有当前路线的文字描述、行驶方向、里程、行驶时间、收费情况、阻断情况等供用户进行参考。其中如果路径类型选择了“全部”，则输出的结果以 TAB 页（多页面显示）的方式分别显示 3 种路径类型（时间最短路线、路程最短路线、收费最少路线）规划的结果。

3. 电子地图服务

电子地图向用户以图形的方式直观显示相关信息，利用图形化界面将水路、航道、旅游景点等水路交通网络与基础设施信息，以及实时水路交通路况信息、气象信息，通过示意图的形式在“一张图”中向社会公众集中展示，以便于出行者全面、直观地查询和掌握主要的水路交通出行信息，同时还为用户提供多种出行路径的参考。

电子地图服务实现地图的基本操作功能（放大、缩小、漫游、全图、返回、向前、查询、清理图面、清除查询结果、船舶距离、索引图、意见反馈、图层切换、点击打开帮助等功能）；地点查询功能（可查询地图上的各种地物，包括目的地搜索、航道、风景区查询等）；显示图层选择（对地图上各种地物，如航道水域、定居点、服务设施、水路交通站点、旅游景区等的显示与否进行选择）等，具体如下：

（1）专题地图。水路网图分片示意水路的分布和通达情况，并标出各航道间通达的主要线路。

（2）基本地图操作功能。系统的电子地图具有漫游、缩放、显示全图、根据比例尺显示等浏览功能，采用鸟瞰图，既可方便浏览全图，又可观察局部细节。并可控制图层的显示。通过缩放操作，用户可以根据自身需要提取适当粒度的地图信息，通过平移操作，用户可以根据需要随意查询各个方位的地图信息。

（3）综合条件查询。综合条件查询主要是实现对各行政区内的点状、线状两种数据的单项查询，也可以将线状指标作为约束条件进行两者的组合查询。

（4）任意字段模糊查询。系统提供当输入某一个值时，当前图层内任意字段中包含该值的图素都被高亮显示。可以根据高亮显示的值提供用户在不确定具体查询条件的情况下仍然可以查找到相关的数据。

（5）图形查询。系统提供空间图形的选择，包括点选择（根据输入的一个坐标点，选择一定范围内的空间要素）、矩形选择（通过绘制一个矩形，选择落在矩形内或与矩形相交的空间要素）、圆选择（通过绘制圆来选择）和多边形选择（通过绘制多边形来选择）。选择完成后用特定的符号绘制选中的空间要素，并形成结果集。

（6）路径分析。根据用户指定的起点、终点、通行条件、断路条件，查询出最短的通行路线，在地图上高亮显示，并显示整个路线上沿途经过的水路信息。

（7）输出功能。根据用户的需求，提供电子地图及各种信息资料打印输出和彩信发送功能。用户可以根据自己的要求及重点关心的问题，对电子地图做出查询及分析后，得出适合用户出行的电子地图版本，使用系统提供的打印功能进行打印；提供彩信发送功能，将输出结果发送到用户手机上。

4. 水路交通快讯

水路交通快讯是以条目的形式将实时航况信息、航道通告和水位通告展示出来。

实时水路航况提供拥堵状况、突发事件、水路交通管制等服务内容，实现动态路况信息的实时发布，以地图加文字形式展现。同时提供水位水情等相关信息的实时发布。在网站页面上滚动发布施工、事故、封路等水路交通事件信息、水位水情等水运信息。

（1）通过网站发布动态信息，借助地图服务进行展示，通过手机短信、热线电话等方式发布，同时可下发至水路交通广播频道。

（2）动态水路航况提供拥堵状况、突发事件、水路交通管制、水路交通气象等服务内容，实现动态水路路况信息的实时发布，以地图加文字形式展现。

（3）在网站页面上滚动发布施工、事故等水路交通事件信息，以及最新更新时间和对水路交通影响重大的气象或灾害信息。水路交通气象包括高速气象与城市气象两大服务功能模块。

水路交通快讯数据来源于资源整合数据中心的数据库，同时对相关其他部门或行业的快讯信息也采用从互联网抓取获得。数据通过数据库获取或 XML 配置。数据获取后按照数据的大小对页面进行数据排版，接着按时间对取出数据进行排序，然后按照需要显示的项筛选显示字段，最后将以条目形式显示于页面的导航栏的右下方。

5. 水路交通信息查询服务

信息查询主要为社会公众提供“出行前、出行中、出行后”水路交通相关信息，包括水路交通设施、费用查询、运证查询、旅游查询和港口查询。

水路交通设施主要包括对选择路段的救援点相关信息的查询；旅游查询主要是对酒店信息进行查询；港口查询主要是对国家港口的信息查询。

1）水路基础静态信息查询

（1）查询内容：

① 货运站、港口、航道查找功能，可根据关键字模糊匹配进行查找，也可以直接选择进行相关信息查询，查询后可自动定位。

② 查找道路上所有的某类水路交通设施功能。

③ 水路船闸收费标准信息。

④ 查询区域内旅游景点信息，包括具体地址、景区介绍、票价等信息，景点所在地及附近的客运班次信息，以及到达景区的旅游客运班次信息或公交换乘信息。

⑤ 水运运输方式的客运服务信息查询，以及多种运输方式之间的衔接换乘等参考信息，可为乘坐公共水路交通工具出行的公众提供详细的客运信息。

⑥ 口岸出入境的流程、口岸物流园区以及口岸相关的政策信息等。

⑦ 水路交通出行常识信息，如客运的相关规范、行李包裹携带和托运知识、出行方式基本介绍和对比等信息。

⑧ 其他常识信息，包括对常用应急对策、便民信息、水路交通相关法律法规等信息。

（2）主要信息查询流程：

① 基础信息查询。为用户提供港口、航道等基础设施静态信息的查找功能。用户选择要查询的基础设施类型，在填写查询条件表单时，或在地图上点选目标时，只能选择一种基础设施，查询结果以文字及列表方式只能展示一种基础设施类型的多个目标的详细信息；若在地图上框选区域时，可以通过复选框选择多种基础设施在地图上加以显示。流程如图 6.7 所示。

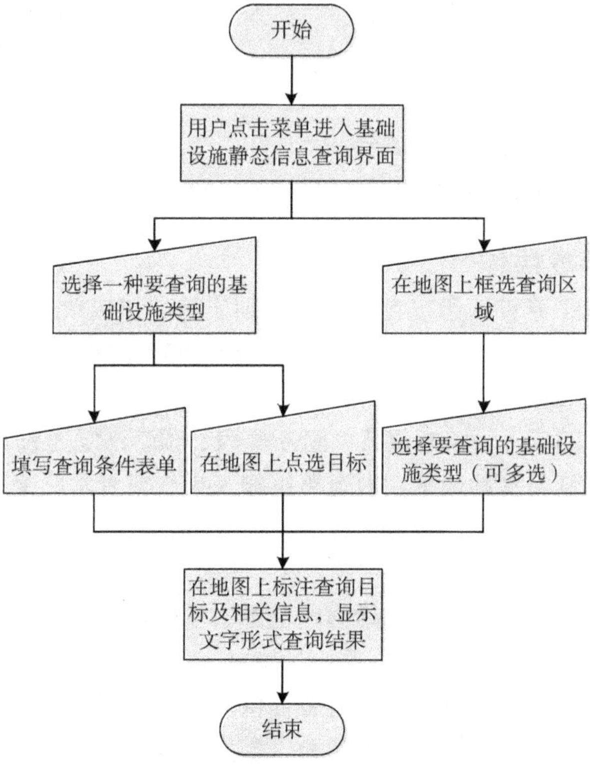

图 6.7 基础设施静态信息查询服务处理流程图

② 通行费用查询。为用户提供出行起终点间通行费用的查询服务。流程如图 6.8 所示。

③ 客运服务信息查询。为用户提供水路出行方式的服务信息查询功能。用户一次只能查询一种出行方式的服务信息。流程如图 6.9 所示。

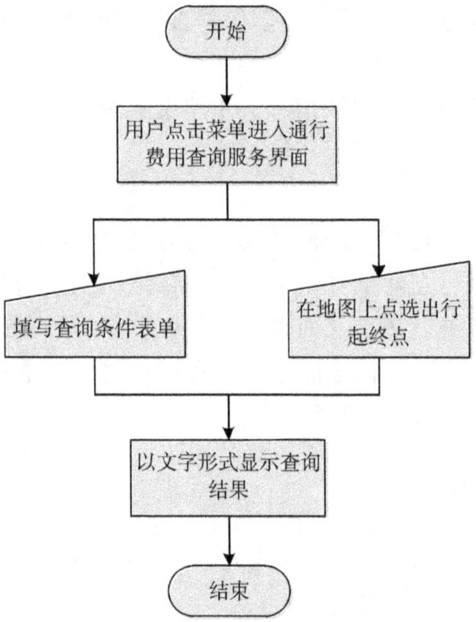

图 6.8　通行费用查询服务处理流程图

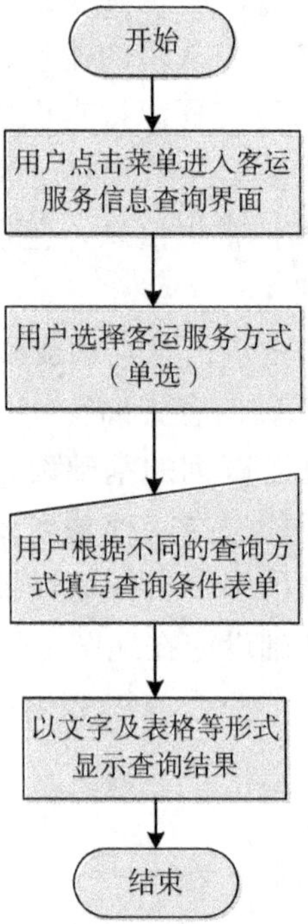

图 6.9　客运信息查询服务处理流程图

2）水路动态信息

（1）水路施工养护信息，包括近期计划实施养护或改造路段的路线编号、路线名称、施工路段起止点、预计工期，以及绕行路线等水路交通组织措施、安全措施等。

（2）水路阻断信息、阻断位置、阻断原因、预计恢复通航时间等。

（3）水路维修与管制信息，因道路维修、天气或者水路交通事故、水路交通管制等影响水路交通出行的信息。

（4）临时船次变更信息。

（5）水路突发事件信息，包括影响范围、事件进展、预计处置完成时间等信息。

（6）水路交通气象服务，为出行者提供城市气象和主要水路的气象状况及预报，以及下属城市或地区的气象信息，当发生或即将发生对水路交通影响较大的不利气象时，可通过出行网站文字或图形化示意，对出行者给予必要的提示：

① 水路交通气象信息查询。为用户提供水路交通气象信息查询功能。流程如图 6.10 所示。

② 出行方式选择服务。根据用户出行起终点，提供可选择的出行方式的相关信息，作为用户选择出行方式的参考。流程如图 6.11 所示。

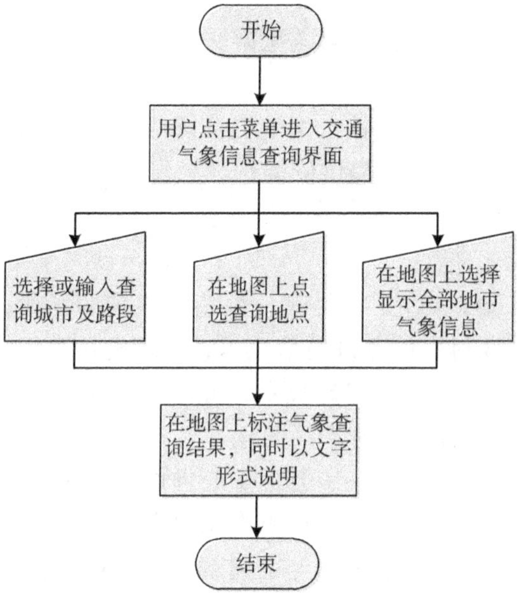

图 6.10　水路交通气象信息查询服务处理流程图

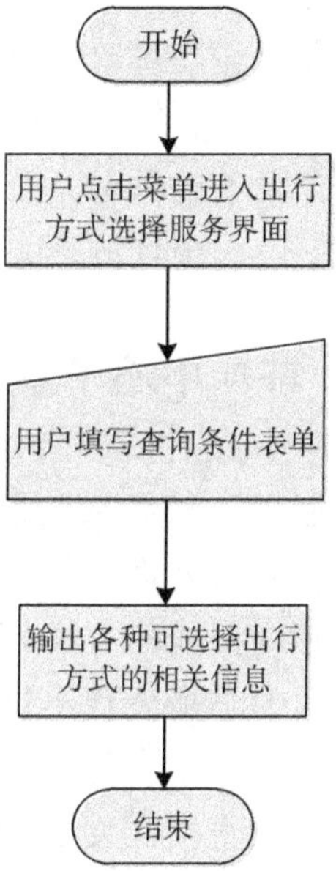

图 6.11　出行方式选择服务处理流程图

6. 特色旅游

水路交通旅游主要包括：“旅游景点”、“酒店及特色小吃”、“热点旅游专题”、“旅游常识” 等模块。

（1）旅游景点提供省旅游景点分布图，并可进一步查看景点详细信息，包括景点名称、实景图、景点级别、所属地市、景点地址、服务热线、水路交通线路、景点介绍、周边配套设施介绍以及景点链接等信息，另外，还提供其他旅游网站的链接。

（2）热点旅游专题，提供省域著名的旅游景点及线路信息，以及热点旅游景区及相关线路。

（3）酒店及特色小吃，提供酒店及特色小吃的信息查询，包括酒店名称、星级、实景图、地理方位示意图、地址、电话及水路交通线路等酒店信息以及当地特色小吃的相关内容。

（4）旅游常识，包括旅行中的着装、各类（如登山、漂流）防护措施、防骗技巧、急救知识和旅游文明规约等。

7. 出行常识

水路交通出行常识信息，一般是对旅客出行的客运相关规范、行李包裹携带和托运知识、出行方式基本介绍和对比等出行信息。

水路交通出行信息服务网出行常识是对旅客出行安全、驾车出行相关注意事项、气象常识、水路交通标志、水路交通标线、应急策略和相关法规的信息。

8. 综合服务

综合服务提供留言服务，用于出行经验交流、自驾旅游交流，为出行者提供出行求助、心得、建议、意见投诉的场所。

综合服务提供网站分析服务功能，支持阶段性对网站栏目及功能的使用频次、频率进行统计分析，为网站改版、功能改进提供依据。

6.1.8　呼叫中心子系统

呼叫中心对使用者而言也称为“热线电话”，是在一个相对集中的场所，由一批服务人员组成的服务机构，通常利用计算机通信技术，处理电话垂询，主要具备同时处理大量来话的能力，还具备主叫号码显示，可将来电自动分配给具备相应技能的人员处理，并能记录和储存所有来话信息。

呼叫中心是公众出行服务系统的重要功能之一，呼叫中心提供的公众服务热线服务是为公众提供信息服务重要且简便的方式，能够在水路交通出行前和途中提供最直接和便捷的信息服务，同时作为获取水路交通事件的信息来源之一。根据业务需求，呼叫中心的功能包括以下几个方面：

1. 水路交通行业公众信息咨询服务中心

主要向公众提供水路出行信息（如水路基础信息、水路绕行建议信息、水路出行路径规划信息、通航信息、航道基本信息、过河建筑物基本信息、枢纽及通航建筑物基本信息、航道维护信息、港口基本信息以及港政、航政等信息）及航班、航运等出行的咨询服务。

2. 水路交通应急处置支持

负责接听公众水路、运输管理事故、故障事件，进行记录，并实时转发至本省（自治区、直辖市）级水路交通运输管理机构及相关各业务局，由相关单位或部门进行处置。

3. 水路交通事件信息获取来源

负责接听公众水路、运输管理各类事件报告，进行记录，并实时转发至本省（自治区、直辖市）级水路交通运输管理机构及相关各业务局，使之成为管理部门获取动态信息的有效手段之一，可作为路政巡查、路况巡视、水路巡视检测、外场设备检测的有效补充。

6.1.9 短信平台

手机短信是一种传统的信息传递方式，其由于移动电话的普及而在人们生活中承担着大量信息传递，结合移动手机平台的特点，设计适合出行者的信息服务系统，出行者使用手机通过无线网络就可以得到水路交通信息服务。此外，在政务办公系统中也需要将需要立即处置流程通过短信方式进行提示，由于政务系统安全性较高，因此将政务短信平台单独考虑。

短信平台从应用处理来分，一般分为前端应用处理和后端应用处理，其硬件结构采用短信猫或短信网关服务方式。

1. 前端应用处理功能

前端应用处理功能需要从消息的接收、业务处理、消息的发送三部分综合考虑：

（1）接收消息部分。以短消息网关接口标准协议（cmpp3、sgip1.2）与移动短信中心建立连接，通过这个短信接口可以实时地获取所有用户的定制和点播信息。

以移动的 Provision 同步接口，与移动数据业务管理平台建立连接，获取用户定制包月服务的同步确认，将用户信息入库，并依据用户定制信息为用户提供响应的信息服务。

以移动的 SSO 接口，与移动数据业务管理平台建立连接，获取用户从网站登录，并定制和点播服务的信息。

（2）业务处理部分。业务处理部分针对用户的需求和定制的方式，为用户提供信息服务，同时能备份接收到的用户信息和发送给用户的信息，为业务开发、业务管理提供参考。

（3）发送消息部分。发送消息是个服务器端的独立接口，该接口将所有的发送消息推送到短信中心，并通过短信中心将消息发送到用户。凡是发送到用户的消息统一由该接口分析、识别、处理，统一的接口便于管理、监控与安全过滤。

2. 后台管理功能

后台管理功能包括信息的维护、统计分析以及运行状况的监控几部分内容：

（1）信息维护部分。可由各系统维护部门负责短消息信息源的日常维护、更新。

（2）信息统计部分。可从数据库获得各项统计数据，为业务开展、业务结算提供参考。如对业务类别的分类统计、用户数、用户定制信息、发送数量等统计。

（3）系统监控部分。用于监控短消息服务器端的运行状况。

3. 短信网关

短信网关平台一般在水路交通专网配置1套短信网关服务器，用于部署短信网关，负责接收和发送短信，构架短信平台，负责短信业务管理等功能。短信网关服务器一端通过运营商网络（专网或互联网）接入手机网络运营商的短信接口，根据接口定义进行短信收发工作，另一端接入本省（自治区、直辖市）级水路交通运输管理机构局域网，负责处置本系统的短信请求。

4. 短信猫

短信猫标准名称是GSM MODEM池，也称“短信猫池”，接口采用USB接口或串口，可直接插入电脑的USB接口，内置8个无线模块，可插入8张SIM卡，可以同时使用8张卡发送短信，发送速度是1端口的8倍。

短信猫应提供满足基于串口短信猫池的行业短信应用开发的二次开发包和短信猫中间件，开发包和短信猫中间件支持VC/VC++/VB/DELPHI/PB/C#/.NET/ASP/JAVA/JSP等各种语言环境开发，并提供各种示例程序。对于短信猫池，一般使用基于数据库接口的短信猫中间件，可以非常方便地扩展多个端口，并且实现负载均衡和自动路由。

6.2 船岸信息一体化服务系统

船岸信息一体化服务系统将实现船舶现场数据信息和岸上远程操控指导信息的集成，实现岸上指挥中心对所辖船舶的实时远程监控，使得船舶管理工作逐渐科学化、规范化。它的核心基础是船舶集成平台管理系统，该系统能够实现船舶下层控制网和上层管理信息网之间的数据集成共享，实现各分平台系统集成，提供多功能操作平台，并能为实现设备监控以外的多种管理和决策支持功能提供基础，实现单船全船各部位设备实时监控。同时船舶集成平台管理系统通过海事卫星或甚高频（VHF）等方式实现船岸同步通信，为船岸一体化信息平台奠定基础。

目前，船岸信息一体化服务系统没有一套相应的规范和标准，正在探索中发展。各地也有一些各式各样、行之有效的报道。本文将以大连陆海科技有限公司研发的一套船岸信息一体化服务系统为例进行介绍，以供读者参考。该系统包括船载网络系统和岸基网络支撑系统。该系统集成的应用软件采用门户平台，统一用户的操作界面和入口。

6.2.1 船载网络系统

船载网络系统包含：船舶网站、船载导航和通信系统、船载数据处理系统、船载网络内部管理系统、船载视频监控系统、船载娱乐系统。

1. 船舶网站

船舶网站是在船舶上建立统一的门户网站，主要功能有：网站首页资讯；网上办公；航次信息；公共信息发布、查询、浏览；通过船舶动态数据的采集、处理与存储，以 Web 方式发布船舶导航信息，主要有 GPS、计程仪、测深仪、罗经仪、船舶姿态仪、气象仪等；船载探测数据信息发布、查询和浏览；视频监控信息浏览；船载娱乐支持，提供船舶 BBS、基于网络的视频点播；定制管理系统等。在项目建设过程中可以根据用户的要求确定最终的网站建设内容。

2. 船载导航和通信系统

船载导航和通信系统包括 GPS 时间同步系统、船载远程数据通信控制与管理子系统、船载电子海图综合显示平台等。

（1）GPS 时间同步系统针对全船设备和数据管理的时间同步性需求，配一台 GPS 时间同步系统。

（2）船载远程数据通信控制与管理子系统主要功能有：船舶动态数据采集控制器（SCADA）、船 - 岸电子邮件、用户自定义数据采集、船载网站中从岸到船的信息传输和发布。其中船舶动态数据采集控制器，实现岸基对船的通信与管理功能，主要功能有船位信息获取、AIS 信息采集、航行记录与即时调用、航行监控报警、网络访问、船舶电子邮件系统控制、网络信息的采集与控制、通导设备输出信息采集等。

（3）船载电子海图综合显示平台。实现电子海图的基本功能，构造电子海图的平台。在电子海图的平台上结合船舶动态信息采集系统，综合显示航行动态，便于航线的规划和管理。其具体功能有：海图作业功能、海图标绘、船位显示、航线设计、航向航迹监测、自动存储本船航迹和历史航迹综合信息重新演示、航行自动警报、快速查询各种信息、船舶动态实时显示与回放等。

3. 船载数据处理系统

在船载的计算机网络硬件的基础上，部署“船舶导航数据采集与管理软件”和“船载设备数据采集与管理软件”，对船舶的部分通导设备和固定安装的专用设备输出的航行动态信息进行采集和处理，船舶航行动态信息综合显示界面如图 6.12 所示。

4. 船载网络内部管理系统

船载网络内部管理系统由局域网管理、船舶管理信息系统（PMS）、航行辅助信息、网上办公和信息同步方案 5 个主要部分组成。实现船载网络系统进行系统、安全、方便的维护和管理。

（1）局域网管理基于通用的网络管理协议，支持对船载局域网进行性能监视、故障发现、邮件监控、页面监控、实时在线动态日志、远程控制管理、文件上传下载管理、过滤网址功能、统计查询功能、日志导出功能和上网信息统

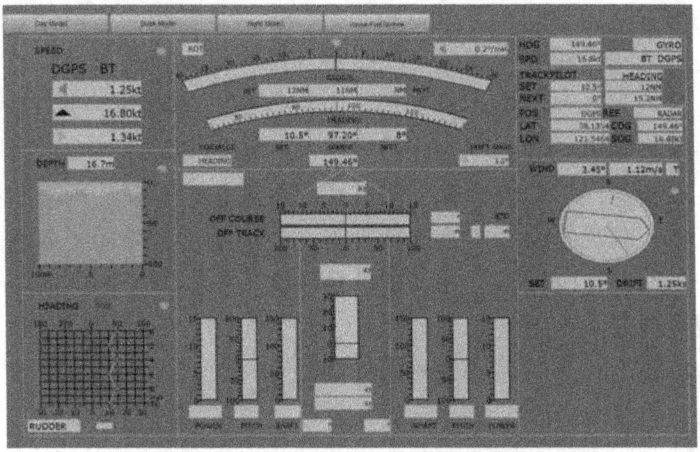

图 6.12　船舶航行动态信息综合显示界面

计查询等管理功能。

（2）船舶管理信息系统主要包括：船舶设备管理、船舶维护保养管理、船舶物资管理、备件管理、修理工程、油水管理、船舶安全管理、证书管理、船员管理、SMS 体系管理等。

（3）航行辅助信息管理主要对航次信息、航线设计、航行监视方面进行管理。

（4）网上办公实现内部网络系统无纸化办公。

（5）信息同步方案解决非网络连接状况下的船舶端与岸基数据共享问题，采用数据同步服务程序，主要解决船岸数据同步问题。

5. 船载视频监控系统

船载视频监控系统实现对船舶周围、舷梯口、主要机器场所、作业区域及作业设施进行监视，实现多画面同时显示、单画面全屏显示、自动切换显示各监视现场、控制摄像机和云台、多路同时录像，用于船舶安全保卫和海上作业，并可根据需要录像及回放，可以实现船岸远程视频会议。操作人员可通过控制主机发出指令，对云台进行上、下、左、右的动作控制及对镜头进行调焦变倍的操作，并可通过控制主机实现在多路摄像机及云台之间的切换。船舶视频监控的远程视频监控画面如图 6.13 所示。

6. 船舶通信控制专用网关

船舶通信控制专用网关有通信路由控制和防火墙功能、DHCP 服务管理功能、远程管理功能、公司端向船舶发布的网站信息功能。

7. 船载娱乐系统

船载娱乐系统是一套完整的基于 IP 网络的音视频应用平台，包括：音、视频点播，广播服务，节目管理，用户管理，VOD 服务器管理，实时监控功能，节目搜索，节目上传，节目下载，多媒体教学等。

图 6.13 船舶视频监控的远程视频监控画面

系统支持 B/S、C/S 架构，安全认证，远程管理，远程上传节目等功能，针对流媒体在船舶局域网中应用的特点，特别对系统进行了优化，可以更方便地实现电影的点播、网络教学与培训。

6.2.2 岸基网络支撑系统

岸基网络支撑系统作为船岸一体化服务系统的陆地端的主要建设内容，在开放性、安全性、扩展性和可维护性的网络设计原则下，建立一套技术先进、系统安全可靠、管理高效的船岸之间信息交换的岸基操作平台。岸基网络支撑系统包括岸基网站、岸基船舶动态监控系统、岸基管理系统、岸基远程视频监控系统。

1. 岸基网站

通过船岸数据通信控制与管理系统对船舶端的信息采集，可以在岸基网站上发布关于船舶航次等信息，以 WebGIS、图形和表格等多样的展示形式，展示船舶的最近位置、历史轨迹、船舶机舱数据、气象数据、测深数据、罗经数据等。

岸基船舶的远程通信设备的控制与管理网站是岸基的管理人员的综合管理入口，主要进行对船舶端的 SCADA 配置和管理、船舶电子邮件的配置和管理、岸到船的新闻等信息的发布管理。

2. 岸基船舶动态监控系统

通过船岸数据通信控制与管理系统对船舶端进行信息采集，在岸基获得船舶的实时或准实时的船舶导航设备信息和机舱集控信息。通过电子海图综合显示软件，综合显示船舶的动态信息；同时，对船舶的航次计划等信息进行综合管理。船舶航行动态数据曲线图如图 6.14 所示。

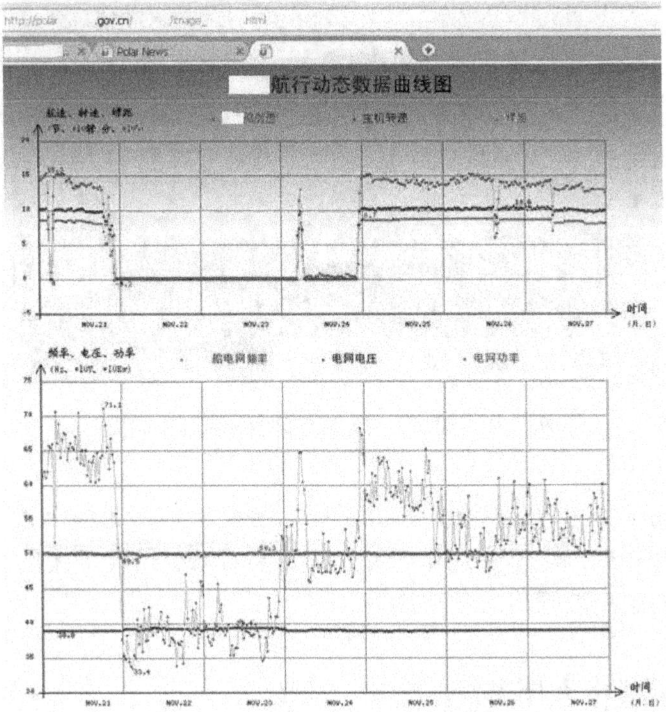

图 6.14　船舶航行动态数据曲线图

在电子海图的平台上结合船舶动态信息采集系统，提供实时的船舶动态信息以及该时刻相关的海图信息资料，实现海图信息与船舶动态信息的综合显示和查询；在航行或作业时，对制定和实施航行或作业方案提供决策支持，跟踪和记录实施的情况。及时反映出船舶动态是系统的主要功能之一，为了使管理人员能够直观、方便、具体地了解和掌握船舶动态，系统能够实时显示船舶的动态情况。

通过船岸数据通信控制与管理系统对船舶端的信息采集，从船舶端采集船舶航行数据和船载设备数据。这些数据在岸基数据库和管理系统中进行存储和处理。通过电子海图综合显示软件，综合显示船舶的动态信息，船舶在港口采集周围船的 AIS 信息如图 6.15 所示，远程信息采集信息显示如图 6.16 所示。

船舶监控主要包括：台风监控、移动监控、停航监控和无船位更新监控。台风监控用于船舶所在位置和当前活动台风的位置关系，一旦船舶处于台风的影响范围内，系统将给出报警，以便及时做出避台风的决策；移动监控主要针

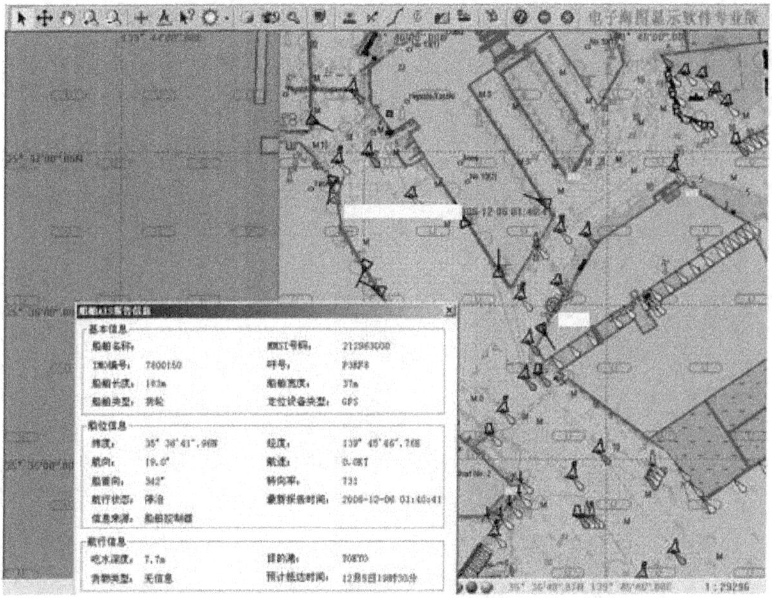

图 6.15 船舶在港口采集周围船的 AIS 信息

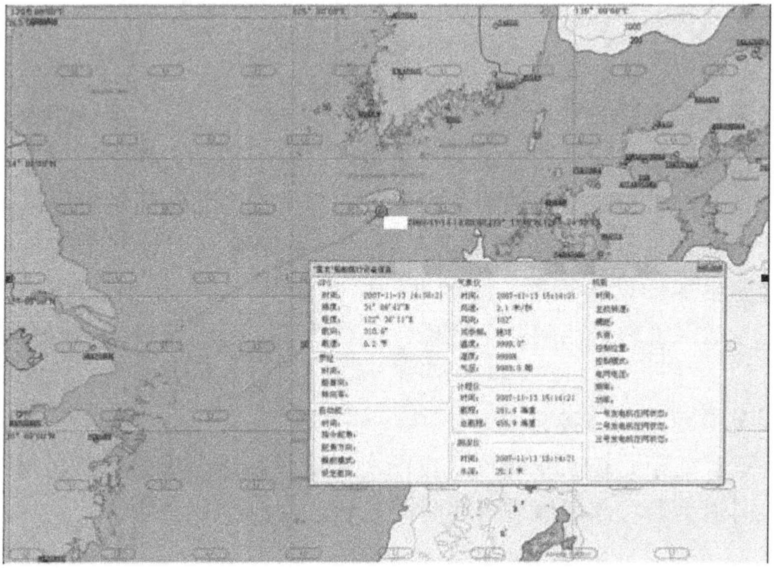

图 6.16 远程信息采集信息显示

对确定处于停航状况的船舶，发生位置变化即发出报警；停航监控主要针对确定处于航行状态的船舶，一旦发生位置无变化则发出报警；无船位更新监控用于跟踪船舶的船位更新是否及时，一旦超过设定时限没有返回船位，则进行报警提示。

为了强化气象信息在船舶航行和作业过程中的保障作用，系统提供专业气象预报数字信息服务，包括台风信息。在电子海图显示系统上叠加，实现气象预报动态数据的自动显示。气象信息包括：风力、风向、浪高和等压线等气象参数。对于当前活动台风，需要实时关注船舶与台风的相对位置关系，以确保船舶相对台风处于安全状态或及时做好防台准备，气象标绘与查询功能如图6.17所示。

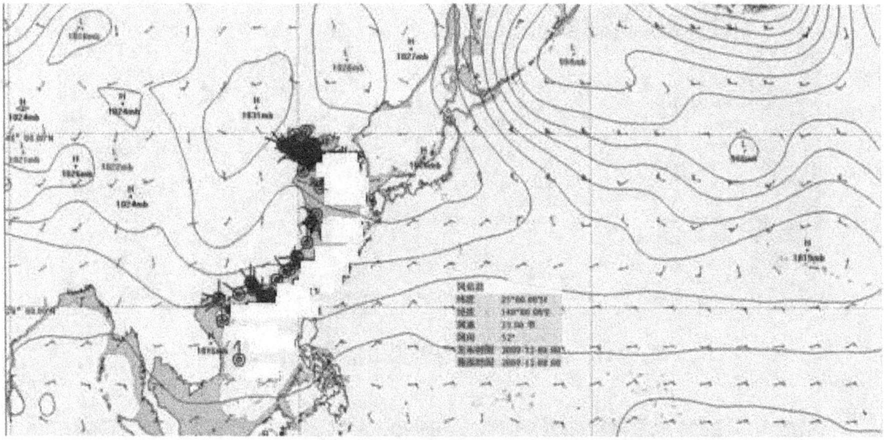

图6.17 气象标绘与查询功能图

3. 岸基管理系统

岸基管理系统包括：船舶管理信息系统、远程采集船舶航行动态信息和船载设备信息、对船舶电子邮件的配置和管理、岸到船的新闻发布管理。

岸基与船舶端的船舶管理信息系统进行船舶管理数据同步实现船岸一体化。内容包括船舶设备管理、船舶维护保养管理、船舶物资管理、备件管理、修理工程、油水管理、船舶安全管理、证书管理、船员管理、SMS体系文件管理等。

4. 岸基远程视频监控系统

岸基远程视频监控系统实现从岸端实时监控船端所有摄像头图像，可与船端进行实时通信，可与船端进行实时的视频会议。

6.3 港航物流信息服务平台

港航物流信息服务平台是港航公共信息服务平台的重要组成部分。港口，不论是海运港口还是内河港口，都是一个区域甚至于国内外的港航物流集散枢纽。高效及时的信息处理技术和管理手段是构建现代物流的基础，物流信息服务平台是港航现代化的重要抓手。鉴于港口所处的枢纽地位，本文将以一个港口物流信息服务平台来展开。

6.3.1 港航物流信息服务平台概述

港口是港航商流、物流、信息流的总汇，具备与商流、物流关系密切的金融、保险服务功能。港口的物流中心能为客户提供诸如产品本地化、换包装、贴标签等一系列的增值服务。这些功能既能有效降低运输成本，也可以减少装卸和运输过程中的包装损坏，还可以保证上市商品的完整性和合格度。再次，港口物流中心还可以满足不同贸易方式（进口原材料与配件进行加工装配后出口、补偿贸易、转口贸易、期货贸易）的需求，设立的海关、检验检疫等监督机构，也可以为客户提供较为方便完善的通关、通检服务。

一般认为，凡是能够支持或者进行物流服务供需信息的交互或交换的网站，均可视为物流信息平台。比如一个物流公司为方便公司与其用户的联系而设计了一个信息交换系统，使得用户和公司可以保持便捷的联系，那么这个系统就具备了物流信息平台的性质。信息平台支持业务如图 6.18 所示。

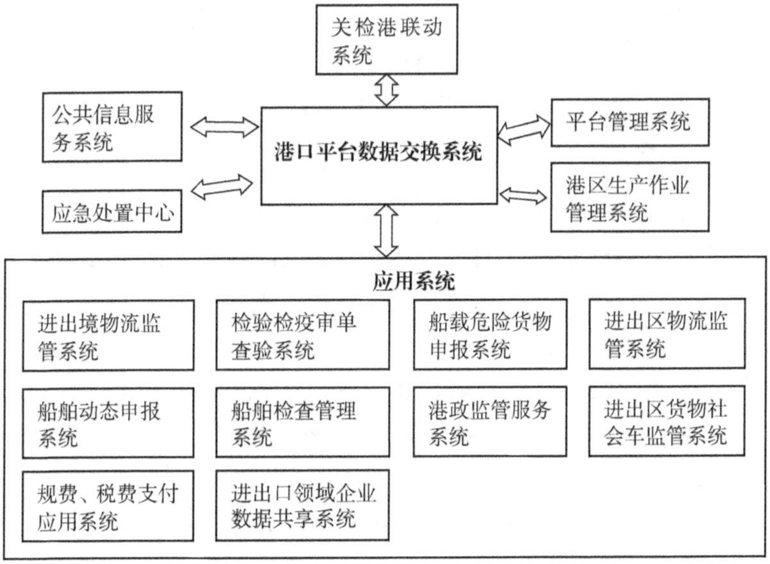

图 6.18　港航物流信息服务平台业务支持框图

6.3.2 港航物流信息服务平台的搭建

1. 港航物流信息服务平台体系结构

以港口信息资源为依托，运用先进的信息技术和现代物流技术，充分整合、挖掘、利用信息资源，逐步实现与海关、商检、海事局、税务、外汇管理、外经贸、交通局等政府监管部门，与船公司、船代、货主、货代、码头、代理、箱站、报关行、储运、机场、车队、铁路、银行、保险等各类企业公司的联网，实现港航、空港的电子交换业务，无纸贸易、无纸放行及信息的增值服务，为用户提供信息共享和个性化服务，使信息服务由被动向主动转变，逐步提高我国港口信息服务水平、服务质量和辐射范围，建设国际航运中心必不可少的物流信息支撑平台。

港航物流信息服务平台体系的组成如图 6.19 所示。

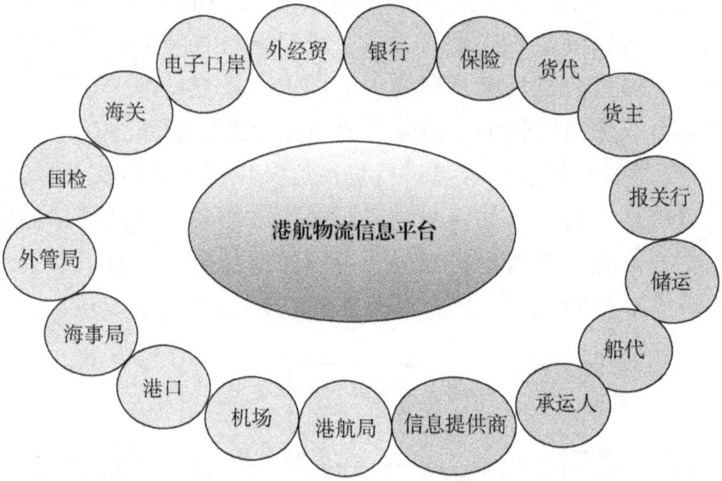

图 6.19 港航物流信息服务平台体系组成的示意图

以多式联运信息系统为起点，构建与国际贸易相关的政府部门、社会服务机构和各类贸易、生产企业开展电子数据交换的信息网络，并最终建成我国港口口岸统一、开放的物流信息平台，为航运中心的可持续发展奠定基础。

（1）建立港口信息综合服务系统，集成码头、海关、船公司、箱站、货主、代理等相关航运单位的信息、数据，建设港口信息共享平台。

（2）为政府相关部门便捷、高效地进行服务和监管，提供良好的应用环境，提高通关效率，增强城市综合竞争力。

（3）各类企业可以方便地开展标准化、电子化的国际贸易和电子商务，降低交易成本、增加贸易机会。

（4）为口岸物流监管部门、企业间的信息中介，提供信息转换、传递、存证等增值服务。

信息服务平台通过公共网络和专有网络与国际贸易有关的政府部门（如交通、海关、外经贸、检验检疫等）、社会服务机构（如银行、保险、运输、仓储、港口、机场等）和各类贸易、生产企业的内部管理信息系统联网，集成它们的数据，开展电子数据交换和电子商务服务。

（1）信息服务平台给口岸管理部门提供一个统一的信息发布平台；一个完整的外贸及口岸物流相关企业用户群体；一个全面促进贸易服务水平全面提高的机制；一个集中体现政府办公服务系统的协作网络应用平台。

（2）信息服务平台给企业提供一个及时的业务节点信息查询平台；一个全透明的单证跟踪平台；一个统一的传输数据标准；一个全面的物流信息技术提供平台；一个完整的国际贸易电子化的基础平台。

2. 港航物流信息服务平台服务模式

港航物流信息服务平台服务模式如图 6.20 所示。

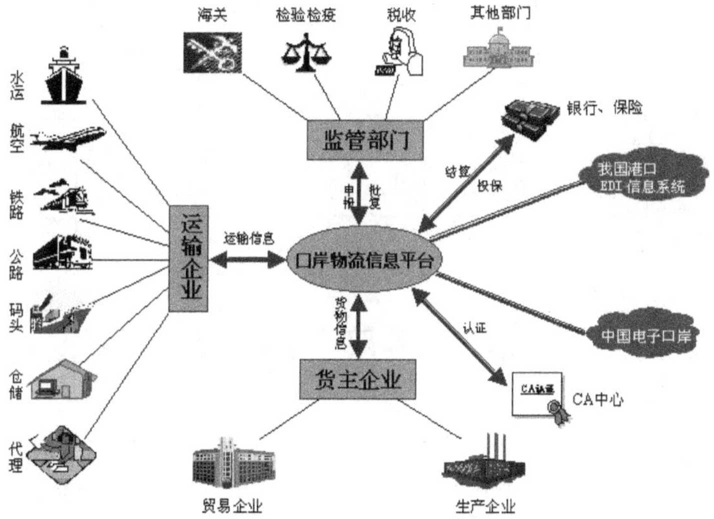

图 6.20 港航物流信息服务平台服务模式

与物流信息平台连接的节点，彼此间可相互交换信息，政府部门、企业等均可在信息平台上发布自己的信息，运行自己的业务。贸易企业或生产企业将国际贸易中的相关货物信息，通过物流信息平台发送给相关政府部门、运输企业；水运、航空、铁路、公路等运输企业，以及一些码头、仓储、货运代理企业，通过口岸物流信息平台，将一些运输信息传递给政府监管部门及相关企业；海关、检验检疫、税收等政府监管部门，通过物流信息平台对企业的申报信息进行审批，并将审批信息反馈给相关企业；银行、保险等金融服务机构，根据以上信息为企业提供结算和投保业务。

6.3.3　港航物流信息服务平台的组成

（1）功能结构。港航物流信息服务平台的功能结构如图 6.21 所示。

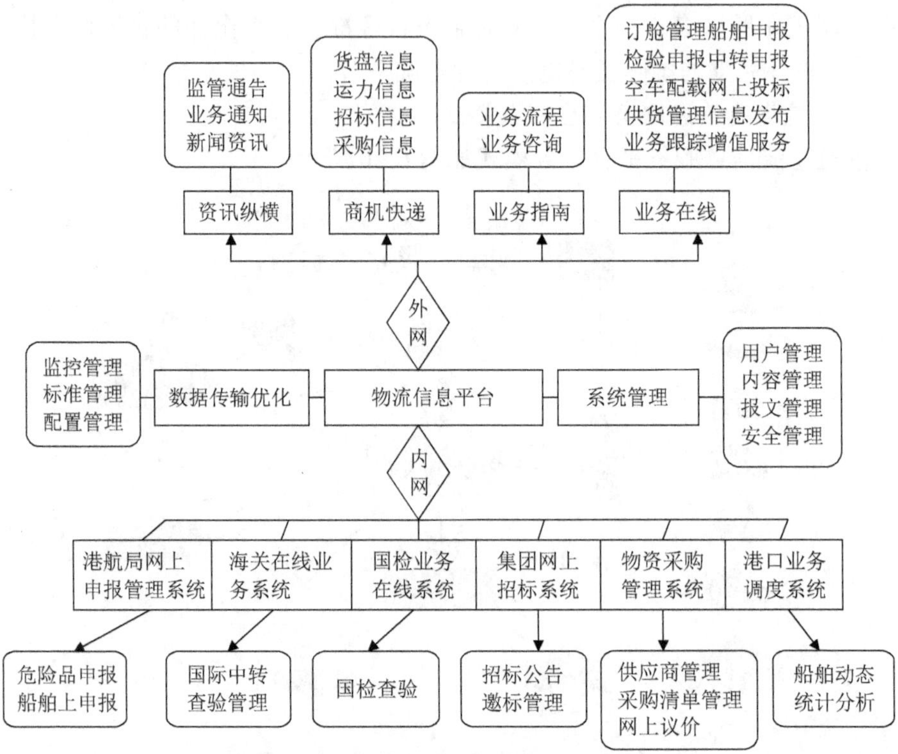

图 6.21　港航物流信息服务平台的功能结构

（2）港航物流信息服务平台主要组成部分。港航物流信息服务平台是为以港口为中心辐射区域内的物流企业，并为客户提供专业化信息技术支持和服务，以协助建立高效的物流作业。港航物流信息服务平台主要包含以下几部分（见图 6.22）：

① 数据交换系统。主要是数据的转换、传输和接收，包括单证发送、网上报关、报检、许可证申请、资金结算、缴（退）税等业务以及客户与商家的业务往来间信息的交换。通过引入行业 EDI/XML 标准以及国际贸易中相关的物流行业信息交换标准，采用多种通信和数据接入、采集、交互方式，将结构化数据转发、转换给目标用户。

② 信息服务系统。各部门通过 Internet 登录到港航物流信息服务平台的站点上，就可以发布和获取站点上提供的信息。信息平台主要有平台的基本信息发布，包括平台简介、平台功能导航、会员服务等；行业信息发布，包括行业

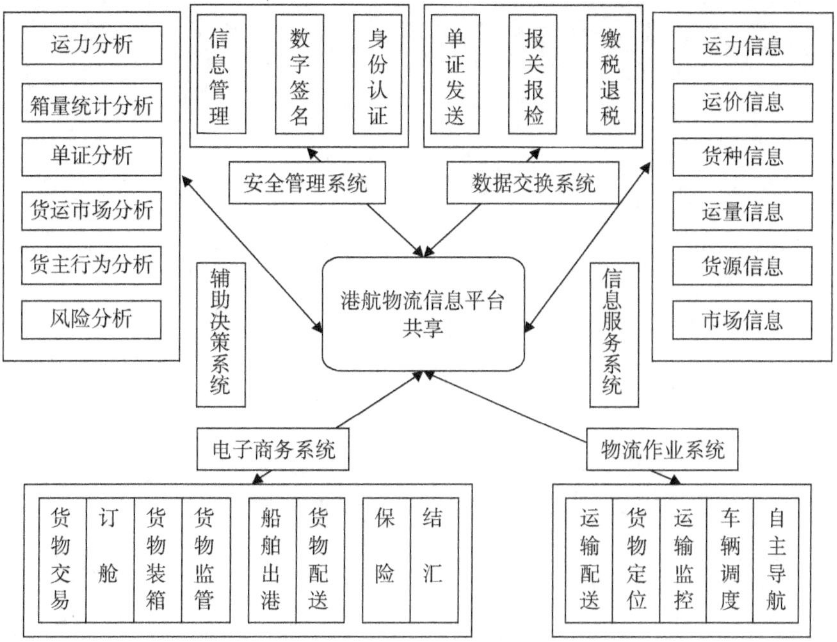

图 6.22 港航物流信息服务平台主要组成部分

动态、物流政策法规、相关新闻等；运输信息发布，包括水陆运输价格、铁路和公路里程查询、货源和运力、航班船期、铁路车次等信息。为政府管理部门、物流合作伙伴和广大客户提供有效的信息服务。

③ 电子商务系统。提供一个网上供求交易市场，客户可以在此平台上发布和查询货物供需信息，也可以办理相关的操作业务，实现信息交流和共享。包括网上的货物交易、码头作业、货物订舱、货物装箱、货物的拆拼箱、货物监管和放行、船舶进出港、货物配送以及保险、结汇等业务。

④ 物流作业系统。利用运输设备及货物跟踪定位等关键物流技术，快速定位货物运输地点和运输状况；提供 GSM，SMS，WAP 等多种通信手段，实时地提供跨部门、跨区域的运输配送和调度作业解决方案；对营运车辆进行监控、管理、跟踪、定位、导航等业务。

⑤ 辅助决策系统。利用数据统计技术，从运力、运价、货种、货运量、货源、市场等方面分析数据信息，对企业、运输和市场进行预测分析，给经营管理者提供准确的信息资料。

⑥ 安全管理系统。规定、控制信息平台的用户访问和使用权限，维护整个系统的正常运行，保证数据的安全，同时也对 CA 认证、电子印章和数字签名等业务进行管理。

第7章 数字港口建设

“港口者，省区之埠国之门，船行靠泊客货集散之水陆域。”

——佚名

港口是一个国家或某地区的大门。港的中文字义为水边之巷，即大陆对外从水（江、河、海）进出的通道；港口英文源自于古拉丁文 Port，原意为“位于海岸的门户”，除有安全屏障外，还有水、陆接运的含义。某水运港口图如图 7.1 所示。当今世界，港口是一国经济发展的重要基础和先导产业，是国际经济文化合作与交流的窗口，是全球范围内调动资源的平台，是国内外人流、物流、信息流、资金流汇集的枢纽节点，是区域经济发展的增长极和助推器。伴随着知识经济时代的到来，信息技术在港口管理中得到了广泛应用，电子数据交换系统、国际互联网和港口内部网的建立，电子单证在货主、承运人、港口、海关间快速准确地传播，极大地提高了港口的生产效率。世界港口发展的经验证明，港口信息化建设是提高港口的管理水平，提高港口的竞争力，实现港口现代化，推动港口跨越式发展的必由之路。

图 7.1　某水运港口图

7.1 数字港口建设背景

7.1.1 世界港口的发展历程

世界港口发展经历了几千年的时间，逐步完成了从原始性、区域性向现代化、全球化的嬗变。联合国秘书处UNCTAD（1999年）曾就港口的功能、发展策略提出将港口发展划分为四代，即：第一代港口在1950年之前，港口主要经营项目有货物的转运、临时存储以及货物的收发，只起到简单的码头作用；第二代港口是自20世纪50年代至80年代，港口的经营项目增加了使货物增值的工业集团和商业功能，出现了简单的分装配送，此时的港口定位是装卸和服务中心；第三代港口在20世纪80年代至21世纪初期，港口开始提供组织化程度高的物流服务，以及与之相关的金融、信息服务等，此时的港口定位是贸易和物流中心；第四代港口便是组织上下游企业进行整合式物流，风险共担，利益共享，形成以港际联盟为基础的网络化结构。从港口的发展历程我们不难看出，码头大型化、专业化，航线全球化、密集化，控制技术智能化，管理技术信息化是现代港口显著特征，随着港口功能的高度集成化、网络化，信息技术在港口管理中的广泛应用起着至关重要的作用。

7.1.2 我国数字港口的发展

我国数字港口的建设从20世纪80年代起步，走过了管理信息系统（MIS）开发、电子数据交换（EDI）和互联网、物联网应用等几个发展阶段。目前，我国主要港口城市普遍重视港口发展，实行“以港兴市”战略，从而推动了数字港口的新一轮建设。近年来国家经济建设的快速发展促使港口业务迅速发展，无论是内陆港口还是沿海港口，都对数字港口建设提出新要求，建设信息化、数字化港口成为港口发展的方向。数字化是指以信息技术广泛应用为主导，信息资源为核心，信息网络为基础，信息产业为支撑，信息人才为依托，法规、政策、标准为保障的综合体系。数字港口是港口管理现代化和企业现代化的重要标志。高效便捷的现代化港口，需要信息化建设的支持。信息化建设需要以先进的管理组织结构为基础，将技术、人力和业务进行有效的结合，从而实现业务流程信息化。

随着世界经济全球化，贸易自由化和国际运输市场化的发展，尤其是现代物流的发展，港口不再仅具有传统的装卸、仓储、中转功能，而成为经济、贸易、金融发展的催化剂，港口对周围地区和腹地产生巨大的辐射功能推动地区乃至世界经济和贸易的发展。为了充分发挥现代物流供应链重要的节点作用，越来越多的港口正在向现代综合物流中心发展。在这样的环境下，世界各地的港口处于严密而又有序的国际化经济网络中，在追求高效益的同时，不断谋求对已有利的竞争环境和竞争地位。数字港口的建设在提高港口管理水平、促进管理现代化、转变经营机制、建立现代港口企业制度、有效降低成本、加快技术进步、增强市场竞争力、提高经济效益等方面都有着重要意义，是带动港口各项工作创新和功能升级的突破口。

随着现代信息管理技术，特别是互联网技术、EDI、RFID 等技术的运用，我国数字港口的建设取得了很大的进步，实现了信息资源的深层次挖掘和利用，打造了国内领先、国际先进的数字信息化系统，为实现真正意义上的数字港口奠定了坚实的理论基础，积累了宝贵的实践经验。上海、青岛、天津、大连先后提出建设数字港口目标，通过信息化提升港口生产管理水平，提高信息处理能力从而提升服务水平，充分开发利用港口生产经营信息资源，推进物流信息平台的建设，提高港口系统化、信息化和智能化管理能力，带动港口经济区的发展。

集装箱业务是港口物流的最重要的部分，数字港口的建设以码头装卸主业为中心，以国际集装箱电子单证作业系统、集装箱码头智能化系统和区港联动国际物流公共平台三大核心应用系统的建设为重点，利用通信、网络等有效的信息流方式，通过统一的数据平台和先进的接口技术，连接货物、物流、码头及通关各个环节，把广大货主、船东代理、海关、商检及世界港口联为一体，形成完整的物流链，为各方面提供综合性、智能化信息服务，并逐步建设成为国际区域性的航运信息枢纽。

7.2 数字港口概述

7.2.1 数字港口的概念

数字港口是港口信息化的通俗说法。数字化是数字港口的组成部分和基础阶段，信息化是数字港口的最终目标。数字港口建设，就是通过最新的信息化技术手段，使港口物流供应链中的各个环节如货物、堆场、码头等形成有机统一体，同时连接货主、船东、代理、口岸、税务、金融保险等单位和部门，实现信息共享，形成基于信息技术的全新经营和管理模式，推行全面营销，全面预算，优化资源配置，以信息化带动港口的专业化、智能化和现代化，从而有效地提升现代化港口的经营管理水平。

港口的数字化是指港口在向现代化港口发展的过程中，为了达到货主、港口企业、口岸监管部门、港口行政管理部门以及社会其他部门之间大量、及时地信息交流、互动；为了更精确、高效地完成船舶进出港、货物装卸、货物集疏运等生产活动，利用现代信息技术，充分开发和利用港口内部与外部的各种信息，进行统一协调的转变过程。

7.2.2 数字港口的特点

数字港口具有以下特点：

（1）数字港口的基础是港口的管理、服务方式和运行模式，而不是信息化技术本身，其中的计算机网络技术仅仅是港口信息化的实现手段之一。

（2）数字港口建设的概念是动态发展的，它随着港口的发展需求、管理理念、实现手段等因素的发展而发展。

（3）数字港口是一项集成技术：建设数字港口的关键点在于信息的集成、共享和互动，即实现将关键的、准确的数据及时地传输给相应的管理者和企业主体，为港口管理和生产过程中各方的信息交流提供便利，并使管理和生产效率得到提高。

（4）数字港口是一项系统工程：数字港口建设是一项人机合一的有层次的系统工程，包括港口管理部门、企业管理层和员工对港口信息化的理解和接受程度，决策、组织管理信息化，经营、服务手段信息化，流程信息化等。

（5）数字港口的实现是一个过程：包含了人才培养、咨询服务、方案设计、设备采购、网络建设、系统建设、应用培训、二次开发等过程。

7.2.3 数字港口建设的必要性

（1）港口事业发展的需要。当前，经济全球化和贸易自由化进程加快，科学技术日新月异，全球范围内的产业结构不断调整，进一步促进了国际贸易发展和结构变化，为港口业提供了广阔的发展空间，也带来了新一轮的国际竞争，这种竞争已从传统的船队规模、海运贸易量，扩大到港口服务、政策法规、技术标准、科技教育等方面，即从“硬件”到“软件”的综合竞争。与此同时，国际金融市场动荡、全球经济增长放缓、海上恐怖主义活动等，给国际海运也给我国港口事业发展增加了更多的不稳定和不确定因素。尤其是2008年以来，受美国次贷危机引起的全球金融危机、全球经济滑落和欧美需求大幅下降等因素影响，港口吞吐量增幅明显放缓，部分海运船队面临停航，不少企业出现亏损，港口业发展形势十分严峻。这就要求我们放眼全球，增强前瞻性、全局性、战略性思维能力，科学谋划，以信息技术为手段，加快港口信息化建设，积极应对新形势新情况。

（2）港口行业管理的需要。为了适应市场经济发展以及政府职能转换的需要，2003年6月29日全国人大常委会颁布的《中华人民共和国港口法》（简称《港口法》）以法律形式确立了新的港口管理体制的基本框架，这个管理体制的核心是：政企分开，多家经营，一港一政，统一管理。随着我国政府机构改革的不断深化，充分运用信息技术手段，实现政府职能转变和机关行政流程重组，建成“精简、廉洁、透明、高效”的服务型政府已势在必行。同时随着政府办公业务朝着网络化、高速化、移动化方向发展，传统的办公方式已远远不能适应现代办公的要求。由于各级港口行政管理部门存在着大量的各种办公业务应用、文件传输和行业服务的需要，因此，迫切需要建立体系完整、结构合理、宽带传输、互联互通的港口电子政务网络系统，全面开展网上交互式办公，实现各级港口行政管理部门之间的电子化、网络化办公和信息资源共享。因此，运用现代信息技术，加快行政管理的电子化、网络化，在打破时间、空间和部门限制，优化办事程序和提高工作效率，增强政府办事的廉政性、透明度，提高政府管理和服务的规范性以及决策的科学性等方面将发挥越来越重要的作用。

（3）港口事业转型的需要。科技创新是交通运输业发展的不竭动力，是决定交通运输总体效能的关键因素，高新技术则更能引起交通运输业的深刻变化。它对现代交通运输业的影响主要体现在提高运输能力、运输质量和运输效率，促进交通可持续发展，为建设现代交通体系提供强大技术支撑。港口信息化可以提高港口信息的准确性和及时性，保证物流的高效准确；促使业务办事程序和管理程序更加合理；进一步促进资源的合理组合及利用，使其在现有资源条件下达到最佳利用效果，从而有助于港口业的发展。随着国民经济的快速发展，特别是社会主义市场经济的发展，水路运输需求明显增长，水路运输与社会经济生活的联系越来越紧密。目前，我国港口运输增长的需求一方面需要依靠提供更多的基础设施来满足，例如建设较完善的航运网络、主枢纽港站和支持保障系统；另一方面需要充分利用现有的信息服务资源，提高运输效率和服务水平，逐步改变我国长期以来以大量消耗资源和粗放经营为特征的传统发展战略，由单纯的重视发展的速度、数量转变为速度、数量与效益、质量并举。

（4）提高港口整体国际竞争力的需要。随着国际多式联运的发展与综合运输链复杂性的增加，现代港口正朝全方位增值服务的方向发展，成为商品流、资金流、技术流、信息流与人才流汇聚的中心。目前，世界上大多数港口都或多或少地面临岸边空间、陆地领域、集疏运连接、港口水深、资金等问题，但为求得竞争优势，越来越多的港口都采取积极措施扩大规模和提高服务水平。数字港口建设，有利于推动以港口为中心的信息交流，从目前的分散状态转变为集中状态，并成为增值的过程。现代化的信息服务系统是港口现代化发展的重要组成部分，能否提供实时追踪查询的、有统一标准数据接口的电子信息平台，实现信息的“桌面—桌面”交换，将成为未来港口的竞争焦点。充分利用现有信息系统，提高信息化服务水平，加强国际合作与交流，增强参与国际竞争的能力，进一步巩固和提高我国港口业在国际航运界的地位，有利于提高港口的国际竞争力。

（5）港口公共安全和环保的需要。今天，在世界安全以及生存环境正在受到恐怖事件和环境污染威胁的严峻形势下，加强港口的公共安全以及环保管理已经成为世界港口行业共同关注和努力的大事。国际海事组织已经通过了加强海洋安全的强制性规则和措施，包括国际船舶和港口设施保安规则。目前已有158个成员国执行此规则，其商船总数占全球国际海运商船总数的99%。我国各港口都加大了港口公共安全的建设力度，增加了视频监控、港口保安管理信息系统等的高科技投入，信息技术的应用为港口保安提供了强有力的保障手段。绿色环保型港口是今后港口的发展趋势，也将逐步成为提升港口竞争力的一个主要指标。为此，港口需要在开展生产的同时，从成本节约和环保建设的角度出发，通过信息技术，采取节能改造和减少燃料消耗的措施，以综合提升码头业务的经济效益和社会效益。

（6）港口企业自身发展的需要。对于港口企业，港口腹地界限越来越模糊，港口之间的竞争日趋激烈，竞争意识已经深入到港口的经营管理和发展策略当中，成本控制、延伸服务已经基本上形成了一定的格局，仅仅依靠传统意义上的竞争手段，例如价格杠杆等难以取得实质上的突破。因此传统意义上的竞争手段正在逐步弱化，港口之间的竞争已经不再是点与点的竞争，而是整个信息流、物流、资金流的竞争，其优势应该体现在提高增值服务的分拨配送能力、信息管理能力及所在区域的物流网络的竞争力上。建立现代物流体系，创造“物流顺畅”的口岸物流环境是港口在竞争中取胜的最大优势所在。

今后，港口信息化建设、智能化技术应用的领域将更加广泛。能不能安全、高效、低成本地提供港口服务，港口各项功能能不能在最短的时间里实现，都离不开现代技术的支撑和保证。因此，以条形码技术、全球卫星定位技术、电子数据交换技术等为代表的现代信息技术，必然成为未来港口生产、经营、管理的重要手段。

发展现代港口必须要提高进出港效率、提高安全性，而监督管理部门高效、准确的决策和执法也是不可或缺的，这都需要通过港航管理部门、其他相关部门与港口企业之间对通关、检疫、引航、运输组织、装卸仓储、中转换装、临港工业、现代物流、口岸商贸、保税加工及配送、航运及市场信息、综合服务信息的高度共享、互联来实现。

7.2.4 港口数字化的优势

（1）港口地处水运的起讫点。港口是整个运输链中最大量货物的集结点，汇聚着内陆运输、水路运输等大量的货物，处在城市水陆空运输的交会点、核心与枢纽地位，港口通过数字化建设、提供高效的服务成为运输链中水陆运输方式有效衔接的重要保证。在发展现代物流业，建设物流中心过程中，港口以其大进大出的集疏运能力和物流网络中的组织作用，成为现代物流业发展的主导和重点。港口主动参与和组织现代物流活动的协调，成为全球贸易运输体系网络中的大平台。

（2）港口具有较好的硬件设施。港口凭借码头设施、装卸设备、搬运工具、面积较大的堆场或仓库以及良好的集疏运系统，完成大量货物在港的集散。港口不但能够提供市场与决策信息，还具备现代电子数据交换（EDI）系统的增值服务网络；同时，港口还是一个人员服务中心，如提供贸易谈判条件，人才供应和海员服务等设施。这使现代港口起到简化贸易和物流过程的作用。

（3）港口是主要的信息平台。港口是国际贸易重要的服务基地和货流分拨配送中心，负责储存、分拣、理货、配货、分发、倒装、分装、装卸、加工和送货等；同时，港口又是一个重要的信息中心，汇集了大量的货源信息、技术信息、服务信息等，负责整个供应链的信息处理工作。港口作为生产要素的最佳聚合点，有利于吸引产业在港内的布局，有利于推动区域经济发展，汇集人流、物流和信息流，成为区域产业、商务中心及信息中心。货主、船方、代理商和零售商及政府机构之间不断地进行着信息传递，这些信息在港口辐射的范围内汇集。港口为这些信息及时准确的互通搭建了平台，为用户提供方便的运输服务、商业服务和金融服务。

7.2.5 港口数字化的表现形式

港口数字化的表现形式就是在全球信息化的背景下，港口的生产、管理和服务与计算机技术、现代通信技术等电子信息技术的结合过程，使得操作数字化、商务电子化、经营网络化，最终促使信息流、物流、资金流和商流的融合和一体化，是信息技术在港口数字化过程中的具体展现。

港口的数字化从不同的层面看，主要有以下表现形式：

（1）互联网与物联网基础上的信息共享与传输。解决信息的采集、传输、加工和共享，可以提高决策水平，为港口管理和生产带来效益。在这个层面上可以不涉及或少涉及流程改造和优化的问题，主要是运用数据中心的信息系统为生产管理、安全监控、经营决策提供及时、准确的信息。

（2）将系统论和优化技术用于流程设计和改造。此时的信息系统表现为固化新的流程或新的管理模式，使其得以规范地贯彻执行，并使港口经营过程在固定的流程中有效运行，优化操作方案，例如对仓储存取的方案、运输路线方案、综合执法方案及服务方案等进行优化。

（3）信息系统应用于供应链的管理。在对物流链管理上，信息系统表现为对以港口为依托的一些相关系统和衍生物的管理，对整个物流链进行高效、及时、准确的跟踪，并及时做出决策。

7.2.6　数字港口建设的基本内容

数字港口建设是在港口规划建设与生产运营中，利用数字化信息处理技术和网络通信技术，将港口的各种数字信息及各种信息资源加以整合并充分利用，从而构筑起港口数字化基础信息平台和决策支持平台。包括：

（1）港口管理信息平台建设。根据港口管理相关法律法规的规定，港口行政管理部门需履行其在港口规划、建设、维护、经营管理、安全监督等方面的权利与义务。港口管理信息平台的建设可以提高工作效率，为港口经营人、船主、货主提供更加全面、快捷的服务，提升港口行政管理部门的工作水平，港口管理信息平台的建设还能为与其他口岸管理部门交换数据提供接口，避免因多头重复输入为相关企业带来的不便和出现差错的可能，提高通关效率。港口管理信息平台主要包括四大部分：一是港口行政管理系统，包括经营管理、岸线管理、危货管理、港口设施保安管理、日常生产管理、应急预案管理、港口统计等功能；二是港口公共信息发布系统，通过网络实时发布政务信息；三是港口行政办公系统，完成日常办公管理；四是港口信息交换平台，实现与相关口岸管理部门的数据交换与共享。

（2）专业港口信息平台建设。专业港口信息平台是为其直接的主要客户和贸易伙伴，如货主、船主或其代理商提供特殊的服务，因而它的建设主体一般是港口集团企业或者企业联盟体。专业信息平台可以分为两大类：一类是由单一行业组成的专业信息平台，其连接的操作实体业务模式较为简单；另一类是跨行业的专业信息平台。专业信息平台将各物流企业实体连接起来，形成一个虚拟社区。主要包括：陆向腹地和海向腹地的集装箱班列服务系统、散杂货服务系统、粮食运输服务系统、矿石运输服务系统、滚装客运服务系统、油品运输服务系统以及集装箱场站服务系统等。

（3）电子口岸建设。建设电子口岸是发展现代港口的一种重要方式，电子口岸主要有货物通关申报协作、船舶电子申报、海港快速验放和综合信息服务平台等功能。电子口岸的建设标志着口岸由传统走向现代，由分散走向聚合，由繁杂走向标准，由沿海走向内地，由国内走向国际。电子口岸的开通有利于落实区域发展战略，实现信息资源共享，促进合作互利共赢。由于电子口岸连接了各专业平台和各支撑系统，因此通过这个平台就能实现整个口岸业务的电子化。一般来讲，电子口岸能提供三个不同层次的服务：一是口岸信息交换EDI，其主要功能是客观而中立地传输各种商业信息；二是口岸流程规则工作流，其主要功能是接入各专业平台信息和服务，然后将之与现有其他平台和系统相连接；三是口岸公共信息服务，其主要功能是提供各类口岸公共信息服务，包括各种船期、班列、物流单位基本情况、航运指数等，而这些专业信息的采集则来自各专业平台和各实体单位。

（4）物流中心数字化建设。现代物流是信息网络与综合运输体系物理网络的有机结合，以信息技术为基础使各种交通运输方式有效地衔接起来从而实现货物的连续、安全、准时、高效的多式联运以及运输全过程的一体化运营管理、决策与信息服务。物流中心信息化建设以建立现代化物流为目标，紧密连接货主、客户、内外贸公司、仓储公司、运输公司、生产和供销单位，共同开发、建设、管理、经营，最终实现“产、路、港、航一条龙，产、供、销、贸一体化”的战略格局。通过现代化信息系统开展电子商务，进行网上交易，并集中办理有关业务的各种手续是物流中心的必备条件。

7.2.7　数字港口建设的意义

21 世纪以来，信息革命极大地促进了世界经济结构的变革，成为带动世界经济增长的动力和源泉。这种趋势将在未来的经济、社会和科技发展中进一步表现出来。数字港口的建设对港口发展产生了重大的影响，促进了港口质量型、效益型方向的超常规发展，全面提升了港口的技术水平和管理水平。

（1）为港口行政管理部门提供了管理和服务手段。港口体制改革后，按照港口法及港口管理条例的要求，港口行政管理部门依法履行港口规划、建设、维护、经营管理、安全监管等职责，为港口企业全方位地提供管理服务。港口管理实现信息化，可以减少港口管理部门与港口企业之间的沟通环节，优化行政流程，缩短审批时间，提高服务水平，使港口企业及时了解港口管理政务信息，为港口发展创造良好的环境。

（2）为港口的健康发展创造了良好条件。港口的健康发展就是要走内涵式的发展道路，在大型专业化码头建设的同时，充分利用现有的港口设施，加大港口技术改造力度，通过专业化改造或利用信息技术，提高港口的有效供给能力；积极推动老港区的功能调整，适应专业化、大型化、集约化的发展要求；整合现有低效率的业主自建码头资源，利用市场手段提高公共服务能力，大力提高港口公用设施服务水平。利用信息技术能够实时监控整个港口资源利用情况，随时发现资源配置的不合理之处，从而对全部资源的利用进行系统的安排，以实现物尽其用，发挥最佳效能。现代化集装箱码头和大型散货专用码头生产节奏快，高速度的信息处理显得尤为重要。随着信息的畅通，货物运输中仓储量将减少，仓储周期将缩短，港口大型库场的设置也会发生很大的变化。

（3）改善了港口服务质量。信息的畅通，使港口物流的各个环节能做到有机的协调，由此缩短船舶在港非生产性停泊时间，并可减少货损货差。同时，信息技术使港口物流资源得到充分的利用，服务质量明显改善，也可避免人工控制系统可能造成的疏忽，由此提高港口安全保障系统的可靠性。

（4）在供应链参与方之间架起商业桥梁。基于信息技术的供应链管理，使货主、运输商、仓储商、配送商、加工商等各类主体连成了一个整体，改变了过去供应链各参与方之间的相互隔离，在供应链参与方之间架起商业桥梁，促进了企业间的联合和企业内各部门间的整合，共享信息和利益。

（5）为港口经营走向市场化提供了必要手段。港口体制改革后，港口政企分开，港口的经营活动真正进入市场，竞争十分激烈。信息化手段的引入可以大大提高港口企业的生产效率，提升企业的经营水平和实力。市场竞争的成败很大程度上受港口信息化水平的影响，哪一个港口重视信息技术的利用，就在竞争中占有优势。

（6）提升码头作业效率，降低成本。数字港口集地理信息、卫星定位、计算机、通信、自动化等高科技手段为一体，可以实现集装箱及码头车辆运输的现代化自动管理，提高码头堆场的作业效率，为企业节资增效提供先进的技术手段、分析方法和有力保障。按内部供应链管理思想，建立程序化、制度化、规范化的采购作业流程，使资产、物资的计划、采购、企业内部供应链中信息流、商务流、物资流与工作流程的时间进程保持同步，以尽可能短的采购周期、尽可能小的库存保障、尽可能低的成本支出，满足生产运行与设备维修的需要，为企业节资增效提供先进的技术手段、分析方法和有力保障。通过计算对人员、机械和堆场空间的最佳利用来极大地提高效率和作业量。

（7）提高了港口的国际竞争力。数字港口的建设，通过建立完善的口岸电子商务模式和信息服务体系，优化港口通关环境，提升港口信息化水平，充分发挥港口一体化管理的资源优势，使港口逐步建设成为基础设施网络健全、结构合理、功能完善的现代化港口和区域航运物流中心。数字港口项目把现有的口岸信息系统、海关及检验检疫信息系统、保税区信息系统等各种口岸信息资源进行统一整合，建立了面向货主、与经贸、口岸、航运等联网的开放式物流信息系统，使之成为港口物流的强大支撑，实现物流全过程的可视化、自动化、无纸化和智能化，将包装、运输、装卸、仓储、配送、流通加工及物流信息处理等有机地结合在一起，提高了港口的运行效率和服务质量，提高了港口的国际竞争力。

7.3　港口管理信息系统

港口管理信息系统是一个很复杂的大系统。从政府的水运行业管理部门到港口管理的业主，从水运企业到物流企业，都有不同的要求。政府的水运行业管理部门要为港口经济运行、港口企业，提供一个公平、高效、安全的港口管理与服务的信息系统；港口企业要有一个合法获得最大利润的港口物流运作与管理的信息系统。两者的结构、界面与运作手段都有很大的区别。鉴于本书编写的定位与宗旨，文中对港口管理信息系统主要是从港航管理部门对港口进行管理的角度来阐述的。

港口管理信息系统是港航管理部门对港口进行现代化管理的重要利器，是数字港口的重要应用系统。交通运输部曾委托部水运科学研究院，对全国港口管理信息系统（以下简称信息系统）构架、技术标准和规范进行了深入研究，完成了部级、省、市三级信息系统开发并成功与试点省、市级港口管理部门互通互联。为总结和应用这一成果，加快推进各级港口管理部门的信息系统建设，交通运输部编写了《全国港口管理信息系统建设方案及要求》，并于 2010 年 5 月下发全国水运管理部门予以实施。经过 3 年建设，各省、市水运管理部门的港口管理信息系统基本建好，在运行中已初见成效。

7.3.1 建设目标

全国港口管理信息系统在纵向上采取分布式架构，分部、省、地市三级建设，每一级的建设目标概况为：建成三个平台，提供一套服务，即：建成数据交换平台、信息资源平台和业务应用平台，提供港口管理所需的服务。

（1）数据交换平台：衔接部、省、地市三级系统，实现信息的及时、可靠的传输，完成三级系统之间的信息交换与共享。

（2）信息资源平台：基于港口经营管理业务所涉及的港口经营人及港口设施等最基本的信息，制定标准与规范，建成港口经营管理核心数据库，实现统一的信息资源平台，为业务应用奠定基础。

（3）业务应用平台：以《港口经营管理规定》为依据，在满足信息资源平台和数据交换平台的规范与要求的前提下，充分结合自身行业管理的实际情况和业务需求，建成业务应用平台。

（4）港口管理服务：为港口经营管理服务是系统建设的重要目标，在完成信息收集与交换的同时，更要考虑这些信息如何与管理业务结合，从而在此次《港口经营管理规定》实施和信息化建设过程中，逐步实现利用信息系统提高管理水平和服务能力的目标；另外，各级港口行政管理部门在建设本级系统时，应根据实际情况和自身需求，统筹规划，充分考虑到与其他港口管理业务应用系统的有效整合和信息共享。

7.3.2 建设原则

全国港口管理信息系统建设原则如下：

（1）采用“一数一源、共建共用”方式，改善信息采集渠道，实现港口管理信息的及时采集与更新，保证信息的及时性和准确性。

（2）遵循“资源整合，信息共享”原则，建立部、省、地市级间信息交换与共享机制，提高各级港口行政管理部门间的沟通效率，加速信息的纵向传输，实现港口管理信息的有效共享与利用。

（3）按照“资源节约”原则，充分利用已有的系统和现有网络基础设施，避免重复建设和资源浪费。

（4）满足“突出应用，重视需求”原则，紧密结合各级港口行政管理部门职责，根据管理和服务的需求，统筹规划应用系统建设，通过信息技术，提供便捷、规范、高效的管理和服务手段。

7.3.3　建设内容及要求

根据系统建设的目标及原则，部、省、地市三级系统要重点完成各自三个平台的建设，系统总体架构如图 7.2 所示。各级系统都由基础平台、数据交换平台、信息资源平台和业务应用平台组成。其中基础平台主要包括为建设系统所必需的软硬件支撑环境，各地可结合自身情况和需求而定。网络基础设施和三个平台的具体内容及要求如下。

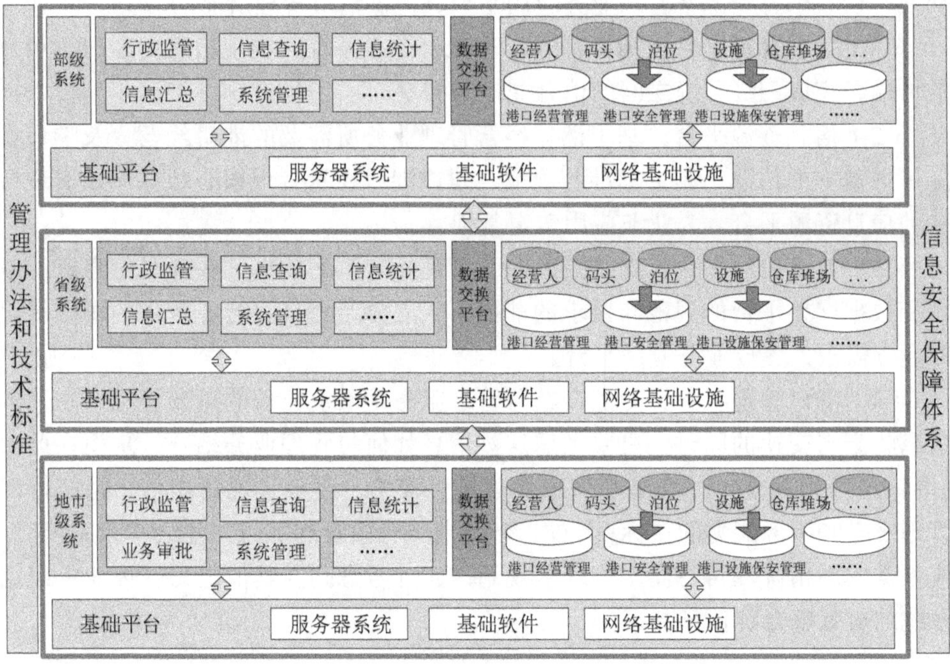

图 7.2　部、省、地市三级系统总体架构图

（1）网络基础设施：网络基础设施是实现部、省、地市三级系统衔接的重要依托，网络总体架构如图 7.3 所示。

部级系统与省级系统的衔接应充分利用交通运输部政务外网。省级系统与

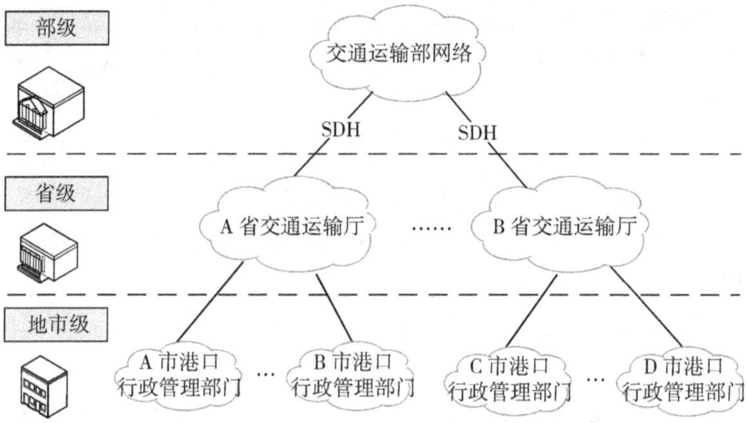

图 7.3 部、省、地市三级系统网络架构图

地市级系统的衔接需要根据各省网络规划、建设情况而定。

（2）数据交换平台：为实现资源整合和信息共享，港口管理信息系统建设要充分考虑部、省、地市各级港口行政管理部门间的数据交换，根据“一数一源，共建共用”的原则，由地市级系统收集港口经营人和港口设施等信息后同步至省级系统，省级系统汇总辖区所有信息后同步至部级系统。

数据交换平台可以保障信息及时、可靠地在系统间传输，并且实现对系统业务的最小化侵入，因此，各级系统应优先采用数据交换平台完成数据交换。目前，部级系统已依托“公路水路交通运输信息共享与服务系统（一期）工程”建设部级数据交换平台，省级系统可以同步建设、完善自身的数据交换平台，以实现与部级系统数据交换平台的自动衔接；省级系统与地市级系统的衔接建议同样参考该方式。

（3）信息资源平台：此平台建设是港口管理信息系统中的核心，本次系统建设主要指港口经营管理信息数据库的建设，包括港口经营人、码头、泊位、设施等，未来港口管理其他业务数据库可基于此平台进行扩展建设。

（4）业务应用平台：此平台分为部、省、地市三级，分别由各级港口行政管理部门负责建设，应用平台之间相对独立。各级应用平台的功能应至少包括：信息采集、汇总、查询和统计，基于港口经营人和港口设施的业务应用与日常监管，以及相关的行政审批等功能。

7.3.4 港口管理信息数据库主要数据项

部、省、地市级港口经营管理信息数据库交换内容至少包括如下主要数据项：

1. 港口经营人信息

（1）港口经营人基本信息：港口经营人名称、单位主要负责人、联系人、联系电话、Email、传真、注册地址、办公地址、法定代表人、经营地域、生产经营范围、港口经营许可证编号、发证日期、许可证有效期、发证机关、所在地港口行政管理部门。

（2）投资情况：港口经营人名称、投资人名称、投资金额（万元）、所占份额、是否外商投资（是、否）、投资人注册地址。

（3）使用陆域、水域和自然岸线情况：使用陆域土地面积（万平方米）、使用水域面积（万平方米）、使用自然岸线长度（米）。

（4）港口装卸机械信息：装卸机械类别、机械数量、机械负荷能力数值、机械负荷能力单位。

（5）码头信息：所属港区、港口码头名称、码头用途、码头设计货物吞吐量（万吨）、码头设计旅客吞吐量（万人）、码头年货物通过能力（万吨）、码头年旅客通过能力（万吨）、码头年集装箱通过能力（万 TEU）、码头前沿设计水深（米）。

（6）泊位信息：所属码头、港口经营人名称、泊位名称、泊位用途、专业化泊位分类、设计靠泊能力（吨级）、核查靠泊能力（吨级）。

（7）仓库信息：所属港区、仓库名称、生产用仓库主要用途、生产用仓库面积（平方米）、危险品仓库面积（平方米）、生产用仓库容积（立方米）、油库容积（立方米）、成品油容积（立方米）、液体化工储罐容积（立方米）。

（8）堆场信息：所属港区、堆场名称、生产用堆场主要用途、堆场总面积（平方米）、堆场总容量（吨）、集装箱堆场面积（平方米）、集装箱堆场堆存能力（TEU）、危险品箱堆场面积（平方米）、危险品箱堆场堆存能力（TEU）。

2. 港口信息

（1）港口行政管理部门信息：港口管理机构名称、单位主要负责人、联系人、联系电话、电子邮箱、传真、通信地址、邮政编码。

（2）管理人员信息：所属机构名称、姓名、性别、岗位、职务、联系电话、手机、电子邮箱、传真。

（3）港口信息：港口名称、港口所在行政区划名称、港口所在地海区、港口所在港湾、港口行政管理部门。

（4）港区信息：所属港口名称、港区名称、港区所在水域类型（沿海、河流、湖泊、水库）、港区面积（万平方米）、陆域面积（万平方米）、水域面积（万平方米）、岸线长度（米）。

（5）航道：航道名称、航道起点名称、航道讫点名称、航道长度（米）、航道最大水深（米）、航道宽度（米）、航道有效宽度（米）、航道通过能力（吨级）。

（6）锚地：锚地名称、锚地位置、锚位长度（米）、锚位宽度（米）、锚位水深（米）、锚地面积（平方米）、浮筒个数、锚泊艘数、锚地最大系泊能力（吨级）。

7.3.5 主要业务系统

港口管理信息系统的主要业务系统包括：港口经营管理子系统、港口设施保安管理子系统、港口安全管理子系统、港口应急管理子系统、港口统计分析子系统、港口地理信息子系统、港口视频监控子系统。

1. 港口经营管理子系统

主要负责管理辖区内港口经营人基本情况、港口经营许可证领用情况、港口经营人自有仓库堆场、自有机械、船舶、固定设施等信息，负责港口经营许可证的申请、变更和注销等业务的在线审批，以及港口经营日常监督检查信息的录入、查询与统计，其界面如例图 7.4 所示。

图 7.4 港口经营管理子系统例图

2. 港口设施保安管理子系统

系统负责港口设施保安计划、保安符合证书及年度核验的在线申请，港口集团（企业）可以通过消息通知及时获取审批反馈信息，此外，还可通过本系统管理港口设施保安日常工作的内容（保安训练方案、保安培训人员记录、保安台账信息等），完成港口设施保安演习（训练），其界面如例图 7.5 所示。

图 7.5　港口设施保安管理子系统例图

3. 港口安全管理子系统

本系统整合了视频监控、地理信息系统、消息通知等支撑系统，实现对港口安全人员、设备、隐患、事件的管理和监督；实现安全生产的事前、事中及事后管理，并可完成港口安全相关信息的上报、统计和查询等工作；实现对港口危险货物港口作业资质和港口危险货物作业进行管理，其界面如例图 7.6、例图 7.7 所示。

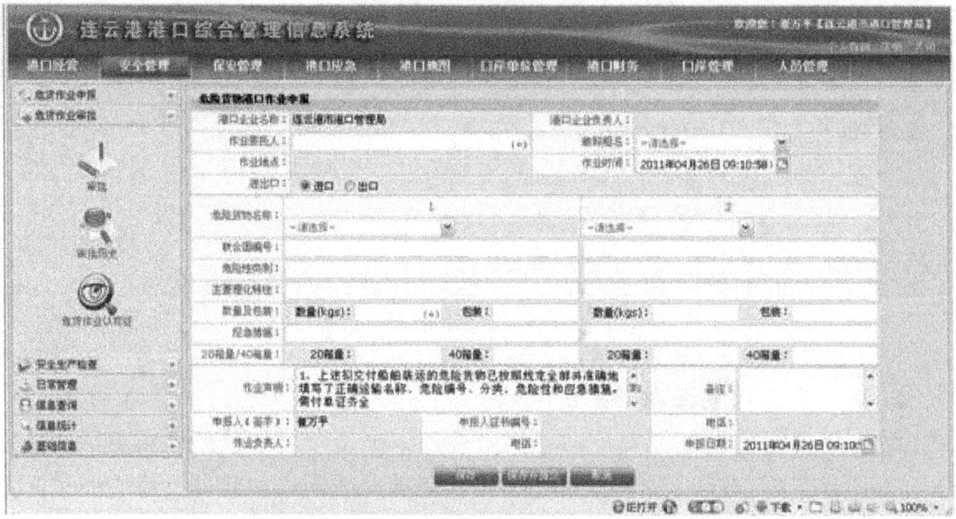

图 7.6　港口危险货物作业申报界面例图

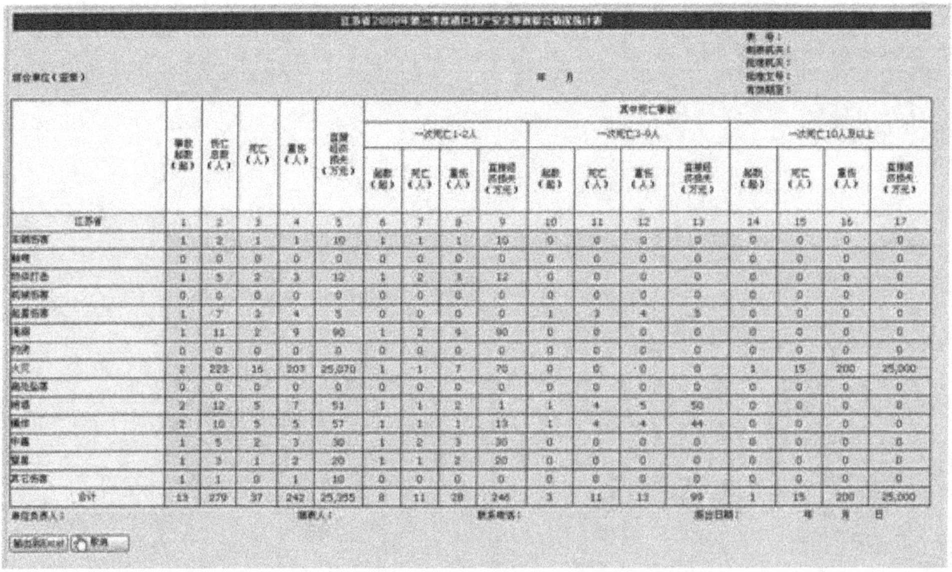

江苏省2009年第二季度港口生产安全事故综合情况统计表

综合单位（盖章） 年 月

	事故起数（起）	伤亡总数（人）	死亡（人）	重伤（人）	直接经济损失（万元）	其中死亡事故：一次死亡1-2人 起数（起）	死亡（人）	重伤（人）	直接经济损失（万元）	一次死亡3-9人 起数（起）	死亡（人）	重伤（人）	直接经济损失（万元）	一次死亡10人及以上 起数（起）	死亡（人）	重伤（人）	直接经济损失（万元）
江苏省	1	2	3	4	5	6	7	8	9	10	11	12	13	14	15	16	17
车辆伤害	1	2	1	1	10	1	1	1	10	0	0	0	0	0	0	0	0
触电	0	0	0	0	0	0	0	0	0	0	0	0	0	0	0	0	0
物体打击	1	5	2	3	12	1	2	3	12	0	0	0	0	0	0	0	0
机械伤害	0	0	0	0	0	0	0	0	0	0	0	0	0	0	0	0	0
起重伤害	1	7	3	4	5	0	0	0	0	1	3	4	5	0	0	0	0
淹溺	1	11	2	9	90	1	2	9	90	0	0	0	0	0	0	0	0
灼烫	0	0	0	0	0	0	0	0	0	0	0	0	0	0	0	0	0
火灾	2	223	16	207	25,070	1	1	7	70	0	0	0	0	1	15	200	25,000
高处坠落	0	0	0	0	0	0	0	0	0	0	0	0	0	0	0	0	0
坍塌	2	12	5	7	51	1	1	2	1	1	4	5	50	0	0	0	0
爆炸	2	10	5	5	57	1	1	1	13	1	4	4	44	0	0	0	0
中毒	1	5	2	3	30	1	2	3	30	0	0	0	0	0	0	0	0
窒息	1	3	1	2	20	1	1	2	20	0	0	0	0	0	0	0	0
其它伤害	1	1	0	1	10	0	0	0	0	0	0	0	0	0	0	0	0
合计	13	279	37	242	25,355	8	11	28	246	3	11	13	99	1	15	200	25,000

单位负责人： 填表人： 联系电话： 报出日期： 年 月 日

图 7.7 港口安全事故统计界面例图

4. 港口应急管理子系统

系统整合 GIS、AIS、车辆 GPS、水文气象等信息，结合应急预案库、应急知识库和有关应急案例，以通信、视频等各类手段，实现对应急资源和设施的调用，辅助应急指挥；通过港口突发事件的报告、处置、调查、备案，实现对港口万一发生火灾、台风等突发事件的应急管理，其界面如例图 7.8 ~ 例图 7.10 所示。

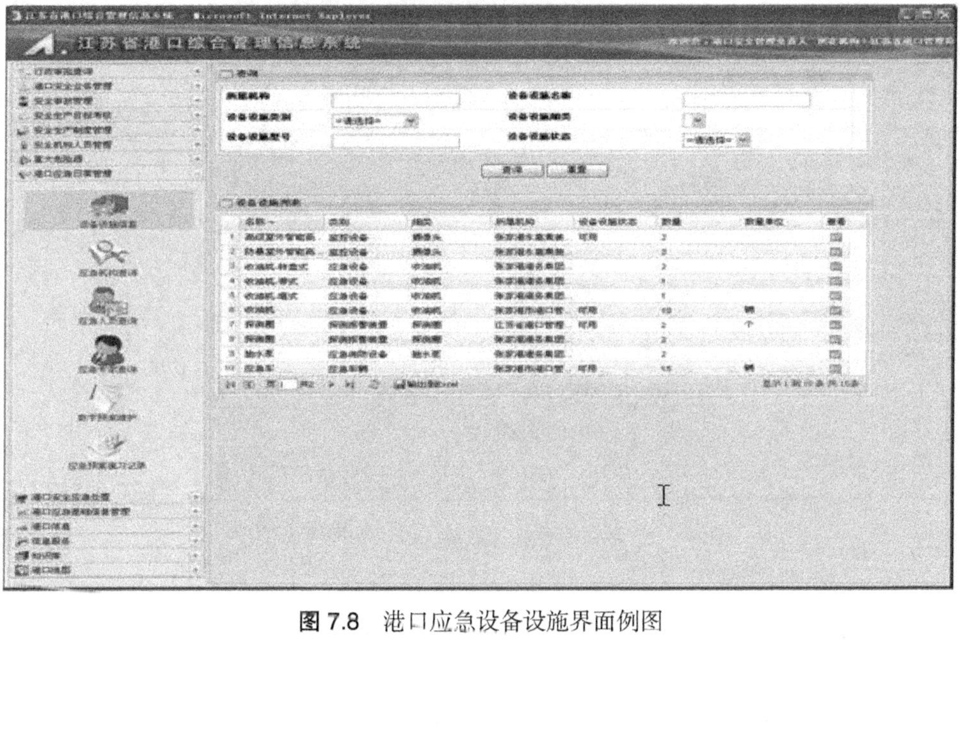

图 7.8 港口应急设备设施界面例图

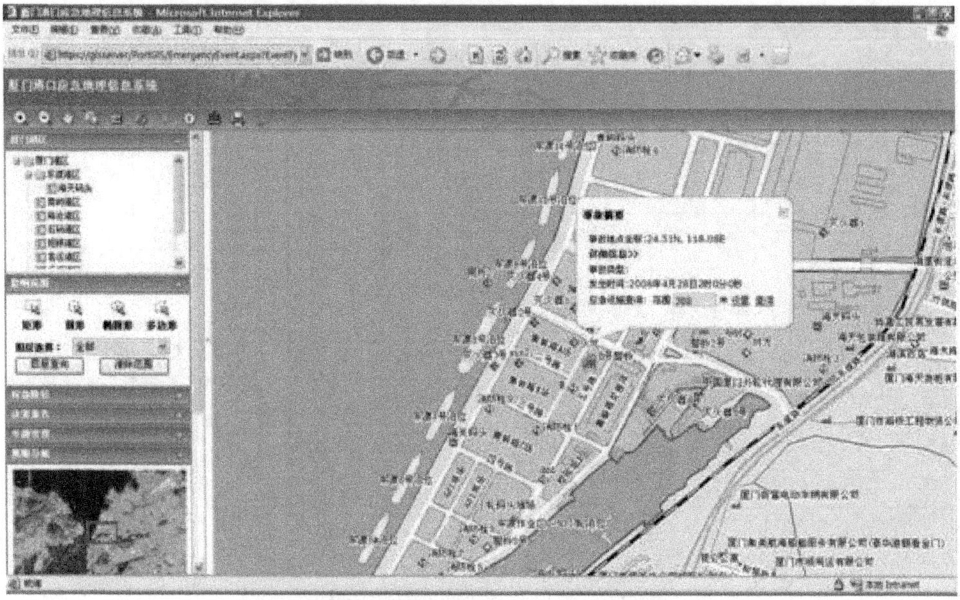

图 7.9　港口应急指挥系统 - 火灾处理界面例图

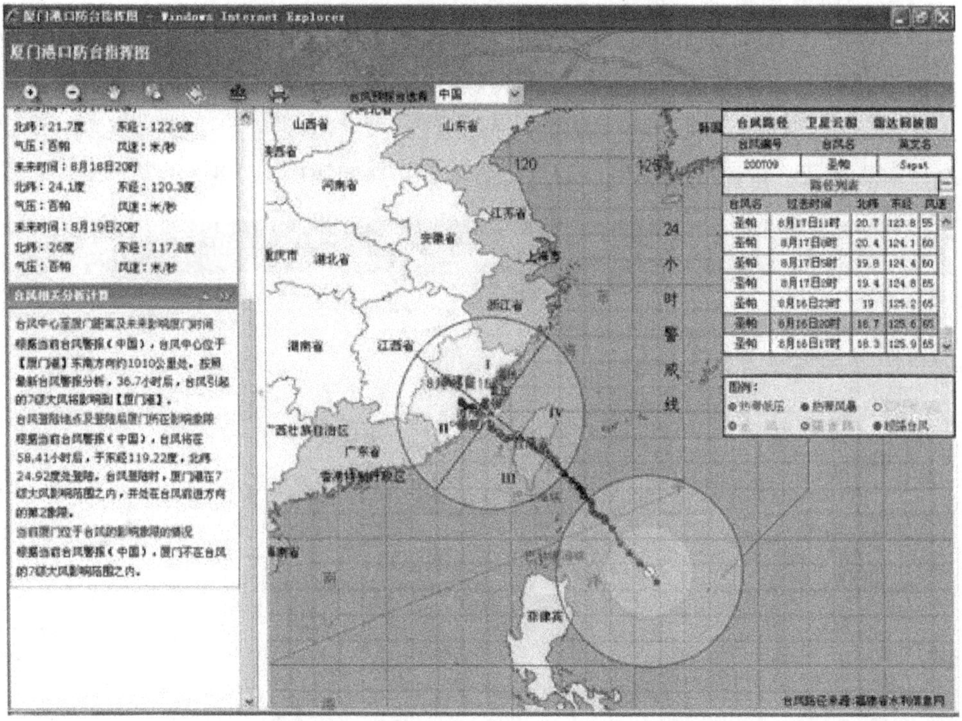

图 7.10　港口应急指挥系统 - 台风处理界面例图

5. 港口统计分析子系统

系统通过各种图表格式、按需即时查询等功能，可以满足统计报表制作和报送上级部门的需要，提供分析决策时所需要的数据信息；进而通过深入的分析、便捷的操作、有效的管理，形成面向分析、面向用户、面向管理的辅助决策系统，其界面如例图 7.11 和例图 7.12 所示。

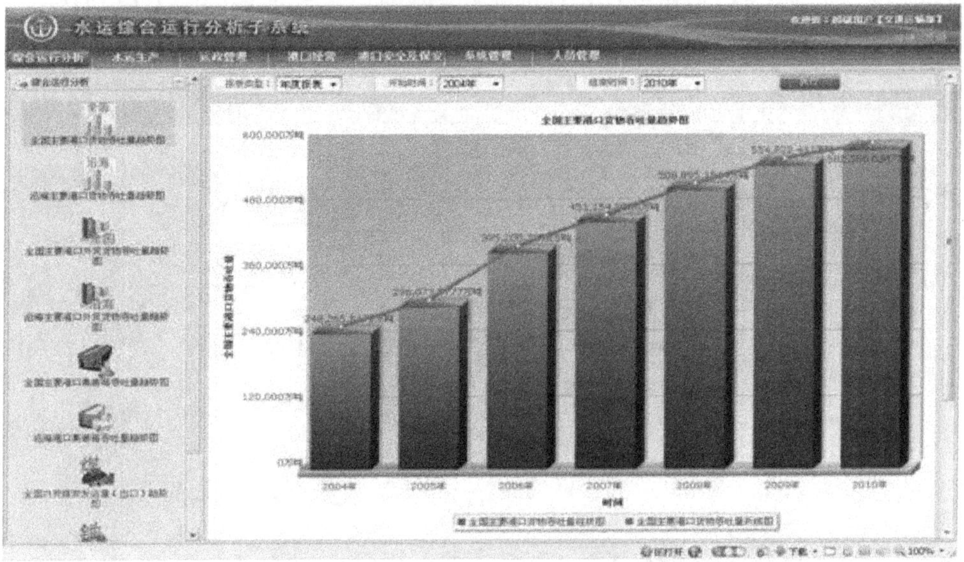

图 7.11 港口统计分析子系统界面例图

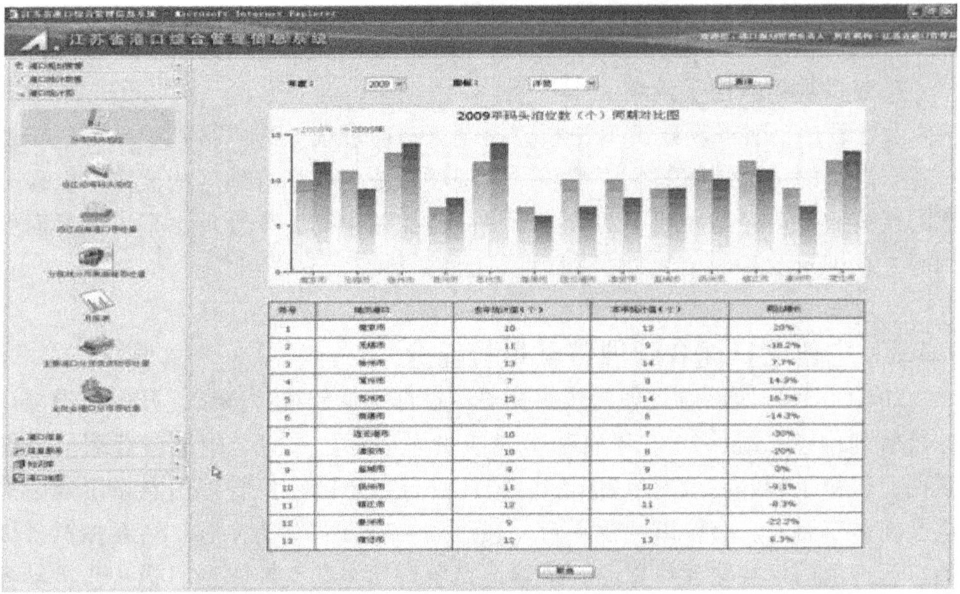

图 7.12 港口设施统计分析界面例图

6. 港口地理信息子系统

建设港口二维或三维地理信息数据库，全面反映港口总体布局，标示出码头泊位、港口企业、重大危险源、消防设施、安全设施和疏散通道等重点目标的分布。通过数据关联技术，实现港口业务数据库信息资源与地理信息数据的关联，使调用的港口业务数据可以快速地在地图上定位及匹配显示，实现港口业务信息基于地理信息的可视化查询和数据展现，其界面如例图 7.13 所示。

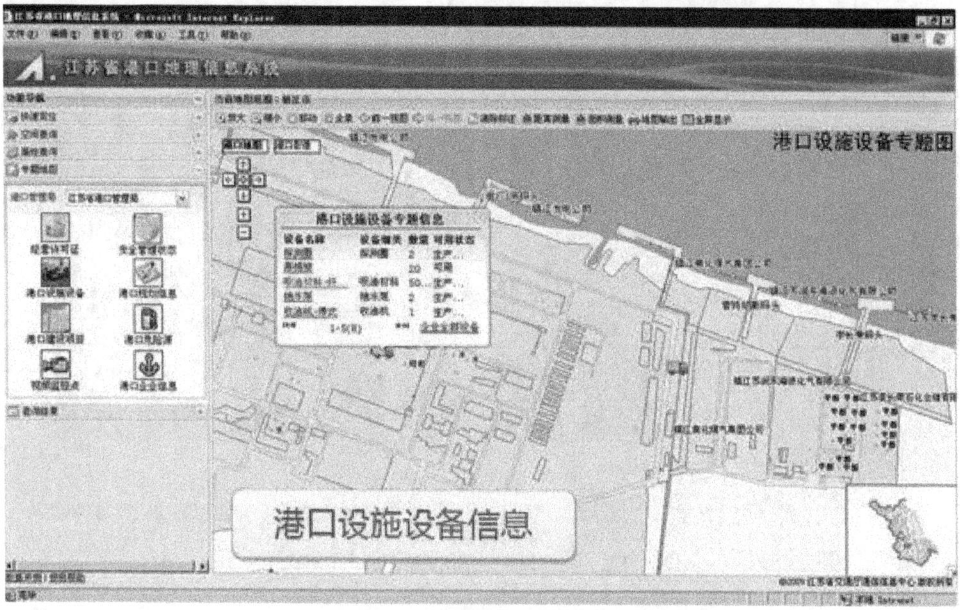

图 7.13 港口地理信息子系统界面例图

7. 港口视频监控子系统

系统利用已有或新建港口视频监控设备，通过统一的网络基础平台，实现对各个港区的关键装卸部位、堆场、大型项目施工现场等地区的监控，整合分散的视频监控点，充分利用网络资源提高监控效率和安全管理水平，其界面如例图 7.14 所示。

7.3.6 广西港口综合管理信息系统简介

2010 年，广西港航管理局按照交通运输部水运局统一部署，开始建设港口综合管理信息系统，2011 年底基本建成投入运行，并与全国港口管理信息网联网，获得了较好的效果。2012 年 3 月 26 日，全国港口管理信息系统现场推进会在南宁召开，会议以“建平台、强服务、转方式”为主题，旨在拓宽各级港口管理部门信息化建设思路，搭建港口管理信息化交流平台，进一步推动各省市港口管理信息系统建设。会上，广西壮族自治区港航管理局对广西港口管

图 7.14 港口视频监控子系统界面例图

理信息系统进行了介绍及现场演示，各省市代表围绕如何加快推进全国港口管理信息化建设专题进行了深入讨论和交流。

1. 总体结构

广西港口综合管理信息系统总体框架由港口综合管理信息系统、用户注册、访问验证、用户权限管理和港口生产经营、安全、危险货物申报、保安、应急、综合查询、决策分析、视频监控等子系统构成，如图 7.15 所示。

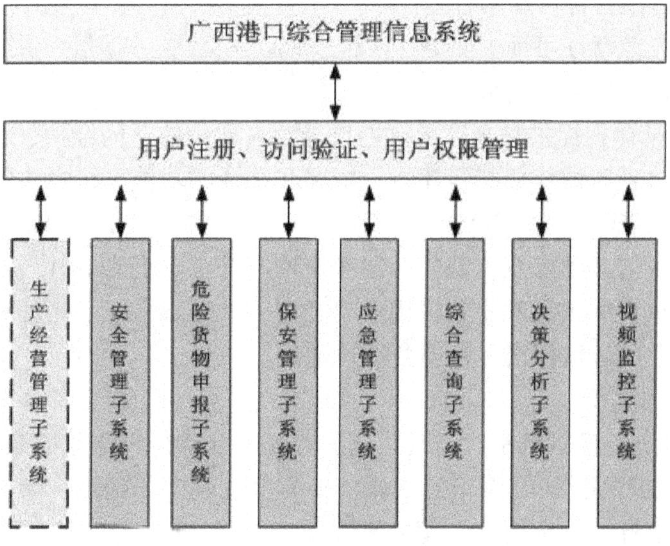

图 7.15 广西港口综合管理信息系统框架图

2. 各应用系统简介

1）生产经营管理子系统

该子系统功能主要包括对港口经营人、港口设施设备、港口经营许可证书等基础信息、港口经营人诚信情况、港口生产情况、港口规费的收支情况、航线信息进行管理。

该子系统建成后将为全区港口管理部门全面掌握港口经营企业基本信息、经营范围、每日生产情况以及港口规费收支情况，并通过诚信管理模块对港口经营企业进行考核，同时可以收集全区航线信息向企业发布，以服务企业组织生产运输。子系统功能清单如表 7.1 所示。

表 7.1　生产经营管理子系统功能清单

模块名称	功能名称	功能描述
生产经营管理	港口经营人、港口设施设备管理	查询与统计辖区所有港口经营人及设施设备信息
	港口经营许可证书管理	查询与统计辖区所有港口经营许可审批情况及证书许可核发信息
	港口经营许可证书变更、注销管理	查询与统计辖区所有港口经营许可变更、注销情况
	港口经营人诚信管理	对港口经营人所有诚信信息（诚信信息情况和诚信档案考评得分情况）进行查询，提供按诚信得分信息对港口经营人进行统计的功能
	港口生产情况管理	掌握辖区港口企业每天生产经营的货物和旅客吞吐量和装卸船信息
	港口规费管理	对辖区港口规费的收支情况进行查询
	班轮航线以及大宗货物管理	查询辖区经营企业班轮航线以及大宗货货物备案信息

（1）港口经营人、港口设施设备管理。

（2）港口经营许可证书管理。

（3）港口经营许可证书变更、注销管理。

（4）港口经营人诚信管理：

① 功能设计：提供对全区所有港口经营人诚信信息的维护、查询功能。包括诚信基本信息和诚信档案考评得分情况和统计的功能。该模块的使用用户主要包括自治区港航局和所在地港口行政管理部门。其中，自治区港航局可以对港口经营人诚信基础信息、诚信档案考评情况进行查询和统计。所在地港口行政管理部门负责维护系统中辖区内港口经营人的基础信息、考评得分情况，并可对港口企业的诚信档案考评得分进行统计。

② 主要数据项：

• 基本信息：经营范围、经营特色、对外服务承诺、企业精神。

• 评价信息：依法经营信息、诚信经营信息、资信信息、荣誉信息、失信信息、备案信息、警示信息、满意度信息。

（5）港口生产情况管理：

① 功能设计：本模块主要目的是为了港口管理部门实时掌握辖区港口企业每月生产经营的货物和旅客吞吐量和装卸船信息，核心数据是货物吞吐量（内外贸）、旅客吞吐量、货类、货物流向（起运港、目的港）共四组信息。该模块的使用用户主要包括自治区港航局、所在地港口行政管理部门以及港口企业。其中，自治区港航局可以对每天全区港口生产情况进行查询与统计，并定期生成月度、季度和年度报表。所在地港口行政管理部门可以对每天本辖区港口生产情况进行查询与统计，并定期生成月度、季度和年度报表。港口企业通过系统可填报本企业每天生产经营的货物和旅客吞吐量和装卸船信息。

② 主要数据项：

• 港口：防城港、南宁港、梧州港、贵港港、北海港、钦州港、来宾港、柳州港、崇左港、百色港、桂林港、贺州港、玉林港、河池港。

• 货类：煤炭及制品、石油天然气及制品、金属矿石、钢铁、矿物建筑材料、水泥、木材、非金属矿石、化肥及农药、盐、粮食、机械、设备、电器、化工原料及制品、有色金属、轻工医药产品、农林牧渔业产品、集装箱、汽车、人及其他。

• 填报内容：填报日期、时间、进港（旅客数量、货物数量、外贸量、货类、起运港、目的港）、出港（旅客数量、货物数量、外贸量、货类、起运港、目的港）。

• 经济性质：内贸、外贸。

（6）港口规费管理：

① 功能设计：港口规费包括港口建设费和设施保安费。本模块主要对全区港口建设费、港口设施保安费的收支情况进行备案，并且可进行查询与统计。该模块的使用用户主要是自治区港航局、所在地港口行政管理部门。其中，自治区港航局可以按时间、地区查询各市港口建设费收取和港口设施保安费的收支情况，并生成相应的统计报表。所在地港口行政管理部门在本系统中定期维护本地区港口建设费和港口设施保安费的收支情况，并生成相应的统计报表。

② 主要数据项：

• 港口建设费：缴费企业、缴费企业类型、滞纳金、专户存款利息、银行汇费、代征单位提手续费、本期应缴费、本期已交费、缴费时间、收费机构。

• 港口设施保安费：缴费企业、货物类型、收费金额、收费时间、收费机构、记录人、费用使用人、支出原因、支出金额、支出时间。

（7）班轮航线以及大宗货物管理：

① 功能设计：本模块主要对全区港口企业经营班轮及大宗货物航线信息进行备案，并且可进行查询与统计。该模块的使用用户主要是自治区港航局、所在地港口行政管理部门和港口企业。其中，自治区港航局可以按航线名称、类

型、运力等条件查询全区港口航线信息。所在地港口行政管理部门在本系统中定期维护本地区航线相关信息。港口企业在本系统可以方便地查询全区已公布的航线信息。

② 主要数据项：航线名称、类型（内、外贸）、经营公司、航线、航班、运力（TEU）等，如：防城港—黄浦、内贸、中海集装箱公司、经黄浦中转至国内各港口、每周3班、170。

2）安全管理子系统

该子系统功能主要包括港口生产过程中有关安全管理的日常工作，如港口安全生产监督检查、安全专项活动、安全事故的记录，以及安全评价监督管理、安全培训教育管理、安全生产目标考核；另外，建立全区港口重大危险源及危险区域动态数据库，从而为全区港口安全管理提供基础数据和预警机制，建立港口安全知识库和专家库，为处置港口安全事故提供知识积累，建立港口安全管理文件库，为港口管理部门和港口企业提供相关法规与知识的学习渠道。

该子系统建成后港口安全管理的大量工作用信息将呈现各级港口行政管理部门，并建立港口管理部门与港口企业的互动渠道，从而更好地指导、监督港口企业安全生产。子系统功能清单如表7.2所示。

表7.2 安全管理子系统功能清单

模块名称	功能名称	功能描述
安全管理	港口安全生产监督检查	港口的安全生产检查及企业整改结果的维护与查询
	港口安全专项活动	对港口行政管理部门组织的港口安全专项活动信息进行录入、修改、删除 查询辖区所有港口安全专项活动信息
	港口安全事故管理	记录港口安全事故信息
	港口安全评价监督管理	查询辖区所有港口安全评估报告及评审情况信息
	港口安全培训教育管理	对港口行政管理部门组织的安全培训相关信息进行录入、修改、删除 可以查询辖区所在地港口行政管理部门及港口企业的安全培训人员参加培训情况
	港口安全生产目标考核	根据“安全工作目标管理考核细则”的内容进行考核
	港口重大危险源及危险区域备案	查询辖区所有港口重大危险源及危险区域信息
	港口安全知识库管理	对港口行政管理部门的知识库信息进行录入、修改、删除 查询辖区所在地港口行政管理部门及港口企业的知识库信息
	港口安全专家库管理	对港口行政管理部门的专家库信息进行录入、修改、删除 查询辖区所在地港口行政管理部门及港口企业的专家库信息
	港口安全管理文件	对港口行政管理部门的安全管理文件、规章信息进行录入、修改、删除 港口行政管理部门可以查询辖区所在地港口行政管理部门及港口企业的安全管理文件、规章

（1）港口安全生产监督检查：

① 功能设计：港口安全生产监督检查分为安全生产检查（港口管理部门组织）和港口企业自查（港口企业组织）两类。

• 安全生产检查：港口管理部门可以根据制定的安全生产检查的计划对港口企业进行检查。现场检查结束后，由港口管理部门录入安全生产检查内容及发现的问题及隐患，对于重大隐患要求港口企业进行立即或限期整改，港口企业对问题及隐患进行整改，并在系统中填报整改措施和结果，港口管理部门对企业整改情况进行复查，直至通过为止。

• 港口企业自查：港口企业对自身组织的安全生产检查进行记录。港口管理部门实现对港口企业安全生产自查信息的查询。同时，系统可以统计港口企业的隐患整改率。

② 主要数据项：安全生产检查时间、检查人、检查内容、被检查企业名称、发现的问题及隐患、隐患部位、隐患主要内容、隐患类别（一般隐患、重大隐患）、要求整改时间、整改时间、整改责任人、整改措施和结果、未整改隐患防范措施。

（2）港口安全专项活动：

① 功能设计：与港口安全生产监督检查类似，港口管理部门组织港口安全专项活动，并由港口管理部门记录安全专项活动的基本信息，港口企业录入落实此项安全专项活动的反馈信息（如进行了哪些港口安全生产检查），港口管理部门可以查阅港口企业的反馈信息。

② 主要数据项：专项活动名称、专项活动内容、组织机构、专项活动开始时间、专项活动结束时间、附件。

（3）港口安全事故管理：

① 功能设计：港口企业录入本企业发生的安全事故信息，安全事故信息参考交通运输部的港口生产安全事故管理内容。各级港口行政管理部门可以查询全区港口生产安全事故信息。

② 主要数据项：事故等级、事故发生时间、事故发生地点、事故单位名称、预估直接经济损失（万元）、死亡人员数量（人）、重伤人员数量（人）、事故原因、事故类别、事故泊位主要用途、事故简要经过等。

（4）港口安全评价监督管理：

① 功能设计：港口企业通过系统对本企业的安全评价报告信息进行备案。各级港口行政管理部门可以对所辖港口企业的安全评价报告信息进行查询（查询条件：港口企业名称、评价类型、评价机构、评审时间、备案时间）。

② 主要数据项：评价报告名称、评价类型（预评价、验收评价、现状评价）、评价机构、评审机构名称、评审时间、评审结论、编制时间、备案时间、评价

报告电子版、备注等。

（5）港口安全培训教育管理：

① 功能设计：各级港口行政管理部门和港口企业分别在系统中记录自行组织的安全培训教育记录情况。各级港口行政管理部门和港口企业可以对全区的港口安全培训教育信息进行查询（查询内容：培训名称、培训类型、培训时间、组织机构）。各级港口行政管理部门可以按港口企业、时间段、安全人员姓名等条件统计港口企业安全人员参加安全培训教育的次数。

② 主要数据项：培训名称、培训开始时间、培训结束时间、培训地点、培训类别、组织机构、培训内容（附件）、培训人数、培训结果、参加人所属机构、参加人姓名、取得成绩等。

（6）港口安全生产目标考核：

① 功能设计：所在地港口行政管理部门定期（一般每年）制定“港口安全工作目标管理考核细则”，并通过系统下放，港口企业在系统中根据“港口安全工作目标管理考核细则”的内容进行自评并打分。所在地港口行政管理部门查询所辖港口企业的自评情况，同时录入考评意见和分数，并可统计汇总。自治区港航局可查询与统计全区港口企业的考核情况。

② 主要数据项：考核企业、考核年度、港口安全工作目标管理考核细则、考评意见、自评分数、考评分数。

（7）港口重大危险源及危险区域备案：

① 功能设计：本模块主要通过各级港口行政管理部门收集、录入港口重大危险源及危险区域信息，形成共享的信息库，并可方便地进行查询。该模块的使用用户主要包括自治区港航局、所在地港口行政管理部门和港口企业。

② 主要数据项：

• 重大危险源：危险源名称、所属港口企业、所属区域、危险品类别、危险品名称、危险品数量、危险品容量、危险源临界量、主要危险特性、应急措施、周边环境。

• 危险区域：危险区域类别、危险区域名称、危险区域所属企业。

（8）港口安全知识库管理：

① 功能设计：本模块主要通过各级港口行政管理部门收集、录入港口安全相关知识信息，形成共享的港口安全知识库，并可方便地进行查阅。该模块的使用用户主要包括自治区港航局、所在地港口行政管理部门和港口企业。

② 主要数据项：知识库类别、知识库关键字、提供数据单位、知识库提供人、知识库内容。

（9）港口安全专家库管理：

① 功能设计：本模块主要通过各级港口行政管理部门收集、录入港口安全

专家信息，形成共享的港口安全专家库，方便查阅和按权限调用。该模块的使用用户主要是自治区港航局、所在地港口行政管理部门和港口企业。

② 主要数据项：专家姓名、工作单位、执法证号、职务、职称、学历、专业、应急联系电话、手机。

（10）港口安全管理文件：

① 功能设计：本模块主要通过各级港口行政管理部门收集、录入港口安全管理相关文件、法规、制度等信息，形成共享的港口安全管理文件库，并可方便地进行查阅。该模块的使用用户主要包括自治区港航局、所在地港口行政管理部门和港口企业。

② 主要数据项：下达部门、文件条目、文件名称、文件内容、下达时间。

3）危险货物申报子系统

该子系统功能主要针对港口危险货物作业的相关环节进行管理，包括许可资质管理以及危险货物作业的在线申报与审批，并且对港口危险货物作业情况进行多角度的汇总统计，全面掌握全区港口危险货物作业情况，并切实缩短港口企业作业申报时间、减轻企业负担。

该子系统建成后港口管理部门将全面掌握辖区内港口危险货物作业情况，通过重组业务流程，实现港口危险货物作业的网上申报与审批处理，大幅提高港口危险品作业申报、审批和港口作业效率。子系统功能清单如表 7.3 所示。

表 7.3　危险货物申报子系统功能清单

模块名称	功能名称	功能描述
危险货物申报	危险货物港口作业资质管理	查询辖区所有港口危险品作业资质信息，进行资质变更、证书打印及年审
	危险货物作业申报	实现港口企业在线进行危险货物作业申报
	危险货物作业审批	实现港口管理部门在线对危险货物申报进行审批
	港口企业作业基本情况统计	对港口企业作业基本情况进行统计
	港口企业作业明细情况统计	对指定港口企业作业明细情况统计
	危险货物作业情况汇总统计	按照作业货类汇总统计港口企业作业情况
	进、出港危险货物统计	按照进出港口统计港口企业作业情况

（1）危险货物港口作业资质管理：

① 功能设计：本模块主要对危险货物港口作业资质进行管理，实现企业名录、资质备案、作业范围变更、证书打印以及作业证年审的网上申请，各级港口行政管理部门可以查询。该模块的使用用户是自治区港航局、所在地港口行政管理部门和港口企业。其中，自治区港航局可以按企业名称、作业范围、审批时间等条件查询全区港口危险货物作业资质情况。所在地港口行政管理部门可以在系统中备案已经获得危险货物作业资质的港口企业，打印证书，在作业

范围变更时及时通过系统进行相关信息的维护。年审时，港口企业可通过系统提交年审申请及相关材料，港口管理部门审核后结果通过系统通知港口企业。企业可以通过本系统查询本企业的危险货物认可证书情况，并通过系统进行年审的申请、材料提交以及结果查询。

② 主要数据项：企业名称、证书编号、有效期、是否年审、作业范围、作业场所等。

（2）危险货物作业申报：

① 功能设计：本模块主要对全区取得港口危险货物作业许可资质的港口企业提供网上申报功能。

② 主要数据项：作业委托人、航次、出口方式、作业时间、作业地点、中文船名、英文船名、货物品名、危规编号、类别和项别、主要理化特性、惰性情况、装货港、卸货港、作业方式、件数、总重量、包装、货物种类、货物形式、是否集装箱装运、集装箱 20、集装箱 40、应急措施、作业声明、备注、申报人证书编号、申报日期、主管机关审批意见、审批状态等。

（3）危险货物作业审批：

① 功能设计：所在地港口行政管理部门可在系统中查询到当前辖区内危险货物作业的申请信息，完成审核、审批程序以及打印危险货物港口作业批准文件，危险品港口作业申报单上有港口行政管理部门的电子印章。

② 主要数据项：申请信息、审核意见、审核经办人、审核单位领导签字确认、审批意见、审批机关、审批时间、审批状态、电子印章等。

（4）港口企业作业基本情况统计：

① 功能设计：自治区港航局和所在地港口行政管理部门可在系统中对已通过作业审批的作业基本情况进行统计。

② 主要数据项：港口企业、联合国编号、危险货物名称、进口（吨数、20’（英尺）箱数、40’（英尺）箱数）、出口（吨数、20’（英尺）箱数、40’（英尺）箱数）。

（5）港口企业作业明细情况统计：

① 功能设计：自治区港航局和所在地港口行政管理部门可在系统中对已通过作业审批的作业明细情况进行统计。

② 主要数据项：船名、航次、作业时间、联合国编号、类比、货名、20’（英尺）箱数、40’（英尺）箱数、总重量。

（6）危险货物作业情况汇总统计：

① 功能设计：自治区港航局和所在地港口行政管理部门可在系统中对已通过作业审批的作业汇总情况进行统计。

② 主要数据项：联合国编号、危险货物名称、进口（吨数、20’（英尺）箱数、

40’（英尺）箱数）、出口（吨数、20’（英尺）箱数、40’（英尺）箱数）。

（7）进、出港危险货物统计：

① 功能设计：自治区港航局和所在地港口行政管理部门可在系统中对已通过作业审批的进、出港危险货物情况进行统计。

② 主要数据项：始发港（到达港）、危险货物名称、标准箱数、货物吨数。

4）保安管理子系统

该子系统根据交通运输部颁发的《中华人民共和国港口设施保安规则》的要求，以信息技术为手段，规范港口设施保安管理业务工作流程，保证港口设施保安信息的及时报送、接收、分析和转发，有利于提高港口应对安全事故和保安事件的防范能力、控制能力和处置能力，最大限度地保障港口设施以及在港船舶、人员和货物的安全。子系统功能清单如表 7.4 所示。

表 7.4 保安管理子系统功能清单

模块名称	功能名称	功能描述
保安管理	港口设施保安评估报告管理	港口设施保安评估报告申请备案
	港口设施保安计划管理	港口设施保安计划申请备案
	保安符合证书年度核验管理	港口设施保安符合证书进行年度核验工作
	港口设施保安符合证书登记备案	港口设施保安符合证书登记备案工作
	港口设施保安训练演习备案	对港口设施经营人日常进行的保安训练和港口管理部门定期进行的演习工作的备案管理
	港口设施保安培训记录备案	港口设施保安培训记录情况登记备案工作
	港口设施保安信息发布	发布港口设施保安信息并实现共享查询

（1）港口设施保安评估报告管理：

① 功能设计：本模块对全区港口设施保安评估报告的申请、审查情况进行备案管理，通过与交通运输部港口设施保安管理系统联网实现相关信息的网上报送和共享。各级港口行政管理部门和港口企业可以查询港口设施保安评估报告的申请信息和受理状态。

② 主要数据项：评估报告名称、履约港口设施、评估人员、评估报告编制人员等。

（2）港口设施保安计划管理：

① 功能设计：本模块主要对全区港口设施保安评估计划的申请、审查情况进行备案管理，通过与交通运输部港口设施保安管理系统联网实现相关信息的网上报送和共享。各级港口行政管理部门和港口企业可以查询港口设施保安计划的申请信息和受理状态。

② 主要数据项：保安计划名称、履约港口设施、评估人员、计划编制人员等。

（3）保安符合证书年度核验管理：

① 功能设计：在保安计划通过交通运输部审批之后，由港口企业向交通运输部申请保安符合证书。保安符合证书发放以后，每年的证书发放日期的前三个月至后三个月期间为符合证书核验期，港口企业向自治区港航局提交港口设施保安符合证书年度核验申请和相应的审查附件。自治区港航局可对港口企业的保安年度工作内容进行自查，也可委托所在地港口行政管理部门进行检查。港口企业可在线查询审批结果。

② 主要数据项：核验材料、核验日期、核验人、核验有效期、核验检查情况等。

（4）港口设施保安符合证书登记备案：

① 功能设计：通过年度核验的港口设施保安符合证书自动形成全区港口设施保安符合证书数据库，各级港口行政管理部门和港口企业可以对证书详细信息进行查询。

② 主要数据项：港口设施名称、港口设施地址、港口设施经营人、提供服务的船舶类型、证书编号、联系人、电话、有效期至、签发地点、签发日期、状态等。

（5）港口设施保安训练演习备案：

① 功能设计：港口设施保安训练演习分为港口设施保安训练（港口管理部门组织）和港口设施保安演习（港口企业组织）两类：

• 保安演习管理：由港口管理部门制定并在系统中录入保安演习方案。港口管理部门组织港口企业参加保安演习，记录演习过程及演习总结。港口管理部门和港口企业可查询保安演习方案、演习记录和演习总结信息。

• 保安训练管理：由港口企业制定并在系统录入保安训练方案。港口企业组织企业内部进行保安训练，记录训练过程及训练总结。港口管理部门和港口企业可以查询保安训练方案、训练记录和训练总结信息。

② 主要数据项：

• 保安演习：演习方案名称、演习时间、演习地点、参演人员、参演港口企业等。

• 保安训练：训练方案名称、训练目的与要求、训练时间、训练地点、训练设施、训练组织机构、参加训练人员、训练所需设备等。

（6）港口设施保安培训记录备案：

① 功能设计：港口管理部门组织港口企业参加保安培训，港口企业通过系统上报参加培训人员信息。港口管理部门将培训内容和情况记录在系统中，港口管理部门和港口企业可以对保安培训及记录信息进行查询。港口管理部门可以按港口企业、时间段、参加培训人员姓名等条件统计港口企业人员参加保安培训的次数。

② 主要数据项：

• 培训内容：培训名称、培训组织方联系人、培训开始时间、培训结束时间、培训地点、培训内容等。

• 培训人员：姓名、性别、职称、手机、Email、传真等。

（7）港口设施保安信息发布：

① 功能设计：按照港口设施保安规则要求，各级港口行政管理部门要对港口设施保安相关信息及时报送、接收、分析和转发，通过系统各级港口管理部门可以收集、发布相关信息。港口企业可以查询这些信息，以便更好地指导自身的港口设施保安工作。

② 主要数据项：发布单位、发布时间、关键字、主要内容、附件等。

5）应急管理子系统

该子系统通过对应急资源与设施的管理，结合应急预案库、应急知识库和有关应急案例，为港口突发事件的处置提供决策支持，可以在事件发生时快速查询相关的应急机构、人员和资源，辅助应急指挥。子系统功能清单如表 7.5 所示。

表 7.5 应急管理子系统功能清单

模块名称	功能名称	功能描述
应急管理	应急机构与人员管理	应急机构和人员信息的维护、查询
	应急预案管理	港口相关应急预案的维护、查询
	应急预案演习备案	应急预案的演习情况进行备案
	应急案例知识库	港口应急案例的记录与查询
	应急资源管理	港口应急资源的维护与查询

（1）应急机构与人员管理：

① 功能设计：本模块主要通过各级港口行政管理部门收集、录入港口应急机构与人员信息，形成共享的港口应急机构与人员信息库，并可方便地进行查阅。该模块的使用用户主要包括自治区港航局、所在地港口行政管理部门和港口企业。

② 主要数据项：

• 应急机构：机构名称、机构主要负责人、联系人、联系电话、传真、电子邮箱。

• 应急人员：姓名、职称（职务）、联系电话、手机、电子邮箱、证件类型、证书编号、发证时间、有效期至、发证机构、出生日期、照片、通讯地址、邮政编码。

（2）应急预案管理：

① 功能设计：本模块主要通过各级港口行政管理部门收集、录入港口应急预案信息，形成共享的港口应急预案库，并可方便地进行查阅。该模块的使用用户主要包括自治区港航局、所在地港口行政管理部门和港口企业。

② 主要数据项：预案名称、事件类型、事件分类型、预案关键字、预案描述、编写机构、备案时间、预案状态、预案电子附件。

（3）应急预案演习备案：

① 功能设计：本模块主要通过各级港口行政管理部门与港口企业将针对已制定的港口应急预案进行演习的信息进行系统备案，并可方便地进行查阅。该模块的使用用户主要包括自治区港航局、所在地港口行政管理部门和港口企业。

② 主要数据项：应急预案、演习组织机构、演习名称、演习科目、演习时间、演习方案、演习记录、演习总结、参加人员。

（4）应急案例知识库：

① 功能设计：本模块主要通过各级港口行政管理部门收集、录入港口应急预案信息，形成共享的港口应急预案库，并可方便地进行查阅。该模块的使用用户主要包括自治区港航局、所在地港口行政管理部门和港口企业。

② 主要数据项：案例名称、发生事件、处置过程、事故总结等。

（5）应急资源管理：

① 功能设计：本模块主要通过各级港口行政管理部门收集、录入港口应急预案信息，形成共享的港口应急预案库，并可方便地进行查阅。该模块的使用用户主要包括自治区港航局、所在地港口行政管理部门和港口企业。

② 主要数据项：资源名称、所在位置、数量、资源负责人、联系方式、资源状态、最后更新时间、更新周期。

6）综合查询子系统

该子系统通过调用生产经营管理、安全管理、危险货物申报、保安管理和应急管理等子系统的数据库信息，提供单项查询、组合查询和模糊查询功能，以达到对港口管理相关的基础信息的查询。该子系统的使用用户主要包括自治区港航局、所在地港口行政管理部门和港口企业。子系统功能清单如表7.6所示。

（1）港口机构信息：

① 功能设计：自治区港航局、所在地港口行政管理部门和港口企业可以对全区的港口机构基本信息进行查询，以掌握自治区港口机构的基本情况。

② 主要数据项：港口管理机构名称、单位主要负责人、联系人、联系电话、电子邮箱、传真、通信地址、邮政编码等。

表 7.6 综合查询子系统功能清单

模块名称	功能名称	功能描述
综合信息查询	港口机构信息	全区港口机构信息的查询
	港口经营人信息	全区港口经营人信息的查询
	港口管理人员信息	全区港口管理人员信息查询
	港口信息	全区港口基本情况信息查询
	港区信息	全区港区基本情况信息查询
	码头信息	全区港口码头信息查询
	泊位信息	全区港口泊位信息查询
	锚地信息	全区港口锚地信息查询
	航道信息	全区港口航道信息查询
	航线信息	全区港口航线信息查询
	危险货物作业资质信息	全区危险货物作业资质信息查询
	危险货物码头信息	全区危险货物码头信息查询
	危险货物作业量信息	全区危险货物作业量信息查询
	港口设施保安符合证书信息	全区港口设施保安符合证书信息查询
	港口应急资源信息	全区应急资源信息查询

（2）港口经营人信息：

① 功能设计：自治区港航局、所在地港口行政管理部门和港口企业可以对全区的港口经营人基本信息进行查询，以掌握自治区港口经营人的基本情况。

② 主要数据项：港口经营人名称、单位主要负责人、联系人、联系电话、Email、传真、注册地址、办公地址、法定代表人、经营地域、生产经营范围、港口经营许可证编号、发证日期、许可证有效期、发证机关等。

（3）港口管理人员信息：

① 功能设计：自治区港航局、所在地港口行政管理部门和港口企业可以对全区的港口管理人员基本信息进行查询，以掌握自治区港口管理人员的基本情况。

② 主要数据项：所属机构名称、姓名、性别、岗位、职务、联系电话、手机、电子邮箱、传真等。

（4）港口信息：

① 功能设计：自治区港航局、所在地港口行政管理部门和港口企业可以对全区的港口基本信息进行查询，以掌握自治区港口的基本情况。

② 主要数据项：港口名称、港口所在行政区划名称、港口所在地海区、港口所在港湾、港口行政管理部门等。

（5）港区信息：

① 功能设计：自治区港航局、所在地港口行政管理部门和港口企业可以对全区的港区基本信息进行查询，以掌握自治区港区的基本情况。

② 主要数据项：所属港口名称、港区名称、港区所在水域类型（沿海、河流、湖泊、水库）、港区面积（万平方米）、陆域面积（万平方米）、水域面积（万平方米）、岸线长度（米）等。

（6）码头信息：

① 功能设计：自治区港航局、所在地港口行政管理部门和港口企业可以对全区的港口码头基本信息进行查询，以掌握自治区港口码头的基本情况。

② 主要数据项：所属港区、码头名称、码头用途、码头设计货物吞吐量（万吨）、码头设计旅客吞吐量（万人）、码头年货物通过能力（万吨）、码头年旅客通过能力（万吨）、码头年集装箱通过能力（万 TEU）、码头前沿设计水深（米）等。

（7）泊位信息：

① 功能设计：自治区港航局、所在地港口行政管理部门和港口企业可以对全区的港口泊位基本信息进行查询，以掌握自治区港口泊位的基本情况。

② 主要数据项：所属码头、港口经营人名称、泊位名称、泊位用途、专业化泊位分类、设计靠泊能力（吨级）、核查靠泊能力（吨级）等。

（8）锚地信息：

① 功能设计：自治区港航局、所在地港口行政管理部门和港口企业可以对全区的港口锚地基本信息进行查询，以掌握自治区港口锚地的基本情况。

② 主要数据项：锚地名称、锚地位置、锚位长度（米）、锚位宽度（米）、锚位水深（米）、锚地面积（平方米）、浮筒个数、锚泊艘数、锚地最大系泊能力（吨级）等。

（9）航道信息：

① 功能设计：自治区港航局、所在地港口行政管理部门和港口企业可以对全区的港口航道基本信息进行查询，以掌握自治区港口航道的基本情况。

② 主要数据项：航道名称、航道起点名称、航道讫点名称、航道长度（米）、航道最大水深（米）、航道宽度（米）、航道有效宽度（米）、航道通过能力（吨级）等。

（10）航线信息：

① 功能设计：自治区港航局、所在地港口行政管理部门和港口企业可以对全区的港口航线基本信息进行查询，以掌握自治区港口航线的基本情况。

② 主要数据项：航线名称、类型（内、外贸）、经营公司、航线、航班、运力（TEU）等。

（11）危险货物作业资质信息：

① 功能设计：自治区港航局、所在地港口行政管理部门和港口企业可以对全区的港口危险货物作业资质基本信息进行查询，以掌握自治区港口危险货物

作业资质的基本情况。

② 主要数据项：企业名称、证书编号、有效期、是否年审、作业范围、作业场所等。

（12）危险货物码头信息：

① 功能设计：自治区港航局、所在地港口行政管理部门和港口企业可以对全区的港口危险货物码头基本信息进行查询，以掌握自治区港口危险货物码头的基本情况。

② 主要数据项：码头名称（指取得港口危险货物作业认可证的码头和泊位）、码头所有人或经营人、靠泊能力、作业范围、相关设备。

（13）危险货物作业量信息：

① 功能设计：自治区港航局、所在地港口行政管理部门和港口企业可以对全区的危险货物作业量基本信息进行查询，以掌握自治区危险货物作业量的基本情况。

② 主要数据项：作业时间（月、年）、货物名称、进口（吨）、出口（吨）、合计（吨）。

（14）港口设施保安符合证书信息：

① 功能设计：自治区港航局、所在地港口行政管理部门和港口企业可以对全区的港口设施保安符合证书信息进行查询，以掌握自治区港口设施保安符合证书的基本情况。

② 主要数据项：港口设施名称、港口设施地址、港口设施经营人、提供服务的船舶类型、证书编号、联系人、电话、有效期至、签发地点、签发日期、状态。

（15）港口应急资源信息：

① 功能设计：自治区港航局、所在地港口行政管理部门和港口企业可以对全区的港口应急资源基本信息进行查询，以掌握自治区港口应急资源的基本情况。

② 主要数据项：资源名称、所在位置、数量、资源负责人、联系电话、资源状态、最后更新时间、更新周期。

7）决策分析子系统

该子系统主要是满足对港口设施设备、生产统计和辅助决策的需求。为此，该子系统要能够完成有关统计报表制作和报送上级部门的要求；同时，通过各种图表格式、按需即时查询等功能，提供辅助领导分析决策时所需要的数据信息。数据统计可以按月、季度、半年、年分别统计，并生成图表，供领导参考。子系统功能清单如表 7.7 所示。

表 7.7 决策分析子系统功能清单

模块名称	功能名称	功能描述
决策分析	港口设施统计	对辖区内港口设施进行统计
	港口设备统计	对辖区内港口设备进行统计
	港口生产统计	对辖区内港口生产情况进行统计
	港口生产安全事故统计	对辖区内港口生产安全事故进行统计
	统计分析报表	统计分析报表定制

（1）港口设施统计：定期反映港口设施（如码头、泊位、航道、锚地等）的数量、结构、生产能力及其变化情况，是编制港口发展规划、合理确定港口布局的重要依据。

（2）港口设备统计：反映港口生产设备（如仓库、堆场、装卸机械等）的数量、能力、构成、分布状况与技术状态，为编制与检查港口生产、港口建设、设备更新、设备检修等计划，组织、管理和发展港口生产提供统计资料。

（3）港口生产统计：针对港口货物吞吐量、港口旅客吞吐量、港口分货类吞吐量、港口集装箱吞吐量、港存物资、船舶在港动态等信息进行统计分析。

（4）港口生产安全事故统计：根据交通运输部关于《港口生产安全事故统计报表制度》，根据需要定期汇总，生成以下报表：

① 地区港口生产安全事故综合情况统计表。

② 港口生产安全事故伤亡统计表（按泊位主要用途）。

③ 港口生产安全事故伤亡统计表（按事故类别）。

④ 港口生产安全事故伤亡统计表（按事故原因）。

（5）统计分析报表：系统能以周、月、季、半年、年等为时间单位，进行发展趋势分析和数据的纵向对比分析；系统能以港口企业、市、自治区等为单位，进行数据的横向对比分析；系统能提供统计条件、统计报表及统计图格式的用户定制功能；系统能将统计结果以Excel表格、曲线图、直方图、饼图等方式输出或显示；系统能将统计分析结果对外发布。

8）视频监控子系统

该子系统连接全区港口行政管理部门和主要港口企业的视频监控系统，通过视频监控信息的接入与开发，可对各市重点港口企业所管理的港口重点区域（如港口设施保安监控区域、重大危险源、危险货物作业码头等）的动态实时视频监控管理，直观检查港口保安计划的落实，监督相关演练演习现场，监督危险货物现场作业等情况，作为港口安保管理的重要辅助手段，实现全区港口管理的可视化。该子系统功能清单如表 7.8 所示。

表 7.8 视频监控子系统功能清单

模块名称	功能名称	功能描述
视频监控	视频监控信号接入	接入全区具备条件的地市级港口行政管理部门和港口企业的视频监控信号
	港口视频监控管理平台	实现对视频监控信号的读取、浏览、存储和回放
	视频监控图像调阅	实时调阅全区接入平台的视频信号

7.4 方兴未艾的智慧港口

智慧港口是数字地球、数字城市概念在港口领域的具体应用，它是对港口管辖区域、管理对象及管理活动的数字化表现，是综合运用遥感、遥测、地理信息系统、宽带网络、通信、计算机模拟、多媒体等多种技术对港口业务流程、动态监测管理和辅助决策服务的虚拟化、数字化、网络化、智慧化和可视化的技术系统，是服务于政府、业务部门、公众，以及港口规划、建设、维护、管理和综合应用的、可持续发展的信息基础设施和信息系统的集成。其本质是建设港口空间信息基础设施并在此基础上深度开发和整合应用各种信息资源。

数字港口建设是智慧港口的发展基础，而智慧港口则是港口数字化的高级发展阶段，是从更高的层次指导港口信息化的发展。

智慧港口运用物联网技术将广布于全球港口的装载设备、船舶、集装箱、车辆、仪表都连接到网络中，使源头数据的采集大大提高，抄表员和堆场的工作人员的劳动负担大大降低，错误率也基本杜绝了，使港口工作管理人员把更多的注意力集中在生产管理上。而港口的生产流程会时时刻刻给物联网应用带来庞大的数据压力，因此，在智慧港口中，智慧技术广泛用于物联网，港口生产中的物联网数据，经过人工智慧算法的处理，就可以得到大量的分析结论，最终为港口管理、客户服务等方面提供可用的数据。

由此可见，基于物联网技术的智慧港口能够实现物与物之间的信息共享和动态协作，提高港口作业的效率、准确性和可视化程度，形成安全畅通、环保高效的现代化智慧港口。

7.4.1 智慧港口的内涵与功能

1. 智慧港口的内涵

对于智慧港口的定义，目前国内外尚未形成统一的标准，普遍认为：智慧港口是综合利用物联网、传感网、云计算、大数据分析等技术手段，通过透彻感知、广泛连接、深度计算等方式，实现港口物与物、物与人、人与人的广泛互联互通，促进港口物流活动各参与方核心信息资源的广泛共享，逐步形成现代化、网络化、信息化的新型港口。而港口管理部门在智慧港口建设过程中发挥重要作用。

智慧港口的内涵体现在以下几个方面：

（1）智慧港口是港口发展的高级阶段。发展的前提是现代管理方法、信息技术、自动化技术、感知技术等在港口服务中的充分应用。只有以技术作为保障，才能够优化服务流程，提升服务水平。

（2）智慧港口建设的核心内容是基于物联网、云计算等技术，在信息感知、处理、整合和共享基础上的战略决策优化和生产计划安排。在信息整合处理的基础上，促使港口生产的诸多环节相互配合、协调一致。

（3）建设范围涉及码头泊位生产、集疏运组织以及腹地货运管理等多个方面，是一个具有多重衡量指标的复合系统。

（4）智慧港口建设过程中的资源分配更加合理和充分，港口具有可持续发展的能力。

根据上述对智慧港口的描述，智慧港口能自动感知港口的各类信息，并具备信息整合和自动处理能力，通过实时发布系统实现信息共享与透明，其中最关键的要素是具有基于信息分析和处理的决策能力，能够为港口经营企业、港口服务企业、港口管理部门以及客户提供战略及运作决策支持。

2. 智慧港口基本功能

通过开展智慧港口建设，主要实现包括以下几方面功能。

（1）信息感知与采集功能：表现在能够通过物联网等技术，自动感知和采集船舶、货物及港口物流流转节点状态等信息，作为智能化管理和智慧决策分析的基础数据。以物联网技术为主的信息感知技术，运用各类信息传感设备与技术，比如传感器、射频识别技术（RFID）、全球定位系统（GPS、北斗定位系统）、红外感应器、气体感应器、激光扫描器等，实时采集需要监控和连接的物体和程序，采集物体的各类信息，结合互联网形成巨大的物体信息网络，实现对物体的识别、管理和控制。

（2）港航信息资源整合功能：对于感知和采集的信息，以及港航日常管理、安全监管、应急处置和公共服务等方面的信息，智慧港口应具备良好的整合和处理能力，根据不同的业务类别和流程，分布整理和处理后，按照统一的信息资源标准进行梳理，构建港航数据库群，建立港航数据中心，为信息服务和决策分析提供依据。

（3）港航综合信息管理功能：通过“智慧港口”建设，在数据中心支持下，港航管理部门的各业务系统可实现业务协同与信息共享，实现港航日常工作的数字化、网络化和集成化管理。

（4）港航综合信息服务功能：通过“智慧港口”建设，将港区内的船舶信息、港口信息、口岸监督及服务信息等进行资源整合，利用综合信息服务平台对外发布，向港航企业、社会公众和行业相关部门提供港口信息的服务，促进港航信息公开的透明、及时与准确。

（5）港口物流信息服务功能：通过“智慧港口”建设，面向社会公众、港航企业提供物流追踪信息查询、多式联运、港口与港区信息联动、专业化物流软件等服务的统一平台，提升港口整体的物流信息服务水平。

（6）决策支持功能：利用智慧港口建设过程中汇聚的各类港航信息资源，再经信息综合处理后，一方面能够为港口企业经营和生产运作、航运公司挂靠、货主服务选择等提供决策支持服务，另一方面也可以为港口管理部门制定相应的发展规划提供决策依据。

7.4.2 智慧港口系统框架

智慧港口的总体框架如图 7.16 所示。

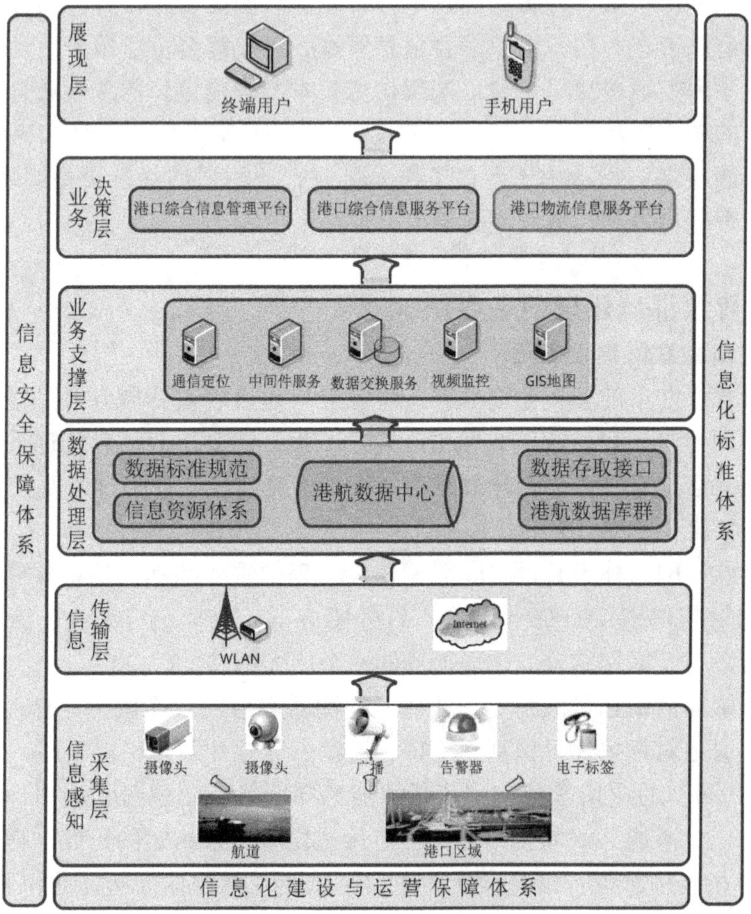

图 7.16 智慧港口总体框架

根据现代港口运作模式，将基于物联网技术的“智慧港口”分为信息感知采集层、信息传输层、数据处理层、业务支撑层、业务决策层和呈现层。

（1）信息感知采集层：包括港区内的作业设备及相应作业区域内的条码识读器、RFID读写器、摄像机和各类传感器、信息终端等，主要作用是感知和识别物体以及采集和捕获信息。

（2）信息传输层：以无线网络接入物联网管理中心和物联网信息中心，并在数据处理层对海量信息进行智能处理。

（3）数据处理层：建立港航数据中心，利用数据仓库技术、云存储技术、数据挖掘技术等，集中存储各类采集的信息资源，实现基础应用系统的数据由原来分散的、无规则或规则不强的业务数据，处理为按照标准化要求的统一数据，为上层进行业务查询、统计、分析和决策提供依据。

（4）业务支撑层：业务支撑层是保障港口信息化建设目标顺利实现的重要基础，是提升港航信息化水平的重要支撑。

（5）业务决策层：将物联网技术与智能港口的需求相结合，实现港口智能化应用的解决方案，包括港口综合信息管理、港航综合信息服务、港口物流信息服务等平台。业务决策层最终实现信息技术与智能港口的深度融合，是“智慧港口”的核心层次。

（6）展现层：指适用于港口工作人员或企业用户的终端设备或手机设备，是实现“智慧港口”与人交流的层次。

7.4.3 智慧港口建设的主要任务

1. 港口物联网建设工程

根据智慧港口的总体建设框架，智慧港口建设着重开展五大工程建设，即港口物联网建设工程、港航数据中心建设工程、港航综合信息管理平台建设工程、港航综合信息服务平台建设工程、港航物流信息服务平台建设工程。

1）智能感知网络

智能感知网络建设是港口物联网建设工程的重要基础，是将各种信息传感设备，如射频识别（RFID）装置、红外感应器、全球定位系统、激光扫描器等种种装置与互联网结合起来而形成的一个巨大网络。

智能感知网络建设的目的是让所有的物品都与网络连接在一起，系统可以自动、实时地对物体进行识别、定位、追踪、监控并触发相应事件。

“物联网”的应用基础就是依托智能感知网络，通过射频识别、红外感应器、全球定位系统、激光扫描器等信息传感设备，按约定的协议，把任何物体与互联网相连接，进行信息交换和通信，以实现对物体的智能化识别、定位、跟踪、监控和管理的一种网络。利用物联网，用户端可以延伸和扩展到任何物体与物体之间，进行信息交换和通信。

2）“无线港区”建设

为保障智慧港口建设工程的顺利实施，有力支撑物联网和智能感知网络的各类应用，提出建设“无线港区”系统，建立覆盖港区的无线热点，为港区内实时采集的各类信息及时传输提供保证。

无线港区系统建设包括有线网络和无线热点两部分，利用自建和租用电信运营商相结合的方式，构建由 WiFi、3G、GSM/GPRS、有线网络组合而成的无线数据采集网，建成覆盖主要港区的无线通信网络，满足港区内船舶、车辆、人员、终端等设备的信息批量传输、移动数据采集、移动监管与现场办公等应用需求，在保证数据高速、稳定、安全传输的前提下，实现全港的“船、港、车、人”间的信息联通和无缝汇聚。“无线港区”网络平台如图 7.17 所示。

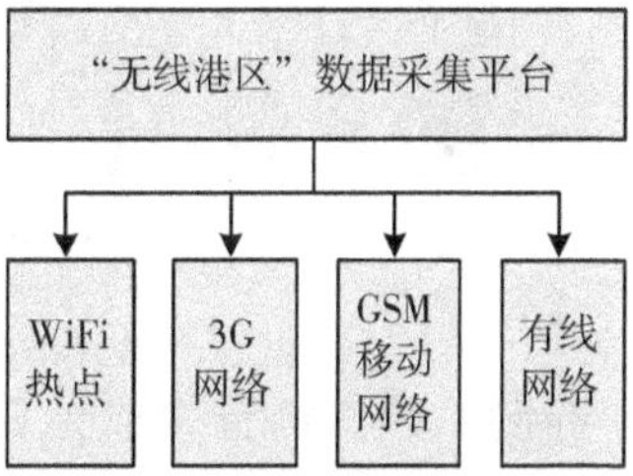

图 7.17 “无线港区”网络平台

（1）WiFi 网络。在具备硬件条件（包含供电、网络、设备空间等）的港区、码头等重点区域设立支持 802.11n 协议的 WiFi 热点，实现区域内至少 150Mbps 的传输速率。

（2）3G 网络。在不具备搭建 WiFi 热点设备的区域，优先租用电信运营商的 3G 网络，实现各类终端设备的批量数据过驳和其他数据信息接收。传输速率方面，3G 下行速率至少达到 7.2Mbps，上行速率至少达到 2Mbps。

（3）GSM/GPRS 网络。在不具备搭建 WiFi 热点，并且 3G 网络尚未覆盖的区域，利用传统蜂窝网络提供的 GSM/GPRS 数据传输通道，实现终端设备的批量数据过驳和信息采集。由于 GPRS 网络传输速率有限，本类型网络主要用于个别地区的替补方案。

（4）高速有线网络。为保证“无线港区”网络平台获取的信息快速、稳定传输至数据采集平台，建立基于光纤传输的高速有线网络。本网络可采用租用和自建相结合的方式，由固网运营商保障实施。

3）智能闸口系统

利用 RFID 等物联网技术，实现车辆、货物进出闸口的信息自动采集与处理，提升闸口信息感知水平，实现“车－港”间的货物数据信息交换，提升闸口车辆通行效率。

“智能闸口”平台采用远距离 RFID 探测设备，自动识别车辆 RFID 一卡通卡片信息，结合闸口管理软件自动控制车辆、货物信息采集和传输，自动下发闸口动作指令，从而加快车辆在港区闸口的通行速度，同时提高工作效率。

本系统由闸口信息识别系统、RFID 信息传输系统、闸口综合信息管理与

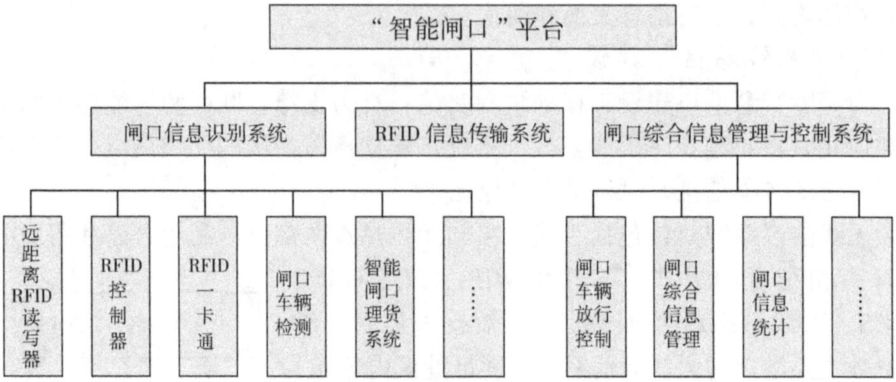

图 7.18 智能闸口平台构成

控制系统三部分构成，如图 7.18 所示。

（1）闸口信息识别系统。利用有源 RFID 探测设备，结合 RFID 天线，对闸口通过的各类车辆进行识别，读取车载 RFID 一卡通中保存的货物、车辆信息，并通过智能闸口理货系统对车辆进行自动称重，与 RFID 信息进行核对。同时，实时将数据通过信息传输系统上传至智能港口信息处理平台中，实现车辆信息的追踪。闸口信息识别系统由远距离 RFID 读写器、RFID 控制器、车载 RFID 一卡通、闸口车辆检测、智能闸口理货系统等子模块构成。

（2）RFID 信息传输系统。利用有线网络将闸口信息识别系统获取的 RFID 信息（包括车辆、货物、闸口位置、时间等信息）进行编解码并存入数据库，以满足车辆、货物的跟踪与定位需求。

（3）闸口综合信息管理与控制系统。负责管理本港区码头、仓库范围内车辆、货物实时信息，利用 RFID 自动识别系统上报的数据，跟踪货物、车辆在港状态，通过与综合信息服务平台进行互动，生成车辆行车指南，并下发通知运输车辆。同时，利用闸口控制系统，对车辆进行自动放行和拦截，提高过闸效率。并可对本闸口、港区的各类信息进行初步统计汇总，实现“车－港”信息的有效串联。

4）智能移动终端系统

为有效提升港口信息批量传输、移动数据采集、移动监管与现场办公等应用需求，开展智能移动终端系统建设，具体包括：

（1）船载终端设备：配备船载终端设备和相应的软件系统，实现船舶动态信息的实时采集，便于港口管理部门对辖区内小型船舶和其他工作船舶的监控。

（2）车载终端设备：为进出港口的拖车、货车、执法车辆等配置车载终端设备和相应的软件系统，配合智能闸口和港区感知网络，实现车辆动态信息的实时采集，便于港口管理部门掌握辖区内的车辆动态。

（3）手持终端设备：为港口管理部门的相关巡查人员配置相应的手持终端设备，方便其开展移动监管、现场数据采集、现场执法和移动办公等管理工作。

2. 港航数据中心建设工程

随着物联网技术应用的深入和港口智慧化水平的提升，必将产生大量的港口日常生产、管理与服务数据。如何有效整合、管理和使用这些数据，成为“智慧港口”建设必须迫切解决的问题。

因此，为实现港航信息资源整合目标，充分发挥港口管理部门信息资源汇聚与服务优势，按照“一数一源、共建共享”的原则，推动建设港航数据中心。

1）数据中心框架

港航数据中心采用数据集中化建设部署方式，按照统一的数据标准规范，通过梳理港航信息化资源体系，建设面向全局的港航数据库群，保存港航基础数据、业务数据和各种主题数据。

数据中心对内提供统一的数据共享与业务协同服务，对外提供标准化的数据交换接口，满足数据资源整合和数据分析应用要求。

其总体框架如图 7.19 所示。

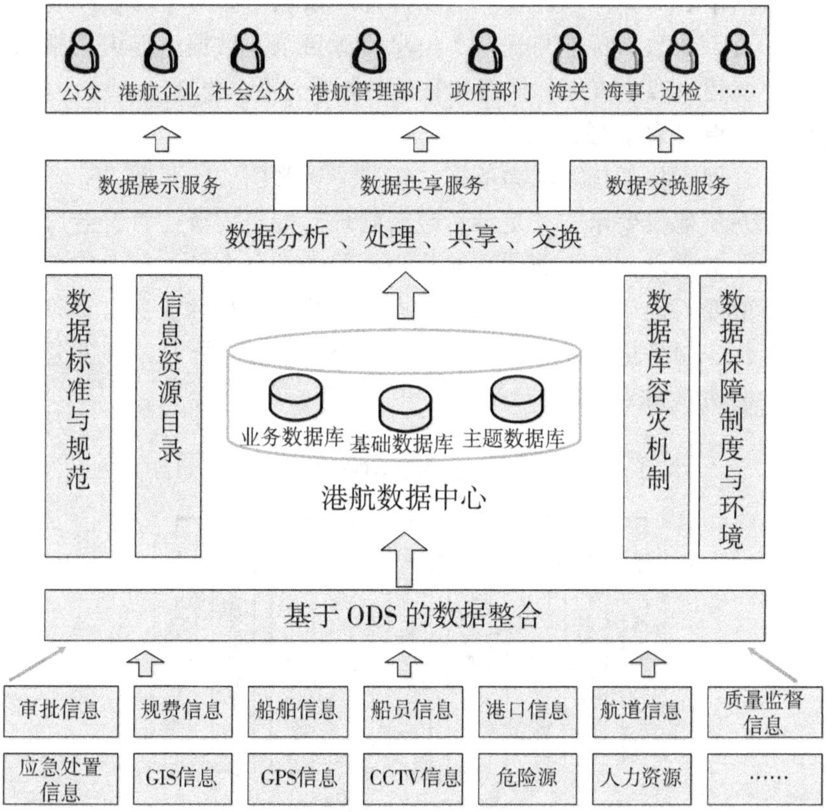

图 7.19 港航数据中心架构

2）数据中心建设内容

（1）数据中心基础设施。通常采用数据集中化运营、管理模式，设立中央机房和服务器设备，部署全局的私有云平台，存储港口管理、安全监管、综合信息服务等各港航管理业务的数据资源，对内提供统一的数据共享与业务协同服务，对外提供标准化的数据交换接口，满足数据资源整合和数据分析应用要求。

（2）港航信息资源体系建设。建立港航数据资源库体系，完善信息资源目录。对港航管理信息资源进行科学组织和统一管理，为相关应用系统提供数据处理环境，并为开展对外信息服务提供数据支撑。主要包括港航信息资源标准体系建设、港航数据库体系建设、港航信息资源目录体系建设等方面内容。

（3）港航数据交换平台建设。推动建设港航数据交换平台，增强数据交换与服务能力。根据信息资源标准与规范，构建统一的信息查询、交换接口，建立一体化的港航信息资源交换模式，满足海关、海事、边检、出入境检验检疫局、港务局、港区范围内各码头、港口物流园区、港口物流相关企业等相关主体的电子数据交换需求。

（4）数据中心保障体系建设。为发挥港航数据中心对上层业务应用的有效支撑作用，重点从数据标准与规范、信息资源目录、数据库容灾机制、数据保障制度与环境建设四个方面，构建完整的数据中心保障机制。

3. 港口综合信息管理系统

以港口管理实际工作需求为依据，按照“一张图、一张网、一个平台”的智能化信息系统建设要求，立足港口经营管理、港口安全监管、港口设施保安管理等实用业务需求，建立面向港航管理部门的政务办公、行业信息管理的集成平台，有效履行港口管理部门的日常办公、行政管理和业务监管等职能，实现全港数字化、网络化建设目标，提升港口的工作协同能力和精细化水平。

系统主要功能如图 7.20 所示。

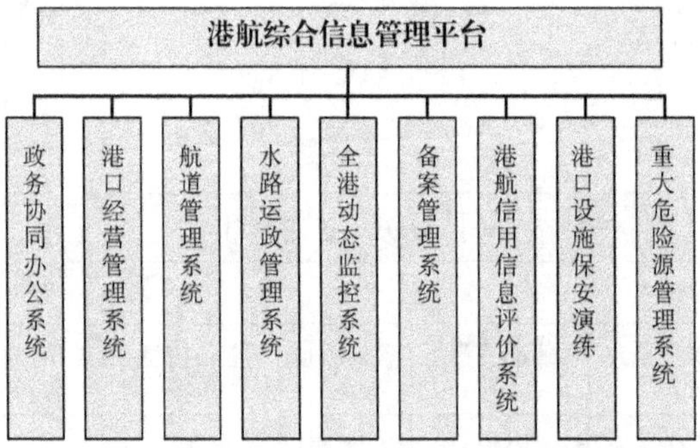

图 7.20 港航综合信息管理系统主要功能

1）政务协同办公系统

围绕智慧港口建设目标，开展面向全局的政务协同办公平台建设，主要包括：

（1）政务协同办公功能。主要包括公文起草、公文管理、公文提醒、公文流程说明、公文流转、工作报表、项目报表、阶段性成果、阶段性设计、权限管理、层级管理等。

（2）工作流管理功能。灵活配置个人工作流程，具备完善的跨单位流程监督功能和归档管理功能，并通过与短信、即时通信的结合，能够实现公文到达提醒和公文催办提醒。

（3）个人事务管理功能。基于浏览器的任务管理、消息管理、通知公告、电子邮件、电子名片、日程安排、个人资料的维护等功能。

（4）督察督办管理功能。确保上级和本局重要决定、决策和全局性重要工作的贯彻落实，对单位内以及跨单位的督办事项进行网上督查，包括申请、审批、督办、信息反馈等全过程，解决纸质督查不易执行、难以统计和不便管理的问题。

（5）政务数据分析展示功能。提供各种查询、对比、分析功能。集成来自行政管理平台和公共服务平台等数据，形成各种分析报表，为相关人员提供一种直观的政务数据展示方式，辅助相关业务的决策。

（6）内部文化交流功能。利用内部通信平台使内部的通信和信息交流快捷通畅，促进港航管理部门的内部文化交流。

2）港口经营管理系统

建立基于“一张图、一张网”建设理念的港口经营管理系统，全面实现包括港口自然环境、港口设施、港口生产、港口企业及相关企业、安全及环境保护、船舶港口服务业务（为船舶提供岸电、燃物料、生活品、围油栏供应服务等）和港口其他经营业务在内的港口经营许可、船舶港口服务以及港口其他经营业务的信息化管理，实现港航信息资源的“一站式”管理。

利用空间地理信息系统的支持，逐步实现港口各要素在图上的显示，提供基于图的信息展示与查询服务。

3）备案管理系统

进一步规范港航建设项目及相关港政备案的管理工作，促进项目信息管理的标准化、电子化和网络化，推动港航备案信息系统建设。

4）全港动态监控系统

通过开展港口物联网建设工程，实现全港船舶、车辆、人员等相关信息的动态跟踪与监控，与港口视频监控系统进行融合，并建立基于 GIS 平台的全港动态监控系统，提高港口管理部门对港口动态信息的掌控能力。

5）重大危险源管理系统

为加强对港口危险货物作业的监管和重大危险源管理，逐步拓展智能感知网络的覆盖范围，应用传感器、电子标签等技术手段，对重大危险源进行实时监管，动态获取危险源状态信息，保障港口管理部门有效履行监管职责。

6）港航信用信息评价系统

配合交通运输部的总体部署，开展港航信用信息评价系统建设，实现对辖区内的相关港航企业信用信息的动态跟踪管理，建立港航信用信息档案体系，助力智慧港口的建设。

7）港口设施保安演练系统

围绕智慧港口发展目标，建立基于GIS的三维港口设施保安演习演练系统，实现以二维和三维方式展现设施设备、演练过程、应急处置等信息，提升港口整体的安保水平。

4. 港口综合信息服务系统

利用港航数据中心提供的数据支撑，面向港航管理部门、相关行业单位、港航企业等服务对象提供“一站式”的综合信息服务，可根据不同客户需求开发相应的接口，满足船代、货代、港口码头企业、货主、船东等各个方面的信息服务需求，提升港口的公共服务水平。港口综合信息服务平台构成如图7.21所示。

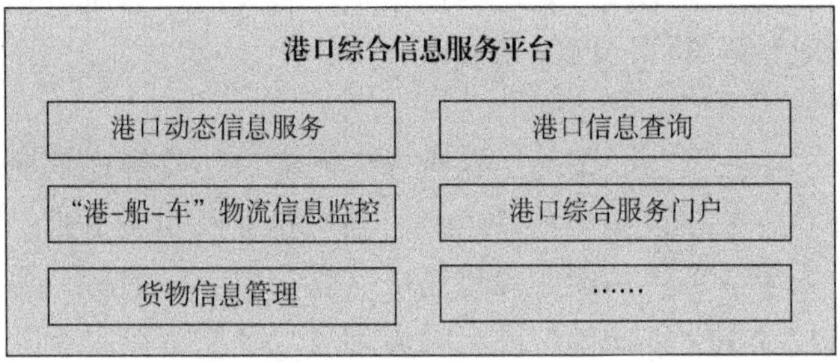

图7.21　港口综合信息服务平台构成

1）港口动态信息服务

面向船东、货主、港口码头企业、船代和货代公司等各方提供港口辖区内的日常动态信息查询服务。

信息主要包括各类小型船舶的航迹、空间位置、航行速度、功率、燃油等，并对小型船舶的维修、权属变更、船公司等信息进行集中管理，可根据平台用户信息，开放相应的查询和管理权限。

各类船载、车载终端的使用情况和缴费情况，实行远程管理。

2）货物信息管理

本模块为船东、货主、港口码头企业、船代和货代公司等各方提供所属货物在港信息的查询服务，根据用户权限，提供货物仓单的查询信息服务。

3）“港－船－车”物流信息监控

利用“无线港区”和“智能闸口”平台提供的数据采集功能，将辖区内重点港区的“港－船－车”信息串联起来，形成完整的物流信息监控链条，实现“智慧港城”的可视、可测和可控目标。

4）港口信息查询

本模块为港口企业、社会公众、行业相关单位提供港口规划、岸线、航道等非涉密的公开信息查询服务，促进港口信息的公开，同时提升港口对外的服务水平。

5）信息接口服务

面向平台不同用户提供信息查询、信息共享和交换的接口服务，便于与现有信息系统进行整合，节省系统建设投资。

6）港口综合服务门户

为港航管理局对外政务信息公开、公众交流互动、在线事务处理、行业信息发布、引航申请、拖轮申请、防台防汛等公共服务提供统一平台和媒介。

公共门户利用技术先进、成熟的动态网站开发技术，增强信息检索、公众服务、港口信息服务等功能，加强社会公众与港口管理部门的信息互动与交流，逐步提供政务网上申报、网上办事大厅、资质审批、引航申请、危货作业申请等动态服务内容，提升交流的互动性与时效性，为社会公众和港航企业提供“一站式”的服务平台。

依托公共门户，真正实现政务公开“一网通”、网上办事“一站通”、公众互动“一线通”，助力港航管理局向“服务型”政府机构建设的转型发展。

5. 港口物流信息服务工程

以集装箱多式联运系统和港口物流公共信息服务平台建设为突破口，开展港口物流信息服务建设工程。

1）集装箱多式联运系统

结合集装箱多式联运实际情况，开展集装箱多式联运系统建设，主要功能包括：

（1）集装箱联运信息交换接口：系统提供集装箱多式联运信息的交换接口，分别建设面向铁路、港口、公路等相关部门企业的数据交换接口，获取箱、单信息。

（2）发货人管理：制作多式联运相关的单据十联单、业务查询。

（3）货代公司管理功能：接受货主委托，提供整箱订舱、拼箱配载、拼箱订舱、领取空箱、装箱、制作报关单等功能。

（4）船公司和船代公司管理：提供船舶航次管理、接受订舱申请、十联单4核、制作订舱清单、签发提单、制作到货通知书等管理功能。

（5）港区管理：提供各港区的装船清单管理、完船确认等功能。

（6）堆场管理：提供制作EIR单、发放空箱、收取重箱等功能。

（7）报关管理功能：提供报关单审核功能，辅助海关查验，提供海关放行确认功能。

（8）收货人管理功能：提供进口货物报关单填报、换取提货单、提货确认等功能。

（9）基础资料信息管理：提供集装箱多式联运的相关政策信息管理，以及集装箱国家信息管理、港口信息管理、船公司信息管理等功能。

2）港口物流公共信息服务平台

港口物流公共信息服务平台是面向社会公众、港航企业提供物流追踪信息查询、多式联运、港口与港区信息联动、专业化物流软件等服务的统一平台。平台既为具有成熟管理信息系统的大型物流企业提供标准化的信息交换接口，也为中小企业提供基于云技术的专业化物流管理服务，实现港航企业物流业务全程的透明化、网络化和信息化，降低企业的物流成本，提高行业物流效率。

港口物流公共信息服务平台如图7.22所示。

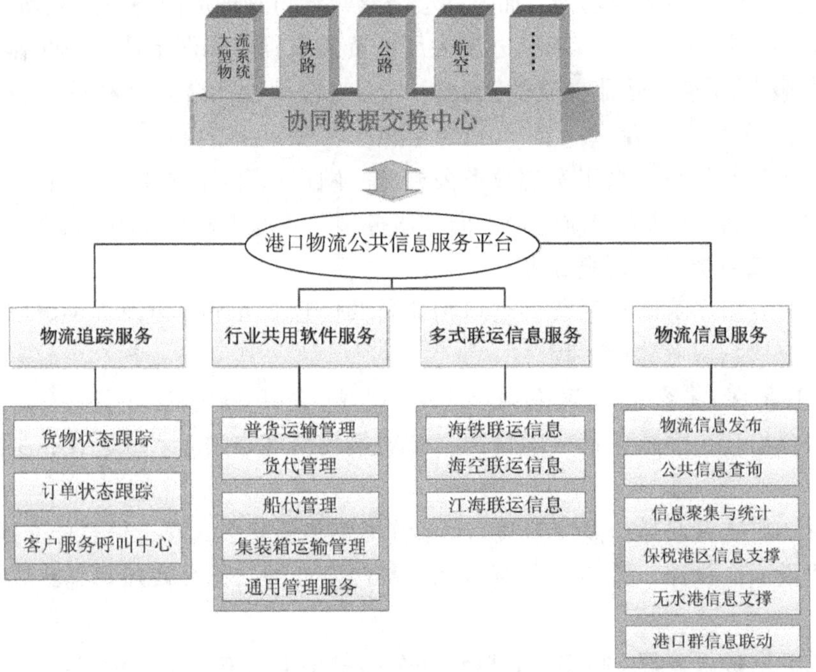

图7.22 港口物流公共信息服务平台

（1）物流追踪服务。运用物联网、全球定位系统、电子地图与电子海图等现代化技术手段，实现港口物流仓储、运输、配送、码头、堆场、代理、增值等各环节的信息连通，保障运输过程的“可视化跟踪、可预见性监管”。

（2）多式联运信息服务。以港口为中心的多式联运服务作为现代集疏运体系中的组成部分，对简化货运手续、降低货物转运成本、提高运输效率具有重要作用，汇聚港航资源，提升对外的辐射力和影响力水平。

利用港航数据中心提供的数据支持，存储辖区内相关的多式联运信息，整合港口物流与水路、铁路、公路、航空等信息资源，并向相关方提供多种运输方式无缝集成的多式联运信息查询服务，提升物流信息服务水平。

（3）行业共用软件服务。部分中小规模的港航物流企业由于受到规模、资金和技术实力等因素的限制，开发维护自己的企业管理信息系统具有很大难度。为提升这类企业的信息化应用水平，实现与行业内的信息共享，平台重点建设基于云技术的专业化行业共用软件，按照 SaaS（Software as a service）模式提供互联网远程托管、低成本按需租用、可定制的物流管理软件服务。

（4）物流信息服务。作为面向港航企业和社会公众提供物流服务供需信息交换服务的第三方平台，港口物流公共信息服务平台通过建立会员单位认证机制，构建物流行业的诚信体系，保障物流信息发布的真实性、合法性和有效性。

因此，平台提供的物流信息服务包括物流信息发布、公共信息查询、信息采集与统计分析、无水港信息支撑、保税港区信息支撑等内容。

智慧港口建设采用了物联网技术、云计算关键技术，详见本书 1.7 节和 1.8 节，本文不再赘述。

第8章 数字航道建设

“路漫漫其修远兮，吾将上下而求索”——屈原

航道是水运的通路，也是水运的主体设施。电子数字技术使古老的航道焕发了青春，我国数字航道作为数字港航的重要组成部分正在快速发展。然而，数字航道的建设事业任重道远；面对数字航道的建设的艰巨性与复杂性，港航人正以“路漫漫其修远兮，吾将上下而求索”的精神，在探索中前进。

8.1 概述

8.1.1 数字航道的概念

数字航道是对航道空间区域、管理对象、管理活动的数字化表现。通过综合运用现代信息技术，开发、整合和应用各种信息资源，实现航道业务流程、动态监测和辅助决策的数字化、网络化、智能化，为政府、企业、公众提供高效的航道信息服务。

1. 数字航道的含义

（1）航道信息资源数字化。通过建立数字化模型，实现水文数据、河床数据、航道尺度、航标及其他助航设施等信息的自动化采集、分析、处理，是数字航道的基础信息支撑。

（2）航道管理与服务数字化。在航道信息资源数字化的基础上，借助交互式的信息发布网络平台，构建全方位、全天候的数字化、可视化的远程服务体系，实现航道维护、管理与信息服务的数字化。

2. 数字航道的主要特点

（1）航道的可视性。数字航道建立了反映航道真实状况的数字化可视模型，其影图可视性是数字航道的重要特征。

（2）信息的及时性。数字航道能及时采集航道数据，反映航道的真实变化，为管理者提供决策依据，向社会用户及时提供准确的信息。

（3）处理的融合性。数字航道能够对所涉及的多来源、多层次的数据信息资源实施融合处理。

（4）系统的开放性。数字航道能针对不同类别的业务应用，采用开放性架构实现资源共享。

（5）服务的多样性。数字航道能根据不同的服务对象和应用需求提供相应的信息服务方式和内容。

8.1.2 国内发展状况

为加强内河航道养护与管理，更好地促进内河水运发展，国家交通主管部门开展了数字航道建设的相关工作，长江干线、广东、广西、江苏等省（区）根据当地的需求陆续建成电子航道图、航标遥测遥控、船舶动态监控、水位自动测报、航道扫测、船闸监测等系统及相关配套设施。通过这些工作，初步研究了数字航道的基本概念、含义，明确了数字航道的发展方向，同时颁布了长江电子航道图的行业强制性标准《长江电子航道图制作规范》，为建立数字航道标准体系奠定了良好的基础。

长江“数字航道”建设走在我国同行的前面。长江航道局在全国航道系统率先提出了建设“数字航道”的战略构想，并从长江“数字航道”概念研究入手，经过一系列技术开发和试验，提出了长江数字航道的基本定义、体系架构以及建设思路。“十一五”以来，长江航运信息化建设和应用得到了蓬勃的发展。长江航道局建成了以光纤为骨干的连通长江干线的数字传输网络，开发了船舶管理、航道维护管理、船闸通航调度、政务办公自动化等一批应用系统，引入了VTS（船舶交通服务）、AIS（船舶自动识别系统）和CCTV（闭路电视）等现代化的安全监管手段，启动了数字航道、网上海事等综合性信息化系统的探索和应用。2008年，“长江南京至浏河口段数字航道与智能航运建设示范工程”顺利通过交通运输部组织的竣工验收并投入使用。该工程建设了覆盖长江慈湖口至浏河口369.5公里航道的航标遥测遥控系统、电子航道图系统、系统支撑平台、船舶动态监控系统、船舶导航系统等，首次构建起了长江数字航道的基本框架，开创了全国内河数字航道建设的先例，提高了长江航道维护的科技含量，实现了航道图数字化、航标监控实时化、信息服务网络化，大大降低了航道维护的劳动强度，有力促进了长江航道维护从劳动密集型向技术管理型的转变。在后期运行过程中创建了“长江航运在线”一体化应用体系，为航运综合信息资源的交换与共享提供了一个运行平台。南浏段数字航道建设是长江航道建设发展史上的一个里程碑，为下一步更大规模的建设积累了宝贵的技术成果和工程经验。

近年，长航局又提出了“数字长江”发展战略，随着长江“数字航道”建设的启动，长江航道信息化建设经历了一个快速的发展历程，在电子航道图建设、航道测量、信息基础设施建设等方面取得了一系列的成绩，已经初步具备由数字化向智能化转变的条件。为解决制约长江“智能航道”发展的全局性、系统性问题，进一步提高长江航道管理的能效，实现长江航道的管理和服务水平的大幅度提升，推动长江航道由传统服务型向主动服务型转变，使养护方式由劳动密集型向技术管理型转变，使管理手段由单纯行政管理向依法综合管理转变，长航局开始了对长江“智能航道”的研究和规划，这具有十分重要的意义。将更有效地集成信息资源，加强信息系统的协同配合，凝聚各方力量，推动长江航运信息化建设、应用和发展上一个新的台阶。

8.1.3 建设数字航道的意义

1. 有利于提高航道自然资源的利用效率

2010 年，全国内河航道通航里程 12.42 万公里，养护里程 10.22 万公里。《国务院关于加快长江等内河水运发展的意见》提出，到 2020 年，国家“两横一纵两网十八线”1.9 万公里内河高等级航道建成，全国内河水运货运量达到 30 亿吨以上。《交通运输“十二五”发展规划》明确提出，到 2015 年，内河高等级航道里程达到 1.3 万公里。水运发展速度将明显加快，在综合运输体系中的比较优势将进一步发挥。随着经济社会的发展，内河运输需求持续增加，大量的航道受自然条件、沿岸城镇分布、桥梁等因素影响，建设开发高等级航道难度越来越大。如何充分利用有限的航道资源，从单纯地通过航道整治的外延式发展拓展为提升综合服务能力的内涵式发展，已经成为我国内河水运繁忙地区面临的重要课题。数字航道就是依靠科技进步，在内河航道建设、维护管理和服务中应用现代信息手段，使航运企业生产组织更加高效，船舶航行更加有序，提高航道通过能力和航道资源利用效率。

2. 有利于改善通航环境，保障船舶安全

影响船舶航行安全的因素较多，其中航道滩险变化、航标异常等是引发水上交通事故的重要原因。数字航道改变了传统的信息发布模式，可及时提供准确的航道信息，便于航行船舶了解掌握并主动预防可能发生的搁浅、触礁、碰撞等水上交通事故。同时，数字航道能够将有关信息及时提供给安全监管部门，有利于合理组织水上交通，维护通航秩序，提高安全监管水平，保障船舶航行安全。

3. 有利于整合信息资源，提升服务能力

数字航道可有效地整合航道尺度、航标、水文等信息，实现航道系统内部的数据交换和信息共享，改变了原有的“信息孤岛”现象。同时通过建立统一的标准化的信息发布和交换平台，还可有效整合其他各类资源，扩展为集港口、海事等管理部门发布航运、通航等重要信息为一体的综合服务平台，提升水运行业的综合服务能力和服务质量。

4. 有利于促进内河水运管理现代化

随着航道等级逐步提高，通航需求不断扩大，与通航有关的设施建设逐渐增多，航道管理与养护的任务将更加艰巨。航道管理与养护工作要适应航道建设与发展以及水运现代化的需要，必须加快转变发展方式，提升航道畅通保障、公共服务、科技创新能力，着力加强航道管理，不断提升养护水平，大力推进航道信息化、数字化、智能化建设，提高航道信息的快速获取、处理和发布能力，提高快速反应能力和工作效率，提升服务水平，降低管理成本，推动航道服务由被动型向主动型转变，管理手段由传统型向智能型转变，养护方式由粗放式向精细化转变，为实现航道现代化打下坚实的基础。

8.2 总体方案

8.2.1 发展目标

数字航道建设的发展目标是：根据现代管理理论，运用先进的信息技术，对航道各种信息进行实时采集、量化分析和综合处理，实现航道信息数字化、航道监控实时化、航道服务信息化、航道管理科学化，最大限度地利用自然资源，挖掘航运潜能，提高航道通过能力，提升对外服务水平。

建设长江干线、西江航运干线、京杭运河等数字航道，加快内河电子航道图推广应用，是近期的工作重点。到2015年，实现沿海航道电子海图全覆盖，实现长江等主要内河干线航道电子航道图覆盖；实现长江干线、西江航运干线和沿海航道航标遥测遥控全覆盖，其他重要航道积极采用航标遥测遥控技术；加快航道管理与养护信息化建设，建设航道综合信息服务系统、船闸联合调度系统，逐步实现航道实时动态监测、联网便捷服务；完善航道信息发布机制，建立运转高效的信息发布平台，增强信息发布的及时性和准确性，满足经济社会发展对航道信息的需求，并积极开展智能航道研究和建设试点工作。

8.2.2 总体框架

1. 架构体系

数字航道的总体架构体系包括基础平台、业务应用系统和外部应用系统，具体结构如图8.1所示。

（1）基础平台。基础平台是支撑数字航道运行的一系列软硬件系统的总称，是数字航道的基础，负责实现数字航道各类数据的传输、存储和交换。基础平台包括网络平台、数据平台和信息交换平台。其中：

① 网络平台，包括整个建设范围内的通信网络、计算机等基础硬件设施和系统软件，是实现数据采集、传输与应用服务的物理载体。为确保系统安全，

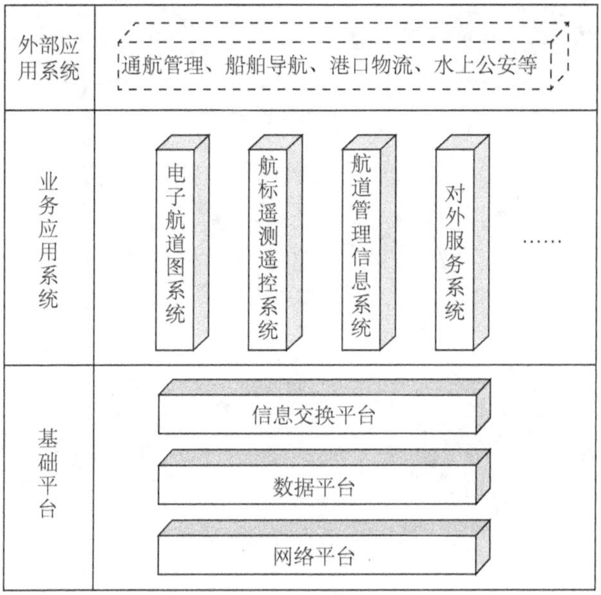

图 8.1 数字航道的总体架构

必须强化网络平台的安全策略，实施内外网隔离等安全措施。

② 数据平台，包括航道管理与养护工作中涉及的空间数据、属性数据和其他相关数据，是发挥数字航道作用的前提。根据数字航道的管理与实际需求，数字航道的数据库总体设计采用分布存储与集中存储相结合的设计方案。

③ 信息交换平台，负责沟通、协调各种应用系统对数据平台的访问。

鉴于基础平台所涉及的技术相对成熟，在建设过程中依据建设规模以及建设要求，结合建设环境，按照国家的相关标准规范实施。

（2）业务应用系统。业务应用系统是数字航道成功应用的关键，以网络平台，数据平台、信息交换平台为基础，实现航道管理的应用分析和决策支持功能。

业务应用系统主要包括电子航道图系统、航标遥测遥控系统、航道管理信息系统、船闸调度系统、自动水位站系统、航道及船闸视频监控系统、对外服务系统。对外服务系统是将电子航道图系统、航标遥测遥控系统、航道管理信息系统、船闸调度系统、自动水位站系统、航道及船闸视频监控系统等所产生的相关信息及时对外发布，为用户提供全面便捷的航道信息服务。各业务系统关系如图 8.2 所示。

鉴于我国内河航道管理体制存在一定的差异，可根据实际情况，对业务应用系统的组成和相应内容进行调整。

（3）外部应用系统。外部应用系统是利用数字航道系统预留的接口开展通航管理、船舶导航、港口物流、水上公安等相关业务系统建设，充分发挥数字

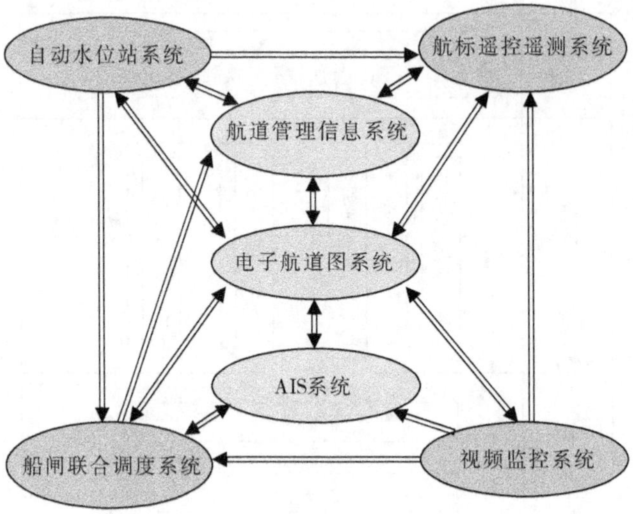

图 8.2　各业务系统关系

航道对内河水运管理能力与服务水平的提升作用。

2. 网络结构

数字航道系统将采用多个层次分级的树形网络拓扑结构，各层次网络结点之间通过有线或无线的方式连接成一个整体。网络节点一般由终端、中间站、中心站三个层次组成，通常由局域网或单台设备构成。可根据管理部门的管理模式，设置多级中间站，并赋予不同的分级管理权限。数字航道系统网络结构如图 8.3 所示。

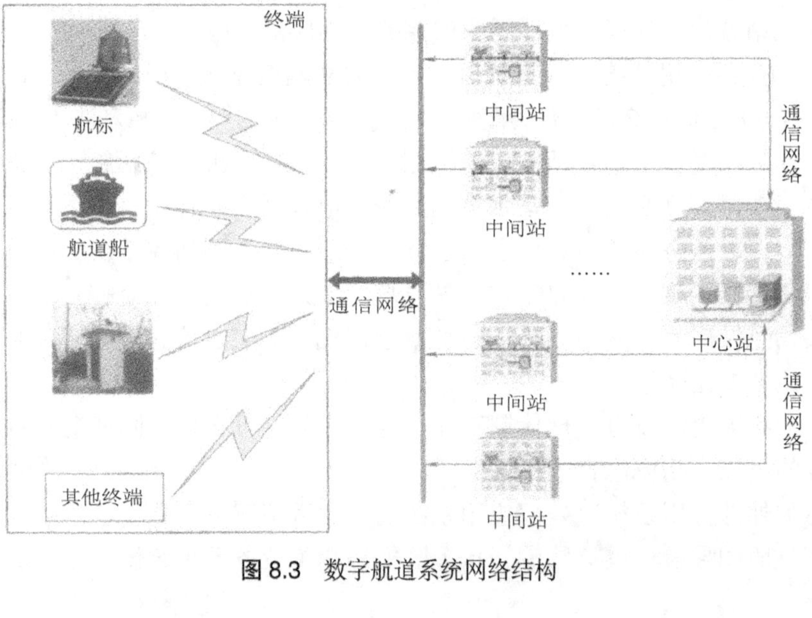

图 8.3　数字航道系统网络结构

8.2.3 建设原则

（1）系统规划与分步实施相结合的原则。数字航道系统建设要做好统筹规划，并根据建设需求、建设条件和建设投资，分步实施。

（2）先进性与实用性相结合原则。既要考虑技术的先进性，同时也应充分考虑技术的实用性、适用性和成熟度。

（3）安全性与开放性相结合的原则。

（4）标准化与兼容性相结合的原则。

8.2.4 建设的主要任务

（1）网络平台：建设中心站、中间站和终端各网络节点的局域网，各级网络节点间的通信网络，配备主机系统、系统支持软件及终端设备。

（2）数据平台（数据库）：建设涵盖航道动静态信息及相关基本要素信息的数字航道数据库。

（3）信息交换平台：配备信息交换的平台软件，建设各类数据接口与数据维护、查询通道，建立访问及并发访问协调机制。

（4）电子航道图系统：利用电子海图的核心技术，遵循相关国际标准的原则和国内相关技术标准规范，有机地融入大量的内河航道要素，从原始数据的采集、处理、编辑、审核、保护与发布全过程着手，形成具有内河航道特色的电子航道图体系。

（5）航标遥测遥控系统：采用 GPS、GIS、RS（3S）等先进技术实现对航标动态信息的远程监控和状态控制，及时发现航标异常并进行维护。

（6）航道管理信息系统：依据航道维护管理业务流程，建设航道日常维护与管理的应用系统以及与航道管理有关的其他业务应用系统，为航道管理提供决策支持，如航标信息业务管理、航道测量信息管理等。

（7）船闸调度系统：以提升船闸枢纽通过能力，解决船闸滞航、堵航问题为目的，从整体上综合分析航运特点，重点考虑各船闸的调度问题。通过整体优化，建立航道全线多级船闸联合调度系统，实现多级船闸链的联合调度。系统具备航行计划申报、过闸自动申报、闸室自动排挡、动态调度、船只实时监测、应急调度指挥以及相关统计报表等功能。

（8）自动水位站系统：建立覆盖整个通航水域的自动水位站管理系统，实现对水位站的运行设备的实时监控，管理人员可以定时或随时了解各水位站的实时水情信息，从而有效保障水情信息的收集和传输，为航道的日常维护管理奠定基础。

（9）航道及船闸视频监控系统：通过建设涵盖重点航段、船闸的视频监控系统，对数字航道各系统增添一个天眼。实现管理单位、航运企业视频远程共享，便于其及时了解船舶航行、船闸通航、应急事件处理等现场情况，为处理突发事件、把握宏观航运状态，提供直观、真实的资料，对于航道维护、航道及船闸行政管理等起到有力的支撑作用。

（10）对外服务系统：利用现代网络信息技术，建设搜集整理各类业务应用系统数据的功能模块，构建与外界互通互联的服务平台，对外发布最新电子航道图数据、航道尺度、航标动态，以及航道管理的相关政策、法律、法规，为社会公众提供及时便捷的服务。

8.2.5 保障措施

建设数字航道除了遵循基本建设程序和信息系统工程建设要求以外，还应注意以下问题：

（1）坚持系统用户全程参与工程建设。一方面保证系统建设与实际业务需求的契合度，另一方面可以将人员培训贯穿于整个工程建设全过程，最大限度地缩短人员培训时间，提高培训质量，发挥建设效益。

（2）细化前期调研，加强建设现场环境（如无线通信、有线网络等）测试。掌握第一手资料，为工程合理设计和顺利建设奠定基础。

（3）加强非成熟产品的中期检测和后期测试，推行局部上线测试再全面安装的施工工序，保证系统的稳定性和可靠性。

（4）实行第三方检测机制。根据工程建设需要，建议委托专业权威部门对有关设备和应用软件进行第三方测试，确保建设工程质量。

（5）工程建设应采用动态管理模式。数字航道工程建设周期较长，应跟踪先进技术和业务动态，不断细化和优化工程措施，确保工程建设效果。

8.2.6 智能航道展望

智能航道是升级版的数字航道，其显著特点就是航道资源的物联化，航道信息的互联化，以及航道管理服务的智能化。智能航道是智能航运的组成部分，智能航道又是智能运输系统（简称 ITS）的组成部分。

智能运输系统是将先进的信息技术、计算机技术、数据通信技术、传感器技术、电子控制技术、自动控制理论、运筹学、人工智能等有效地综合运用于交通运输和服务控制，从而形成一种定时、准确、高效的综合运输系统，其发展架构如图 8.4 所示。

数字航道建设是智能航道的发展基础，而智能航道则是航道数字化的高级发展阶段，是从更高层次指导航道信息化的发展。智能航道总架构如图 8.5 所示。

图 8.4 智能航道发展架构

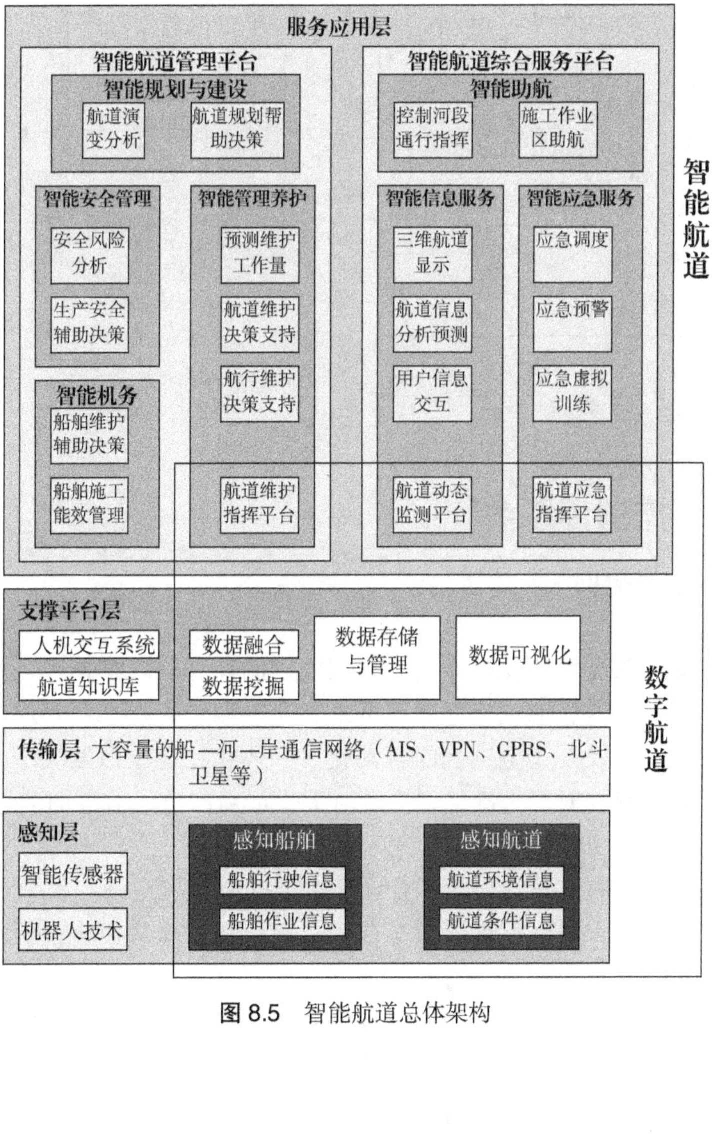

图 8.5 智能航道总体架构

智能航道物理架构与数据流如图 8.6 所示

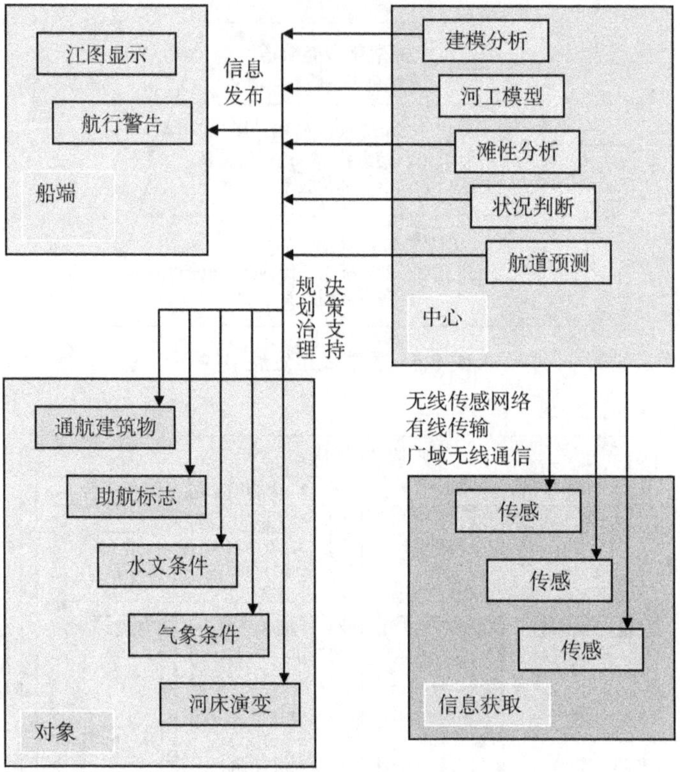

图 8.6　智能航道物理架构与数据流

8.3　电子航道图系统

8.3.1　目标与功能

1. 目标

电子航道图系统的建设目标是：利用先进的计算机网络技术、数据通信技术、数据库管理技术和地理信息处理技术，实现测量数据采集管理、电子航道图生成、数据保护及发布全过程的自动化、一体化，建设覆盖航道全线，统一标准的电子航道图数据，为各类用户及时提供最新的电子航道图信息。

具体目标为：

（1）实现纸质航道图转化为符合国际标准的电子航道图。

（2）实现数据采集、航道图编辑改正、航道图发布应用全过程的电子化和部分自动化。

（3）提供的电子航道图产品应标准化和具有权威性，能适应国际远洋和内河的船舶，适合推广，并能规范电子航道图生产应用混乱的情况。

（4）电子航道图应能及时更新，适应航道变化的实情，更好地保障航行安全。

（5）电子航道图的发布应用对象包含各级航道管理机构和其他应用终端，考虑电子航道图数据的安全性要求，发布方式应灵活方便。

（6）电子航道图生产采用“集中存储、集中处理、分发应用”模式，统一标准收集、整理、处理数据，在同一服务器存储数据，并进行标准化的电子航道图生产，各终端下载电子航道图成果使用。

2. 功能

电子航道图系统主要功能包括测量数据的采集管理、电子航道图生成、电子航道图发布以及为基于电子航道图的其他应用系统提供航道基础信息数据。

（1）航道数据采集管理：负责完成电子航道图所需陆域和水域相关数据的采集、预处理和传输。

（2）电子航道图生成：将预处理后的数据转换为电子航道图生产数据，通过编辑生成电子航道图产品数据，审核维护和存储后输出生成符合标准的电子航道图数据文件及其改正文件。

（3）电子航道图发布：根据功能要求和权限，可对内、对外发布经过审核并安全认证的电子航道图。

8.3.2 主要考虑因素

（1）电子航道图系统的建设应充分考虑航道管理模式，建立与之相适应的电子航道图分级管理系统。

（2）鉴于数据来源的多渠道和多样化，要充分考虑对各类数据格式的兼容性，保证数据交换和信息共享。

（3）在充分保证网络安全的基础上，系统应具备完善的权限控制机制、良好的稳定性和快速的数据传输和访问性能。

（4）应充分考虑原始数据在转换成电子航道图成品数据时的精度损失和数据丢失等，且应具有良好的数据更新能力和手段。

（5）应与其他业务系统数据进行深层交换应用，与内河航道特点相适应，并有开发应用的能力。

8.3.3 运行流程

电子航道图系统的运行流程可以概括为：数据采集、数据处理及航道图编辑、航道图审核、航道图发布、航道图应用，其流程如图 8.7 所示。

图 8.7 电子航道图系统运行流程

（1）数据采集：收集并整理电子航道图所需描述的制图要素，通过预处理使之满足电子航道图编辑所需的数据格式。

（2）数据处理及航道图编辑：遵循相关国际标准的原则和国内有关技术标准规范，以友好的界面、人际化的操作方式对数据要素进行处理，使之符合物标分类及其属性定义后加入到电子航道图源数据库，通过电子航道图编辑直接从电子航道图源数据库中根据图廓自动选取制图物标数据，再进行人机交互编辑。

（3）航道图审核：遵循相关航道图检验标准要求，检验编辑完成的电子航道图的规范性、逻辑性、完整性、准确性，确保电子航道图数据质量。

（4）航道图发布：保护电子航道图对外服务的知识产权和安全，定义、规定电子航道图对外服务形式和管理规范，确保数据安全。

（5）航道图应用：用户根据自身管理和服务的需求，采用相应的电子航道图显示与控制平台实现对电子航道图数据的应用。支持的应用系统包括“航标遥测遥控系统”、“自动水位站系统”、“航道管理信息系统”等，它们通过内部网络或港航信息综合管理平台，随时获取最新的电子航道图及改正信息。电子航道图系统生产运行见表 8.1。

表 8.1 电子航道图系统生产运行表

电子航道图系统	生产任务管理	数据库初始化
		电子航道图生产目录管理
		电子航道图任务计划管理
	专题数据处理	数据库初始化
		测量工作管理
		专题数据处理
		测量资料收集与整理
		基础数据
	CAD 数据处理	数据转换
		数据检查编辑
		任务提交
		数据库清空
	电子航道图编辑	电子航道图显示与查询
		电子航道图数据合成
		电子航道图编辑改正
		电子航道图数据检验与校正
		电子航道图及其改正文件的输出

续表 8.1

电子航道图系统	电子航道图编辑	电子航道图版本维护
		水深点编辑及数据导入
		任意图幅裁剪
		电子航道图数据导入
		任务提交
	电子航道图审核	电子航道图审核
		电子航道图审核签批
		审核记录查询
		电子航道图显示控制
		电子航道图产品管理

8.3.4 技术方案

国际上，电子海图的制作、开发、设计和应用遵循 IHO S-57、IHO S-58、IHO S-52、IHO S-63 等标准、规范、方案。

国家交通运输部于 2009 年 12 月 23 日发布、2010 年 4 月 1 日实施的《长江电子航道图制作规范》（JT/T765-2009）是国内目前唯一的内河电子航道图制作标准，该标准适用于长江电子航道图制作、系统开发、设计和应用，其他内河航道图系统也可参照使用；一些开发应用电子航道图的省份，如广西也根据地域、管理实际，参照有关标准、规范制定内河电子航道图制作标准。

在符合我国相关地理信息标准的前提下，结合有关标准、规范、方案，融合内河航道元素，提出电子航道图系统技术方案如下，其技术框架如图 8.8 所示。

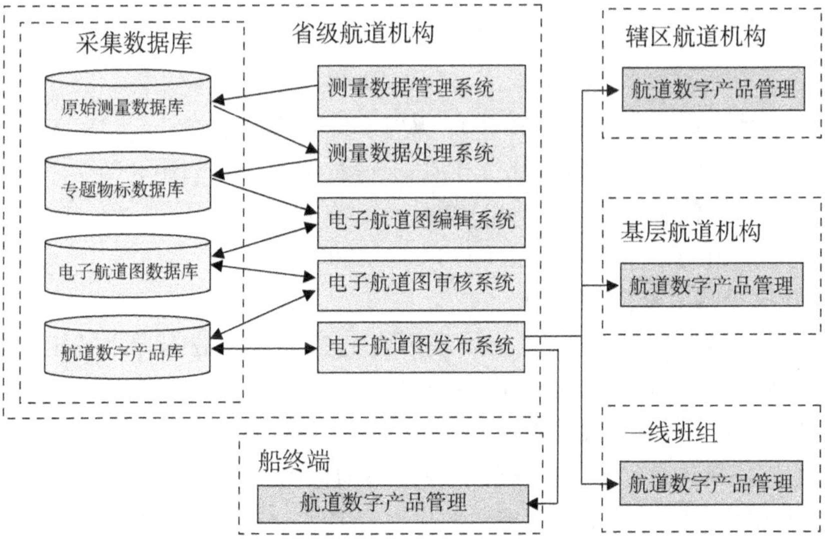

图 8.8 电子航道图系统技术方案框架

1. **数据采集**

在电子航道图制作之前，要搜集制作电子航道图需要的相关信息。

（1）原始数据采集：

① 按照S-57标准中的分类方法和原则，并考虑到内河航道的元素特点，搜集和整理内河航道中各类物标的空间数据和属性数据。

② 根据数据类型不同，原始数据搜集的方式也不同。可通过水利部门、测绘部门等有关单位获取，也可通过控制测量、水上水下地形测量、施工测量、变形测量及制图等方面获取。

③ 平面控制测量主要采用导线测量、三角（边）测量和边角同测法、电磁波测距和GPS测量等；水上水下地形测量定位通常采用极坐标法、交会法和GPS测量法；水下障碍物采用加密水深测量、多波束系统扫测、软硬式扫床等。

（2）数据预处理内容及要求。数据预处理主要是将采集到的原始数据按一定格式要求整理成电子航道图需要的数字形式（即各类专题数据），各类专题数据必须能准确描述物标的空间属性和特征属性。

（3）依据标准与规范：

• 中华人民共和国测绘法（2002年8月29日中华人民共和国主席令第75号）。

• 中华人民共和国测量标志保护条例（1996年9月4日中华人民共和国国务院令第203号）。

• 工程测量规范（GB 50026-93）。

• 海道测量规范（GB/T 18314-2001）。

• 全球定位系统（GPS）测量规范（GB/T 18314-2001）。

• 国家三角测量规范（GB/T 17942-2000）。

• 国家三、四等水准测量规范（GB 12898-91）。

• 数字地形图系列和基本要求（GB/T 18315-2001）。

• 数字测绘产品检查验收规定和质量评定（GB/T l8316-2001）。

• 水运工程测量规范（JTJ 203-2001）。

• 内河航道与港口水文规范（JTJ 214-2000）。

2. **数据处理及航道图编辑**

（1）数据导入和合成。将预处理形成的各类专题数据导入特定的数据容器，然后将其中各类分散的数据源进行融合，转化为数据编辑所需的统一接口数据。同时对合成后的数据格式、规范性及完整性进行入库检查。检查内容主要包括：拓扑转化过程中的闭合性、空间与物标的关联性、复合物标的关联性。

在此过程中数据容器的体现形式可以是基于文件的管理机制，可以是基于关系数据库的索引存储机制，还可以是基于空间数据库的索引存储机制，不同的形式取决于数据复杂度以及数据的量级。

（2）电子航道图的编辑。电子航道图的编辑是按照物标分类以及属性定义对电子航道图合成数据进行人机交互式编辑。主要实现对不同类型物标的点、线、面的空间及属性的任意增减、修改，以及对电子航道图查看及数据恢复和整理等。当电子航道图编辑完成以后，即可保存为符合相关标准和规范的电子航道图标准数据集（ENC文件），并存储到数字产品库中。

电子航道图数据维护与更新机制：当航道要素发生局部变化时，可通过编辑功能进行修改，并将改正信息进行有效存储，为生成相关标准的电子航道图改正记录集（ER文件）提供数据源。

需要说明的是，虽然颁布实施的《长江电子航道图制作规范》有显示准则（JT/T765.3-2009），但也只适用于长江，对其他内河并未强制执行，可以说目前国内还没有完全统一的内河电子航道图显示规范，在生产电子航道图时，既可参照《长江电子航道图制作规范》，也可参照IHO S-52表示库的制作过程，并在此基础上增加内河特有的符号，形成内河相对完整的符号库。

（3）依据标准与规范：

- 电子海图显示与信息系统（ECDIS）性能标准（IMO A.817（19））。
- 数字化水道测量数据传输标准（IHO S-57）。
- ECDIS电子海图内容及显示规范（IHO S-52）。
- 推荐的电子海图确认检查（IHO S-58）。
- 电子海图数据保护方案（IHO S-63）。
- 水运工程测量规范（JTJ 203-2001）。
- 1∶500、1∶1000、1∶2000地形图数字化规范（GB/T 17160）。
- 内河助航标志（GB 5863-93）。
- 内河助航标志的主要外形尺寸（GB 5864-93）。
- 测绘技术设计规定（ZBA 75001-89）。
- 海图图式（GB 12317-90）。

3. 航道图审核

（1）按照相关数据检验标准进行数据检验，检验内容主要包括产品规范、物标几何规范、物标特征规范、物标几何冗余、物标空间冗余等。

（2）电子航道图审核方法包括分区域检查、分类检查以及整体对照三种方法。电子航道图审核人机工作界面如图8.9和图8.10所示。

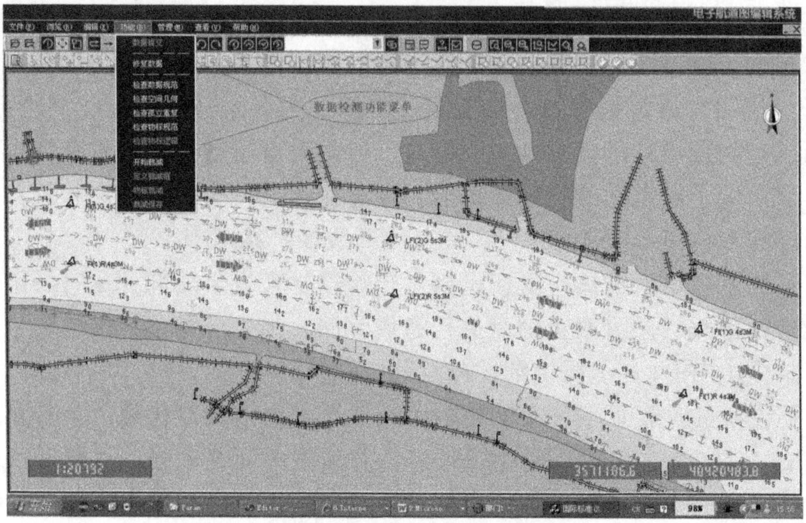

图 8.9 电子航道图审核人机工作界面（1）

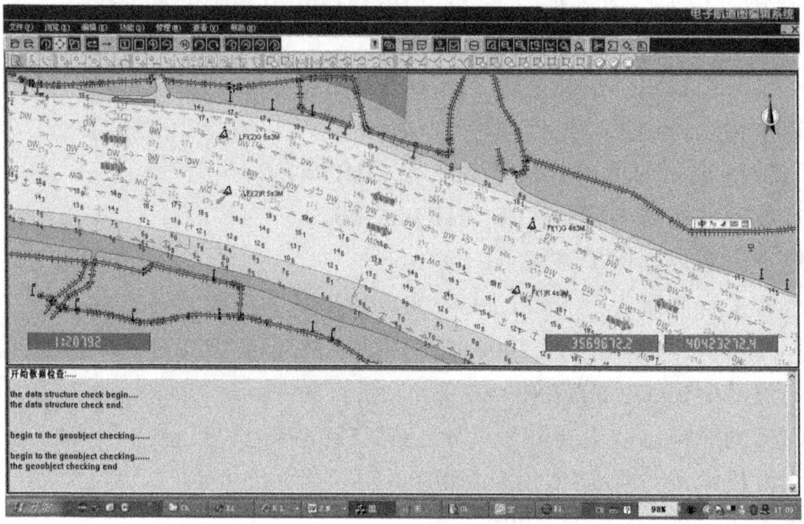

图 8.10 电子航道图审核人机工作界面（2）

① 分区域检查。对航道图进行区域划分（通常按照网格线分区），并分区域对航道图进行检查。这种方法的优点是比较全面、细致、准确，缺点是对审核人员要求比较高，必须对待审核的航道图相当熟悉。

② 分类检查。按照物标类别对电子航道图进行质量检查。分类检查的优点是对于每一类物标的共通属性能全部清查，不会遗漏，并且速度快，缺点是无法检验非共通的属性（如自定义物标）。要进行非共通属性的检查，电子航道图检验平台要有分类选择的功能，能够将电子航道图中所有物标按照不同的几何图元、不同的属性、不同的数据来源、不同的状态等进行筛选和排序。

③ 整体对照。一般采用同范围、同比例尺下的位图与电子航道图对照，快速检查数据要素的完整性，以及整体数据精度。优点是能很直观地显现水域要素是否整体完整，缺点在于不能直接清晰地对单个物标进行准确性检查。

4. 航道图发布

（1）电子航道图的保护。目前，长江对电子航道图的保护是采用 JT/T765.3-2009 保护规范实现的，国际上对电子海图的保护是采用 IHO S-63 保护方案实现的，因此，在进行电子航道图数据保护时，既可以参照《长江电子航道图制作规范》的数据保护规范，也可以参照 IHO S-63 保护方案来建立电子航道图数据保护体系。

①IHO S-63 保护方案中规定了四个组成部分：系统管理员、数据服务商、设备制造商和用户。其中，系统管理员、数据服务商和设备制造商之间通过协议规定各自的职责和权利，用户通过设备制造商购买 ECDIS 平台数据及单元权证，实现数据的最终解密和使用。

②JT/T765.5-2009 数据保护方案规定了四类参与者：系统管理员、数据服务商、设备制造商和数据用户。其中，由系统管理员为设备制造商分配制造商标识符和密钥并将信息提供给数据服务商，用户分别购买设备和数据，由设备制造商为数据用户提供用户许可证，由数据服务商向用户发送单元许可证，用户利用自己的用户许可证对单元许可证解密，最终实现数据的解密和使用。

（2）电子航道图的发布。电子航道图产品的发布方式主要包括对内发布和对外发布。

① 对内发布对象主要是内部用户，通常使用非加密数据。

② 对外发布对象主要是社会用户（外部用户），通常使用加密数据，通过对外服务系统对外发布。

5. 航道图应用

系统输出的电子航道图数据能够作为符合相关标准的电子航道图显示与控制平台的基础数据源。用户通过平台的显示与控制功能，能够实现电子航道图数据的显示和查询，并支撑该平台根据业务需求而开发的其他应用功能。

8.3.5 发展方向

1. 开展数据批量处理、转换研究

目前，航道数据更新就只有航道测量，绘制 CAD 图，再转换成空间数据这一方式，导致数据更新成本高，更新周期长。为了满足电子航道图的制作和更新的及时性要求，开展数据批量处理、转换的研究是非常必要的，包括：测量原始数据的批量处理研究、不同格式原始资料的批量转换研究、自动生成电子航道图研究等。

2. 与其他子系统数据无缝接口研究

为充分发挥电子航道图的航道维护管理和辅助船舶航行需要等对外服务，应开展电子航道图与其他子系统数据的无缝接口的研究，主要包括：与航道管理信息系统、航标遥控遥测系统、自动水位站系统、船闸联合调度系统、视频监控系统和AIS系统数据的无缝接口研究，以及数据库之间的相互连接、调用和应用。

3. 完善技术标准

电子航道图是电子海图在内河的发展和延伸，它延续了电子海图的各项标准，但在实际使用中又有着自己独特的地方。相对于海上，内河航道具有以下几方面的特点：水位变幅大，没有规律；航标异动频繁；临跨河建筑物多，直接影响通航；绘图基面不一；航道演变剧烈，航槽变化快；河床演变复杂，山区、库区、卵石、砂质等各种河段规律不同。

4. 开展应用管理研究

电子航道图通过系统处理和分析后提供直接使用的数字地图，通过提取空间数据库的航道空间数据，处理之后输出数字航道图，可显示和查询水深点、滩险、礁石、助航标志、所有临河和跨河建筑、沿河地质情况、植被等与航道相关的地物的地理数据。因此，今后应该开展如何在航道维护管理和对外服务中的应用研究，主要包括：

（1）航道养护管理应用：

① 航道发展规划是综合性的规划，必须结合水利水电、城市建设以及铁路、公路、水运发展规划和国家批准的水资源综合规划制定。利用发展预测模型，分析近几年水运量的增长情况和河流变化情况，用移动平均数法、指数平滑法、趋势分析法和回归分析等数学方法计算出未来某一时段的水运量和河流变化相关的数值，再结合水利水电、城市建设以及铁路、公路、水运发展规划和国家批准的水资源综合规划来制定航道建设规划中航道尺度、航标设置、航道整治工程的事项。

② 码头规划建设辅助选址是GIS的一个重要功能。位置选择是指按照规定的标准，通过空间分析的方法，确定厂址、电站、管线，或者交通路线的最佳位置或路径，航标配布设置也可以通过这一途径实现。码头港口的建设选址，是综合性更强的分析查询，要将交通建设、城市建设、经济发展、环境保护等因素进行综合分析，统筹规划。建立位置选择模型一般分为数据准备阶段（选址的要求，选择影响因子、相关数据变量）、综合分析阶段（按工程和经济可行性要求，建立选址条件、综合评价的标准和算法）和选址分析阶段（实施位置的选择，并对结果进行分析评价）。

③ 航道整治工程、航道水深探测和扫床是对船舶行驶的航道的主要维护

内容，是保证航道尺度达到航道等级要求的主要手段。航道整治工程可以利用GIS系统分析出不满足要求的航段，确定整治的范围及工程量，同时在施工过程中船舶安装了GIS数字航道图显示设备，能为施工船舶精确定位，明确工程进度。同样在航道水深探测和扫床时也能帮船舶确定探测和扫床范围，精确扫床艇定位，迅速定位航道浅点，并清除，保证航道畅通。

（2）航标维护管理方面的应用：

①航标配布是航道维护管理中的重要内容，是根据江、河、湖泊、水库的具体航行条件，简单明了地指出安全、经济而又便于船舶航行的航道。配布航标应注意岸标与浮标之间的有效结合，使每一座标志发挥最大作用。航标设置的位置确定，可以通过GIS分析查询模型快捷实现。空间数据库中的地理空间数据记录着每一个地物准确的数字描述，分析查询模型可以提取数据库的航标相关空间数据供航标选址分析查询，输入查询条件（航标设置的最小最大距离、设置航标的高程、设标要求的地质情况、水流方向和流速等），就可以选择抽取符合条件的数据，确定符合航标设置条件的精确地理坐标。

②GIS结合GPS（全球定位系统）的应用，称为“2S”系统。利用GPS终端设备读取航标运行状况的相关数据，通过无线传送数据，数据最终到达并存储至GIS系统服务器数据库，之后将航标GPS终端设备发回的数据在电子航道图中进行显示，这就能现实对航标工作状态的实时监控。

（3）航道行政管理应用。临河构筑物可以通过显示系统进行相关信息、数据查询，申请新建的临河构筑物，通过GIS系统分析航道信息、其他相近构筑物信息和构筑物所在河岸的地质信息，核定该临河构筑物的合理性与可行性。对采砂、挖砂行为的监控管理，可以先应用GIS系统分析航道中的流沙数据，确定出含沙量较高、采砂行为容易对航道造成破坏的河段，进行重点监管，有效保护航道不被破坏。

（4）船舶监控与导航应用。结合GPS还可以应用于船舶监控与导航，航道中行驶的船舶装有GPS定位功能的船舶终端，能实现对航行船舶的导航和实时监控功能，通过数字航道图的显示还可以查看指定船舶的航行轨迹，对海事部门提高工作效率有极大的辅助作用。航道维护管理中，航道站的日常航道航标维护工作，也可以通过在航标船上安装GPS终端，在数字航道图上查询航标船的航行轨迹来监督、检查航道站工作情况。在船舶上安装有无线网络的数字航道图显示装置，就能实时了解船舶在航道中的航行情况和航道水深等信息，为船舶的安全航行起到导航作用。

（5）水位预测应用。建立发展预测模型，发展预测是运用已有的存储河流水文数据和GIS系统提供的手段，对水情进行科学的数量分析，探索在一段时间内水位可能的发展趋势，并对水位情况做出评估和预报。

5. 开展与数学模型和河工物理模型衔接的研究

根据“智能航道”的概念，航道的智能化，除了需要实现全面感知外，还需要进行深度融合。即：整合信息资源，实现海量数据处理、智能数据分析，提升信息资源的深度开发与综合利用水平，促进信息技术与航道管理及服务的深度融合，因此，开展与数学模型和河工物理模型衔接的研究是智能航道的重要组成部分。

根据不同区域航道条件和通航环境的实际情况，相对于电子航道图的应用至少需要开展：重点滩险段数学模型和河工物理模型研究，库区航段数学模型研究和枢纽下游近坝段航道数学模型及河工物理模型研究等。

8.4 航标遥测遥控系统

8.4.1 目标与功能

1. 目标

航标遥测遥控系统的建设目标是：采用计算机网络技术、通信技术、3S 技术等，实现航标灯信息的实时采集和动态监控，实施对航标的信息化管理和维护，提高航标管理的效率和质量。

具体目标为：根据不同用户权限，为基层航道管理机构管理人员、一线工作人员提供辖区航道航标的实时状态和数据，实现实时报警和查询功能，为日常巡标维护提供指导和帮助，减少巡标次数，减轻劳动强度，提前预警和实时报警，提高维护质量。为区域航道管理机构提供航标实时信息和报警信息，实现遥控查询、统计分析，使航标管理维护工作走上信息化、智能化的道路。为省级航道管理机构提供电子航道及航标实时信息和历史信息，提供远程查询功能和统计分析报表，实现数字航道建设促进提高管理水平的目标。

2. 功能

航标遥测遥控系统应具备航标的工作数据远程测报、工作状态远程控制、工况异常报警以及有关技术、管理参数数据设置等应用功能，包括：航标位移的自动监测、航标灯工作情况的自动监控、航标附属设备工作情况的自动监测、航标的网络化分级管理与决策分析。

8.4.2 主要考虑因素

（1）应充分考虑航标遥测遥控系统的开放性、标准化，以满足信息交互的需要。

（2）应充分考虑航标信息的可靠性和准确性，防止错误判断。

（3）应充分考虑系统的安全性。通过认证体系、授权体系、数据保密机制等提高系统的安全性。

（4）应充分考虑航标遥测遥控系统的可扩展性。

（5）应充分考虑终端设备对环境的适应性。

8.4.3 运行流程

航标遥测遥控系统的运行流程为：航标信息的采集、处理与存储，航标的遥测与遥控，航标信息管理。

运行流程框图如图 8.11 所示。

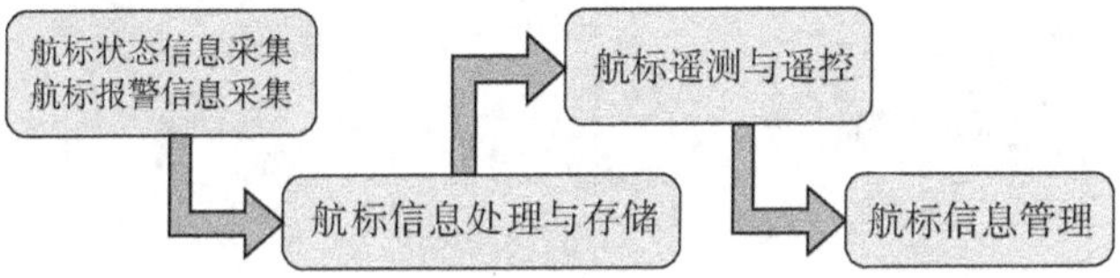

图 8.11 航标遥测遥控系统运行流程框图

运行流程框图各功能模块说明如下：

（1）航标信息采集、处理与存储：由航标遥测遥控终端对航标信息（航标的主要参数）进行采集，同时终端对采集的信息进行处理和存储，为航标数据的上报和终端自身运算提供数据源。

（2）航标的遥测与遥控：中心或中间站上位机（中心或中间站监控中心计算机）发送遥测指令并接收终端上传的遥测数据完成遥测操作。同时通过发送遥控指令对航标进行遥控操作。

（3）航标信息管理：由后台计算机（中心或中间站监控中心计算机）对航标信息进行处理并按业务或专题对航标信息进行后台管理。

8.4.4 技术方案

航标遥测遥控系统由航标遥测遥控终端、无线通信链路和监控中心等三部分组成。

（1）航标遥测遥控终端安装在每座航标上，自动采集、存储并通过 GPRS/GSM 方式定时（或响应遥测指令立即）发送航标状态信息（其中浮标还包括当前标位信息）；当发生报警条件时，可自动报警；响应遥控指令及远程设置，控制、改变航标工作状态或恢复正常工作状态。

（2）无线通信链路负责将终端数据传送到监控中心，将监控中心指令发送到终端。

（3）监控中心显示采集的航标状态信息，管理人员对数据进行决策分析，向一线工作人员下达维修指令和向本级机构提出工作建议。

航标遥测遥控系统组成如图 8.12 所示。

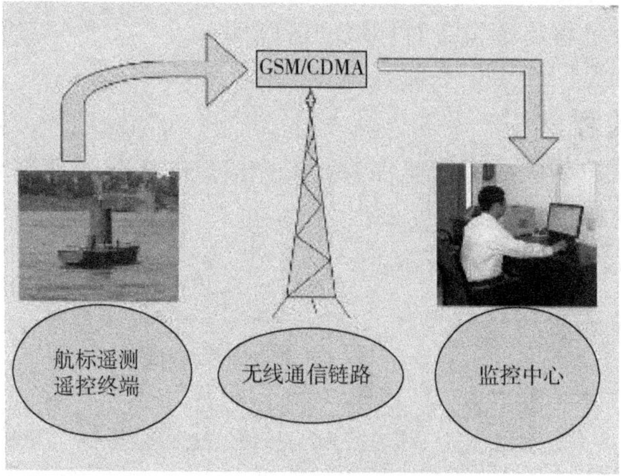

图 8.12 航标遥测遥控系统组成

1. 航标信息采集、处理与存储

通过安装在终端的传感器和 GPS 模块、通信模块、嵌入式系统共同完成航标灯器、太阳能电池、蓄电池、遥测遥控终端（RTU）自身、光线条件等信息（参数）的采集，终端的嵌入式系统对采集的航标信息进行加工、处理并存储到 RTU 存储器中。

（1）信息采集：需要采集的主要信息有遥测遥控终端自身的运行状态、蓄电池电流与电压、太阳能板电流与电压航标灯 LED 电流及电压、灯器的环境温度、GPS 定位、灯质、光照度等信息。

（2）信息处理：遥测遥控终端（RTU）采集的信息可能会存在误差，或者采集的数据需要进行转换、调整和匹配等，需对这些信息进行处理，只有经过处理后的信息才能使用，处理过程由遥测遥控终端（RTU）中的嵌入式系统实现。例如，GPS 定位信息需要进行处理，首先获取 GPS 差分信号、计算遥测遥控终端的偏移量、自动进行高程调整，并经过系统匹配以后形成相对准确的定位信息。

（3）信息存储：采集的航标信息在上传的同时也直接存储到 RTU 的存储器中。

2. 航标的遥测与遥控

中间站对远程终端的遥测遥控操作分为查询、控制和设置三种，即终端的状态查询、参数设置（包括电压、电流、漂移报警距离等）、控制操作（如强制航标灯开关等）。

中间站与远程终端之间的“对话”是遥测遥控操作重要环节，也就是说中间站与远程终端之间通信非常重要。依照航标遥测遥控系统的特殊性和使用要求，需要采用下述关键措施来保障通信质量、实时性、可靠性、有效性等。

（1）中间站对终端遥测遥控操作通信：中间站对终端需建立一对一的通信链接来保证通信的正确性和唯一性。同时在通信链接过程中，需要解决信息传输的及时性问题。

（2）终端对中间站遥报操作的通信：终端上报数据给中间站时可以采用并发通信机制，保证通信链接建立的可靠性。采用主、从通道通信链接建立方式，如终端给中间站上报时则首先会通过 GPRS 进行通信，如果登录多次（如 6 次）GPRS 仍然有问题，系统自动以短消息的方式发送给中心站和中间站。如果某个地方长期 GPRS 信号不稳定，系统可让用户设置该终端的主要通信模式为 GSM。

（3）后台处理程序：可通过后台处理程序提高数据传输的有效性，如监听串口、端口监听、数据加密、数据校验等处理提高通信的有效性。

3. 航标信息管理

航标信息管理是按业务或专题对航标进行管理，通常可在后台中心或中间站的计算机系统上建立航标管理信息系统应用软件来完成。

（1）采用 C/S 和 B/S 相结合模式。目前，国内外信息系统的实现方案主流采用 C/S（Client/Server，客户机 / 服务器结构）和 B/S（Browser/Server，浏览器 / 服务器结构）相结合的实现方案。航标遥测遥控系统的信息管理系统应用软件采用 C/S 和 B/S 相结合主流模式，并以 C/S 模式为主，完成系统的主要功能，B/S 模式为辅，实现中心和中间站的航标信息管理等业务操作。

①C/S 部分的航标信息管理功能主要包括：显示、查询、打印、数据统计与分析、决策支持分析、系统报警、管理权限设置、系统日志、安全与备份、地图处理等。

②B/S 部分的航标信息管理功能主要包括：电子航道图显示、统计查询、打印报表、统计分析、决策分析。

（2）航标信息管理功能模块：

① 主要功能模块。航标信息管理的主要功能模块（C/S 部分）描述如下：

• 显示、查询、打印。各终端的位置和参数信息是基于图形化界面显示的，该系统充分利用地理信息系统平台的优势，实现了基于 Web 方式的显示、查询和打印功能。

• 数据统计与分析。对航标信息以及遥测遥控终端的数据进行统计与分析处理。根据系统的应用需求进行数据统计，如求和、求均值和极值等计算。系统可为用户提供按时间、新闻、设备与类别等方面进行相关统计的数据，同时可按专题图（其中专题图类型可分为柱形图、饼形图、折线图等）的方式来输出统计结果，统计结果也可按表格方式或图形方式输出。在统计结果的基础上对航标运行状况、使用情况和航标属性等方面进行一些基本分析。

• 决策支持分析。系统还可为中心站或中间站提供决策支持分析功能，如针对遥测遥控系统稳定性航标位置变化规律以及用户访问群组、时间、次数等专题进行数据统计与分析并形成决策。

• 系统报警。系统应能根据事先设定的属性判断自身是否出现故障，若有故障发生则系统会及时自动报警。系统故障可按轻重缓急程度分为一般故障、严重故障、紧急故障。故障的级别和故障判断标准可以由系统管理员来设定和调整。所有的报警都采取自动处理。主要故障有航标灯灯质故障、蓄电池电压欠压过压、太阳能电池故障、航标灯灯光不足（LED 灯）、航标位置漂移、航标遥测遥控终端硬件故障、航标被撞击、航标被盗等，以上故障出现时应能激发系统进行自动报警。

• 管理权限设置。系统既要存储原有电子航道图的地理数据，又要存储由各终端定期上报的遥测遥控终端参数，同时还将通过网络进行大部分数据更新维护，所以需要对管理权限进行限制以保障数据安全。

• 系统日志。根据需求应建立系统日志，如系统记录每个终端的故障信息、故障发生原因以及操作者身份，这些记录都是非常重要的。

• 安全与备份。须考虑系统的安全性，提高系统的稳定性，同时采取相应的备份措施，降低因系统数据破坏所造成的损失，避免整个系统瘫痪。

• 地图处理。地图处理可作为该系统一项功能。地图处理其自身就可以成为一个单独的体系，再加上用户在使用时往往会单独处理地图，而不是和业务系统混淆在一起的，应把地图数据的处理单独作为一个独立应用程序供用户使用，进行地图数据的编辑和处理。

② 辅助模块。航标信息管理的辅助模块（B/S 部分）描述如下：

• 电子航道图的显示。基于 Web 的电子航道图显示和管理。

• 统计查询。实现地图查询、遥测遥控终端查询、遥测遥控终端组合查询、遥测遥控终端在线查询、在线用户查询等功能。

• 打印报表。打印报表功能模块提供多种打印方式、电子航道图、打印报表和打印当前页面等。如打印当前范围电子航道图，打印选取范围。用户也可对打印方式及打印机进行设置。

• 统计分析。对航标信息进行统计、处理和分析。系统能够按任意组合查询条件进行统计，并可对数值型字段进行数值和、数值平均值、数值最大值、数值最小值等的多种处理。系统可以提供多种统计结果显示方式，如表格方式和专题图显示方式。

• 决策分析。系统应能提供多种基本的决策分析功能，如系统稳定性分析、航标位置变化分析、用户访问信息分析等，分析结果形成时态变化曲线等来支

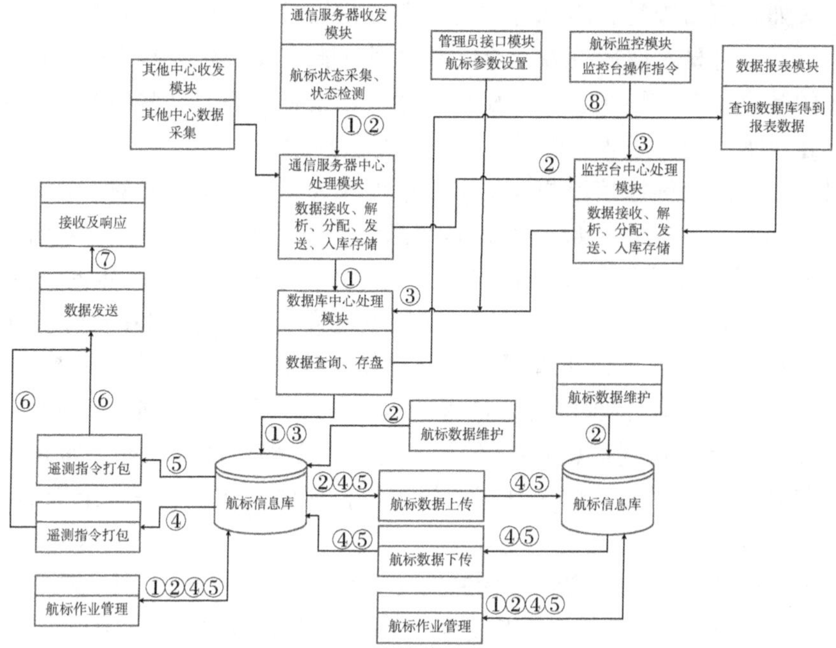

①航标遥测数据；②航标遥控指令应答数据；③航标遥控数据；④航标遥控指令；⑤ 航标遥控指令；⑥ 航标遥控指令；⑦航标遥控指令；⑧航标数据查询结果

图 8.13 航标数据流程

持用户决策。

航标数据流程如图 8.13 所示。

8.4.5 发展方向

（1）在全面推广航标遥测遥控系统的基础上，将计算机网络、GIS、RIS、VTS、AIS、VR（虚拟现实）、无线通信、数据资源整合等先进技术应用到航标信息的管理与服务中，实现航标智能化。

（2）提高感知精度。航标遥控遥测系统是集现代网络技术、电子海图技术、GPS 技术、通信技术和数据处理技术为一体的航标信息维护管理综合系统，系统包括航标灯、电源系统、遥测终端 RTU、无线通信和监控中心等。基本工作原理是利用终端设备采集航标信息，通过无线传输系统将信息传输到控制中心，控制中心通过对信息的收集、处理、存储，由服务器送 GIS 平台进行显示，同时 GIS 平台还可根据航标管理的需要对航标的工作状态进行设置和控制。

自航标遥测遥控系统投入使用以来，系统在网络信息更新的及时性、GPS 的定位精度、坐标数据差分精度、遥测终端 RTU 读取航标灯和电源系统信息的准确度等方面一直都存在问题。例如，侧面标的漂移伪报警，标志实际未超出漂移门限，但系统显示漂移报警；标志实际已经漂移了很长距离但系统仍不报警；又如，撞击报警，距标志被碰撞已过很长时间，且碰撞并没有造成严重破坏，但是一直显示碰撞报警。造成的原因可能是数据更新不及时、RTU 读取并发送的数据不是实时数据、GIS 平台显示数据有误等。这些问题减缓了航道信息化建设推广应用进程，降低了数据信息的可信度。

因此，提高航标遥控遥测系统感知精度成为当务之急。针对应用过程中出现的各种问题，主要研究如何从硬件和管理方面改进，提高系统感知精度。

① 提高航标遥测遥控系统稳定性。航标遥测遥控系统经多年的研究发展，运行虽日趋稳定，但系统在设计和实际应用过程中还存在一些问题，还没有完全达到航标信息化、现代化管理的要求，如安装在航标上的遥测遥控 RTU 终端，由于受恶劣环境、航标所处位置偏远、GSM 网络、终端设计缺陷等方面因素的影响，终端遥测信息 RTU 传输不稳定，出现伪报警现象，如 RTU 超时报警、灯浮漂移伪报警、白天灯亮伪报警等，这些因素一定程度上影响了系统功能的最大发挥。

② 外围设备的硬件更新。航标遥控遥测系统的硬件设备包括：差分站设备、水位站 RTU、航标 RTU、系统服务器、航标灯器、电源系统和各监控电脑等。每一个设备都是系统正常运行的基础，每一个设备都必须适应技术发展和行业进步的步伐。随着差分技术的发展，差分站设备及软件需要更新、优化；随着数据收集技术的发展，以及 RTU 微型化需求，RTU 需要进行相应的技术改进；系统服务器需要优化配置（以航道局为单位，建立单独的双服务器），升级、更新；航标灯器和电源系统需要做到更节能、更环保；随着计算机技术的不断进步，需要各监控电脑在数据处理方式和数据安全保密方面不断更新、优化。

③ 航标数据信息与 GIS（地理信息系统）之间的友好互动。RTU 采集航标信息，通过无线传输系统将信息传输到控制中心，控制中心通过对信息的收集、处理、存储，由服务器送 GIS 平台进行显示，同时 GIS 平台还可根据航标管理的需要对航标的工作状态进行设置和控制。航标数据信息与 GIS 之间的数据交换是否成功，也是航标遥控遥测系统的一个关键环节。GIS 系统能够全面读取航标数据，并根据航标数据特点以更便捷的方式显示出来，充分显示数据信息；航标数据类型转换，应该能够适合 GIS 使用，数据接口更合理，数据才能友好交互。

（3）拓展感知范围。目前在内河配布设置的航标主要是视觉航标，都是传统意义上的航标，虽发挥了其应有的助航作用，但存在功能单一、服务于船舶的信息量少、面窄等不足，例如，侧面标浮标，其所能做到的除标示航道的边界外，其他相关助航信息都无法提供。随着航道等级提升、水路运输繁忙、往来船只吨位加大和数量增多后，船舶航行对水深、水流等相关通航信息的需求日益迫切，传统航标是难以实现的。通过对视觉航标现有功能进一步拓展，在标志外围终端上增加配置相应的传感测探器，如：GPS 定位、测电气参数（包括照度、灯质等检测）、测温度与湿度、测水深、测流向与流速、测风向与风速、测能见度、测气压、测雨量等，采集对船舶航行密切相关的信息，从而实现航标的多功能性。

在国内，虽然有过相关的技术研究，但是基本停留在包括信息采集与获取、信息无线网络通信系统等技术层面上的研究工作，在具体应用和社会需求分析上缺乏针对性研究。因此，极大程度地制约了该项技术的进一步发展和开发应用。

因此，针对该项工作，主要研究内容包括：多功能数字航标拓展功能的需求分析、多功能数字航标信息采集的功能实现研究和多功能数字航标应用研究。即：

① 数据采集终端。主要通过在航标上的终端进行采集、编码。根据目前国内的研究成果，需要配置相应的传感探测器:GPS 定位、测电气参数（包括照度、灯质等检测）、测温度与湿度、测水深、测流向与流速、测风向与风速、测能见度、测气压、测雨量等 9 个模块。

② 数据传输方式。目前主要通过 GPRS（公网）和 AIS（VHF，专网）两种传输方式将终端 RTU 采集、整理的数据传输回数据服务器。目前使用 GPRS 公共网络，为进一步提高服务能力水平，可研究采用 AIS 方式。

③ 数据显示应用及应用软件开发。通过 GIS（地理信息系统）平台将数据显示给用户，达到服务目的。

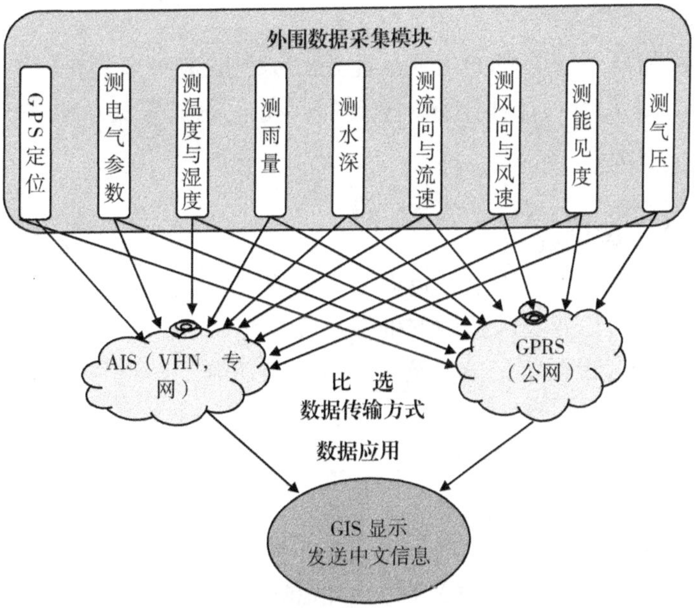

图 8.14 航标感知范围的功能

④ 数据信息稳定性测试。包括终端采集、编码的稳定性测试，数据传输稳定性测试，GIS 平台稳定性测试等。拓展航标感知范围的功能如图 8.14 所示。

8.5 航道管理信息系统

8.5.1 目标与功能

1. 目标

航道管理信息系统的建设目标是：采用计算机网络技术、数据通信技术、数据库管理技术和地理信息处理技术，遵循数据标准和管理规范，整合航道有效资源，对航道数据进行综合处理分析，辅助决策支持，实现航道管理的科学化。

具体目标为：以加强航道管理与养护工作规范化、精细化管理，提高航道管理与养护工作科学管理水平，保障通航船舶安全和提供优质服务为目的，为航道业务管理提供计算机辅助服务，包括对航道、滩险、航标、管理部门等基础信息进行电子化管理，同时对与航道业务相关的管理报表、行政审批、行政执法、航道通告发布等在信息化方面进行规范化的管理，指导、监督各级航道管理机构按规范要求履行职责、完成工作任务，从而实现航道通航保障、航标作用正常、支持保障系统有力，有效保护航道资源，为船舶提供优质的服务；提升航道管理水平和对外服务能力，改进工作方式，提高工作效率，减少不必要的人力物力消耗。

2. 功能

航道管理信息系统具备的主要功能是：实现航道管理机构、航标业务、航道测量业务、航道行政管理业务、航道整治等信息的采集、维护、分析处理、发布。

8.5.2 主要考虑因素

（1）应充分考虑业务需求，建设与之相适应的系统。

（2）应充分考虑各类数据的准确性和唯一性。

（3）应充分考虑预留接口，及时扩展应用功能，系统与其他系统数据良好交换。

（4）系统具有良好的稳定性。

8.5.3 运行流程

航道管理信息系统的运行流程为：信息采集、数据处理、辅助决策支持、信息发布。

（1）信息采集：航道管理信息系统数据源的主要来源可分为数据采集和通过信息交换平台读取数据两种方式。

（2）数据处理：数据筛选、改正后入库，并进行整理，形成基于基础数据库的数字模型或图像、表格、文档文件，并能保留历史数据待查。

（3）辅助决策支持：对处理好的信息根据业务需求实现配套查询功能（包括条件、模糊、限制等查询），同时可自动生成符合规定的报表及分析图，为航道建、管、养以及决策指挥提供直观的平台，提高发现问题、解决问题的能力和效率，为航道管理提供科学合理的决策支持。

（4）信息发布：向对外服务系统同步上传需要发布的信息。

8.5.4 技术方案

（1）采用集中式的 B/S 开发架构，在省级中心机房搭建数据库服务器及应用服务器，各级部门以 VPN 专网与服务器连接，通过客户机上的浏览器即可完成系统的操作和使用功能。

（2）系统结构。航道管理信息系统主要包括以下几个模块：航道信息管理、航道行政管理、航道设备管理。

① 航道信息管理模块。航道信息管理模块包括航道基础档案、出航巡查记录、水情水位管理、航标档案信息、航道通告管理、基层部门档案管理、航道整治工程、航标海损事故处理、报表管理等几个部分。用户可根据权限进行信息浏览、查询、添加（填写）、修改、删除、形成统计报表上报等操作。航道信息管理模块的结构如图 8.15 所示。

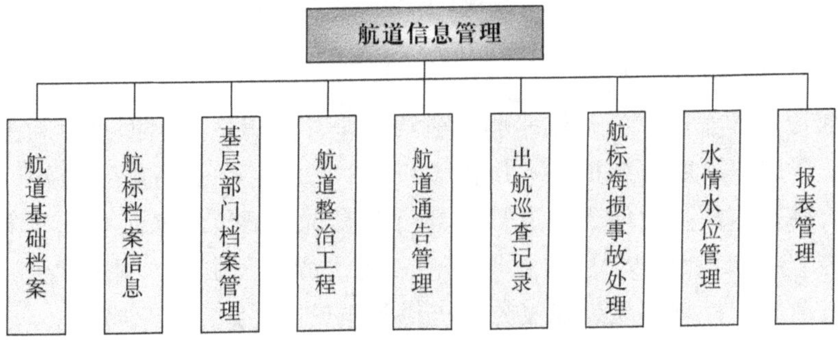

图 8.15 航道信息管理模块的结构

② 航道行政管理模块。航道行政管理模块包括行政许可管理、行政执法案件管理、行政巡查记录管理、施工现场监督及相应的行政行为统计报表等方面的管理。用户可根据权限进行信息浏览、查询、添加（填写）、修改、删除、形成统计报表上报等操作。航道行政管理模块的结构如图 8.16 所示。

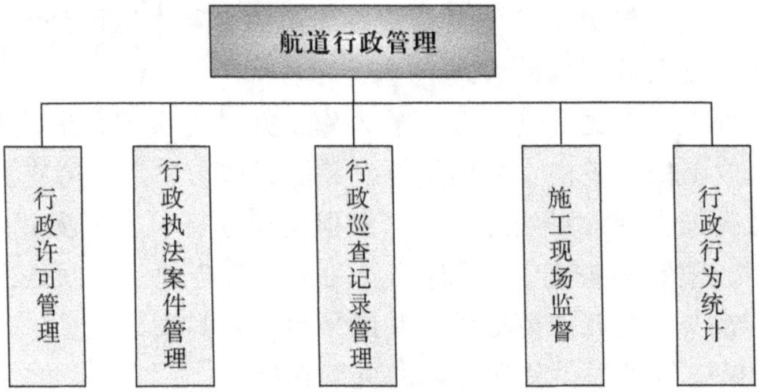

图 8.16 航道行政管理模块的结构

③ 航道设备管理模块。航道设备管理模块的结构包括：船舶台账管理、设备台账管理和设备维护修理报表。用户可根据权限进行信息浏览、查询、添加（填写）、修改、删除、形成统计报表上报等操作。如图 8.17 所示。

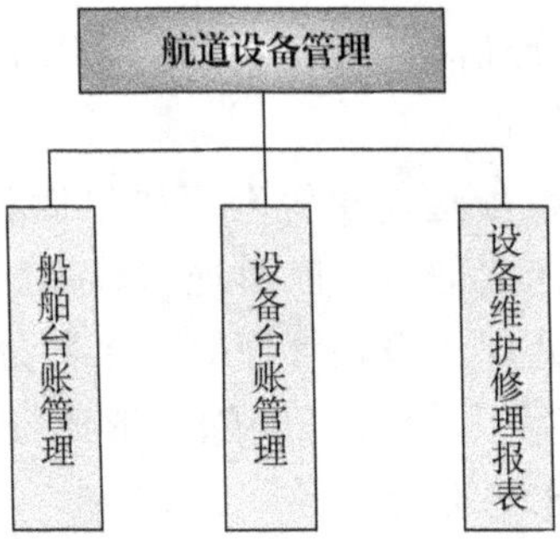

图 8.17 航道设备管理模块的结构

（3）功能模块设置：

① 航道维护管理。为确保船舶的航行安全，航道站需根据水位和滩险的变化情况，按照内河航道维护技术规范（JTJ287-2005），进行航道疏浚，确保达到航道的维护水深。为便于航道管理部门掌握航道历年的水深变化和滩险演变过程，需要系统能够记录历次航道整治、疏浚的有关资料，并进行统计分析，为制定航道维护计划和航道疏浚方案提供数据支撑。

② 航标管理。航标是保证船舶安全航行的重要设施，航道站定期对所布设的标志进行巡查，及时发现航标异常，并进行维护，同时需根据航道水位的变化情况，布设相应的标志，为船舶航行安全提供有效的助航服务。

为便于对航标的有效管理，需建立航标的档案库，记录每座航标的名称、形状、外形尺寸、技术参数和图片等信息，并建立起航标维护的数据库，对航标失常记录、航标设置、航标日常养护、换标或撤标等进行记录。对于安装了遥测终端的航标，还需要方便地获取该航标的工作状态，如航标位置、电流、电压等动态监控信息。

③ 水位管理。水情水位是影响船舶航行的重要因素，水位站管理人员每天都需要通过水尺人工记录航道的水位情况，并将水位信息逐级上报到航道处，然后向社会发布。对于自动水位站，要求系统能够自动接入水位信息。同时，为便于航道管理部门掌握历年航道水位的变化，还需要对航道的历史水位进行分析，以反映水位的变化趋势。

④ 行政审批。航道管理部门负责审核、审批与通航有关的拦河、跨河、临河建筑物的通航标准和技术要求，以及现场施工作业和通航标志的设置。为规范行政审批，提升服务能力，需要按照行政审批的流程，对各类行政审批的申请材料和相关技术资料进行电子化存储，按照各级航道管理部门的审批权限，开展网上行政审批，以减少行政审批的流转时间，提高工作效率，同时将审批结果向社会公众进行公开发布。

⑤ 行政执法管理。工作人员不定期巡航对管辖范围的现场施工作业、采挖砂船舶、运输船舶等进行检查，在现场执法过程中需对施工作业、行政处罚等情况进行如实记录，对破坏航道设施、不按规定施工等进行行政处罚，并将执法结果在网上公开发布。

⑥ 航道工程验收。目前，航道管理部门承担着对内河航道上所有施工建设项目的施工验收任务。建设施工单位工程竣工后，必须通知航道管理部门参与工程竣工验收，经航道管理机构确认过船建筑物符合设计要求后方可投入使用。验收合格后，还需要对竣工验收材料进行备案，并对验收结果网上公开发布。

⑦ 直属机构管理。为便于管理，需要对航道管理部门的机构、人员、工作船艇、设备等建立信息档案。

⑧ 航道通告发布。为确保船舶安全航行，航道管理部门需根据水情水位的变化情况，每天向社会发布水位、通航孔转移、施工等航道通告。

⑨ 航道信息查询。为便于航道维护管理，需要掌握航道的基本信息，如航道尺度、水深、临跨河建筑物的技术尺度、跨河电缆的位置、净空等信息，要求系统能够方便地浏览查询航道相关信息。

8.5.5 发展方向

（1）当前航道信息系统的数据获取途径单一，基本是以录入为主，没有多途径的数据读取，但是在实践中，许多信息和其他应用系统是有关联的，信息数据的获取的渠道应该多渠道，做到深度融合。与电子航道图系统应建立互相可以调用的航道基础信息数据库、航标基础信息数据库、航道行政许可数据库。与航标遥控遥测系统应建立可以互相调用的航标数据库、航标动态数据库和航标维护计划数据库、航道养护船舶调度运行数据库等。与自动水位站系统应建立可以互相调用的水位记录数据库、水位站的维护记录数据库等。与船闸调度系统应建立互相调用的船闸运行数据库、船闸调度数据库、船闸维修数据库等。

（2）全面提高智能应用功能。智能航道的主要特征是“全面感知、广泛互联、深度融合、智能应用、机制完善”，因此，在航道信息管理系统中，就应该肩负起深度融合和智能应用的功能。当前的系统功能主要以查询为主，除水位数据外，对于分析、应用管理等方面相对缺失，深度和广度都不满足智能化的智能应用要求。

相对于智能航道的定义，系统在数据的建立和健全方面应建立航道养护、航标维护、航道行政、设备管理等维护计划数据库，完善包含工作计划管理、工作流程管理、建立分析数学模型等。在系统数据分析和数据应用方面至少应完善以下几个方面：基础信息的数据分析和应用管理；航道养护工作相关信息的分析与处理；航标管理工作相关信息的分析与处理；航道行政监督管理工作相关信息的分析与处理；船闸运行监督管理工作相关信息的分析与处理；航道养护设备（安全）管理工作相关信息的分析与处理。

（3）全面提升对外服务能力。航道信息管理系统在智能航道中既包含数据感知、数据处理，也包含服务应用，感知的数据经过数据处理后，就是对外服务的信息。原来系统中可作为对外的仅为水位和航道水深等有限的信息，航道信息管理系统应全面提升对外服务的能力，包括航道情况的报道、航标异动的报道、船闸运行情况报道、航道水位预测预报等，以及以上信息的多渠道、多方面的智能查询。

8.6 船闸调度系统

8.6.1 目标与功能

1. 目标

船闸调度系统建设目标是：采用计算机网络技术、数据库技术等，建立多级船闸联合调度系统，实现多级船闸链的联合调度和船闸过闸高度信息的实时采集与动态监控，实施对船闸运行、调度的管理，提高船闸过闸效率。

具体目标为：规范和加强船闸的管理和调度，提高船闸的通过能力，解决滞航、堵航问题，为各航运要素提供全方位的信息服务，提高船舶导航和航运管理的智能化水平，实现非停船过闸（船闸）报到、过站（检查站），提高航运效率和夜间通航能力，避免船闸大规模船舶滞航对社会带来不良的影响，缓解通航压力，通过全面掌握滞留船舶的情况，有利于对滞流船舶的监管和维持正常的通航秩序，消除船闸大规模船舶滞航时的安全隐患，避免大规模船舶滞航对社会带来不良的影响。通航船舶、航运企业、港航管理单位都可以通过综合信息平台及时掌握航道变化，合理计划生产、运营，使得船舶航行更安全、更快捷。特别是在船闸出现通航不畅的时候，能让航运企业及时调整运营、相关企业及时计划后续的生产，减少经济损失。有利于船闸监管和应急管理与决策，及时全面掌握相关信息，为领导层科学决策提供技术支撑。推动航道管理信息化的发展和管理服务水平的提升。

2. 功能

（1）通过信息自动化实现对请求过闸船舶的检查、登记、发证、排队、安排进出闸等一系列过程的空间或时间安排，做到有序、安全、便捷、快速。

（2）对请求过闸船舶实现科学的检验方法查验船舶航行证件、核定船舶吨位。所有船舶的数据都保存在服务器中，各闸都可以共享这些数据，对于船闸船舶的登记调度、编组、进出闸、规费查征等通过系统自动完成，大量减少手工操作。消除人工检验中工作人员估计存在误差和防止船员虚报船吨位。

（3）短信互动，对进入锚泊区候闸的船舶建立通畅便捷的信息查询功能和短信调度功能，包括提供船闸运行和船舶过闸实时情况、水情气象信息告知等服务以及实现对候闸船舶过闸计划的远程申报、远程下发等短信调度功能。船闸调度员也可以通过短信平台将调度信息发给船主手机，使船闸通航安全、有序、快捷。

（4）建立通畅便捷的过闸信息查询功能，船民只需要登录系统或者使用手机短信即可查询船舶的过闸调度安排位置和过闸时间，从而方便船民及时了解过闸情况，加快过闸速度。

（5）过闸船舶接受船舶尺度、吨位、船舶安全等情况的检查统一通过系统完成，所有数据即时通过网络保存到数据库中，各个操作得到科学的监督。

8.6.2 主要考虑因素

（1）应充分考虑系统的开放性、标准化，以满足信息交互的需要。

（2）应充分考虑信息的可靠性和准确性，防止错误判断。

（3）应充分考虑系统的可扩展性。

8.6.3 运行流程

船闸调度系统的运行流程为：船舶报到、船闸调度信息的采集，过闸信息管理。

（1）船舶报到信息的采集：通过船舶报到处录入或自动报闸系统生成。

（2）船闸调度信息的采集：通过船闸运行单位录入。

（3）过闸信息管理：由后台计算机（中心或中间站监控中心计算机）对船

闸各类信息进行处理并按业务或专题进行后台管理。

船闸调度管理系统如图 8.18 所示。

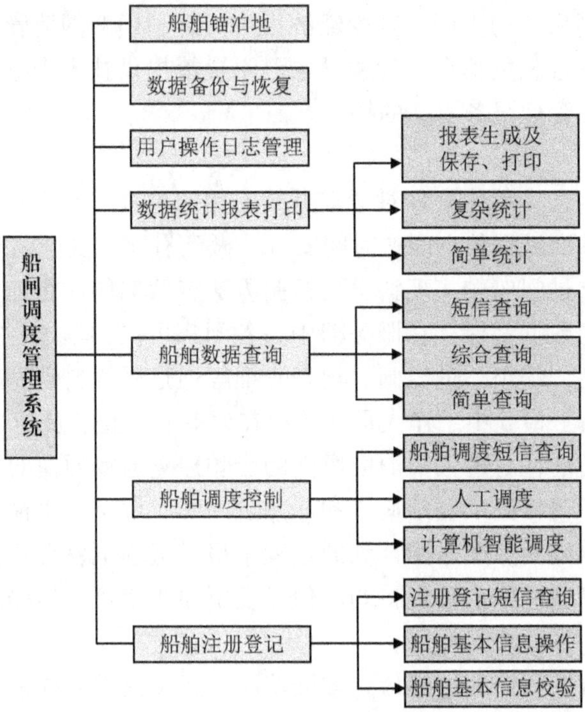

图 8.18 船闸调度管理系统

8.6.4 技术方案

（1）采用集中式的 B/S 开发架构，在省级中心机房搭建数据库服务器及应用服务器，各级部门以 VPN 专网与服务器连接，通过客户机上的浏览器即可完成系统的操作和使用功能。

① 采用 B/S 与 C/S 模式，开发、维护等工作都集中在服务器端，使用户通过浏览器即可从不同的地点，以不同的接入方式访问和操作共同的数据库；对系统进行升级时，只需更新服务器端的软件，这减轻了异地用户系统维护与升级的成本，并有效地保护数据平台和管理访问权限，保证数据的一致性和安全性。在本地和异地都能对数据进行有效的维护。

② 在系统的具体实施以及部署中考虑到远程服务器出现网络故障而无法连接等现实问题，给船闸的调度、港航的管理带来严重的麻烦。从而引入分布式数据库的概念，在此系统的设计中采用分层管理方式，省级航道管理机构设计为拓扑网络中的根节点，辖区航道管理机构设计成二级节点，船闸设计成三级

节点，各节点之间的数据库表结构相同，船闸中的船舶登记调度数据实时与省级、辖区航道管理机构数据库保持同步。

在系统的设计中各辖区航道管理机构以及船闸统一使用一套调度系统，辖区航道管理机构对船闸具有权限赋予、船舶优先权分配、船舶登记审核等权限。

省级航道管理系统具有对全省（自治区）各船闸进行实时监控管理、各船闸船舶登记审核权、优先赋予权、船舶登记数量、调度控制、辖区航道管理机构以及各船闸的权限赋予等权利。

③ 船闸调度管理信息系统的设计中需充分考虑到系统安全性以及网络访问速度的问题，在设计实现过程中可采用重点保护数据库操作代码、安全套接字等技术，以有效防止黑客入侵、攻击和 SQL 注入，确保船闸调度系统的安全运行。

（2）系统结构。船闸调度系统主要包括以下几个模块：船舶报到管理、过闸调度管理、数据查询、数据统计、系统管理。

① 船舶报到管理。船舶报到管理应包括的功能部分有：上下行登记录入和审核、船舶登记审核等几个部分。用户可根据权限进行信息浏览、查询、添加（填写）、修改、删除等操作。

② 过闸调度管理。过闸调度管理应包括的功能部分有：上行与下行调度、调度信息显示、优先船舶过闸审核等几个部分。用户可根据权限进行信息浏览、查询、添加（填写）、修改、删除等操作。

③ 数据查询。数据查询应包括的功能部分有：查看报到船舶、调度历史查询、船舶信息查询、动态信息、集成海事 AIS 等几个部分。用户可根据权限进行信息浏览、查询、打印等操作。

④ 数据统计。数据统计应包括的功能部分有：过闸船舶统计报表、船闸货物统计报表等几个部分。用户可根据权限进行信息浏览、查询、打印等操作。

⑤ 系统管理。系统管理应包括的功能部分有：用户权限管理、交接班管理、短信管理、船闸信息管理、信息公告等几个部分。用户可根据权限进行信息浏览、查询、添加（填写）、修改、删除等操作。

（3）功能模块设置：

① 用户权限管理模块。针对不同船闸用户类型权限级别主要分为超级管理员角色、船闸管理员角色、普通用户以及非系统用户。

• 超级管理角色。可以对整个系统的功能模块进行任意的增、删、改。对系统的任意模块可以直接浏览以及操作。对各船闸的普通用户以及船闸管理员用户进行授权以及撤销权限，修改密码以及用户信息等。

• 船闸管理员角色。只能对属于其船闸的用户进行相应的授权与撤销权限操作，修改密码以及用户信息，以及浏览相应授权模块的信息，修改对应船闸的船舶登记、过闸审核、调度、相关船闸的统计报表等信息，其中对超级管理员赋予的模块不能修改。

• 普通用户。细分为上行登记员、下行登记员、调度员、审核员以及港航、船闸各部门的普通用户等。

只有当前值班的上行登记员才能对上行的船舶进行登记，浏览授权模块的信息。只有当前值班的下行登记员才能对下行的船舶进行登记，浏览授权模块的信息。只有当前值班的调度员才能对正在过闸的船舶进行调度，浏览授权模块的信息。上行审核员对上行登记员登记的船舶信息进行审核，浏览授权模块的信息。下行登记员对下行的登记员登记的船舶信息进行审核，浏览授权模块的信息。港航、船闸各部门的普通用户可以对相关的统计报表以及实时信息进行查看。

• 非系统用户，例如船主、物流企业，以及其他单位管理部门的用户直接在港航门户网查看相关实时静态数据。

② 上、下行登记审核业务。当前值班的上行登记员进入此模块，输入船主的船名或者手机号自动从数据库中调出船舶相关基础信息，以及从运单系统中读取出船舶的运单信息。

上下行船舶登记的序号按照登记时间生成，每到下个月的第一天船舶序号重新从1开始计算，如果在数据库检测出船舶不存在则手工录入船舶信息，并把船舶资料录入船舶信息基础信息库，如果检测出船舶为黑名单则不允许登记。如果检测出船舶存在违规操作则列入黑名单，同时对输入的船舶检测是否为优先船，以及危险船或者载货为危险品。优先船按照优先规则在登记队列中进行优先排列，危险船以及危险品分别以不同颜色显示。同时对录入的船舶进行上下行互斥检测，对存在互斥的船不允许录入，对于以上无法录入的船舶，值班登记员提交给船闸管理员或者相应具有消除这些限制规则权限的用户进行登记并提交给审核员进行审核。

对于审核未通过的船舶信息，当前值班的上行登记员需按照要求修改相关信息，并再次提交审核。

当前值班的上行登记员可以对登记的船舶进行报表导出，船闸管理员或者授予数据补录的管理员可以对登记船舶信息进行补录。

③ 船舶登记审核业务。审核员角色用户进入系统，对登记的船舶进行审核，审核通过对船舶进入调度流程，对于审核不通过对船舶添加原因，返回给登记员再次进行修改，登记员再次修改的记录自动进行前后对比，审核员再次对登记信息进行审核。

④ 调度员业务。当前值班的调度员进入调度系统调度界面，对已经审核通过的船舶进行调度，调度分为上行与下行调度，调度队列按船舶优先级以及登

记时间排序，同样对于未满足调度条件的登记船舶排后。根据实际调度的需要，对船舶的调度提供了暂不调度以及取消登记的功能，对于暂不调度的船舶，调度员根据实际需要可以恢复船舶的调度排序，对于提出取消登记的船舶，从调度队列中移除，需要再次登记审核。对于调度流程，调度员可以选择系统自动调度，也可以采用手工调度的方式，每次船闸调度的开始至结束都要记录船闸的开闸、关闸时间。调度界面提供上下游水位信息的显示、船舶短信发送、历史记录查看等机制。调度过程能对船舶的各个状态进行灵活控制。

⑤ 交接班业务。对于上行登记、下行登记、调度员角色根据船闸实际的用户控制情况，提供了交接班机制。只有正常交班的用户才能正常下班，同样只有正常接班的用户才能进入相应的系统模块进行操作。交接班根据实际要求分为零、白、中三班制。对于每班交班时，需要统计当前班的过闸信息，对于中班交班时候，需要统计当天的过闸信息情况。当交接班发生错误的时候，船闸管理员可以修改交接班用户。

⑥ 短信管理功能。能够对所有船主以及内部管理人员发送短信，短信的发送可以选择对用户单独发送以及对调度船舶进行群发等操作。船主以及港航管理部门用户可以发短信查询相应信息。

⑦ 查看报到船舶。能够实时动态显示各船闸的坝上、坝下待闸数量，水位信息，以及上下行船舶的详细信息。

⑧ 调度信息显示。给用户提供一个良好的实时调度界面，能够直观地显示各闸室船舶的调度情况，以及查询各船舶的详细信息。

⑨ 船舶信息查询。给用户提供一个船舶信息查询的综合界面，用户可以根据船名、姓名、船舶长度、宽度、实际吃水深度、联系电话、方向、船只类型、出发港、目的港、优先过闸船舶、违规船舶、状态、船籍等信息综合查询，以及从报表导入船舶登记表、导出船舶信息。船舶信息查询界面如图 8.19 所示。

图 8.19 船舶信息查询界面

⑩ 调度历史查询。用户可以输入船名、闸室、调度时间查询船舶的调度情况，信息主要包括：调度的序号、闸室中的船名、调度时间、下闸关门时间、

闸室充水时间、上闸开门时间、操作员、分配数、上游水位、下游水位。并且鼠标移到所指船舶时候，显示其详细信息。

⑪ 动态信息。能够实时显示当前时间内船舶过闸情况、船舶候查情况、新增报道船舶情况。其中船舶过闸情况包括：日期、闸号、上下航开闸次数、过闸船舶次数、总计荷载吨位、总计实际吨位、开闸次、过闸船舶、总计荷载吨位、总计实际吨位、过闸船舶艘、总计荷载吨位、总计实际吨位、坝上待闸艘、坝下待闸艘、上航（艘）、下航（艘）。

⑫ 过闸船舶统计日报表。对当天内的船舶的过闸综合信息进行统计，信息包括：上行闸数、上行当天总合计、上行月累计过闸数、上行累计过闸船舶数、上行新增报到船舶数、下锚地累计报到数、上行待闸船舶数、下行闸数、下行当天总合计、下行月累计过闸数、下行累计过闸船舶数、下行新增报到船舶数、上锚地累计报到数、下行待闸船舶数、上下行合计等。

⑬ 船舶资料管理。根据船名、船主姓名 、船籍 、船舶长度 、船舶宽度 、核载吨位、型深、联系电话、注册时间等信息进行船舶基础信息的查询以及编辑，船舶资料管理界面如图 8.20 所示。

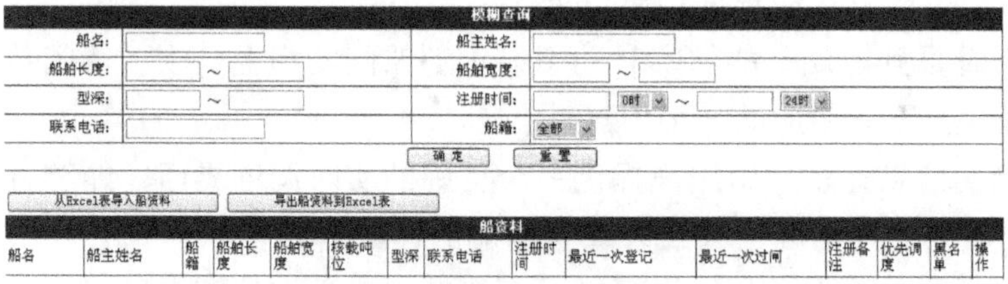

图 8.20　船舶资料管理界面

⑭ 船舶类型编辑。主要包括对船舶编号、船舶类型名称、船舶归属大类进行增、删、改，并对特殊船舶进行颜色标示。

⑮ 货物类型设置。根据交通运输部提供的标准信息，进行基本的增、删、改操作。

⑯ 船籍以及地点设置。录入相关的航运地址以及船舶归属地信息。

⑰ 船闸货物统计表。根据所选择的统计时间、方向、统计方式、单位进行统计，船闸货物统计表界面如图 8.21 所示。

⑱ 船闸信息管理业务。对各船闸具有闸室的实际情况，提供录入修改页面，对于超级管理员可以直接修改所有船闸闸室的信息，船闸管理员只能修改用户所属船闸的相关信息。信息列表船闸信息管理业务界面如图 8.22 所示。

⑲ 优先船舶过闸审核。对优先船舶提交的文件由普通用户扫描上传，提交给船闸管理员进行审批，船闸管理员接到申请审核后，查看文件并予以批复，如果同意则直接转交给港航管理员进行审核，如果船闸管理员不同意则退回申

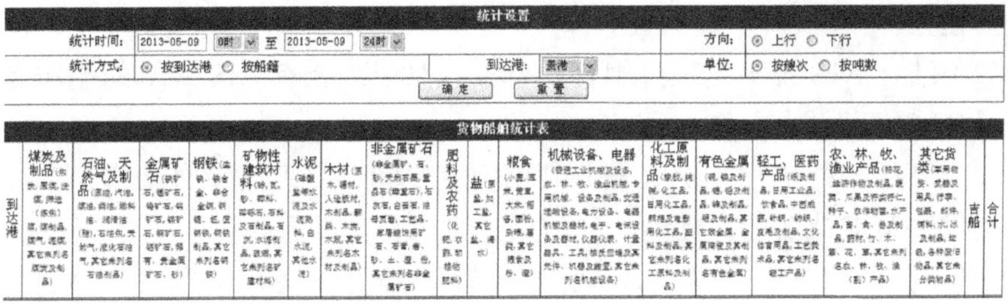

图 8.21　船闸货物统计表界面

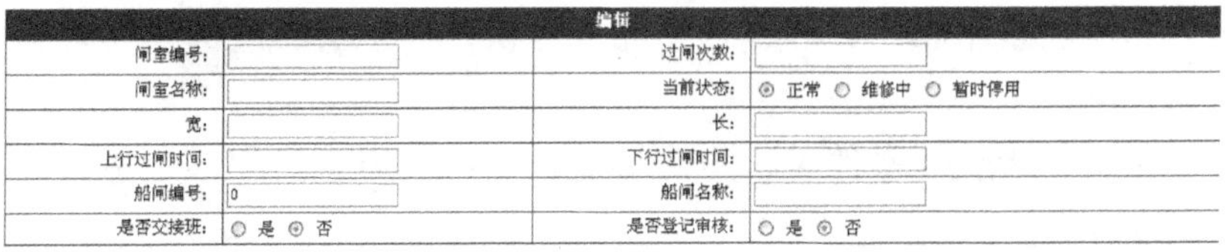

图 8.22　船闸信息管理业务界面

请。港航管理员进行第二次审批，如果同意则此船为优先船，如果不同意则申请失效。

⑳ 集成海事 AIS。针对海事 AIS 提供对接接口，开发出针对各船闸的 GIS 系统，根据不同的船闸的用户，显示出其对应船闸区域的船舶定位情况，并对船舶可以实时跟踪定位以及相关信息查询。

㉑ 手机报闸客服端。开发基于安卓系统的手机客服端，船主可以直接通过手机发送过闸申请，当系统接收到手机发送的信息后，审核员进行船舶信息审核并回复信息。

㉒ 信息公告。船闸管理员输入相关重要信息，静态发布到港航门户网站，以便船主及时查阅。对公告信息提供增、删、改等信息。

㉓ 系统后台管理。设计一款灵活、安全、稳定的系统后台管理模型，方便各模块的调整、修改、授权。

㉔ 调度系统的安全。包括对在线用户提供实时监听，发现用户异地登录进行报警处理；对用户数据库表的增、删、改进行日志备份；对数据库进行监听检测，防止非法用户的攻击，以及数据截取；对数据库进行增量备份，以及两台服务器的同时备份，以防系统崩溃。

8.6.5　发展方向

实现航行计划申报、过闸自动申报、闸室自动排挡、动态调度、船只实时监测、应急调度指挥以及相关统计报表等功能。

（1）航行计划申报：联合海事业务系统，实现船舶航行计划申报和海事签证一体化办理。

（2）结合AIS技术实现过闸自动申报，对于未装有AIS终端的船舶提供人工申报功能。

（3）利用智能优化方法，充分利用闸室空间，实现闸室自动排挡，为过闸调度提供决策支持功能。此外，还可通过人工排挡的方法。

（4）与公众服务系统联动，通过大屏幕、电子政务网站等方式动态发布调度信息。

（5）配合港监部门，利用CCTV监视特定船只的运行状态。

（6）统计过闸船舶、货种、货物吨数等项，并生成相应的年、月、旬、日报表。

（7）在发生堵航等事件时，与海事业务系统、应急指挥系统进行联动以生成紧急调度方案。

8.7 自动水位站系统

8.7.1 目标与功能

1. 目标

自动水位站系统的建设目标是：采用计算机网络技术、数据通信技术、数据库管理技术和地理信息处理技术，建立覆盖管理区域的自动水位站管理系统，实现对水位站的运行设备的实时监控功能，既降低收集水文信息的工作量和工作难度，管理人员又可以定时或随时了解各水位站的实时水情信息，从而有效保障水情信息的收集和传输，为航道的日常维护管理奠定基础。

2. 功能

自动水位站系统具备的主要功能是：实现水位信息的远程自动采集，水位数据维护、分析处理、发布。

（1）遥测功能：水位测报站实现水位数据采集及传输的任务，能在高温、高湿及雷雨天等恶劣环境条件下长期稳定工作，可以根据设定，实时、定时采集水位数据，并将数据按一定格式通过GPRS网络传输到中心站；采用新型非易失性芯片，可保存带有时间标记的水位数据1K，每半小时采集一次数据，可存储30天的数据量，掉电后数据依然存在。

（2）遥控功能：根据中心站的命令，选择以往30天内任意时间段的水位数据上传；可设置水位报警变幅值（如10cm/分钟），达到此值自动向中心站报警；在检测到测点设备故障或测点防盗装置动作时，自动向中心站报警；具有时钟同步功能，可与中心站时钟同步。

8.7.2 主要考虑因素

（1）自动水位站应统一规划和布局，形成统一的系统软硬件平台和网络。

（2）水位站设置位置及数量应满足航道航标维护基本需要。坚持平衡整个流域，全程均衡布局、全线监控原则和船闸枢纽、重点航道、危险航段监控的原则。

（3）自动水位站应统一建设技术要求，数据输出格式应满足接入数据格式要求，并满足特殊水位观测需要。

（4）应考虑水位和水位基点校核需要。

（5）自动水位站应同步建设必要的防盗、防雷、安全防护等附属设施。

8.7.3 运行流程

自动水位站系统的运行流程为：水位信息自动采集、数据处理、数据查询使用。

（1）水位信息自动采集：通过水位传感器工具的测试数据，检测水位站的实时水位、水位变化率等参数，全自动记录水文信息。

（2）数据处理：系统实时接收和处理原始数据，自动生成水位流量关系。

（3）数据查询使用：为管理人员提供水情数据以及特征参数的查询。

8.7.4 技术方案

以 GPRS 无线通信方式为手段，计算机网络为载体，水位监测信息系统为基础，搭建一套完整的水位信息监测管理系统，主要由水位动态测量系统、信息传输系统、信息管理系统组成。

自动水位站系统整体架构如图 8.23 所示。

1. 确定水位遥测终端技术参数

多传感器支持，可采集气泡式压力水位计、光电标码浮子式水位计等多种水位计数据。采用固态存储技术，实现现场水位、雨量数据的固态存储，远程设置传感器类型、传感器参数、水位雨量基值等工作参数，定时采集、定时发送，定时采集和发送时间间隔可调，水位测量设备状态检测，标准 RS232 数据接口，GSM/CDMA 无线通信模块，GPRS/CDMA1X 无线数据通信方式为主，短信通信方式为辅。支持虚拟数据专用网（VPN）。

2. 数据采集

（1）自动水位站水位自动采集技术。目前，水位采集大致分为使用压力水位变送器、超声水位波传感器、GPS 定位、各类浮子式液位传感器、电阻式水位传感器等方式。自动水位站水位的采集技术选择时，应与本地情况相结合，

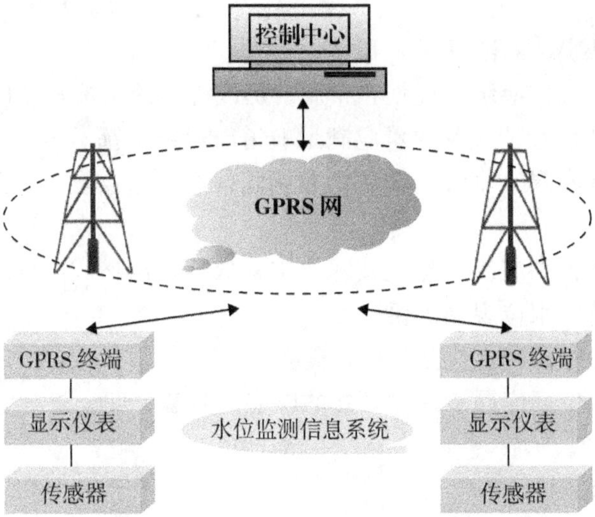

图8.23　自动水位站系统整体架构

并综合考虑技术设备的稳定性、准确性和效能水平以及成本等因素。水位信息采集后的数据传输链路选择，应本着尽量利用现有传输设备的原则，在现有传输设备无覆盖或接入困难的区域，应考虑利用公共移动通信网络的相关接入技术。

（2）数据采集间隔与触发方式。自动水位站应能按照预先的设置自动进行水位数据采集，水位数据采集间隔应能根据季节和站点本身水情的变化情况进行调节。在水位变化较大或航行困难航段，水位自动采集站的水位数据采集的频率较高（如1小时一测）。如水位在极端时间内有较大变化（如汛期洪峰到达时）应能进行更短间隔（如10分钟一测）的水位数据采集。水位自动采集站的水位信息采集触发方式应至少包括定时自动上报及手动查询上报，以满足常规水情数据采集和应急数据采集的不同需求。

3. 数据使用

自动水位站数据应该和电子航道图实现数据流的无缝衔接。电子航道图可通过自动水位站采集到的数据，并根据数学模型、河工模型实现电子航道图水深显示的适航水深实时更新，以解决智能导航中的关键性技术。

8.7.5　发展方向

自动水位站系统的信息服务需要包括水位信息发送及预警、水位信息查询和水位数据分析几个部分，这几个方面应能覆盖航道管理建设的各个方面，全方位地提供决策管理所需要的水位信息。

（1）根据发展需要，自动水位站水位数据的应用还应在现有系统的基础上进一步完善，在信息应用的及时性和自动化方面进一步提升，在数据查询分析上可以更加深入，挖掘有价值的信息，更好地服务于航运业务部门。

（2）水位采集系统在运行一段时间后，应总结实践的经验，对系统的软硬件的稳定性和实用性进一步优化，以更好地满足在当地环境下系统安全稳定工作的需要。

8.8 航道及船闸视频监控系统

8.8.1 目标与功能

1. 目标

航道及船闸视频监控系统的建设目标是：采用视频采集压缩和处理技术，结合计算机技术，将模拟视频信号数字化并压缩编码、传输，建设涵盖重点航道、船闸的视频监控系统，对数字航道、船闸调度建设给予有力补充。

具体目标为：对航道、船闸视频信息整合，采用分级授权模式，实现省级航道管理机构与交通运输部、省（区、市）交通运输厅、省（区、市）海事局和交通运输部流域派出机构等管理单位以及航运企业视频远程共享，便于其及时了解船舶航行、船闸通航、应急事件处理等现场情况，为处理突发事件、把握宏观航运形式，提供直观、真实的材料，对于航道维护、航道及船闸行政管理等起到显著的支撑作用。

2. 功能

视频监控系统实现远程实时监控，对监控的特定目标和重点目标进行搜索和录像；同时视频终端设备具备预置位设置和自动巡航编程功能；获得可控的、实时的、清晰的彩色图像。

8.8.2 主要考虑因素

（1）应合理布置视频监控点。监控点首先解决对重点区域进行监控，摄像头的不足容易造成视频盲区。

（2）摄像头性能应合理配置，有条件的可以考虑夜间监控。

（3）网络传输信号应稳定，网络带宽足够，优化传输路径，减少信号损耗。

8.8.3 系统构成

视频监控系统由前端部分、传输部分、控制部分、终端显示部分以及系统供电构成。

（1）前端部分：前端完成模拟视频的拍摄，探测器报警信号的产生，云台、防护罩的控制，报警信号输出等功能。主要包括：摄像头、电动变焦镜头、室外红外对射探测器、双监探测器、温湿度传感器、云台、防护罩、解码器、警灯、警笛等设备。

（2）传输部分：传输部分由同轴电缆把航道站监控室的各项控制命令传送到监控点，以实现监控点云台、镜头等无线控制。

（3）控制部分：是监控系统的核心，完成模拟视频监视信号的数字采集、MPEG-1 压缩、监控数据记录和检索、硬盘录像等功能。

（4）终端显示部分：完成在系统显示器或监视器屏幕上的实时监视信号显示和录像内容的回放及检索。支持多画面回放，所有通道同时录像，系统报警屏幕、声音提示等功能。并在实际上完成视频监控的控制工作。

（5）系统供电：电源的供给对于保证整个闭路监控报警系统的正常运转起到至关重要的作用，一旦电源受破坏即会导致整个系统处于瘫痪状态。系统供电采用集中供电的方式。

8.8.4　技术方案

视频监控系统是应用光纤、同轴电缆或微波在其闭合的环路内传输视频信号，并从摄像到图像显示和记录构成独立完整的系统。

1. 系统的总框架

视频监控系统由视频终端摄像头采集图像信息，图像信息经压缩处理，通过网络传回服务器，各终端 PC 通过访问服务器，得到实时彩色视频信息。视频监控系统流程如图 8.24 所示。

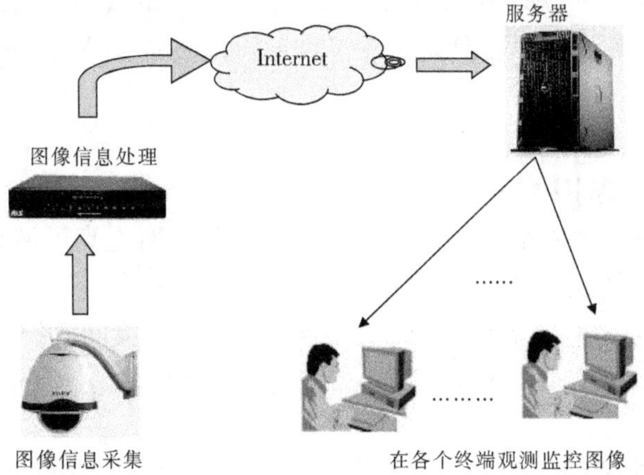

图 8.24　视频监控系统流程

2. 系统总体布局

视频监控系统是服务于数字航道中一个重要的子系统，是实现可视化的必要条件。因此，视频监控系统的发展最终是要面向全局发展，优先在重点河段、地点设置监控点，由点及面，逐步推广，最终达到覆盖辖区内河流域。视频监控点的规划和布局应该由省级港航管理局统一管理，视频监控点位置及数量应以满足航道行政、航道航标维护管理和行业监管基本需要为前提，综合考虑，设置合理、安全可靠、维护方便。布置位置遵循突出重点、区域覆盖的原则，视频监控点可选取的位置包括：

（1）枢纽过船设施（闸室、上引航道、下引航道和锚泊地等）、特殊航段（通航重点滩险、船舶密集河段、约束控制性通航河段）、航道行政工作船设置视频监控点。

（2）根据监管需要要求业主在港口码头、桥区航道等位置设置视频监控点，并接入航道及船闸视频监控系统。

3. 系统通信层

视频监控系统作为一个覆盖全区内河航道的系统，有其自身的特殊性，其中之一便是监控点分布零散，不方便专人管理。所以，通信信号的稳定对于该系统来说尤为重要。如果传输信号不稳定，需要工作人员经常性地去专门检修，会花费巨大的劳动力，而且很有可能浪费很多资源。系统宜采用 VPN 专线网络，由运营商直接从站点拉通专线，划定每个范围使用一条专线，从而保证系统网络信号的稳定。专线网络有利于判断视频故障是否为网络故障，可以第一时间做出相应对策。

视频信号由 VPN 传输到运营商站点，再通过中转路由传输到服务器，根据网络信号传播特性，信号传输距离与信号强度成反比，数据可以先传输到当地管理部门的子服务器，再经由子服务器传输到省级港航管理局服务器上，把视频信号衰减降低。

8.9 对外服务系统

8.9.1 目标与功能

1. 目标

对外服务系统建设目标是：利用先进的互联网技术、多源数据融合技术和数据通信技术，有效地组织航道信息和丰富的航运相关信息，建立畅通的信息渠道，为相关用户提供及时准确的信息服务。

2. 功能

对外服务系统建设功能是：通过信息交换平台，搜集整理各类信息，利用互联网实现电子航道图信息发布，航标动态、航道尺度、航道行政管理、气象信息、港口信息等与航运相关的信息查询服务。

8.9.2 主要考虑因素

（1）对外服务的航道信息进行安全分级。

（2）对外服务的信息充分贴近用户的实际使用需要。

（3）对外服务信息数据与其他业务系统数据的一致性。

8.9.3 运行流程

对外服务系统的运行流程为：信息的搜集与整理，信息的发布。信息的搜集与整理是通过信息交换平台搜集相关信息，再对信息进行分类汇总；信息的发布是将整理后的数据通过互联网对授权用户进行发布。

8.9.4 技术方案

对外服务系统主要有系统管理、信息搜集与整理、航运信息发布与服务、航道图发布管理等模块。对外服务系统具体功能模块如图 8.25 所示。

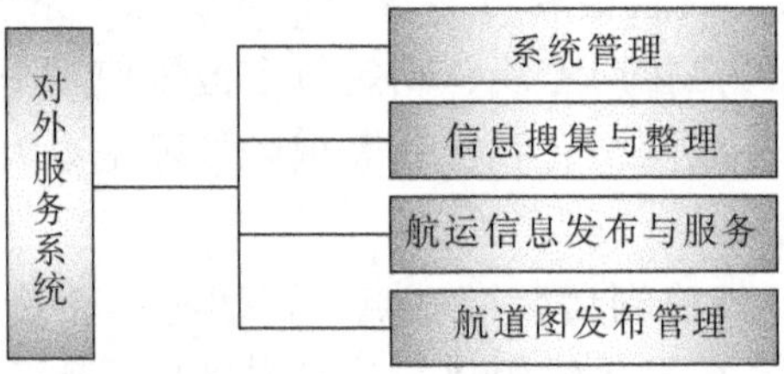

图 8.25 对外服务系统

（1）系统管理。该模块主要功能包括系统操作管理、系统用户管理以及网络服务统计，实现对系统操作员、系统用户、系统配置和系统登录的管理。

（2）信息搜集与整理。该模块主要功能是根据系统的数据格式和服务方式，通过信息交换平台采集各类航运信息，并分别进行提取、分类、整理和加工，以需要发布的数据形式进行存储。

（3）航运信息发布与服务。该模块主要功能是提供航运相关信息、行政管理信息、气象信息、港口信息的发布与查询服务。

（4）航道图发布管理。该模块主要功能是对航道图数字产品信息的发布管理以及用户使用管理。

（5）航道图信息搜集与整理。本系统通过信息交换平台获取最新电子航道图数据，进行整理确认后转储到发布数据中。

（6）航道图目录显示与查看。查询最新航道图目录，提供版本发行情况。

（7）航道图下载管理。对下载航道图的请求，进行用户审核确认后开放下载功能，对授权用户显示其对当前航道图数据的下载情况，可以单选、多选或全部下载。同时记录其下载历史，并可查询。

8.10 运行维护管理

数字航道是一个综合性网络信息系统，其覆盖范围广，网络结构复杂，涉及的机构及部门众多且层次不一，又具有很强的航道专业特色。为保证系统的可靠运行，必须建立与之相适应的系统运行维护管理机制，才能充分发挥系统建设效果。

8.10.1 运行管理机制

1. 管理方式

系统运行管理内容主要由三方面组成：数据、信息设备、应用软件。

系统运行管理主要有三种模式，即自主管理、完全委托管理和部分委托管理。三种模式主要从场地、设备、管理三个方面来区别。前者是使用单位拥有一切，第二种是受委托单位拥有一切；第三种是使用单位拥有场地、设备，受委托单位负责管理。

（1）自主管理：

① 适应性：管理灵活、方便，使用单位可随时根据自我需求，调整和配置系统以适应其发展变化的需要。

② 安全性：控制简单、可靠，系统安全性和信息保密性相对较高。

③ 经济性：设备、人员都是自我的，费用处于可控制状态，运行成本低。

④ 技术性：要求技术人员具备高素质高技能，熟练掌握信息系统各方面技术，并且能够独立解决问题。

（2）完全委托管理：

① 适应性：适宜大型数据中心管理，不适合分布式应用系统管理。

② 安全性：由于网络、信息有外部参与，系统安全、信息保密不能得到完全保障。

③ 经济性：使用单位只负担管理费用，无需设备、人员、管理协调等投资。

④ 技术性：受委托单位技术人员具备高素质、高技能，能够提供高质量的专业服务。

（3）部分委托管理：

① 适应性：同自主管理。

② 安全性：同完全委托管理。

③ 经济性：使用单位要支付更多的管理人员的费用。

④ 技术性：同完全委托管理。

比较而言，三种模式各有特点。从保密性看，自主管理最好；从技术性看，委托管理较好；从经济性看，网络设备少时，托管可能好，但设备多时，费用将会大大增加。根据数字航道系统的特点，数据运行管理采用自主管理方式，可成立数据中心进行集中管理，部分对外服务的数据也可采取集中委托对外发布、信息设备和应用软件可由使用单位结合自身实际情况选择合适的系统运行管理方式。

2. 组织管理

数字航道系统投入运行后，有大量的数据处理和系统维护完善工作，必须建立相应的组织机构，成立维护部门和应用部门。确定各自的职责，同时要制定各类规章制度和操作规程。明确各类人员的岗位职责及行为规范等，确保各系统正常运行，防止出现意外；应建立应急预案，并进行日常演习，以保证在系统出现意外的情况下能够在最短时间内恢复正常。

3. 人员配备

数字航道系统投入运行后，需要一支素质高、懂技术、会管理、负责任的运行管理队伍。因此，要分层次、分类别加强各系统工作原理、相关操作、运行管理与维护技能等各方面的培训，使他们真正担负起数字航道运行管理工作。人员配备应注意以下几点：

（1）人员保持相对稳定。

（2）每个子系统或模块至少应安排两个人共同维护，避免对个人的过分依赖。

（3）承担运行管理工作的主要人员应对开发阶段每个层次工作有所了解，以解决可能来自系统开发周期各个阶段的问题。

根据数字航道系统的要求，建议主要考虑配备以下三类人员：

① 网络管理员：管理维护本单位的计算机网络，保障网络正常运行；管理维护计算机网络中的设备，保障设备可靠运行；管理维护系统数据库，保障数据库安全。

② 系统管理员：了解并掌握各系统实现原理、实现方法、技术手段等；管理维护本系统应用软件的使用、更新，保障系统正常运行；根据系统管理制度分配好各子系统的权限，做好用户账号与权限的管理和保密工作，监视和管理用户对系统的访问，做好数据保密工作，确保系统安全性。

③ 各系统操作人员：精通实际操作技能，熟练掌握系统各功能模块，及时解决生产实际问题。

8.10.2 维护管理模式

为充分发挥数字航道系统的作用，必须遵循“以数字航道系统信息为主导，优化工作流程、合理配置资源、提高管理效率”的原则，实施新的航道维护管理模式。根据数字航道的功能、特点和应用要求确定新的管理层次、体系组成、机构设置、人员及设施配备方案，同时制定新的管理技术标准、规范和管理办法。

第9章 数字航运建设

"信，国之宝也。"——《左传》

航运管理的内容很多，千头万绪，其重点任务是维护水路运输市场公平竞争、有序发展。根据航运管理机构的职能，支撑其业务的数字航运系统由水路运输市场信用信息服务系统、水路运输经济运行监测预警与决策分析系统组成。《左传》说得好："信，国之宝也。"交通运输部为了促进航运事业的健康发展，在《公路水路交通运输信息化"十二五"发展规划》中提出了建设水路建设与运输市场信用信息服务系统工程、水路运输经济运行监测预警与决策分析系统工程的规划。各省、自治区、直辖市水路运输管理部门结合本地水路运输市场实际情况，以信息化为抓手，积极开展数字航运建设，构建航运企业诚信管理体系，做好经济运行监测预警工作，加大市场监管力度，健全市场准入、退出等管理制度和动态监控机制。

9.1 水路建设与运输市场信用信息服务系统

水路建设与运输市场信用信息服务系统是数字航运建设的重要内容。为规范国内水路运输市场管理，维护水路运输经营者、旅客、货主的合法权益，保障人民生命和财产安全，促进水路运输事业健康发展，交通运输部在《公路水路交通运输信息化"十二五"发展规划推进方案》（厅规划字 [2012]12 号）中要求加快开展公路水路建设与运输市场信用信息服务系统工程建设；并于 2013 年 8 月，下发了《公路水路建设与运输市场信用信息服务系统建设指南》（征求意见稿），以有效解决目前交通运输市场信用体系建设中存在的信用信息不完整、信用信息交换不充分、信用信息公共服务水平低等问题。这对于提高水路交通运输市场信用信息管理与服务水平，提升交通运输行业公信力和服务质量，完善优胜劣汰的竞争机制和市场退出机制，加快形成"政府监管、企业自律、社会监督"的水路交通运输市场信用体系，具有重要意义。

《公路水路建设与运输市场信用信息服务系统建设指南》是交通运输部相关研究部门做了大量的艰苦调查与分析研究工作，提出了这一份统筹全局、开拓创新、脚踏实地的初步构想。本节将展示该指南的水路建设与运输市场信用信息服务这一部分，以供读者参考；也希望关心水路建设与运输市场的同仁们多提建设性意见，以达集思广益之效。鉴于本书的主题为“数字港航建设与发展”，又为了保持对“公路水路建设与运输市场信用信息服务系统工程建设指南”引用内容的完整性，对部分图形同时含有“公路”“水路”的内容，均保留“公路”的部分，不予删节；对本章下文碰到有关的“交通运输”的内容均定位为“水路交通运输”的范畴。

9.1.1 系统概述

1. 建设目的

通过水路建设与运输市场信用信息服务系统建设，有效解决水路交通运输市场信用体系建设中存在的信用信息不完整、信用信息交换不充分、信用信息公共服务水平低等问题，提高水路交通运输市场信用信息管理与服务水平，提升水路交通运输行业公信力和服务质量，维护市场公平与秩序，加快形成“政府监管、企业自律、社会监督”的水路交通运输市场信用体系。

2. 建设范围

本工程业务范围主要包括水路建设市场信用管理和水路运输市场信用管理。本工程信用信息管理与信用评价对象范围见表9.1。

表9.1 本工程信用信息管理与信用评价对象范围

行业		信用对象	信用信息管理	信用评价
水路建设	施工	施工企业	√	√
		项目经理	√	
	监理	监理企业	√	√
		监理系统师	√	√
	试验检测	试验检测企业	√	√
		试验检测人员	√	√
	勘查设计	设计企业	√	√
水路运输	水运企业	水路运输经营企业	√	
		水路运输辅助企业	√	
		港口经营企业	√	

3. 建设定位

本工程重点完善水路建设与运输市场从业企业和人员的信用信息档案，强化水运管理部门与其他部门间信用信息交换与共享，开展信用评价，有效支撑对失信行为的惩戒和守信行为的激励，提升信用监管与服务水平，推进水路交通运输行业信用体系建设。

4. 建设思路

本工程基本建设思路是“制度为纲，数据为本，业务协同，突破共享”。按照相关法律法规及管理制度的要求，以采集完善水路建设与运输市场从业企业和人员的行政许可、行政执法和信用信息，补充校核基础信息，构建企业及人员“一户式”动态信用信息档案为重点，深化信用管理与项目招投标、行政许可、日常监管等业务的协同联动应用，实现水运管理部门与工商、海事等其他部门之间信用信息共享，为建立“全网联动”信用监管体系奠定基础。

5. 建设原则

（1）法规保障、突出重点。应以已颁法规为基本依据，信用信息指标、信用评价方法、信息交换内容等应符合相关部颁文件要求，并按省颁文件进行扩展。鉴于水路建设与运输市场信用管理涉及企业和人员类别众多、规模庞大，应以现有法规中已明确规定的子行业为重点开展系统建设，随着后续系统推进实施，再进一步扩大信用管理覆盖范围。

（2）需求引领、注重实效。要充分发挥各业务部门在系统需求分析过程中的主导作用。在项目建设过程中，应从项目建设单位的核心职能出发，以信用管理服务于行业监管、领导决策和公众服务为主线，挖掘细化不同用户的信用信息服务需求，切实保障系统构建与政府职能相统一，与业务实际相适应。应选择需求迫切、条件成熟的业务领域作为信用信息系统建设和应用的重点，以点带面，逐步发展，切忌面面俱到，贪大求全。

（3）资源整合、信息共享。应充分利用现有信息化基础条件，加强网络、硬件设备及数据资源的整合与利用，防止重复投资和浪费；应加强本系统与“十二五”其他信息化重大系统等建设项目的有效衔接，做到统筹安排，协调一致；应注重部省间、与海事、工商等其他部门之间的信息交换，实现跨部门、跨行业信用信息交换共享与业务协同。

（4）统一组织、分级建设。部统一组织工程建设，负责部级系统的开发建设和维护；协调部省间、部门间和不同区域间的资源共享、业务协同；统一制定系统建设标准，并通过系统建设完善标准。各省在部总体方案和统一标准的指导下，负责本省系统开发建设和运行维护。在项目验收时，部将按照《水路交通运输信息数据标准符合性检测技术规程》等相关文件，组织开展标准符合性检测工作。

6. 建设目标

（1）水路建设与运输市场信用信息采集能力显著提升：

①完善水路建设市场从业企业、关键从业人员信用信息采集能力。其中，基础信用信息（基本信息、资质信息、业绩/工作经历等）采集比率达到100%，动态信用信息（投标行为、履约行为等）采集比率达到80%以上。

此处所指从业企业包括水运系统建设施工企业、设计企业、监理企业、试验检测企业，关键从业人员包括施工企业项目经理、监理系统师、试验检测人员等。

② 完善水路运输企业及从业人员信用信息采集能力。其中基础信用信息（企业基本信息、行政许可信息等）采集比率达到 100%，动态信用信息（行政处罚、运输安全等）采集比率达到 70% 以上。

此处所指水路运输企业包括水路运输经营企业、水路运输辅助业经营企业等。

（2）水路建设与运输市场信用信息交换共享能力明显提高：

① 信用信息在部－省－市－县四级水路交通运输管理部门将实现 100% 共享。

② 信用信息在部省间交换共享程度达到 100%。

③ 初步实现与工商、海事等其他部门的信用信息交换共享。

（3）信用信息服务能力显著提升：

① 实现信用管理与业务管理协同，提升行业监管能力，为系统建设招投标、市场准入与退出管理提供有力的信息化支撑手段。

② 为社会公众信用查询、服务投诉提供便捷渠道。

7. 建设任务

（1）完善行业数据资源中心。依托现有数据资源中心的硬件设施条件及数据资源，全面梳理、整合现有业务系统中企业、人员等基础数据，以及行政许可、行政执法、日常监管等业务数据资源，构建从业企业、人员的“一户式”信用档案。

（2）完善数据交换平台实现信用数据交换共享。在现有数据交换平台基础上，完善信用信息交换与共享功能，实现信用信息部－省－市－县四级联网交换与共享，实现与省内其他部门间信用信息的交换与共享。

（3）建设完善信用信息管理系统。完善水运系统建设市场信用信息管理系统，建设水路运输市场信用信息管理系统。

（4）建设完善现有终端系统。完成 IC 卡水路运输证制作工作，为相关业务窗口配备 IC 卡读写器、证照打印机等终端设备，补充完善移动执法装备。

（5）建设完善网络及软硬件支撑环境。在复用现有网络资源及软硬件基础条件基础上，完善系统所需数据库管理系统、应用中间件等支撑软件，以及服务器、存储设备等硬件设备，建设 IC 卡水路运输证件密钥管理中心。

（6）建立健全系统建设和运营保障体系。建立健全信息安全保障体系、信息化标准规范体系、建设与运营保障体系。

9.1.2 系统业务架构

从水路交通运输行业分类来看，本系统主要涉及水运系统建设市场信用体系、水路运输市场信用体系。

从信用管理主要业务过程来看，水路建设与运输市场信用体系主要由信用信息征集体系、信用评价体系、信用奖惩体系、信用披露与服务体系组成，政策法规与管理制度、运营保障机制、信息系统等技术手段是其保障条件。系统业务总体框架如图 9.1 所示。

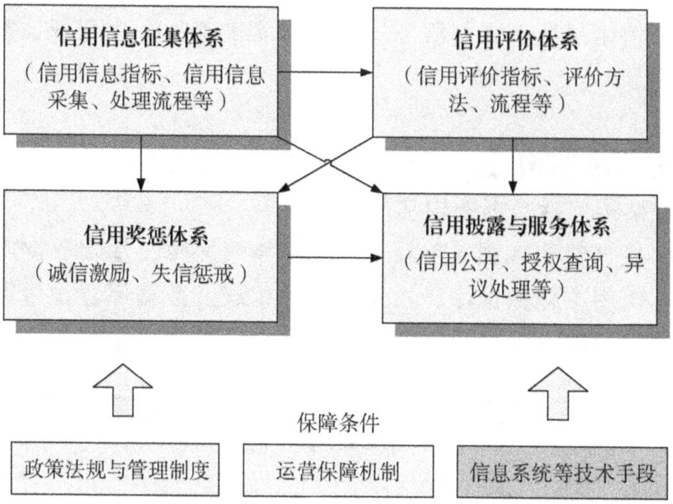

图 9.1 系统业务总体框架构图

1. 信用信息征集

在信用信息征集方面，信用信息征集内容主要包括从业企业及人员的基本信息、良好行为信息、不良行为信息、信用评价信息等。

按照交通运输部《水运系统建设市场信用信息管理办法（试行）》、《水运工程建设市场主要责任主体不良行为记录认定标准（试行）》、《航运公司安全诚信管理办法（试行）》、《中华人民共和国海事局安全诚信营运船舶、安全诚信船长评选规定》等要求，以信息系统为手段，实现相关从业企业和从业人员的信用信息的采集、入库、更新。

2. 信用评价

按照交通运输部《水运工程设计和施工企业信用评价办法（征求意见稿）》、《水运工程监理信用评价办法》、《公路水运系统试验检测信用评价办法（试行）》等相关文件的要求，建立信用评价指标体系，定期对相关从业企业、从业人员进行信用评价。

3. 信用奖惩

按照相关文件要求，在政府采购、招投标管理、扩大经营范围、投资补助等环节对信用等级高的企业给予重点支持和优先安排，逐步形成“诚实守信、处处受益”的良好风气。对失信企业和人员加强监管和制约，严格实施惩处措施；对于存在严重失信问题的企业，按照法律法规限制其业务发展。通过建立跨地区的信用奖惩联动机制，逐步建立“一处失信，处处受制”的网络化监管机制。

4. 信用披露与服务

按照相关管理办法和规章制度，向社会公众公开披露或授权查询企业和人员信用信息。信用信息披露与服务应遵循真实准确、合法合规、客观公正、安全保密的原则。

9.1.3 系统信息架构

系统信息架构包括数据架构和应用架构。

本系统的数据架构如图 9.2 所示，由业务数据库、基础数据库、信用交换共享数据库、信用主题数据库、目录数据库组成。数据库建设遵循信息资源规划思想，坚持“一数一源”的原则，避免重复采集。

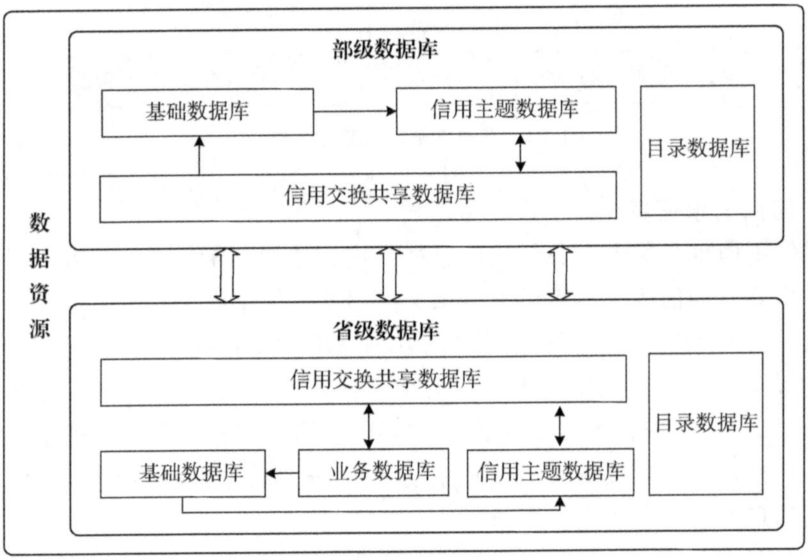

图 9.2 数据架构图

本系统将对系统项目、从业企业、从业人员、营运船舶基础数据进行补充校核完善，整合行政许可、行政执法、日常监管等业务过程中与信用相关的信息资源，通过抽取、转换、加载，形成信用主题数据。通过统一的数据交换平台，实现部省之间、与海事、工商等其他部门的信用信息交换共享。

应用架构主要包括应用系统的组成、相互关系及应用系统体系结构。本系统的应用系统包括部省两级，分为水运工程建设市场信用信息管理系统、水路运输市场信用信息管理系统，部级系统功能侧重于信用信息的汇总、统计、分发及信息服务；省级系统功能侧重于信用信息的征集、上传、信用评价及信息服务。应用架构的总体框架如图 9.3 所示。

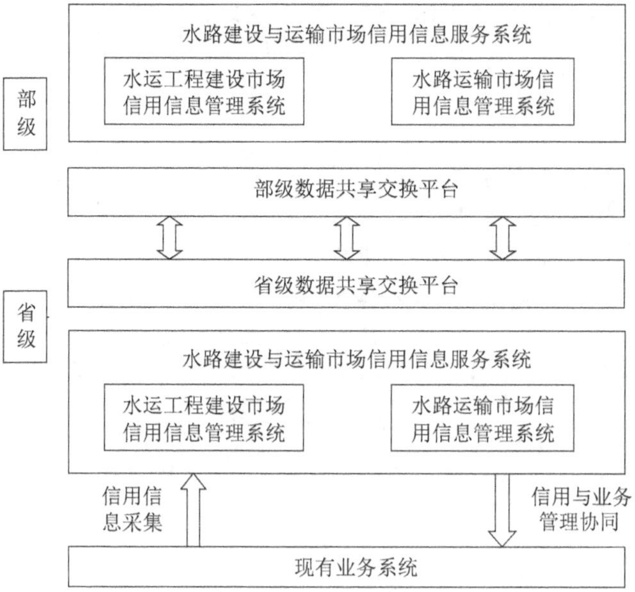

图 9.3 应用架构图

应用系统开发建设应遵循模块化、集成化等理念，推荐采用 SOA 等先进技术，保证应用系统灵活性、扩展性、集成性。

应用系统建设应充分发挥 SOA 技术架构的“模块化”与“服务封装”等特点，采用统一协议封装的 Web Service 方式实现对各子系统功能模块或子模块（服务）的编排管理和数据交换，对于已建的异构系统或未来后续新建的应用系统，应按照该标准的 Web Service 接口协议方式接入企业服务总线（ESB），将共用的服务接口封装并在 ESB 服务总线上注册，从而实现各类业务应用系统的互联互通和有效集成，以及数据资源的有效整合，如图 9.4 所示。

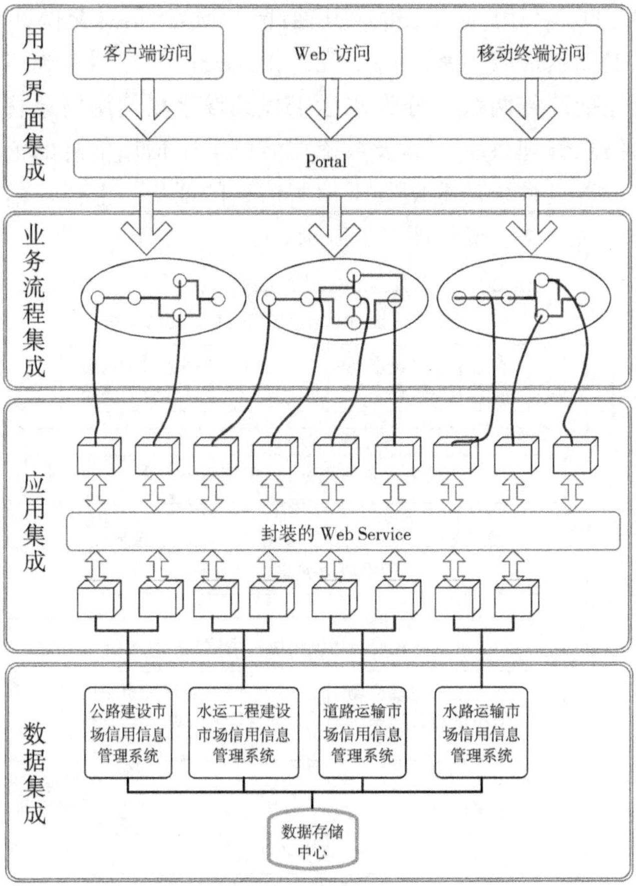

图 9.4 基于 SOA 的应用系统体系结构

9.1.4 系统技术架构

本系统的技术配置方案应充分复用行业现有技术条件，统筹考虑水路交通运输信息化“十二五”四个重大系统及其他信息化系统建设需求，保证技术标准统一性、建设方案的经济性和集约化。本系统新建应用系统基于技术支撑平台开发运行，系统相关原有系统基于技术支撑平台进行整合，其技术架构如图 9.5 所示。应优先选择安全可控、绿色节能产品，优先采用成熟稳定的国产软硬件产品，确保使用正版产品。

（1）基础支撑层。基础支撑层提供了信用信息采集、传输和处理的基本条件和基础环境，主要包括信用信息采集终端、通信信息网络、主机及存储设备、机房等配套设施。

（2）数据资源层。信用数据资源是整个系统的核心。在建设完善相关业务数据库的基础上，初步形成水路建设与运输市场基础数据库、信用主题数据库、

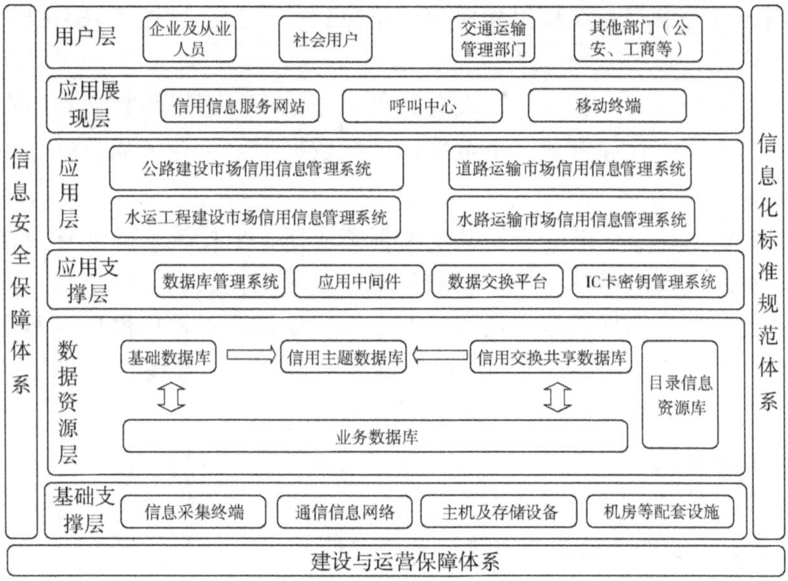

图 9.5 系统技术架构图

信用交换共享数据库，进一步补充完善目录信息资源库。

（3）应用支撑层。应用支撑层处于信息资源层与应用系统层之间，为实现信息共享、应用系统功能、业务协同工作提供技术支撑，是构建信用管理相关业务应用系统的基础。主要包括数据库管理系统、应用中间件、数据交换平台、IC 卡密钥管理系统等。

（4）应用层。应用层是整个系统业务功能及应用的实现，依靠信息资源层和应用支撑层所提供的数据与技术支撑，通过对信用管理与服务需求的深入分析，整合、设计开发各类应用系统。本次系统开发和完善的应用系统主要包括水运工程建设市场信用信息管理系统和水路运输市场信用信息管理系统等两个子系统，各子系统皆分为部、省两级系统进行建设。

（5）用户层和展现层。面向各级行业管理部门、其他政府部门、从业企业、从业人员、社会公众等各类用户，提供水路建设与运输市场信用信息管理与服务。系统主要展现方式包括信用信息服务网站、呼叫中心、移动终端等多种方式。

（6）保障体系层。保障体系包括信息化标准规范体系、信息安全保障体系、建设与运营保障体系，保障体系是本系统顺利建设与运行的重要条件。

9.1.5 系统布局

在网络布局方面，省 – 市 – 县各级行业管理部门可通过现有交通政务外网采集企业及人员信用信息，对企业和人员进行信用评价；企业可通过基于 VPN

的互联网方式登录本系统填报相关信用信息；社会公众通过互联网查询企业及人员信用信息。

在数据布局方面，各地根据现有数据中心架构，可采用数据集中存储在厅数据中心的大集中存储方式，也可采用“厅数据中心＋业务局数据分中心”的分布式存储方式。

各省应建立统一标准的交换共享数据资源库，依托统一的部省数据交换平台，实现水路建设与运输市场信用信息服务系统相关数据上报到部。数据交换接口的主要功能应根据数据交换指标要求，定期提取、转换数据，不符合要求的数据不得上传。部定期对交换的数据进行质量分析、考核。

部省之间数据交换与共享方式包括两种：

（1）数据交换接口方式。省级系统通过数据交换接口，按照数据交换指标要求，定期上传基础信息、信用评价信息、外省企业或人员在本省违章处罚信息；下载本省企业或人员在外省违章处罚信息。

（2）数据查询方式。省级系统通过部级系统提供的Web Service查询接口，通过行业专网查询部级数据库中有关外地企业、人员、船舶等基本信息，信用等级等动态信用信息。

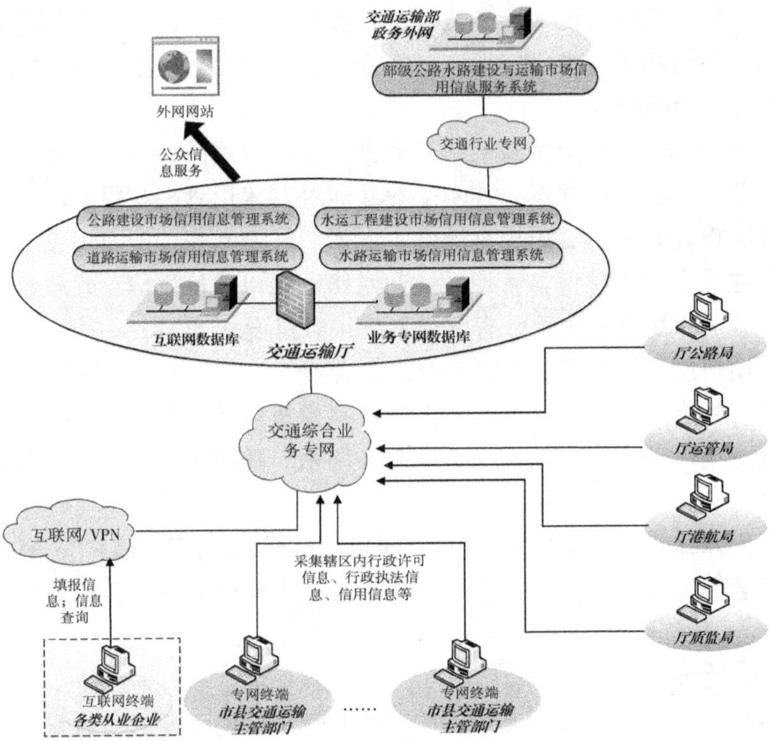

图9.6 应用系统集中式部署示意图

在应用系统布局方面，各省综合考虑管理体制、现有业务系统的部署方案、应用软件架构、数据部署方案等因素，合理确定本系统应用系统的部署方案。应用系统集中式部署方案如图 9.6 所示，应用系统分布式部署方案如图 9.7 所示。

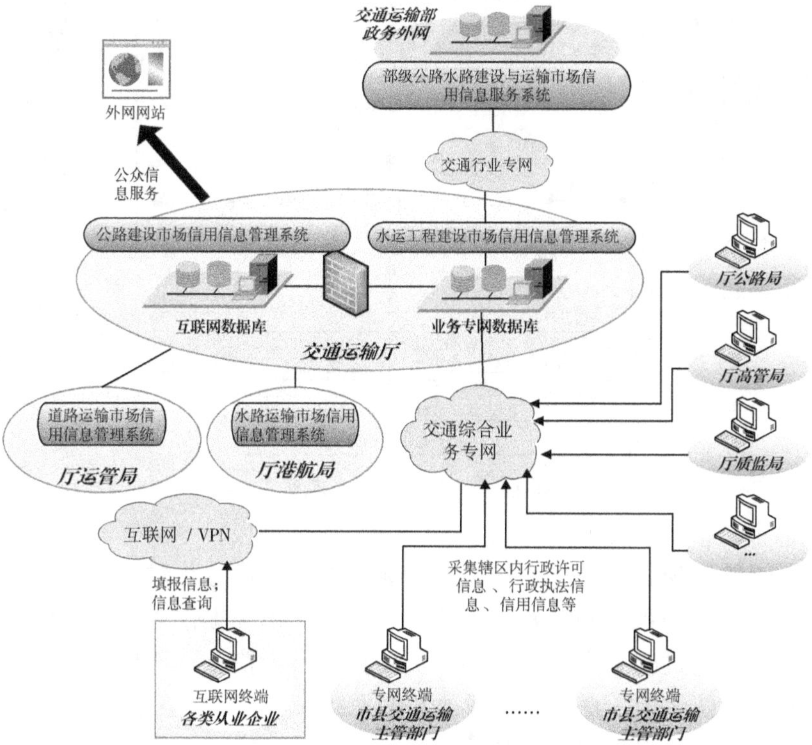

图 9.7 应用系统分布式部署示意图

9.1.6 系统边界

系统边界如图 9.8 所示。

1. 与现有系统的关系

（1）与部级现有业务系统的关系。通过前期开展的水路建设市场诚信及系统质量信息服务系统，已基本建成部级水运系统建设市场信用信息管理系统。本系统将结合相关业务需求进一步完善。

通过前期开展的水路交通运输信息共享与服务系统（一期）工程，部级水路运输信息服务系统已基本建设完成，部级水路运输市场信用信息系统作为部级水路运输信息服务系统的一个子系统，将在原有系统基础上开发完善。

通过系统已基本建成的部省数据交换共享平台，本系统将在现有交换平台基础上，增加配置信用数据交换队列（接口），实现部省之间信用信息的交换与共享。

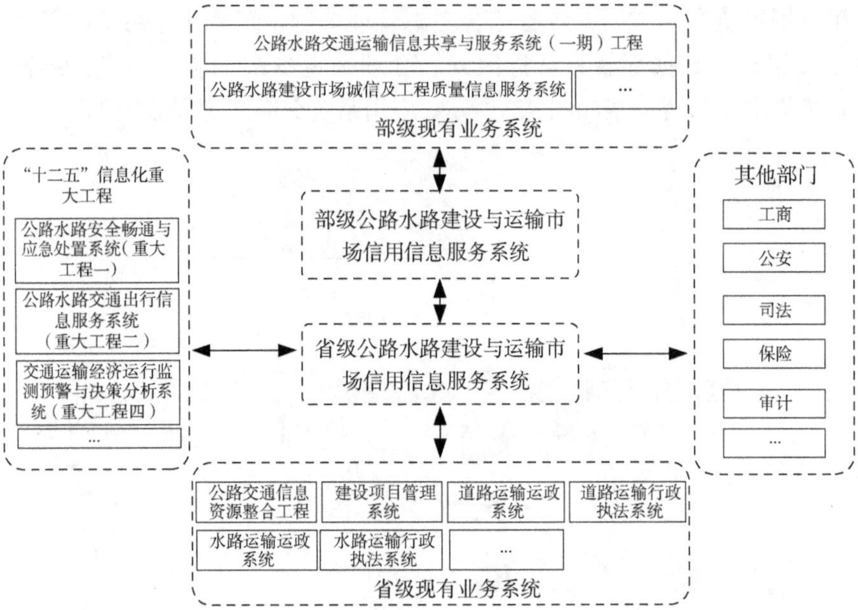

图 9.8 与其他系统关系图

（2）与省级现有业务系统的关系。通过多年的信息化建设发展，各省已完成了大量业务管理系统和基础平台建设，可为本系统提供有关行政许可、运政执法、日常监管过程中有关企业和人员的良好行为信息、不良行为信息等信用数据，是本系统信用信息征集的重要数据来源。

同时，本系统将为其他业务系统提供相应的信用服务功能，各业务系统利用本系统建设完善的信用信息及信用评价结果信息，在经营权招投标、投资补助等环节对诚信企业给予重点支持和优先安排，对于失信企业按照法律法规做出相应的惩戒，实现已有业务系统和信用系统的应用协同。

另外，各省通过水路交通信息资源整合系统等前期项目，已初步建成省级数据中心和全省统一的数据交换平台。本系统将在现有数据中心基础上进一步完善信用相关数据，形成水路建设与运输市场信用数据库。在现有数据交换平台基础上，扩展信用数据交换应用，实现与水路交通运输部及其他部门的信用数据交换共享。

2. 与其他信息化重大系统的关系

本系统是《公路水路交通运输信息化“十二五”发展规划》中四个重大工程之一。其他三个重大工程包括：公路水路安全畅通与应急处置系统（重大工程一）、公路水路交通出行信息服务系统（重大工程二）、交通运输经济运行监测预警与决策分析系统（重大工程四）。四个重大工程之间的关系主要为数据和技术架构相互支撑，并共享部分软硬件资源，如图 9.9 所示。

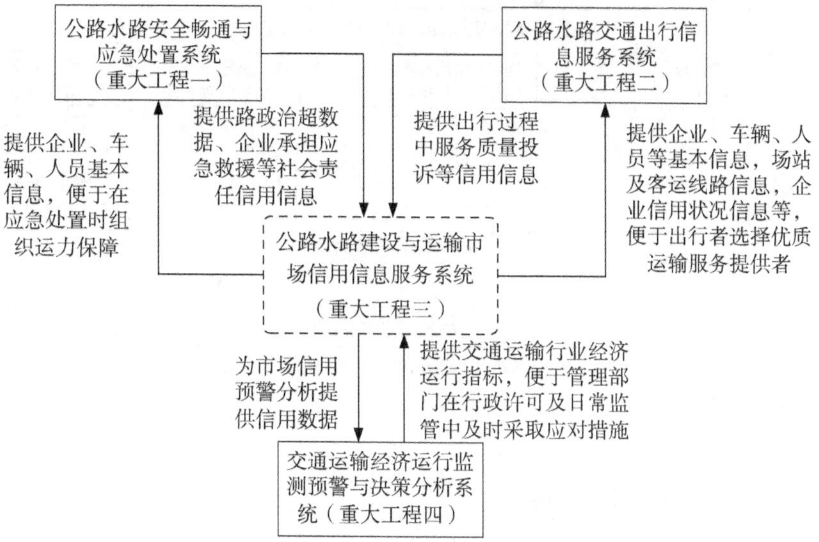

图 9.9　四个重大工程之间的数据关系

3. 与其他部门应用系统的关系

通过工商部门获取企业工商登记注册和注销信息、信用、消费投诉信息；通过海事部门获取船舶、船员的违法、记分、事故信息。积极探索与司法、保险、审计等部门的信息交换与共享，通过司法部门获取交通建设和运输企业经济纠纷、经济违法案件判决；通过保险部门获取企业、营运船舶和人员投保信息；通过审计部门获取审计部门认定的企业违规行为信息。

同时根据其他管理部门的工作需要，本系统可提供水路交通运输企业及人员的资质、信用评价结果等信用信息，加强行业间信息交换共享。

9.1.7　水路建设与运输市场信用信息服务系统

水路建设与运输市场信用信息服务系统总体功能如图 9.10 所示。

1. 水运工程建设市场信用信息服务系统

1）部级系统

（1）全国综合信用评价。实现对国务院有关部门许可资质的水运施工企业、设计企业，全国范围内从业的监理企业和监理工程师、试验检测工程师和取得水运甲级及专项等级证书并承担相关业务的试验检测机构的全国综合信用评价。

（2）信用统计分析。实现企业／人员基本信息、不良行为、信用评价结果等情况的监测及发展趋势分析，为领导层决策提供依据。

（3）信用信息服务。为社会用户提供企业／人员基础信息、不良行为信息、全国综合信用评价结果信息发布和查询。

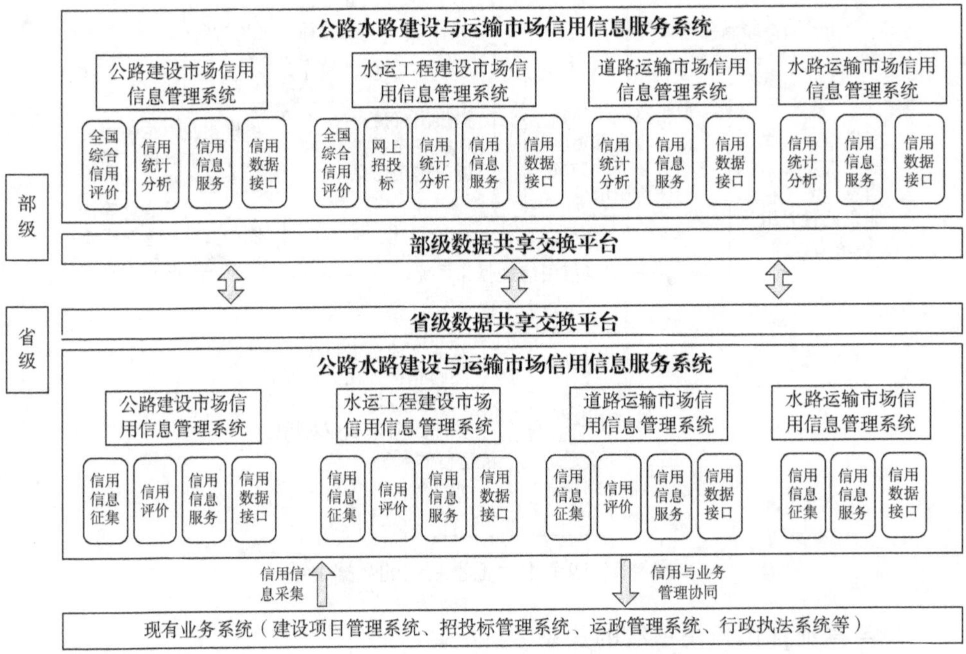

图9.10 水路建设与运输市场信用信息服务系统总体功能图

（4）信用数据接口。实现与省级系统间的数据交换和共享，包括：

① 数据汇总接口：接收各省上传的水运系统建设企业基本信息、不良行为信息、省信用评价结果信息，以及人员的基础信息、不良行为信息、省信用评价结果信息。

② 数据查询接口：为各省提供全国水运系统建设企业／人员基本信息、本省企业在外省的不良行为信息（属于《水运系统建设市场主要责任主体不良行为记录认定标准》范围内）和信用评价结果信息、全国综合信用评价结果信息查询。

2）省级系统

（1）信用信息征集：

① 征集指标管理：实现对信用信息征集指标类及指标项的动态管理。

② 信息征集：按照征集指标的要求，实现对基本信息、良好行为信息、不良行为信息的动静态采集。

（2）信用评价：

① 评价指标管理：实现对信用评价指标类及指标项的动态管理。

② 信用评价管理：按照水运系统建设市场信用评价业务流程，实现对水运系统建设市场施工企业、设计企业、监理企业／人员、试验检测企业／人员的信用评价管理。

③ 异议处理功能：接受对信用评价结果有异议的申诉，并录入处理结果。

（3）信用信息服务：

① 通过 Web Service 或数据库共享等方式，为建设项目管理系统、招投标管理系统等业务系统提供数据共享服务，业务系统通过该服务查询从业企业、从业人员良好行为信息、不良行为信息、信用评价结果信息，实现业务管理与信用管理的协同应用。

② 面向社会公众，提供信用信息公示公告、公开查询、投诉处理、舆情监测等服务。

（4）信用数据接口。实现与部级系统、外部系统间的数据交换和共享，包括：

① 上报接口：向部上传本省水运系统建设市场从业企业 / 人员基本信息、良好行为信息、不良行为信息、省信用评价结果信息，以及外省企业在本省的良好行为信息、不良行为信息、自评 / 初评信息。

② 外部接口：将来自工商、司法、审计、金融等部门的共享信用信息入库，同时将相关信用信息共享给本省其他政府部门。

2. 水路运输市场信用信息服务系统

1）部级系统

（1）信用统计分析。实现水路运输企业、船员、营运船舶基本信息、违章信息、信用评价结果等情况的监测及发展趋势分析，为领导层决策提供依据。

（2）信用信息服务。面向社会公众，提供水路运输企业、营运船舶、船员基础信息、良好行为信息、不良行为信息、信用评价结果等查询服务。

（3）信用数据接口。实现与省级系统间的数据交换和共享，包括：

① 汇总接口：接收各省上传的水路运输企业、营运船舶、船员基础信息、良好行为等信息。

② 水路运输行政执法信息共享接口：汇总异地水路运输企业、营运船舶、船员违章及处罚等信息，分发各省水路运输企业、营运船舶、船员在外省的违章及处罚等信息。

③ 查询接口：提供水路运输企业、营运船舶、船员基础信息、重大不良行为等信息查询。

2）省级系统

（1）信用信息征集。通过信用信息指标的统一管理，实现对水路运输企业 / 从业人员信用信息征集指标类及指标项的动态管理。

按照信用信息指标的要求，在整合现有业务系统各类信息资源的基础上，实现对基本信息、良好行为信息、不良行为信息等信用信息的动静态采集。主要采集方式包括：

① 通过数据共享或数据抽取等方式，整合现有水路运输业务数据库中有关

水路运输行政许可、行政执法信息，按照统一的信用指标体系整理入库。

② 通过与部级水路运输市场信用信息管理系统数据交换接口，征集本省水路运输企业、船舶、从业人员在外省的违章及处罚信息。

（2）信用信息服务：

① 通过 Web Service 或数据库共享等方式，为水路运政管理系统、执法管理系统等业务系统提供数据共享服务，业务系统通过该服务查询水路运输企业、从业人员基本信息、良好行为信息、不良行为信息、信用评价结果信息，强化业务管理与信用管理的协同应用，实现“许可－监管－退出”闭环管理。

② 面向社会公众，提供信用信息公示公告、公开查询、投诉处理等服务。

（3）信用数据接口。实现与部级系统间的数据交换和共享，包括：

① 上报接口：向部上传水路运输企业、营运船舶、船员基础信息、信用信息。

② 水路运输行政执法信息共享接口：上报外省水路运输企业、营运船舶、船员在本省的违章及处罚信息，从部下载本省水路运输企业、营运船舶、船员在外省的违章及处罚信息并自动入库。

3. 信用信息应用方案

为进一步促进信用信息的应用，应配合本次系统出台完善相关水路建设与运输市场信用信息管理办法，充分依靠和发挥政府政策引导、宣传教育、组织协调、诚信示范等作用，为信用信息及信用评价结果在行业管理应用方面提供政策支撑。应以“信用信息来源于业务系统，服务于业务系统”为原则，以信用为抓手，进一步优化业务管理流程，完善现有相关招投标管理系统、运政管理系统等业务系统，实现“许可－监管－退出”的闭环管理。信用信息应用方案示例如9.2表所示。

水路运输市场信用信息服务系统的信息资源、基础条件、标准规范、建设运行管理等各个应用系统的共性内容详见本书的第2章，本节不再详述。

表 9.2 信用信息应用方案示例

信用信息	应用的业务系统	应用方式与内容	法规依据	举 例
水路建设市场信用评价信息	招投标系统	为招投标系统提供水路建设市场从业企业信用评价信息，便于管理部门对信用好的从业企业在参与投标数量、资格审查、履约担保金额、质量保证金额等方面给予优惠和奖励	《水路建设市场信用信息管理办法》等	招投标系统可根据投标企业信用评价等级，自动进行不同的投标优惠，例如，信用等级为AA级的企业可参与投标数量多于其他信用等级企业；信用等级为AA级的企业履约担保金额低于其他信用等级企业
水路运输违章信息	水路运政系统	通过数据库共享方式，为水路运政系统提供水路运输违章信息，便于管理部门对其采取经营资质预警、重点监管等惩罚措施	《国内水路运输管理规定》等	水路运输经营者被列入预警等级后，水路运政系统提示管理部门对其进行抽查

9.2 水路运输经济运行监测预警与决策分析系统

水路运输经济运行监测预警与决策分析系统也是数字航运的一个重要组成部分，它涉及水路运输统计、投资、规划等三大业务。2013 年 8 月，为解决交通信息化规模效益不突出，区域协调联动不明显等问题，交通运输部下发了《运输经济运行监测预警与决策分析系统工程建设指南》(征求意见稿)。

交通运输部科学研究院与规划研究院做了大量的艰苦调查与分析研究工作，提出了这一份统筹全局、先进可行的初步构想。本节将展示该指南的水路运输经济运行监测预警这一部分内容，以供读者参考；也希望关心水路运输经济运行监测预警的同仁们多提建设性意见，以达集思广益之效。鉴于本书的主题为数字港航建设与发展，又为了保持“运输经济运行监测预警与决策分析系统工程建设指南”引用内容的完整性，下文所述的“交通运输”均定位为“水路交通运输”的范畴。

9.2.1 系统概述

1. 建设目的

“交通运输经济运行监测预警与决策分析系统”是《公路水路交通运输信息化“十二五”发展规划》中确定的四个重大工程之一。该工程重点解决三方面问题：一是解决交通运输统计、投资、规划三大业务部、省、市、县四级联动和协同管理问题；二是解决交通运输统计与业务管理系统有效衔接，拓展统计数据采集渠道，增强统计数据的鲜活性和及时性，提高统计快速响应能力，缓解基层统计工作压力问题；三是解决交通行业宏观经济运行监测预警分析手段有待提高问题。除满足交通统计、投资、规划日常管理工作需求外，该工程是对重大工程一“公路水路交通安全畅通与应急处置系统”、重大工程三“公路水路建设与运输市场信用信息服务系统”和“十一五”交通信息资源整合与服务工程等成果的提升应用。

2. 建设范围

本工程建设范围将覆盖交通运输部和全国 31 个省（自治区、直辖市）水路交通运输管理部门。有条件的地市、县可结合本地实际情况，选择开展本工程建设。综合统计业务应至少覆盖《交通运输综合统计报表制度》、《交通固定资产投资统计报表制度》和《客运统计报表制度》；投资计划业务应至少覆盖部管水路交通运输建设项目；规划业务至少覆盖规划项目管理；动态信息监测应结合各省自身条件，充分利用条件成熟的业务系统获取动态业务数据，加强开展统计监测与分析。

3. 建设定位

本工程建设定位：一是以建立部、省基于计算机网络传输和工作流技术的协同精细化管理工作体系，实现三大业务信息资源有效共享和整合应用作为本工程建设的基本内容，开展基础设施、设备、应用系统、规章制度建设。鼓励各省交通主管部门根据自身的实际工作特点，在满足部省联动基本功能的基础上，增加与统计、投资、规划业务管理相关的应用功能，创新、优化管理模式，提高管理效率和质量。二是结合部、省各业务系统应用情况，将实现统计系统与其他业务系统有效衔接作为本工程的重要建设内容，开展设备、应用系统建设。三是以建立基于海量数据云计算技术和预警预测技术，集宏观经济、产业经济和交通经济统计分析于一体的交通行业运行监测和辅助决策系统功能作为本工程后期建设内容，开展应用系统建设。

4. 建设思路

工程建设总体思路是：统一标准、分省建设，分段实施、先易后难，部省联动、整体推进。

由部统一制定省级工程的基本业务功能要求和部省数据交换标准，各省分别开展工程建设。

根据工程建设的难易程度，分两个阶段实施建设。第一阶段对统计、投资、规划三大业务的信息系统进行新建和升级改造，并结合各业务系统应用情况，探索统计系统与有条件的业务系统的有效衔接；第二阶段进一步深化统计系统与业务系统的衔接，并以海量数据云计算技术和预警预测技术应用突破为基础，开展交通经济运行监测、预警和辅助决策系统建设，全面提升交通运输行业主管部门交通运行监测、决策能力和服务能力。

通过部级工程、省级工程建设，要实现部、省、市、县四级数据报送和反馈的业务联动，建设进度上部省两级工程要同步推进，从而充分发挥部省两级工程建设成果的整体效益，推动全行业统计、投资、规划管理水平的整体提升。

在保证核心功能满足部统一要求的基础上，各省可根据各自实际情况，扩展相关功能，科学制定各自的工程建设思路。

5. 建设原则

（1）统筹协调原则。根据公路水路交通运输信息化“十二五”发展规划要求，本工程在建设需求、建设内容、建设进度安排方面需与其他重大工程统筹协调，避免重复建设，保证信息资源有效共享。

（2）标准统一原则。在系统基本功能和部省数据交换标准方面，部级工程与省级工程要按照统一的标准建设，保证部、省之间的联动。

（3）资源整合原则。充分利用现有的信息化资源，特别是“十一五”信息化资源整合成果，避免重复建设。以提高信息资源共享、业务协同能力和管理服务水平为导向，优化业务流程，加强交通统计、投资、规划的业务协同。

（4）建维并重原则。既要重视系统实施，更要重视系统运行维护工作机制建设，要投入专门的运维力量和维护资金，为业务工作开展提供不间断服务，确保系统长期有效运行。

6. 建设目标

“十二五”水路交通运输进入了以科学发展为主题、以加快转变发展方式为主线、以运输结构调整为主攻方向、以保障和改善民生为根本出发点和落脚点、以建设资源节约型环境友好型交通运输行业为着力点，积极推进现代交通运输业发展的新时期。围绕行业发展需求，该工程将实现五大建设目标：

（1）进一步优化水路交通统计、投资、规划业务的日常工作方式，规范工作行为，推动管理科学化、精细化，提高工作质量。

（2）建立起基于计算机网络的信息交互渠道，彻底转变各级交通统计、投资管理部门靠人工、邮寄完成信息交互的落后工作方式，大幅增强各级交通统计、投资管理部门的工作手段。

（3）转变统计、投资、规划三大业务以纸质资料为主要沟通介质的协作方式，建立起基于信息化条件的资源共享机制和协同办公机制，提高三大业务工作人员整体管理、分析能力，降低劳动强度，提高工作效率。

（4）探索搭建基于云计算技术的海量数据存储、应用架构，探索建立交通行业景气指数、交通运行主要统计指标短期预测等系统，提高对业务系统信息挖掘、综合利用能力，提升交通宏观经济运行监测、分析、预警和科学决策能力。

（5）面向相关部委、部内司局、基层交通管理部门、社会公众的需求，丰富统计信息服务内容、完善统计服务手段，进一步提高交通行业统计服务的全面性、针对性和及时性。

7. 建设任务

1）部级工程的建设任务

（1）建设包括交通运输统计信息管理系统、投资计划管理系统、规划信息管理系统、行业运行动态监测系统、统计信息共享服务系统、综合统计分析辅助决策系统、统计信息公共服务系统在内的七大应用系统，并相应建设统计数据转换接口、统计业务短信服务系统等应用支撑平台。

（2）在部机关建立统一的统计、投资计划和规划数据库，并相应对统计、投资计划、规划管理历史数据进行迁移转换。

（3）建设连接31个省级交通运输主管部门、部海事局、部水运局、典型水路客运企业的统计数据采集渠道。

（4）完善部机关主机、存储备份系统和安全系统，并购置相应的支撑软件。

2）省级工程的建设任务

（1）以省级各类统计和投资计划信息集中统一存储和管理为目标，建设省级交通运输统计和投资计划数据库。

（2）以有效增强省级交通运输统计数据收集的及时性为目标，依托省内的交通运输行业专网，建设覆盖省厅—直属局、省厅—地市—县的省级统计业务管理系统。

（3）以有效增强省级交通运输投资计划数据收集的及时性和规范性为目标，依托省内的交通运输行业专网，建设覆盖省厅—直属局、省厅—地市—县的省级投资计划管理系统。

（4）以实现省厅与直属局等行业主管部门间的交通统计数据共享为目标，面向省内交通行业主管部门，建设省级统计信息共享服务系统。

（5）以信息资源整合为基础，在水路基础设施建设与运输生产等业务领域，充分考虑系统运行稳定性、管理规范化、系统成熟度和数据质量等因素，以需求为导向，建设省级动态信息监测系统。

（6）面向行业管理部门，探索开发水路基础设施建设、水路运输量、固定资产投资、客运等方面的综合分析功能，建设省级统计信息综合分析系统。

（7）在省厅门户网站下建立或完善省级交通运输统计信息公共服务子网站（或统计栏目），建设或完善省级统计信息公共服务系统。

（8）以每位统计和投资计划业务工作人员用工作电脑使用省级系统为目标，建设完善省厅—直属局、省厅—地市—县交通运输主管部门的行业专用网络。

在完成以上8项主要建设内容的基础上，各省根据本省特点和需求，可新增水路交通运输规划、投资计划和统计分析监测管理方面的建设内容。

9.2.2　系统业务框架

水路交通运输经济运行监测预警与决策分析系统工程主要覆盖部、省、市、县四级交通运输管理部门的统计、投资和规划三大业务，业务之间衔接紧密，通过工程建设实现统计、投资和规划协同管理。投资计划是对规划的落实，统计是对投资计划的跟踪监督。规划需要通过投资计划安排去落实，投资计划必须按照规划范围去执行，投资计划通过统计掌握规划执行率和投资计划执行情况。

根据部、省、市、县各级交通运输管理部门的管理体制现状，水路交通运输经济运行监测预警与决策分析系统业务总体分别由市县级、省级和部级三层相关管理部门组成（交通运输经济运行监测预警与决策分析系统业务框架见图9.11）。业务架构特点是纵向自下而上联动，横向每一层面内部协同，对外服务。

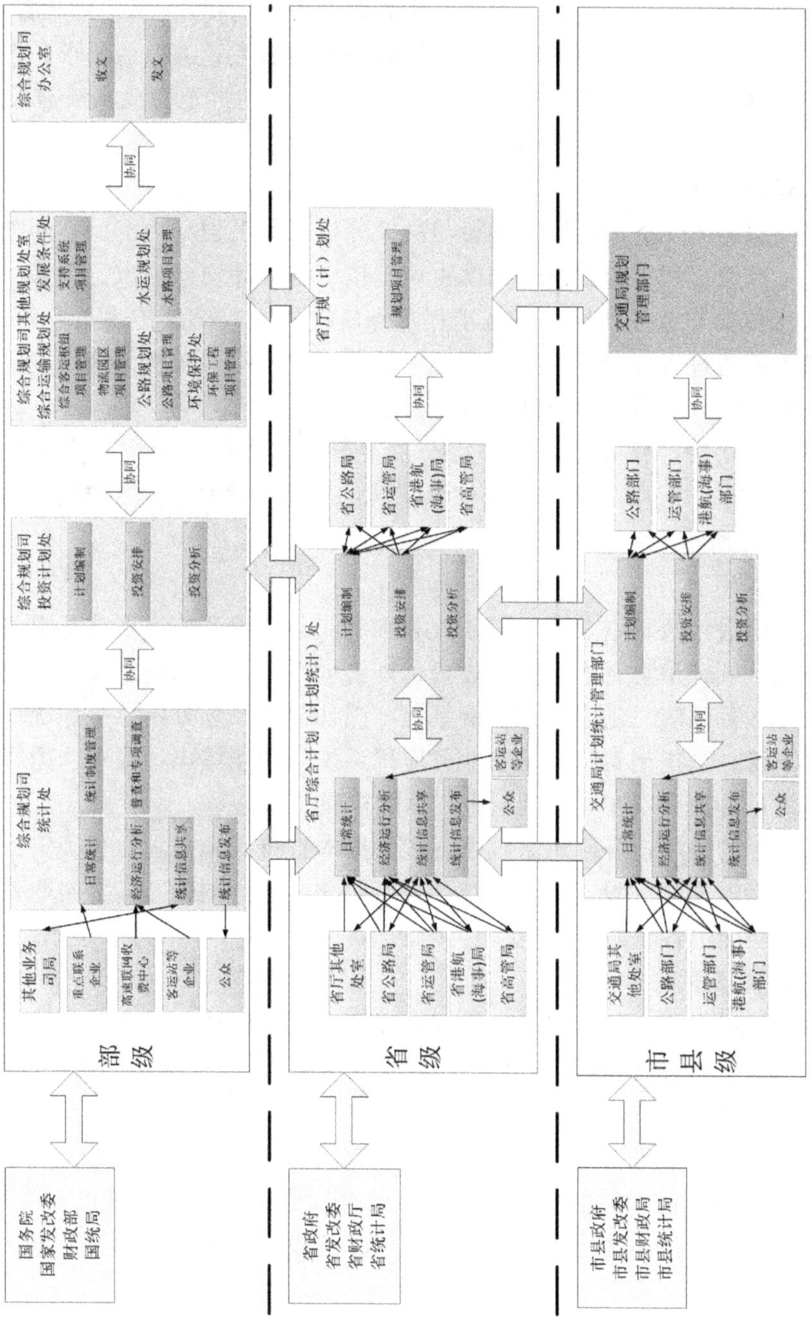
部级
省级
市县级
国务院
国家发改委
财政部
国统局
省政府
省发改委
省财政厅
省统计局
市县政府
市县发改委
市县财政局
市县统计局
综合规划司
统计处
日常统计
经济运行分析
统计信息共享
统计信息发布
统计制度管理
普查和专项调查
其他业务司局
重点联系企业
高速联网收费中心
客运站等企业
公众
综合规划司
投资计划处
计划编制
投资安排
投资分析
综合规划司其他规划处室
综合运输规划处
综合客运枢纽项目管理
物流园区项目管理
公路规划处
公路项目管理
环境保护处
环保工程项目管理
发展条件处
支持系统项目管理
水运规划处
水路项目管理
综合规划司
办公室
收文
发文
协同
省厅综合计划（计划统计）处
省厅其他处室
省公路局
省运管局
省港航(海事)局
省高管局
客运站等企业
公众
省厅规（计）划处
规划项目管理
交通局计划统计管理部门
交通局其他处室
公路部门
运管部门
港航(海事)部门
交通局规划管理部门

图 9.11 系统业务框架

统计、投资、规划业务需求决定了其工作体系必须具备规范与灵活相结合的特点。一方面，为了满足国家和交通运输部的要求，各级水路交通运输管理部门在部的指导下，保证统计、投资、规划各业务纵向畅通；另一方面，在满足国家要求的基础上，为了同时满足地方政府和交通主管部门的要求，各层工作体系必须制定自身的工作规则，灵活、高效、有针对性地完成本级需求。

9.2.3 系统技术框架

水路交通运输经济运行监测预警与决策分析系统工程分为部、省两级工程开展建设。部级工程重点解决部与部直属单位、省、计划单列市行政管理部门之间的信息传输与业务协同，省级工程重点解决省内的信息传输与业务协同，部省两级工程通过省级前置机，按照统一的数据交换标准实现无缝衔接，最终实现部、省、市、县四级的信息传输与业务协同。

水路交通运输经济运行监测预警与决策分析总体技术架构分为业务应用层、数据资源层、应用支撑层以及信息系统的安全保障体系与标准规范体系。具体如图 9.12 所示。

1. 业务应用层

业务应用层包括基本业务应用系统和扩展业务应用系统。系统基本业务应用系统包括：统计信息管理系统、投资计划管理系统、规划信息管理系统、统计信息共享服务系统、动态信息监测系统、统计信息综合分析系统和统计信息公共服务系统，该指南对每个基本业务应用系统的功能提出了要求，须严格遵从并全部满足，且可以在此基础上进行功能扩展。

省级工程的扩展业务应用系统由各省根据本省特点和需求自行确定，但须限定在交通运输规划、投资计划和统计分析监测管理范围内。各扩展业务应用系统的技术功能由各省研究制定。

2. 数据资源层

数据资源层为业务应用层提供数据支撑，省级工程至少需建设支撑上述基本业务应用系统的数据库群。若有扩展业务应用系统，需相应增加数据库建设。

3. 应用支撑层

应用支撑层为业务应用层和数据资源层提供软硬件及组织保障，具体包括支持业务应用运行的系统软件、中间件、数据库管理软件、前置机、服务器、存储设备、终端设备、网络设备等，以及保障省级系统顺利实施的组织保障体系等。

4. 安全保障体系

安全保障体系是保障系统安全稳定运行的相关管理和技术保障措施。

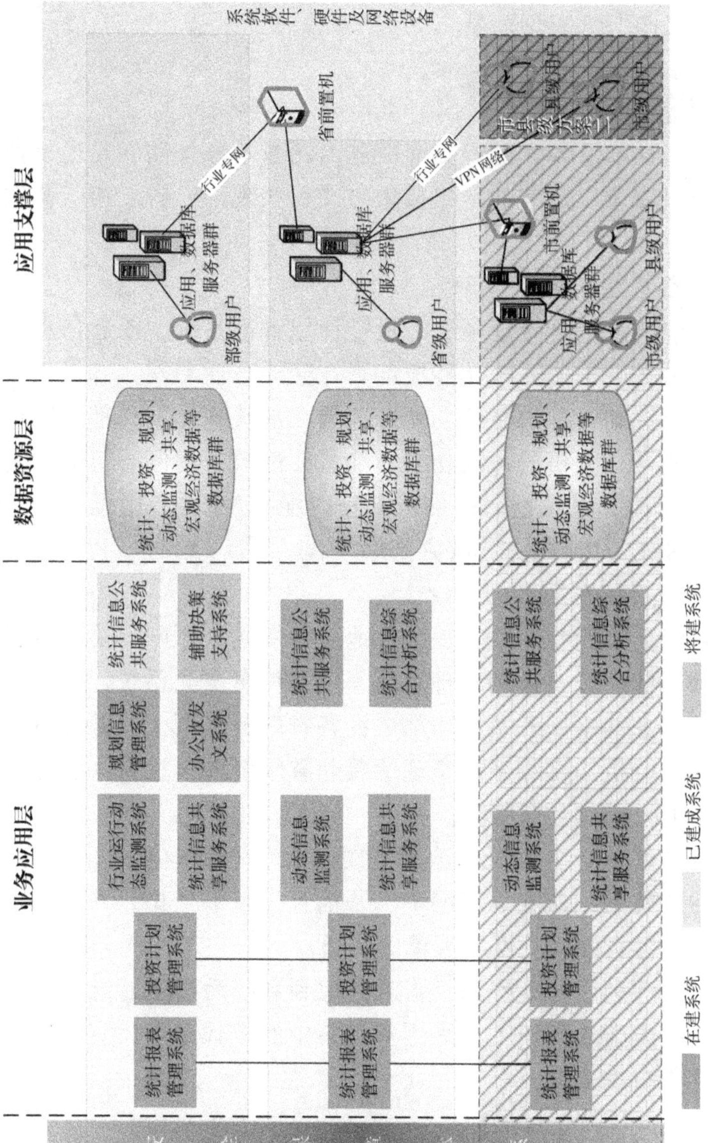

图 9.12 系统总体技术架构

5. 标准规范体系

标准规范体系是部省两级工程需遵照的统一的数据建设标准及相关工作规范，以保证部省两级工程实现互联互通，省级工程所建设系统与本省相关业务管理信息系统之间实现数据共享。

9.2.4 系统布局

系统布局应在部及各省已有交通政务内网、政务外网和交通行业专网的网络基础上，通过安全、经济的网络接入方式，实现部、省、市、县四级的网络联通。

1. 部级工程系统布局

部级工程中统计信息管理系统、投资计划管理系统、动态信息监测系统实现从省级系统采集数据的系统功能应部署在交通行业专网；部级工程对各省数据进行审核、反馈和管理的系统功能应部署在部政务外网；部级工程对各省数据进行汇总、查询、分析的系统功能应部署在部政务内网。行业中重点联系企业向部级工程直接上报数据时，部级工程应配备 VPN 专用设备，确保重点联系企业能通过 SSL VPN 的方式接入部级工程。

2. 省级工程系统布局

为确保省级工程能与部级工程顺畅地进行衔接，原则上要求省级工程中的统计信息管理系统、投资计划管理系统、动态信息监测系统、统计信息综合分析系统、统计信息共享服务系统均部署在各省政务外网上，并通过部署在交通行业专网上的前置机与部级系统实现衔接。省级统计信息公共服务系统则直接部署在互联网上，提供公众服务。

动态监测系统从业务系统获取数据时，为了不影响业务系统的正常运行，原则上要求在业务系统所在局域网中部署前置机获取数据，并通过防火墙、网闸等安全设备与各省政务外网实现单向联通。

为了充分合理利用各类资源，同时考虑到系统后续运行维护对维护力量的要求较高，原则上要求省级工程采用省级集中的方式建设，有条件的省份可采用省、市、县分布式建设。

9.2.5 系统边界

1. 部级工程与省级工程的边界

部级工程与省级工程关系紧密，主要体现在：

（1）部级工程侧重于构建部省之间的统计和投资计划工作平台，省级工程则侧重于构建省、市、县三级的统计和投资计划工作平台，并以部级工程在省级部署的前置机为衔接纽带，共同构成完整的部、省、市、县四级交通运输部门联通的统计和投资计划数据报送系统。

（2）部级工程建设形成相关的行业标准，省级工程须遵照执行。

（3）部、省两级工程建设相关的统计共享数据、动态监测数据，可根据需要在部省之间、省际之间共享，并逐步建立部省共建共享、各负其责的统计信息化发展模式。

2. 与“十一五”信息化示范工程的边界

在“十一五”期间开展了信息化示范工程建设的省份，应充分利用该工程建设形成的应用系统、数据资源、相关支撑平台和软硬件环境，按照整合资源、避免重复建设的原则，开展省级工程建设。

3. 与公路水路安全畅通与应急处置系统的边界

省级工程可以公路水路安全畅通与应急处置系统为基础，通过数据交换和共享获取相关业务系统的动态鲜活数据，深化统计与业务系统的衔接；省级工程可向公路水路安全畅通与应急处置系统提供交通宏观经济运行分析结果，便于提前采取相关应急保障措施，提升公路水路安全畅通与应急处置系统的应用。

4. 与公路水路建设与运输市场信用信息服务系统的边界

省级工程可以公路水路建设与运输市场信用信息服务系统为基础，通过数据交换和共享获取相关业务系统的动态鲜活数据，深化统计与业务系统的衔接；省级工程可以向公路水路建设与运输市场信用信息服务系统提供行业宏观运行态势数据，便于在公路水路建设与运输市场监管工作中提前采取应对措施。

9.2.6 各级应用系统功能基本要求

水路运输经济运行监测预警与决策分析系统包括：部级交通运输统计信息管理系统、部级交通运输投资计划管理系统、部级交通运输规划信息管理系统、部级交通运输行业运行动态监测系统和部级交通运输统计信息共享服务系统，省级统计信息管理系统、省级投资计划管理系统、省级统计信息查询和共享系统、省级动态信息监测系统、省级统计信息综合分析系统和省级统计信息公共服务系统，各个应用系统功能基本要求如下。

1. 部级工程系统功能基本要求

为实现规划、投资、统计“三位一体”协同办公，部级工程系统包括部级交通运输统计信息管理系统、部级交通运输投资计划管理系统、部级交通运输规划信息管理系统、部级交通运输行业运行动态监测系统和部级交通运输统计信息共享服务系统。各系统功能基本要求如下：

1）部级交通运输统计信息管理系统功能基本要求

（1）系统用户范围：本系统用户要求涵盖部级、部直属单位、省级、重点联系企业等涉及综合统计业务的交通主管部门及相关单位。

（2）功能要求：本系统须实现部省两级（部省级交通运输主管部门/重点联系企业）统计报表业务的网络化管理，包括报表的制作、下发、录入、审核、上报、接收、反馈、查询、汇总、处理与统计分析。系统将涵盖综合统计所涉及的全部统计报表业务，并将通过灵活的功能模块和数据库设计确保系统的可扩展性，将来可以根据需要增加新的报表业务。

2）部级交通运输投资计划管理系统功能基本要求

（1）系统用户范围：本系统用户要求涵盖部级、省级、计划单列市、直属单位等涉及投资计划业务的交通主管部门。

（2）功能要求：建设的部级交通运输投资计划管理系统必须以投资项目为主线，既能实现部管各类项目年度投资计划的填报、审核、编制、下达、检索，以及投资计划执行情况、资金渠道投入比例辅助决策分析，又能实现部机关投资计划业务管理网络化作业与投资项目历史信息数字化存储，提高投资计划工作效率与科学性。

3）部级交通运输规划信息管理系统功能基本要求

（1）系统用户范围：本系统用户要求涵盖部级涉及交通运输规划业务的交通主管部门。

（2）功能要求：建设的部级交通运输规划信息管理系统须按照规划业务领域的不同，实现规划及相关文档分类归档与快速查询，实现五年规划建设项目的上报、筛选、编制及分类管理，还须辅助部综合运输规划处管理前期工作费项目和利用外资项目，辅助部水运规划处管理政府核准项目及港口岸线使用审批项目，且能方便地对规划文本、规划项目以及规划执行情况等各类信息进行综合查询。

4）部级交通运输行业运行动态监测系统功能基本要求

（1）系统用户范围：本系统用户为交通运输部负责统计和经济运行分析的相关部门。

（2）功能要求：本系统须基于行业内相关企事业单位运行稳定、数据质量好的业务运行动态数据，为部级交通运输主管部门提供交通运输行业运行动态信息的查询、分析服务，以便管理者及时掌握交通运输经济运行态势与特点，掌握相关业务领域变化的新情况，研判未来一段时期的运行趋势，更加科学、高效地开展交通运输经济运行分析工作，同时也将为部级行业管理工作提供支撑。

5）部级交通运输统计信息共享服务系统功能基本要求

（1）系统用户范围：本系统用户为部机关各司局使用交通运输统计信息的相关人员。

（2）功能要求：本系统须基于《交通运输经济运行分析工作制度》的规定，为部机关相关司局用户提供一个交通运输经济运行分析相关数据和文档的交换平台。用户可基于该平台向指定用户提出统计数据或文档的交换请求，等待指定用户相应请求并提供相关的数据或文档，也可定期在两个用户之间进行数据或文档的交换，并提供交换数据的检索与查询服务。

6）部级交通运输综合统计分析辅助决策系统功能基本要求

（1）系统用户范围：本系统用户为部机关各司局的相关管理人员。

（2）功能要求：建设部级交通运输综合统计分析辅助决策系统，以部级工程获取到的综合统计数据、行业运行动态数据等为基础，应用基于大数据和云计算的交通运输监测、预警技术，建设交通运输经济监测预警和短期预测模型，实现综合统计分析辅助决策，实现对统计数据的深度挖掘和系列专题分析，为部领导及各司局提供分析结果，用于辅助决策。

7）部级交通运输统计信息公共服务系统功能基本要求

（1）系统用户范围：本系统用户为部机关各司局需要使用统计数据的相关人员以及社会大众。

（2）功能要求：建设部级交通运输统计信息公共服务系统，以“中国交通统计信息网站”为基础，实现统计数据在常用的无线终端上的查询，主要包括主流平板电脑以及手机等。

2. 省级工程系统功能基本要求

要求省级工程系统遵循规划、投资、统计“三位一体”的理念进行建设，具体要求包括省级统计信息管理系统、省级投资计划管理系统、省级统计信息查询和共享系统、省级动态信息监测系统、省级统计信息综合分析系统和省级统计信息公共服务系统，在全省范围内建立统计、投资计划、规划业务间的协同联动机制。各系统功能基本要求如下：

1）省级统计信息管理系统功能基本要求

本系统用户要求涵盖所有省级、地市级、县级涉及综合统计业务的各级交通主管部门及相关单位，其功能是：建设的省级统计业务管理系统必须能与部级统计业务管理系统实现互联互通，既能顺畅地按时完成向部级系统联网报送统计数据的工作，又能自动更新部下达的统计工作任务（如报表样式、指标类型、审核关系等），方便地查询和浏览通过部级系统审核并确定下发的统计数据，并能根据部省工作需要及时调整报表业务。

（1）统计报表制作与管理：

① 统计报表制作。省级用户以及被授予权限的市级用户能够通过系统灵活定制自身需求的统计报表，包括报表样式设计、单元格属性设置、报表元数据管理等功能。

• 报表样式设计：要求能够根据报表制度方便、灵活地设计报表表样，制作报表，具体包括表格绘制；主栏、宾栏设置；数据显示格式设置；Excel 表格样式导入；已有报表样式修改、删除等功能。

• 报表单元格属性设置：具体包括设置报表单元格的指标类型；定义报表单元格与统计指标的对应关系；以下拉列表的方式选择录入数据；设置指标的显示和隐藏；设置数值单元格的显示格式等。

• 报表元数据管理：要求将报表制度中的数据指标抽象成元数据后，创建、维护和管理元数据库；省级系统元数据编码应避免与部级系统元数据编码重复；省级系统元数据类型应与部级系统保持一致（包括数值型、字符型、整数型、布尔型、日期型、备注型、图片型、单位型、附件型）；支持批量逻辑关系设置；提供常用的函数和自定义函数功能。

② 统计指标管理。应能够对统计指标进行增加、删除和修改。主要包括维护统计指标字典；维护统计指标分组字典；维护常用指标；维护计量单位。

③ 统计报表下发与接收管理。在部、省间统计报表收发层面，省级系统应具有报表接收接口，与部级交通运输统计信息管理系统的报表制作实现同步衔接。当部制作并下发新的统计报表后，省级系统能接收并自动生成相同的统计报表，即元数据、统计指标间的审核关系、接收和报出的表样等与部报表完全一致。

在省、市、县三级统计报表收发层面，省级和市级用户通过本系统能够将上级单位下发的或本级单位自行定制的统计报表下发给下级单位，并能够根据报送范围单一或批量地下发到相应填报单位。同时，系统能够保存所有历史统计报表。

（2）统计数据采集。能够实现对统计数据三种模式的采集，主要包括手工录入、报表导入、业务系统间数据交换。

① 手工录入模式：可按照统计报表样式录入数据，录入过程中能够进行基本的输入合规性审核。当数据不符合要求时，能自动提示正确录入方式，并可以对已录入未上报或已录入被退回的数据进行修改和删除。

② 报表导入：可导入 Excel 和 txt 格式的统计报表数据。当导入的数据不符合要求时，不允许其导入，并定位错误数据。

③ 数据交换：在相关业务系统能够提供数据的前提下，可通过数据交换接口实现所需数据的交换共享，减轻统计业务人员工作强度。

（3）统计数据处理：

① 数据审核。能够按照统计报表制度中的审核要求对本单位录入的数据进行数据审核，明确提示审核过程中出现的数据问题及原因。上级单位能够对下级单位上报的数据进行审核，对不满足要求的报表可连同审核问题退回给下级

单位。审核包括错误、警告和提示三种，审核范围包括表内、表间的单条记录审核，以及多条记录的批量审核；能罗列所有审核出来的错误，并能定位出现错误的数据；审核条件、审核公式等均可由用户根据统计报表制度要求在报表制作中定制。用户可以根据警告和提示信息，编写产生该类问题的具体原因并上报。

② 数据汇总。上级单位可针对所有下级单位或部分下级单位上报的报表数据进行汇总。汇总方式包括基础数据直接汇总和统计分析汇总，基础数据直接汇总指按照预设的统计指标，系统可以实现上报数据的计算汇总，计算结果可保存；统计分析汇总指对上报的数据按照不同的需求进行分类、组合等汇总分析，形成各种表式的汇总分析数据，汇总分析的结果可保存。

（4）统计数据上报。在省报部层面，要求省厅能够通过行业专网将全省审核通过的统计报表数据向交通运输部上报，实现与部级交通运输统计信息管理系统无缝衔接。在县、市、省三级统计数据上报层面，要求省级开展集中式系统研发和管理，建立全省中心数据库，实现省、市、县三级统计数据的联网上报。对于已有分中心或有分中心建设需求，并具备技术、资金条件的地市，要充分利用已有或新建分中心的资源，实现在线填报数据的同步存储，具备统计数据离线填报、审核、修改和导出功能；对于不具备建设分中心条件的地市，要结合自身实际情况，配备合理的软硬件条件，实现统计数据同步存储和离线处理，保障工程具备基本的应急处置能力。

（5）统计数据接收。要求能够接收、查看各下级单位的报送状态以及上报的报表数据。同时，能接收、查看上级单位确定的和退回的统计数据，针对退回数据可根据反馈意见进行数据修改。要求提供日志管理功能，精细化统计管理；建议提供短信提醒功能。

① 日志管理：要求能自动形成报表工作日志，便于上级单位总体掌握按规定时间报送数据的单位、逾期未报数据的单位以及各下级单位上报数据质量等报送情况；自动记录数据报送、修改、删除等用户日常操作，不允许用户自行更改或删除操作日志。

② 短信提醒：要求能够通过手机短信的方式向各级报送单位发送提醒信息，包括统计报表下发、上报提醒、审核反馈、统计数据审定结果等内容。

（6）统计数据应用：

① 数据查询汇总。省、市、县各级单位能够根据自身权限及查询需求，基于统计报表指标灵活设置查询条件（如时间、区域、填报单位等）查询汇总各类统计报表数据。

② 数据打印导出。省、市、县各级单位根据权限能够直接打印统计报表和查询汇总结果，并可以灵活设置打印方向、纸张大小、打印格式等；同时，能

够导出 txt、Excel、PDF 等通用格式的统计数据。

（7）系统用户管理。能够对省级、地市级、县级三级系统用户的注册、登录、访问权限等进行管理，省级和被授予权限的市级管理部门能够对下级单位分配用户权限。如果系统具有短信提醒功能，还能够对短信提醒的目标用户通讯录进行统一维护管理。报送单位发生变化时，可通过单位代码的关联进行历史数据的管理。

2）省级投资计划管理系统功能基本要求

本系统用户要求涵盖所有省级、地市级、县级涉及投资计划业务的交通主管部门，其功能要求：建设的省级交通运输投资计划管理系统必须能与部级交通运输投资计划管理系统实现互联互通，并能快速、灵活地适应部级投资计划表内容的调整；能实现前期文档资料的电子化管理，提升投资计划工作管理水平。建设的省级投资计划管理系统与建设的省级统计业务管理系统有效衔接，更好地实现对计划执行情况的跟踪。

（1）规划项目库管理：

① 五年规划项目管理。针对申请中央投资的五年规划项目，省级用户能够进行编辑、导出，并且导出格式必须与部里要求的报表格式一致。同时要求系统具备规划项目上报接口，能够将规划项目在线上报到部；要求系统具备规划项目接受接口，能够接受部批准下发的本省五年规划项目。实现本系统与部级交通运输投资计划信息管理系统无缝衔接。

针对本省自筹的五年规划项目，省级用户能够录入项目基本信息，并可以进行修改、删除等。同时，能够对规划项目进行正选、备选，建立本省五年规划项目库。

省（市）级单位通过系统能够将各规划项目下发给相应的市（县）级单位。便于各下级单位基于规划项目填报相应的投资建议计划。

② 规划项目相关文档管理。省级用户能够对项目库中各规划建设项目相关的发文和来文信息进行存储归档、编辑和查询。

③ 规划项目综合查询。省、市、县三级用户根据权限能够查询浏览规划项目信息以及项目相关批复文件，并能够查询相应规划的投资计划安排情况以及投资完成情况。

（2）建议计划填报：

① 建议计划录入。省、市、县三级用户根据权限能够基于上级单位下发的规划项目，填写相应的年度投资建议计划。计划信息主要包括项目基本信息、建设规模、计划投资信息、附件信息等。

② 建议计划编辑。省、市、县三级用户根据权限能够修改、删除本单位填报的或下级单位上报的建议计划。

③ 计划信息审核。省、市、县三级用户能够对本单位填写的或下级单位上报的投资建议计划进行合理性和逻辑性审核，以提高建议计划数据质量。审核功能主要包括：审核新建项目是否为重复项目；是否符合规划；建设规模、投资补助标准与投资情况是否符合；以及表间、表内路面宽度、路面类型、路段技术等级等属性值之间的逻辑关系是否合理等。

④ 建议计划上报。在部、省间建议计划上报层面，要求省厅能够通过行业专网将全省审核通过的年度中央投资建议计划向交通运输部上报，实现与部级交通运输投资计划信息管理系统无缝衔接。另外，要求计划单列市能够通过行业专网将本市的年度中央投资建议计划向交通运输部直报，并且能够抄送给省厅。

在省、市、县三级建议计划上报层面，要求省级开展集中式系统研发和管理，建立全省中心数据库，实现省、市、县三级年度投资建议计划（含中央投资和非中央投资）联网上报。针对具备技术、资金条件的地市，建议建设市级的系统分中心，日常状态时，能同步存储在线填报的建议计划数据；突发事件网络不通时，能进行建议计划数据离线填报、审核、修改和导出。

（3）投资计划管理：

① 建议计划接受。要求能够接收、查看各下级单位上报的年度投资建议计划。同时，能接收、查看上级单位退回的建议计划或下达的投资计划，针对退回数据可根据反馈意见进行数据修改。针对具有系统分中心的地市，系统能够将上级单位下达的投资计划自动保存到分中心数据库中，以便应用。

② 建议计划筛选。要求能够快速筛选各下级单位上报的年度投资建议计划。筛选功能包括：能够通过建议计划的前期工作完成情况快速筛选出符合编制要求的计划项目。另外，省厅计划管理人员可以将下级单位上报的计划，选择纳入上报部的计划库、本省计划库或者备选计划库。若纳入了本省计划库，则系统能够提供本省地方自筹各资金渠道投资额度的填写功能。

③ 建议计划退回。对于各下级单位上报的投资建议计划，如果审核未通过，上报单位能够退回，并提出相关的反馈意见，令其修改完善再上报。

④ 投资计划下达：

• 对于含中央投资的计划项目，省厅能够将部下达的年度投资计划项目直接转发给各下级单位。

• 对于非中央投资计划项目，省厅能够细化管理相应的投资资金渠道（省财政、中央燃油税转移支付、利用外资、地方配套、贷款、其他）来源，待项目审批通过后，将投资计划连带批准文号、文件下达给各下级单位。

（4）投资计划查询统计：

① 固定报表查询。省、市、县三级用户能够根据权限分年份、分行政区划查看投资计划汇总表及明细表，表样要与部级下发的交通运输投资计划纸质大

本表样一致。

② 投资计划综合查询。省、市、县三级用户能够根据权限通过组合条件、点选电子地图等方式查询投资计划项目。

• 电子地图浏览。基于本省水路电子地图（包括航道、桥梁、港口，以及行政区域、水系背景要素），实现对投资计划项目直观的分布展示，同时能够全面展示建设项目的前期规划、投资情况，并可以基于从统计信息管理系统共享的固定资产投资统计数据，动态跟踪建设项目的实施进展情况。

• 属性数据浏览与查询。能够按项目名称、项目所属行政区划、项目类型、资金来源、建设规模、计划年份、投资金额等设定的关键词进行复合条件查询和自定义查询，并可保存查询口径。还能够查询某个跨年续建项目几年内的计划下达情况和完成投资情况。

• 专题查询。对于在业务管理工作中临时需要的与水路建设项目相关的一些专题数据，系统能够方便灵活地设置查询条件，并对专题查询条件进行存储，方便重复应用，提高工作效率。

③ 投资计划统计分析。省、市、县三级用户根据权限能够按投资进度完成情况、资金渠道与投入比例对投资计划进行多维分析。

根据计划项目的行政区划、单位，进行资金渠道、投资方向一年或多年的分析；根据项目类型（项目细化类目可由管理员在定制投资计划表时进行分类），进行分行政区划、分资金渠道一年或多年的分析；根据资金类别（中央预算内资金、国债资金、车购税、港建费等），进行分行政区划、分项目类型等一年或多年的分析；可对投资计划项目的总投资额、已完成投资额、中央总投资额、已完成中央投资额、本单位投资额度、本单位已完成投资额度等进行统计分析；针对指定时间段（如某几年或某个五年期）的投资计划下达情况和投资完成情况，按照分行政区划、投资计划上报单位、项目类型、资金渠道等进行多维度综合分析。

能够对上述分析结果以分析表、分析图（饼状图、柱状图等）等方式进行展现。

（5）投资计划导出打印。能够方便导出系统中规划、投资计划数据，可导出成 txt、Excel、PDF 等通用格式。要具有报表打印功能，能方便地设置打印方向、纸张大小、打印格式等。

（6）系统管理。能够对省级、地市级、县级三级系统用户的注册、登录、访问权限等进行管理，省级和被授予权限的市级管理部门能够对下级单位分配用户权限。为避免重复建设，应复用省级统计业务管理系统中的用户管理功能，并可根据权限对自身业务范围内管理的用户进行操作权限管理。

3）省级统计信息共享服务系统功能基本要求

本系统用户要求涵盖省级和业务局涉及综合统计业务的交通主管单位相关部门，其功能要求如下：

（1）统计信息查询。省、市、县三级用户根据权限能够共享相应权限范围内的统计数据，能够方便、灵活、快捷地以四种方式查询交通统计数据，主要包括大纲式查询、复合条件查询、引导式查询，以及电子地图查询。

① 大纲式查询：针对日常需求相对固定的统计数据查询需求，采用大纲式查询功能，将各类统计数据按照用户所需的方式进行组织，以大纲（即树形目录）的方式，按照提前确定的查询表格样式展现数据，方便用户浏览、检索数据。大纲组织方式提供按照业务部门划分、按照数据所属业务类型划分等方式，同时还可按照某些交通运输重点工作的需求进行划分。通过大纲式查询功能，用户不用输入查询条件，就可在大纲中找到对应月份、年份的查询结果。

② 复合条件查询：用户能够从统计指标集中任意选择多个查询条件进行复合条件查询，系统从数据库中迅速筛选出相应的统计数据，并按指定的格式进行显示，并能够通过指标的模糊匹配方式搜索相关数据。

③ 引导式查询：由系统一步一步引导用户设置查询条件，构建符合需求的查询表，帮助用户从数据库中挖掘出需要的内容。这种操作对用户的要求较高，需要用户对系统以及统计指标体系有较多了解。

④ 电子地图查询：依托省级的交通电子地图数据，叠加统计数据，通过电子地图引擎，以统计地理信息专题图的方式，展现不同地理位置分布、不同对象、不同区域等的统计数据的情况；支持根据一定的查询条件对运输对象地理位置的查询功能；支持点击查询电子地图中运输地理对象的统计数据功能。

（2）查询结果处理。能够将查询结果按照指定的表格样式进行显示，且表格样式可灵活进行调整；可根据查询结果生成统计图，包括生成折线图（按照时间纬度进行趋势分析）、饼图（分析指标结构）等常用统计图，并具备统计图保存和定制功能；要具备查询结果打印功能，能方便地设置打印方向、纸张大小、打印格式等；要具备查询结果导出功能，可导出成 txt、Excel、PDF、JPG 等通用格式。

（3）信息共享。能够导入符合要求的 Excel、txt 格式数据文件；能够利用数据转换接口共享已有相关业务系统和统计系统的数据；能够从统计信息管理系统当中共享审定后的各类统计数据；能够导入本省年度统计资料汇编数据；对于需要人工录入的共享数据，用户能在线录入相关数据。

（4）系统管理。能够对省级、地市级、县级三级系统用户的注册、登录、访问权限等进行管理；省级和被授予权限的市级管理部门能够对下级单位分配用户权限。为避免重复建设，应复用省级统计业务管理系统中的用户管理功能，并可根据权限对自身业务范围内管理的用户进行操作权限管理。

4）省级动态信息监测系统功能基本要求

本系统用户要求涵盖省级涉及交通运输行业运行动态监测业务的交通主管单位相关部门，其功能要求如下：

（1）数据采集要求：

① 数据采集内容。鼓励各省充分利用条件成熟的业务系统获取动态业务数据，加强开展统计监测与分析。

② 数据采集周期定制。能够按需定制数据采集周期，即可将采集周期设置为日、周、旬、月或者指定时间间隔。

③ 数据采集状态查询。能够查询浏览各类采集数据上传状态及历史记录，以及时跟踪掌握数据采集情况。

（2）数据审核清洗要求。能够制定业务数据的审核清洗规则，将定期采集的动态业务数据通过审核清洗的操作，变换为可以利用的、合理的业务数据。能够对审核清洗的数据进行分组汇总处理，当发现分组汇总计算后的数据存在异常时，能方便、快捷、灵活地从分组汇总的数据钻取到明细数据，便于找到存在异常的明细数据。

（3）数据查询分析要求：

① 数据查询。能够通过组合查询、二次查询、模糊查询、分组查询等方式查询用户关心的数据内容。能够以多种形式展现查询结果，如报表、列表、趋势图、饼图、柱状图等，用户可根据自己的使用习惯进行结果定制。

② 数据分析。能够通过数据分组汇总、指标计算等方式分析出侧面反映水路交通运输经济运行态势和特点的动态统计数据。

（4）用户、数据上报单位管理要求。能够对系统用户、数据上报单位的基本信息、联系人通信录等信息进行新增、修改、删除等日常维护管理。为避免重复建设，应复用省级统计业务管理系统中的用户管理功能，并可根据权限对自身业务范围内管理的用户进行操作权限管理。

5）省级统计信息综合分析系统功能基本要求

本系统用户要求涵盖所有省级、地市级、县级涉及综合统计分析业务的交通主管单位相关部门，其功能要求：各省能根据经济运行分析需求对水路基础设施建设、水路运输量、固定资产投资等方面实现综合分析，并能完成分析报告，为各级领导提供辅助决策支持功能。分析方式主要包括：趋势对比分析、结构分析、平均和变异分析等。

各省需要结合自己情况，建立分析专题，至少应该包括综合统计数据分析专题、客运发送分析专题等，专题分析内容自行确定。

（1）趋势对比分析。能够方便、快捷地对指定类别的综合统计数据实现指定时间范围内的数据趋势对比分析，从而根据分析结果的曲线变化分析挖掘其统计数据的意义，体现交通行业发展变化情况，为交通行业的管理决策提供数据分析支撑。

（2）结构分析。能够在统计分组的基础上，针对指定类别的综合统计数据，计算各组成部分所占比重，进而分析发现该类综合统计数据的结构特征，以及结构特征随时间变化而表现出的变化规律，从而分析交通行业运行的情况。

（3）平均和变异分析。能够基于某类统计数据，计算该数据的平均值，从而反映交通行业该指标在一定时间、一定范围内的一般水平；探索基于某类统计数据，计算不同区域、不同类型情况下的差异程度，从而体现交通行业该指标的差异程度。

（4）特征周期分析。特征周期分析探索基于某类统计数据，计算该数据在一定时间段内特征值的变化周期，如一天、一个月或者一年中某项行业数据数值起伏周期，从而判断数据变化规律，预测下一周期中的峰值，从而对决策提供数据支持。

（5）对比分析结果处理。能够将分析结果按照指定的表格样式进行显示，且表格样式可灵活进行调整；可根据分析结果生成折线图、饼图、柱状图等常用统计图，并具备模板保存和定制功能；能够打印对比分析结果，并可方便地设置打印方向、纸张大小、打印格式等；能够导出对比分析结果，并可导出成txt、Excel、PDF、JPG 等通用格式。

（6）分析模板管理。能够实现对各类专题分析报告模板的管理，包括模板的新增、编辑、删除、保存等。

模板中需要包括文字信息、数据信息、图表信息，其中数据和图标信息可按分析时间不同自动加载。需要根据每个月不同的数据内容，自动生成该月的分析报告。

6）省级统计信息公共服务系统功能基本要求

本系统用户为社会公众，在省厅门户网站下建立或完善省级交通运输统计信息公共服务子网站（或统计栏目），其功能要求如下：

（1）统计工作动态信息发布。要求能够发布省级、地市级、县级的统计工作动态信息，并能够向部推送拟向全国发布的省级统计工作动态信息。

（2）统计数据发布。要求能够发布省级、地市级、县级的相关统计数据，发布内容包括日常统计数据、统计公报、统计分析结果、统计资料等允许发布和要求发布的数据。发布方式包括固定表定期发布、指定时间指定范围的表格查询发布等。

（3）统计法规制度知识发布。要求能够发布相关统计法律、统计制度以及统计知识等。

（4）社会公众留言。要求能够收集社会公众提出的建议和问题，由管理人员审核通过后，可在网站上显示。便于社会公众对统计数据进行监督和反馈。

水路交通运输经济运行监测预警与决策分析系统的信息资源、基础条件、标准规范、建设运行管理等各个应用系统的共性内容详见本书的第2章，本节不再详述。

第10章　数字船检建设

"船检无小事，责任重于泰山"——佚名

船舶检验工作是水上交通安全管理工作的重要组成部分，贯穿于船舶与海上设施及其配套产品的设计、制造、安装、使用直至灭失的整个生命周期的全过程，渗透到航运、造船、海洋开发、海洋利用及其有关产业部门各个领域，在造船、航运业和各部门发展中起着不能忽视的重要作用。"船检无小事，责任重于泰山"，数字船检通过船检业务数字化来推动船检行业信息化建设，这是实现数字港航战略目标的重要内容，船检行业提供的船舶和航运业基础数据信息是奠定数字港航的重要基石。中国海事局在信息化工程中把船检列为重点建设项目，以需求为导向，以应用促发展，推进全国船检管理信息化建设，进一步规范船舶检验管理，全面提升全国船舶检验质量和服务水平。以信息化带动船检管理现代化的指导思想，建成全国船检管理信息化系统的总体构架，其内容涵盖了船舶检验监督管理业务和船检机构的检验业务，既有船检管理部门和船舶检验机构使用的业务处理功能，也包括海事系统、船检行业、主管领导和社会用户使用的信息服务功能，基本实现海事港航业务的网络化、数字化，从而极大地提高海事港航系统实施水上安全监督、防止船舶污染、船舶及海上设施检验、航海保障及行政执法的能力和效率。

10.1　船舶检验简介

船舶检验是通过对船体结构、安全性能、动力装置、安全设备及其所用材料和部件的监督，促进船舶、海上设施和船运集装箱符合国际公约、国家法令和船检规范的各项要求和规定，使其具备安全航行和安全作业以及防止船舶污染水域的技术条件，保障水上人命和财产安全。船舶检验机构从事船舶法定检验，必须取得中国海事局的船舶法定检验授权，并按照中国海事局的授权范围执行船舶法定检验业务。船舶检验机构在船舶检验过程中必须坚持"安全第一、质量第一"的原则，有义务鼓励造船航运企业对新技术的开发和应用。我国船检机构在技术法规和规范、技术支持体系建设、船检信息化建设中取得较快的发展，为确保社会公众出行安全、推进船舶节能减排、维护中国制造品牌形象发挥技术保障的作用，在建设资源节约型、环境友好型综合交通运输体系中担当不可或缺的角色。

10.1.1 船检机构的组织

中国海事局是船舶检验的最高主管机关，主要负责拟订和组织实施船舶及海上设施检验的方针、政策、法规和技术规范、标准；负责船舶、海上设施检验行业管理以及船舶适航和船舶技术管理；管理中国籍船舶、海上设施及我国沿海作业的外国海上设施的法定检验发证工作；审定船舶检验机构及验船师资质并实施监督管理；承办法定检验授权事宜；审批外国验船组织在我国设立代表机构并实施监督管理；办理免除、等效等。为了加强船检管理工作，中国海事局在上海、武汉、大连、天津、广州分别设立五个船舶检验管理处，主要负责辖区内船舶检验质量和行为规范的监督管理，验船机构资质认可及管理，验船人员资质认可发证及管理，受理验船工作投诉，参与海损事故调查，协调各船舶检验机构之间的关系等。

船舶检验机构由中国船级社和各省、直辖市、自治区地方船检两部分构成，中国船级社是由国务院交通主管部门批准设置的社会团体性质的船舶检验机构，参与国际竞争，承办国内外航行船舶、海上设施和集装箱、船用产品的入级检验、鉴证检验、公证检验，经国家主管机关授权代行法定检验，负责制定船舶检验技术规范。地方船检是由省、自治区、直辖市人民政府交通主管部门在所辖港口设置的船舶检验机构，隶属当地海事或者港航部门，承办国内航行船舶、船用产品的公证检验和法定检验。船舶检验机构须取得中国海事局的资质认可、授权委托，按照授权范围开展船舶检验业务，对分支机构实施有效管理，对其开展的检验业务负责，详见表10.1、表10.2。

表 10.1 各船舶检验管理处分管细表

机构名称	管辖区域
大连船检管理处	辽宁、吉林、黑龙江
天津船检管理处	北京、天津、河北、河南、山东、山西、宁夏、陕西、内蒙古、新疆、甘肃、青海
上海船检管理处	上海、江苏、浙江
广州船检管理处	广东、广西、福建、海南
武汉船检管理处	湖北、湖南、安徽、江西、四川、重庆、云南、贵州

表 10.2 全国船舶检验机构数量统计表

机构种类	一级机构	二级机构	三级机构	驻外机构	合 计
中国海事局	3	31	85		109
中国船级社	1	17	31	17	66
地方船检	27	258	418		703
渔检	20	49	300		369
总计	51	355	834	17	1257

10.1.2 船检机构的工作内容

船舶检验机构通过图纸审查和现场检验等方式，确保船舶强度、结构、布置、构件尺寸、材料、焊接、主辅机械、锅炉和其他受压容器及其附件、电气设备等，其设计与安装应适合预定的用途，满足现行规范或其他等效标准的要求。与船舶安全有关和防止水域环境污染的重要设备、部件和材料，其制造厂应申请产品检验，取得船用产品证书，满足船用产品检验规则。

船检机构检验类型的含义：

（1）法定检验：按照船旗国政府的有关法定规定以及船旗国政府批准、接受、承认或加入的有关国际公约（包括修正案）、议定书和规则等由政府主管部门或经政府授权的有资格的组织所指派的验船师进行强制性检验。

（2）入级检验：船东为了使船舶和海上设施获得某个船级社的船级而申请接受船级社的检验。船级是国际上评定船舶技术状况和质量的通用形式，是船级社根据船舶用途、技术状况和航区授予船舶的技术级别，以提高船舶在航运中的竞争力。

（3）公证检验：船检部门以第三者身份对船舶技术状况进行鉴定、出具证明的一种检验，如船舶发生海损或机损事故后，接受船东或保险公司等的申请进行原因分析，确定损坏程度、部位以及修理范围，作为海损理算及裁决的重要依据。

船舶检验质量是船检工作的核心要求，按照国家有关规定，中国船级社和地方船舶检验机构必须建立船舶检验质量管理体系，证实其有能力提供满足顾客（包括适用的我国船检法律、法规及有效文件）要求的产品，通过质量管理体系的有效运行和持续改进，保证满足顾客和适用的我国船检法律、法规及有效文件的要求，增强顾客的满意程度。船舶检验质量管理体系涵盖了船检机构所有业经主管机关授权或委托的船舶法定检验及相关服务，覆盖船舶法定检验的各个过程。船检质量管理体系与船舶检验管理系统有着密不可分的联系，船检质量管理体系是关于船舶法定检验的全面、系统的规定，具有支配地位，船舶检验管理系统是部分的、计算机程序化的质量管理体系文件规定，是为更准确、更快捷地执行质量管理体系规定的辅助工具，处于从属地位，应随着质量管理体系的更新而更新。

船检信息化是船检支持保障体系的重要支撑。船检支持保障体系包括船检信息化、技术法规体系、培训体系、专家支持系统、节能减排技术支持等内容。除了前面提到的船检管理、监督管理系统，船检机构在工作中还要用到船舶稳性、结构强度、载重线和乘客定额核算、小船稳性计算等电算程序软件，这类软件由于涉及船舶重要参数的校验，通常由船检权威部门研发、审定和发布。船舶吨位越大、航行范围越广以及装载货物的特性不同，船舶的结构和设备也越复杂。船检技术法规体系要全面适应先进的航运生产力发展要求，船检规范研究机构要不断地修改船检法规、规范和规程，使之符合发展需要。船舶检验涉及船舶工程、冶金、机械、电力、航海、环保等多个学科领域，检验工作由1至3名验船师完成，既有技术性又有政策性。按照国家规定船检人员要通过验船师执业资格考试才能上岗，应具有扎实和丰富的专业技术知识，对技术标准和质量标准有较深刻的理解。由于船检规范会逐年修订和改版，因此验船师培训学习也是支持保障体系中的重要内容，培训手段也在走向远程数字化。在专家系统建设方面，目前仍处于策划、积累和起步阶段，包括对船舶检验规范的权威解释、技术攻关、远程协助、工作指南等内容。

10.1.3 船检信息化现状

全国船检系统依法履职、创新管理、强化服务，有力促进了船舶安全技术整体状况不断改善和船舶建造、检验质量的提高，为航运、造船业大发展提供了坚实的支持保障。各地船检部门狠抓信息化，积极建设船检信息网络，推广使用船舶证书发证系统、船检业务计算机系统。

全国性的船舶检验信息化工作始于1992年，当时的交通部船检局组织开发了《船舶检验管理系统》，并在全国船检部门推广使用。国内部分船检机构在信息化建设方面也做了大量工作，根据自身情况组织开发了一些应用系统，例如：中国船级社的国内航行船舶检验管理系统（DSMIS），国际航行船舶检验管理系统（SSMIS），船用产品检验管理系统（PSMIS），海上设施检验管理系统，江苏的船检业务计算机系统，广西船检信息网络系统，浙江杭州处的港航管理系统，广东、福建、安徽、山东网络版的船舶检验发证管理系统等。

1. 中国船级社（CCS）

CCS（作为交通部直属事业单位，成立于1956年，实行企业化管理，是中国唯一从事船舶入级检验业务的专业机构）组织开发了DSMIS系统，该系统在船舶证书发证系统（VIMS）4.0的基础上增加了CCS专用的检验记录、检验报告和检验项目表处理及国内船舶检验流程控制管理，主要指标见表10.3。

表 10.3 国内船舶检验流程控制管理主要指标

指 标	描 述
使用范围	CCS 总部、各分社、办事处
数据管理模式	分布式管理、集中使用
数据交换方式	数据文件、电子邮件
软件结构模式	C/S、B/S 混合模式
流程控制方式	有
检验记录检验报告	CCS 专用格式
与全国库的数据交换	采用统一的数据交换接口

2. 江苏省船检局

江苏省船舶检验局开发了江苏省船检业务计算机系统，实现了检验过程的管理，主要指标见表 10.4。

表 10.4 江苏省船检业务计算机系统主要指标

指 标	描 述
使用范围	全省各船检机构
数据管理模式	集中管理、代理服务
数据交换	通过专线直接操作中心数据库
软件结构	C/S
流程控制方式	有
检验记录报告	未扩充海事局 2003 版
与全国库的数据交换	专用的数据交换格式

3. 浙江省船检局

浙江省船舶检验局杭州处开发了一套本单位的港航管理系统，其中包括了船舶检验业务应用系统，其系统集成了 VIMS4.0，并利用 VIMS4.0 进行发证和数据交换。浙江省其他单位仍使用 VIMS4.0，主要指标见表 10.5。

表 10.5 浙江省船检局计算机系统主要指标

指 标	描 述
使用范围	杭州处及其下属 8 个所站
数据管理模式	集中管理
数据交换方式	远程直接写库
软件结构模式	C/S
流程控制方式	有
检验记录检验报告	无
与全国库的数据交换	采用统一的数据交换接口

4. 广西区船舶检验局

广西区船舶检验局结合船舶法定检验质量管理体系，开发了一套船检信息网络系统，该系统内嵌 VIMS4.0，主要指标见表 10.6。

表 10.6 广西区船舶检验局船检信息网络系统主要指标

指 标	描 述
使用范围	广西区船舶检验局及其所属机构
数据管理模式	分布管理、集中使用
数据交换方式	数据文件、电子邮件
软件结构模式	C/S
流程控制方式	有
检验记录检验报告	检验记录采用 WORD 格式存储
与全国库的数据交换	采用统一的数据交换接口

5. 其他

广东、山东、安徽、福建分别开发使用 VIMS4.0 网络版，其中广东为 Sybase 版、山东为 Oracle 版、安徽和福建为 MS SQL Server 版，福建的 SQL Server 版有两个版本。其他地区基本上都使用 VIMS4.0 单机版。

10.2 船检信息化建设原则与目标

按照《公路水路交通运输信息化"十二五"发展规划》和《中国海事工作发展纲要（2006 ~ 2020）》，落实交通运输部党组对海事系统"三精两关键"的建设要求和"全国海事一家人，水上监管一盘棋"的发展理念，紧紧围绕服务于水上交通安全监督管理这个中心任务，抓住机遇，以需求为导向，以应用促发展，加快海事信息化建设，进一步规范海事管理，全面提升海事行政执法能力。以科技创新促进观念和机制创新，以信息化带动海事管理现代化。

10.2.1 船检信息化建设原则

（1）加强领导、统一规划。船检系统信息化是海事系统信息化的组成部分，其建设必须在部海事局领导下，统一部署，整体规划，避免重复建设，实行归口管理，防止各自为政。

（2）需求主导、突出重点。船检系统信息化建设必须紧密结合海事系统职能转变和监管模式改革，根据业务需要，讲求实效，突出重点，稳步推进。坚持经济效益和社会效益相统一，重点抓好水上交通安全监管、行政执法以及电子口岸业务等社会影响较大的全局性业务系统建设。

（3）统一标准、资源共享。加快制定统一的海事信息化标准规范，做好各业务系统信息资源的整合，使直属海事系统与地方海事系统、部海事局与各直属海事局以及各项海事业务之间能够在统一的业务和数据标准规范指导下，实现信息互通共享。

（4）保障安全、先进实用。要正确处理发展与安全的关系，一手抓应用系统建设，一手抓网络与信息安全，建立并完善网络信息安全保障机制。信息系统建设要充分考虑系统的先进性和实用性，确保系统建设成效。

（5）协调发展，分步推进。正确处理直属海事系统与地方海事系统、部海事局与各直属海事局以及各项海事业务之间的关系，明确建设目标和重点，充分调动和发挥各方积极性，分类指导，分层推进，以点带面，分步实施。

10.2.2 船检信息化建设目标

2005 年，交通运输部信息化二期工程建设了交通行业专网。专网与部机关内网物理隔离，交通行业的各单位通过专线或 Internet VPN 方式连接到专网。目前联网的单位包括：交通运输部内各司局通过本机的外网模式连接；各省、直辖市、计划单列市的交通主管部门通过专线连接；其他单位可以专线方式连接，也可以通过 Internet VPN 方式连接。其中 VPN 方式接入成本比较低。网络上提供了安全保障体系，可以保证应用系统的安全运行。今后将完善海事信息化基础平台，引导和鼓励地方海事信息依据规范接入海事信息网。各省级地方海事局应按中国海事局的网络接入规范完成本级网络建设，经批准后可接入海事信息网中。

（1）建设两级数据中心。将船舶检验管理系统不断完善，逐步建立全国海事数据中心和直属海事局数据中心，实现数据的分级存储管理。地方海事系统应在地方政府的支持下，按照海事数据中心建设规范，逐步建立各自的省级数据中心，并与全国海事数据中心交换信息。各级海事数据中心可为各级行政审批和监督执法业务活动、综合统计分析、事故应急指挥等提供全面的信息支持，同时，通过数据交换平台与全国海事数据中心互联互通、信息共享，形成规范、有序的全国海事系统数据库群。

（2）建立业务管理平台。以包括船舶检验管理在内的海事业务应用系统为基础，建设部海事局和直属海事局两级业务管理平台，逐步实现海事业务管理的“一体化”。海事数据中心为平台上业务应用系统的运行提供数据支撑，业务应用系统按数据共享机制通过海事数据中心交换数据，从而实现业务应用系统间的有效关联和信息共享。

（3）建设推广一批应用系统包括开发、完善船舶检验管理的工作内容。

10.3 船检信息化特点和存在的问题

10.3.1 船检信息化特点

（1）船检信息化不断朝着区域性网络化、集成化方向发展。目前各单位基本上都有能力建立自身的局域网，对网络版的需求正在不断加强。部分单位已经或正在计划组建区域性的广域网，快速数据交换的需求比较突出。很多单位同时运行多个应用系统，系统间的信息共享和对外的服务不统一，存在信息孤岛问题，船检信息化规划中都将系统整合作为重要的工作内容，实现数据、应用、流程等各方面互通的需求也比较明确。

（2）船检信息化正在朝工作流程管理发展，内嵌 VIMS 是开发的主要模式。随着船舶法定检验质量管理体系的实施，对检验过程的管理、记录、监督以规范检验工作的需求更加迫切，检验质量通过整个检验流程各环节控制得到保证。CCS、广西、杭州自主开发的应用系统都内嵌 VIMS，既满足部海事局的要求，同时也满足了自身业务的要求。

（3）全国船检业务信息化工作不平衡。只有少数船检机构有能力结合自身情况自主开发自己的应用系统，大部分船检机构仍需采用部海事局统一开发的软件。

10.3.2 船检信息化存在的问题

船检信息化工作虽然取得了很大成绩，但也面临诸多问题：

（1）船检信息分散在各单位，信息共享和信息利用率低。全国船舶检验统一采用 VIMS4 软件管理，检验信息已经在船舶检验机构实现了数字化，但是都分散在各船检机构，只限于本单位使用，综合分析全国的船舶情况比较困难，另外其他业务共享船检的数据也比较困难。应该以各船检机构的业务系统为基础数据源，建立集中的信息资源数据库，方便数据的使用和共享。

（2）信息化网络基础不够完善，增加信息采集的使用难度。目前连接海事信息网的船检机构，包括：3 个直属船检机构和长三角的船检机构，其他大部分机构尚未接入海事信息网。信息需要分别通过海事信息网和 Internet 采集，由于两者物理断开，两个网需要手动方式交换数据，数据库管理员采集信息的工作量比较大，增加了使用难度，将导致信息采集不及时。需要考虑将全国船检机构纳入海事信息网，或考虑将全国船检机构接入交通行业专网，将系统移植到交通行业专网上运行。

（3）资金投入不足，难以满足需求不断变化的需要。船检信息化资金投入严重不足。自 VIMS4 在全国推广后，多年来一直没有落实技术支持和软件维护费用，虽然开发单位一直竭力为全国船检机构提供技术服务，但由于缺少资金支持，使得软件升级工作严重落后于全国船检业务需求变化，影响软件的使用效果和全国船检信息化工作步伐。应该建立稳定的船检信息化资金渠道，加强技术力量，保证需求变化时系统能够及时升级，并保证必要的技术支持。

（4）信息化标准、规范相对滞后。部海事局尚需制定船检信息化的有关标准，保证全国船检信息化工作有序地开展，避免各机构各行其是，重复开发，浪费资金。

总之，船检信息化总体服务能力还存在一定差距，与航运业快速发展的需求不相适应；与航运生产力发展要求不相适应；与船检事业科学发展、安全发展的目标不相适应；与航运大国的地位不相适应，必须百尺竿头，更进一步。

10.4 船检信息化的建设

10.4.1 船检信息化建设的思路

数字化船检的建设是一个庞大的系统工程，经过近 10 年来的积累和建设，我国船检信息化总体已经具备较高的规模水平，基础数据搭建完成、信息资源覆盖面广、信息化程度高，未来船检信息化将进入资源整合和综合利用阶段。船检信息化的建设思路是根据全国船检管理的特点和实际情况，落实海事信息化“十二五”发展规划，全面推进船检信息化建设。主要包括：

（1）推动船检网络环境建设，建立船检信息化基础设施平台。引导鼓励全国船检机构依据交通部和部海事局的规范建设本辖区的网络，并接入海事信息网和交通行业专网，满足船检管理应用系统运行的需要。

（2）推动船检数据库群建设，加大船检信息资源应用及共享水平。有计划、分步骤地建立船检管理数据库群。船检管理的数据资源包括：检验机构、验船师、船舶检验、船用产品检验、海上设施检验、船厂认可等。建立船检管理数据库群，是实现海事工作“有效监管，优质服务”的发展目标的有效手段。对船检信息进行分析加工，可以为船检管理的决策提供准确的数据依据。

（3）推广船舶检验发证管理系统，建立可靠基础数据源。完善推广船舶检验监督管理系统的使用，加强业务管理的同时为船检机构、验船师信息资源库和全国船检船舶技术信息数据库提供新鲜的数据；完善推广船舶检验发证管理，规范全国船舶检验管理，建立全国船检数据库的数据采集渠道；逐步开发完善推广船用产品检验、海上设施检验等船检管理的子系统，加强管理的同时为全国库提供基础数据。

（4）推动船检信息化标准建设，保障全国船检信息化有序开展。制定船检信息化的标准，推动船检各业务系统信息资源的整合，使船检机构之间、船检业务与其他海事业务之间能够在统一的业务和数据标准规范指导下，实现信息互通共享。

（5）完善投资渠道，保障船检信息化建设持续发展。资金保证是信息化建设的重要基础。信息化建设要在统一规划及管理的基础上，充分发挥各方积极性，多渠道筹措资金，加大信息化建设投入，保障信息化建设的持续发展。落实信息化运行、维护、管理专项经费，保障信息系统安全、稳定、可靠的运行。

10.4.2 船检信息化建设的内容

以船检业务数据为核心，整合信息资源和业务应用系统，实现信息资源的一体化应用和管理；在海事内外两大门户网站分别建立统一的船检业务子网站；建成船检电子政务体系框架，推进公共服务。

构筑起船检管理信息系统的总体架构，利用现代化的信息管理和信息传输技术，充分整合船检的数据资源和技术资源，为验船师提供技术支持，促进船检质量的整体提高，为领导决策提供准确的分析数据。全面提升船舶检验在航行安全、应急救助、社会服务等多方面的作用，实现船舶检验管理的跨越式发展。具体内容如下：

（1）统一的船舶检验业务内网子网站：以海事内网为依托，在海事内网建立统一的包括船检所有业务内容的子网站，为海事内网上用户提供信息服务和业务处理服务。网站以全国船检业务信息资源数据库为基础，船检业务信息资源数据库通过各船检业务处理系统建立，保证数据的准确性、实用性和实时性。为了充分利用船检数据，在全国船检业务信息资源数据库上建立数据调用接口，为其他海事业务应用系统提供共享数据。

（2）建立一批船检业务系统。其中包括多个船检业务处理系统和1个领导辅助决策系统。这些业务处理系统为：船舶检验机构管理系统（含国外驻华船检机构管理系统）、验船师管理系统、船舶设计图纸审查管理系统、船舶检验管理系统（又分为国内航行船舶检验管理系统和国际航行船舶检验管理系统）、船用产品检验管理系统、海上设施检验管理系统、船检相关服务性机构及人员管理系统、进口旧船管理系统、船舶修造厂管理系统、船检支持服务系统等相互依赖、无缝连接的船舶检验管理业务应用系统。辅助决策系统是指在船检业务系统基础上，利用数据仓库技术建立的应用子系统，为领导决策提供数据依据。

（3）在国际互联网上建立海事政务网站下的船检政务子网站，为社会提供船检信息服务，并且提供船检网上电子政务服务。

以上目标的完成，可以基本实现船舶检验管理业务的网络化和数字化。从而在加强船舶检验管理、提高船舶检验工作效率、工作质量及服务水平等方面起到极大的促进作用，为保证水上安全、防止人员伤亡、避免船舶污染、避免财产和设备损失、提高应急救助能力等方面提供有效的技术支持保障。

10.5 数字船检总体结构

10.5.1 应用系统逻辑关系

船检管理信息系统由面向多种用户的应用系统、船检业务信息资源数据群、统一的智能管理系统组成，其逻辑关系如图 10.1 所示。

（1）面向多种用户的应用系统。它包括面向船检机构和船检管理机构及其人员的业务处理系统、面向海事系统内部所有用户的统一 Web 应用及信息服务系统、面向社会的 Web 应用及信息服务系统、面向其他业务系统的数据共享服务。

（2）面向船检管理人员的业务处理系统。它为船舶检验管理人员提供业务处理服务，用户包括：部海事局船检处、船检管理处、现场审核员、验船专家。业务处理系统包括：船检机构管理、国外驻华机构管理、验船师管理、船检相关机构管理、进口船舶管理，以及船检机构使用的船舶图纸审查管理、船舶检验管理、船用产品检验管理、水上设施检验管理、船检服务对象管理。这些系统是操作层的应用，是数据的产生和维护者。

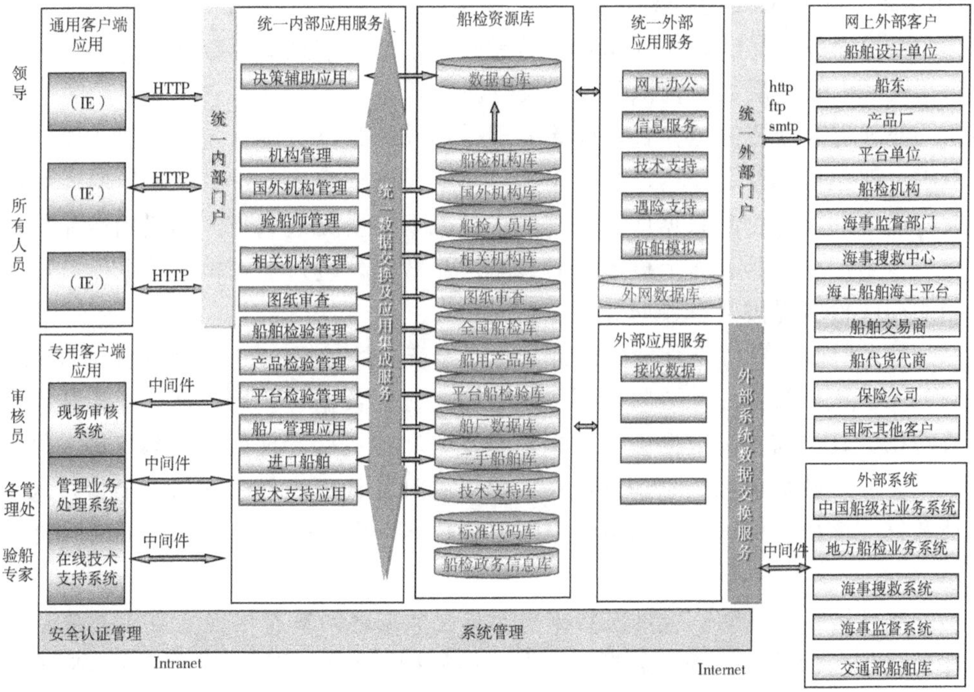

图 10.1 船检管理信息应用系统逻辑关系图

（3）面向海事内部所有用户的统一 Web 应用及信息服务系统。它为海事内网上的所有用户提供信息服务，用户包括：部海事局领导、相关处室、现场监督人员。此系统为管理层应用，是数据的分析和使用者。

（4）面向社会的 Web 应用。它为社会提供信息服务，用户包括：船舶检验机构、船舶设计单位、船舶制造厂、船东、海上搜救中心、海上遇险船舶、海上平台、船代货代商、国际相关机构等。这是社会服务层的应用，主要提高船检对外的服务能力和政府形象。

（5）面向其他业务系统的数据服务。它为其他业务系统提供数据共享服务。包括各船检机构的业务处理系统、应急救助系统、交通部船舶库、水监等其他业务系统。

（6）船检业务信息资源数据库群。它包括：船舶检验机构库、国外船检驻华机构库、验船师数据库、船检相关机构数据库、船舶图纸数据库、船舶检验数据库、船用产品检验数据库、海洋工程检验数据库、船厂数据库、进口船舶数据库、技术支持数据库、相关标准数据库及船检政务数据库。船检资源数据库群中的数据来自于各船检处、船检管理处及全国各船检机构的各类应用系统。

（7）统一智能管理。它包括：安全管理、系统管理、数据管理、权限管理。

10.5.2　船检信息资源管理

船检业务信息资源数据库之间是紧密联系的，信息资源数据库分为处理层数据资源、管理层数据资源和决策层数据资源。

处理层数据资源是在日常检验处理中形成的数据资源，包括：船舶设计图纸库、船舶检验库、船用产品检验库、海上设施检验库、进口船舶检验库、相关机构中的检验检测数据库。处理层中的数据需要无缝共享，如船用产品数据库应该给船舶检验和海上设施检验共享产品数据，进口船舶检验数据库应该为船舶初次检验提供共享数据等。

管理层数据资源是管理部门日常管理中产生的数据，包括：船检机构数据、国外船检机构数据、验船师数据、船检相关机构数据、船厂数据、船检技术支持数据。其中前 4 类数据由部海事局船检处和各船检管理处在日常管理工作中产生，船厂数据由船厂管理部门在对船厂的日常管理工作中产生，船检技术支持数据应该由船检管理部门组织全国力量总结产生，数据资源关系如图 10.2 所示。

管理层数据之间、管理层数据与业务层数据之间具有很强的逻辑关系，如：船检机构与验船师、检验数据间，对船检机构的监督（责任追究等）与对验船师的监督（责任追究等）间，验船师与具体检验业务间等。因此可以说管理层数据和处理层数据紧密相关，互为依托。

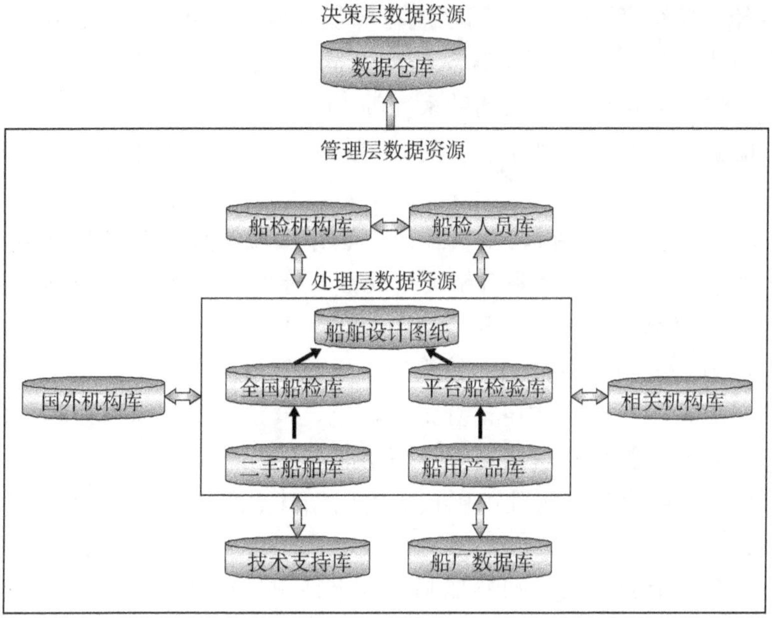

图 10.2 数据资源关系图

决策层数据包括了处理层数据、管理层数据以及在船检管理、检验等汇总数据的基础上建立起的数据仓库，通过对这些数据的抽取、挖掘、分析形成辅助决策的数据依据。

10.5.3 数字船检系统组成

数字船检系统包括：海事内网上的船检业务子网站、船舶检验业务处理系统及对应的信息资源数据库、Internet 船检政务网站、数据交换系统。

1. 海事内网上的船检业务子网站

在海事内部网上，逐步建立全国船检业务信息资源数据库，以全国船检业务数据库信息为依托建立船检业务 WWW 子网站，为海事内部网上的所有用户提供信息服务和业务处理服务。内容包括：船检政务、船检机构、验船人员、国外机构、船舶检验、船用产品、海上设施、相关机构、船东信息、船厂信息、进口船舶、技术支持、辅助决策等船舶检验管理所有有关业务的数据服务，为水上监督、事故调查等提供船舶检验等技术资料。

2. 船舶检验业务处理系统及对应的信息资源数据库

船舶检验业务处理系统完成部海事局、船检管理处、各检验机构及各检验相关机构的船检及管理业务的处理工作。根据业务不同分为船舶检验机构管理系统（包括国外驻华船检机构管理系统）、验船师管理系统、船检相关服务性机构及人员管理系统、船舶设计图纸审查管理系统、船舶检验管理系统（分为国内航行船舶检验管理系统、国际航行船舶检验管理系统）、船用产品检验管理系统、海上设施检验管理系统、船舶修造厂管理系统、进口船舶管理系统、船舶检验支持服务系统、决策辅助系统等11个子系统。

（1）船舶检验机构管理系统。对国内船检机构和国外驻华船检机构进行管理。

• 对国内船舶检验机构的基本情况、法律法规及技术文件配备情况、管理制度清单及其文件、质量体系合格证、设备设施配置情况、船舶检验业务情况、验船人员配备情况、机构设置情况、分支机构情况、业务范围、资质认可证书、资质复核申请、资质认可证书续签情况、监督处理（责任追究）情况等进行管理。实现船舶检验机构资质申请登记、审核、发证等资质认可过程管理。提供对检验机构的监督管理及过错追究管理功能。

• 对外国船舶检验机构驻中国代表处的新建、更换代表、延期、增派等情况的申请及审批进行管理。

（2）验船师管理系统。对验船师的基本情况、培训情况、考试情况、证书情况、年审情况、责任追究情况等进行管理。实现验船师资质申请登记、受理、审核、考试、发证等过程管理。提供该验船师所做检验的随机抽查及记分管理（责任追究）等监督功能。

（3）进口船舶管理系统。对进口船舶申请、勘验委托、勘验报告、审批、技术评定书制作、归档情况等进行管理。加强进口船舶的质量控制，为船舶安全生产打下良好的基础。

（4）船检相关服务性机构及人员管理系统。实现气胀式救生筏检修站、消防产品检测机构、产品检测机构、全球海上遇险和安全系统（GMDSS）设备维修站、泡沫喷涂施工单位等机构的管理，并对无损检测人员、焊工人员、气胀式救生筏检修人员的考试、发证进行管理。其中气胀式救生筏检修站的管理系统可以建立全国救生筏检修站及救生筏检修情况数据库，实现救生筏数据和船舶数据的互相调用。

（5）船舶设计图纸审查管理系统。对船舶建造和改建的设计图纸进行审查管理，包括：审图的申请受理、验船师指派、图纸审图意见书、图纸批准函、图纸复审、归档等图纸审查全过程进行全面的管理。其中要编写专用的图纸格式转换接口，将各设计单位非格式化的图纸文件转换为标准的图纸格式，以便统一查询处理。

（6）船舶检验管理系统。船舶检验分为国内航行船舶的检验和国际航行船舶的检验。具有A类资质的船舶检验机构可以检验国际航行船舶和国内航行船舶，具有B类资质的船舶检验机构只可以检验国内航行船舶。国际航行船舶与国内航行船舶的检验制度有很大差别，基于这一情况，将船舶检验管理系统分为两个：国内航行船舶船检管理系统和国际航行船舶检验管理系统。

国内航行船舶检验管理系统实现国内航行船舶检验申请登记、审查、受理、任务分配（指派验船师）、检验项目管理、检验记录、检验报告、证书签发、证书报告记录打印、证书领取、检验资料归档等检验全过程的一体化管理。实现图纸审查管理。实现与船舶检验机构管理系统、验船师管理系统的数据共享。实现他地检验数据的单位间的数据交换，以及不同检验管理系统之间的他地检验数据的交换。

（7）船用产品检验管理系统。船用产品检验分为工厂认可、形式认可、认可后的产品检验、图纸审查等业务。实现认可申请、指派、审核、检验、发证等检验过程的管理。实现认可后产品检验申请、指派、检验、发证等检验过程管理。提供产品生产及检验标准的管理。能够以此生成船用产品录。为船舶检验管理系统、海上设施检验管理系统提供经船检部门检验的产品数据。

（8）海上设施检验管理系统。对海上设施的检验申请、指派、检验、发证等检验过程进行管理。

（9）船舶修造厂管理系统。提供认可申请登记、审查、认可证书打印等船厂认可的过程管理，提供船厂技术人员管理。提供船舶设计单位及设计人员管理。为船舶检验管理系统、海上设施检验管理系统提供船厂数据。

（10）船舶检验支持服务系统。根据船舶情况及检验类型，对验船师提供智能化的法规规范服务、典型案例服务、专家在线服务，为验船师提供技术支持，为遇险船舶提供在线技术支持。

（11）决策辅助系统。根据各业务数据资源，建立数据仓库，为领导决策提供科学依据。

3.Internet 船检政务网站

Internet 船检应用包括：信息服务和网上办公两部分。

（1）信息服务主要是从内部网的汇总库中提取部分数据并在国际互联网上建立全国船检数据库为社会提供信息服务，另外船检业务系统数据分类标准的升级也在这里完成。

（2）网上办公主要是在网上受理机构认可申请、验船师资格评审申请或批复、进口船舶申请、免除申请、投诉、复核等。

4. 数据交换系统

数据交换系统完成本单位内部各数据库间的数据交换及单位间的数据交换。

单位内部的数据库交换可以采用同步更新。如本单位的业务数据写入本单位业务库的同时，也同时写入汇总库，汇总库接收下级单位数据。

（1）内部网与互联网的交换：需要生成文件再上传。

（2）单位间的数据交换分为：业务系统之间的数据交换，如：机构认可申请、验船师资格申请、他地检验数据、检验过程中的请示等；汇总数据库之间的数据交换，如上报、接收汇总数据；业务系统与汇总系统之间的数据交换：如将本单位数据转入汇总库。

（3）数据交换模式提供：自动交换和手工交换。

10.6　船舶检验监督管理系统

10.6.1　系统概述

船舶检验监督管理系统是船舶检验信息化的重要组成部分，船舶检验监督管理系统包括海事网内网船检业务子网站；船检机构、验船人员、责任追究管理三个应用系统；全国船检库、数据共享接口、数据交换接口；外网船检网站。其工作界面如图10.3和图10.4所示。

船舶检验监督管理系统的建设，始终坚持“用户需求为中心”的原则，每个步骤都由用户和开发人员密切合作完成，建设过程规范，技术文档齐全，从使用效果看，应用系统满足了实际工作的需要。

图10.3　船舶检验监督管理系统工作界面（1）

图 10.4 船舶检验监督管理系统工作界面（2）

10.6.2 系统技术特点

船舶检验监督管理系统的技术特点是：

（1）数据存储采用集中管理模式。三个业务处理系统的数据采用集中管理，分权限维护模式，每个管理处只能修改本部门的业务数据，船检管理部门之间尽量做到信息共享。

（2）软件结构模式采用 B/S（Browser/Server，浏览器 / 服务器模式），方便系统的维护和管理。

（3）统一利用海事内网用户认证，自身进行权限控制。利用海事内网的用户管理，实现统一的用户认证，用户验证一次即可实现各子系统的访问。但权限控制由船检处负责，为网上用户设置本系统的使用权限。

（4）可自定义的标准接口模块，共享数据。采用自定义的方式确定共享数据内容，利用标准的 ActiveX 控件调用共享数据，接口数据文件采用标准的 XML 格式，实现任意的安全的数据共享。

10.6.3　系统结构

船舶检验监督管理系统由船检管理业务系统、全国船检数据库、船检业务内网网站、船检业务外网网站、数据共享接口、系统统一管理模块等几部分组成，如图 10.5 所示。

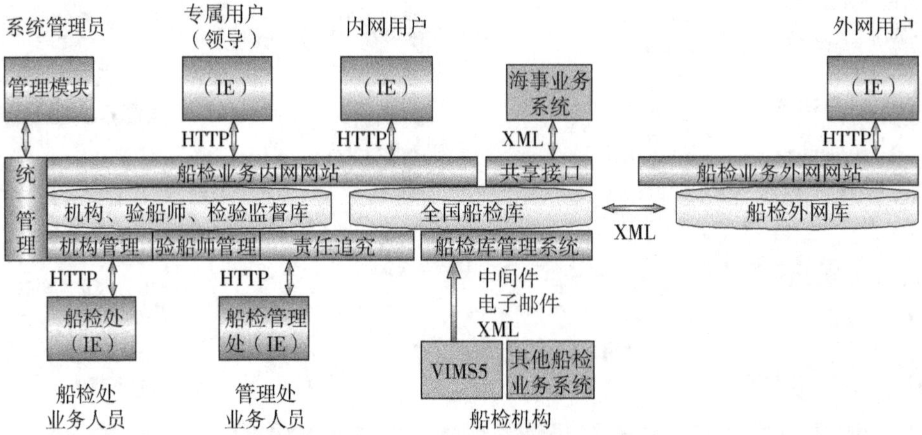

图 10.5　船舶检验监督管理系统结构图

（1）船检管理业务系统，包括：船检机构管理系统、验船师管理系统、责任追究管理系统。船检管理业务系统由船检处、船检管理处人员使用。

（2）全国船检数据库，是船舶检验信息资源数据库，以各船检机构的业务处理系统为信息源采集数据。船检机构的业务处理系统有 VIMS5.0、SSMIS、江苏船检管理系统等。

（3）船检业务内网网站，以船检管理业务数据库和全国船检库为基础，向海事内网上的用户提供船检信息服务。用户分为船检专属用户和一般内网用户，专属用户指船检业务管理相关用户，如局领导、船检业务管理领导，专属用户可以查询船检业务的全部信息和分析性的信息。一般内网用户是海事网上的一般用户，可以查询船检相关业务的信息服务，如：机构查询、验船师查询、船舶查询、证书查询、证书防伪查询等。

（4）船检业务外网网站，在船检管理业务数据库和全国船检库的基础上进行数据的精简，为社会用户提供船检数据的服务，如机构查询、验船师、船舶证书有效期查询等。

（5）数据共享接口，提供专用的数据共享组件，通过定义方式，其他海事业务系统可以方便使用全国船检库中的所有数据。

（6）系统统一管理模块，提供系统的统一管理，包括：统一用户权限管理，保证系统采用同一用户名口令即可进入所有系统。统一数据库管理，提供数据库的定时自动备份等。

10.6.4 系统功能

船舶检验监督管理系统功能如图 10.6 所示。

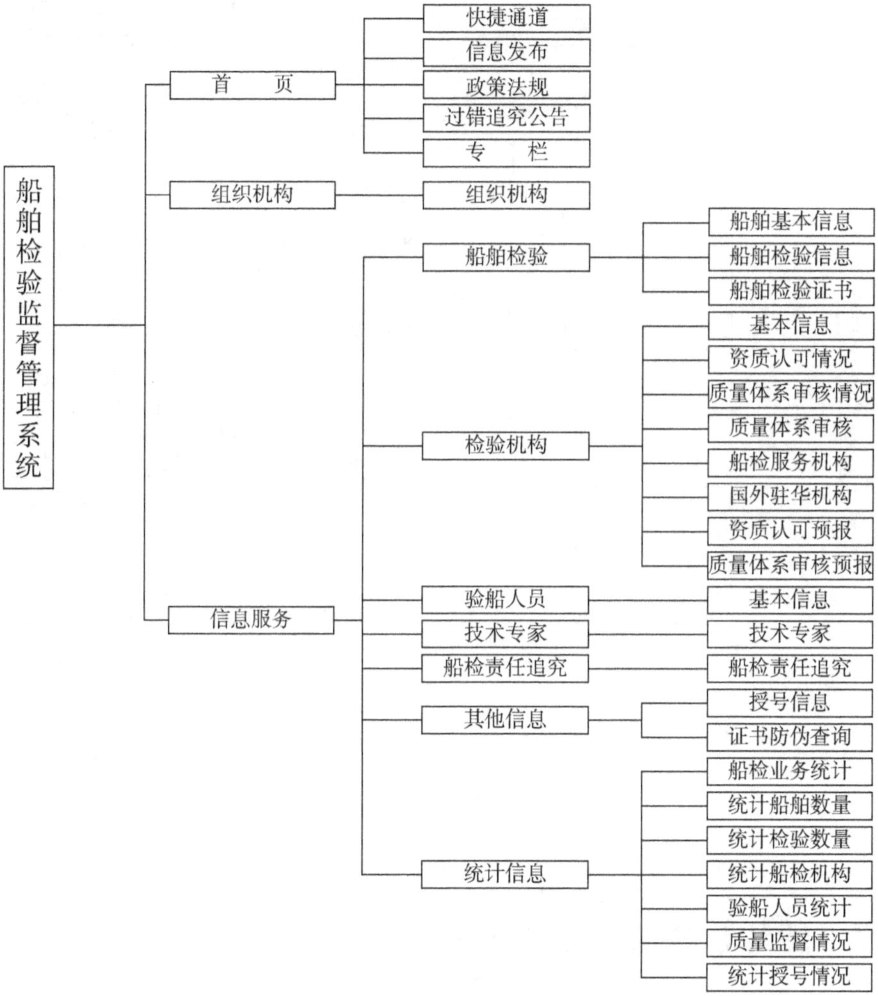

图 10.6 船舶检验监督管理系统功能图

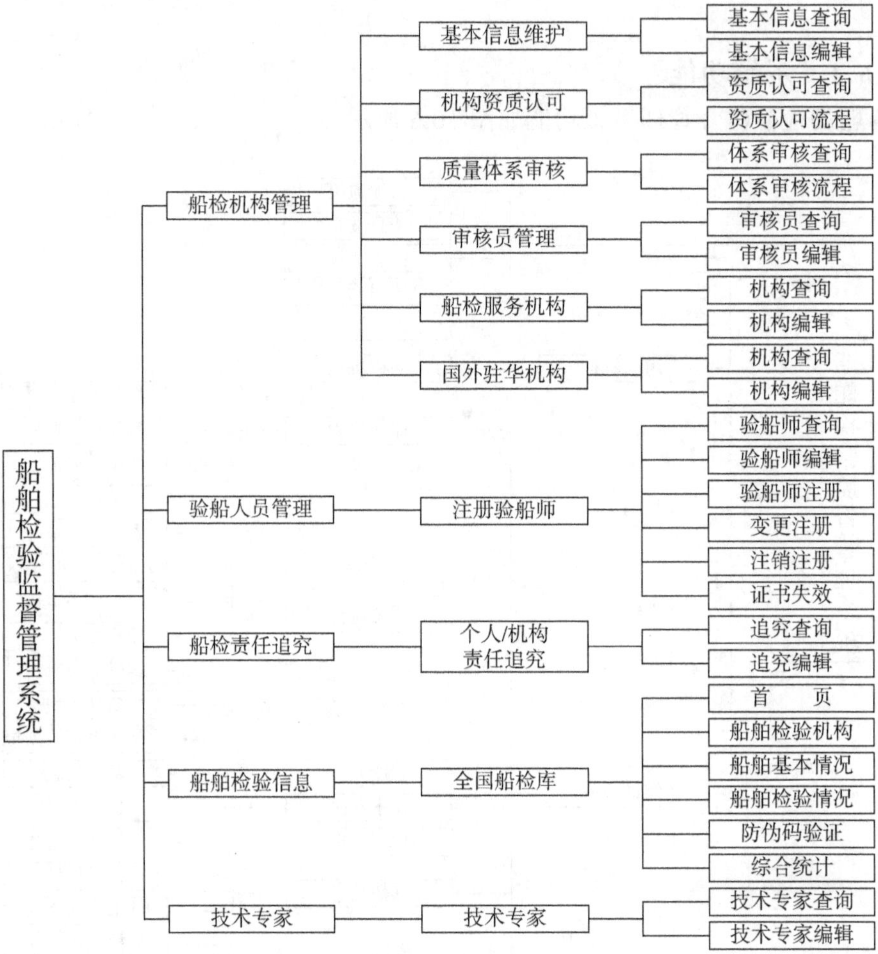

图 10.6　船舶检验监督管理系统功能图（续）

10.7　船舶检验发证管理系统

10.7.1　系统功能

船舶检验发证管理系统（VIMS5.0）是在 VIMS4.0 的基础上进行了全面改版，增加了大量功能，风格更加人性化，其工作界面的如图 10.7 所示，它主要功能如下：

（1）完成检验记录、检验报告、检验项目表的处理。

（2）能发放重点库区船舶航行证书、重点航段船舶航行证书、船舶起重设备证书、内河气垫船储备浮力证书、船舶试航证书、内河船舶防止生活污水污染证书等特殊证书。

图 10.7 船舶检验发证管理系统工作界面图

（3）能对船舶检验流程进行控制，使船舶法定检验质量管理体系运行中的日常检验工作实现计算机管理。

（4）能对船舶检验进行监督管理，使船检机构的有关领导可以通过此功能对船舶检验的过程进行监督检查，包括检验流程的完整性和检验过程文件，并可以查询每艘船舶主要技术数据的变化情况等，以加强内部管理和规范检验工作。

（5）能对船检机构人员进行管理，通过对船检机构的发证权限进行控制、对其验船人员的持证情况进行登记，实现对船检机构的资质和业务管理，进一步规范船检机构的检验行为。

（6）能对船检技术档案进行管理，使船舶检验的工作流程真正形成一个闭环管理，促进各船检机构的档案管理规范化，更好地发挥船检档案的作用。

（7）能对证书专用纸进行管理，使得船检证书专用纸的保管、领用、使用、作废、销毁等实现计算机管理。

（8）能对船检业务指南进行汇编，能把验船师不断积累的经验，作为知识进行保存，以促进验船师检验水平的不断提高。

（9）能集成检验计费，将检验计费过程作为检验流程的一个重要环节进行管理。

（10）能集成船舶检验数据进行汇总，在汇总数据库中扩充检验记录和检验报告的数据项，并调整格式存储的方式，减少数据存储和交换量，建立多种数据传输机制、实现数据增量上报，使得数据汇总高效、及时，在网络连通时全国汇总库可以及时更新，为海事签证、船舶登记等有关工作提供最新数据。

船舶检验发证管理系统使船舶检验质量大大提高，加强了船舶检验管理，为水上更安全，水域更清洁起了重要的作用。

10.7.2 系统信息流

船舶检验发证管理系统 VIMS5.0 是部海事局船舶检验监督管理系统的重要组成部分，是全国船舶检验技术信息数据库（以下简称“全国船检库”）的基础数据源，通过 VIMS5.0 的数据交换接口可以接收全国各检验机构业务处理系统的数据，建立全国船检库。全国船检库管理国内船舶、国际船舶、入级船舶、非入级船舶的船舶检验的技术信息。

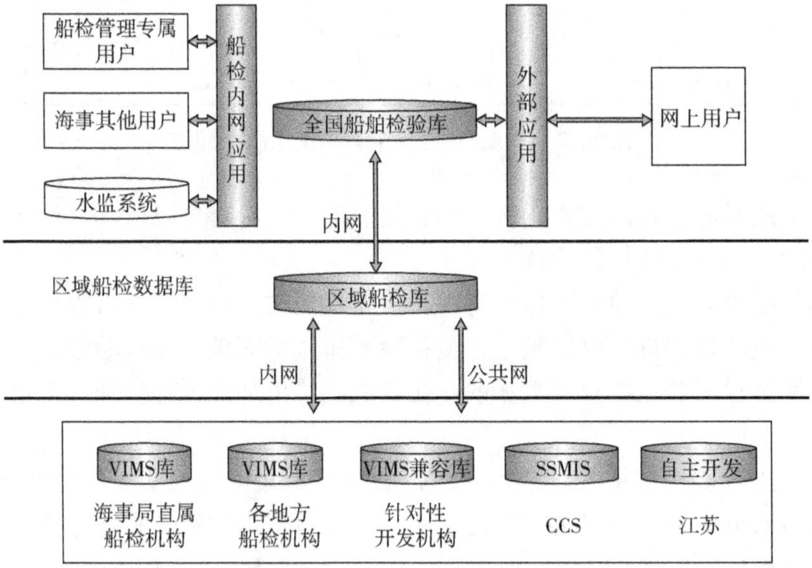

图 10.8 VIMS5.0 信息流示意图

从 VIMS5.0 信息流示意图（图 10.8）可以看出，全国各船舶检验管理系统之间存在横向数据交换和纵向数据交换，横向数据交换指船舶转籍、委托检验等情况，需要将检验数据从一个船检机构提供给另一个船检机构，实现船检机构间数据共享。纵向数据交换是指各船舶检验机构通过海事内网或国际互联网两种渠道将船检技术数据汇总到区域船检库然后再汇总到全国船检库，全国船检库为船检管理专属用户提供全面的信息服务，海事内网其他用户可以共享船检数据，其他应用系统也可以共享全国船检库的数据。进一步扩展，可以在外网上为社会用户提供服务。

10.7.3 系统总体结构

VIMS5.0 系统组成，从网络环境分，VIMS5.0 分为海事专网的用户、非海事专网的用户；从数据交换对象上分，包括：VIMS5.0 用户、VIMS 兼容用户、非 VIMS 兼容用户；从数据管理模式上分，包括：单机版、局域网版、省集中版。

网络版 VIMS5.0 的总体结构如下（见图 10.9）：

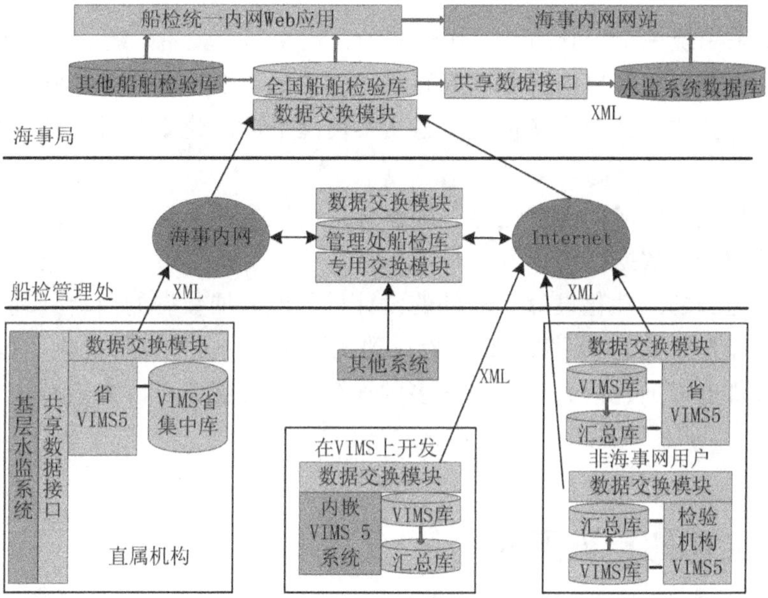

图 10.9 VIMS5.0 的总体结构

（1）数据库：数据包括船检业务库和本辖区汇总库，船检业务库存储本单位的船检业务数据，本辖区汇总库存储本辖区的汇总数据，汇总数据仅限于证书范围的内容和必要基础数据。缺省情况下船检业务库名称为 ncbgl，汇总数据库名为 cbgltjhz。

（2）VIMS5.0 客户端：业务处理的客户端软件，实现业务处理的所有功能，每个验船师的机器上都需要安装。

（3）VIMS4 数据导入模块。将 VIMS4 单机版数据导入新系统。

（4）专用通信模块（MAILBOX）：专用数据交换模块，每个单位根据内外网情况安装 1 ~ 2 套。

（5）数据库自动备份模块。

（6）专用数据共享接口。

专用数据接口模块负责提供数据共享查询，该接口为 ACTIVEX 模块，其他软件通过调用该模块查询船检库中的数据，查询结果是 XML 格式文件。

单机版组成：VIMS5.0 和单机版专用通信模块（单机版 MAILBOX）。

10.7.4　系统技术特点

（1）适应多平台环境使用。考虑了单机、局域网和广域网的运行环境及不同的数据库系统。既支持分布式数据管理模式，也支持集中式数据管理模式。

（2）与全国船检库进行了高度的集成，实现应用系统与全国库汇总系统的无缝连接。

（3）采用统一工作画面，工作流驱动，建立起了验船师统一的工作平台。

（4）支持通过海事内网和国际互联网的数据交换，支持电子邮件和通信中间件等多种方式的数据交换模式。在正常情况下可以建立及时更新的全国船检库。

（5）扩充了船舶初次登记号，提供标准的数据共享接口，可以方便其他系统安全访问船检数据。

（6）充分的人性化设计。软件的设计尽可能增加数据的后台处理功能，使用户减少操作时间，将更多的时间投入到现场检验中去。软件提供了包括证书、报告等文件的双面连续打印在内的多种连续打印功能，可以大为减少文件打印时间。

10.8　全国船检数据库

10.8.1　全国船检数据库概况

（1）全国船检库基础数据源为 VIMS5、VIMS5 兼容版，以及其他系统，如：CCS 入级船检验系统、江苏系统。

（2）数据范围：证书范围及必要的数据，如船检登记单位、登记日期、船舶初始登记号等。

（3）数据由船检登记机构报送并保证数据的准确性。

（4）数据报送分为批量层层汇总和单项向所有上级同时报送的即时模式。

（5）支持通信中间件、电子邮件、数据交换模式等多种介质。

（6）支持海事内网和国际互联网的安全可靠传输渠道。

（7）数据格式采用 XML 格式。系统间可以通过标准的 XML 格式进行数据交换。

建立数据库分为两个步骤：初次数据汇总、检验数据日常交换。

10.8.2 初次数据汇总

VIMS 系统升级到 5.0 版本后，将 VIMS4.0 的数据导入到信息系统，数据整理完毕、正式启用前完成初次数据报送。工作包括：

（1）系统移植完成后，进行初始化。

（2）导入 VIMS4.0 数据。首先原系统中检查整理数据；然后导入；补充船检登记单位、登记日期、船舶初始登记号。

（3）利用 VIMS5.0 系统检查错误数据。

（4）将数据从 VIMS5.0 提到汇总库。

（5）基层单位可以从 VIMS5.0 或汇总中报送数据。

（6）有上级单位接收下级单位数据后，从汇总中报送数据。

（7）通过层层汇总建立全国船检库。

10.8.3 数据交换系统

1. 数据交换

数据日常交换是指利用现有的网络系统实现船检数据的快速交换。根据现有网络情况，数据交换分为海事专网交换和外网（Internet）交换。可以采用通信中间件（如 TongLink）和电子邮件交换数据文件，也可以通过数据文件方式交换。其中数据文件交换作为备份的数据传输方案。数据交换流程如图 10.10 所示。

图 10.10 船检库数据交换流程

2. 数据交换系统的组成

数据交换由数据库、数据交换处理模块、数据交换系统组成。数据交换处理模块负责将待发送的数据从数据库中导出，形成数据文件包，并将文件包传给数据交换系统，同时负责接收数据交换系统的数据包，然后将数据包中的数据根据不同的业务需求分别进行数据库操作。

数据交换系统分为三种模式：消息中间件（如 TongLINK/Q）、MAILBOX、文件，以下是 TongLINK/Q、MAILBOX 有关技术的说明。

1）消息中间件 TongLINK/Q

TongLINK/Q 是面向分布式应用的消息传送中间件，它为网络环境下 Client/Server 结构的应用系统的开发和运行，提供了灵活和易用的平台支持。TongLINK/Q 提供两种通信方式：实时通信传输和可靠通信传输。在分布式的联机事务处理环境中，它担当通信资源管理器（Communication Resource Manager）的角色，为分布式应用提供实时的、高效的、可靠的，跨越不同操作系统、不同网络的消息传送服务；在要求可靠传输的系统中，可以利用 TongLINK/Q 作为一个通信平台，用 TongLINK/Q 提供的可靠传输功能来传递消息和文件。同时提供其他辅助功能方便系统的开发及使用。

应用程序分布在网络上的大量结点上，当应用程序之间要传送消息时，应用程序只需将消息接收者的名字和消息的内容通过 TongLINK/Q 提供的接口传给 TongLINK/Q ，TongLINK/Q 便会利用网络结点上的各个 TongLINK/Q 运行系统组成的虚拟网，将消息输送到消息接收者所在的结点上，然后提交给消息的接收者。

TongLINK/Q 系统的主要组成部分如下：

（1）应用程序开发接口：是一组功能完善的函数，应用程序通过此组函数与 TongLINK/Q 系统交换信息，获取 TongLINK/Q 提供的实时消息传输和可靠消息传输服务。

（2）运行核心：是几个可执行程序，在系统的运行过程中，表现为守护进程。它们主要功能是给应用进程提供实时和可靠消息传输服务；对网络状态进行监控；处理各种异常情况。

（3）管理系统：允许操作员通过菜单或命令行界面配置、实时监控和管理系统的运行。

单位间的船检业务系统用 TongLINK/Q 提供的可靠传输功能来传递文件。每个单位的船检业务需要一个节点。

2）电子邮件可靠传输系统 MAILBOX

船检业务数据交换实时性要求不是很高，为了降低数据交换成本，也可以利用 Internet 的电子邮件系统进行数据交换。电子邮件系统存在可靠性问题，人们在使用 Internet 的电子邮件时，经常发生邮件发不出去和接收不下来的情况，这是由于上网线路差、服务器忙及邮件太大等多种原因造成的，这种情况不能满足实际工作需求，需要专门处理才能达到工作要求。通过对邮件进行压缩和加密等几种措施可以保证数据传输的可靠性。

邮件接收发送处理过程：利用常驻内存程序，专门负责邮件发送接收，通过邮件接收发送处理过程如图 10.11 所示。图中应用接收发送处理模块，根据应用系统需求，生成交换数据，通过邮件压缩放入邮件发送队列，邮件发送模块从邮件发送队列读取邮件并发送到网络邮件系统，目的地的邮件接收模块接收到邮件后，将邮件放于邮件接收队列，邮件解压模块将邮件解压缩，并交给应用接收发送处理模块进行处理。反之也是这一过程。图示中的模块都常住内存，随时处理电子邮件，达到电子邮件的可靠传输和无人值守。应该注意的是应用接收发送处理模块不处理非应用系统邮件。

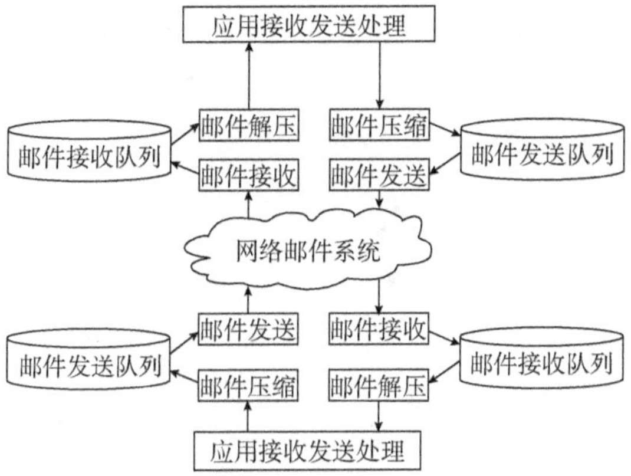

图 10.11 通过邮件接收发送处理过程

第11章 方兴未艾的船联网

“小荷才露尖尖角，船联网络成新宠”——佚名

船联网是数字港航一朵鲜艳多姿的科技奇葩，是物联网在水运的新应用。它是继物联网、车联网之后在港航领域发展起来的，是数字港航逐步走向智慧港航这一高级阶段的重要特征。鉴于船联网的广阔的发展前景，已经得到政府的大力支持和业界的高度关注。一批船联网示范工程正在启动，一些船联网的项目已经显见成效，我国自主研发基于船舶位置的海上综合信息服务平台（简称“宝船网”）是船联网的一个典型案例（详见第13章13.2节）。正是：小荷才露尖尖角，船联网络成新宠。

11.1 物联网

物联网是依托互联网高速发展起来的一项新的应用技术，它推动了船联网在水路交通运输行业的应用，因而，本章首先就物联网的一些基本知识和特点作简要介绍。

近年来，随着新一代信息技术的迅猛发展，物联网已成为当今世界新一轮经济和科技发展的战略制高点之一。2010年，物联网（Internet of Things，IoT）被确立为我国五大新兴战略之一，随后工业和信息化部又专门制定了《物联网“十二五”发展规划》，物联网已成为国内外广泛关注的科技制高点。物联网被视为继计算机、互联网之后的第三次信息化浪潮，发展物联网对于促进经济发展和社会进步具有重要的现实意义，对加快转变经济发展方式具有重要推动作用。

11.1.1 物联网的概念

物联网是通过射频识别、红外感应器、全球定位系统、激光扫描器等信息传感设备，按约定的协议，把任何物品与互联网相连接，进行信息交换和通信，以实现对物品的智能化识别、定位、跟踪、监控和管理的一种网络。物联网有狭义和广义之分，狭义的物联网指的是物与物之间的连接和信息交换，广义的

物联网不仅包含物与物的信息交换，还包括人与物、人与人之间的广泛的连接和信息交换。

物联网将无处不在（Ubiquitous）的末端设备（Devices）和设施（Facilities）通过各种无线、有线的长距离、短距离通信网络实现互联互通，应用大集成以及基于云计算的软件运营等模式，提供安全可控乃至个性化的实时在线监测、定位追溯、报警联动、调度指挥、预案管理、远程控制、安全防范、远程维保等管理和服务功能，实现对“万物”的“高效、节能、安全、环保”的“管、控、营”一体化。其中，末端设备和设施包括具备“内在智能”的传感器、移动终端、工业系统、楼宇自动化系统、家庭智能设施、视频监控系统等，也包括“外在使能”（Enabled）的贴有RFID（Radio Frequency Identification，射频识别技术）标签的各种资产、具有无线终端的个人与车船等“智能化物件或动物”或“智能尘埃”（Motc）。

物联网不是一门技术或者一项发明，而是过去、现在和未来许多技术的高度集成和融合。物联网是现代信息技术发展到一定阶段后才出现的聚合和提升，它将各种感知技术、现代网络技术、人工智能、通信技术和自动控制技术集合在一起，促成了人与物的智慧对话，创造了一个智慧的世界。

物联网被视为互联网的应用扩展，应用创新是物联网发展的核心，以用户体验为核心的创新是物联网发展的灵魂。这里物联网的“物”，不是普通意义的万事万物，而是需要满足一定条件的物，这些条件包括：要有数据传输通路（包括数据转发器和信息接收器）；要有一定的存储功能；要有运算处理单元（即CPU）；要有操作系统或者监控运行软件；要有专门的应用程序；遵循物联网的通信协议；在指定的范围内有可被识别的唯一编号。

物联网的本质主要体现在三个方面：第一，互联网特性，即对需要联网的物一定要能够实现互联互通的互联网络；第二，识别和通信特性，即物联网中的“物”一定要具备自动识别和物物通信的功能；第三，智能化特性，即网络应具有自动化、自我反馈和智能控制的特点。

物联网建立了人与人、人与物、物与物之间的信息交流，每个物体都是一个终端，构建了更为广泛的信息网络系统。在这个系统中，可以自动实时地对物体进行识别、定位、追踪、监控和管理。物联网的发展进步，可以大大地促进全球信息化，更有利于提升物联网在各行业的广泛应用，包括物流、交通、医疗、智能电网等领域。

11.1.2　物联网与互联网

物联网是物物相连的互联网，是可以实现人与人、物与物、人与物之间信息沟通的庞大网络。互联网是由多个计算机网络相互连接而成的网络。物联网与互联网既有区别又有联系。物联网不同于互联网，它是互联网的高级发展。从本质上来讲，物联网是互联网在形式上的一种延伸，但绝不是互联网的翻版。互联网本质上是通过人机交互实现人与人之间的交流，构建了一个特别的电子社会。而物联网则是多学科高度融合的前沿研究领域，综合了传感器、嵌入式计算机、网络及通信和分布式信息处理等技术，其目的是实现包括人在内的广泛的物与物之间的信息交流。物联网与互联网之间的关系如图 11.1 所示。

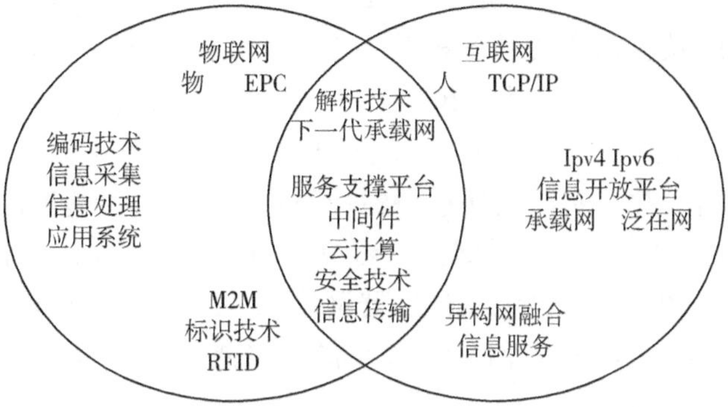

图 11.1 物联网与互联网之间的关系

（1）物联网是在互联网的基础上，利用 RFID、无线数据通信等技术，构造一个覆盖世界上万事万物的网络。在这个网络中，每个物体都具有一定的“身份”，便于人们和物体的智能交互，也便于实现物与物之间的信息交互。物联网可用的基础网络有很多种，根据应用的需要，可以采用公众通信网络，或者采用行业专网，甚至新建专用于物联网的通信网。通常互联网最适合作为物联网的基础网络，特别是当物物互连的范围超出局域网时，以及当需要利用公众网传送待处理和利用的信息时。

（2）互联网是人与人之间的联系，而物联网是人与物、物与物之间的联系。物联网与互联网的主要区别有以下三点：

① 范围和开放性不同。互联网是全球性的开放网络，人们可以从任何地点上网到达任何一个网站，而物联网是区域性的网络。物联网有两类，一类是用来传输信号的互联网平台，另一类是应用部门的专业网，即封闭的区域性网络，如智能电网等。

② 信息采集的方式不同。互联网借助于网关、路由器、服务器、交换机连接，由人来采集和处理各种信息。而物联网是把各种传感、标签、嵌入设备等联系起来，把世界万物的信息连接到互联网上，融合为一个整体网络。

③ 网络功能不同。互联网是传输信息的网络，物联网是实物信息收集和转化的网络。人们形象地认为：物联网 = 互联网 + 传感网 + 云计算。

（3）物联网是互联网的自然延伸，因为物联网的信息传输基础仍然是互联网。但是相比互联网，物联网具有以下三大优势，这些优势促使人们发展物联网，为我们的生活带来更多便利。

① 终端的多样化。以前的互联网主要是计算机互联的网络，当然现在能上网的设备越来越多，除计算机之外，还有手机、PDA（掌上电脑）及诸如机顶盒之类的东西。但是其根本，互联网的终端还是人。然而环顾四周，就会发现身边还有很多东西是游离于互联网之外的，如电冰箱、热水器、洗衣机、空调等。人们开发物联网技术，就是希望借助它将我们身边的所有东西都连接起来，小到手表、钥匙及上面所说的各种家用电器，大到汽车、船舶、房屋、桥梁、道路，甚至那些有生命的东西（包括人和动植物）都连接进网络。这种网络的规模和终端的多样性，显然要远大于现在的互联网。

② 感知的自动化。物联网通过在各种物体上植入微型传感芯片，使得任何物品都可以变得“自感受、有知觉”，可以自动感知所需要的信息。

③ 智能化。物联网通过无线传感器网络和 RFID 时时刻刻地获取人和物体的最新特征、位置、状态等信息，这些信息将使网络变得更加“博闻广识”，使网络变得更加“睿智”。

物联网的应用，将会带来许多意想不到的收获。物联网的发展既可以形成物联网相关的各种高新产业，同时也为传统互联网的发展开拓了新的空间。

11.1.3 物联网体系结构

目前，物联网的体系结构还没有统一的标准，大家普遍接受的体系结构就是物联网的三层体系结构，其认为物联网的体系结构通常可以分为三个层次：感知层、网络层和应用层，如图 11.2 所示。

1. 感知层

感知层主要用于采集物理世界中发生的物理事件和信息，包括各类物理量、标识、音频、视频等。感知层在物联网中如同人的感觉器官对人体系统的作用，主要是用来感知外界环境的温度、湿度、压强、光照、气压、受力情况等信息，通过采集这些信息来识别物体和感知物理相关信息。作为物联网应用和发展的基础，感知层涉及的主要技术包括 RFID 技术、传感器和控制技术、短距离无线通信技术等。

一维条码和二维条码作为比较廉价而又实用的技术，在今后一段时间还会在各个行业中得到应用。然而，由于其所能包含的信息有限，而且在使用过程中需要用扫描器以一定的方向近距离地进行扫描，这对于未来在物联网中动态、快读、大数据量以及有一定距离要求的数据采集、自动身份识别等有很大的限制，因此基于无线技术的射频标签发挥了越来越重要的作用。

图 11.2 物联网体系结构图

WSN 是 Wireless Sensor Network 的简称，即无线传感器网络是物联网的关键技术。WSN 网络是由部署在监测区域内大量的廉价微型传感器节点组成，通过无线通信方式形成的一个自组织网络。WSN 作为一种有效的数据采集设备，在物联网感知层中扮演了重要角色。现在传感器的种类不断增多，出现了智能化传感器、小型化传感器、多功能传感器等新技术传感器。

2. 网络层

网络层是在现有的通信网和互联网的基础上建立起来的，其关键技术既包括现有的通信技术又包括终端技术，为各类行业终端提供通信能力的通信模块等，网络层不仅能使用户随时随地获得服务，更重要的是通过有线和无线的结合、移动通信技术和各种网络技术的协同，为用户提供智能选择接入网络的模式。

有线通信技术可分为中、长距离的广域网络（Wide Area Network，WAN），包括 PSTN、ADSL 和 HFC 数字电视 Cable 等；短距离的现场总线（Field Bus），包括电力线载波等技术。无线通信技术也可分为长距离的无线广域网（Wireless Wide Area Network，WWAN），中、短距离的无线局域网（Wireless Local Area Networks，WLAN），超短距离的无线个人局域网（Wireless Personal Area Network，WPAN）。移动通信技术包括 2G、3G 及 4G 技术。

网络层用于实现更加广泛的互连功能，相当于人的神经系统，能够无障碍、高可靠性、高安全性地传送感知到的信息，需要传感器网络与移动通信技术、互联网技术相互融合。经过十余年的快速发展，移动通信、互联网等技术已比较成熟，基本能够满足物联网数据传输的需要。

3. 应用层

应用层包括了各种不同业务或者服务所需要的应用处理系统。该系统利用感知的信息进行处理、分析、执行不同的业务，并把处理的信息再反馈以进行更新，对终端使用者提供服务，使得整个物联网的每个环节更加连续和智能。

物联网把周围世界中的人和物都联系在网络中，应用涉及生产生活的方方面面。我国物联网在安防、电力、交通、物流、医疗、环保等领域已经得到应用，且应用模式正日趋成熟。在安防领域，视频监控、周界防入侵等应用已取得良好效果；在电力行业，远程抄表、输变电监测等应用正在逐步拓展；在交通领域，面向公共交通工具、基于个人标识自动缴费的移动购票系统、电子导航、路网监测、车辆管理、船舶管理等应用正在发挥积极作用；在物流领域，物品轨迹实时查询、物品运输调度、实时监控等应用广泛推广；在医疗领域，身份标识和验证、身体症状感知及数据采集系统、个人健康监护、远程医疗等应用日趋成熟。

物联网应用涉及行业众多，涵盖面宽泛，总体可分为政府应用系统、社会应用系统和企业应用系统。物联网通过人工智能、中间件、云计算等技术，为不同行业提供应用方案。

11.1.4 物联网标准体系框架

在分析物联网业务发展时，标准化是影响物联网快速发展的重要原因之一，因此全方面推广物联网标准化是物联网产业发展的重要环节。物联网标准化工作包括中国通信行业标准、中国其他行业标准、中国相关国家标准、国际标准等。物联网标准体系在全球都处于初步阶段，中国物联网相关行业和企业在物联网标准体系领域具备参与制定甚至引领标准化的机遇。工作开展策略是：技术研究先行，在架构确定后，加快核心技术与产品研究；同时完善国内通信行标、其他行标，作为物联网在相关行业推广的一种重要市场手段；尽量挖掘国际专利，确保物联网在国际标准组织的话语权，并倡导成立国际推广组织进行推广，加强企业知识产权在国际标准组织的部署，积极倡导成立国际标准推广组织。

物联网标准体系的逻辑表现形式就是结构化，采用混合型的归类方法，层与层之间具有复杂的包含与被包含的关系。其中主要依据以下层次结构设计：

（1）第一层是物联网基础标准。基础标准在物联网构架中不容忽视，其中包含很多基础性的术语和定义，还有一些服务和管理等方面的标准，基础标准是其他类的基石，其他标准都是在此基础上开发完成的。

（2）第二层是根据物联网标准化的主体对象而分类的，其中涉及技术标准和管理标准，还有一些服务标准和应用标准。每种标准的存在都离不开基础标准。

（3）第三层是对上层的一些技术、服务、管理和应用标准进行合理细化分解。其中物联网技术标准，细化到物品编码、信息识别、数据传输和应用等方面，其中每个子技术还可进一步细化，如物品分类编码标准、网络传输技术标准等。

（4）第四层是在第三层的基础上扩展出来的，每个类别都可以进一步扩展，形成更小的系统，这些小的系统进行组合形成一个完整的标准体系。

物联网标准体系框架如图 11.3 所示。

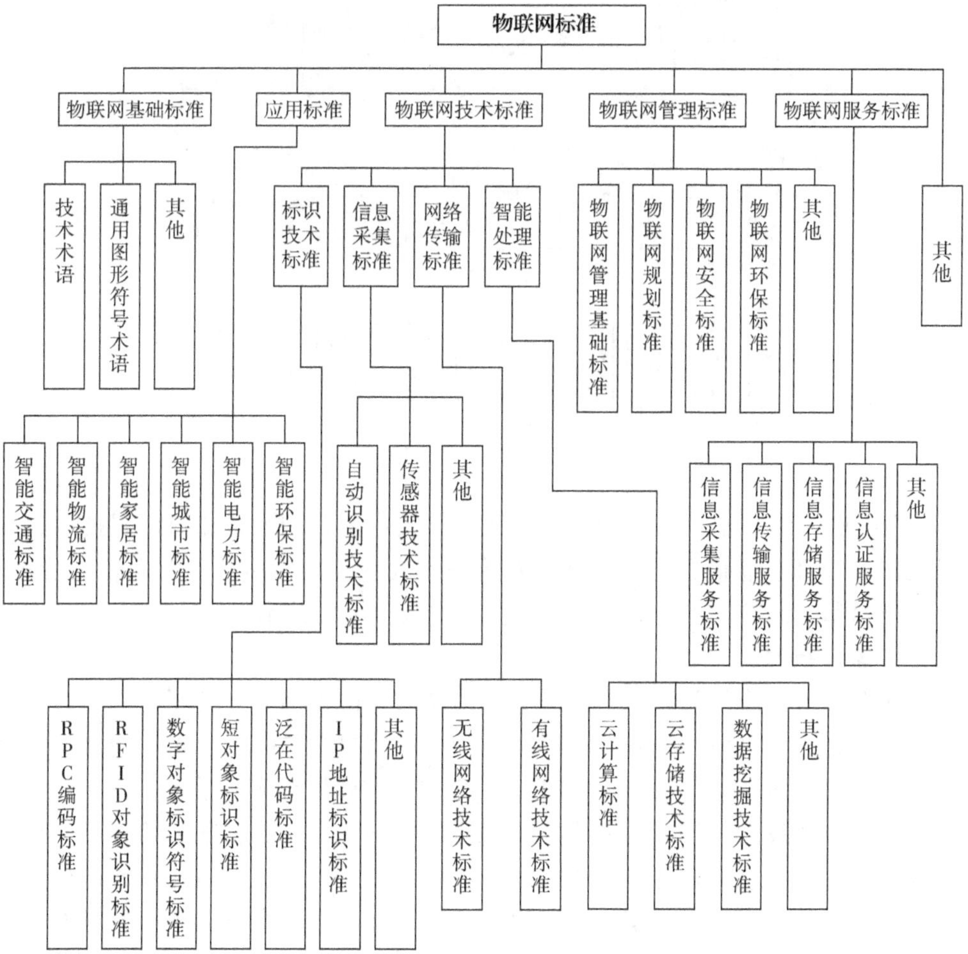

图 11.3 物联网标准体系框架

11.1.5 物联网关键技术

物联网作为IT业界的新兴领域，引发了相当广泛的研究和探讨。不同研究机构不同学者的不同视角对物联网相关概念的看法不同。但是，可以肯定的是物联网产业要发展必然得依赖物联网相关的技术，物联网技术其实与物联网结构是有关系的，首先在感知层的感知技术，到网络层的传输技术及处理技术，最后都是为应用服务。物联网技术相互关系如图11.4所示。

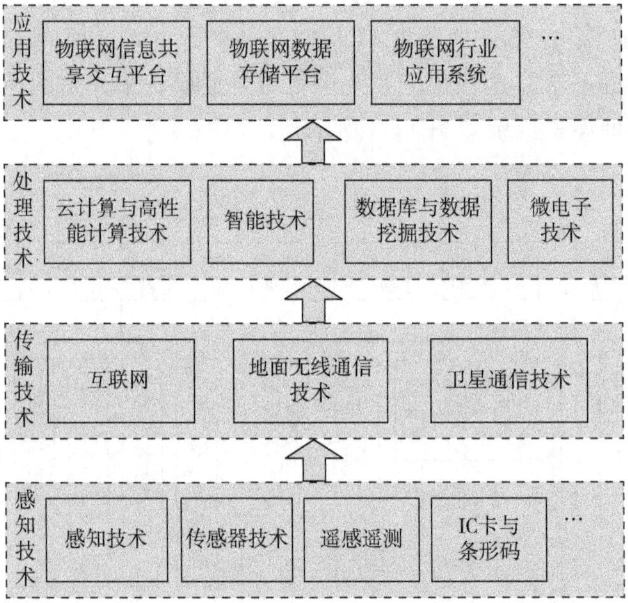

图 11.4 物联网技术体系

由物联网的技术体系可知，物联网相关技术主要涉及感知与标识技术、数据及信号处理、通信、网络、软件及算法、发现与搜索引擎、关系网络管理、安全与隐私、标准化等关键技术，这里就比较重要的技术做简要分析。

1. 感知技术

感知技术，涉及前端数据的采集与物体的身份识别，是实现物联网的核心关键技术之一。目前，随着技术的进步和物联网概念的拓展，物联网涉及的物体识别手段很多，包括二维码、RFID、GPS、传感器等多种手段。

（1）传感技术。传感器是构成物联网的基础单元，是物联网的耳目，是物联网获取相关信息的来源。具体来说，传感器是一种能够对当前状态进行识别的元器件，当特定的状态发生变化时，传感器能够立即察觉出来，并且能够向其他的元器件发出相应的信号，用来告知状态的变化。传感器是一种感测设备，能感受到相关信息，并能将感受检测到的信息，按照一定规律变换成为电信号或其他所需形式的信息输出，以满足信息的传输、处理、存储、显示、记录和控制等要求。它是实现自动检测和自动控制的首要环节，作为信息感知与获取的重要手段，是物联网技术中关键技术之一。

（2）RFID 技术。RFID（Radio Frequency Identification，射频识别）一般称为感应式电子品片、电子标签、电子条码、感应卡、非接触卡等。一套完整 RFID 系统是由阅读器与应答器两部分组成，其动作原理为由阅读器发射一特定频率之无限电波能量给应答器，用以驱动应答器电路将内部之 ID 码送出，此阅读器便接收此 ID 码。应答器的特殊在于免用电池、免接触、免刷卡，故不怕脏污，且晶片密码为世界唯一，无法复制，安全性高、长寿命。RFID 的应用非常广泛，目前典型应用有停车场管制、汽车晶片防盗器、生产线自动化、物料管理、动物晶片、门禁管制。目前 RFID 技术的研发重点集中在超高频 RFID 芯片的设计及制造、低成本标签的生产、RFID 阅读器的协调与组网等，并主要有有源标签和无源标签两种。

（3）定位技术。卫星空间定位作为一种全新的现代定位方法，已逐渐在越来越多的领域取代了常规光学和电子仪器。20 世纪 80 年代以来，尤其是进入 90 年代以来，GPS 卫星定位和导航技术与现代通信技术相结合，在空间定位技术方面引起了革命性的变化。用 GPS 同时测定三维坐标的方法将测绘定位技术从大陆周边延伸到外层空间和整个海洋，从静态延伸到动态，从单点定位延伸到局部与广域差分，从事后处理延伸到实时（准实时）定位与导航，相对和绝对精度延伸到米级、厘米级甚至亚毫米级，从而拓宽 GPS 技术的应用范围和其在其他各行各业中的作用。目前，我国自主研发的北斗卫星导航定位系统也已经取得了巨大进步且已付诸实际应用，可在全球范围内全天候、全天时为各类用户提供高精度、高可靠定位、导航、授时服务，并具短报文通信能力，已经初步具备区域导航、定位和授时能力，定位精度优于 20m，授时精度优于 100ns。

2. 网络与通信技术

网络和通信技术通过广泛的互联功能，实现感知信息高可靠性、高安全性进行传送，包括各种有线和无线传输技术、接入与组网技术、通信技术、交换技术等。物联网网络与通信技术和产品的研发主要包括通信网络设备、传感器网络设备及物与物（M2M）网络设备等的研发，以及信息的传输、拓扑管理、路由和控制等网络通信技术的研发，同下一代通信网络和网络信息服务关系密切。

（1）无线传输技术。无线传输分为两类：无线移动传输和无线局域网传输。无线局域网传输使用自主发射器和接收器进行信号传输。无线移动传输需要电话电信局或其他公共服务为用户提供设施，使用分组无线电、蜂窝网络和卫星站来传输和接收信号。因此，无线传输技术的发展分为两条主线：第一条是蜂窝通信的发展主线（蜂窝通信技术从1G、2G向3G、4G发展）；第二条主线涵盖了WLAN、WPAN、Bluetooth、WIMAX、RFID等技术的发展。总体来讲，无线通信技术始终都在朝向移动、宽带、高速的方向演进。

（2）接入与组网技术。物联网的网络技术负载泛在接入和骨干接入传输等多个层面的内容。IPv6为核心的下一代网络，为物联网的发展创造了良好的基础网络条件。以传感器网络为代表的末梢网络在规模化应用后，面临着与骨干网络的接入问题，并且其网络技术需要与骨干网络进行充分协同，这些都将面临新的挑战，需要研究固定、无线和移动网以及Ad-Hoc网技术、自治计算与联网技术等。

（3）通信技术。物联网需要综合各种有线及无线通信技术、交换技术、组网技术等，其中短距离无线通信技术也是物联网的研究重点。目前主流的短距离无线通信技术包括:WLAN技术、ZigBee技术以及蓝牙技术。WLAN技术主要应用于通信设备及便携式家电，可以支持视频音频等多媒体信息的传输。ZigBee则主要应用于家庭、工厂等实现自动化控制、监测跟踪。广域网通信技术主要包括IPv4/IPv6互联技术、3G移动通信技术、卫星通信技术等。广域网通信技术负责对底层感知数据的远程传输，通过不同类型网络为上层应用提供传输服务。

（4）交换技术。这里的交换技术主要指面临下一代网络（NGN）的软交换技术。软交换为下一代网络NGN提供具有实时性要求的业务的呼叫控制和连接控制功能，是下一代网络呼叫与控制的核心。软交换是在分组网基础上利用程控软件提供媒体处理和呼叫控制功能相分离的系统和设备，为软件可编程功能、交换、控制建立分离的平面。软交换主要提供呼叫详细记录、连接控制、呼叫控制、翻译和选路、带宽管理、信令、网关管理、安全性等功能。并且，软交换还可以将网络能力、网络资源封装起来，通过开放标准的业务接口与业务应用层相接，就可以在网络上提供快速新的业务。

3. 数据处理技术

物联网中的数据存在以下特性：

（1）异构性：由于物联网系统中物体的特性的不同，从而使相关数据具有多种属性。例如传感器捕获的温度、湿度等物理数据，摄像头拍摄的视频数据。

（2）海量性：随着物联网系统规模的不断扩大，许多的物理节点在短时间内就可以产生超大的数据量，这些数据的量级会达到TB甚至PB级。

（3）不确定性：实践表明，RFID阅读器在读取射频数据时存在着一定比例的漏读、误读及错读等现象，而传感器节点也常常产生脏数据。

基于物联网数据具有的特性，而且从感知层到应用层，物联网中各种类型数据及其包含的信息数量随着时间的推移呈几何级增加，因此，从物联网的数据特征出发，如何合理、有效地对物联网中多样的大量的数据信息进行预处理及处理，以及如何对这些海量的数据及信息进行高效地存储以提供高品质的上层应用信息服务是相当重要的。相关的数据处理技术包括中间件、数据存储、并行计算、数据挖掘、平台服务、智能技术、服务体系架构、软件和算法技术、云计算、数据中心等。

4. 信息安全技术

物联网实现了物品信息的流通和共享，然而在此过程中必然会导致安全和隐私风险的扩大。物联网的安全威胁可能存在于各个层面，主要原因可能包括用户本身的不当操作、网络通信协议的漏洞及网络共享应用的安全保护缺陷等。因此，为了实现广泛的物联网信息共享，必须对物联网信息共享过程进行严格的安全隐私保护，防止社会信息化安全隐私泄露问题，这就需要在理解物联网的特点的基础上，在结合传统无线通信网、互联网安全隐私保护策略的同时，针对物联网所具有的感知、自治等特性进行安全隐私保护服务，降低安全隐私泄露，减少物联网可能带来的经济损失或其他安全风险。

5. 标准化技术

物联网涉及技术较多，应用形式多样，其标准化工作也分散在不同的标准组织，工作侧重点不同，也有少量重叠和交叉。例如，ITU-T 的标准化集中在总体框架、标识、应用方面；国际标准化组织（ISO）、美国电气及电子工程学会（IEEE）主要侧重于传感器的标准化工作；RFID 的标准化工作主要由 EPCGlobal 进行。

2010 年 3 月 9 日，中国物联网标准联合工作组筹备工作启动，目标是整合国内物联网相关标准化资源，整合产业各方共同开展物联网技术的研究，积极推进物联网标准化工作，加快符合中国发展需求的物联网技术标准。

11.1.6 物联网主要特征

物联网集合以往其他技术所不具有的显著优势，引起了全世界的广泛关注。物联网主要是从应用角度出发，在传感器网络的基础上，利用互联网、无线通信网络资源进行业务信息的传送，是互联网、移动通信网应用的延伸，是综合了自动化控制、遥控遥测及信息应用技术的新一代信息系统。

物联网是通过各种感知设备和互联网，将物体与物体相互连接，实现物体间全自动、智能化地信息采集、传输与处理，并可随时随地进行智能管理的一种网络。作为崭新的综合性信息系统，物联网并不是单一的，它包括信息的感知、传输、处理决策、服务等多个方面，呈现出显著的自身特点。物联网有 3 个主要特征：

（1）全面感知。全面感知即利用 RFID、WSN 等随时随地获取物体的信息。物联网接入对象涉及的范围很广，不但包括了现在的微机、手机、智能卡等，就如轮胎、牙刷、手表、工业原材料、工业中间产品等物体也因嵌入微型感知设备而被纳入。物联网所获取的信息不仅包括人类社会的信息，也包括更为丰富的物理世界信息，包括压力、温度、湿度等。其感知信息能力强大，数据采集多点化、多维化、网络化，使得人类与周围世界的相处更为智慧。

（2）可靠传递。物联网不仅基础设施较为完善，网络随时随地的可获得性也大大增强，其通过电信网络与互联网融合，将物体的信息实时准确地传递出去，并且人与物、物与物的信息系统也实现了广泛的互联互通，信息共享和互操作性达到了很高的水平，可以完成对信息实时准确地传递。

（3）智能处理。智能是指个体对客观事物进行合理分析、判断及有目的地行动和有效地处理周围环境事宜的综合能力。物联网的产生是微处理器技术、传感器技术、计算机网络技术、无线通信技术不断发展融合的结果，从其自动化、感知化要求来看，它已能代表人、代替人对客观事物进行合理分析、判断及有目的地行动和有效地处理周围环境事宜，智能化是其综合能力的表现。

物联网不但可以通过数字传感设备自动采集数据，也可以利用云计算、模式识别等各种智能计算技术，对采集到的海量数据和信息进行自动分析和处理，一般不需人为的干预，还能按照设定的逻辑条件，如时间、地点、压力、温度、湿度、光照等，在系统的各个设备之间，自动地进行数据交换或通信，对物体实行智能监控和管理，使人们可以随时随地、透明地获得信息服务。

除了上述三大主要特征外，物联网还具有显著的网络化、物物相连、多种技术相融合等特点。网络化是物联网的基础，无论是 M2M、专网，还是无线、有线传输信息，都必须依赖于网络；不管是什么形态的网络，最终都必须与互联网相连接，这样才能形成真正意义上的物联网。物物相连是物联网的基本要求之一。计算机和计算机连接而成的互联网，可以完成人与人之间的交流。而物联网，就是在物体上安装传感器、植入微型感应芯片，然后借助无线或有线网络，让人们和物体“对话”，让物体和物体之间进行“交流”。可以说，互联网完成了人与人的远程交流，而物联网则完成人与物、物与物的即时交流，进而实现由虚拟网络世界向现实世界的转变。物联网集成了多种网络、接入技术、应用技术，是实现人与自然界、人与物、物与物进行交流的平台，因此，在一定的协议关系下，实行多种技术相融合，分布式与协同式并存，是物联网的显著特点，从而使得物联网具有很强的开放性、自组织和自适应能力，可以随时接纳新器件、提供新服务。

11.1.7 物联网的应用领域

物联网的潜力巨大，可以部署在影响国计民生的诸多领域，可具体归纳为智能物流、智能交通、精细农业、智能家居、环境保护、智能电力、零售管理、医疗保健、金融管理、公共安全、工业监管、智能建筑、城市管理、军事管理。其中，前七大领域是最为普遍的应用领域，下面介绍几个比较重要的应用。

（1）智能物流。物流是指物品从供应地向接收地的实体流动过程，现代物流系统是从供应、采购、生产、运输、仓储、销售到消费的供应链。物流信息化的目标就是帮助物流业务实现“6R”，即将顾客所需要的产品（Right Product），在合适的时间（Right Time），以正确的质量（Right Quality）、正确的数量（Right Quantity）、正确的状态（Right Status）送达指定的地点（Right Place），并实现总成本最小。而传统的物流信息管理系统无法及时跟踪物品信息，对物品信息的录入和清点也多以手工为主，速度慢且容易出现差错。物联网技术的出现从根本上改变了物流中信息的采集方式，改变了从生产、运输、仓储到销售各环节的物品流动监控、动态协调的管理水平，极大提高了物流效率。智能物流领域中物联网的主要功能可以概括为 4 点，如表 11.1 所示。

表 11.1 物联网在智能物流领域的主要功能

主要功能	应用环节	功能简介
质量控制	生产环节	将原材料、零部件及时、准确送到生产线
物品拣选	配送 / 分销环节	将数量庞大、种类繁多的物品分门别类
物品信息跟踪	运输环节	追踪在途产品的位置信息和存储状态等
库存智能管理	仓储环节、分销环节	货物存取、库存盘点和适时补货

（2）智能交通。城市发展，交通先行，但是随着车辆的日益增加，目前很多城市都受交通难题困扰。相关数据显示，在目前的超大城市中，30% 的石油浪费在寻找停车位的过程中，七成的车主每天至少碰到一次停车困难。此外，交通拥堵、事故频发使城市交通承受越来越大的压力，不仅造成了资源浪费、环境污染，还给人们生活带来极大的不便。智能交通是一种先进的一体化交通综合管理系统，在智能交通体系中，车辆靠自己的智能在道路上自由行驶，公路靠自身的智能将交通流量调整至最佳状态，借助于这个系统，公交公司能够有序灵活地调度车辆，管理人员将对道路、车辆的行踪掌握得一清二楚。智能交通领域中物联网的主要功能可以概括为 5 点，如表 11.2 所示。

表 11.2 物联网在智能交通领域的主要功能

主要功能	功能简介
车辆控制	控制车辆行驶状态以保证安全
交通监控	在道路、车辆、驾驶员之间建立通信联系，随时给管理员和驾驶员提供道路信息
运营车辆高度管理	帮助调度管理中心监管大范围内车辆行驶状况和载运状况
交通信息查询	查询地理位置、交通等相关信息
智能收费	实现高速公路不停车收费、公交车电子票务等

（3）环境保护。我国幅员辽阔，物种众多，环境和生态问题严峻。物联网传感器网络可以广泛地应用于生态环境监测、生物种群研究、气象和地理研究、洪水、火灾检测。以下列出了物联网在环境保护领域中的主要功能，如表 11.3 所示。

表 11.3 物联网在环境保护领域的主要功能

主要功能	功能简介
水情监测	实时监测水位、水资源污染等信息，如遇污染情况及时报警
动植物生长管理	通过监测动植物生产情况测量所生活的环境信息
空气检测	通过检测空气中的物质分析空气污染状况和人的健康状况
地质灾害监测	预警自然灾害以提前设防
火险监测	监控火险位置、火势大小等情况
应急通信	用于其他情况的紧急和临时场合应急通信

（4）智能电力。将以物联网为主的新技术应用到发电、输电、配电、用电等电力环节，能够有效实现用电的优化配置和节能减排，这也就是我们所说的智能电网。在世界上，美国在智能电网方面的发展处于领先水平，其智能电网有七大特征，分别是：自愈、互动、安全、提供适应 21 世纪需求的电能质量、适应所有的电源种类和电能储存方式、可市场化交易、优化电网资产。我国的智能电网发展目前还处于探索阶段，但其拥有巨大的市场潜力。能源事关国家的经济命脉，所以我们要密切关注物联网在电力领域的应用。物联网在智能电力中的主要功能如表 11.4 所示。

表 11.4 物联网在智能电力领域的主要功能

主要功能	功能简介
智能电表	方便用户了解用电详细信息，根据用电价格调整用电模式，帮助电力提供商管理供电服务
减少停电	帮助电力提供商主动管理电力故障，安排定点检修任务，从而减少停电时间和停电频率

（5）医疗保健。未来一段时间内，物联网在医疗领域的应用主要体现在五个方面，那就是药品的安全监控、患者健康检测及咨询、医疗设备管理、医院信息化平台建设、老人儿童监护。具体如表 11.5 所示。

表 11.5 物联网在医疗保健领域的主要功能

主要功能	功能简介
药品安全监控	随时追踪、共享药品生产和物流信息，保证药品安全
健康监测及咨询	感知到患者的身体各项指标情况，并提供专家建议
医疗设备管理	监测设备运行状况以保证其正常运行
医院信息化平台建设	查房、重症监护、人员定位以及无线上网等信息化服务
老人儿童监护	家庭或老年公寓的老人、儿童的日常生活监测、协助以及健康状况监测

（6）智能家居。物联网在家居领域的应用主要体现在两个方面：家电控制、家庭安防。每种应用方面中物联网又具备多种功能，具体如表 11.6 所示。

表 11.6 物联网在智能家居领域的主要功能

应用方面	主要功能
家电控制	用户对家电设备的集中控制、家电的自动启停控制、各种设备之间的协同工作
家庭安防	家庭区域单独设防、全面设防、紧急报警、煤气报警、报警监听、多渠道报警

（7）其他应用领域。除了前面所讲的主要应用领域外，事实上，物联网的应用已经渗透到我们生产生活的方方面面。例如，在公共安全领域物联网用来消防监控、灾害防治；在工业监管领域，采矿公司用物联网来检测地下作业环境，对矿工实现主动式的安全保障，提前感知矿山灾害风险，提前感知矿山设备的工作健康状态，实现预知维修等，化学品制造商用物联网来减少、管理危险材料；在金融管理领域，物联网可以实现电子收款、取款监控；在城市管理领域，物联网用于路灯管理等等。总之，物联网正在对当代经济社会产生深刻的影响，它的出现和发展将极大地促进社会生产力的发展、丰富我们的生活。可以说，物联网将在一定程度上改变整个社会的生产方式、生活方式，进而改变人类的生存方式。

11.1.8 我国物联网发展问题

当前我国的互联网技术取得很大的进步，为物联网相关技术的发展打下了坚实的基础，相关互联网基础设施的建设也为物联网提供了设备保障，国家对于信息产业的重视程度不断上升，物联网当前成为我国新型的产业，并得到高速发展。但仍然存在一系列的问题，制约物联网在我国的发展。

（1）知识产权。在物联网技术发展产品化的过程中，我国一直缺乏一些关键技术的掌握，所以产品档次上不去，价格下不来。缺乏 RFID 等关键技术的独立自主产权这是限制中国物联网发展的关键因素之一。

（2）技术标准。规范的标准是物联网产业化发展的前提。但目前无论是在国内还是在国际上，物联网标准都还处于研究制定阶段，而且标准的制定通常又涉及各方利益的博弈和协调，制定过程极其复杂。多年来，中国在许多传统产业方面，由于缺乏标准方面的发言权，致使受制于人。目前我国在物联网技术标准上没有实现统一，国内相对缺失自主研发技术，具体来说，在 RFID 标准上，我国目前还没有可以与美国、日本等发达国家抗衡的系列化技术标准。我国在传感器网络国际标准的制定中虽然具有一定话语权，“传感器网络信息处理服务和接口规范”的国际标准提案已通过新工作项目投票，但是还需努力攻克核心技术，扩大传感器标准版图。

（3）产业链条。和美国相比，国内物联网产业链完善度上还存在着较大差距。虽然国内三大运营商和中兴、华为这一类的系统设备商都已是世界级水平，但是其他环节相对欠缺。物联网的产业化必然需芯片商、传感设备商、系统解决方案厂商、移动运营商等上下游厂商的通力配合，所以要在我国发展物联网，在体制方面还有很多工作要做，如加强广电、电信、交通等行业主管部门的合作，共同推动信息化、智能化交通系统的建立。加快电信网、广电网、互联网的三网融合进程。产业链的合作需要兼顾各方的利益，而在各方利益机制及商业模式尚未成型的背景下，物联网普及仍相当漫长。

（4）行业协作。物联网应用领域十分广泛，许多行业应用具有很大的交叉性，但这些行业分属于不同的政府职能部门，要发展物联网这种以传感技术为基础的信息化应用，在产业化过程中必须加强各行业主管部门的协调与互动，以开放的心态展开通力合作，打破行业、地区、部门之间的壁垒，促进资源共享，加强体制优化改革，才能有效保障物联网产业的顺利发展。

（5）盈利模式。物联网分为感知、网络、应用三个层次，在每一个层面上，都将有多种选择去开拓市场。这样，在未来生态环境的建设过程中，商业模式变得异常关键。对于任何一次信息产业的革命来说，出现一种新型而能成熟发展的商业盈利模式是必然的结果，可是这一点至今还没有在物联网的发展中体现出来，也没有任何产业可以在这一点上统一引领物联网的发展浪潮。

物联网发展直接带来的一些经济效益主要集中在与物联网有关的电子元器件领域，如射频识别装置、感应器等。而庞大的数据传输给网络运营商带来的机会以及对最下游的如物流及零售等行业所产生的影响还需要相当长时间的观察。

（6）使用成本。物联网产业是需要将物与物连接起来并且进行更好的控制管理。这一特点决定了其发展必将会随着经济发展和社会需求而催生出更多的应用。所以，在物联网传感技术推广的初期，功能单一，价位高是很难避免的问题。因为，电子标签贵，读写设备贵，所以很难形成大规模的应用。而由于没有大规模的应用，电子标签和读写器的成本问题便始终没有达到人们的预期。成本高，就没有大规模的应用，而没有大规模的应用，成本高的问题就更难以解决。如何突破初期的用户在成本方面的壁垒成了打开这一片市场的首要问题。所以在成本尚未降至能普及的前提下，物联网的发展将受到限制。

（7）安全问题。在物联网中，传感网的建设要求 RFID 标签预先被嵌入任何与人息息相关的物品中。可是人们在观念上似乎还不是很能接受自己周围的生活物品甚至包括自己时刻都处于一种被监控的状态，这直接导致嵌入标签势必会使个人的隐私权问题受到侵犯。

在物联网中，射频识别技术是一个很重要的技术。在射频识别系统中，标签有可能预先被嵌入任何物品中，比如人们的日常生活物品中，但由于该物品（比如衣物）的拥有者，不一定能够觉察该物品预先已嵌入有电子标签以及自身可能不受控制地被扫描、定位和追踪，这势必会使个人的隐私问题受到侵犯。因此，如何确保标签物的拥有者个人隐私不受侵犯便成为射频识别技术以至物联网推广的关键问题。而且，这不仅仅是一个技术问题，还涉及政治和法律问题。

11.2 船联网

水路交通运输业的快速发展对水上交通技术的进步提出了更高的要求，借助信息技术的飞速发展，人们开始尝试增强对水上交通运输的感知能力从而提高水上交通系统中各个参与方的信息交互效率，于是船联网应运而生，它是近年来继物联网、车联网之后的一个全新的应用研究方向，寄希望于物联网研究的概念、方法和成果应用于水上交通，它的着眼点在于将物联网研究领域中趋于成熟的技术引入水上交通运输行业，对船舶、货物、航道、桥梁、船闸等对象的相关属性进行感知，构建整个船联网体系。

11.2.1 船联网的概念

船联网是通过射频识别（RFID）、环境感应器、全球定位系统、毫米波雷达等信息传感设备，按约定的协议，把任何船舶与互联网连接起来，进行信息交换和通信，以实现智能化识别、定位、跟踪、监控和管理的一种网络。

船联网利用船载电子传感装置，通过信息网络平台，使船与航道、船与船、船与岸之间的信息互联互通，对船舶和水路交通状况进行有效的智能监控。船联网的出现将重新定义船舶和水路交通的运行方式，颠覆了传统船舶与交通的概念。

船联网通过网络把船舶都联起来，是一种基于实现航运管理精细化、行业服务全面化、出行体验人性化的目标，融合了物联网技术的智能航运信息服务的网络。如果说互联网能让人们实现“点对点”的信息交流，那么“船联网”就能让船与船、船与人、船与岸、船与港等环境进行“交流”，如图 11.5 所示。

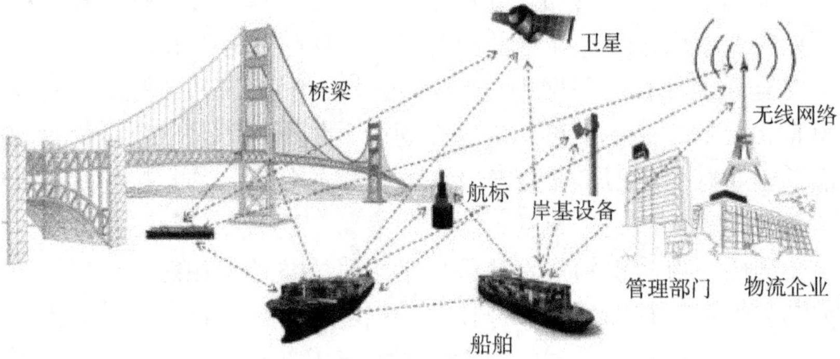

图 11.5　船联网的建设目标

11.2.2　国内外研究现状

1. 国外研究现状

1998 年，美国海岸警备研究发展中心开展了智能航运研究，主要从水上运输安全和监管两个方面，综合船舶自动识别系统、数据信息自动交换系统、先进导航系统和信息网络系统等应用，利用系统之间资源整合与信息共享，构建出网络环境下的航运综合信息服务系统体系框架，使国内的船舶自动识别系统、数据信息自动交换系统、先进导航系统和信息网络系统之间建立了良好的数据资源共享关系，并开发了一套相对完善的内河航运信息服务网络系统（IWS/WIN），在水上交通安全监管与综合信息服务方面发挥了重要作用，作为交通领域智能化发展的研究和应用。

2001 年欧盟提出内河信息服务（River Information Services，RIS）系统的概念，RIS 是一个内河航运跨区域、跨部门、跨系统业务协同与资源整合的概念体系，它建立在较为完善的航运基础设施之上，将先进的信息技术、通信技术、电子控制技术和计算机处理技术等集成应用于传统的内河航运体系，通过异构系统的互联互通、资源共享，实现海量航运信息的采集、传输和处理，建立起大范围内协同、实时、准确、高效的内河航运信息服务综合系统。关于 RIS 功能和系统架构图详见本书第 13 章相关介绍内容。

从某种程度上来讲，RIS 系统代表了当今世界内河航运科技发展的最新趋势，经过十几年的运行和完善，RIS已经得到了广泛的应用和发展，在很大的范围内实现了跨区域、跨部门异构系统的资源整合和标准统一。作为船联网的雏形，已成为内河航运现代化和信息化的成功典范，展示了未来内河航运现代化发展方向，引起了全球范围高度关注。

2. 国内研究现状

航运相关要素如船舶、港口、船公司、航道、通航环境（包括助航物与碍航物）、VTS、船闸等要素之间对互联互通和信息交换有着强烈的需求。对于航运要素的感知、相关信息的采集、传输及处理的正确性、及时性对于保障船舶航行安全，确保航运运输效率有着非常重要的意义。为此，自20世纪90年代初期交通运输部就开始着手推进航运信息化建设，大力推进各类信息化基础设施建设，逐步建立起各类信息系统。目前，交通运输部已在航运要素感知、信息传输、数据处理和行业应用等方面建成了一批具有代表性的应用系统，为船联网的发展建设奠定了良好的基础。

在航运信息化感知建设方面，航运要素信息感知技术方法及手段已经具备一定的水平和规模，对船舶、通航环境及集装箱货物等要素的主要信息已初步实现静态信息采集和动态跟踪监测。

在航运信息基础网络及专网建设方面，航运要素的相关信息的采集与传输网络已经具备一定基础。经过近10年的建设和发展，目前我国已建立了多个航运要素的专项信息采集传输网络，如全国船舶IC卡传感网、全国AIS数据传输网、全国沿海航标遥测遥控专网等，为相关航运要素信息的传感处理提供了稳定的传输环境。此外，依托我国快速发展的3G通信网络，船岸无线通信网络也已基本覆盖了沿海和内河的大部分重要水域和河段。良好的有线和无线传输网络为感知的航运要素信息能够可靠、高效、安全地传输提供了良好的基础条件。

在基础数据库建设方面，随着信息技术及基础网络的广泛应用，上海、江苏和浙江等地都开始加大对数据库的建设和使用，其中江苏省交通厅建设了省数据中心和数据交换平台，实现了与各个市级交通局、厅属单位业务数据和交换基础数据的交换及共享；航道局基本建成了南京、苏南、苏北一主二分共三个数据中心，并建设了航道、船舶、港口、船员和水路地理信息等基础数据库，其中水路业务数据库包括船舶进出港签证数据、船舶过闸收费数据、船舶安全管理、海事规费征收、海事行政处罚、船舶实时情况信息等。

在航运信息化应用方面，RFID及传感网相关技术已经获得了初步的应用，相关信息系统的开发已取得初步成果。以上这些为船联网的建设打下了坚实的基础。

同时，“十一五”期间，我国大力加强了内河水域的航道整治和建设，各地方水运管理信息服务建设也取得了长足进步。信息服务应用范围覆盖船舶签证、船舶助航、船舶交通管理、航运管理、航运信息服务、航运规费征稽、水上安全监控、应急救援支持等业务领域。我国于 2012 年开展国家发改委和财政部批准的国家物联网应用示范工程——船联网项目，预示船联网已经受到国家的正视，开始走上发展的道路。随着船联网相关标准体系的构建和技术的发展，我国选择在长三角及京杭运河作为船联网的示范区域，该项目的建设规模是 200 总吨以上示范地籍的船舶上安装智能船载终端，共 30000 多套，其他船舶安装船用 RFID 电子标签 75000 套，安装 1737 个 RFID 基站，700 个视频图像采集点。取得了一定的经济效益。

然而，我国目前的船联网建设正处于起步发展阶段，各项经验和技术还需要继承试探，船联网在总体系统架构、功能需求定位、运行治理模式方面还缺乏相关系统研究与理论支撑，船载电子标签的部署和推广，跨区域航运数据交换平台的建设以及内河航运信息服务、内河物流信息平台、内河水运应急救援等方案和技术仍需进一步研究。

11.2.3 船联网体系结构

船联网由船舶身份标识体系、信息采集、信息传输、智能处理和应用服务 5 部分构成，如图 11.6 所示；船舶身份标识和实时信息采集示意如图 11.7 所示。

1. 船舶身份标识体系

船联网中船舶、货物和交通设施作为航运主体，都应具有标识、物理属性和实质上的个性，实现与信息网络的无缝整合。其中的核心对象是运输船舶，通过采用 RFID 和智能船载终端对运输船舶的身份进行标识和解析，使船舶具有唯一合法的标识，实现及时（无轮巡、无延时）、准确（无错码、无漏卡）地将各个区域船舶电子身份编码信息反映到航运综合信息服务中心，使管理人员能够随时掌握船舶分布状况、注册及运管信息，以便进行更加合理的调度管理；实现船舶进出的有效识别和监测监控，使管理系统充分体现“人性化、信息化和高度自动化”，从而实现数字化管理的目标。

2. 信息采集

船联网中船舶类型繁多、通航环境复杂多样，必须利用多种采集技术相配合构建一个覆盖全航道的船岸信息采集系统，主要包括视频监控系统（CCTV）、船舶自动识别系统（AIS）、卫星定位系统（GPS/ 北斗）、雷达监控系统和传感器信息，从而能够感知并采集船舶位置、船闸、桥梁、航道状况、天气水文等相关信息，并最终实现提供船舶服务与业务监管，实现感知数据采集的功能，具体包括实现船舶状况及货物信息的智能采集，与岸基设施和服务器的信息交互，服务信息的显示和互动等。这些组成整个船联网系统的数据基

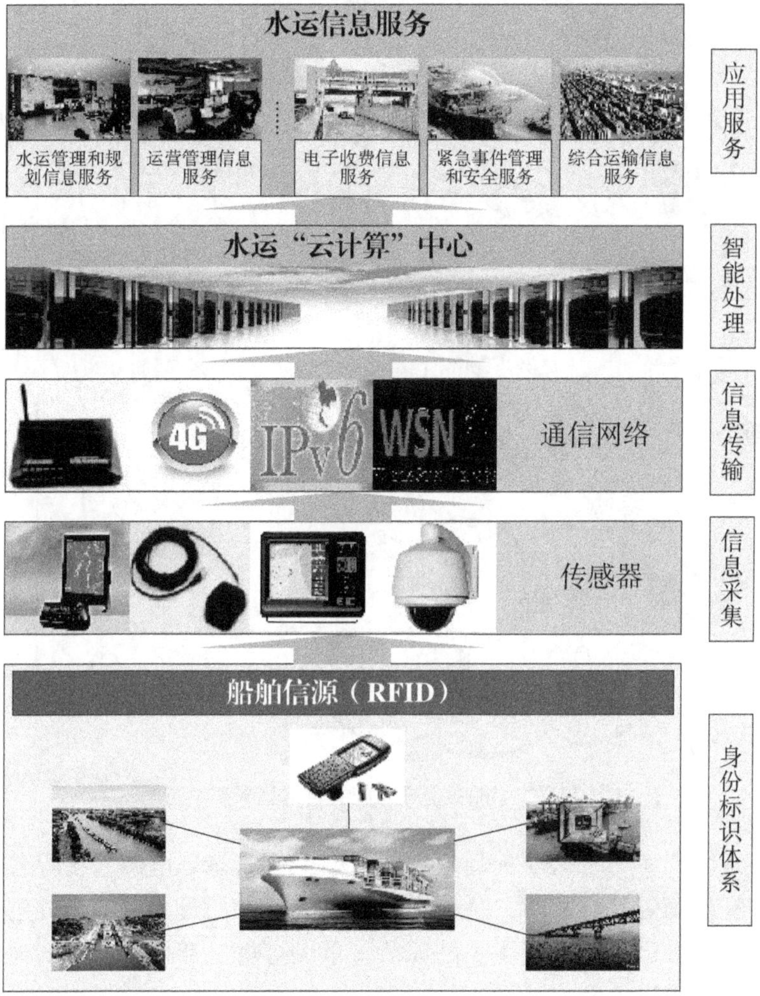

图 11.6 船联网体系结构

础，从而为后续应用服务功能的实现提供全面信息支持。信息采集内容主要包含以下方面：

（1）通航环境信息。在一些主要港口通航水域的水上和水下，通过建设气象、水文观测站点，实时对潮汐、潮流、风向、风速、温度及湿度等环境数据采集，建立信息处理和发布系统，为船舶交通管理、应急反应、防汛及防台预警等奠定基础，实现与船舶安全航行密切相关的通航要素信息的及时实时采集。

（2）助航碍航设施信息。比较典型的助航物如航标，通过在航标上安装数据采集相关设施，集成 GPS 定位、灯器能源、灯器运行控制、倾斜监测、碰撞监测等传感设备，并根据航标各自特点，综合运用 VHF 无线局域网、北斗卫星通信网、GSM/GPRS 通信网等数据传输技术，建立基于 GIS 的航标助航

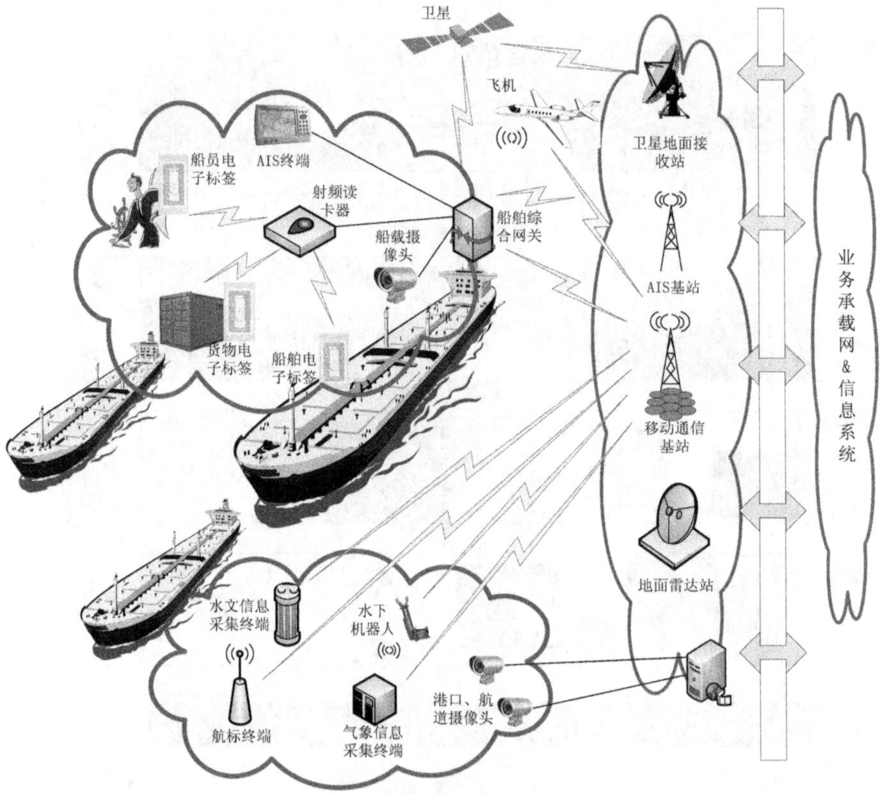

图 11.7 船舶身份标识和实时信息采集示意图

服务管理系统，实时获取航标的地理位置、工作状态、电源系统等各部分工作参数，并有效确定航标故障，从而实现对航标状态的远程感知和处理。目前航标遥测遥控建设已经取得了不少的成绩，重点灯塔、浮标和导标的遥测遥控覆盖率已经达到较高水准。

（3）船舶及货物信息。为船舶或船舶关键部件配备 RFID 标签，通过智能传感器实现对船舶所在位置、船舶适航情况等进行远程实时跟踪，实现对船舶适航及安全的全面监控。将主动式 RFID 技术应用于内河船舶监控系统中，可以实现船舶监控自动化和信息化，有效地提高了船舶监控的力度，实时掌握船舶航行信息。另外，通过船舶 IC 卡对船舶基本信息和船舶签证安检信息进行采集。在货物信息感知方面，应用 RFID 标签录入集装箱、货物相关数据，对集装箱实施全程实时在线监控，可实现对集装箱及箱装货物信息的即时查询。

3. 信息传输

信息传输是整个“船联网”的血液系统，负责所有信息数据的数据接入和传输。信息传输部分是以互联网、无线移动网和专用短程无线通信网络为基础，包括 AIS、VHF、蜂窝移动通信网络、卫星网络 WLAN、WiFi 和无线传感器网络（WSN）等，利用系统中间件保证整个船联网数据链路的安全和通畅，主要功能是接入互联网（Internet），完成数据的分析处理和远距离大范围传输；同时，也可实现对各节点的远程监控和管理。

4. 智能处理

智能处理部分是实现各类服务的基础，它负责将来源于各种采集方式、分布于各相关单位的数据资源进行异构数据的一致性和标准化处理，包括数据发布、加工、处理、交换、有效存储和订阅等，以注重数据来源的原始性和唯一性为原则。其中“云计算”是智能处理的核心，船联网通过信息传输相关技术将采集到的实时动态信息送达计算处理中心进行汇总、分析和处理，提供各类综合服务。实时、动态管理分析船联网中数以兆计的传感设备在不同时间采集的海量信息，并对这些信息进行汇总、拆分、统计、备份，这需要具有弹性增长的存储资源和大规模的并行计算能力的云计算作为支撑。

云计算模式擅长船联网高效、动态、大规模扩展的计算资源处理。船联网系统通过网络，以按需、易扩展的方式获得云计算所提供的服务。云计算简化了服务交付模式，可随时提供大规模扩展的计算资源，用户在不了解提供服务的技术、没有相关知识以及设备操作能力的情况下，可通过船联网获取需要的服务，增强了系统应用的专业性与智能化水平。

5. 应用服务

应用服务是船联网需要具体实现的功能，服务提供的对象是管理部门、企业和船民等用户。用户通过客户端从服务目录列表中选择所需要的服务，服务请求通过管理系统调度相应的资源，并通过部署工具分发请求、配置应用。所有向用户提供的服务支持 Web 浏览器访问的在线应用。应用服务的内容主要包括水运管理和规划信息服务、运营管理信息服务、电子收费信息服务、船舶辅助驾驶和自动水路信息服务、紧急事件管理和安全服务、综合运输信息服务等方面，通过这些具体应用服务，对水上交通运输的安全、高效、服务保障起到重要作用，主要体现在以下几个方面：

（1）提高航道通航效率、提高安全监管和应急反应能力。船联网向海事部门所建设的诸如船舶动态监控系统提供以 AIS、VTS、GPS、CCTV 等监控手段获取的实时动态数据并进行信息融合，以支持此系统对船舶安全状况进行评判，在必要时可采取措施进行应急调度指挥，保证航道交通的畅通和效率，并且可以对可能发生的危险进行预测预报，对险情做出反应并传送报警信息。

（2）提高货物运输效率和服务质量，实现货物运输的现代化管理。以集装箱 RFID 管理系统为例，电子标签可以实时记录集装箱运输中的箱、货、流信息，以及相关的安全信息，结合船联网网络环境可以实现集装箱物流的全程实时在线监控，以提高集装箱物流全程的安全性和透明度，提升集装箱物流的整体水平，以此可以为集装箱货主等用户提供完整的物流过程查询。

（3）提供高质量的公共信息服务，提高航运公共信息服务水平。依托船联网所建设的综合运输信息服务平台可广泛应用于安全监管、航道整治、船闸运行维护等生产活动，有效推动航运信息化建设，进一步加大航运行业管理力度，规范内河行业应用系统的建设和管理行为。同时，航运企业可以随时查询到管理部门发布的安全监管、航道堵塞、航道整治、灾害等服务信息。各级监管部门也可以方便查看船舶最新动态信息，并根据实际情况发布调度指令及公告信息。

11.2.4 船联网标准体系框架

船联网标准体系主要以 GBT 13016-2009《标准体系表编制原则和要求》标准体系构建原则为参考，并结合船联网领域的发展特色和认知规律进行构建，构建原则主要包括：

（1）统筹兼顾，综合规划。结合船联网标准化自身特点，借鉴发达国家标准化体系建设的经验，立足现状，放远目光，从顶层的角度对船联网标准体系进行设计，加强宏观战略研究，统筹各政府部门及企业。

（2）科学合理，层次清晰。从航运业务应用场景及其运作规律出发，运用标准化基本原理和系统工程的方法、思想工具，研究和处理标准之间的关系，使之形成一个完整的整体，同时，标准体系框架力求做到层次清晰，分类合理。

（3）放远眼光，积极采标。充分收集利用国外有用资源，结合我国现状，以适当的形式转化或者直接采用，与国际接轨，提升自身的竞争力。船联网工程标准体系是一个开放的体系，应当与时俱进、动态扩展，以适应船联网工程建设的发展需求，保持一定的先进性。同时，努力将中国制定的标准提升到国际水平，占据标准制定的制高点。

构建适合我国国情、行业发展、与国际接轨、层析清晰、分类明确、结构合理的标准化体系框架，加快和提高标准的制定、修订的质量和数量，强化标准的制定与市场的关联性，推进标准从需求、立项、制定到推广、应用、完善、发展的市场化进程，整体提升我国船联网工程的信息化水平。

1. 船联网标准体系框架的三维模型

三维结构是一个空间的思维概念，对标准的定位科学、准确，反映了各项标准所属领域具有的共性特征和适用范围，为标准的检索、查询、制定、计划节省了大量时间和空间，实用性极强。结合船联网的特点，并参考国内其他领域现有的标准体系框架研究成果，采用船联网应用的业务领域（X 维）、船联网应用技术（Y 维）、标准层次（Z 维）的三维要素搭建船联网体系框架的三维模型，如图 11.8 所示。

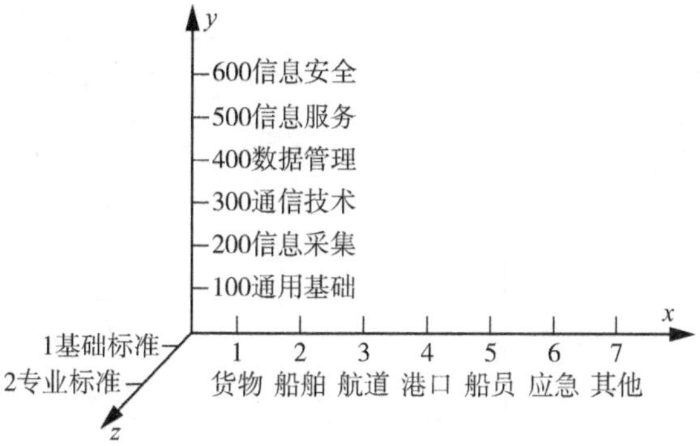

图 11.8 船联网标准体系框架三维模型

（1）业务维（x 维）。表示船联网工程的业务应用场景，借鉴 RIS 的分类规则，结合我国船联网工程实际，可将其划分为货物、船舶、航道、港口、船员、应急和其他七大类，这也是和人、机、环境、管理系统工程理论相呼应的。每一类具体应用场景，根据实际需要，可进一步细化。

（2）技术维（y 维）。表示船联网在建设中将使用到的技术。借鉴物联网技术架构和信息聚类的思想，以信息流为主线，可以将其分为通用基础标准、信息采集标准、通信技术标准、数据管理标准、信息服务标准、信息安全标准六大类。根据使用技术的不同，还可以对每一大类进行细化。

（3）层次维（z 维）。表示标准的级别。一般可分为基础标准和专业标准两大类。基础标准主要包括航运信息化领域范围内的术语、代码、一般要求、通用方法等通用条款的标准，专业标准是指满足航运信息化应用而制定的规范、要求或标准，主要包括产品标准、工艺标准等。

2. 船联网标准体系框架的细化

参照物联网标准体系框架，将技术维分解成六大类：通用基础、信息采集、通信技术、数据服务、信息管理及信息安全，得到图 11.9 所示的技术维二级分类细化图。

（1）通用基础标准。船联网通用基础标准由技术术语标准、图形符号标准、编码标识标准组成。作为船联网工程基础的通用标准，适用于整个船联网工程以及多类相关专业领域。

（2）信息采集标准。信息采集标准与船联网体系结构对应的信息采集部分相对应，包括感知技术标准和识别技术标准两大类。这里的感知技术标准主要指国内外传感网体系涉及的技术标准，识别技术标准主要指国内外体系涉及的技术标准。

（3）通信技术标准。通信技术标准作为船联网的信息传输部分，由有线传输标准和无线传输标准组成。有线传输标准是指国内外双绞线、同轴电缆、光

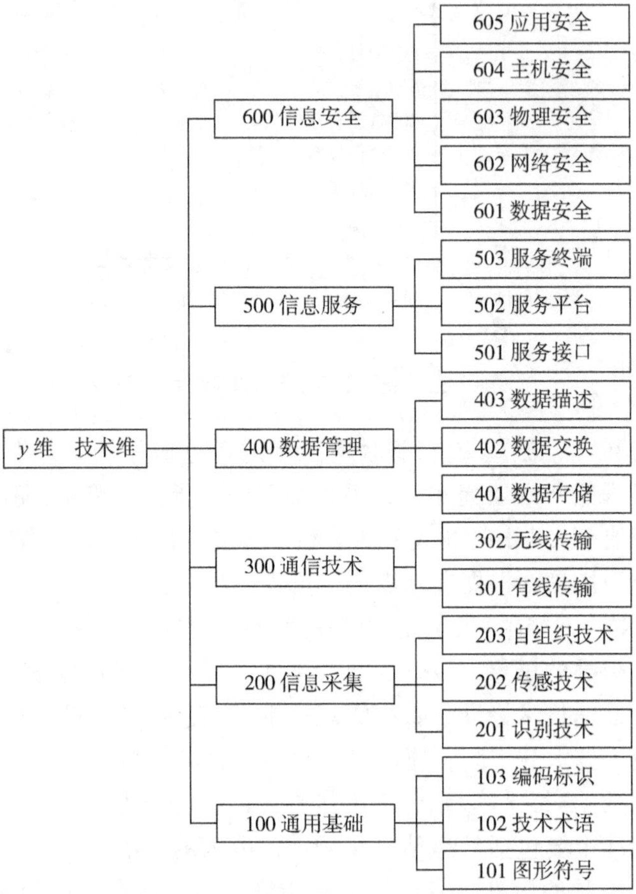

图 11.9 技术维二级分类细化图

纤等有线传输技术标准，在船联网工程里应用于站点之间、船舶内部通信；无线传输标准是指国内外无线网络 GPRS、2G、3G、ZigBee、WiFi、WiMax 等的传输标准，主要应用于船船通信、船岸通信等方面。

（4）数据管理标准。数据管理标准包括数据存储标准、数据交换标准、数据描述标准三大类。数据存储标准是指数据所采用的存储方式标准和数据存储格式方面的标准；数据交换标是指数据库与数据库之间的数据接口标准、交换报文标准、EDI（Electronic Data Interchange）标准等；数据描述标准是指数据规则标准、数据标引标准、数据结构标准等。

（5）信息服务标准。信息服务标准作为船联网应用服务部分标准，主要包括服务接口标准、服务平台标准和服务终端标准三大类。服务接口标准是指服务内部之间的操作流程衔接接口标准；服务平台标准是指各类服务系统平台涉及的标准；服务终端标准是指各类终端设备涉及的标准。

（6）信息安全标准。信息安全标准主要由数据安全标准、网络安全标准、物理安全标准、主机安全标准和应用安全标准等五部分组成。数据安全标准是指数据的保密性标准、安全性标准和可用性标准；网络安全标准是指网络系统的硬件标准、软件标准；物理安全标准是指路由器、工作站、网络服务器等硬件实体的标准；主机安全标准是指主机系统安全（包括身份识别、访问控制、可信路径、安全审计等方面）的标准；应用安全标准是指保障应用程序使用过程和结果的标准。

11.2.5 船联网关键技术

在船联网中，需要获取船舶、货物和交通设施等的相关信息，实现信息资源共享，提高资源利用率，实现智能化识别、监控和管理。这其中的关键技术包括信息采集技术、通信异构及融合技术、通信传输技术、数据处理技术和智能控制技术等。

1. 信息采集技术

（1）无线射频识别（Radio Frequency Identification，RFID）。RFID 可以在无需物理接触的条件下通过无线电信号识别特定目标并读写相关数据。系统主要由电子标签、阅读器和应用软件组成，具有读写距离远、不受天气影响、实时性强、可重复使用等优点。

（2）船舶自动识别系统（Automatic Identification System，AIS）。AIS 是以自控时分多址链接为核心技术，在海事 VHF 频段自动连续发送本船静态、动态、航次信息及安全短消息，同时也自动接收周围船舶发出的这些信息，并与海岸基站进行信息交换的一种新型的导航系统。主要由 GPS 接收机、通信处理器和数据收发机组成，具有数据全、错误率低、间隔时间短、实时性强和不受自然环境限制等优点。

（3）雷达监控（Radar）技术。发射电磁波对目标进行照射并接收其回波，由此获得目标至电磁波发射点的距离、距离变化率（径向速度）、方位、高度等信息。主要由发射机、接收机、处理部分以及显示器组成。雷达具有全天候、全天时、远距离探测目标的特点，且不受雾、云和雨的阻挡，并有一定的穿透能力。

（4）卫星定位技术（Global Positioning System，GPS）。GPS 是利用 GPS 定位卫星，在全球范围内实时进行定位、导航的系统。GPS 系统可以提供定位、监控、行驶路线监控规划及呼叫指挥等功能，可以采集到船舶实时位置信息。GPS 系统包括空间部分、地面控制系统和用户 GPS 信号接收机。GPS 具有全天候不间断、定位精度高、观测时间短、实时性强、测站间无需通信等优点。

（5）水上交通安全视频监控系统（CCTV）。CCTV 是一个综合性、数字化的多级网络监控系统。系统由前端摄像监视子系统、传输子系统、终端控制子系统等三个子系统组成。可以对船舶的应急状况、航道等交通基础设施进行动态监测，具备船舶识别、船舶航行速度和位置等信息、流量统计等功能。

2. 通信异构及融合技术

船联网中通信网络由无线网络和有线网络组成，有线网络实现站点和数据中心系统的连接和数据传输，无线网络利用无线宽带实现船－岸、船－船间连接以及不适宜有线网络地方的连接。其中有线网络主要通过光纤进行通信，而无线网络的通信则复杂多样。AIS 工作在甚高频（VHF）频段；RFID 主要工作在高频（HF）、超高频（SHF）；GPS 的发射频段有 L1、L2、L5；雷达系统主要使用中频（MF）来进行船用通信。船联网的实现中，一方面要解决这些通信方式的异构问题，设置不同的设备接收不同的信息，另一方面更重要的是要将这些多源化的信息经过处理之后以统一的方式传输给系统进行处理和应用，实现多源异构数据的融合。

针对船联网中的不同应用需要开发出各类不同的中间件，解决船联网中众多的终端物品与感知设备的硬件构建与软件执行环境的差异。每种中间件的开发都需要参照船联网应用服务要求和标准进行。最常见的中间件是 RFID，其功能是实现 RFID 硬件设备与应用系统之间的数据传输、过滤和格式转换，将 RFID 读写器读取的各种数据信息经过中间件提取、解密、过滤、格式转换，导入船联网等应用程序。另外，还有船舶导航中间件、应急处理中间件、船舶辅助驾驶中间件等。

3. 通信传输技术

船联网通信传输技术是整个船联网体系的感知数据和具体应用之间的桥梁。通信传输技术的实现需要建立在现有的航运专项信息采集传输网络、无线通信网络和互联网之上，综合使用无线、专线、局域网和互联网，实现有线与无线的结合、专线与互联网的结合。一方面，现有的船舶 IC 卡网络、航标遥测遥控专网、AIS 数据采集与传输网络等航运专用网络的建设为船联网感知采集的数据和信息向上层传输提供了稳定安全的网络环境；另一方面，依托移动通信技术的发展及 3G 甚至将来的 4G 网络的建设，无线通信网络可以覆盖大部分的重要水域。良好的专用网络、互联网、移动通信网络以及海事卫星通信系统的建设为船联网感知数据及信息能够可靠、高效、安全地传输奠定了坚实的基础。

4. 数据处理技术

船联网的数据采集对象包含船舶、货物、航道、水文气象等，数据采集技术包含 AIS、GPS、RFID、雷达、CCTV 等，采集对象和采集方式的多样化要求船联网必须具有强大的异构数据的处理能力，需要经过数据融合和数据挖掘转换降低数据量，剔除冗余和错误部分，提高数据含金量，从这些大量原始数据中提取规律，形成一定的动作模式或者行为规律，将传感器数据转换为有语义的数据。然后通过实时收集来自船、岸、基站等各处的大量数据，进行存储、共享和有效利用。

数据处理技术是实现各类服务的基础，它负责将来源于各种采集方式、分布于各相关单位的数据资源进行异构数据的一致性和标准化处理，包括数据发布、加工、处理、交换、有效存储和订阅等，以注重数据来源的原始性和唯一性为原则。由于云计算可以提供强大、高效、动态、大规模扩展的计算资源处理能力，从而作为数据处理技术的核心功能。

5. 智能控制技术

船联网的最终目标是在计算机与智能控制技术充分发展的基础上实现船舶智能导航。船舶导航智能控制属于典型的专家控制，是在传统控制的基础上加入一个经验丰富的航海家，将理论、技术和控制理论、方法、技术相结合。在各种未知航行环境中，只需仿效专家的经验来对船舶进行控制即可。专家型智能控制主要有两方面的特点：

（1）船舶要具有导航避碰领域专家级的专业知识，能进行相关符号处理和启发式推理。

（2）船舶要具有获取知识的能力，具有交互性、透明性、灵活性、快速、开放的特点。

加入船联网的船舶通过船载雷达、AIS或其他探测设备，能够主动感知通航环境、实时交通流甚至是检测目标船未来动向等；随后，按特定知识库和推理机构的策略，及时地选用恰当的规则进行推理输出，通过船载设备辅助航海人员驾驶船舶或替代航海人员自动驾驶，最终实现对船舶的安全控制。

11.2.6 船联网主要特点

船联网（Internet of vessels），以船舶、航道、陆岸设施为基本节点和信息源，结合具有卫星定位系统、无线通信技术的船载智能信息服务，利用船载电子传感装置，通过网络完成信息交换，在网络平台上完成各节点的属性和动/静态信息的提取、监管和利用，具有导航、通信、安全防护和信息服务等功能，为船舶内河航行提供更加智能、安全的通航环境。具有以下主要特点：

1. 航道感知与监控

通过装载在陆岸、航标和船舶上的传感器实现船舶与环境之间的通信，感知航道宽度、深度、气象水文信息，当航标位置漂移、状态变化时，适时向监控中心发送警报；感知船舶的属性与动/静态参数及其在航道中的位置；感知周围的通航环境，掌握滞航状态，迅速对船位、船速做出调整，从而实现零紧迫局面。

监控主要用于VTS管理决策，分为航道基础设施安全情况监控和船舶行驶状态监控两类。前者主要是通过定时获取安装在航标、桥梁或陆岸上的监控设备传回的检测信息，查看各基础设施的应用状况和损坏程度，为及时维护设备和发布预警信息提供重要参考；后者主要是监控船舶的航行轨迹、行驶参数，提供可视化的航段船舶流量分布图，由VTS发布航段动态信息并决策规范拥堵和事故航段。

2. 智能安全控制

船联网时代重新定义了船舶的含义并赋予了人工智能，船船、船与外界环境可以自由地进行更为广泛的信息交流。

船舶进入深水航道时，根据目的地的情况，通过GIS显示的相互位置进行协调沟通，可以自动组队或离队；同时，船船、船岸间距离探测手段更加多样化，可以通过导航雷达、AIS，甚至是通过设定在各节点的摄像头自动感应判别。不需要驾驶人员口令，船舶可自动调速调向，相互间保持既定的安全距离，从而实现零碰撞。船舶抛锚前可主动查询锚地信息，寻找合适的锚位，通过调用装载在抛锚船上的视频，判断预选锚位是否清爽，根据锚地船船首方向调整航向，实现智能化操纵锚泊。在船舶行驶过程中，借助网络平台调用陆岸、航标及前船提供的数据或摄像头提供的视频信息来获取航道状况，从而便于航海人员决定采用等待还是规避等方案。

3. 环境监测与紧急救助

可以调整搭建在航标上的无线传感器位置，进行水下水上结合探测，相当于在航道内建立了无数自动环境监测点。将采集的水域环境信息上传至网络平台，一旦环境污染，可实时持续地反馈污染性质与污染物的种类等信息，为治理环境污染和有效应对突发污染事件提供信息保障。

在台风季节，气象部门通过网络平台标绘台风实况和预测路径，船舶可实时查看相对位置并模拟未来可能的遭遇。船舶若突发故障，可借助网络平台上报准确的故障位置并描述原因，远程专家甚至可通过视频进行检测、判断并给予具体修复指导；对于发生海难急需救助的船舶来说，网络平台发出的求救信息具有更广泛的受众，可提供更多的转发和更为可靠的应急救援保障。

4. 其他增值业务

在船联网中，各船不但是网络信息的受用者，还可以作为智能航道的实际和重要信息的提供者以及公众信息服务的参与者。

通过船上安装的高清摄像头，可将位置、船速以及摄像头所拍摄航道实况图像等信息，实时地发布到航道数据信息网。航道数据信息可以由航标或陆岸基站提供，也可以由航道内接入的船舶共享提供。通过RFID实现了对货物的智能化识别，解决了船货一体化问题，使信息交换更快、更准、更通畅，同时整合了物流行业资源，便于公司通过安全模式实现对船和货的定位、跟踪、监控和调度管理；另外，驾驶人员可在船舶上进行收发电子邮件、指挥调度、货物运输申报与监管、海事检查与评价、信息统计与上报等活动，实现船岸、船港间的信息交换与共享，具有一体化应用功能。

11.2.7 船联网的基本要素

船联网体系中的基本要素见表 11.7。

表 11.7 船联网体系的基本要素

要 素	构 成	关键技术	展 示
两大身份标识	实体身份	船舶牌照、水路运输证等	
	电子身份	船舶数字化标准信源、IC 卡水路运输证等	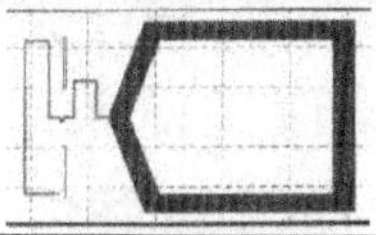
三大感知体系	感知船舶自身状态	温度、船速等传感器，油耗监测传感器	
	感知航运交通环境	毫米波雷达、视频、GPS/ 导航	
	感知驾驶员状态	视频（疲劳检测、注意力预警）、酒精检测	
两大通信网络	船内通信网络	CAN 网络、LIN 网络	
	船外通信网络	船 - 岸通信：DSRC； 人 - 船通信：3G 网络、GPRS、卫星通信网络； 船 - 船通信：WLAN 网络、DSRC-WLAN 网络	

注：

LIN——串行通信网络（Local Interconnect Network）的简称。

DSRC——专用短程通信技术（Dedicated Short Range Communications）的简称。

CAN——控制局域网络（Control Area Network）的简称。

GPRS——通用分组无线服务技术（General Packet Radio Service）的简称。

WLAN——无线局域网络（Wireless Local Area Networks）的简称。

11.2.8 船联网建设原则及问题

1. 船联网的建设原则

“船联网”作为物联网背景下的新兴产物，其建设应围绕畅通、高效、平安、绿色的内河航运发展要求，根据国家物联网产业发展政策，立足于“服务优先、标准引领、顶层设计”的发展理念。

（1）服务优先。立足于“以服务促管理”的理念，整合与挖掘水路交通信息资源，建立智能化的航运信息服务体系，为内河运输经营者与水运利益相关者提供全方位的水运信息服务，进一步提升内河水运效能。

（2）标准引领。结合我国的标准制定情况及系统应用现状，借鉴国际航运信息化相关标准规范的成功经验，以应用示范工程为依托，在基础信息标准、智能船载终端、信息服务规范、信息共享与数据交换标准、通信网络标准、信息安全标准等方面，有效促进相关设备及信息服务的标准化。

（3）顶层设计。严格遵循物联网身份识别、广泛传感、智能处理的 3 层体系架构，按照统一的技术路线和服务体系，综合应用感知、定位、传输等物联网技术。具体包括：

① 研发智能船载终端并在内河运输船舶上全面安装部署，建立船舶电子身份认证体系，实现内河船舶的自动识别。

② 在基层管理站点、重要航道节点等处布设采集设备，搭建内河航运信息感知体系；采用分布式网络架构，建立完善综合航运数据信息平台和数据共享和交换平台，实现示范区域航运信息的互联互通，构成示范区域航运互联、物联的一体化网络体系。

③ 面向公众、船民建立综合信息服务平台，面向业务部门建立智能分析处理平台，实现内河航运信息服务的一体化、智能化。

2. 船联网建设存在的问题

目前，随着船联网项目的不断推进，我国交通信息化水平还未跟上国际现代交通业发展的步伐，仍面临着很多突出的矛盾和问题，给船联网的建设造成诸多的困难和挑战。

（1）在总体系统架构建立上，船联网信息资源环境较为复杂，用户需求不够明确，动态信息采集能力相对薄弱，在多系统平台之间进行信息交互非常困难。

（2）虽然航运信息化建设已覆盖了主要业务领域，但业务流程、数据库建设标准不统一，共享度不高，智能交通对行业发展的贡献度尚未得到充分体现。

（3）船载 RFID 的部署和推广较难，跨区域航运数据交换平台的建设仍需进一步研究。

（4）网络信息安全设计任务重，船联网中主要是无线传感器，容易遭受攻击，信息安全存在隐患，因此，需要采取相应的技术手段保障船联网的安全，尤其是船联网中数据的安全。

（5）目前船联网的推动建设主要靠各级交通主管部门，市场对信息服务和电子商务系统建设的驱动力不足。

（6）标准体系构建方面，标准是一个产业兴起的重要标志，船联网的构建需要跨越众多行业，包括政府管理、船舶制造、信息产业、互联网等。只有建立一套统一、易用的标准体系，才能实现产业的融合与快速发展。

（7）建设成本方面，首先是技术成本与兼容度问题，船联网是各类相关技术的集成体，任何一个技术的不兼容或者基础薄弱，都会影响系统的推广进度与难度；再者是终端信息化成本高问题，目前航道基础设施的信息化改造覆盖面广、投资额大、建设周期长、已有的采集设备信息化程度低是不容忽视的问题。

（8）带宽方面，移动通信网络的带宽瓶颈是制约船联网发展的另一个技术难题，在移动数据的流量方面，目前的3G网络带宽难以满足船联网对图像和流媒体的传输需求，而4G网络和DSRC（专用短程通信）的自主网络技术还没有实现完全突破，现有网络技术尚不足以支持船联网的实施。

（9）安全防范方面，安全可靠性将决定船联网的推广与普及程度，应用过程中的各感应节点的详细信息都被随时随地地连接在网络上，容易造成信息泄露，从而不可避免地带来了一些安全隐患，一旦遭到攻击破坏，所造成的损害将是不可估量的，因此，构建安全、可靠的船联网应用系统是当前及今后研究的热点及难点。

第12章　遥感在港航交通的应用

“巡天遥看一千河”——毛泽东《七律·送瘟神》

遥感这项现代科技的新技术为数字港航建设增加了新的利器，为水运信息化发展提供了一个金睛的天眼。借用毛泽东主席在《七律·送瘟神》中的“巡天遥看一千河”名句，展望遥感在港航交通中的广阔应用前景。

12.1　遥感在交通的应用概述

12.1.1　遥感的概念

遥感（Remote Sensing），从广义上说是泛指从远处探测、感知物体或事物的技术，即不直接接触物体本身，从远处通过仪器（传感器）探测和接收来自目标物体的信息（如电场、磁场、电磁波、地震波等信息），经过信息的传输及其处理分析，识别物体的属性及其分布等特征的技术。当前，遥感发展形成了一个从地面到空中，再至空间，运用卫星对全球进行探测和监测的多层次、多视角、多领域的观测体系，并提供信息数据收集、处理到判读分析和应用的全过程解决方案，已成为地球资源与环境信息获取及动态监测的重要手段。

目前，遥感技术已广泛应用于农业、林业、地质、海洋、气象、水文、军事、环保等领域。遥感技术具有图像覆盖范围大、时效性强、信息客观真实、可重复使用、便于计算机分析等优势，在交通基础信息、环境、灾害信息获取及动态监测等方面可以提供有效的技术手段；另一方面，遥感可以方便地与GIS（地理信息系统）、GPS（全球定位系统）等现代信息技术进行有效结合，在交通规划、勘察设计、运营管理、灾害应急、交通环境评价等业务领域发挥重要作用。随着遥感图像分辨率的极大提高，以及空间技术，尤其是地理信息系统和全球定位系统技术的发展和相互渗透，为遥感技术在交通领域的应用提供了契机。随着我国高分辨率遥感对地观测计划的实施和信息获取技术的快速发展，航天产业由试验应用型向业务服务型转变，发展遥感卫星及其应用，形成天－空－地一体化的航天产业链，是我国今后的发展趋势之一。航空航天产业的推进为遥感技术的发展注入新的活力，同时也为交通产业的发展带来了前所未有的机遇，遥感技术在我国交通领域的重要性也将日益凸显。

由于遥感图像所具有的形象、直观、真实的特点，能快速提取可靠的地形地貌、地质构造和典型地物信息，加上遥感制图有速度快、质量高、节省人力物力的技术优势，可以迅速得到所需要的大面积、多样化的信息，因此，目前遥感是进行大面积地形测量及交通基础信息更新、环境、灾害监测的有效手段，在交通工程建设中具有重大发展潜力。

12.1.2　交通遥感的定义

"环境遥感"、"国土资源遥感"、"水资源遥感"这些概念已经广泛被专家学者所接受，其理论架构的形成均经过了从理论研究到业务实践的过程。长期以来，交通领域的信息获取方法主要以现场采集为主，但随着空间信息技术进入交通领域，大批学者和技术人员开始投入到遥感监测技术在交通领域的应用中来，总结出了许多理论及实践成果；另一方面，由于高分辨率卫星传感器的不断丰富及遥感信息获取能力不断提升，影像空间分辨率及时间分辨率的不断提高，结合 GPS 和 GIS 技术的发展，许多曾经无法利用遥感技术实现的工作也开始具有了发展的可能性。

交通遥感是以通过遥感影像信息提取、综合分析等方法手段探测交通线路（公路、铁路、管道），交通基础设施以及交通地形、环境及交通灾害信息及其动态变化为目的的技术手段，以解决交通规划、设计、建设和管理决策与服务等一系列问题。通过遥感探测手段，提取各类交通信息因子，为交通应用提供更为直观、有效的地理及属性信息数据支撑，可理解为包含公路运输、铁路运输、水路运输、航空运输和管道运输在内的综合交通运输体系所涉及的所有遥感活动的代名词。

从在交通的应用领域来看，交通遥感可分为公路交通遥感、水路交通遥感、铁路交通遥感、航空交通遥感、管道交通遥感等；从技术本身的特点来看，交通遥感可分为交通基础信息遥感、交通灾害遥感、交通环境遥感等。

12.1.3　交通遥感的特点

交通是一个多学科交叉领域，涉及测绘、国土、环境、灾害、气象、海洋等多个学科，因此，交通遥感除了具备一般遥感技术所具有的普遍特征之外，还具备独有的一些特征：

在结构上，交通数据具有多维结构特征，如一段公路上，既有交通流量属性，也有路面、水面介质信息，还有路基结构信息等；同时，交通数据还具有海量数据特征，交通系统是一个复杂的系统，涉及人、车、船、路、水、环境等信息，包含海量遥感数据、地面监测数据等，其数据量一般比较大；再者，交通数据具有很强的三维立体结构层次，单纯的平面地理信息往往难以支持交通的业务需要，因此交通数据对于真三维展示的要求较高。

在数据上，具有时空性。空间分析在交通领域的应用中通常需要将空间数据与交通信息结合，并融入时态特征，同时还要考虑到出行者的因素，这使得传统的空间分析理论在3S与交通结合的应用中需进一步扩展。

在应用方面，交通遥感具有多源数据处理、多学科综合分析的特点。经过多领域综合分析，进行多源异构数据的整合和信息挖掘。同时，由于交通管理是分阶段的，从前期的规划设计到后期的管理及服务，由于对象的变化，对于数据需求、模型方法均又表现出较大的复杂性和差异性。

12.1.4 交通遥感的应用范畴

遥感影像是地球表面的"相片"，真实地展现了地球表面物体的形状、大小、颜色等信息。通过调查国内外交通领域业务应用需求与遥感影像分辨率的关系，结合现有的中等分辨率遥感系统（例如环境减灾星HJ-1、Landsat-5、Landsat-7、SPOT1-5、ALOS、中巴资源卫星02B等）、高分辨率遥感系统（QuickBird、Obview、IKONOS、Pleiades-1等）以及极高分辨率遥感系统的需求指标，得到遥感技术可以提取到的交通信息内容。

中等分辨率的遥感系统在交通领域的应用范畴较小，只能进行地区概况的定性描述及宏观分析工作，包括地质、地形及自然环境状况的宏观分析；高分辨率遥感系统已经在交通规划、勘察设计、建设运营管理等各个阶段得到了不同程度的应用，例如路面沉降监测、自然灾害损毁评估、大范围的交通用地分析、航道水文环境监测、机场三维优化设计及建设管理等，但是还存在一些应用局限；预期在将来新的遥感系统中，遥感技术不仅可以进一步提高目前交通遥感目标信息识别和提取的精度，例如道路网提取、道路桥梁提取、车辆提取、环境因子调查、灾害监测等，而且可以解决更多的交通应用问题，例如交通量调查、拥堵分析、基础设施调查等；同时，利用高分辨率卫星进行立体测量获取高精度DEM将逐渐取代传统的勘察设计，真正意义上实现内业三维设计，具有广泛的应用前景。随着商业卫星影像分辨率不断提高（如GeoEye-1全色影像已经到达0.41米分辨率），以及我国高分辨率遥感对地观测技术的发展、应用和信息获取技术的快速发展，遥感技术在我国交通领域也将日益显示其重要性。

12.1.5 交通遥感在国内应用现状

我国遥感技术起步较发达国家晚，但随着2007年南方雪灾和2008年汶川地震之后，遥感在交通领域的巨大作用引起了国内广泛的关注。

1. 基于遥感技术的交通规划及管理

随着近30年来国民经济的持续快速发展，城市、乡镇及其周边地区的交通建设非常迅速，交通网络（公路、铁路、航道、管道等）的建设更新已经远远超出了传统手段更新地图的速度，利用传统调查方法，往往存在数据不全，更新不及时的问题，影响了交通规划及管理工作。随着遥感技术的发展，国内有不少学者将遥感引入到交通规划和管理中。随着高分辨率遥感图像领域的逐渐放开，尤其是QuickBird、IKONOS等商业卫星数据的进入，相关的研究与应用逐渐活跃起来。

利用多时相的高分辨率遥感影像可较方便地识别和检测街道、高速公路、桥梁、铁路及各种交通设施和动态变化信息，并对交通网络的类型和密度进行调查。对改扩建的交通设施，通过多景时相不同的遥感影像的比较，可以精确地获取其拆迁信息，从而为交通规划管理工作服务。在航道网管理方面，国内已经开始利用卫星遥感影像和航空遥感数据，为航运航道建设提供测绘数据。2002年第二次全国内河航道普查共设置近180个与内河航道概况、航道现状、航道枢纽、过河建筑物、临河设施、航道管理机构及养护力量等情况相关的主要指标，经过对所有相关信息的收集、整理，建设了基于GIS的“全国内河航道基础信息管理系统”和全国内河航道电子图集。广西壮族自治区测绘地理信息局、广东省航道局等多采用TM多波段遥感影像进行航道网的更新和监测。目前国内大部分的电子航道图的制作均采用遥感或航测的方法，并利用GIS实现各种航道数据和属性数据的管理和分析。在船只监测方面，目前主要采用基于GPS定位的方法，随着遥感成像技术的发展，利用遥感图像进行舰船目标检测成为可能。

遥感技术在数据采集方面的强大能力，可以为交通规划和管理工作提供公路、铁路、机场、管道、基础设施以及资源环境等信息，为交通基础信息采集和更新工作提供新的手段。目前，国内主要采用传统的信息管理系统，像CBMS和CPMS是交通部较早在全国范围内推广的公路养护管理和决策信息系统，这些系统仅具有简单的办公管理的功能，对于空间信息反映得较少，无法直观、定量地对交通资源的状况进行评价。目前在管理信息化中，广泛应用GIS技术开发各种管理信息系统。随着GIS技术的推广，交通管理的精细化及可视化的需求，进一步推动了遥感方法在交通规划及管理中的应用。

2. 基于遥感技术的交通辅助勘察设计

我国利用遥感技术进行公路、铁路等线路工程地质勘察最早始于1955年，铁道部率先采用航空勘测技术进行了兰(州)－新(疆)铁路勘测选线工作，开创了我国铁路工程遥感勘察的先河。20世纪70年代，卫星遥感技术开始应用于公路的勘测设计。20世纪80年代以后，在许多公路线路勘测和选线中，我国都充分运用遥感技术进行公路工程路线方案比选和工程地质条件评价工作。在新欧亚大陆桥(中国段)工程、京九铁路等重点工程中，我国广泛地应用遥感信息技术进行了工程地质勘察，活动构造及地质灾害调查，并取得了良好的应用效果，遥感技术在公路等线路工程地质勘察中发挥了重要的作用。

3. 基于遥感技术的交通灾害监测与评价

我国利用遥感技术开展交通自然灾害监测的相关研究起步较晚，但进展较快，主要的研究包括滑坡、泥石流、地震、水灾、雪灾、地表沉降等灾害类型的监测。

长期以来，遥感技术已经成为对区域地质灾害及其发育环境宏观调查的不可缺少的先进技术，其在滑坡、崩塌、泥石流和地面裂缝等地质灾害的调查、监测和研究工作中发挥了重要的作用，为大型工程建设的环境灾害调查及防灾减灾工作做出了重要贡献。中科院遥感所、交通科学院等在“5.12”汶川地震受损道路监测及评估中，采用遥感技术快速提取了重灾区的多条受损道路的详细损毁信息专题图，得到了详尽的分析报告。交通科学院在“公路损毁遥感监测与评估关键技术研究”中分析了当前适用于公路损毁监测的卫星遥感数据源，建立了利用日本 ALOS 卫星遥感数据进行滑坡、泥石流等公路地质灾害信息的遥感提取模型。中南大学王卫东在“西部公路地质灾害预测预报信息系统”中集成了历史灾害数据、自然条件、遥感动态监测数据、公路设计和公共交通信息等资源，实现了公路的灾害区划、滑坡预测预报、泥石流预测预报和崩塌预测预报的功能，通过科学的数学模型实现了公路沿线地质灾害的预警预报。

4. 基于遥感技术的环境监测与评估

交通建设管理还需要丰富的资源环境调查数据，而遥感技术在资源环境数据采集方面的优势十分适合进行道路周边的环境调查。在交通遥感环境监测和评估方面，国内很多学者做了大量研究，主要包括生态环境和大气环境等方面。在生态环境监测与评估方面，我国研究遥感技术的应用主要包括了道路沿线的土地利用状况、植被覆盖状况和景观指数分析等方面。

在航运环境遥感监测方面，主要集中在溢油、水文泥沙、岸线及水下地形监测几个方面。航运溢油监测方面，近年我国的研究人员开展了利用 LandsatTM 和 NOAA/AVHRR 数据相结合的方法监测海面溢油的工作。交通部长江口航道管理局在 2005 年发表了“长江口遥测系统”的研究报告，其利用 MODIS 高光谱数据结合 TM 影像对长江口的水文泥沙环境进行了反演与评价，取得了较好的结果；珠江水利委员会的遥感实验室将已经成熟的水文泥沙及滩槽演变分析方法同遥感、地理信息系统等新技术相结合，把常规水文、泥沙、地形、气象、波浪等资料分析融入遥感分析之中，进行岸线、滩槽演变，河床、海床冲淤变化分析。水下地形反演方面，丁贤荣等以长江口北支为研究区，利用LandsatTM遥感资料，结合图像处理和地理信息系统技术，研究了获取大面积水域水下地形空间信息的方法；王国兴、李士鸿等对SPOT卫星图像资料和准同步实测水下地形高程资料进行相关分析，建立了波段比值水深反演模型，结果表明，具有较高分辨率的SPOT卫星资料能够快速、准确地提取出水深信息。

5. 基于遥感技术的公众出行服务

除了以上的交通业务应用以外，遥感技术的发展还给出行服务提供了动态交通信息获取的可能性，紧跟发达国家的发展方向，在基础电子地图的更新、交通量监测及能见度监测等方面，目前我国也取得了一定的成果。

当前，服务于公众出行的车载GPS、手机GPS等应用发展迅速，而地图数据的更新是支持以上服务的重要环节。目前我国公路地图数据的获取及更新以现场调查为主要手段，随着路网范围越来越大、结构越来越稠密，利用遥感图像进行大范围地区路网的快速更新已成为当前发展的趋势。

12.1.6 交通遥感发展趋势

目前，在交通建设众多领域中，许多单位开始普及应用计算机辅助设计系统(CAD)、地理信息系统(GIS)、全球定位系统(GPS)、遥感技术(RS)等，基础设施建设前期工作大大加快。基于地理信息系统（GIS）、遥感技术（RS）、全球定位系统（GPS）的“3S”技术及相关信息的交通规划管理、勘察设计、施工与营运管理的信息化、集成化、协同化、三维可视化等已经成为交通行业技术发展的必然趋势。因此，紧密跟踪国内外“3S”及其相关技术的最新发展动向，开展“3S”技术在交通领域应用的系统研究，其研究成果必将具有广泛的推广前景，对提高交通建设、管理的水平和质量均具有重大的指导意义，也将为交通建设、管理与运输实现集成化和智能化奠定坚实的基础。其中以获取信息为主的交通遥感的发展趋势主要体现在如下方面：

1. 交通基础设施遥感信息提取及更新

随着空间信息技术的发展，遥感影像分辨率的大大提高，利用遥感技术提取与更新交通基础信息将成为交通遥感的主要应用领域之一。目前，这方面还处于研究阶段，其中信息提取的模型和算法不够精准，自动化水平不高，提取效率和更新速度远远无法达到应用的要求。随着交通遥感技术的不断发展，高分辨率遥感图像的获取工作将不再是瓶颈，而计算机处理能力也在不断提高，提升交通遥感产品的加工生产能力，拓展遥感信息服务的应用领域将成为交通遥感前进的主要方向。建立支持多种载荷的交通遥感数据库，提供不同分辨率的遥感图像，建立相应的反演模型将成为今后一段时期交通遥感的主要工作，将大大提高信息整合的效率和客观性。

2. 交通建设环境可持续发展信息支持

国内，遥感技术主要对交通沿线地形地貌、地表裸露程度、植被覆盖度、生物多样性以及大气、水资源进行监测和评价，可以快速准确地获得相关信息，形成对交通沿线宏观性、周期性和持续性的环境监测，提高交通建设及建成后运营和养护水平，同时由于遥感影像的时间分辨率的大大提高，可有效缩短对环境污染事故的应急响应时间。

其中，交通建设项目环境影响评价作为遥感技术在交通环境可持续发展中应用的成熟领域，还存在很多问题。第一，随着全球对环境保护的日益重视，环境污染问题日益突出，交通工程建设上对环境评价仍在一定程度上受政策影响，规划阶段的环境评价手段简单，同时由于数据分辨率和遥感信息反演水平的局限性，基于遥感技术的交通环境影响评价尚未形成长期监测的体系。第二，对于建设中及建设后的环境监测，出于成本和监管机制等问题，在实际工作中执行力度不够；另外缺乏对于环境影响预测及评价结果的验证，早期建设的部分工程缺少环境保护措施，对环境造成一定影响且至今仍未恢复，环境保护和修复技术的针对性和有效性尚且不足。随着交通遥感技术的不断发展，应该在拟建公路建设和应用期，对预测各内容进行一一验证，从而进一步完善预测模型，提高环境影响预测评价的准确性和科学性。最后，目前的环境影响评价均为常规模式下的监测手段，缺乏对环境污染事故应急监测能力，环境监理及防治等方面还有待进一步提高。

随着交通遥感技术的不断发展，一方面可以提高各类环境因子监测精度，优化预测模型，并将遥感技术广泛应用到各类预测模型中；另一方面可以形成一个全过程环境监测及评估体系，对交通建设项目建设期及运营期的环境问题加以监控，为交通建设及运营管理提供依据。在实现了环境因子的有效提取，并且形成了全过程环境监测评估机制后，为交通安全建设、运营与交通环境的可持续发展提供有效的数据支持。

3. 交通灾害监测，损失评估，应急救援全方位信息支撑

遥感技术可以贯穿于交通灾害调查、监测、预警、评估的全过程。尤其灾害发生时，可直接获取灾区影像，进行灾情分析和区域交通状况监测评价，可以为交通应急救援提供最直接有效的信息支持。还可根据多时相遥感数据及时掌握灾害发展状况，预测灾害发展趋势，有助于人们认识灾害的发生规律，并制定有效的防灾、抗灾和减灾措施。目前，遥感技术在交通灾害因子提取、灾后损失评估等方面已经取得了一定成绩，但是从整体来看，我国交通运营保障体系在信息采集、传输、数据处理、数据分析和辅助决策支持等方面还相对落后，无法完全满足交通主管部门对交通重大灾情处置的需求。

随着遥感技术理论的逐步完善和遥感图像分辨率的不断提高，必将成为交通灾害及其孕灾环境宏观调查以及灾害动态监测和灾情损失评估中不可缺少的手段之一，有利于加强交通应急体系建设，更好地应对突发事件。而建立基于遥感技术的交通灾害监测预警技术方法体系、规范等非常有必要。只有如此，才能在应对复杂、多项并发和罕见自然灾害的能力方面，全面发挥遥感的作用，包括灾害的预防预警、应急处置、调查评估、信息发布、应急保障等方面，为各级交通主管部门组织抢险救灾提供决策依据，有效降低交通灾情损失，减少对救灾和公众出行的影响。

4. 交通空间信息服务，加快“智能交通”建设步伐，提高人们出行服务水平

基于位置的服务（LBS），即通过全方位的信息采集、可靠的信息传输、高效的信息处理、获取方便的信息发布，为出行者及潜在出行者及时、准确、可靠、方便、全面、实用地提供出行的相关信息。LBS能够以地图图形的形式记录并查询道路的通行状况，迅速定位事故点，进行抢修车辆的调度，以及实时监测交通状态、提供交通疏散方案、改善公共交通环境和道路运行管理等，这些研究已经成为当前的热门技术领域，空间信息技术在其中扮演着核心的角色。目前，受限于遥感影像空间分辨率和时间分辨率，信息提取的水平和对应急事件的响应水平远远无法满足公众服务水平，利用遥感技术提供基于位置的服务尚处于研究阶段，而更多地依赖于GPS技术和地面传感器的发展。随着交通遥感领域的不断发展，交通信息的准确度和详实度将得到很大改善，智能交通信息系统将更加完善和全面，不仅可以为交通管理提供智能辅助决策力量，而且可以为人们出行提供更为便捷、更为实用的服务，在最大程度上提高交通管理和出行服务的质量，实现绿色、便捷、高效、实用、简单的交通服务要求。

此外，交通遥感技术的不断发展，遥感技术在交通营运、大范围内路网信息获取、高速公路、铁路等交通对象一系列的环境、灾害、地表沉降监测等领域将会得到不同程度的推广。目前，致力于解决各种交通问题的遥感技术逐渐发展，交通遥感的概念逐渐形成，旨在借助现代化空间信息技术改善交通状况，达到“保障安全，提高效率、改善环境、节约能源”的目的。

12.1.7 交通遥感应用前景

目前，交通遥感已经取得了初步成果，随着技术的不断发展，不仅会给交通领域带来变革，而且对于遥感应用领域的不断拓宽也会起到积极的作用。从交通行业整体来分析，遥感技术在交通应用中将起到越来越重要的作用，其应用前景主要体现在如下方面：

1. 建立天－空－地综合交通对地观测系统

随着我国对地观测系统的发展，到2020年将建成基于卫星、飞机和平流层飞艇的高分辨率（分米级）先进对地观测系统，发射一系列的高分辨率遥感对地观测卫星，建成覆盖可见光、红外、多光谱、超光谱、微波、激光等观测谱段的、高中低轨道结合的、具有全天时、全天候、全球观测能力的大气、陆地、海洋先进观测体系。与其他中、低分辨率地面覆盖观测手段结合，形成时空协调、全天候、全天时的对地观测系统，并可根据需要对特定地区进行高精度观测，整合并完善现有遥感卫星系统。

从交通监测的需求出发，卫星发展的重点包括：连续地提供高质量的观测数据、长寿命化的观测技术；以定量化为目标的超多波段成像光谱技术；不受云层影响的微波传感器技术；全球空间、全天候、全时域、连续、快速的信息获取能力。交通遥感领域的应用实践表明，用于交通监测的对地观测系统应是由航天、航空、地面观测网络等一系列子系统组成，这个系统应当是一个全天候、全方位的综合系统，才能对交通领域各个过程进行比较全面的调查研究。这种（准）实时、高分辨率、多源地理空间信息数据获取手段的革新，必将为交通信息的综合（准）实时感知带来革命性变化；这种信息系统边界的质变，也为重新思考交通规划、设计、建设和管理决策与服务方面的数据基础及其应用模式提供了契机，为我国的交通信息数据处理技术与应用水平提上一个新的台阶。

2. 交通遥感、地理信息系统和全球卫星定位系统相结合，建立综合交通信息服务体系

随着遥感和地理信息系统应用的不断深入，我国高分辨率卫星遥感数据的增加，一批面向交通的遥感数据处理方法、应用模型及集成和共享水平将得到发展，具体包括：面向交通的快速高精度的几何校正、正射校正、影像快速自动化配准，批量化快速镶嵌、匀色模型等；高效实用的道路、桥梁、机场、基础设施等交通基础信息提取模型、交通环境因子监测评估模型、交通灾害因子监测评估模型等将得到发展。

根据国外交通遥感监测技术的发展方向，结合我国经济和国防建设的需求，发展交通遥感实时监测技术、交通环境与交通基础设施动态遥感监测实用化技术、交通综合信息服务集成技术，丰富交通信息采集手段。目前，我国交通规划、设计、建设和管理决策等相对分散、独立，这些系统通常彼此孤立，很难形成系统的“加和”效应，信息“孤岛”是长期制约交通信息化发展的重要瓶颈问题。海量、异构（矢量和栅格，不同分辨率，不同传感器）数据有效管理，以及CAD数据、竣工图纸等结构化和非结构化数据，这些多源异构数据之间很难形成共享和互操作。国家高分辨率对地观测计划的实施，交通信息获取方式将迎来质的提升，通过遥感手段形成长期、动态、周期性的监测，促进多阶段的基础地理数据、设计数据及监测数据的共享，实现交通空间信息、交通规划、设计、建设和管理决策与服务等异构系统之间的有机集成，基础数据资源之间广泛的共享与互操作。

因此，在国家交通运输业发展总体规划框架下，可形成基于遥感、GPS以及常规信息采集的立体动态监测网络，通过数据集成及GIS分析应用逐步建设覆盖中国区域交通行业综合服务体系，提高交通状况实时立体监测和信息服务能力，实现网络环境下交通信息聚焦和协同服务体系，突破网格环境下海量数据空间分析与处理服务，实现资源的统一标准调用和各部门业务的整合，进而实现交通信息领域的集成创新，支持国民经济建设与社会发展，支持交通科学研究。

3. 为社会提供优质的交通产品服务

随着遥感技术的发展以及在交通行业应用中的不断渗透，通过交通遥感实时监测技术、交通环境与交通基础设施动态遥感监测实用化技术、交通综合信息服务集成技术等交通遥感技术，可以为不同对象提供优质的交通产品服务。

针对国家政府机构，可得到各类交通遥感监测与评价综合报告和专题报告。在遥感数据大范围、低成本的优势下，采用遥感调查手段，交通状况分析及评价工作的运行周期将大大缩短，更新频率也将大大加快，调查的效率和客观性也会得到提升，政府部门将会以更加高效、便捷的方式获得可靠的数据，综合提升政府的管理水平。

针对交通管理及建设相关的公司、企业等，提供各类高分辨率对地观测系统数据产品、交通专题产品和交通应用产品，满足交通相关企业对交通遥感数据的需要。在3S技术的推动下，遥感数据的应用会逐步成为提升公司产品及服务质量的必由之路。

针对相关规划设计部门、公司、企业，主要通过对外网站，可提供高分辨率对地观测系统标准数据、高精度数据产品以及其他产品，使我国的交通线路设计从地形选线过渡到地质选线、安全选线、环境选线、生态选线成为可能，对提高我国交通线路设计水平、质量、效益具有不可估量的作用，将产生巨大的社会效益和经济效益。

针对社会公众，主要通过对外网站，获取交通应用各类产品信息、监测与分析成果、综合评价报告等内容。当前的基于视频监控系统的路况信息平台，可以在核心城市发挥良好的作用，但在更为广阔的郊区和西部地区等，就难以发挥作用。交通遥感数据在大范围获取信息上面的优势，将很好地弥补当前路况信息平台的短板，使公众可以更加全面地评估路况，做出更加合理的出行规划。同时，遥感数据在成本上面的优势，也将引导基于出行服务的遥感技术的发展，使公众可以同时考虑宏观（遥感）和微观（视频系统）的道路状况，提升生活质量。

4. 完善综合交通运输网络，推广物联网、车联网、船联网，实现智能交通管理

随着交通遥感技术的发展，交通信息化管理水平会得到有效提升。针对交通信息化管理，开发出成熟、开放、可扩展的交通应用中间件，实现面向各级交通部门和服务对象进行软件重构打包和分发，面向特定的交通业务阶段的需要，可有效进行可视化的业务组件的定制与建模，同时开拓国外交通业务市场，实现对国外交通部门的特定业务定制，将国产软件平台推向世界，形成一个综合的服务链。将先进的信息技术、传感器技术、自动控制理论、运筹学、人工智能等有效地运用于综合交通运输体系管理与服务等方面，大力推广物联网、车联网、船联网，使交通流处于最佳状态，改善交通拥挤状态，最大限度地提高通行能力，提高整个交通运输的机动性、安全性和效率，最终使交通运输服务和管理智能化。

12.2 遥感在港航交通的应用概述

港航交通遥感是指利用遥感技术获取船只、岸线、水下地形、悬浮泥沙、水上油污等数据信息，形成长效的数据获取技术体系，用以支持港航交通的重点难点业务（包括海上溢油监测、水文泥沙环境监测、船只监测等），使基于遥感的数据获取手段与港航业务充分结合，提升业务水平。

在港航交通中，业务需求多种多样，包括船只管理、船只租赁、港航物流运营、应急处置等。根据遥感技术的特点，港航中遥感可提供有效支持的主要业务需求有三个方面，一是对航道环境的调查与管理，主要包括航道周边环境调查监督和水文状况的调查；二是对于船只的管理，主要包括船只航行路径及非法船只的调查与监管；三是对于港航突发事故的处理，主要包括海上交通事故、海上溢油等事件。航道环境的监测工作通常需要对河道、河口及近海水体的泥沙浓度及水下地形等数据进行采集和分析；对于船只的监测，当前的航道管理部门主要利用 VTS（Vessel Traffic Services，船舶交通服务）、AIS（Automatic Identification System，船舶自动识别系统）等手段，对于非法船只的监督主要利用交通实态观测方法；近海港航事故发生地点距大陆较远，且事故带来的溢油等污染物处理工作十分困难，对于油膜位置及移动方向的跟踪是处理此类事件的重要工作。

对于以上三类港航业务需求，利用高分辨率的遥感影像（QuickBird、IKONOS 等），可以实现对于航道沿岸自然及人工地物的辨析与调查，以及对水下地形的推演，为周边环境调查提供数据支持；利用高光谱遥感影像

（Hyperion、Landsat 等），可以通过反演算法得到航道水质水文状况，并提供定期监测的结果，满足航道水体环境的管理要求；利用 SAR 等遥感数据，可以在大范围实现船只动态监控，并且具有全天候的特点，可以有效提高船只监测的管理水平，是当前逐步在推广的技术手段；利用遥感技术大范围数据获取的特点，可以为海上溢油事故带来有效的数据支持，在获取溢油范围、油膜特征、漂移方向等数据方面，遥感技术具有得天独厚的优势，可以为事故的应急处置提供重要的数据支持，提高应急预案的有效性。

综上所述，港航交通遥感能够实现将遥感获取的港航基础信息（航道网信息、船只信息等）、航道水文环境（岸线信息、悬浮泥沙信息、地下水形等）和溢油信息，有效应用到航道水文泥沙监测、海上溢油和船只监测三大业务领域，充分发挥遥感技术的优势，更新和替换现有港航业务相关数据的作用。

12.3 基于遥感技术的航道水文泥沙监测

12.3.1 航道水文泥沙监测概述

1. 定义

航道水文泥沙环境一直是影响港航质量的重要因素，实现航道水文泥沙环境的监测，对于提高航道通行质量具有重要的作用。航道水文泥沙监测是指对航道所在的海洋、河流、湖泊或其他水体的水流、泥沙和河床演变等水文现象和水文过程的监测活动，目的是为航道的安全运行提供支持。

2. 主要任务

航道水文泥沙监测的主要任务是通过对航道及河口水体中的泥沙进行定量监测及输移分析，结合水下地形的采样及动态监测结果，分析水下地形的冲淤演变规律以及流动水体的水动力特征，为工程防洪论证、取排水口论证、岸滩资源环境保护以及港口航道选址等多项工作提供科学依据。

3. 主要内容

航道水文泥沙监测的主要工作内容包括：岸线、滩槽演变监测与分析，主要是水下地形的监测与分析工作；河床、海床冲淤变化分析，及河口水动力特征分析，通过水沙输移监测以及悬沙定量监测结果，利用水文学理论及公式，计算相关的水文参数，掌握河口动力沉积环境特征及其发育演变的变化趋势，为河口规划、管理提供宏观性、趋势性、方向性的分析成果；综合以上的水下地形及水文泥沙环境数据，结合水底沉积采样数据，进行动力沉积环境分析等工作，为港口、码头、航道、桥梁等河口海岸工程建设提供可行性论证服务。

水文泥沙环境一直是影响港航质量的重要因素，也是遥感技术在水文方面应用较广的领域。将遥感、GIS 等先进的空间信息技术引入到航道监测及管理中，实现航道水文泥沙环境的监测，对于提高航道通行质量具有重要的作用。遥感技术的应用，从传统的动力地貌学角度分析河口海岸（河道）的动力沉积环境，将已经成熟的水文泥沙及滩槽演变分析方法同遥感、地理信息系统等新技术相结合，把常规水文、泥沙、地形、气象、波浪等资料分析融入遥感信息、地理信息之中，进行岸线、滩槽演变，河床、海床冲淤变化分析，以及河口水动力特征分析，掌握河口动力沉积环境特征及其发育演变的变化趋势，为河口规划、管理提供宏观性、趋势性、方向性的分析成果，为港口、码头、航道、桥梁等河口海岸工程建设提供可行性论证服务。

12.3.2 专题数据分析

航道水文泥沙监测业务中，需要对航道水文泥沙环境进行大范围的长期监测，而且对准确度也有很大需求，仅依靠常规的现场采集手段对水位或者泥沙含量进行断面监测，无法满足整个航道范围内的需要，容易造成不连续性，对于航道通行质量的提高很有限，而遥感技术的宏观特性，对于航道环境监测等方面有很大的优势。

水文泥沙监测对于遥感数据空间分辨率的要求不高，通常在 10 ~ 30m 范围内就可以达到要求；而对于数据的光谱分辨率要求较高，至少为多光谱彩色影像，对于进一步的高级分析过程则需要高光谱的数据支持。

遥感技术可以得到悬沙定量监测图、水沙输移监测图以及水下地形图等数据。

1∶5000 ~ 1∶50000 悬沙定量监测图：航道悬浮泥沙分布信息，通过多光谱影像的相关算法得到航道水沙的浓度值，并显示其分布特征，如图 12.1（a）所示。

1∶5000 ~ 1∶50000 水沙输移监测图：根据前面提到的航道悬浮泥沙分布信息，通过多时相数据的对比分析，对水沙输移轨迹进行监测和预测，如图 12.1（b）所示。

1∶5000 ~ 1∶50000 水下地形图：通过水下地形提取等算法，利用多时相

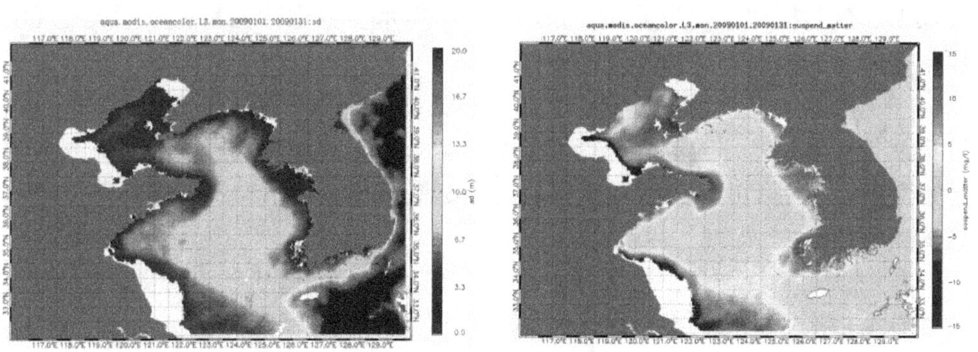

（a）悬沙定量监测图　　（b）水沙输移监测图

图 12.1 渤海水质监测结果

数据提取河口及岸线的水下地形极其变化情况，从而为滩涂、岸线及航道的动态变化提供数据，如图 12.2 所示。

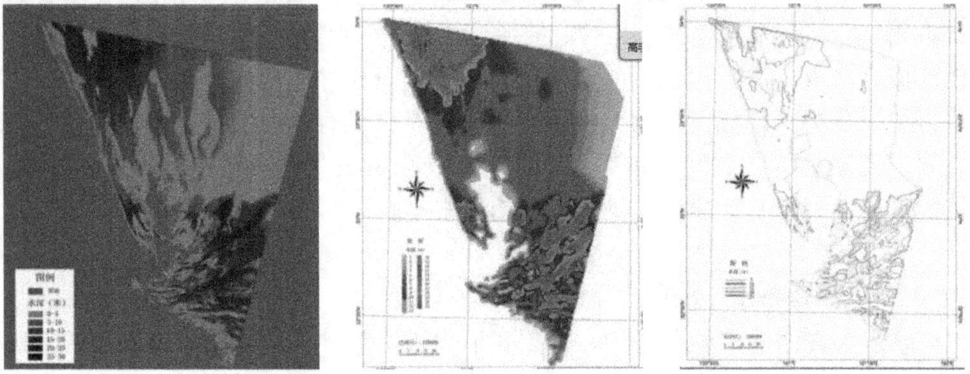

图 12.2　水下地形图

1∶5000 ~ 1∶50000 土地利用图和植被分布图：作为 DEM 冲淤分析中的环境因子数据，服务于资源保护、防洪论证及港口选址、航道选线等工作。

12.3.3　遥感技术应用

航道水文泥沙监测核心业务功能包含河口水沙输移遥感分析、河口悬沙遥感定量分析、DEM 冲淤演变分析、多源信息空间叠加分析和航道泥沙监测等（参考珠江水利委员会遥感实验室技术成果）：

（1）河口悬沙遥感定量分析：首先对河口含沙水体进行光谱测试，在卫星过境的同时进行野外采样，测定悬沙含量，其次对卫星遥感数据进行大气辐射校正，通过实验建立悬沙遥感定量模型并进行验证。

（2）河口水沙输移遥感分析：对河口整体或局部区域的水动力特征进行描述和变化分析，使得分析成果能够同常规水文、地形测量结果互相印证，同物理模型、数学模型的模拟成果互相印证，获得水沙变化特征和趋势，从宏观层面把握研究区域的水动力及泥沙输移特征。

（3）滩涂、岸线动态监测：利用遥感数据与部分实测水下 DEM 数据，通过反演等遥感技术，得到目标区域的水下地形图，利用多时段水下地形数据的叠加分析，得到 DEM 随时间变化的情况，根据相关的水文知识推断滩涂及岸线的变化趋势。

利用以上分析结果，相关业务数据和调查数据，包括航道水文环境调查，主要有航道水沙输移数据、航道水深数据、现场采集数据、气候海况水文数据、冲淤演变数据等；航道泥沙环境调查，主要有航道悬沙含量、泥沙含量与船只通行量等的统计关系数据、航道泥沙历史统计数据等，可进一步实现如下业务功能：

（1）DEM 冲淤演变分析：以水下地形测量成果为依据，构建不同时期的水下地形 DEM，利用 GIS 软件的三维分析功能获取河床（海床）冲淤量、冲淤厚度的空间分布图，计算冲淤分析结果，进而通过资源环境数据的导入实现岸滩资源环境保护，以及水下地形数据的汇总等工作。

（2）水文泥沙测量：将河口悬沙遥感定量分析和河口水沙输移分析的结果进行综合叠加，实现水文泥沙的定量化测量，进而进行数值模拟、水动力特征分析并结合钻孔取样结果进行航道的动力沉积环境分析。以上多种分析结果分别为涉水工程防洪论证、河道取排水口论证和港口航道冲淤分析等工作服务。

（3）港址选择、航道选线论证及港口航道冲淤分析：结合前面几项工作的分析结果，对航道水文泥沙综合环境进行评估，分析其对船舶航行能力的影响，进而对水文泥沙环境状况和船舶通行量关系进行统计分析，合理选择港口建设位置以及航道选线位置，并采取相互的防护措施；在发生泥沙淤积造成航道堵塞，影响船舶航行时，制定及时的航道清淤方案。

12.3.4　应用业务流程

与航道及水文相关部门的业务系统密切结合，利用遥感技术和 GIS 平台以及水文泥沙数据库，为信息利用者提供自动化与可视化的用户接口，以利于数据的展示、分析与辅助决策。

从遥感数据和航道水文泥沙监测业务相结合的特点出发，提供针对水文泥沙环境监测要求的信息，并充分发挥遥感技术的优势，结合水面调查及历史统计数据，形成具有辅助决策功能的综合业务解决方案，航道水文泥沙监测遥感应用业务流程如图 12.3 所示。

遥感数据进入业务流程后，经过标准化的处理，使水下地形图进入滩涂岸线动态监测业务，水沙输移监测图进入水沙输移分析的业务工作，悬沙定量监测图进行悬沙定量分析工作，以上基础水文调查数据经过数值模拟及反演等计算后，与其他业务数据结合，服务于防洪论证、港口选址等模块；以遥感数据生成的水下地形为基础数据源，结合水下实测数据和周边环境数据，进行 DEM 冲淤演变分析，在航道环境数据的支持下，实现航道实测地形的获取、岸滩资源保护工作，并为防洪论证及港址选择提供背景数据；对于航道的沉积物分析，当前的遥感手段无法提供数据，依然需要进行钻孔取样来进行沉积环境的分析，从而为港址选择及航道选线提供沉积环境的背景数据。

在以上计算及模拟的基础上，对多种水文参量进行空间叠置，并与航道通行状况进行统计计算，分析水文状况与航道通行质量间的内在关系，指导水运相关部门的决策。

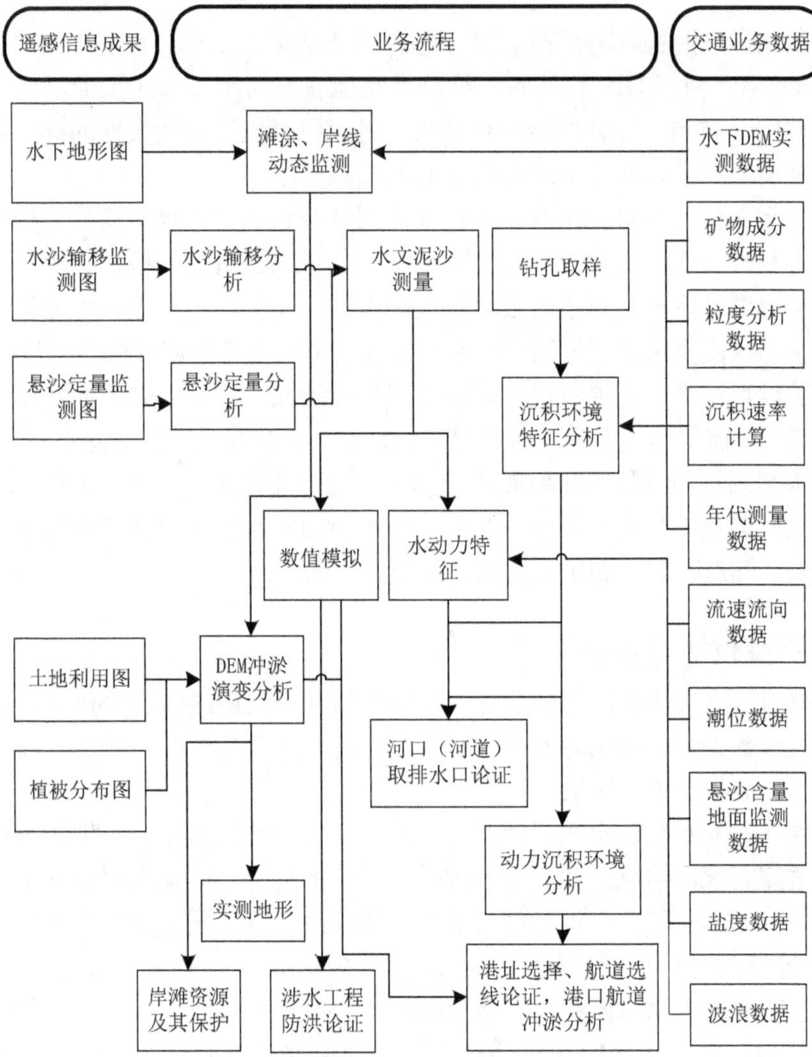

图 12.3 航道水文泥沙监测遥感应用业务流程

12.4 基于遥感技术的船只监测

12.4.1 船只监测概述

1. 定义

船只监测是指对于航行中的船只进行身份识别、空间定位、航线跟踪、航行导航等工作的总称，是收集航道通行量、航道运力等数据的重要手段，也是保证船舶运营安全、限制非法船只运营、实现水上交通管理的重要行政行为。随着我国经济的发展，大宗货物的远途运输越来越频繁，来自不同地区、不同国家的船只在我国领海及内河中运行，管理难度不断加大。通常采用的VTS等手段由于距离的限制，在大范围地区发挥的作用有限；同时，不同口岸船舶管理部门的数据交流也会产生一定的信息及时间消耗。

2. 主要任务

在充分采集及分析船只身份、位置、航迹以及航道网分布、通航状况、通行量等数据的基础上，利用GPS、VTS及AIS等技术手段，实现船舶的实时定位与航行监测，全面考虑航道中所有船只的航行轨迹之间的关系，为保障船只的安全及合法运营和航道的通畅，提供船只导航、危险预警、应急处置以及非法船只监管等服务。

3. 主要内容

船只监测的主要内容是：对通行船只进行快速识别，在船只识别基础上，对航道船只通行量进行统计和分析；利用航标监测信息，确定航道的正确位置，判断船只的航迹是否正确；利用GPS定位技术，实现对船舶的定位跟踪，有效规划港航交通量，在突发事件中进行船只调度；利用路径分析等手段，为船只提供碰撞、偏航、超速等预警预报服务，保障船只的航行安全；利用多种手段对运行中的船只进行动态监测，实现每条船只的位置、速度、运行方向等信息的采集，并结合已有资料实现船只的身份认证，对非法船只进行行政管理。

12.4.2 专题数据分析

船只监测系统中，不仅需要对船只快速识别，而且需要对其进行动态监测。因此，在遥感数据的要求上，首先需要具有一定的空间分辨率，可以实现船只的识别（10m或更高分辨率），同时具有较高的时间分辨率（分钟级），还可以实现全天候的监测，不受水上多变的天气现象的影响。综上所述，高时间分辨率的SAR卫星是最为适合的选择，在欧洲地中海地区SAR卫星的广泛使用也证明了其在船只监测中的作用。所需遥感数据空间分辨率10m以下的SAR多时态影像序列，时间分辨率1天以内，最好为静止轨道SAR数据。

船只监控业务的数据需求如下：

1:2000 ~ 1:5000船只分布图：对航道上运营的船舶进行监测和识别，利用SAR数据更新快速的特点，建立船只动态位置变化的历史影像序列，从而支持船只的动向监测，分辨非法船只。

1:2000 ~ 1:5000岸线提取图：通过提取岸线的信息，为航船的通航管理工作提供背景数据，从而为船只的航迹分析提供依据，并能够做出偏航预警等动作。

12.4.3 遥感技术应用

基于遥感技术的船只监控核心业务功能包含航道船只识别、船只信息获取、非法船只辨识、船舶导航等，具体功能如下：

1. 船只信息匹配

利用遥感数据，通过自动识别算法得到一定区域船只详细分布图，并根据遥感数据的更新来动态更新船只分布图，得到整个航道或海域的船只动态分布信息数据集。

2. 非法船只辨识

在获取船只分布信息的基础上，根据登记资料辨识各个船只的身份，对于没有登记信息的船只进行跟踪识别，并提供其详细的运行轨迹，方便相关部门的检查与执法。

3. 业务扩展功能

利用以上遥感监测结果，同时结合相关的业务数据（包括船只属性数据、船舶运营数据、航道导航数据、AIS 监测数据等），可进一步实现如下业务功能：

（1）通航管理：在船只识别及船只身份验证的基础上，利用航道规划与管理系统的相关功能，为特定的船只提供导航信息，以保障航道的通畅，方便船只的安全高效运行。

（2）船只路径分析：利用船只分布图和登记的船舶信息，结合遥感影像获取到的船只几何形态信息，确认船只的航向、运力及速度，模拟船只运行的轨迹，预测航道交通的变化状况。

（3）应急处置：对监测到的非法船只，通过监测 - 上报 - 反馈等信息途径，及时通报航道信息监控中心，并获取相应的应急预案，对非法船只进行监控拦截和执法处理。

12.4.4 应用业务流程

从遥感数据和船只监测业务相结合的特点出发，以遥感数据在船只监测工作中的实际应用和实现为目的，充分利用遥感技术大范围、快速获取信息的特点，为船舶管理部门提供相应的船只管理技术方案及数据支持，推动基于遥感的船只监测信息化技术发展，提高港航整体管理水平，船只监测遥感应用业务流程如图 12.4 所示。

将多时相的 SAR 数据以及光学影像进行处理后，利用自动化的算法，提取得到满足精度要求的船只分布图和岸线提取图，分别进入船只信息匹配及通航管理模块；在非法船只的管理方面，通过现场采集数据及船舶的登记资料，与船只分布图实现船只的信息验证，从而判断非法船只的存在与否，并根据实

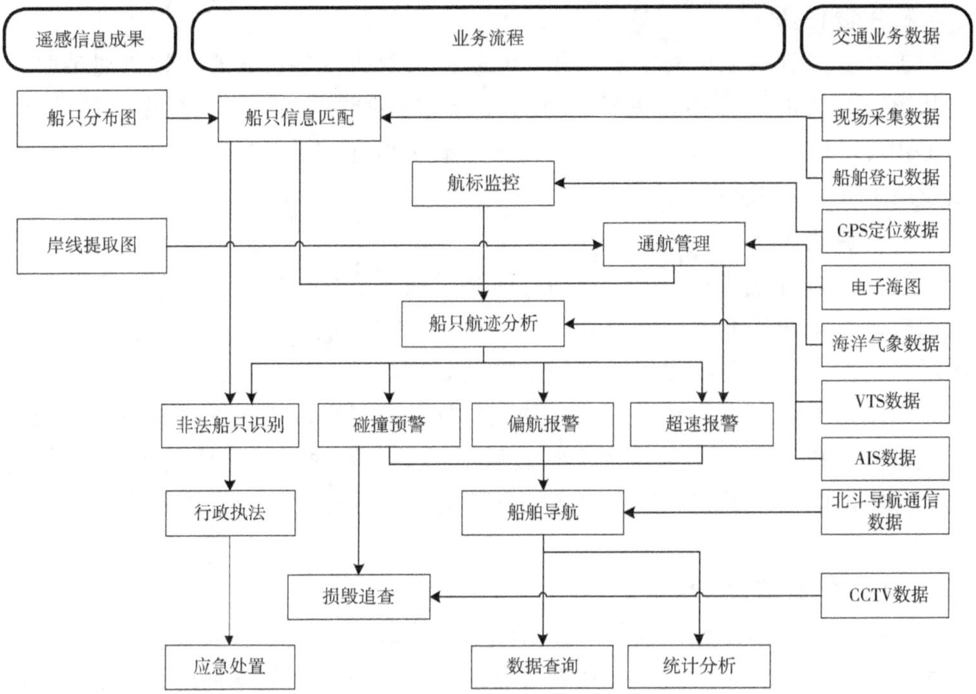

图 12.4 船只监测遥感应用业务流程

际情况进行行政执法及应急处置工作；在 GPS、电子海图等数据的支持下，辅助以岸线提取图，可以实现航标监测及通航管理工作，与船只信息匹配一起，可以实现船只航迹分析工作，从而提供偏航预警、超速预警及碰撞预警等服务；在以上服务的基础上，利用北斗卫星等导航数据进行船舶导航，利用 CCTV 监控数据对碰撞引起的损毁进行追查；以上业务工作在 GIS 系统的支持下，可以为海事交通部门提供数据查询及统计分析的服务。

12.5 基于遥感技术的海上溢油监测

12.5.1 海上溢油监测概述

1. 定义

海上溢油就是石油在海上运输或开采过程中的流失，是导致海面污染的主要因素之一。海上溢油监测是指利用多种传感器及其他辅助技术，结合相关业务数据，对溢油发生位置、范围、扩散方向及趋势等信息进行监测工作，是港航监测与管理过程中的一个重要组成部分，其监测精度的提高以及油膜扩散预测的准确性对于防治海洋污染、开展溢油事故处理及油污清除、保证港航安全等方面有着重要的意义。

2. 主要任务

海上溢油监测工作的主要任务：判断溢油事故发生位置、规模，对油膜扩散状况及相关的资源环境等影响情况进行及时的监测跟踪，并根据扩散趋势，制定相应的应急及清除方案，最终目的是最大程度减少溢油事故对于生态环境以及海上交通带来的危害。

3. 主要内容

海上溢油监测的主要内容包括：通过对溢油信息收集及资源环境气象等信息收集，对溢油扩散进行预测和模拟；在预测和模拟结果基础上，根据应急资源配置情况，并结合历史上典型溢油事故处理经验，提出溢油清除方案；在清除方案基础上，组织溢油事故的各种应急处理，尽量减少溢油事故所造成的海洋生态环境破坏和社会经济损失；最后根据实际的油污清除情况及环境状况，结合环境影响评价模型、经济模型和有关法规，进行溢油清除效果评估。

12.5.2 专题数据分析

该业务工作中，航道网信息、溢油信息、航道环境敏感区等信息可以通过遥感手段获取。对于岸线和航道环境状况的信息提取，主要利用光学卫星来进行，其空间分辨率在海域范围要求不高，在10m以上便可以满足要求；对于溢油信息的提取，通常使用SAR卫星数据，辅助以多光谱数据进行提取和反演，海岸线遥感动态监测图与溢油监测图如图12.5、图12.6所示。

本工作需要的详细数据内容如下：

1∶2000 ~ 1∶5000岸线提取图：利用遥感影像提取海岸线、河口，并体现动态变化状况，其作用是与其他业务数据结合，分析航道网分布情况、航道变迁情况，为溢油监测工作提供背景数据。

1∶2000 ~ 1∶5000溢油监测图:包含事故发生时间、地点、油种、溢油速率、

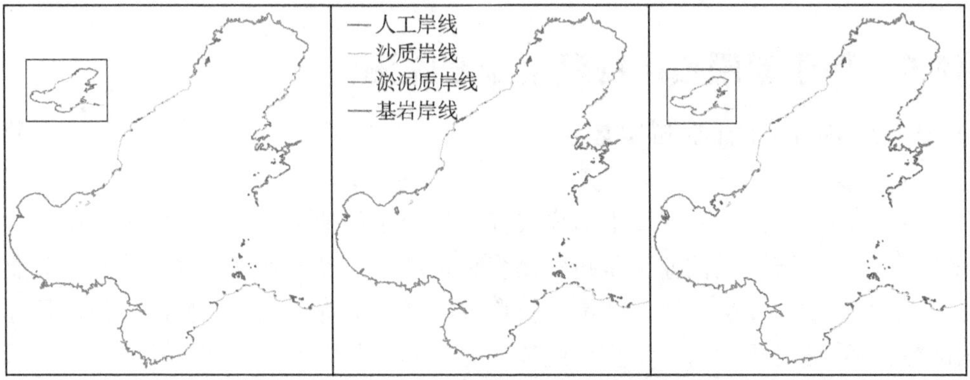

（a）2000年　（b）2005年　（c）2010年

图12.5 海岸线遥感动态监测图

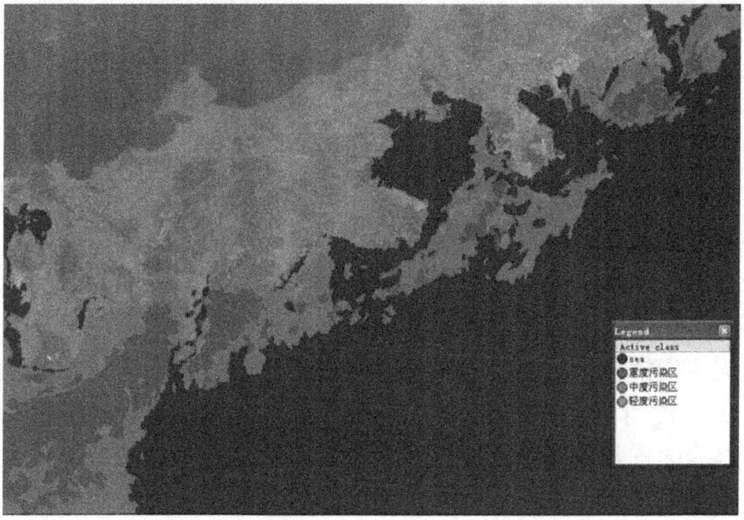

图 12.6 溢油监测图

溢油量、油膜位置、油膜面积、油膜漂移方向和速度等信息，通过多时相的卫星多光谱数据实现信息的提取与叠加。

1∶2000 ~ 1∶5000 土地利用图：航道周边环境敏感区（例如海洋生物海区、自然保护区、养殖场或者沿岸旅游区、水源等）的土地利用状况，主要用来反映溢油事故发生区域的自然及社会环境状况，为溢油预测模拟提供所需要的参数。

12.5.3 遥感技术应用

海上溢油监测的核心工作包含航道网监测、溢油信息收集、资源与环境信息收集、溢油监测浮标定位、溢油扩散预测模拟、溢油应急指挥以及清除方案制定等。遥感技术主要在以下几个方面发挥重要作用：

（1）环境敏感区监测：对溢油海区资源环境信息进行收集和分析，具体包括海洋生物海区、自然保护区、养殖场或者沿岸旅游区、水源等，为溢油预测模拟提供所需要的参数，并且也可以为溢油事故指挥中心的决策提供相关的辅助信息。以上信息通过遥感多光谱、高光谱数据可以实现提取，辅助以相关统计资料，可以保证数据的精度。

（2）航道网监测：通过遥感光学影像数据等，结合电子海图等资料，提取岸线信息，明确目标区域的航道分布状况，作为溢油监测工作的背景数据，为溢油位置判断及油污影响预测提供基础数据。

（3）溢油事件监测：具体包括事故发生时间、地点、油种、溢油速率、溢油量、油膜位置、油膜面积、油膜漂移方向和速度等，其中溢油事件发生时间、地点根据获取的遥感影像时间及影像中的油污扩散状况推导来得到，其余的油膜运动变化信息要通过多时相遥感数据的连续采集及信息提取来实现。

根据以上遥感分析结果，结合潮海流数据、海域水文气象数据、航道业务数据、船舶运营数据等，可进一步实现如下业务分析：

（1）溢油漂移扩散预测模拟：在确定溢油事故地点后，为了做到及时跟踪溢油漂移和扩散情况，一般在溢油区厚油膜处安置溢油监测浮标，然后由 GPS 提供定位信息。利用遥感技术，可以实现油膜的动态宏观监测，与 GPS 定位信息相结合，预测油膜运动趋势，辅助决策。

（2）应急指挥：根据溢油及资源环境相关信息，对海上溢油的运动进行预测模拟，为溢油清除工作的正确决策提供科学依据。以上工作除了应用 GPS 技术外，结合之前提到遥感大范围油膜变化情况及航道环境信息提取结果，可以有效支持溢油的应急工作。

12.5.4 应用业务流程

从遥感数据和交通海上溢油监测业务相结合的特点出发，以遥感数据在交通海上溢油监测中的实际应用为目的，充分考虑了从溢油信息监测到扩散预测模拟、再到应急指挥、再到一系列的应急实施工作及秩序维护，最后信息发布及医疗救助等工作的整个业务化技术流程，实现遥感技术的价值。海上溢油监测与应急遥感应用业务流程如图 12.7 所示。

遥感数据成果经过处理后，进入溢油业务流程，进行环境、航道及溢油事件的常规监测工作，将信息进行汇总，建立溢油事件信息收集机制；收集多方面的信息，在溢油扩散预测模拟系统的计算下，将预测结果输入到应急指挥系统；应急指挥系统做出应急响应，生成溢油应急处理预案并进行方案的实施，包括应急作业、通航秩序维持、岸上秩序维持及索赔取证等工作；在进行和完成以上工作的同时，将溢油的事故信息发布给水上交通部门及船只，并做好溢油船只的医疗救助工作。这一过程中，遥感技术提供土地利用图、岸线提取图、溢油监测图等基础数据，在其他业务数据支持下辅助溢油监测及清除工作的各个环节。

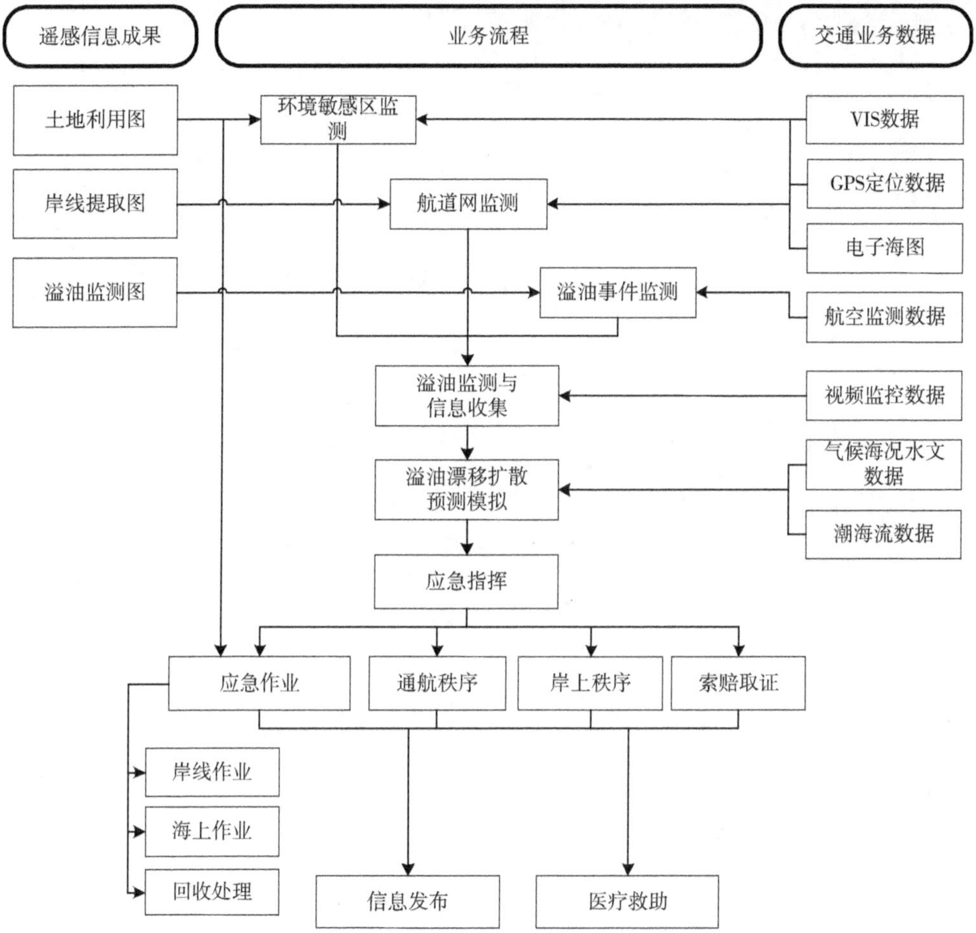

图 12.7 海上溢油监测与应急遥感应用业务流程

第13章 数字港航建设典型案例

"榜样的力量是无穷的"——列宁

我国数字港航建设在探索中求发展，在实践中求创新，目前已经取得较好的成效。列宁曾说过"榜样的力量是无穷的"。我国的内河信息服务系统、基于船舶位置的海上综合信息服务平台、广州港危险货物安全监管系统、广州港引航调度管理信息系统、检港联动快速查验系统是技术先进、应用效果好的典型案例。本章将对这些案例进行简要的介绍，以启迪热爱港航事业的同仁，为我国数字港航建设与发展起一点促进作用。

13.1 内河信息服务系统（RIS）

13.1.1 系统背景

RIS（River Information Services）是一个内河航运跨区域、跨部门、跨系统业务协同与资源整合的概念体系。它建立在较为完善的航运基础设施之上，将先进的信息技术、通信技术、电子控制技术和计算机处理技术等集成应用于传统的内河航运体系，通过异构系统的互联互通、资源共享，实现海量航运信息的采集、传输和处理，建立起大范围内协同、实时、准确、高效的内河航运信息服务综合系统。

2001 年欧盟提出内河信息服务（River Information Services, RIS）系统的概念，经过多年的建设，实现了欧洲内河航运综合信息服务的协同化和规范化，实现了欧洲内河航运信息跨国家、跨区域的交换共享，提高了内河航运的交通运输管理水平，降低了安全与环境风险，极大促进了欧洲各国内河航运事业的发展。

RIS 的成功很重要的两个因素就在于他建立了四类信息标准和四个方面的信息采集交换体系。

1. 四大核心信息标准

（1）内河电子航道图技术标准。

（2）船舶电子报告技术标准。

（3）船长信息通告技术标准。

（4）船舶识别跟踪技术标准。

2. 四类采集交换体系

（1）与船舶有关的系统，这些系统允许船舶通过跟踪监控系统（如 AIS）相互通信。

（2）与岸上站点有关的系统，操作人员可以通过这些系统接收或提交数据。

（3）与管理人员有关的系统，可以存储、处理或为授权用户提供数据。

（4）与外部用户有关的系统，RIS 外部用户（如政府和商业用户等）可以通过这些系统相互连接，并获得相关数据。RIS 不是简单意义上的内河海事管理系统，它涵盖与内河航运相关的物流要素，服务于现代物流，为多式联运和供应链提供支持。

13.1.2 欧洲内河航运综合信息服务系统

1. 欧洲 RIS 功能体系

RIS 主要涵盖交通信息服务、航道信息服务、交通监管服务、灾害管理和应急救援服务、运输物流信息管理、监督和执法服务、统计信息服务、规费征稽服务八大功能领域，如图 13.1 所示。

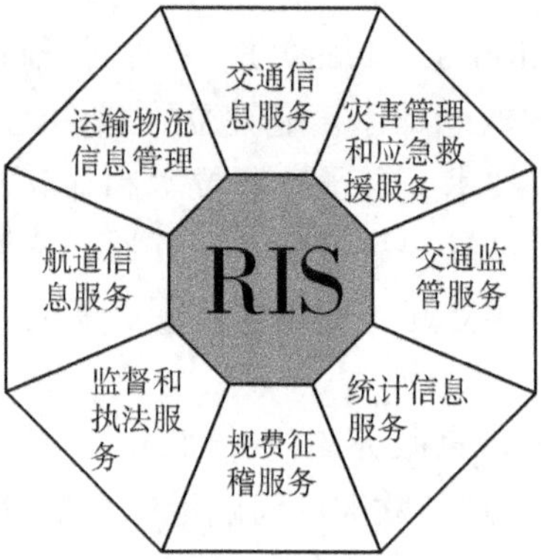

图 13.1 RIS 的八大功能领域

2.RIS 信息服务的组织结构

欧洲范围内，有众多公共机构与私营机构参与到 RIS 的发展事务中。其中，公共机构主要有欧盟（EU）、莱茵河航运中央委员会（CCNR）与多瑙河委员会（DC）等，它们长期指导着跨欧两大河流的航运事务，其他重要组织还有欧盟成员国政府及其下属各级主管机构等。私营机构则主要包括一些非政府行业组织、协会和私营企业等。

国际上，与 RIS 相关的重要国际组织主要有联合国欧洲经济局（UNECE）及其下属的内陆运输委员会（ITC）、工作组（SC3）、专家组（WP3）等。此外，还有许多国际标准化组织也参与到 RIS 标准规范的制定当中，如国际航道组织（IHO）、国际电工委员会（IEC）参与了欧洲内河 ECDIS 的制定。

3.RIS 信息服务的组织运作

RIS 是一个复杂异构系统整合与构建的系统工程，涉及上述众多组织与机构的广泛参与，如图 13.2 所示。具体地，参与 RIS 的组织可分欧盟层、政策层、管理层、国家层以及技术层五个层次。欧盟层组织主要是欧盟委员会，其负责规划、实施欧盟范围内的长期运输发展战略等政策；政策层组织主要是内河航运各领域发展指导委员会，由各国航运机构代表参与组成，负责落实上层制定的发展战略；管理层则是在上一层的指导委员会协调下，实现多国研究项目与示范工程相互之间协作与交流；各项任务与工作具体落实到各国航运主管机构即为国家层，这些主管机构代表国家负责相关项目与工程在本国的实施与支持；技术层是各项目与工程中具体承担有关研究任务的专题工作组或专家组，负责相应航运技术与系统的开发应用，包括标准规范的研究，如电子船舶报告（ERI）、船长通知（NTS）标准专家组。

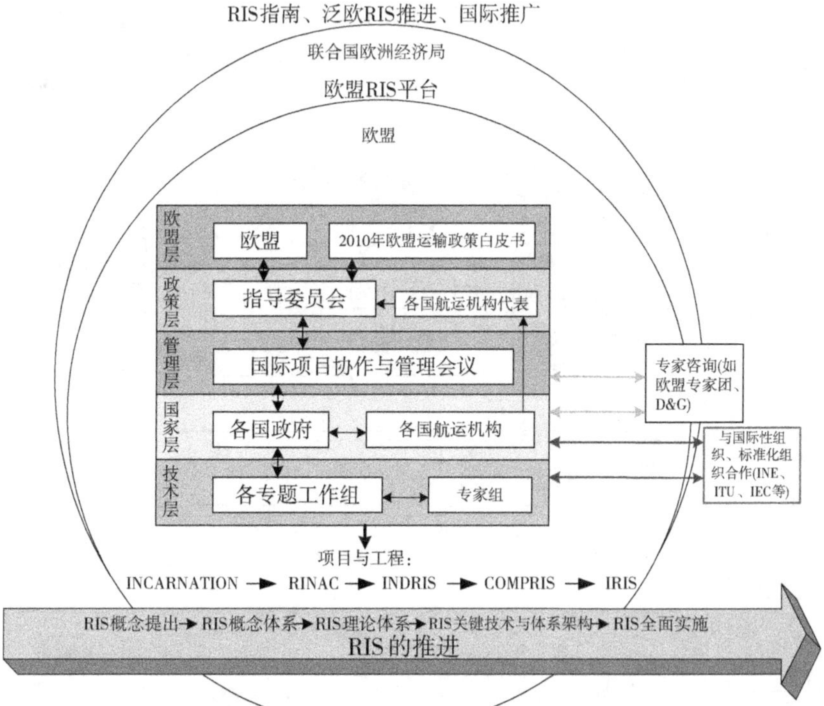

图 13.2 RIS 服务工作组织管理运作图

RIS 组织运作具有诸多特点：首先，多层次的组织分工使得各层组织的目标与任务明确，执行有力。其次，跨层次的反馈沟通能够及时地调整与协调有关项目的决策和研究。此外，RIS 相关标准研究专题工作组 / 专家组集思广益，开放式地与众多国际标准化组织合作，使得 RIS 标准化工作获得了强有力的促进。在上述组织运作模式下，欧洲 RIS 实现了逐步有效推进。

4.RIS 框架下的数据交换

经过长期积累，欧洲各国 RIS 系统基本形成了图 13.3 所示的系统框架。该框架主要由数据库层、核心管理软件、客户端应用服务和终端设备组成，在此基础上各国实现了各具特点的内河航运管理及应用服务功能。考虑到欧洲各国航运系统的异构性以及系统数据的非标准性，RIS 数据国际交换在技术与法律层面上应有所保障，以确保各国之间数据兼容与交换合法性。基于此目标，IRIS 项目相关工作组将工作重点放在数据交换技术与管理协议制定上，即 RIS 技术管理协议（Technical & Administrative Agreement，TAA）；同时，还完成了角色 / 权限相统一的 RIS 数据交换技术规范体系，即数据交换参考文档（RIS Data Exchange Reference Documentation，R2D2）。其中，TAA 主要包含 RIS 数据交换过程中涉及的数据集、数据交换、数据应用、用户权限、成本及可靠性管理等相关技术与管理层面的内容，而 R2D2 则主要覆盖 RIS 技术系统概念、XML 报文参考指南、RIS 数据交换过程描述、用户角色 / 权限等技术实施层面的内容，两者在不同层面上对 RIS 数据交换过程中各方面问题加以明

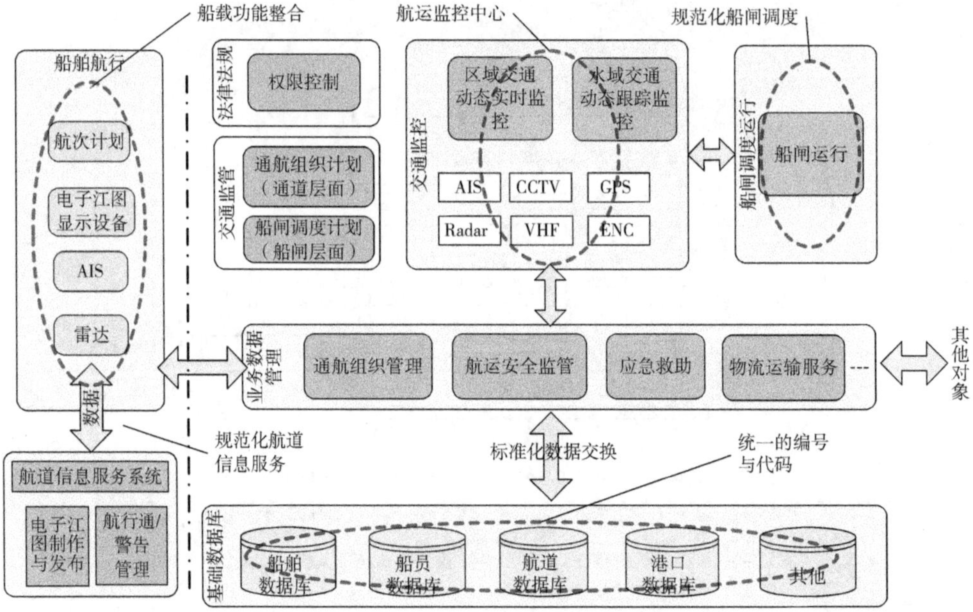

图 13.3　欧洲 RIS 系统架构图

确，确保了今后 RIS 整个数据交换过程的畅通与安全。

此外，R2D2 作为 RIS 实施示范工程（IRIS）数据交换的基石，在后续的示范应用过程中得到广泛采纳。至 2008 年末，借助 IRIS 项目的实施，欧洲内河航运已基本实现了船舶数据、航次数据、AIS 数据、电子报告等四大类数据不同层次的跨国交换，有力地支撑了 RIS 的船舶交通信息、航道信息、交通管理、应急救援支持、执法通告、查询统计、规费征稽、物流信息等功能的实现。

5.RIS 信息服务的标准体系

RIS 标准体系的建设从参考模型的建立入手，经历六年的漫长发展过程。1998 年欧盟启动 INDRIS 项目，系统地研究 RIS 理论体系与应用框架、数据与通信标准化等问题，首次从系统层次上定义 RIS 概念体系、功能体系、结构体系和服务体系，形成一套比较完善、开放的 RIS 参考模型。2002 年欧盟启动 COMP 项目，重点研究船舶识别跟踪技术标准与跨国航运数据信息交换规范两方面问题，并进一步提出泛欧 RIS 体系框架、技术体系、组织结构和标准体系，旨在为泛欧 RIS 的全面实施提供标准保障。2004 年欧盟启动 IRIS 项目，对全面实施泛欧 RIS 进行战略研究和总体规划，并最终提出建立统一的欧洲 RIS 建议，同时在对外颁布的《RIS 指南》中给出正式和全面的 RIS 标准规范。其标准体系主要由以下五个方面标准构成，如图 13.4 所示。

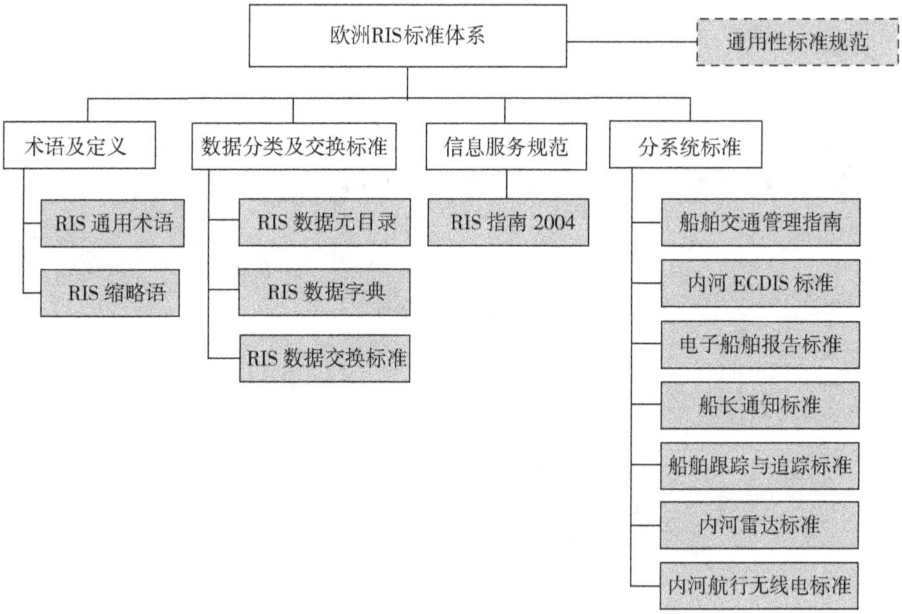

图 13.4 RIS 标准体系

13.1.3　我国内河航运综合信息服务系统

对于我国的内河航运而言，建设类似欧盟RIS的信息服务系统是未来内河水运信息化发展的趋势。从技术的角度，我国的RIS系统建设，信息共享和服务协同是关键环节。此外，还要包括系统网络支撑体系和相应的信息安全保障体系等环节。

结合我国内河航运发展的实际与特点，确定内河航运信息协同服务的总体架构为：以充分整合内河航运信息资源为基础，建立数据资源整合与管理体系，组建一个功能健全、运行高效的内河全流域的航运综合信息服务中心，建立内河沿线若干信息服务节点，搭建一个信息丰富、技术先进、规范标准、安全可靠、功能实用的内河航运信息协同服务及信息资源共享平台，促进信息资源公开、共享、整合利用和业务协同，全面提升内河航运的管理与服务水平，为航运信息服务营造良好的发展环境。主要包括以下内容：

（1）组建全流域的航运综合信息服务中心。组建全流域的综合信息服务中心机构，主要负责全流域“通道式”信息协同服务的运作实施、组织协调、运行监管和技术保障等工作；参与相关法律、法规和标准的制定工作，并向上级主管部门反馈有关信息；保障内河航运信息服务体系长期、稳定、健康运行。

（2）搭建全流域的航运综合信息服务及资源共享平台。以信息资源整合理

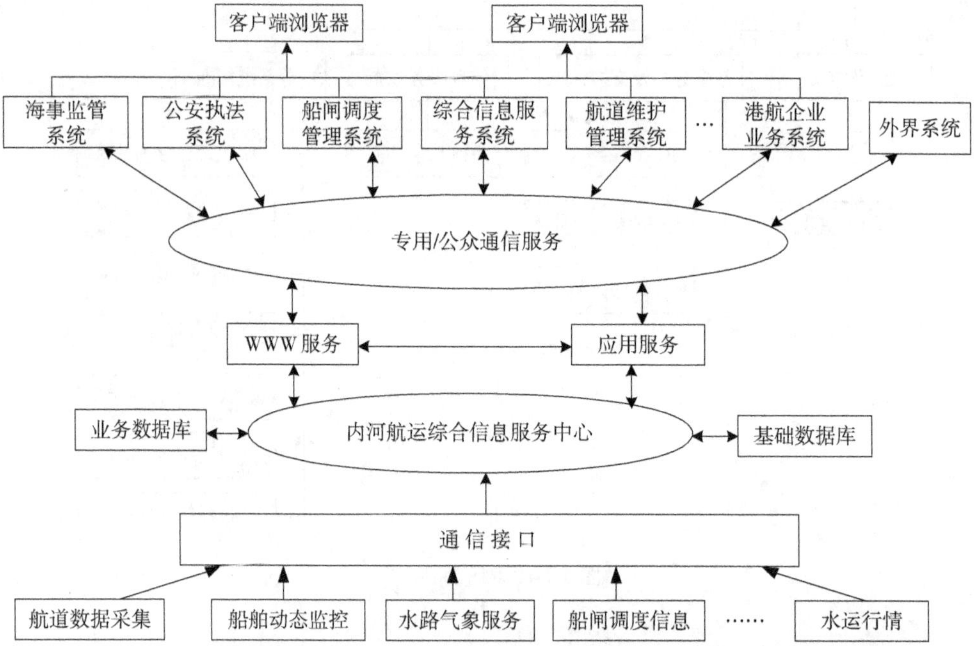

图13.5　内河航运综合信息服务系统的总体框架图

念为指导，以信息系统集成与共享为突破，以信息服务业务流程协同为目标，在统一电子航道系统、船舶定位跟踪系统、数据交换系统等的基础上，搭建全流域的航运综合信息服务及资源共享平台；在内河沿线构建若干航运信息服务支撑节点，依据统一标准与规范，实现业务协同和数据共享。

（3）建设统一的主题数据库，整合、完善各类基础数据库。主题数据库来源于业务数据库群和基础数据库群，主要用于支撑内河全流域航运综合信息服务。按照“一数一源、共建共享”的方式，整合、完善各类基础数据库。在此基础上，以应用主题为对象，整合各类动静态航运相关数据，建立若干分析主题，形成统一的综合数据支持库。

（4）建设和完善内河航运信息服务相关标准规范。根据内河航运发展的需要和航运综合信息服务的实际需求，制定和完善内河船舶定位应用技术标准与规范、内河电子航道图技术标准与规范、内河船舶电子报文技术标准与规范、内河航运数据元技术标准与规范等核心标准规范。

（5）构筑三大保障体系。结合我国内河航运发展实际，需要构建标准规范体系、信息安全保障体系、运营保障体系等三大保障体系。以管理体系为保障，以技术体系为支撑，推动相关配套规章、制度的制定与完善，建立健全交通信息化标准管理机制，为内河航运综合信息服务持续、健康和长效运行提供保障。

目前我国已开展的“长三角航道网及京杭运河水系智能航运信息服务（船联网）国家首批物联网应用示范工程”和“珠江航运综合信息服务系统”都是基于 RIS 进行研究的。

13.2 基于船舶位置的海上综合信息服务平台

13.2.1 平台建设背景

近年来，随着经济全球化的加速，航运业作为国际贸易的主要运输方式，在我国国民经济中的地位愈显重要。经过多年的持续发展，我国已经发展成为世界重要的航运大国、港口大国、集装箱运输大国。根据相关统计数字显示，10 年来，我国航运业快速发展，世界航运大国的地位进一步巩固。2011 年我国水上运输船舶总规模首次突破 2 亿载重吨，其中海运船队达到 1.15 亿载重吨，居世界第四位；全国港口完成货物吞吐量也首次突破 100 亿吨，集装箱吞吐量达 1.64 亿 TEU（标准箱），双双位居世界首位。港口大型化、专业化程度已居世界领先水平。一方面我国航运业的快速发展得益于我国国民经济的发展，另外一方面，航运业在我国国民经济和社会发展中的地位也愈发重要，逐渐发展成为关系我国国家安全和国民经济命脉的七大战略行业之一。

在 2008 年金融危机及 2011 年欧洲主权债务危机波及影响下，全球经济增长持续乏力，并最终导致消费需求下降，对中国商品的需求也大幅下降，而中国作为以外部需求的增长作为国内经济发展的重要动力，这将对中国的出口贸易增长造成抑制作用，从而影响到中国经济的发展。作为经济“晴雨表”的航运经济首当其冲，在当前经济形势下，航运经济所面临的各种困难和挑战，必然会对航运管理提出新的要求。

面对金融危机及欧洲债务危机对航运经济的影响，不少航运企业惨淡经营，大批船舶停航、半停航，大批船舶滞港，给航运管理带来新问题、新挑战。

频发的海盗袭击事件也给我国远洋航运业蒙上了一层阴影。发生在亚丁湾、索马里海域、马六甲海峡、新加坡海峡、南中国海等黄金海域的海盗攻击事件不仅给海上安全尤其是海上人身生命安全以及财产安全带来严重威胁，也给全球航运业造成了严重的经济损失。近年来印度洋附近海域海盗活动范围大幅扩大，已覆盖索马里沿海约250万平方海里区域，较2009年扩大了100万平方海里。与此同时，在该海域活动的海盗数量正不断增长，估计目前至少有1500名海盗。统计显示，2010年海盗袭击事件已由2005年的276起增至445起，英国全球政治与经济信息咨询公司（Geopolicity）的调查报道说，2010年，印度洋附近海域以索马里海盗为主的海盗活动造成的经济损失总额达70亿至120亿美元，海盗活动如不加以遏制，这一数字到2015年或将增至150亿美元。针对各远洋航运船舶，为躲避海盗袭击，航船在经过危险海域时需要提高航速以避免被劫持，因为航船在时速超过18海里时，船只被劫持的概率将大大降低。航速的提高会为航运企业带来了额外的燃油支出。此外，为规避海盗，航运公司必须在航线选择上做出抉择，制定避开可能遭受海盗袭击的海域，而选择相对安全的航线，而最终这些选择都将为航运企业带来一定的时间成本及经济成本。

综上所述，面对激烈的行业竞争、低迷的市场环境、频发的海盗袭击事件、海洋环境保护意识的觉醒及燃油价格的不断上涨等因素，降低营运成本、提高运营效益、加强航行安全已经成为国际航运企业和海事监管部门的不断追求。

基于船舶位置的海上综合信息服务平台是以海事卫星、北斗、岸基AIS、星载AIS等系统作为通信平台的全球海域船舶报告监控系统，提供基于船队的船队调度、气象预报、台风预警、位置监控、航线规划等功能，能为海事监管部门、航运企业、渔业公司等单位提供船队位置动态跟踪、海图显示、双向通信等功能，既可辅助航运企业、渔业公司实时跟踪船舶位置，制定规划航行路线，又可辅助政府监管部门在航行安全方面对船舶的动态监管，提升政府监管能力。

13.2.2 平台建设单位

基于船舶位置的海上综合信息服务平台是由中国交通通信信息中心自主研发的平台。中国交通通信信息中心（CTTIC），作为交通运输部直属事业单位，受交通运输部委托拟订并组织实施交通运输行业通信、导航、无线电和信息化管理的技术政策、技术标准、规章制度；代部行使无线电行政许可和行政审批职责；承担行业信息化网络的建设、运维、整合、保障等工作；代表国家参与国际电信联盟（ITU）、国际海事组织（IMO）的有关活动，负责中国国际海事卫星、国际搜救卫星系统的建设、运维和管理工作，并承担国内外相关应急安全公益性通信职责；承担行业及国家、社会经济发展需要的通信、导航、无线电和信息化的技术研发、应用和咨询等工作；承担中国民用卫星导航系统的相关工作。

中国交通通信信息中心对外以北京船舶通信导航公司名义（Beijing Marine Communication & Navigation Company，MCN）代表国家行使国际移动卫星公司（Inmarsat）的管理职能。始终跟随国际移动卫星技术的最新发展，逐步构建了 Inmarsat 全系列业务标准地面站，直接覆盖印度洋和太平洋，提供陆地、海上和航空宽带业务，形成了有序的销售服务、入网登记、账务结算、网络建设、客户服务、系统集成、技术研发等一体化服务体系，并与中国电信、中国网通、中国移动、中国联通等各公众网建立了业务互连关系。结合通信信息中心所掌握的低级轨道卫星搜救系统（Cospars-Sarsat）、中国民用卫星导航系统、交通应急宽带卫星系统（VSAT）及全球海上遇险和安全通信系统（GMDSS）等资源，构成了全方位的卫星安全应急、信息通信和定位导航服务体系，形成了以多网络互联互通为主要特点的天地一体、全球覆盖、便捷通畅、无所不在的宽带卫星信息通信网络平台。

13.2.3 平台基本情况

基于船舶位置的海上综合信息服务平台是由中国交通通信信息中心自主研发，并提供对外运营服务的平台，其市场推广名称是“宝船网”，平台网址为：www.myships.com（见图 13.6）。如图 13.7 所示，该平台是以船舶位置为基础，融合全球电子海图、卫星通信系统、船舶自动识别系统及海上气象的综合信息服务平台。可用于政府海上管理部门综合指挥和搜救，也为企业提供船舶航行相关的信息服务，以提高海上航行安全的能力和生产管理的效率，使航行更简单、更安全。

“十一五”期间，中国交通通信信息中心先后为交通运输部海事局、海军索马里护航、农业部渔政指挥中心、公安部边防局、中国远洋渔业协会、浙江省舟山市、台州市、中远集团、中外运长航集团等政府和企业提供基于海事卫星和 AIS 位置的服务。前期中国交通通信信息中心整合上述项目的数据资源和技术资源，基于统一的全球电子海图、全球的 AIS 数据资源、全球的船舶数据资料和全球的专业气象数据，自主研发了该网站，并提供对外运营服务。目前已为近 200 家航运和渔业公司近 3000 艘船舶提供位置服务。

2014 年全国交通运输工作会上，交通运输部杨传堂部长提出，当前和今后一个时期要全面深化改革，集中力量加快推进“四个交通”发展，即综合交通、智慧交通、绿色交通、平安交通。基于船舶位置的海上综合信息服务平台将在智慧交通和平安交通方面添砖加瓦！

图 13.6　宝船网首页示意图

图 13.7　宝船网主要功能

13.2.4　平台功能

宝船网的主要功能包括：

（1）提供全球范围的电子海图，用户可以在网站上浏览全球范围的电子海图，查询地理的相关信息。

（2）提供覆盖全球的船舶位置查询，用户可通过网站实时查询关注船舶的位置，并可对轨迹进行回放。位置类型主要包括 AIS 和海事卫星，其中 AIS 的船位包括岸基的 AIS 和卫星 AIS 两种。两种方式互为补充；其他类型的位置也可以很方便接入，包括未来的北斗。

（3）提供全球入级船舶的详细信息，可详细查询船舶的静态信息和船公司信息。

（4）与专业的气导公司合作，提供专业实时的气象导航信息，包括台风、气压、500 百帕高空势位图、风场、流场、水温；并可以提供 120 小时以后的预告信息。

（5）提供历史的海盗信息。

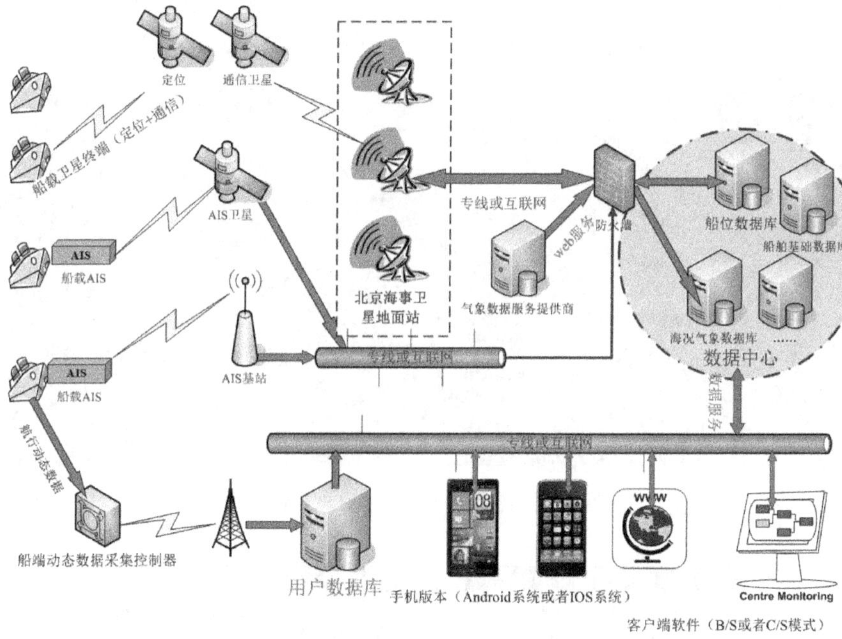

图 13.8 宝船网技术架构

图 13.9 宝船网覆盖全球的电子海图和 AIS 数据

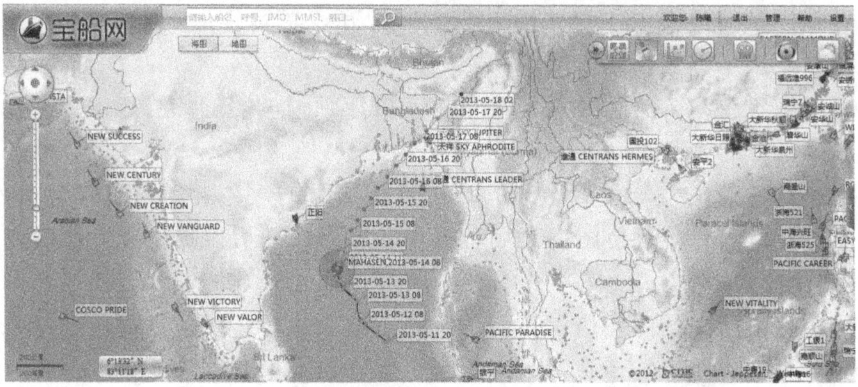

图 13.10　宝船网气象信息服务－台风信息

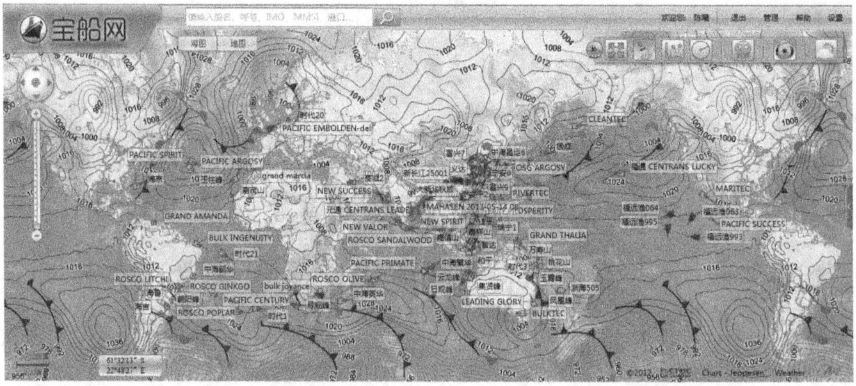

图 13.11　宝船网气象信息服务－全球气压实时分布图

图 13.12　宝船网手机版本应用

如图 13.12 所示，为方便用户使用，宝船网还研发了基于苹果 IOS 系统和 ANDROID 系统智能手机的软件，可通过手机方便地使用服务。

13.2.5 平台主要特点

1. 系统特点

（1）全天候、全球范围，不受天气、海况等影响。

（2）高可靠性。卫星通信传输链路，满足高可靠性的要求。

（3）经济性。综合利用可靠的卫星通信和经济的 AIS 基站接收的数据，达到功能和经济的良好平衡。

（4）功能完备。提供和船舶航行及安全管理相关的重要功能。

（5）信息丰富。融合全球电子海图数据、港口、卫星采集数据、AIS 采集数据、台风、气象、海洋环境等和船舶安全航行有关的重要信息。

（6）图形化，直观简便易用。

（7）易扩展。轻松整合现有业务系统，易于实现信息共享和扩展。

2. 船舶位置监控

如图 13.13 所示，系统利用国际海事卫星系统在全球范围内实现船舶位置实时跟踪和监控，并可以实现船舶的远程控制，具有通信可靠，全球覆盖等特点。利用船舶自动识别系统（AIS）采集频率高、信息丰富的特点，提供基于沿岸和基于卫星接收的 AIS 船舶动态和静态信息。自动存储船舶历史位置信息，用户可以选择时间段回放船舶航行轨迹，重新展现船舶航行过程。

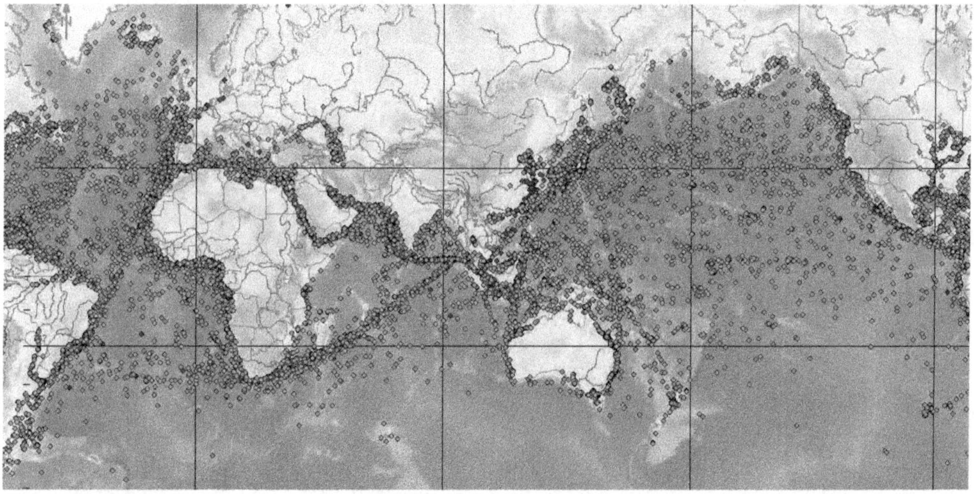

图 13.13　船舶位置实时跟踪监控

3. 台风预报及预警

如图13.14所示，系统提供国内外各权威台风发布机构发布的台风预报信息，内容包括来源、时次、时效、中心经度、中心纬度、中心最低气压、最大风速、风圈半径、移向、移速等，并将台风信息和船舶位置信息进行对比，对可能造成威胁的船舶进行预警。

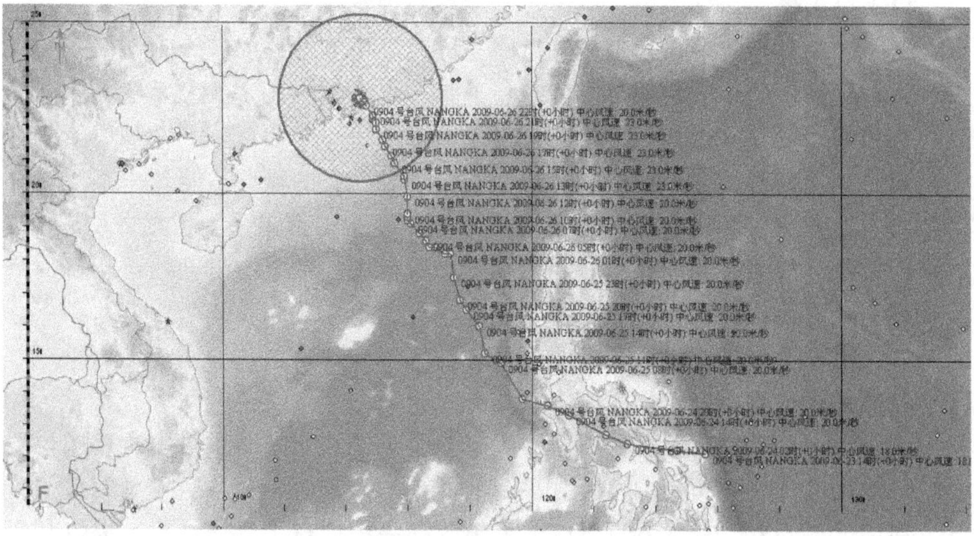

图13.14　台风预报及预警

4. 海洋气象预报

如图13.15所示，系统提供全球权威海上气象预报信息，内容包括气压、冷暖锋、500百帕、风、浪、涌、洋流、气压、海水温度、能见度与冰情等和

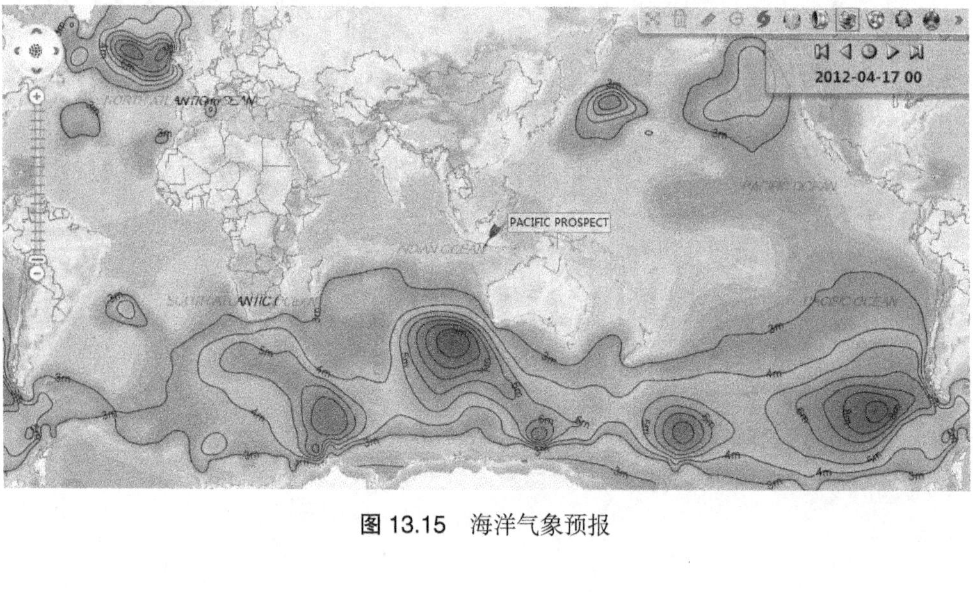

图13.15　海洋气象预报

海上相关的预报信息，并将这些信息和船舶位置信息进行叠加，直观明了，易于海上日常生产和安全管理。

5. 航次监控和管理

如图 13.16 所示，船舶在航行前将计划航线上报，船舶管理单位通过对船舶实际位置和计划航线进行比照，对于偏离计划航线距离和方向超出一定范围的船舶进行报警或提示，提高船舶管理效率。

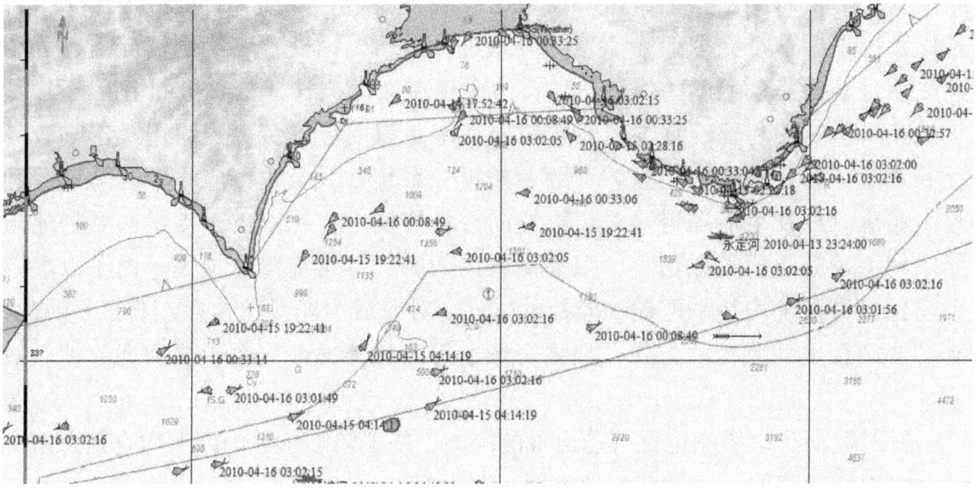

图 13.16 航次监控和管理

6. 全球电子海图支持

提供 CMap 全球电子海图数据，符合 IHO 关于电子海图数据的国际规范标准，提供港口、水深、沉船等保障航行安全的海洋信息。全球范围内电子海图数据实时更新，随时随地保障安全。

13.2.6 平台的先进性和成熟性

基于船舶位置的海上综合信息服务平台是以海事卫星、北斗、岸基 AIS、星载 AIS 等系统作为通信平台的全球海域船舶报告监控系统。

1. 船舶报告系统

船舶报告系统（Ship Reporting System）用于汇集或交换有关船舶的信息，包括：船舶位置、航向、航速、所载货物等资料。这些信息可供搜救、船舶交通服务、船队管理以及防治海洋污染之用。

随着航运船舶大型化、吃水深化、高速化的趋势，造成部分海域出现交通流量和交通密度持续增加的情况。通航环境的复杂化，使得船舶发生交通事故的风险不断增大，并伴随着由海上交通事故引发的重大溢油等海洋环境污染风险。为保证航行安全，改善通航条件，最早由国际海事组织（IMO）推出了船舶报告系统。

船舶报告系统最初为在船舶遇险事故发生时提供搜救信息而设计，但在实际应用中，也用以在船舶交通管理、危管监控等需要动态监控船舶位置的领域。目前世界范围内已经建立的船舶报告系统，有美国 AMVER 系统、澳大利亚 AUSREP 系统、日本 JASREP 系统等。

船舶报告监控系统运行至今，在众多航运领域发挥了重大作用，包括：遇险搜救、防治海洋污染、打击海盗袭击、海事监管等方面。目前大多船舶报告监控系统采用被动获取船舶信息的方式进行运营，因此，在个别情况下，因为无法及时准确获取船舶的位置信息，造成出现贻误最佳搜救时机的情况。

美国、澳大利亚、日本的船舶报告系统是目前世界范围内应用及影响较广泛的系统，三个系统均是区域性的船舶报告系统，并且主要应用于遇险搜寻和救助领域，在发生船舶遇险时，能够向搜救协调中心（RCC）提供必要的遇险船舶信息及其周边船舶信息，以提高救助效率，尽可能降低损失。由于以上三个船位报告系统均是采取被动监控的方式，对海域内船舶监控存在盲区，因此，有必要结合主动监控的方式，加强海域监管，保障通航安全，提高遇险搜救效率。

针对被动获取船舶位置可能出现的问题，基于船舶位置的海上综合信息服务平台采取被动获取 + 主动获取的方式，调取船舶位置，即：通过结合使用多种通信方式，弥补彼此不足，提供最佳的应用效果。海事卫星、北斗、Inmarsat-D+、CDMA、GMS/GPRS 等类型监控终端具有通信稳定、技术成熟等优点，但也存在诸多被动获取装置的不足，诸如无法获取不合作船舶及强制断电船舶的位置。随着船舶自动识别系统终端在航运船舶上的推广，其应用也逐渐从早期的避碰等安全考虑，延展出一系列应用。基于船舶位置的海上综合信息服务平台首创海事卫星 + 岸基 AIS+ 星载 AIS 的监控方式，实现了全方位、立体式、全天候进行监控。

此外，考虑到气象导航在航运业中的重要性，基于船舶位置的海上综合信息服务平台首创性地提出气象导航 + 动态监控的监控方式，以实现客户价值的最大化。

2. 船舶自动识别系统与卫星 AIS 系统（S-AIS）

1）船舶自动识别系统

船舶自动识别系统（Automatic Identification System）诞生于 20 世纪 90 年代，是以信息技术为先导，以多门类高科技技术为支柱的新型航海设备和系统。国际权威组织，特别是国际海事组织（IMO）、国际航标协会（IALA）、国际电信联盟（ITU-R）为这项既保证航海安全又提高航运效益的新技术，制定了一系列国际法规、技术标准，并指导厂家制造出规范的产品，在船舶上得到广泛的应用。

船舶自动识别系统的实施，能够增强航海安全，保护海洋环境，提高港口对往来船只的监管。

2002 年 12 月，国际海事组织在伦敦召开海上保安大会。在本次大会上，通过了《SOLAS》公约修正案，明确要求所有 300 吨及以上的国际航行船舶和 500 总吨及以上的非国际航行船舶，以及不论尺度大小的客船，应按要求配备船舶自动识别系统。

船舶自动识别系统的使用，有助于加强海上生命安全、提高航行的安全性和效率，加强对海洋环境的保护。具体来说，船舶自动识别系统的实施，加强了船舶间避免碰撞的措施，增强了 ARPA、雷达、船舶交通管理系统、船舶报告系统的功能，并且可以在电子海图或其他设备上显示周围船舶可视化的动态信息，大大改善了海上避碰和信息交流功能，增强了船舶操纵的全局意识，使我们由经验航海时代进入了数字航海时代。

2）卫星 AIS 系统

船舶自动识别系统整体分为两个组成部分：AIS 船台、岸基 AIS 网络系统。目前，由中国海事局建设的我国 AIS 岸基网络已经基本覆盖我国沿海、高等级内河航道。该系统是迄今为止全球规模最大的岸基 AIS 网络系统。由于岸基 AIS 系统发射的信号只能覆盖周围 30 ~ 50 海里的范围，因此通过岸基 AIS 系统只能实现港区内的船舶动态监控。对于远距离的海上交通监控，海事监管部门往往无法使用岸基 AIS 监测到，而通过使用低轨卫星是唯一扩大覆盖范围的可行方法。

美国、挪威等国家已经开始了星载 AIS 技术的研究，即在近地轨道上使用多颗卫星，来接收并解码 AIS 信息，再将信息转发给陆地地面站。低轨道移动卫星通信是近年来卫星通信的一个热点，许多大型通信公司纷纷提出各自的低轨道移动卫星通信系统方案，谋求建立和经营全球移动卫星通信网络，如美国 MOTOROLA 公司的 Iridium 系统、QUALCOMM 公司的 GlobalStar 系统、国际海事卫星组织的 Inmarsat-P 系统等。低轨道卫星通信系统分为大 LEO 系统和小 LEO 系统。所谓大 LEO 系统主要传输数字语音或高速数据业务，而小 LEO 系统只能提供双向低速数据，不能通话。大 LEO 系统兼顾语音、数据、传真等多种业务，信息速率较高，系统容量大，所以网络技术复杂，成本投资和用户费用都较大。美国 ORBCOMM 公司的 ORBCOMM 系统属于小 LEO 系统，是全球第一个且到目前为止唯一的双向短数据低轨小卫星通信系统，由于只传输低速数据，不能提供话音、视频等业务，因此相对而言具有：技术难度低、建设周期短；卫星终端小巧便携；投资少，终端价格和日常通信费用低于其他系统；卫星运行时自动化程度高、自主功能强。

3）基于船舶位置的海上综合信息服务平台的卫星AIS服务

通过应用卫星AIS数据能实现我国远海海域的船舶监管，提高我国海事管理水平和能力，有效应对海盗劫持、恐怖主义新威胁、保障我国海上运输通道的安全，及时处置海上交通事故，开展海上搜寻救助，更好地为我国海上交通运输安全、水运经济发展和国防建设服务。

卫星AIS在船队管理方面可以作为传统岸基AIS的补充，在岸基AIS难以及时有效监督船舶航行动态时，利用卫星AIS对船舶营运做出及时的管理和指导。卫星AIS的出发点就是为了实现船舶远距离监控，通过卫星AIS数据中心，获取船舶信息，进而掌握船舶动态，实现船舶全球监控。

3. 船舶气象服务

面对低迷的市场环境，制定最优的航线成为航运企业的不二选择。很显然，合理的航线应当在航行过程中受到最小的阻力，包括风的阻力、水的阻力等。水的阻力主要作用于水线以下船体，其具体包含的因素很多，主要是风浪、涌浪。空气阻力以风的形式作用于船体水线以上部分，主要影响因素为风速、受风面积等。除以上气象因素影响外，近年来频发的海盗袭击事件也对航线选择产生一定影响。

以往的航线规划主要由富有航海经验的船长，根据其长时间的航海经验制定。随着科学技术的进步，巨型计算机运算速度的提升、高分辨率气象卫星、气象传感器网络的建设，使得人们获得精确的气象信息成为可能。船舶气象导航作为一门新兴的现代化航海技术，也随之应运而生。船舶气象导航可分为岸上气象导航（简称岸导）、船舶自行气象导航（简称自导）和船岸结合导航三种方式。

基于船舶位置的海上综合信息服务平台联合权威海洋气象导航机构AWT（Applied Weather Technology，亚太达科技有限公司）提供全球海域的各种气象预告信息，为航线规划人员提供科学决策的准确依据。

13.2.7 基于平台架构的两个应用系统

船舶远程识别和跟踪系统（LRIT）和索马里护航协同指挥信息保障与决策支持系统是基于宝船网架构的两个应用系统。其中，中国海事局的船舶远程识别和跟踪系统（LRIT）能在全球范围内识别和跟踪船舶，并可为海上搜寻的救助提供信息支持。该项目获得2011年中国航海学会“航海科技”二等奖。2008年11月4日，中华人民共和国海事局授权中国交通通信信息中心为中国旗船舶的唯一测试ASP对外提供服务，同时还作为香港特别行政区和塞拉利昂共和国授权的船舶LRIT测试ASP，并为远洋渔业船舶船载设备提供测试服务。如图13.7 ~ 图13.21所示。

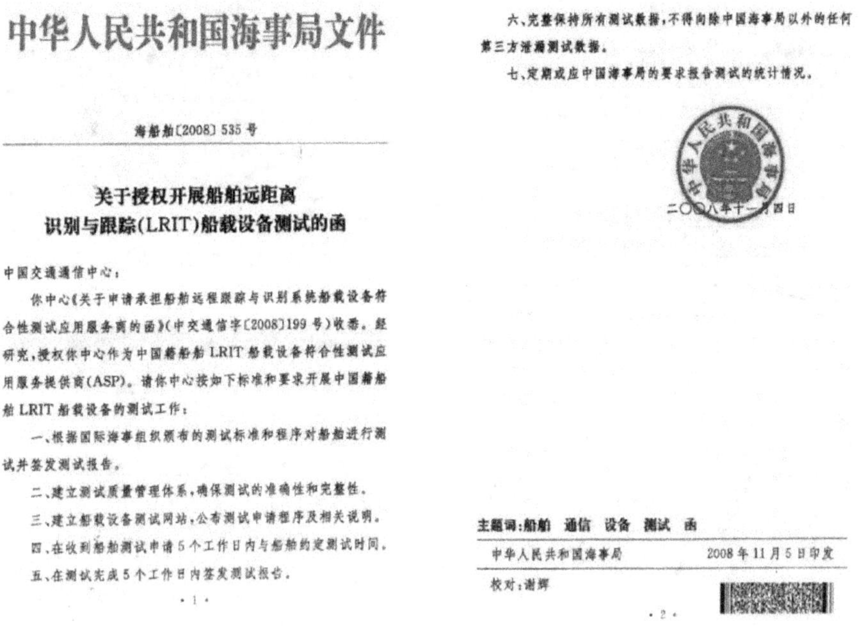

中华人民共和国海事局文件

海船舶〔2008〕535 号

关于授权开展船舶远距离
识别与跟踪(LRIT)船载设备测试的函

中国交通通信中心：

你中心《关于申请承担船舶远程跟踪与识别系统船载设备符合性测试应用服务商的函》(中交通信字〔2008〕199 号)收悉。经研究，授权你中心作为中国籍船舶 LRIT 船载设备符合性测试应用服务提供商(ASP)。请你中心按如下标准和要求开展中国籍船舶 LRIT 船载设备的测试工作：

一、根据国际海事组织颁布的测试标准和程序对船舶进行测试并签发测试报告。

二、建立测试质量管理体系，确保测试的准确性和完整性。

三、建立船载设备测试网站，公布测试申请程序及相关说明。

四、在收到船舶测试申请 5 个工作日内与船舶约定测试时间。

五、在测试完成 5 个工作日内签发测试报告。

· 1 ·

六、完整保持所有测试数据，不得向除中国海事局以外的任何第三方泄漏测试数据。

七、定期或应中国海事局的要求报告测试的统计情况。

二〇〇八年十一月四日

主题词：船舶　通信　设备　测试　函

中华人民共和国海事局　2008 年 11 月 5 日印发

校对：谢辉

· 2 ·

图 13.17　中华人民共和国海事局授权文件

SOLAS Regulation V/19-1
Long-Range Identification and Tracking of Ships

Authorized Testing Application Service Provider (ASP)

issued by the Marine Department
of the Government of the Hong Kong Special Administrative Region

THIS IS TO CERTIFY that China Transportation Telecommunications Center with the following particulars:

Company Name:	China Transportation Telecommunications Center
Address:	No.1, Waiguan Houshen, Anwai, Beijing 100011, China
Telephone:	+86 10 6529 3382
Fax:	+86 10 6529 3322
Email:	lrit@cttc.org.cn
Web:	http://www.lrit.com.cn

has been appointed as an authorized testing ASP to conduct conformance tests for shipborne equipment on board Hong Kong registered ships and issue the Conformance Test Report in accordance with the relevant provisions of MSC.1/Circ.1257.

Signed: ________
P.F. Chun,
Assistant Director of Marine

Date: [illegible]

Official Stamp

图 13.18　香港特别行政区授权文件

[illegible]
SL
SIERRA LEONE
International Ship Registry
[illegible]

Authorized Testing Application Service Provider (ASP)
Appointment

Issued on behalf of the Government of Sierra Leone

This is to certify that with respect to the SOLAS V/19-1 Long-Range Identification regulation

China Transportation Telecommunications Center
No.1 Waiguan Houshen, Anwai
Beijing 100011, China
Tel: [illegible]
Fax: [illegible]
Email: [illegible]
Web: http://www.lrit.com.cn

Has been appointed as a recognized ASP on behalf of this administration. The recognised ASP hereby has full authority to undertake ship borne equipment testing. The subsequent issuance of a conformance Test Report certificate as detailed in MSC.1/Circ. 1257, will be issued by Sierra Leone flag.

This authorization can be cancelled by giving 3 months notice to ASP in writing to their registered office or by fax or email to their place of business.

Date: 12TH January 2009

Signed by:

LESLIE MEZZICH
MARITIME REGISTRAR
SIERRA LEONE INTERNATIONAL SHIP REGISTRY

图 13.19　塞拉利昂共和国政府授权文件

符合性测试报告
CONFORMANCE TEST REPORT

NO. CN11CTTIC01412

issued under the provisions of MSC.1/Circ. 1307 on Guidance on the survey and certification of compliance of ships with the requirements to transmit LRIT information
issued by China Transportation Telecommunications Center
on behalf of the **Maritime Safety Administration of the People's Republic of China**

Name of ship:	
Port of registry:	
Distinctive number or letters:	
IMO Number:	
Maritime Mobile Service Identity:	
Gross tonnage:	
Sea areas in which the ship is certified to operate:	A1, A2 and A3
Sea areas for which this report is valid:	A1, A2 and A3
Application Service Provider conducting the test:	中国交通通信中心 China Transportation Telecommunications Center

THIS IS TO CERTIFY that the shipborne equipment designated to transmit LRIT information and specified below:

1 has been found to meet the requirements of the provision of regulations V/19-1.6 and V/19-1.7 and of the Revised performance standards and functional requirements for the long-range identification and tracking of ships adopted by resolution MSC.263(84) and:

1 is of a type approved by the Administration in accordance with the provisions of regulation V/19-1; YES NO

2 is of a type approved by the Administration in accordance with the provisions of regulation IV/14; YES NO

3 has been certified by the Administration as meeting the requirements of IEC 60945 (2002-08) and IEC 60945 Corr.1 (2008-04) on Maritime navigation and radiocommunication equipment and systems – General requirements – Methods of testing and required test results; YES NO

4 has been certified by the Administration as meeting the requirements of the provisions of regulation XI-2/6 and of resolution MSC.147(77) on Adoption of the Revised performance standards for a ship security alert system; YES NO

2 has undergone conformance testing in accordance with the procedures and provisions set out in MSC.1/Circ.1307 and has shown that it can operate within the tolerances of the acceptance criteria stated in the aforesaid circular.

The conformance test was satisfactorily completed on **January 26, 2011**

Details of the shipborne equipment used to transmit LRIT information	
Maker:	
Model:	
Shipborne Equipment Identifier:	
Serial Number:	

Issued at Beijing　　(Wang Yongmng)

Date of issue February 18, 2011　CHINA TRANSPORTATION TELECOMMUNICATIONS CENTER

图 13.20　LRIT 符合性测试报告样本

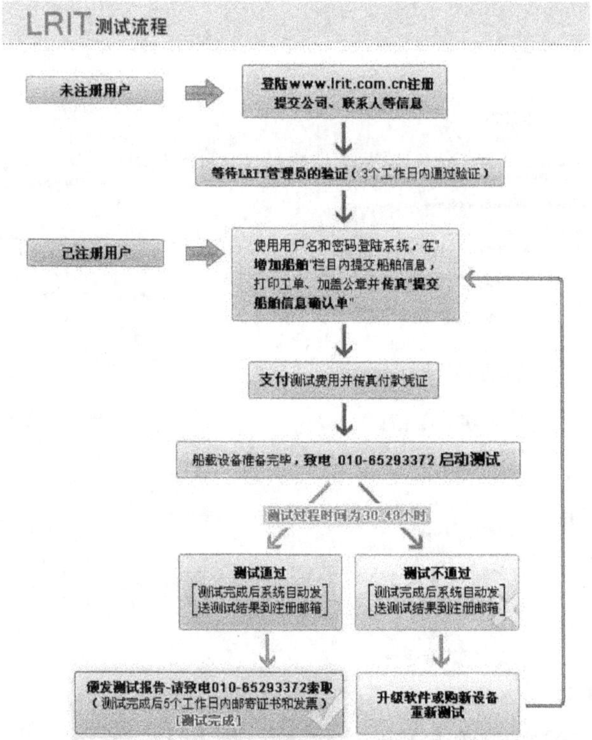

图 13.21　LRIT 符合性测试流程

索马里护航协同指挥信息保障与决策支持系统融合多种技术手段，通过对索马里海域船只、航道、海况及海盗活动分布等多种信息的全面感知、采集与融合处理，实现护航指挥部、政府相关部门与护航舰艇、被护航船只军地多方协同指挥管理与决策支持，为我国索马里护航行动提供了多方位的信息及技术保障。目前已成为我国索马里护航行动的重要技术保障系统，在多次重大事件中发挥重要作用，得到了各方的好评。该项目获得了 2012 年中国航海学会“航海科技”一等奖（见图 13.22）。

CHINA INSTITUTE OF NAVIGATION

中国航海学会

中国航海学会科学技术奖证书

为表彰在促进中国航海科学技术进步工作中做出突出贡献者，特颁发中国航海学会科学技术奖证书，以资鼓励。

获奖项目 索马里护航协同指挥信息保障与决策支持系统

获奖单位：中国交通通信信息中心

获奖等级：一等　　证书编号 HG 12-01-01-05-01

“中国航海学会科学技术奖”是由国家科技部和国家科学技术奖励工作办公室批准设立。根据交通部厅人劳字【2006】137号文件规定“可参照为部级科技进步奖”

二〇一　日

中国航海学会

图 13.22　获奖证书

13.2.8　平台推广范围和应用效果

基于船舶位置的海上综合信息服务平台经过此前一段时间的上线运营，赢得了航运业内众多用户的认可。目前，包括中国远洋、中海货运、农业部渔业管理局等企业单位使用基于船舶位置的海上综合信息服务平台进行船队调度、航线管理、船舶监控。基于船舶位置的海上综合信息服务平台系统内监控船舶数量已达十万多艘，监控船舶覆盖全球所有海域，卫星 AIS 监控船舶能实现每天位置实时刷新等功能。此外，通过发布权威的全球海域气象信息，为船队安全、经济航行提供了可靠的决策依据。针对海事监管，通过使用基于船舶位置的海上综合信息服务平台，能对运输危险货物船舶进行实时监管。

基于船舶位置的海上综合信息服务平台作为以现代通信、信息技术为支撑的现代化航运信息化服务平台，在许多领域存在广阔的推广应用前景。

目前主要的应用领域有：

（1）渔船安全救助。

（2）运输船舶船岸一体化。

（3）搜救指挥辅助决策。

（4）水上安全监控。

（5）船舶防台风决策辅助。

（6）船舶气象辅助决策。

（7）航行安全管理。

（8）船舶航行岸上导航（岸导）。

1. 针对航运企业用户的推广范围及效果

传统岸基AIS只能覆盖沿海30 ~ 50海里水域，卫星AIS及北斗卫星、海事卫星、D+卫星等卫星通信方式大大延伸了监控范围，对于处在大洋深处航行的船舶，使用卫星通信的方式，实现对船舶航行的全线监控。基于船舶位置的海上综合信息服务平台提供的全航程船舶监控，能为用户：

（1）制定最优的物流计划及港口至港口的全程追踪服务。

（2）监测船舶偏离航线、超航线航行。

（3）航线规划。通过整合使用基于船舶位置的海上综合信息服务平台提供的气象、海洋信息与船舶航向、航速、位置等信息，为船长提供制定最优航线的数据。

2. 针对政府用户的推广范围及效果

（1）安保防卫。基于船舶位置的海上综合信息服务平台结合卫星AIS、岸基AIS、卫星数据，能为国家维护领土主权提供：

① 通过卫星监控等远程监控方式宣示主权。

② 为常规空中、水面巡逻力量进行任务规划。

③ 监控海域内船舶异常。

（2）搜寻救助。通过使用基于船舶位置的海上综合信息服务平台内丰富的船舶位置信息，能为搜寻救助部门提供：

① 特定船舶位置信息获取。

② 遇险事故周边船舶快速识别。

③ 遇险事故周边海域船舶位置动态监控。

④ 基于船舶历史位置的航线预测。

⑤ 向遇险搜救部门（SAR）发出船舶进入特定区域的告警。

（3）海洋环境与资源保护。基于船舶位置的海上综合信息服务平台通过卫星AIS数据，能为海洋环境保护部门、海洋渔业管理部门、海事监管部门提供：

① 针对海洋保护区（Marine Protected Area，MPA）及海洋环境敏感地带

（Environmentally Sensitive Area）的地理栅栏（Geo-fence）功能。地理栅栏功能自动识别进入海洋保护区及海洋环境敏感地带的船舶，并向相关管理机构及时发出告警，以快速便捷的方式通知环境保护部门采取行动。

② 海上溢油事故识别监测。

③ 海上交通数据存档。通过历史交通数据存档功能，使得海上交通取证执法工作不再困难，并为有效开展对海上违法行为的起诉工作提供实证。

④ 船只航行安全告警。对接近危险物航行的船舶进行航线预测，并及时发出警告信息，以避免船舶发生威胁其航行安全的情形。

⑤ 海洋保护区内交通情况分析。

综上所述，基于船舶位置的海上综合信息服务平台能应用在海事监管、船舶调度、船舶监控、船舶导航、国土防卫、安全救助、海洋环境保护等诸多领域。

13.3 广州港危险货物安全监管系统

13.3.1 系统建设背景

目前，危险货物港口作业监管主要依靠由运输企业主动发起的“申报式”监管，辅以较少的现场抽箱查验。对于港口行政管理部门而言，凭借企业自身的诚信自律的“申报式”监管（也称为“被动式”监管），无可避免存在一些安全问题，偷报、瞒报、漏报的情况时有发生。

2008年，广州港务局完成广州港危险货物作业电子申报系统的建设，实现危险品作业前的电子申报和电子审批的网络化管理，并建成港区的重大危害源电子表、港口危险品理化性质电子表。该系统实现从手工操作到电子网络化审批，从各港区各自不同的审批流程到全港区的统一规范化、透明化审批，在当年起到了里程碑式的作用。

“危险货物作业申报系统（一二期）”建设较早，为典型的申报式的监管模式，建设当年颇有成效，在准入门槛和综合管理上有了较大的进步，但在今天看来，系统功能存在以下的问题：

（1）较为单一、未实现对申报者作业工具、手段、场所等有效监管。

（2）数据的真实性高度依赖物流参与者的自觉性。

（3）仅有作业完成后的提醒和简单通知，缺乏智能辅助功能，更无从涉及监管决策咨询、安全事故预警等。

（4）数据的采集及共享方面：人工录入数据的方式较为落后，无法全面、及时、动态地掌握危险货物信息；实时数据的缺乏，无法产生底层数据分析，直接限制了系统的功能应用，无从延伸拓展出智能信息服务。

针对以上的问题，广州港务局建设危险货物安全监管系统，该系统通过建立危险货物整条运输链条（包括危货装箱、陆运、港口作业、航运等环节）上下游的信息联动，利用大量真实电子数据的对比和筛选，探讨实现港口危货作业的“主动式”监管模式，以大幅提升危险货物运输的监管能力和安全水平。

13.3.2 系统建设单位

广州港危险货物安全监管系统是由广州港务局承担建设的。广州港务局由原广州港务局剥离所属企业后与原广州市航务管理局合并而成，并于2004年2月26日挂牌成立了新的广州港务局，为正厅级事业单位，受市政府委托行使对港政、水路运输行业和广州港航道的管理职能，高起点实现了港政航政管理的统一。广州港务局内设九个处室和离退休干部管理处，下设海港、黄埔、内港、番禺、五和、新塘六个分局和广州港引航站、广州港通信调度指挥中心、广州港建设工程质量监督站、广州航运交易所、广州港航发展研究教培中心五个直属单位。

由于历史原因和地理位置，广州港一港跨多市，新的广州港务局的成立，较好保持了广州港的完整性和港政管理的完整性，其辖区包括广州港港区和除广州港区外的广州市行政区域范围，港区分布在广州、东莞、中山、珠海等市的珠江沿岸及水域，管辖岸线约400公里，航道总长173公里。管理区域内共有码头泊位810个，其中包括煤炭、原油、成品油、矿建材料、粮食、集装箱、件杂货等多种码头泊位；锚地36个（最大锚泊能力为30万吨）；注册的水运企业103家，船舶2088艘，运力98万吨；注册的水路运输服务企业158家。

13.3.3 系统建设目标

广州港危险货物安全监管系统的建设目标是重点建设统一的现场监管网络平台，通过整合网络视频监控、AIS、GPS、RFID等港航动态监控资源，实现危险货物安全监管系统与安全动态监控、港航视频监控系统的无缝衔接，建立涵盖货物作业、车辆运输、包装、开拆箱和存储作业全过程的监管体系，构建新型危险货物运输安全管理体制。

全程监管是包括从工厂装货、道路运输、水路运输、港口作业的全流程监管，只有采集到上下游各环节的实时数据，通过电子数据的反复核对和分析，才能增强危货作业监管的有效性和针对性，才能真正实现港口危货作业行业安全。具体作用包括：

（1）从危货工厂装箱、道路运输、港口作业、水路运输全过程可视化监管，可以对全程运输过程中的突发事件有最直观快速的掌控。

（2）通过大量电子数据的自动筛选和智能分析，能根据预先设置的规则自动发出信息预警，筛选出漏报可能性较大的某单作业，作为分析和决策的重要依据，从而有效降低事故发生率。比如：通过货车上装载的GPS（定位技术），发现某车频繁从危货工厂、堆场装货，直接驶入港口卸货，但并未向港口当局申报危货作业，通过这些数据，可以主动预警并将该车列入重点监控，有必要时开箱检查，以防危险品漏报瞒报行为。

（3）由于每个环节都存有电子单证、视频和图片等信息，事故发生后的“证据”可追溯期时间长，且可追溯信息量大，有利于事故后的取证和分析。

13.3.4 系统总体架构

危险货物安全监管系统总体框架设计按照分层设计的理念，划分为三大部分，分别为基础环境层、数据资源层和应用层，每部分都有其设计的重点，以及各部分之间的交互关系和支撑关系。

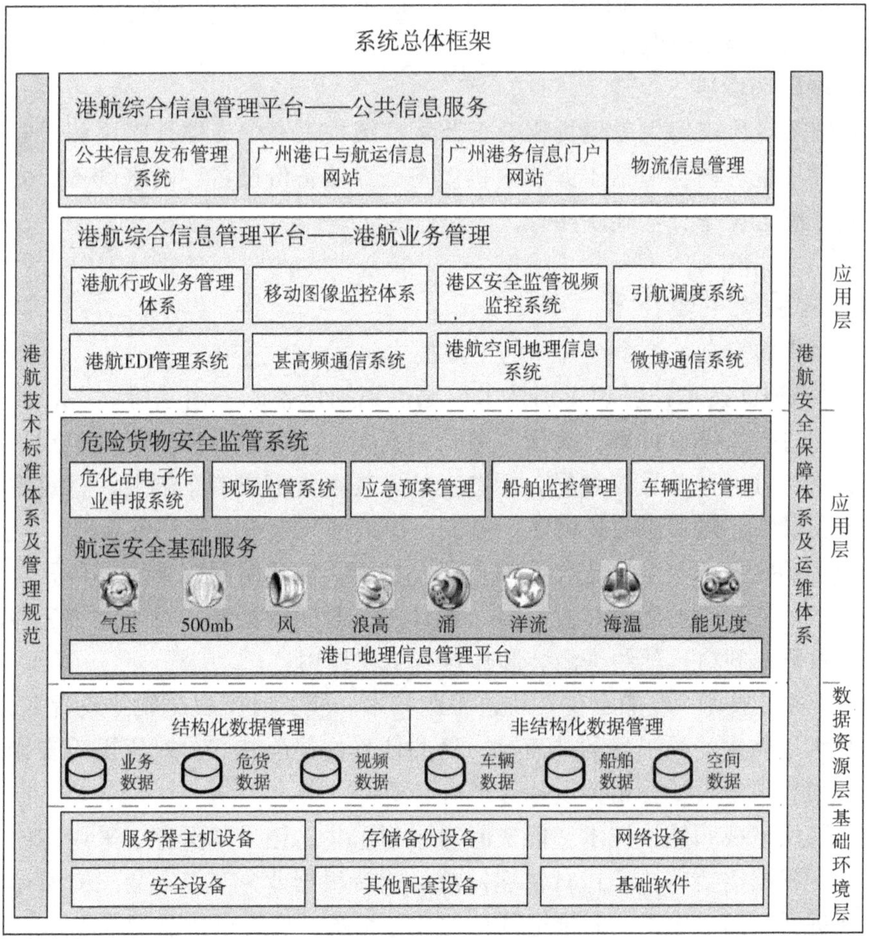

图 13.23 系统总体框架图

1. 应用层

应用层包括危险货物安全监管系统和港航综合信息管理平台，后者通过数据接口的方式为前者的实现提供应用支撑。其中：

（1）危险货物安全监管系统包括危化品电子作业申报系统、现场监管系统、应急预案管理系统、车辆动态监管系统、船舶动态监管系统、港区动态监管系统，并依托港口地理信息管理平台，建立涵盖货物作业、车辆运输、包装、开拆箱和存储作业全过程的监管体系。

（2）港航综合信息管理平台可提供公共信息、广州港口与航运信息、港务信息、物流信息等方面的公共信息服务方面的应用和移动图像监控、引航调度、甚高频通信等方面的港航业务管理方面的应用。

2. 数据资源层

数据资源层包括所有结构和非结构化数据，即港口经营人作业数据、进出港船舶数据、出入闸车辆数据、业务数据、港区视频数据，涵盖装卸、过驳、存储、进出港等作业数据。

3. 基础环境层

基础环境层搭建为危险货物安全监管系统提供一个支撑其应用和服务运行的软硬件环境，内容包括服务器主机设备、存储备份设备、网络设备、安全设备、其他配套设备、基础软件等。

13.3.5　系统主要技术

危险货物安全监管系统采用的主要技术包括：

（1）RFID技术：射频识别技术。通过识别设备或采用手持终端，能读出和写入信息，并不可拆卸，确保了数据的真实性，可作为唯一身份识别，储存如货名、货号、运单号等数据。标签直接安装在货柜或者车辆上，有效解决了以往人工录入、随意修改的可能，更能保证数据的绝对真实和可靠性。

（2）GPS技术：卫星定位及轨迹跟踪技术。能实时跟踪车辆的位置、运行轨迹等。危货运输的即时位置信息、预计多久时间能抵港，对于危货运输车辆快速通过码头闸口、预约进港装卸作业有重要作用。

（3）AIS技术：船舶定位及轨迹跟踪技术。能实时反映船舶（载货）位置、航速及水运轨迹，对于目的港而言，这些信息的提前获知，对于提前安排到港作业计划、预排人员及相关设备等很有必要。

（4）网络视频监控技术：能实时对录像采集、记录并保存。采用定时抽帧的技术，根据需要将录像进行快速回放。或者根据业务节点需要，对某个时刻的画面进行全帧回放，实时推送到相关业务系统，作为审批监管手段之一。

13.3.6 系统实现途径

基于广州港危险货物安全监管系统的建设目标和总体架构特点，其实现的途径的方式可以从以下两个方面探索：

1. 与相关行政部门的数据对接

国内现有的行政职能基本按照作业场所划归不同行政部门管理（陆运为车辆运输行政部门管理，港口作业为港口行政部门管理、水运安全为海事局管理，水运市场由航政部门管理），少有综合执法的“大交通”将之统筹管理，这种“大交通”也由于种种原因，效果不理想，这是由于一条完整的危货运输物流链条被分割成几块，归属不同的行政部门管理，极大地制约了危货运输的串联全程监管。我们相信，“大交通”如果能从行政管理上彻底将各个部门的利益整合，总有一天是可以达到统一管理大平台的目的的。目前，在分而治之的情况下，各行政部门采取系统对接的方式实现全流程监控及服务是否可行呢？

（1）不同行政部门的各系统间的数据标准不一，清洗和转换数据的工作量很大，效果难以保障。

（2）各系统的开发环境和语言不同，系统功能难以对接。

（3）由于各自部门利益考虑，本位主义想法，信息相互孤立。广州港务局经过多年的努力，试图从相关部门获取船舶 AIS 信息，最后还是要自己建立 AIS 基站才能获得。

2. 自建统一监控平台

在信息时代大背景下，技术的发展日新月异，尤其是近年物联网等技术在物流行业的普及应用使得港口行政管理部门自建统一监控及服务平台，实现危货运输的全流程监控已完全可能。危货监控及服务平台是搭建涵盖货物包装、车辆运输、港口作业、开拆箱和存储、船舶运输作业全过程的集约化监管平台，通过对接已有数据，投放安装相关设备的方式获取危货包装、危货运输车辆数据、危货运输船舶动态数据、港口作业数据，并进行智能化分析和筛选，拓展出智能服务、决策支持等应用。比如：工厂装危货时，厂商、货代出于货物跟踪需要，每包危货有唯一编码标识（一般是条形码或整个集装箱号）和其他基本信息（什么货物？）；在危货运输途中，通过道路和水路的定位技术，关联到货物的位置信息，监控到危货实时的状态和运输情况（在什么位置？）；在危货进出场、交接的每个环节，人工检查或用手持终端机器读该条形码，以确定为该批货物货种并与相关系统对接（在干什么？）。

通过对具体批次的危货的运输位置、作业状态信息的实时获取，实际已经监管到该批危货的运输的全流程。加之大量数据比对和分析，从而产生智能预警的功能，有效加大监管力度。同时，前面也提到，在统一平台中由于进行了车与货，船与货的信息匹配与校准核对，对运输工具的监控实际可视为对危货的监管。比如对车辆、船舶的监控，实现对陆运危货、水运危货的监管。而 GPS 技术可以实现对车辆的实时位置监控，AIS 信息可以实现对船舶实时位置监控。

港口作为陆运、水运的中间必经环节，特点是能串联起前后两者，作为数据的中转集结点，从全流程角度看港口行政管理部门较之陆运与水运的行政管理部门更有优势。危险货物安全监控平台通过几方数据（陆运、港口作业、水运）的部分收集，试图贯通其中某些运单的上下游，进而形成一个相对流通的物流链条。

13.3.7　系统功能

广州港危险货物安全监管系统主要具备以下的功能：

（1）危险货物作业申报监控功能升级。系统实现各类危险化学品的登记，建立动态、最新的理化数据库。企业在系统在线作业申报，接收港口行政部门的全程线上审批和监控，必要时，系统根据不同级别发出提醒。

（2）港区视频监控系统的衔接。如图 13.24 所示，视频监控系统一方面是用于对监控区域内的人流、物流、车辆、作业情况进行宏观监控防范及指导作业工作，另一方面也是对工作过程保留着有利的现场依据，如遇突发事件，便于查证。通过视频监管软件的控制，我们在视频服务器上可以将码头、车辆装载、船舶装载、港口作业等现场情况的视频显示出来。

（3）进出港车辆动态轨迹监管系统的衔接。如图 13.25 所示，通过 GPS、

图 13.24　港区堆场视频接入

车载终端的安装，视频技术的采用，加上港口的智能闸口及智能一卡通的建设，实现危货道路运输的全轨迹跟踪；实现车辆实时定位、线路轨迹回放、危险货物监管等功能；实现智能化监控管理，可对车辆实时定位、测速、服务请求、异常告警、识别车辆所属单位、运营区域、运输量等信息监管。

图 13.25　车辆动态分布

（4）进出港船舶动态轨迹监管系统的衔接。如图 13.26 和图 13.27 所示，通过与进出港船舶动态轨迹监管系统的无缝对接，利用船载智能终端实时查看

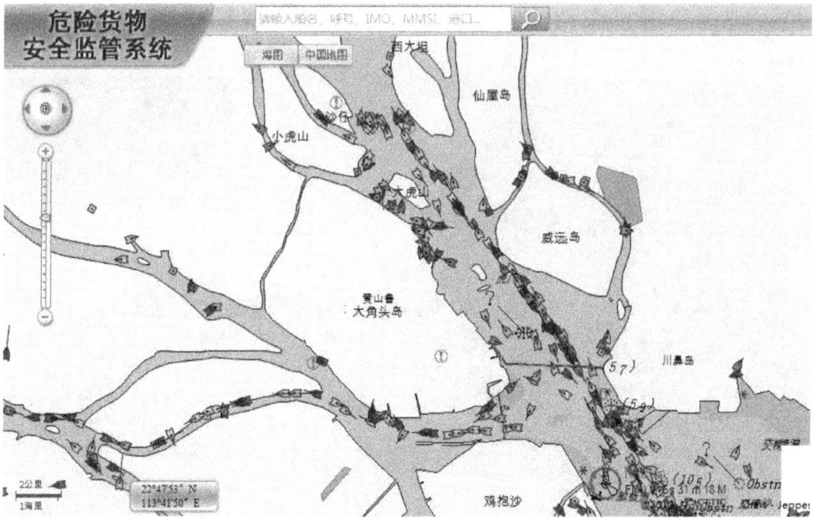

图 13.26　船舶动态分布

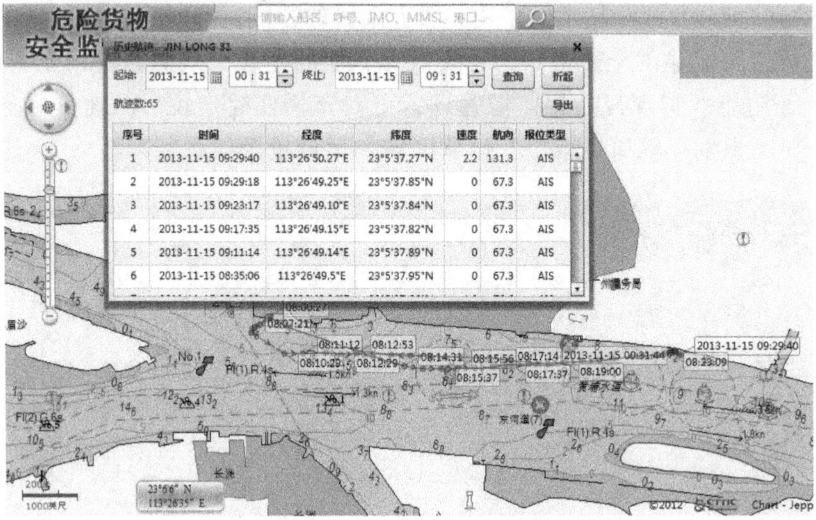

图 13.27 船舶轨迹查询

船载危货的状态、轨迹等信息，可对船舶进行实时定位、船载图、服务请求、异常告警、识别所属单位、运营区域、运输量等信息监管。

（5）图像采集及传输功能。集成图像信息采集设备，按照设定的参数动态监管货物安全状态信息，并缓存图像数据，等待具备无线网络传输条件时发送数据。同时，可以根据智能终端接收到的控制信息，动态调整图像采集设备的参数，变更监控区域。

（6）应急预案管理系统设计。如图 13.28 所示，应急预案管理系统建设主要完成重点应急设施和重大危险源信息的地图信息维护、重大危险源排查、重大事件情况统计分析、应急预案管理和利用视频会议系统完成实时现场指挥。

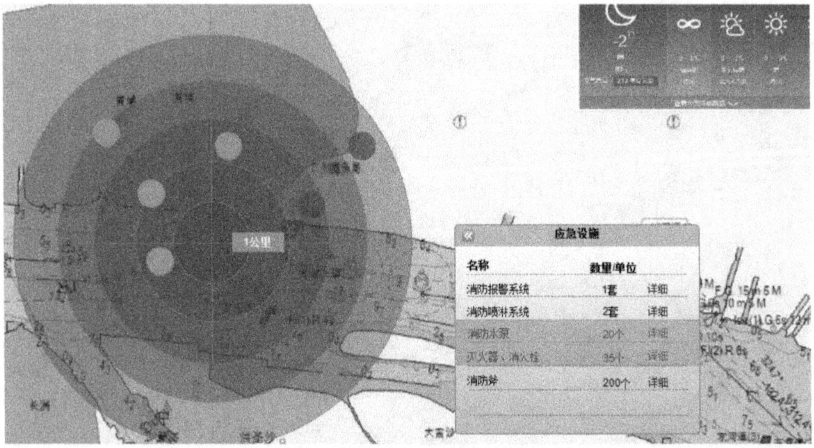

图 13.28 应急设施分布

13.3.8 系统应用效果

危险货物作业全流程监管的过程，实质是围绕港口“车、船、港、货（箱）、人”五个基本要素展开的，已全面包含了以港口为重要节点的整条危货运输产业链要素。推而广之，以危货为示范，同样的思路推广到港口的其他货类，就在整体上构建出了智慧港口的总体蓝图，即危货安全监管系统的长期效果为：以危货作业监管为示范，构建智慧港口总体蓝图。

从区域上来划分，水路运输与港口的信息共享为“智慧航运”、港区的数据采集为“智慧港区”、城市内道路运输与港口信息共享为“智慧港城”三方面。如图 13.29 所示。

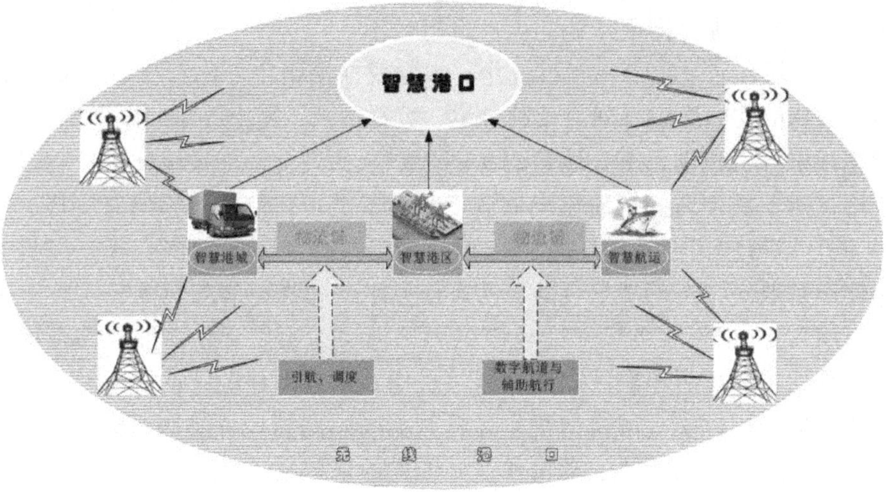

图 13.29 智慧港口总体蓝图

1. 无线港口为基础

无线港口是数据信息搜集、传输的通道，也是智慧港口建设的技术支撑，为各类系统、平台实现信息实时传递与共享起必需的基础作用。但是如果缺乏数据与系统平台的应用，无线港口就像没有水流的一条管道，空为摆设。

2. “智慧港口”之智慧航运、智慧港区、智慧港城的简介

广州港的现状是：3000 吨以上船舶在广州港务局自建的引航调度系统中已实现进港前预约调度，但数量更多（占 90% 以上）、作业更频繁的小型船舶仍为无序抢先靠泊，多次靠岸人工报到、纸质数据交换，由于港区间隔距离较短，往往是船舶到港船后，舱单及货物信息还没有录入卸货港生产系统中，更无从谈起提前电子预约进港。

智慧航运：通过船载终端的规模化普及之后，旨在实现运输船舶、各码头

之间的信息互联互通。对于各码头、船舶而言，到港船舶“手续预办，预约到港，抵泊即作业”，实现“船 – 港”，水上运输（船运）与港口作业间的数据交换，可以极大提高小型船舶及相关港口的作业效率，减少货物丢失、盗窃和损坏等现象，逐步形成良性竞争的市场经营环境。简单来说，货主、船公司、码头等与之相关各个角色都能通过平台实时了解船舶及船载货物的位置、状态、环境等实时信息。同时，船上人员能接收平台的信息指令，实现更高速的作业配载和更安全的航行。

智慧港区：通过港区内的视频监控、RFID等物联网技术的应用，港口作业与港口硬件资源的自动优化匹配，电子数据自动化采集到码头生产业务系统，可以实时了解港区货物的位置、流向、状态及作业情况。同时，以港区作业信息为集结点，将“船 – 港”和“车 – 港”信息有效串联和联动起来，有效节约作业时间成本，提升港区作业的生产运行效率。

智慧港城：通过数字视频可视化（视频或抽帧相片）技术及GPS跟踪，解决陆运货物的实时跟踪、网上预约进港、数据预录、网上办单、电子闸口绑定、智能车载卡身份识别，整合港口码头的生产业务系统，加快感知闸口建设与示范应用，建立城市内的智慧化车辆调度和港区电子闸口的货物信息交换，实现“车 - 港”城市中道路运输（车辆）信息与港口作业间的数据交换，以提升闸口车辆通行效率，实现“车 – 港”动态信息跟踪和货物信息交换。

简而言之，“智慧港口”的建设试图以港口为出发点，向港口作业的上下环节延伸，主要通过车辆、船舶“预约进港、到港即作业”的网上功能，辅以多项技术的应用，实现城市内货车运输数据与码头闸口、船舶运输数据与港口的共享，从而将道路运输、港口作业、船舶运输的物流链条串通起来。在此基础上，构建公共物流信息平台，整合现有物流的零散要素，信息流驱动货物流，从根本上改善“多、杂、散”的现状，真正推动广州港智慧港口的建设，而危险品监管系统正是广州港智慧港口建设的切入点。

13.4 广州港引航调度管理信息系统

13.4.1 系统建设背景

当前国际、国内港口间的竞争日趋激烈，港口基础设施建设不到位，势必对港口发展产生不利影响。我国引航事业还处于发展阶段，引航信息化建设的落后，不但会增加船舶在港停时，增加船舶港口费用，而且使得生产安全风险得不到更有效的控制，不利于吸引船舶到港，整体上降低了港口竞争力。自从加入世界贸易组织，我国航运业不断改革管理方式，完善市场机制，提高服务水平和质量，全面履行航运业入世承诺，积极提高我国航运业的国际竞争力。

作为航运的一个重要组成部分，引航业的效率和服务水平也有待提高。

长期以来，广州港船舶计划报送采取传真和电话等传统报送方式，存在工作效率不高，船舶计划跟进不及时，港航企业之间相互扯皮等情况，不利于提高港口资源的有效利用和企业的生产效率。2006 年，广州港通信调度指挥中心成立，肩负着广州港出海航道水域的“四统一”管理，同年 12 月 31 日，从广州港集团剥离，作为事业单位的新的广州港引航站揭牌成立；为充分发挥调度资源的效能，提高港口调度效率，更好地为广大港航企业、代理公司提供优质的服务；保障广州港出海航道进出船舶安全、有序；增强港口应急处理能力；体现公平公正，树立港口及水域管理良好形象，需建设一套操作方便可靠，报送数据统一规范的调度系统。

广州港引航管理信息系统的目标是：通过信息化手段，提高港口调度和引航调度工作的自动化程度，从而提高广州港船舶调度和引航工作和整体工作效率及引航工作的安全性，在系统中实现港口船舶调度、引航申请、引航排班、船舶引航、引航过程监控、引航计费、引航费收缴的全过程信息化。实施阳光引航，在系统中实现引航排班信息、引航计费信息的网上全面公开查询。实现引航站、中心调度、船舶代理、码头公司之间信息的实时传递，全面提高港口服务水平。

13.4.2 系统建设单位

广州港通信调度指挥中心（以下简称“中心”）是于 2006 年底成立的广州港务局直属的处级事业单位，负责广州港通信、引航、调度、锚地的“四统一”管理。依照《广州港出海航道水域调度管理规则》（粤交港〔2011〕808 号），遵循公平、公正、公开及安全的原则，以加强船舶进出或通过广州港水域的次序管理、维护出海航道的畅通及保障港口设施安全为服务宗旨，负责对广州港出海航道水域的通信和调度实行统一指挥；负责船舶进出港、锚泊、引航安排和防台风、防汛工作；参与协调国家重点物资、军事、抢险救灾和国防建设急需物资等的运输工作；参与审议航道、锚地、港池疏通计划；负责国际旅游船运输的协调、组织和安排。

中心下设综合科和总调度室两个部门。总调度室负责具体的调度业务操作，其中，计划部负责广州港出海航道进出船舶总计划的编制，值班部负责总计划的跟踪落实。中心实行二十四小时连续值班，与各码头、船代公司、海事局 VTS 中心以及引航站保持密切联系，通过甚高频无线电话、视频监控系统、AIS 系统等关注到港船舶动态。

广州港引航站成立于 1987 年 10 月，是华南地区最大的船舶引航机构。主要为国内外各类船舶提供引航服务，担负从珠江口桂山锚地至广州港区域内的引航任务，为珠江水域各县拆船业提供引航服务。

2007 年 1 月 1 日，从广州港集团剥离，新的广州港引航站挂牌成立，是隶属广州港务局管理的正处级事业单位，在全国港口率先完成引航体制改革任务。现有职工人数 164 人，其中引航员人数为 119 人。站内现有 164 人，各级引航员 119 人。引航员人数在全国 40 多家引航机构中列第 5 位。

2002 年 9 月广州港引航站通过了中国船级社质量认证公司安全、质量体系（ISO9001：2000、OHSAS18001：1999）认证。广州港引航站的安全质量方针是“安全快捷公平公正规范管理科学发展”；引航服务宗旨是“安全、及时、优质”；引航文化理念为“安全引航、和谐引航、诚信引航、文明引航”。

13.4.3　系统基本情况

整个引航调度管理信息系统主要分为：调度中心船舶调度子系统、调度中心船舶监控子系统、引航站引航调度子系统、引航站船舶导航子系统、引航站船舶监控子系统、引航费收子系统，引航考核子系统、引航站网站子系统和引航站管理子系统等 9 个部分。图 13.30 为广州港引航调度管理信息系统组成图例。

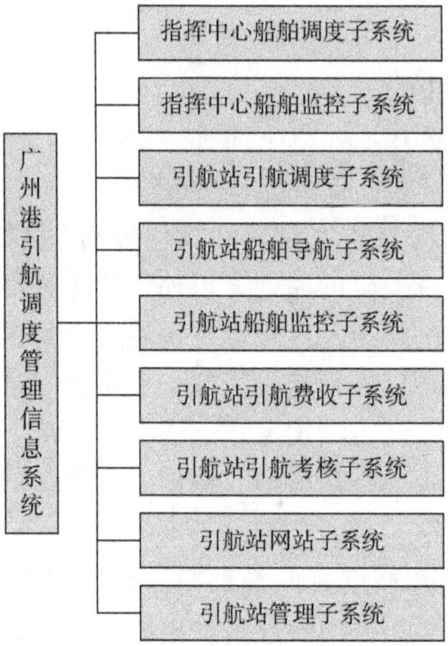

图 13.30　广州港引航调度管理信息系统组成图

（1）调度中心船舶调度子系统：接收船舶进出口申请和引航申请；提供网上船舶进出口申请和引航申请（选择是否引航）功能，用户可以利用网页形式或使用客户端的形式提出船舶进出口申请和引航申请（选择是否引航）；用户提交的船舶进出口申请和引航申请应及时保存在数据库中；设置船舶进出港总计划制订规则；制订船舶进出港总计划，总计划的审核；发布船舶进出港总计划；船舶进出港总计划的更改程序；船舶总计划的跟踪（船舶动态表）落实；查询与统计，报表输出；与引航调度系统协调；港区通告管理（包括航行、气象信息）；对船舶进出港总计划进行模拟实施；与广州电子口岸系统、港口分中心的接口；提供完善的在线帮助功能。

（2）调度中心船舶监控子系统：电子海图显示与管理；获取 AIS 基站数据；AIS 船舶显示；船舶资料管理；船舶查询定位；船舶航行报警；历史轨迹回放；获取并显示气象信息；获取并显示视频监控信息；获取并显示 VTS 信息等功能。

（3）引航站引航调度子系统：受理进出口引航申请；接收和处理船期；编制引航计划；发布引航计划；处理调度实时任务；基础数据维护；筹次管理；休息管理；接收进出口计划；筛选引航计划并为引航计划安排适任引航员等功能。其核心功能是引航计划管理和引航计划排班。

（4）引航站船舶导航子系统：电子海图显示与管理；获取 AIS 基站数据；AIS 船舶显示；获取引航调度信息；引航船舶显示；向引航调度系统发送引航开始和结束时间；CPA/TCPA 的计算；船舶资料管理；船舶查询定位；船舶航行报警；历史轨迹回放；获取并显示气象信息等功能。

（5）引航站船舶监控子系统：电子海图显示与管理；获取 AIS 基站数据；AIS 船舶显示；引航船舶显示；船舶资料管理；船舶查询定位；船舶航行报警；历史轨迹回放；获取并显示气象信息；获取并显示视频监控信息；获取并显示 VTS 信息等功能。

（6）引航费收子系统：自动从引航调度子系统中获取引航作业信息并根据引航员提供的原始引航签证单和计费规定；计算应收引航基本费和其他引航相关附加费；制单审核；打印收费发票；核销账款等功能。

（7）引航考核子系统：包括引航员、调度员以及办公室人员三部分。依据一定的考核规则和奖惩办法，计算出每类人员的实际工作业绩。

（8）引航站网站子系统：网站子系统为调度子系统；费收子系统等的辅助功能系统，引航员网页部分主要实现引航船舶计划查询；引航计划确认等功能；代理网页部分主要实现代理提交引航申请以及引航费用缴纳查询功能。

（9）引航站管理子系统：包括人事管理；安全管理；车辆管理；工会管理；计生管理等功能。

13.4.4 系统功能

1. 调度中心船舶调度子系统功能展示

（1）船舶代理预确报（见图 13.31）。

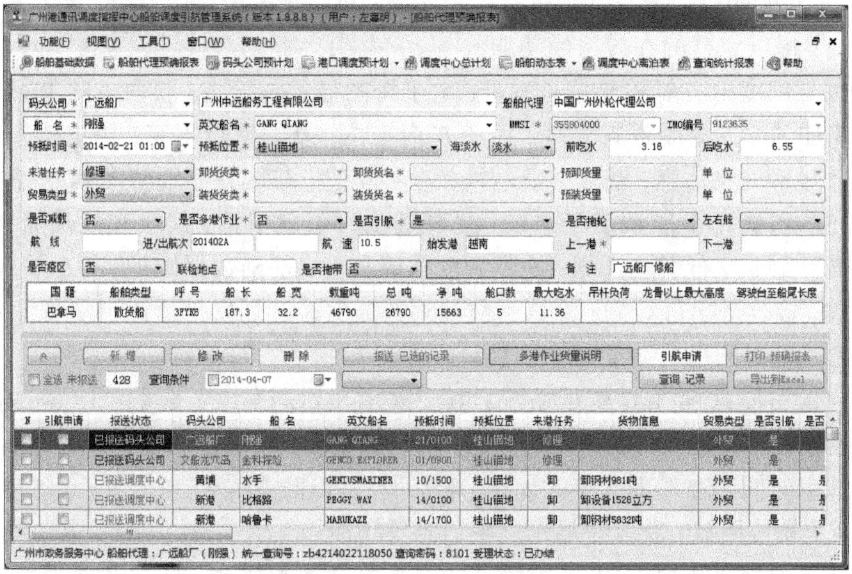

图 13.31 船舶代理预确报信息

（2）码头公司预计划（见图 13.32）。

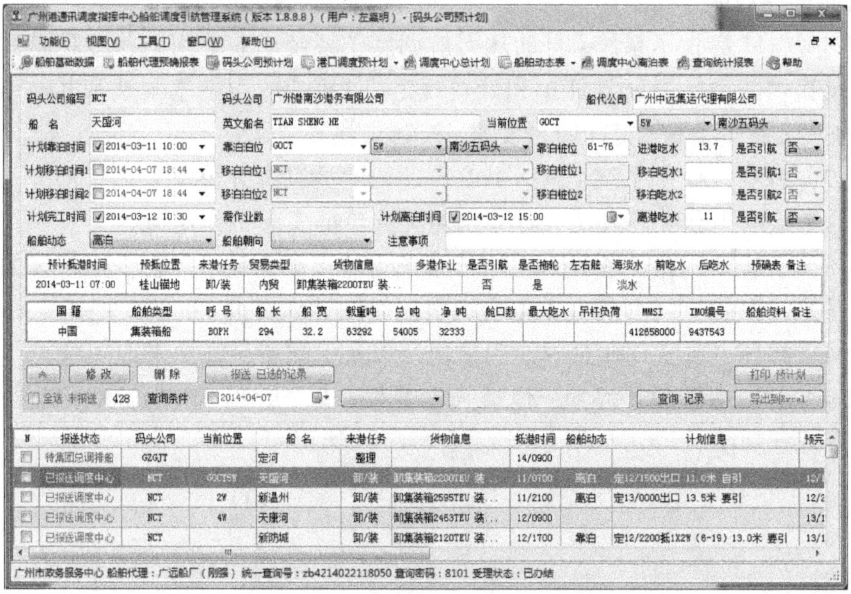

图 13.32 码头公司预计划信息

（3）调度中心总计划（见图 13.33）。

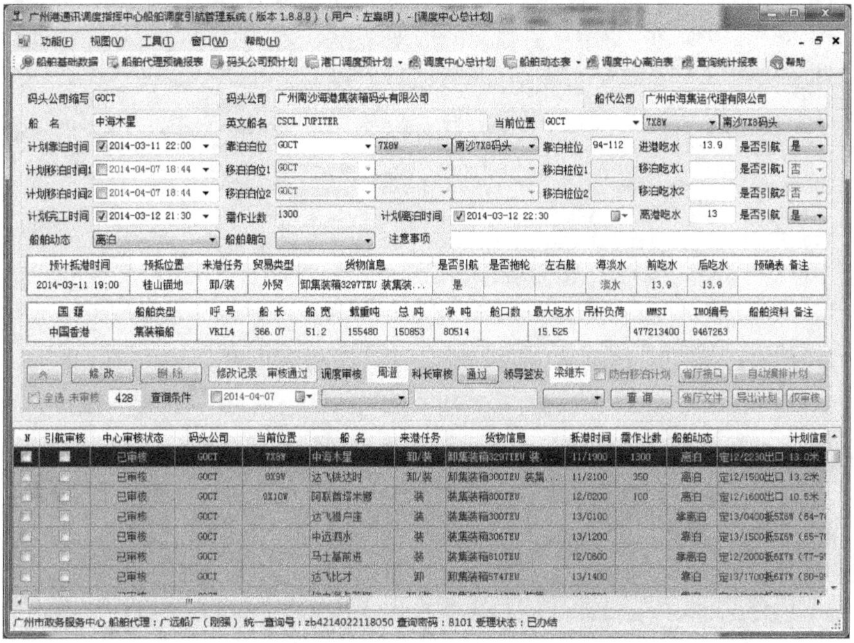

图 13.33　调度中心总计划

（4）调度中心动态表（见图 13.34）。

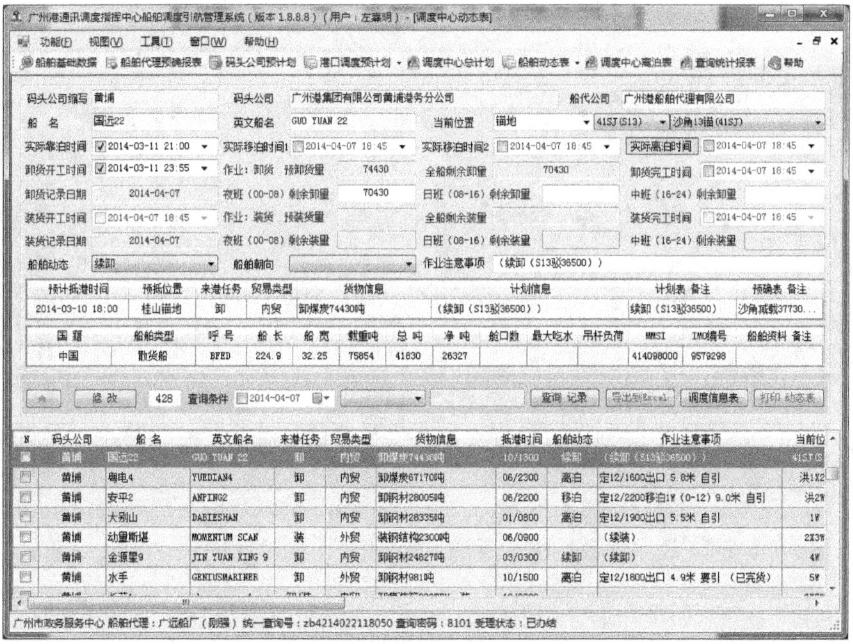

图 13.34　调度中心动态表信息

（5）查询统计报表功能（见图 13.35）。

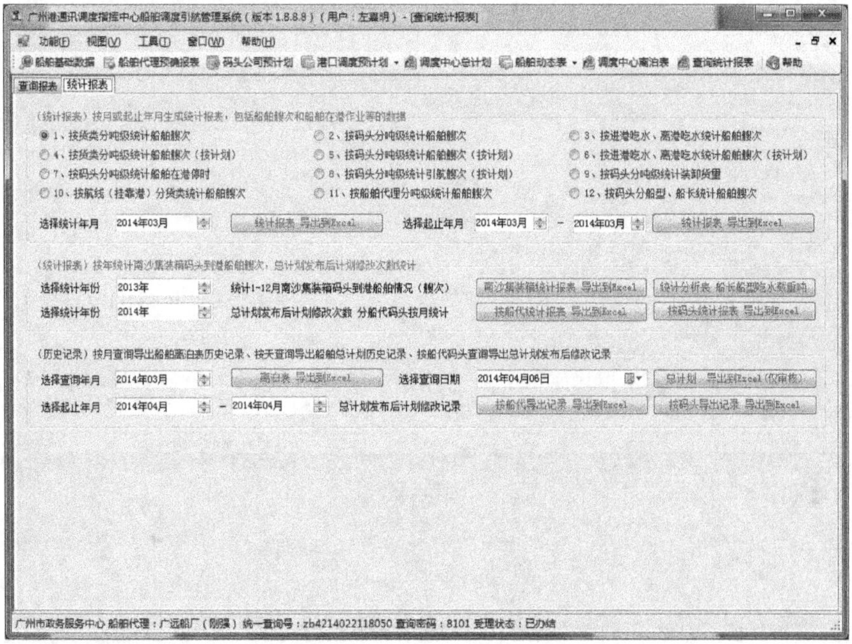

图 13.35　统计报表信息

2. 调度中心船舶调度子系统功能展示

（1）主界面（见图 13.36）。

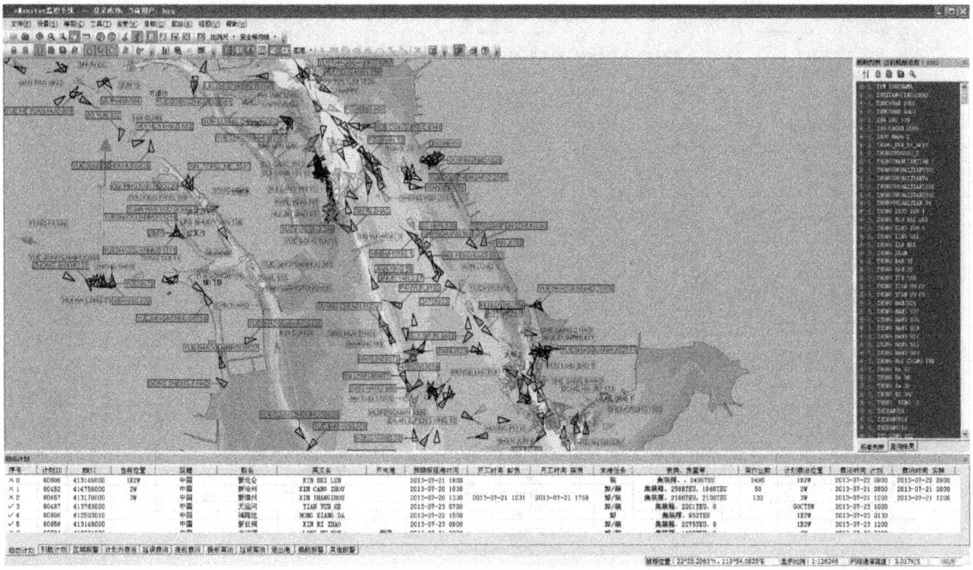

图 13.36　调度中心船舶调度子系统主界面

（2）自定义港区（见图 13.37）。

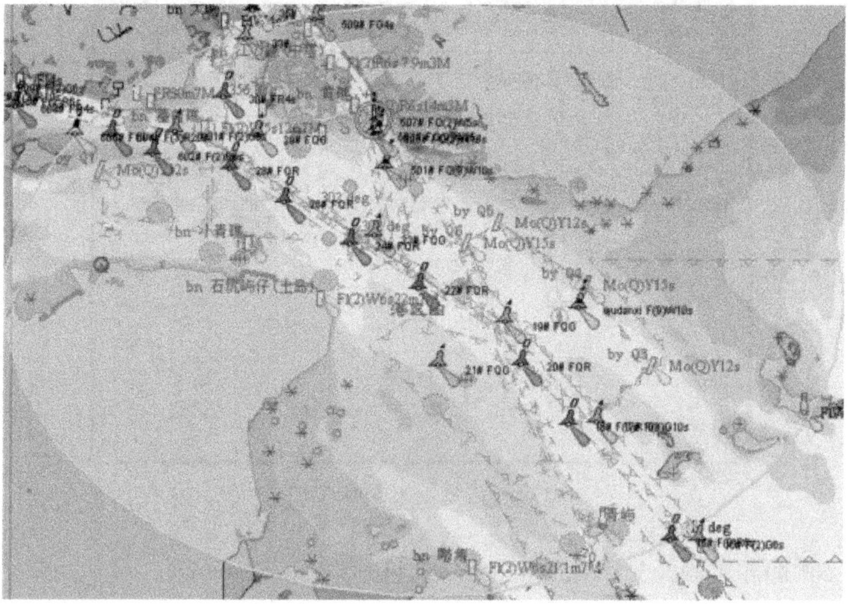

图 13.37　系统自定义港区示意图

（3）自定义监控区（见图 13.38）。

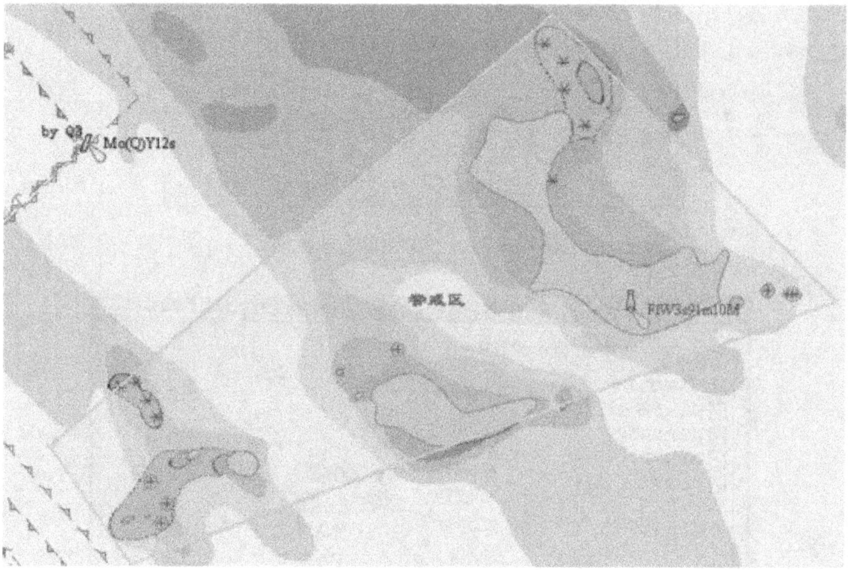

图 13.38　系统自定义监控区示意图

（4）视频监控管理（见图 13.39）。

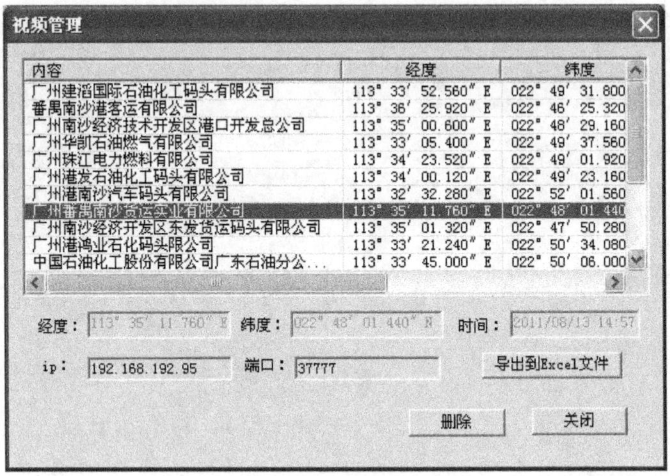

图 13.39　视频监控管理界面

（5）船舶定制（见图 13.40 和图 13.41）。

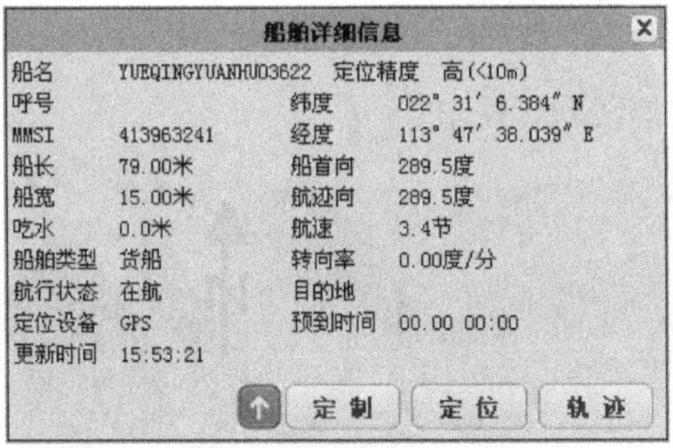

图 13.40　船舶详细信息查询

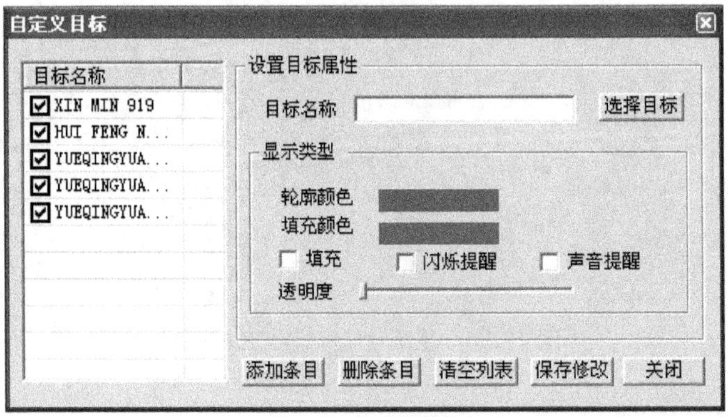

图 13.41　船舶定制

（6）海图管理（见图 13.42）。

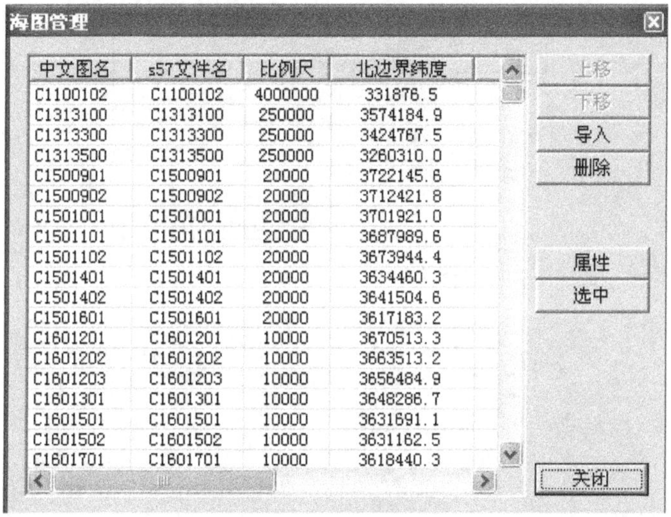

中文图名	s57文件名	比例尺	北边界纬度
C1100102	C1100102	4000000	331876.5
C1313100	C1313100	250000	3574184.9
C1313300	C1313300	250000	3424767.5
C1313500	C1313500	250000	3260310.0
C1500901	C1500901	20000	3722145.6
C1500902	C1500902	20000	3712421.8
C1501001	C1501001	20000	3701921.0
C1501101	C1501101	20000	3687989.6
C1501102	C1501102	20000	3673944.4
C1501401	C1501401	20000	3634460.3
C1501402	C1501402	20000	3641504.6
C1501601	C1501601	20000	3617183.2
C1601201	C1601201	10000	3670513.3
C1601202	C1601202	10000	3663513.2
C1601203	C1601203	10000	3656484.9
C1601301	C1601301	10000	3648286.7
C1601501	C1601501	10000	3631691.1
C1601502	C1601502	10000	3631162.5
C1601701	C1601701	10000	3618440.3

图 13.42　海图管理界面

（7）海图打印（见图 13.43）。

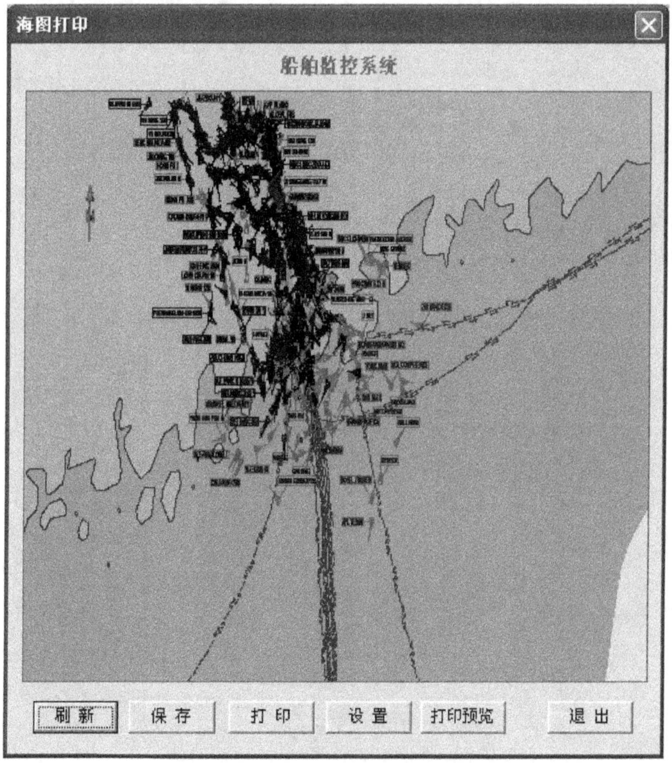

图 13.43　海图打印功能界面

（8）轨迹回放（见图13.44和图13.45）

图13.44　船舶轨迹查询

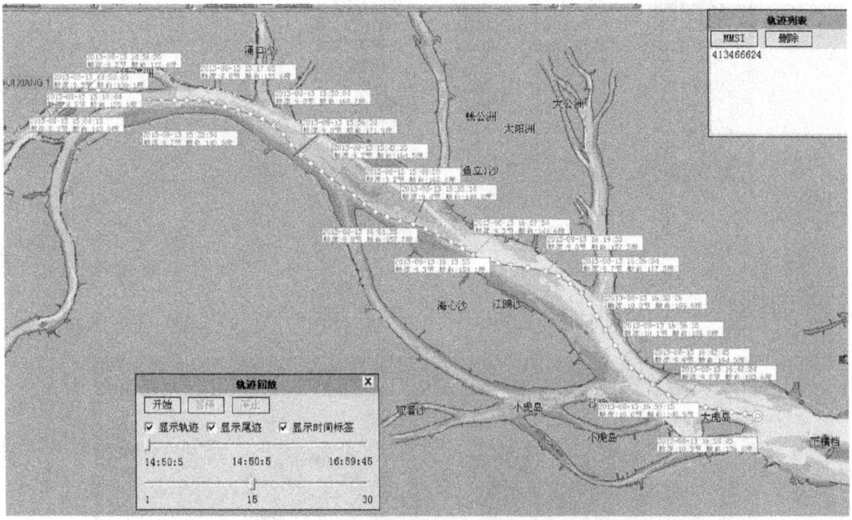

图13.45　船舶历史轨迹信息

（9）区域预警（见图13.46和图13.47）。

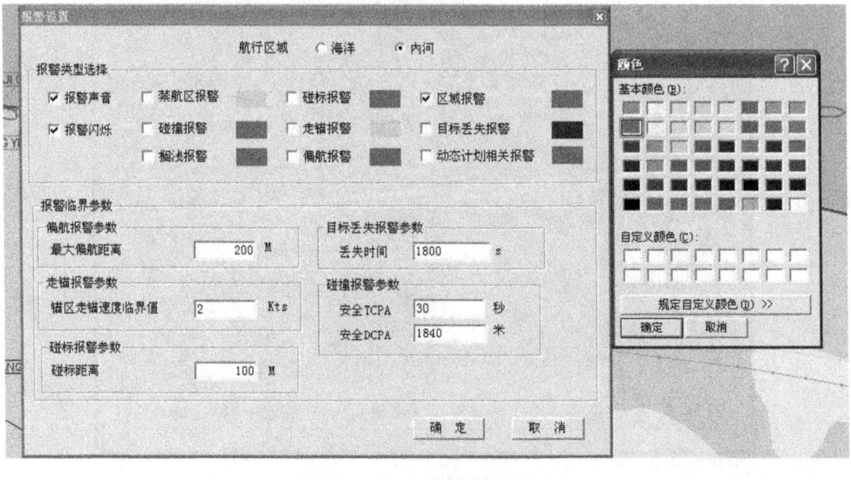

图13.46　区域预警设置

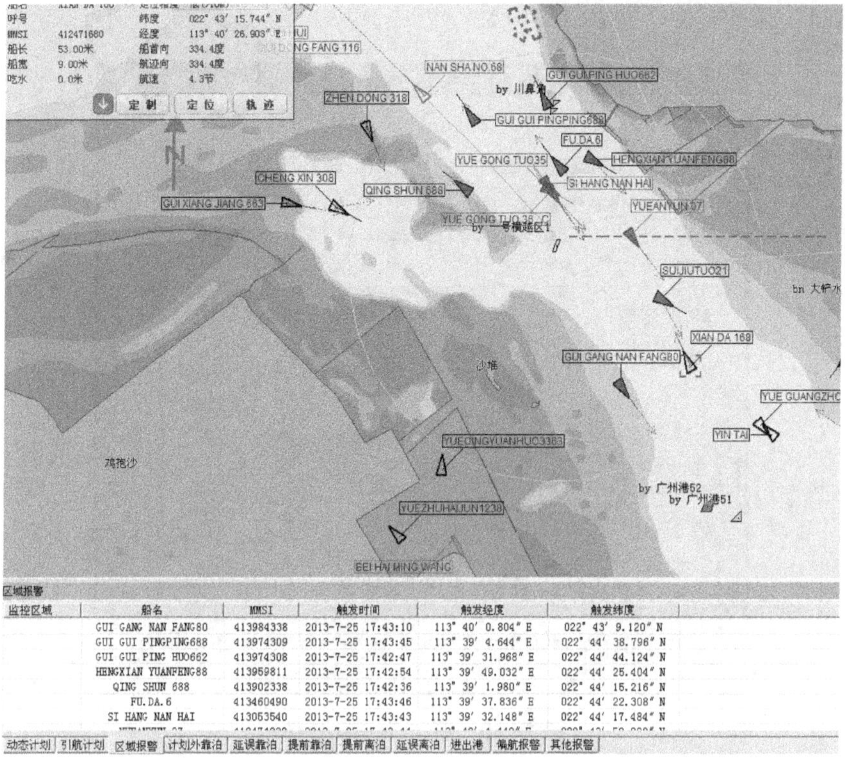

图 13.47 区域预警显示信息

（10）台风预警（见图 13.48）。

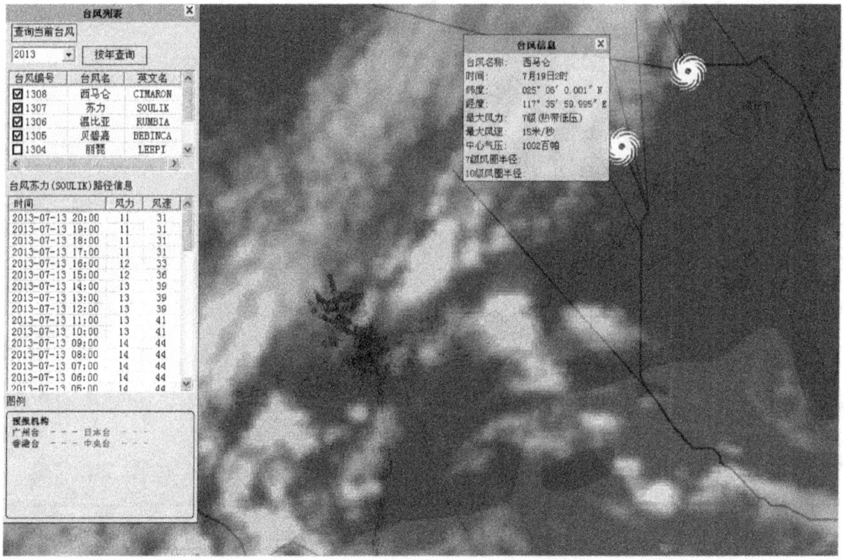

图 13.48 台风预警信息显示

（11）潮汐信息（见图13.49）。

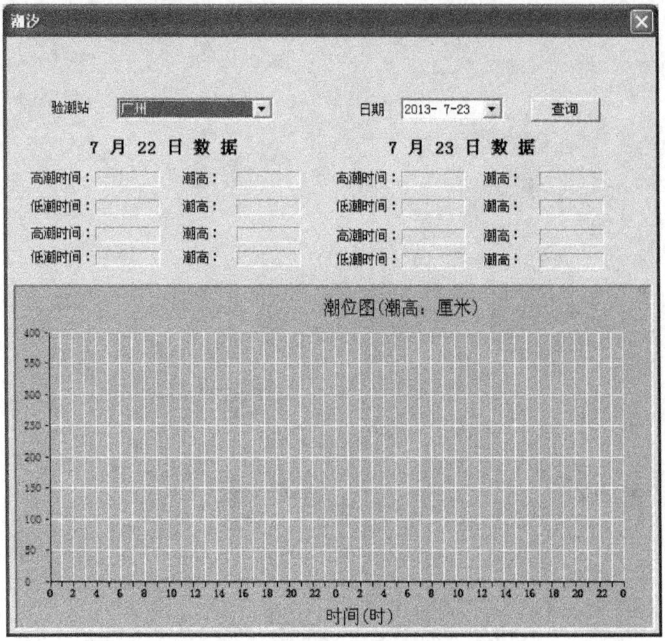

图 13.49　潮汐信息显示界面

（12）水文信息（见图13.50）。

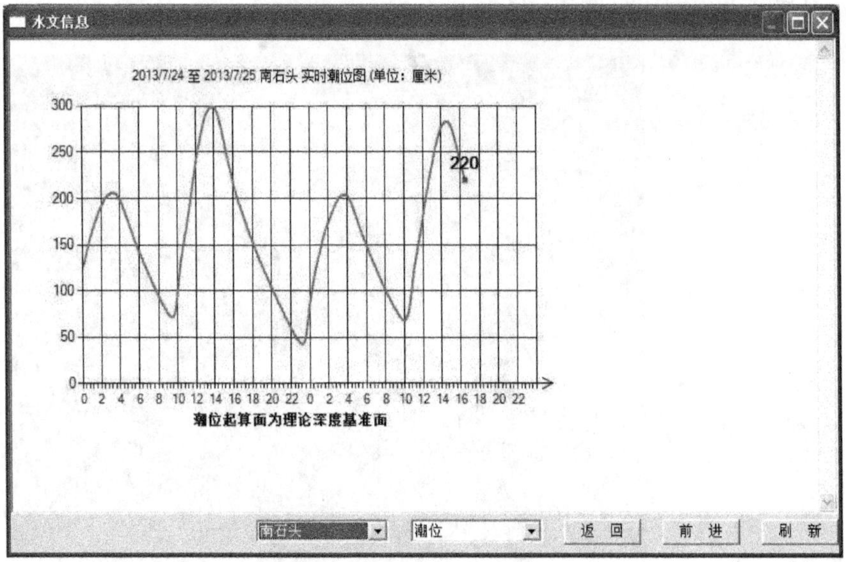

图 13.50　潮位信息显示界面

（13）统计分析（见图 13.51）。

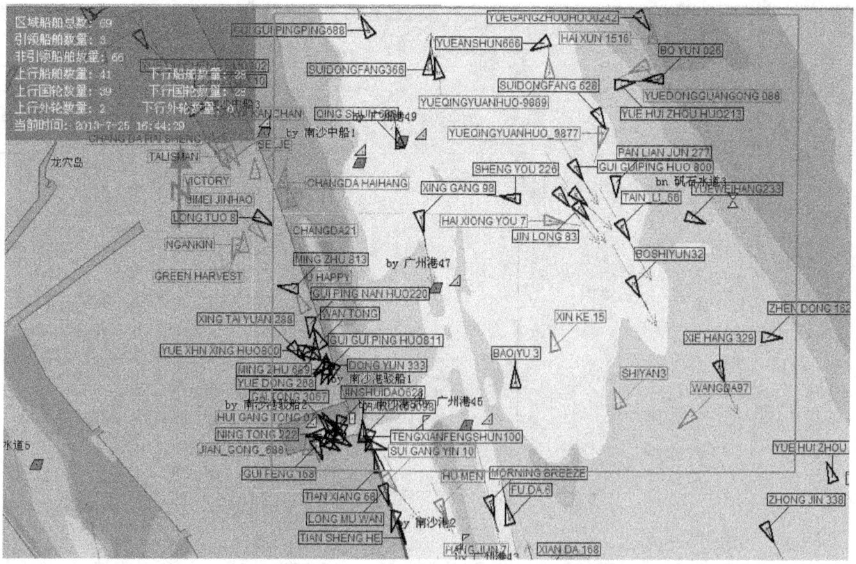

图 13.51 区域内船舶统计信息显示

3. 引航站调度子系统功能展示

（1）引航申请录入（见图 13.52）。

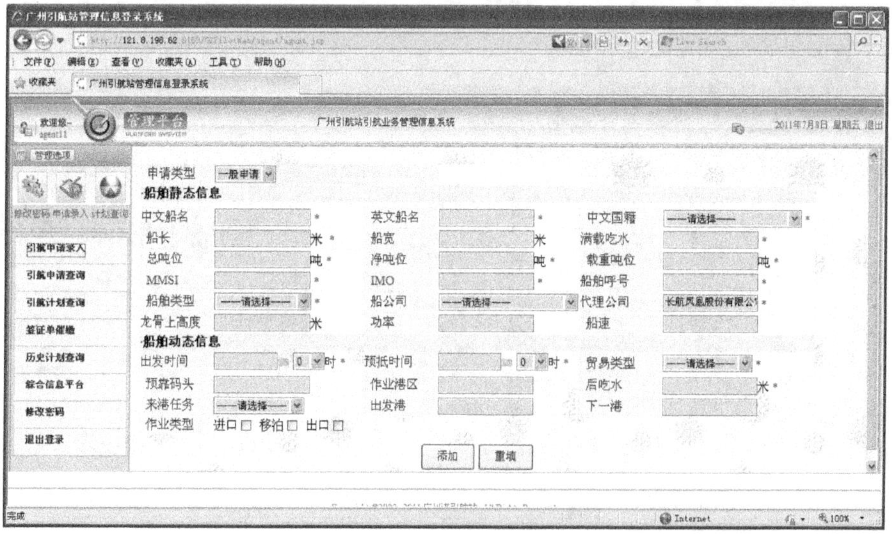

图 13.52 引航申请界面

（2）总计划管理（见图13.53）。

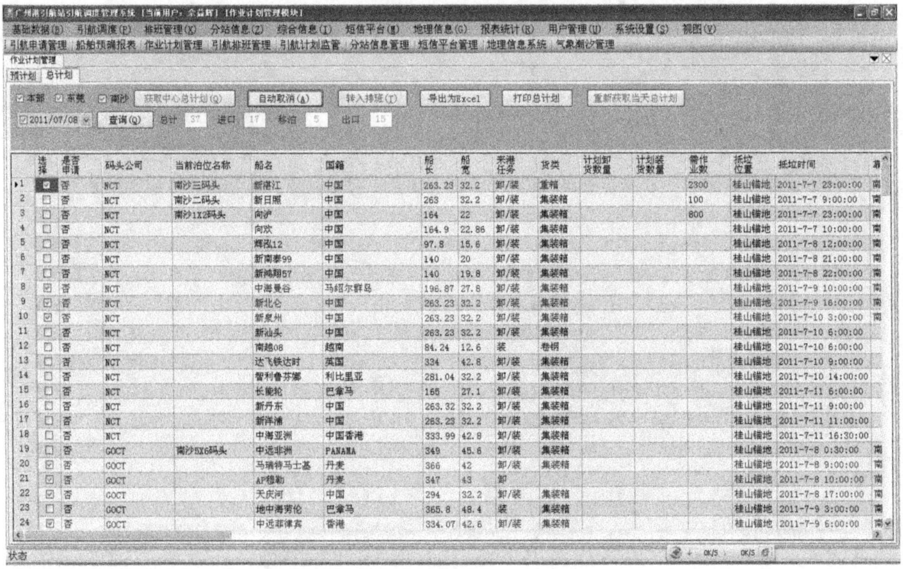

图13.53 引航调度总计划显示界面

（3）自动排班处理（见图13.54）。

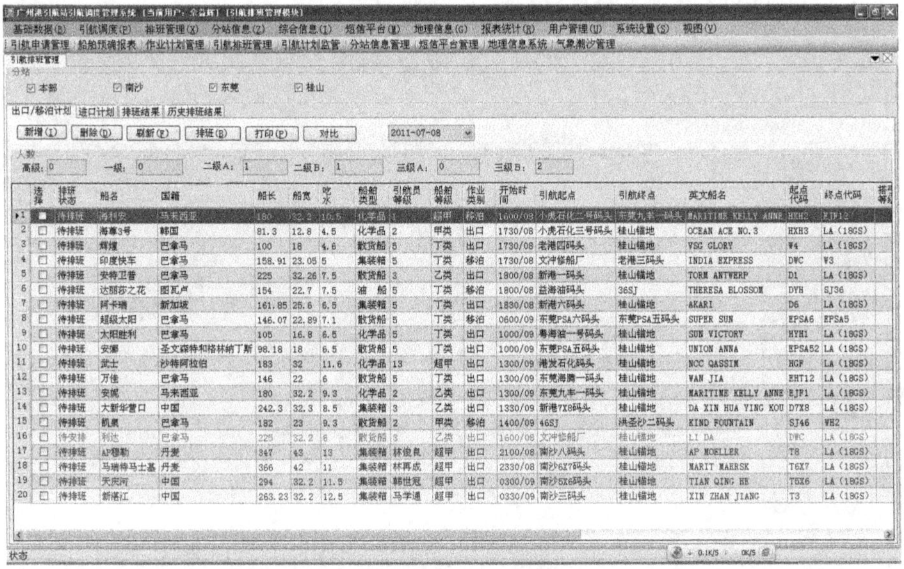

图13.54 引航调度自动排班显示信息

（4）排班结果查询（见图 13.55）。

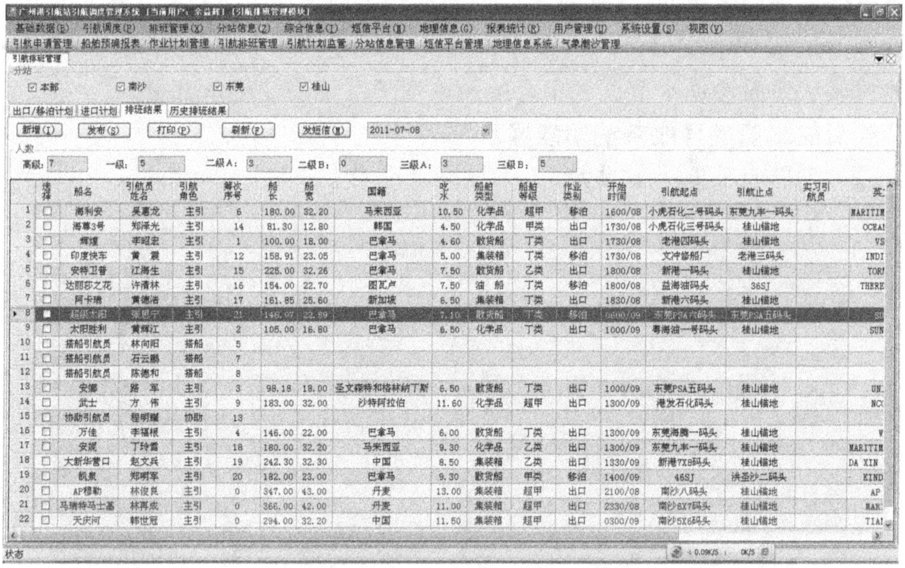

图 13.55 引航调度排班结果查询界面

（5）引航计划监管（见图 13.56）。

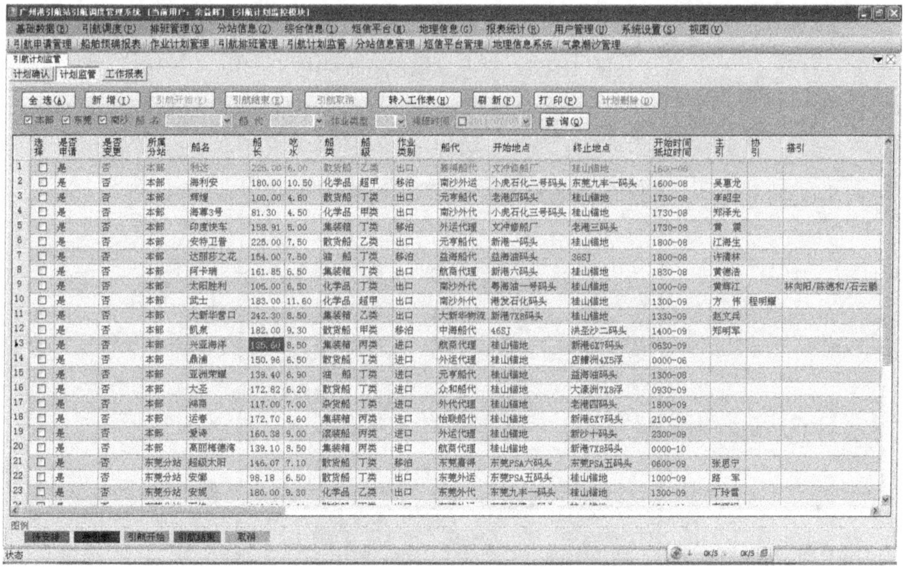

图 13.56 引航计划监管

4. 引航站船舶监控子系统功能展示

引航站船舶监控子系统作为广州港引航调度管理信息系统的重要组成部分，其使用与调度中心船舶调度子系统同一个主界面，可以实现港区和监控区自定义、视频监控管理、船舶定制、海图管理、海图打印等基本功能；根据船舶历史信息进行轨迹回放；通过区域预警和台风预警设置进行相关的预警监控；查询潮汐信息和水文信息；并根据自定义的区域自动生成船舶统计分析数据。具体的显示界面参见本节调度中心船舶调度子系统功能展示部分。

5. 引航站船舶导航系统功能展示

（1）主界面（见图 13.57）。

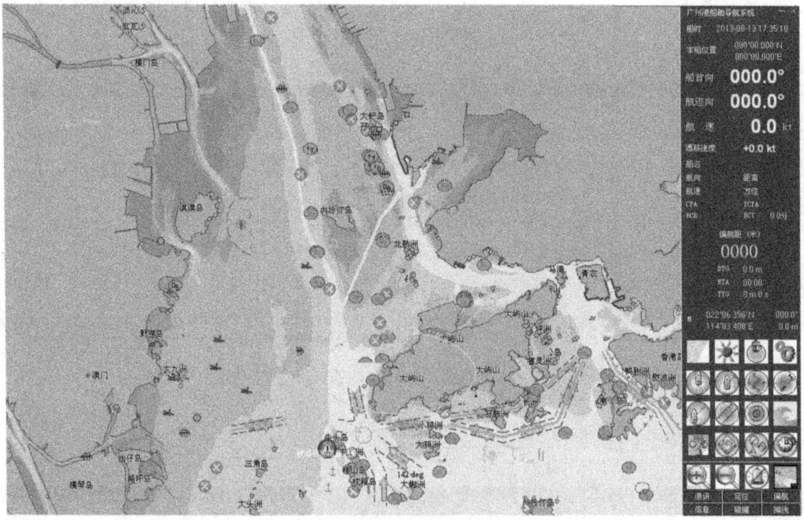

图 13.57　引航站船舶导航系统

（2）海图管理（见图 13.58）。

图 13.58　海图管理信息界面

（3）系统设置（见图 13.59）。

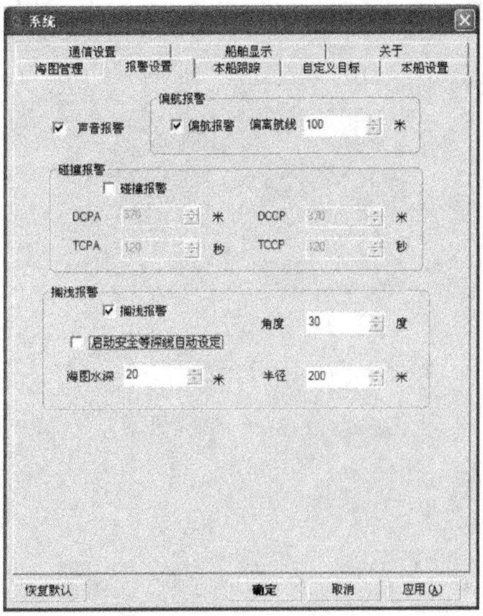

图 13.59　系统设置界面

（4）航线模拟（见图 13.60 和图 13.61）。

图 13.60　航线模拟参数设置

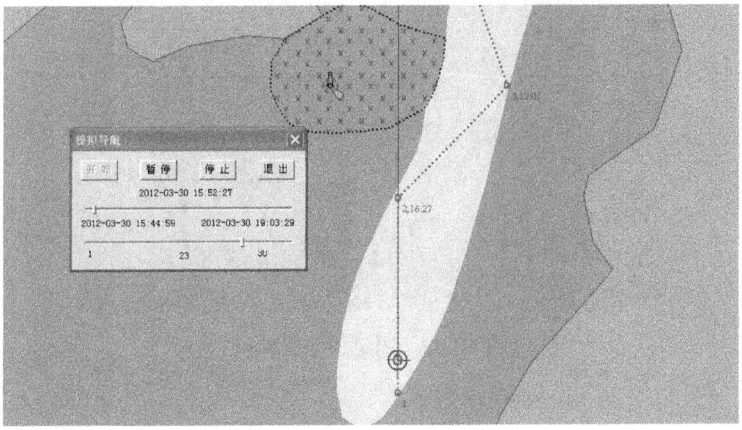

图 13.61　航线模拟界面

（5）距离标圈（见图 13.62）

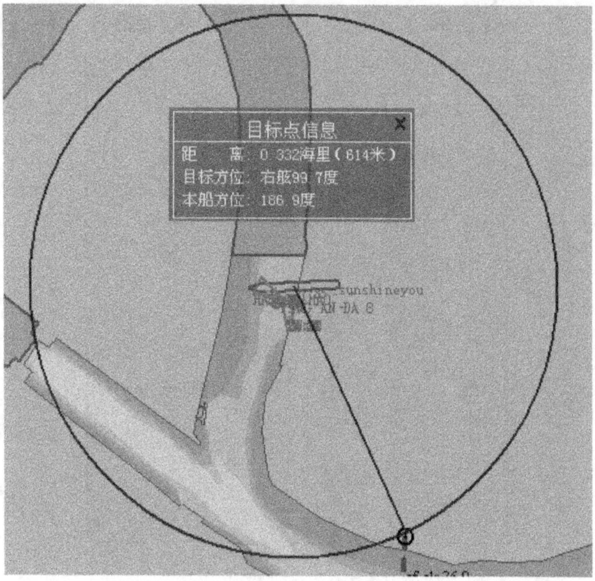

图 13.62 距离标圈功能使用界面

（6）固定距标圈（见图 13.63）。

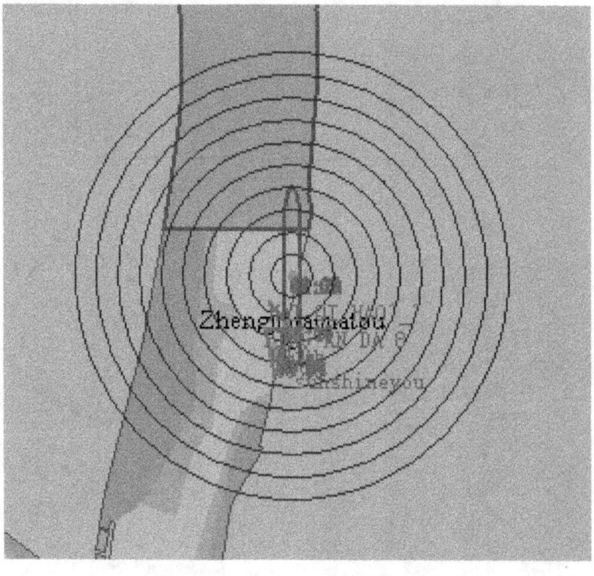

图 13.63 固定距标圈显示

6. 引航费收子系统功能展示

（1）工作报表功能（见图 13.64）。

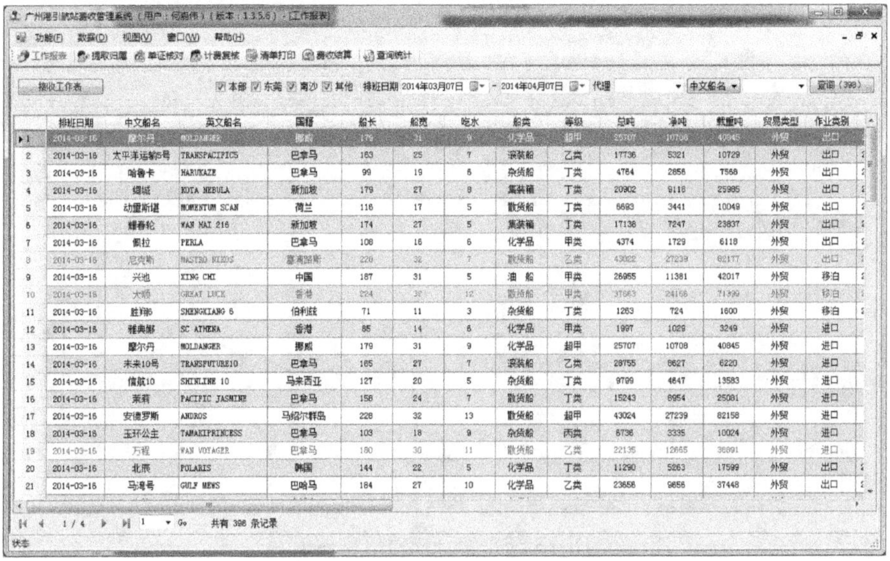

图 13.64 工作报表信息显示界面

（2）提取归属功能（见图 13.65）。

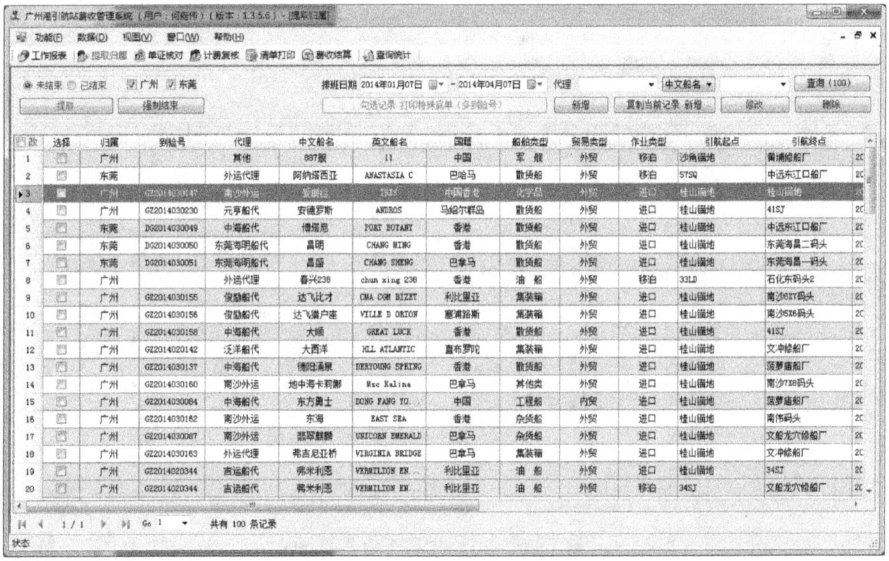

图 13.65 提取归属功能信息显示

（3）单证核对功能（见图 13.66）。

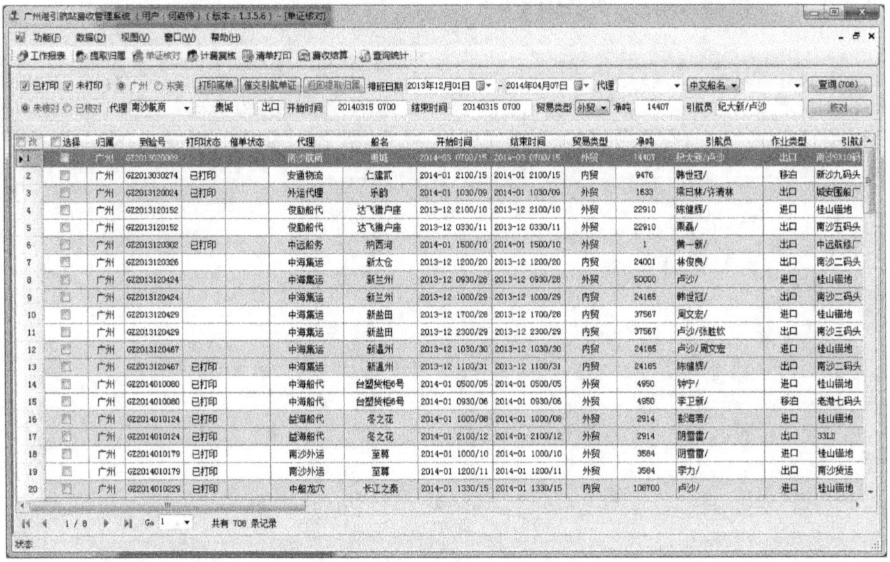

图 13.66 单证核对信息显示

（4）计费复核功能（见图 13.67）。

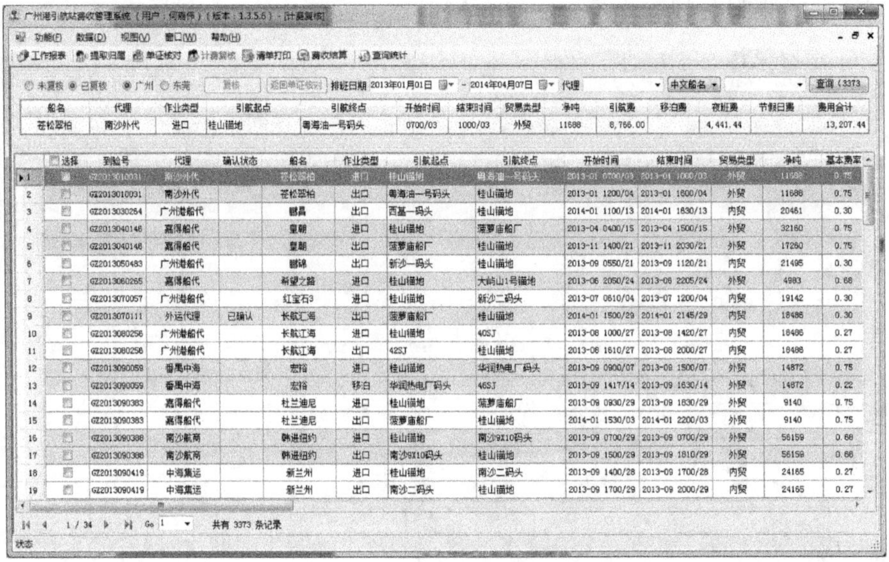

图 13.67 计费复核功能界面

（5）清单打印功能（见图 13.68）

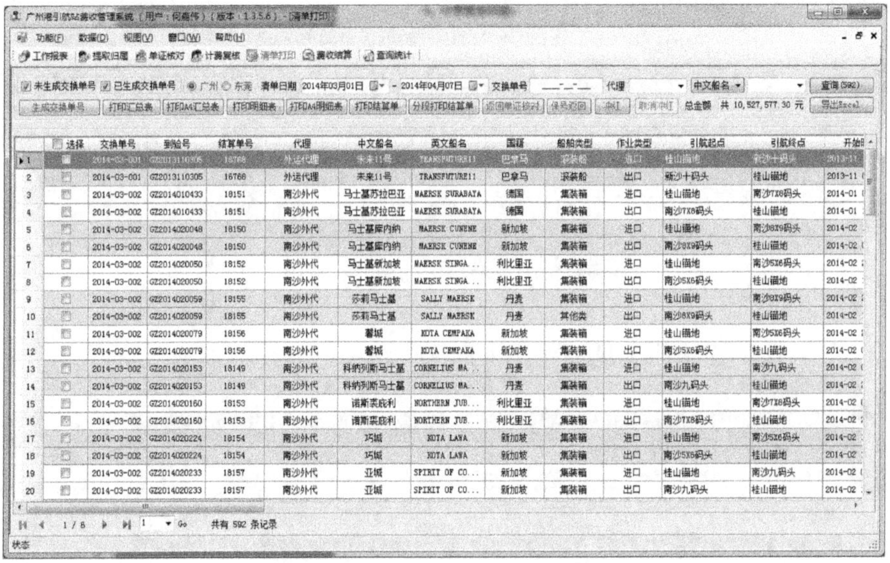

图 13.68 清单打印功能示意图

（6）费收结算功能（见图 13.69）。

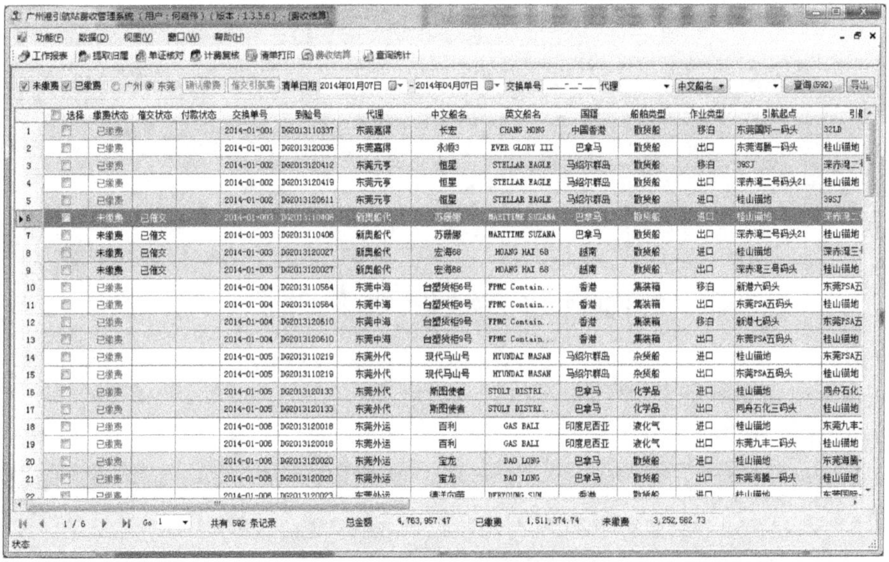

图 13.69 费收结算显示界面

7. 引航考核子系统功能展示

（1）考核考勤功能（见图 13.70）。

图 13.70　考核考勤功能示意图

（2）考核工资功能（见图 13.71）。

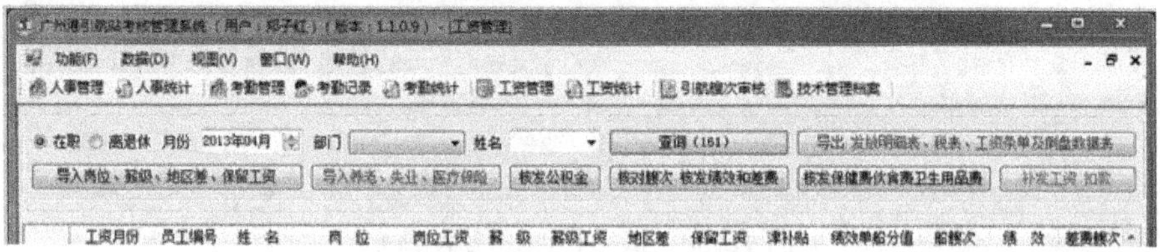

图 13.71　考核工资功能示意图

（3）考核审核功能（见图 13.72）。

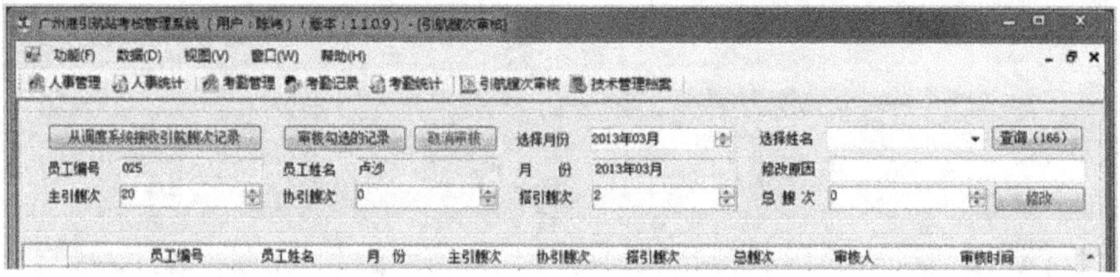

图 13.72　考核审核功能示意图

（4）引航员技术管理档案（见图 13.73）。

图 13.73　引航员技术管理档案信息

（5）考核安全功能（见图 13.74）。

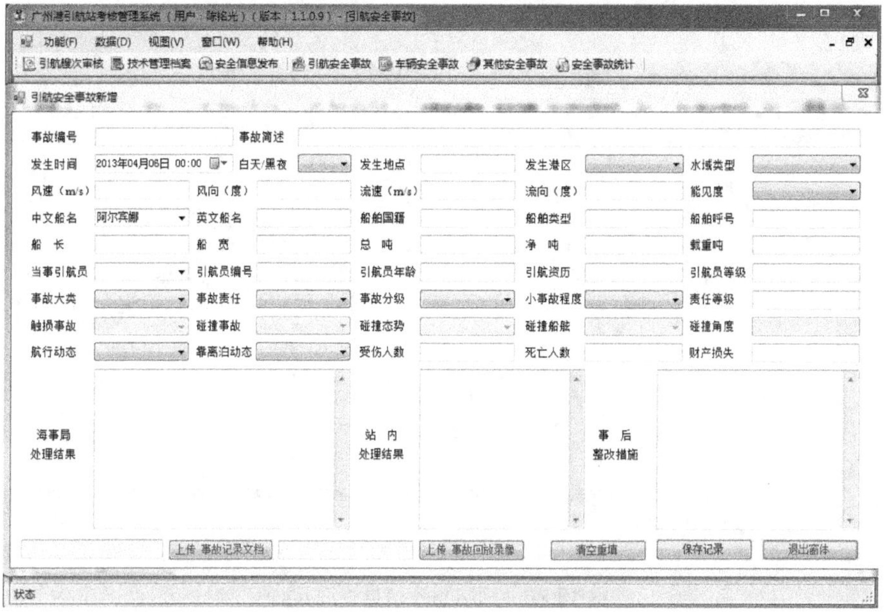

图 13.74 考核安全功能显示

8. 网站子系统功能展示

（1）网站历史计划（见图 13.75）。

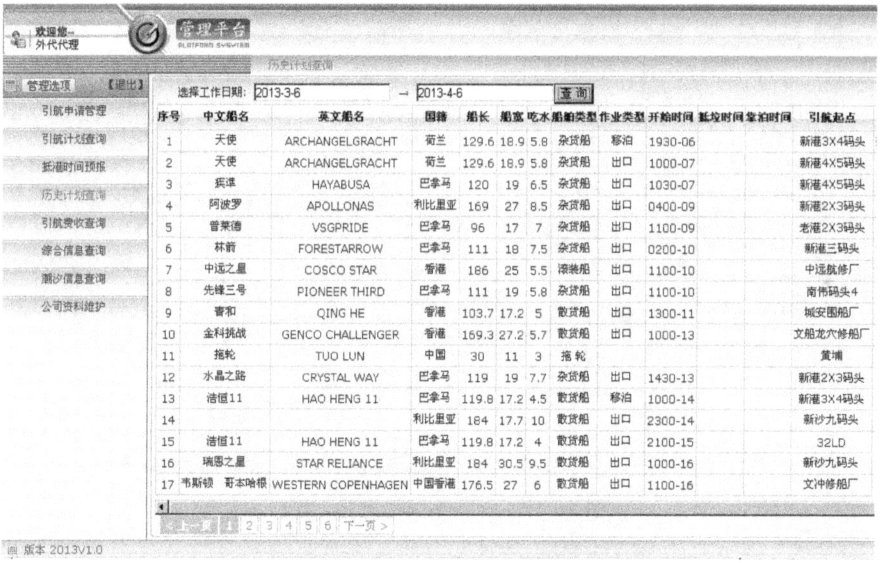

序号	中文船名	英文船名	国籍	船长	船宽	吃水	船舶类型	作业类型	开始时间	抵垃时间	靠泊时间	引航起点
1	天使	ARCHANGELGRACHT	荷兰	129.6	18.9	5.8	杂货船	移泊	1930-06			新港3X4码头
2	天使	ARCHANGELGRACHT	荷兰	129.6	18.9	5.8	杂货船	出口	1000-07			新港4X5码头
3	疾准	HAYABUSA	巴拿马	120	19	6.5	杂货船	出口	1030-07			新港4X5码头
4	阿波罗	APOLLONAS	利比里亚	169	27	8.5	杂货船	出口	0400-09			新港2X3码头
5	普莱德	VSGPRIDE	巴拿马	96	17	7	杂货船	出口	1100-09			老港2X3码头
6	林箭	FORESTARROW	巴拿马	111	18	7.5	杂货船	出口	0200-10			新港三码头
7	中远之星	COSCO STAR	香港	186	25	5.5	滚装船	出口	1100-10			中远航修厂
8	先锋三号	PIONEER THIRD	巴拿马	111	19	5.8	杂货船	出口	1100-10			南伟码头4
9	青和	QING HE	香港	103.7	17.2	5	散货船	出口	1300-11			城安围船厂
10	金科挑战	GENCO CHALLENGER	香港	169.3	27.2	5.7	散货船	出口	1000-13			文船龙穴修船厂
11	拖轮	TUO LUN	中国	30	11	3	拖 轮					黄埔
12	水晶之路	CRYSTAL WAY	巴拿马	119	19	7.7	杂货船	出口	1430-13			新港2X3码头
13	浩恒11	HAO HENG 11	巴拿马	119.8	17.2	4.5	散货船	移泊	1000-14			新港3X4码头
14			利比里亚	184	17.7	10	散货船	出口	2300-14			新沙九码头
15	浩恒11	HAO HENG 11	巴拿马	119.8	17.2	4	散货船	出口	2100-15			32LD
16	瑞恩之星	STAR RELIANCE	利比里亚	184	30.5	9.5	散货船	出口	1000-16			新沙九码头
17	韦斯顿 哥本哈根	WESTERN COPENHAGEN	中国香港	176.5	27	6	散货船	出口	1100-16			文冲修船厂

图 13.75 历史计划查询界面

（2）网站潮汐信息（见图 13.76）。

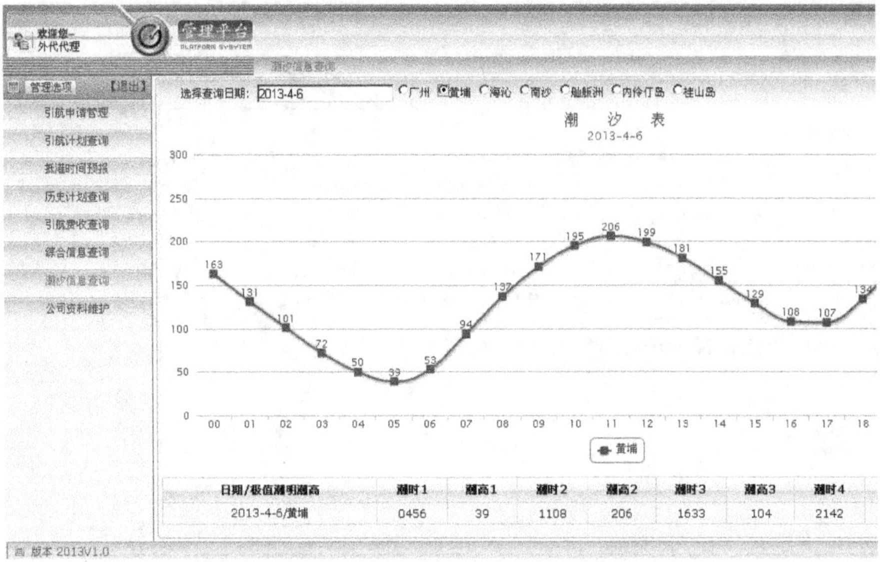

图 13.76 网站潮汐信息查询界面

（3）网站站内信息（见图 13.77）。

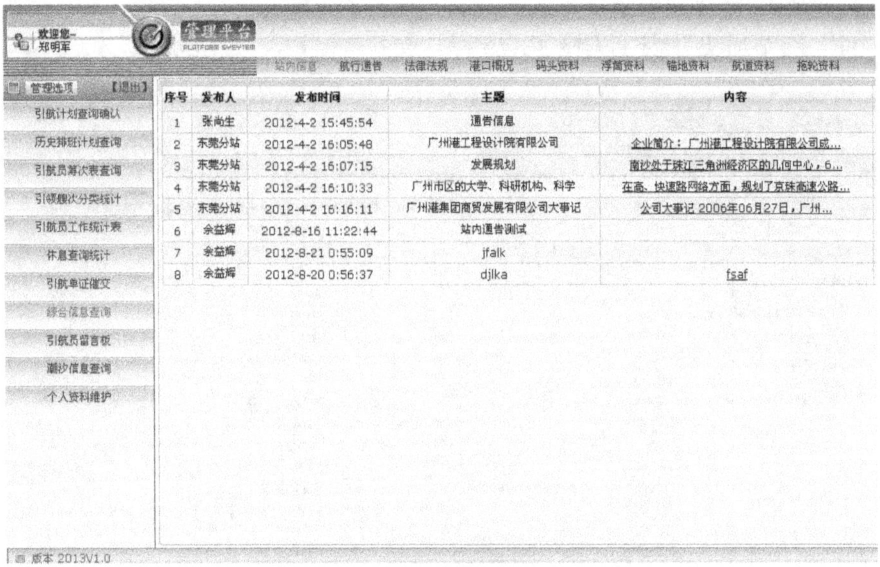

图 13.77 网站站内信息显示界面

13.4.5 主要特点及优势

系统建设基于对 Java EE 基本概念的研究，以及对 Oracle 数据库等技术的应用，开发了广州港引航调度管理信息系统项目，对引航调度管理的自动化、信息化进行了研究，设计了基于 Java EE 规范和标准的系统架构方案，并将该方案应用到广州引航调度管理信息系统的开发过程中。

广州引航调度管理信息系统的主要特点及优势包括以下几个方面：

（1）系统采用了 Java EE 的体系结构，具有安全性高，可扩展性好等优点。

（2）电子海图采用标准数据格式，支持自动更新，并实现了在海图上叠加 VTS 雷达图像，实现了与视频监控系统的集成。

（3）分析研究了引航排班算法，总结了各种方法的优缺点，并根据引航排班需要，使用模拟退火算法实现了自动排班。

（4）利用数据挖掘技术对引航数据进行分析，利用决策树 ID3 算法对引航艘次评定做出分类，并得出结论。

（5）Web Services 的调用可以透过防火墙，突破了与其他系统进行通信的技术障碍，将接口技术应用到软件系统中，取得了较为理想的数据交互。

（6）把广州港通信调度指挥中心、广州港引航站、广州港集团的相关业务系统相互关联，提供可靠的数据交互。

（7）实现了广州港通信调度指挥中心、广州港引航站、广州港集团、船舶代理公司与引航相关的所有业务。

（8）实现了阳光引航。

13.4.6 系统应用效果

广州港引航管理信息系统建设完成并投入使用后，在服务水平、管理水平，以及经济上都取得了较高的效益。

（1）广州港出海航道调度引航管理系统作为调度中心的业务系统，实现了船舶计划、引航申请统一网上报送及全程网络办事，方便了船舶代理公司、码头公司、港口调度（东莞港调和广州港集团总调）的报送需求，系统具有智能化自动排班（2013 年每天编排船舶进出港约 130 艘次）、计划模拟实施等功能，大大提高了船舶进出港计划管理工作效率。同时，自动排班有利于减少计划编排的人为因素，最大程度上保证计划编排的公平、公正。系统于 2010 被广州市列入“百项政府网上办事工程”。截至 2014 年 5 月，业务系统用户数量已发展至 265 户。在方便港航企业、代理公司办事上，在树立公平、公正服务形象上，发挥了不可替代的作用，取得了良好效果。

（2）服务水平得到较大提高，近百家代理提交引航申请、等待安排引航计划不再通过传统的打电话、发传真的方式进行，而是采用在电脑上操作软件完成。每天提出申请并获得批复时间由大于5小时甚至几天提高到3小时内获得相关信息，方便且更为适用。船舶代理可以在网上及时看到船舶的计划落实情况、引航费计算情况，阳光引航得以全面实现。船舶代理、码头公司、港口调度对引航服务的满意度提高到98%以上。

（3）管理水平得到较大提升，逐步实现了引航站内各项业务的无纸化办公，各级部门的业务水平更趋完善，领导对各个层次人员的监管力度加大且更为便捷。软件系统的使用使更多的引航数据得以完整存储，数据的快捷查询使得引航任务的执行得到全程有效监控，庞大的引航队伍的管理得到有效提高。此外，减轻了引航调度员、机关管理人员等引航站员工的工作强度，提高了引航站员工的技能与素质，文档、报表更为规范化，统计数据更为精准，办公效率也有了较大提升。

（4）在经济效益方面，由于软件系统的使用提高了引航服务水平，引航安全性和工作效率得到提高，引航船舶的数量呈现较快增长，不仅为广州港引航站带来了引航费收入的增加，也为广州港乃至广州市带来了巨大的经济效益。

13.5 检港联动快速查验系统

13.5.1 系统建设背景

2005年，国家提出了关于全力推进大通关建设，积极推动东北亚重要国际航运中心与“数字口岸”建设的要求。与此同时，国家质检总局在全国质量监督检验检疫工作会议上指出：推进大通关建设以提速、减负、增效、严密监管为目标加快电子检验检疫建设步伐。为积极贯彻国家大通关建设以及质检总局的工作指示要求，进一步提高港口企业与大连口岸检验检疫部门之间联动作业效率，加快大连口岸整体通关速度，2005年大连港集团与辽宁出入境检验检疫局、大窑湾出入境检验检疫局（以下简称“检验检疫”）合作提出关于建设“检港联动快速查验系统”的要求，并正式委托大连港集团下属子公司—大连口岸物流网有限公司（以下简称“DPN”）进行系统的设计开发工作。

系统于2006年完成开发并正式在大连大窑湾口岸投入使用。系统以把关服务促进口岸快速通关为目的，从优化口岸进境货物通关流程入手，以先进的网络技术为手段，实现了港口码头、场站、生产企业与检验检疫等监管部门间的信息联动，通过搭建有效的港口电子化信息传输通道，实现检验检疫部门报检、查验、货物监管、闸口放行等操作以及部门间系统互动、电子指令化管理、数据备份管理等口岸全域化监管模式。

随着大连大窑湾保税港区的建立，系统更加突出了特殊监管区的业务特点，使国际中转、保税仓储、流转核销的管理变得轻松、有序；船舶到港前进口舱单数据被系统一次性全收录，相当于进口货物“全申报”，入境货物实施舱单核销与闸口管理，有效防止企业逃漏检，充分发挥了系统在保税港区进出境货物的电子监管作用，为大连口岸的物流、贸易发展提供了重要的平台保障。

近年来，系统经过不断升级完善，逐步从电子监管向智能监管模式转变，利用 APP、AIS 等先进技术，进一步加强对运输工具、装载工具以及货物的监管力度，将业务范围和监管范围从口岸延伸到内地，实现了口岸内地的协同作业与监管，大大提升了系统的可用性和智能性，口岸通关速度得到了进一步的提升。

13.5.2 系统建设单位

大连口岸物流网有限公司（DPN）成立于 2000 年 9 月，是由大连市政府授权的“大连口岸公共信息平台”，并获得交通运输部授予的“交通电子口岸大连分中心”运营资质，长期致力于口岸物流信息化发展建设，形成了多项建设成果，在全国同行业中位居前列。

DPN 平台业务涉及物流、大通关、贸易 / 金融、电子政务等领域，服务范围覆盖东北及环渤海区域，业已发展成为一个以口岸物流业务为依托的国内外知名的物流公共信息平台，全面服务于港口、机场、货主、货代、船公司、船代、理货、场站、车队等业界企业，以及海关、检验检疫、海事、边检等监管部门和政府部门，为大连乃至东北及环渤海区域数千家贸易物流企业和监管机构的电子化物流协同作业提供紧密支持。同时，不断建设完善大连口岸客户服务中心，强化服务手段，优化应急流程，结合网上在线服务、短信平台、即时通信等服务手段，为广大口岸客户提供贴心服务。在此基础上，通过提供数据咨询分析服务，提升口岸公共信息平台的软实力，丰富大连东北亚国际航运中心功能。

截至 2013 年底，DPN 累计推出 EC 应用系统 51 项，EDI 应用报文 140 余种，取得计算机软件著作权 30 余项，累计主导制定大连市、辽宁省物流信息化标准 14 项，并承担了科技部“十二五”国家科技支撑计划项目和交通运输部国家集装箱海铁联运物联网应用示范工程的具体建设工作。挑战自我，不断提升，DPN 永远走在创新的路上，在智慧口岸和国际航运中心建设中发挥着重要的作用。

13.5.3 系统技术架构

系统采用 J2EE1.5 规范，跨平台性以及稳定性较强。系统设计架构采用 MVC 三层架构，设计的主要技术为 Struts 和 Spring 以及 iBatis 数据持久层技术。Struts 的主要技术特点是 MVC2 模型的使用以及功能齐全的标签库；

Spring的主要技术特点之一是其分层架构，能高效低耦合的管理资源。页面校验使用JQuery框架可以有效避免不同浏览器对JavaScript支持规则不同的问题。页面设计采用CSS+DIV的流行设计，增强页面的可维护性及美观性。系统服务器采用主流UNIX平台小型机，Oracle数据库，通过XIB——EDI专用引擎，辅以开发多源异构接口，实现与本系统以外的其他业务系统的信息集成和交互。

系统软件架构说明：

（1）客户端发送Http请求到Web服务器。

（2）Web服务器将合法的Http请求转发给WebLogic服务器。

（3）用户登录模块执行用户身份认证检查。

（4）权限校验模块执行用户授权检查。

（5）应用程序执行数据库操作。

13.5.4 系统功能

本系统的设计充分结合大连大窑湾口岸进境货物通关流程，分别设计了满足港口码头、场站、货主货代、检验检疫、辽检公司等不同角色用户业务需求的系统功能，设计科学合理，实用性强。系统功能覆盖大连口岸集装箱码头、场站、保税港区以及口岸内地协同监管业务。

系统采用内外网分离的设计架构，对内为检验检疫部门提供舱单预处理、船舶动态跟踪、提箱状态预审批、检验检疫审单派工、检验检疫、熏蒸处理、风险预警、移动办公、口岸内地协同、诚信管理、综合信息查询、统计分析、保税港仓储监管以及统一闸口放行管理、电子数据传输等功能。检验检疫部门可通过系统功能实现对船舶、集装箱、货物的全程监控监管，对电子信息、照片、视频等电子数据进行备案管理；通过报检信息与舱单信息的比对，实现规则查验；利用移动办公功能实现现场即查即放，快速验放；通过仓储监管功能为保税港区内检验检疫提供货物的入库、出库等核销管理，实现对保税货物的全程监控；通过查询统计功能对货物申报数据实时跟踪查询以及数据分析管理。

对外主要为口岸货主货代、仓储企业用户提供提箱预录入、入出库申报、检验检疫状态查询等功能。实现用户足不出户即可完成检验检疫提箱或保税出入库电子申报，并随时查询获取申报审批结果。港口码头、场站等口岸单位通过该系统与检验检疫部门进行物流、监管信息的交互传输，提前制定靠泊、装卸船、疏港等作业计划，通过加强与监管部门的信息交互进一步加快整个口岸的通关速度。

13.5.5 系统主要特色

（1）建立了口岸进境货物全申报的业务模式。系统具有大连口岸全部进境船舶舱单信息，通过与CIQ2000系统的接口获取全省报检信息，实现舱单与报检单信息的核对，避免出现任何信息的虚报、瞒报，使得检验检疫能够实时掌握大连口岸进境货物的全部动态信息，通过电子闸口实现对全口岸货物（法检货物、非法检货物）的放行监管，真正实现口岸货物全申报的业务模式。

（2）实现了多部门间的信息联动。由于保税港区业务发展的需要，系统在实现了与大窑湾集装箱码头、场站等各单位内部系统的信息传输接口外，还建立了与海关的信息联动模式，双方就港港调拨业务进行电子指令的传输交互，保证了保税港区特殊业务的正常开展，简化了以纸面、电话等方式进行业务沟通的繁琐流程，实现了多个部门联合监管的业务模式，并与码头、场站、船公司、辽检公司等各单位建立了信息联动和交互共享的科学协作模式。

（3）实现了口岸业务分科室、货物分类监管的业务模式。针对进境货物的不同种类，系统分别设计了满足不同货物类型的监管流程和操作功能。包括冷藏箱的调拨、中转等特殊业务流程的设计等。并同步建立了系统数据分科室的功能。系统将属于不同业务监管科室的申报数据自动进行分科室，各科室只操作监管范围内的业务数据，大大提高了系统操作效率，保证各科室数据的安全性，避免数据误操作等情况的发生，使得监管流程更加清晰，查验、放行操作更加方便、快捷。

（4）具有对疫区船舶或问题提单预警、布控的个性化功能。系统通过疫区维护功能，可在舱单入库后船舶未到港前对船舶是否来自疫区进行预警判断，针对来自疫区的提单，系统自动以特殊颜色进行预警，并可由检验检疫实施布控监管。在布控过程中，该提单下的所有集装箱的移动轨迹都将进行全程监控，检验检疫通过下达移箱指令指导码头进行卸船、搬移等操作，能够在第一时间对疫情进行控制和处理，另一方面也降低了集装箱的搬移和翻倒次数。除疫情监控外，对于上一港的问题提单，系统也可以提前进行布控，大大加强了检验检疫的监管力度。

（5）能够同时满足检验检疫对码头及物流园区的双重监管要求。不同于码头正常提箱、放箱业务的监管要求，系统设计了能够满足检验检疫对物流园区出口复入境、出口出区、集中申报、备案仓储、备案简单加工、转关入园、国际中转、区间转入等不同业务的监管功能。系统自动对仓储企业的申报数据进行分批核销管理，检验检疫可实时监控仓库中所存放货物的数重量情况，并通过系统打印业务单据，作为检务部门受理业务的依据和凭证。

（6）具有科学、详细、准确的统计功能。除业务监管功能外，系统设计了查询、统计等决策分析功能。能够对大连口岸进境货物进行分类统计，主要包括各科室放行信息的统计、货物分类统计、受理报检单位统计、人员工作量统计、仓储申报统计等，配合不同的查询条件，进行组合查询，并可导出Excel进行人工编辑，为检验检疫以及港口部门的决策分析提供准确的数据支持，逐步建立标准的数据库。

13.5.6 系统应用效果

1. 应用效果

经过不断的升级完善，目前系统已在大连口岸稳定应用。截至2013年12月系统拥有口岸货主货代类用户约380家，覆盖大连大窑湾口岸三个集装箱码头、各集中查验场地以及保税港区，并在大窑湾出入境检验检疫局全面应用。经统计，系统2013年全年申报票数183 464票，放行票数182 241票，真正实现了检验检疫接单、审单、派单、放单从人工到电子的方式转变。此外，系统针对口岸用户的申报习惯及对效率的要求，设计了一站式申报平台，口岸用户可提前在企业内部完成提箱信息的预申报，口岸检验检疫人员根据申报信息进行提前预审批，并通过移动平台现场即查即放，使得每票货物的通关时间至少提前3个小时，加快了整个口岸的通关速度。

2. 经济效益和社会效益

经过实践应用的验证，系统已能够有效地解决进口货物“全申报”的疑难问题，执法程序严谨，港检协作验放迅捷，大大降低码头集装箱的翻倒率及作业成本，取得了明显的经济效益和社会效益。

（1）有效加强大连口岸进境货物通关效率。在系统应用之前，口岸用户与检验检疫、码头、场站间的业务沟通都是通过纸面递单的方式完成，效率较低。根据这一业务现状，系统对进境集装箱的通关流程进行梳理，通过分卸、移箱、转科室等一系列功能实现各单位间电子信息的传输，进一步加快了移箱、查验等业务操作的速度。同时，口岸用户可以实时查询检验检疫对该集装箱的监管动态信息，根据该集装箱所处的业务环节安排提箱、缴费等业务操作，使得业务操作更加顺畅，有效加强了大连口岸进境货物通关效率。

（2）优化监管流程，加强口岸各部门间的业务协同。系统的实施过程就是对口岸业务流程的重新梳理过程，尤其是针对废品箱、冷藏箱、转关箱等特殊货物的监管流程进行了很大程度的优化改进。用户申报后，检验检疫人员可以提前对申报信息进行审核，并提前指导码头进行卸船操作，针对疫区的船舶和货物则可以提前实施布控管理。而针对需要疏港转场的货物，则通过系统即可实现货物与业务的实时转移，有效代替了纸面传单的操作方式，直接节省了约

60分钟的部门间协调时间，进一步简化了业务操作环节，加强了口岸各部门间的信息交互与业务协同。

（3）进一步加强检验检疫对进境货物的监管力度，创新监管模式。在国家质检总局提出的加强各地监管局信息化建设，加强对口岸进境货物监管力度的政策指导下，本系统的实施实现了“提速、减负、增效、严密监管”的建设目标，通过建立舱单与报检单核对的业务模式进一步加强检验检疫部门对大窑湾口岸进境货物的监管力度，有效避免了误报、瞒报、漏报等非法业务情况的出现。并通过与港口码头、场站等口岸单位间的紧密合作，进一步加强对货物查验、放行的监管力度，实现了监管模式的创新。

（4）有效降低集装箱翻倒率，降低企业业务成本。对于口岸货主货代等用户来说，系统的应用有效降低了集装箱的翻倒和搬移率，集装箱在码头按检验检疫监管要求一次性卸船到位，大大降低了码头作业成本，以年吞吐量400万标箱计，每年可为企业节省支出6400万元，并使得货物在港滞留的时间大大缩短。企业和监管部门、码头等口岸单位间的沟通从原来的电话、传真等方式转变为电子信息查询的方式，操作效率提高了，业务成本降低了，有效提升了口岸服务水平，促进大连口岸集装箱业务的快速发展。

（5）为优化口岸通关环境，推动口岸软环境建设打下坚实基础。本系统的实施有助于构筑口岸完整的信息化服务体系，有助于推动大连口岸通关环境的优化发展，有助于构筑大窑湾检验检疫综合业务监管平台，有助于实现多个监管部门联网核查业务模式的建立，为大连口岸实现集装箱超千万的目标提供有力的信息化支持，进一步推动大连口岸软环境的建设和发展。

第14章 广西数字港航建设与发展的探索

“马思边草拳毛动，雕眄青云睡眼开”——唐·刘禹锡

广西壮族自治区毗邻粤港澳，背靠大西南，面向东南亚，是华南经济圈、西南经济圈和东盟经济圈的结合部，是中国与东盟各国交往的重要门户与通道。它虽然具有独特的区位优势，但由于地处西部地区，国民经济总体水平较低，与东部沿海地区有较大的差距。广西港航信息化起步稍晚，基础薄弱，信息技术应用和普及与先进的长航、珠航信息化比较仍有较大的差距。然而，交通运输部水运局对这个少数民族地区的港航信息化建投十分厚爱；2012 年 3 月 26 日，全国港口管理信息系统现场推进会在南宁召开，部水运局宋德星局长、智广路副局长等领导亲临指导；广西交通运输厅也把港航信息化列为支持重点，悉心呵护。

“马思边草拳毛动，雕眄青云睡眼开”。广西港航人不甘落后，奋发图强。在艰难的探索中，为均径流量仅次于长江的黄金水道——西江的繁荣而奋进，开拓了港航信息化的新局面。今天，广西数字港航的建设已初见成效；中共十八大春风送爽，广西港航人正向新的目标启航。

14.1 十年探索 初见成效

14.1.1 概述

广西港航管理局领导高度重视信息化工作，2004 年以来，信息化建设取得了较好的成绩，完成了一批效益显著的信息化工程。广西港航专用网络、广西港航办公自动化系统（OA）、广西船检网络系统、西江航运干线贵港至梧州航道整治工程信息化建设、广西北部湾港引航调度系统、广西水路运政系统、广西船舶过闸调度系统、广西水路运单系统等项目相继建成。广西港航人经过十年探索，信息化建设已初见成效，积累了经验、提高了水平、激励了团队，推

注：马思边草拳毛动，雕眄青云睡眼开”直译是讲战马一想到边塞的草，身上的拳毛就不禁直立起来，雕禽的睡眼刚一睁开，就仰望着高空的青云。意思是以马和雕想奔赴疆场，翱翔天空，借喻广西港航人开拓奋发、跃跃欲试，为加快广西港航信息化建设的进取精神。

动了广西港航行业的新发展。

14.1.2　建设目标

广西港航信息化建设以打造现代化的北部湾港和西江亿吨级黄金水道建设为依托，以港航行业监管和服务需求为导向，以资源共享、管理创新为手段，提升政府综合监管、综合调度、应急处理和公众服务的能力，努力实现“办公自动化、监管立体化、服务网络化、决策智能化”，大力推进广西“数字港航”建设，提高水路运输效率和质量、改善运输安全性、提高工作效率，为行业和社会提供优质、高效的信息服务。

14.1.3　建设重点

广西港航信息化建设的主要任务是：在现有港航信息化建设的基础上，综合运用视频监控与检测识别、RFID/AIS/GIS、卫星定位、智能传感、虚拟计算和云计算等多种现代化的信息采集和管理手段，开展以“5331”项目为重点的建设：建设五大综合应用系统、升级扩建三大信息化基础工程、新建三个行业信息化平台、完善一个信息化支持保障体系，为建设集政府管理部门、监管单位和航运相关企业为一体的实现数据共享和协同工作的广西“数字港航”打下基础。

（1）五大综合应用系统。建设综合调度系统、综合监管系统、阳光电子政务系统、港航综合运行分析系统、港航市场信用信息管理系统五大综合应用与服务系统，形成港航综合应用和协同平台的主框架。

（2）三大信息化基础工程。新建扩建港航数据中心、信息资源管理平台、港航物联网基础平台三大信息化基础工程。

（3）三个行业信息化服务平台。新建三个行业信息化平台，即广西港航通航信息服务平台、港航业市场信息服务平台、现代港航物流公共信息服务平台。

（4）一个信息化支持保障体系。信息化支持保障体系包括组织机构保障、人才保障、资金保障、技术保障、标准保障、信息安全保障六类分项保障。

14.1.4　建设的主要内容及成效

1. 广西港航系统网络平台

（1）网络平台的系统构成。广西港航系统网络平台由广西港航管理局本部机关、直属机构、各级港航管理部门的局域网和网际互联的虚拟专用网（VPN）构成。单位局域网主要以接入数据交换机、高性能汇聚数据交换机、出口路由器以及防火墙、上网行为管理器等网络安全防护设备组成。网际互联的虚拟专用网（VPN）由各单位支持VPN协议的多功能出口路由器接入互联网并建立

VPN 虚拟连接而组成。

（2）网络平台的功能：

① 基本局域网服务：将办公计算机、外部设备和数据库等连接组成计算机局域网，实现计算机之间文件管理、应用软件共享、打印机共享、扫描仪共享等功能。

② 远程接入功能：使用 IPSec VPN 技术，使广西港航管理局本部机关、直属机构、各级港航管理部门的局域网通过公共互联网互相连通，并使计算机、数据库、数据中心组成虚拟内网，构成一个跨地域、跨单位的信息处理统一网络平台，同时保证数据传输的封闭性和安全性。

③ 构建港航业务信息系统的数据交换共享环境：港航系统网络平台可以有效承载 Web 服务、数据库、地图接口服务、虚拟专用网、网管服务等多种互联网应用服务。港口、航道、船检、航运等业务管理系统都通过网络平台接入港航系统网络中心节点，传输数据，共享信息。

（3）网络系统的运行成效。该系统的运行，加强了广西港航局机关、直属机构、各级部门信息交流互通。基于此平台，广西港航系统实现信息多元化、专业化、系统化，为港航系统工作人员提供了大量专业技术类信息和方便快捷的数据传输渠道，实现了港航信息资源的共享。

2. 广西港航办公自动化系统（OA）

（1）办公系统构成。广西港航办公自动化系统主要由机关行政信息支撑层、职工用户工作业务层、决策管理分析层三个应用层次组成。机关行政信息支撑层主要由群件平台构成，包括数据库自定义系统、工作流程自定义系统、打印报表自定义系统、权限、菜单自定义系统等部分。职工用户工作业务层包括人事系统、行政管理、财务管理、绩效记录、部门管理等部分。决策管理分析层主要是业务办公管理数据统计分析系统。

（2）办公系统功能。广西港航办公系统包括以下主要功能：工作流程管理、公文处理、行政办公、文档管理。

① 工作流程管理包括可以对流程进行配置的工具和能够自动运行的工作流引擎，通过工作流功能以电子化的方式实现机关工作流程的网上运转。机关各部门可以在电子化的方式下协同完成完整的工作流程，各环节可以有机结合，无缝衔接。对于不同岗位的协同工作进行有效控制。

② 公文处理支持收、发文的管理，文件修改、审批，流程查看等，提供了基于第三方 Office 文档软件的文件处理等扩展功能。

③ 行政办公涵盖了机关日常行政办公的常用流程，如信息发布、会议管理、工作计划、会议室预定、出差申请、办公用品管理、财务报销、文件流程等。

④ 文档管理对机关办公文档进行有序管理，提供强有力的检索功能和权限

控制。

（3）办公系统的运行成效。广西港航办公自动化系统建设完成并投入使用后，广西港航局机关初步实现了一体化无纸化办公，借助电脑完成公文收发、归档，文件审批、修改，通知的发布等日常办公事项，广西港航系统各单位能够利用港航办公系统统一平台实现基本电子公文、技术资料的传递和共享，工作流程衔接更为紧凑。此系统的应用完成了传统办公向现代化办公的转变；大大提高了整个港航系统的行政效率；强化了机构整体的服务职能；达到了港航信息共享的目的；同时节约了人力、物力和财力。

3. 港航门户网站

（1）网站主要功能：

① 提供灵活的网站后台模块管理机制，根据后台模块的设置可进行前台窗口的排序以及菜单动态显示。

② 提供丰富的网站前台显示风格以及样式。

③ 提供页面静态化技术、页面代码优化技术、数据库操作速度优化、还原备份以及安全性机制，解决了内网外网访问等相关问题。

④ 提供灵活的用户权限机制，管理员可以授权各模块以及相应模块的信息发布、审核等权限给初级管理员，进行层次管理。

⑤ 提供会员投稿功能，系统注册并通过审核的会员可以在线投稿或编辑稿件，后台对稿件提供了丰富的统计报表功能。

⑥ 提供建议意见功能，网站游客发帖以及跟帖信息经此模块管理员的审核后，游客可以前台浏览帖子以及留言内容，并可对留言多次回复。

⑦ 提供在线期刊阅览功能、PDF文档下载、期刊查询、检索等功能。

⑧ 提供图集预览功能，后台可批量分组上传图片，通过丰富的脚本以及图片预览算法提高图片的显示质量以及效果。

⑨ 提供高性能的播放插件，通过网络优化缓冲加速提高视频流畅性。

⑩ 提供静态非刷新的跟帖回帖的新闻评论功能。

⑪ 提供广告管理功能，通过后台可以将制作的广告Flash，部署到指定的具体页面以及显示位置。

（2）网站运行成效。作为广西港航系统对外的门户，展示了专业性、互动性、实用性、技术性和延展性的特点，实现了内容和形式的统一。网站页面制作大气、美观，体现出广西水运管理部门的风采和面貌；网站栏目分类清晰，宣传类栏目要突现，主次分明，有重点、侧重点之分，包含全部需要展示的内容但不繁乱；站点内容充实，分类合理，让浏览者很快能找到自己需要的东西。并且网站建成后和广西港航系统的部分应用系统相衔接，达到系统内数据共享的目的。在业务系统中处理完的相关文件或其他数据如有需要在网站上对外发布的可以直接在网站上公布。

4. 广西航道管理信息系统

（1）主要建设内容。航道管理信息系统主要包括：航道信息管理、航道行政管理、航道设备管理三部分。航道信息管理应包括的功能有：航道基础档案、出航巡查记录、水情水位管理、航标档案信息、航道通告管理、基层部门档案管理、航道整治工程、航标海损事故处理、报表管理等几个部分。航道行政管理包括以下功能：行政许可管理、行政执法案件管理、行政巡查记录管理、施工现场监督及相应的行政行为统计报表等方面的管理。航道设备管理包括以下功能：船舶台账管理、设备台账管理、设备维护修理报表等。

（2）运行成效。航道管理信息系统的开发和使用，大大提高了广西航道管理的无纸化办公程度，实现了航道养护、行政等信息的自动汇集、分析和处理，有力支持了科学决策与规划，促进行政执法更为公开透明高效，增强了广西航道管理的水平和能力，改进了目前航道业务管理的管理手段，规范了航道业务管理中诸如航道日常维护、航道行政审批等方面的管理流程。

5. 广西航标遥控遥测系统

（1）主要建设内容。广西航标遥控遥测系统主要包括以下功能：遥测功能、报警功能、遥控设置功能、系统管理遥测设置功能。

① 遥测功能：能遥测浮标位置（经纬度坐标，采用 DGPS 差分定位）和运动速度、时间，并计算与预置的基准点经纬度的偏移值，判断标位是否正常。能遥测航标灯工作电压、工作电流、工作状态（亮 / 灭）、闪光周期或灯质（预设灯质、当前灯质及闪光方式），并以日光值确定昼或夜，判断灯器是否正常。能遥测航标蓄电池电压、太阳能充电电压和充电电流，判断电源是否正常。

② 报警功能：浮标移位报警，航标超出位移范围（以米为单位，范围可调）后报警，报警时自动跟踪并可保存和回放历史轨迹，便于找回丢失的航标；航标灯故障报警，如灯常亮，白天航标灯发光、夜晚不发光，发光不足，闪光异常（灯质错误）等自动报警；航标电源故障报警，如电源欠压、过压（报警临界值可设定和修改）时报警；通信报警，如通信中断超过设定时间（由监控中心服务器判断和发起）时报警；航标撞击报警，当航标受到船舶等外力撞击后报警。

③ 遥控设置功能：航标遥测遥控终端的遥控设置功能通过监控中心的监控台远程实施，只有授权的用户才可以进行遥控设置功能操作。每条遥控设置指令都有独立的编号和应答机制，如在设定时间内未收到指定编号的指令回复，遥控终端会自动弹出操作设置失败的提示，以上操作都记录在操作日志里。遥控设置功能主要包括：航标拆装设置（服务器来标记），航标抛设位置（所谓的“基准点”）及位移、漂移报警距离设置，终端工作模式（休眠、省电、轮巡、

点名、报警模式）设置，提供终端远程关机重启自检、各模块休眠、强制终端停止发送数据和删除被拆超时的航标灯的功能。预置和修改保存在终端的浮标报警值（设置浮标的基准点坐标、漂移或位移的允许范围、撞击报警阀值、航标撞击报警等级等）。可实时查询航标灯的当前工作状态、工作参数。

④ 系统管理遥测设置功能：主要包括远程设置轮巡、点名、定时和报警时发送数据的间隔时间，远程修改终端上传数据的 IP 地址、端口号、监控中心 GSM 号码等，远程对终端的嵌入式软件进行版本升级。

（2）运行成效。航标遥控遥测系统建成并投入使用后，最明显的效果是通过实时掌握航标的工作状况，发现航标工作异常时，能够及时出航予以恢复，增强了航标的可用性、可靠性，有效保障船舶航行安全。同时，可延长航标定期出航巡查的周期，降低劳动强度和优化维护成本。

航标遥控遥测系统的运行，实现了对航标的有效监控和管理，一是确保航标信息的准确性，为满足船舶安全航行需求提供更好的服务，保障通航安全，为建设绿色水上运输通道提供了极大的便利。二是提升航道部门管理水平，提高航道管理效率，改变了传统的航标维护工作模式，逐步向信息化、智能化、现代化发展，为加快港航事业的发展提供有力的技术支撑。

6. 广西航标与航道 GIS 系统

（1）系统架构。系统主要组成包括电子航道图显示与控制分系统、航标定位监测分系统、船舶导航定位分系统。

（2）系统功能。电子航道图生产系统以国际海道测量组织数字海道测量数据传输标准（IHO S57）为依据，以国际海道测量组织数字海道测量数据检验标准（IHO S58）为准则，并利用先进的计算机网络技术、数据通信技术和地理信息处理技术，确保数据的高精度、高质量的输出。

航标定位监测系统基于国际标准的电子航道图基础平台建立的基于 GPRS 通信网络，借助先进的航标遥测终端，能遥测浮标经纬度（采用 DGPS 差分定位）和运动速度、时间，并计算与预置的基准点经纬度的偏移值。

（3）系统运行成效。通过航道 GIS 系统生成的电子航道图，为建设航道、航标、船舶等管理信息系统提供了必不可缺的信息共享服务平台，为航道管理信息化长期可持续发展奠定了坚实基础，为平安航道、畅通航道提供数据支撑。

航标定位监测系统有效服务于航标设备故障的快速定位和及时恢复，航标及时维修率得到提高、航标运行管理费用有效降低、促进了航标管理现代化、提高了航标服务质量。

7. 广西船闸综合调度系统

（1）主要建设内容。系统主要建设内容包含以下模块功能，下一步还将根据实际需求情况的变化继续开发新的功能。

① 船舶注册信息，对报到船舶进行登记，记录船舶的相关信息。

② 船舶注册信息审核，联网检查船舶的相关信息（运单、船舶营运证、船检证书等）。

③ 查看报到船舶，查看当前待闸船舶数量和具体船名。

④ 查看过闸调度，查看船闸实时调度过程。

⑤ 过闸调度，调度船舶过闸。

⑥ 船舶信息查询，查询船舶的相关信息。

⑦ 调度历史查询，查询船闸的上下行调度历史。

⑧ 交接班，为保证只有当班用户具有操作权限，设立交接班流程。非当班用户只有查看权限。

⑨ 船舶类型设置。

⑩ 货物类型设置。

⑪ 优先过闸申报流程，对于非固定的优先船，使用此流程确定优先船身份。

⑫ 水位填报 / 查看，船闸用户通过此功能向航道部门报告水位。

⑬ 船检系统联网检查，可在系统中查询过往船舶的船检证书。

⑭ 各类报表，根据各用户的具体需求生成各类报表。

⑮ 系统管理，生成系统用户并分配权限。

（2）系统运行成效。该系统已在长洲船闸、西津船闸、红花船闸等十多个船闸使用。通过使用该系统，实现了对广西各水利枢纽上下游河段船舶通航的综合监管与船舶过闸调度，使主管部门、船闸运行部门、航运企业和船舶能够远程、动态、及时了解该河段船舶航行和船舶通过长洲枢纽船闸的相关状况和信息，提高了船闸运行部门、航道管理部门和航运企业的管理水平与综合服务能力，提高了各枢纽的通过能力和船舶的航行效率，达到了加强船舶的安全管理的目的。

8. 广西水路运政管理信息系统

（1）建设内容。根据《国内水路运输管理条例》、《水路运输管理条例及实施细则》及相关的文件要求，结合广西区内实际业务规范，本系统主要实现水路运输企业、水路运输船舶、水路运输辅助经营资质的管理，包括企业、船舶的市场准入许可和企业经营过程中的经营资质管理。具体功能包括：水路运输筹建开业管理、水路运输许可证管理、运力准入管理、船舶营运证管理、水路运输企业及船舶年审管理、水路运输辅助企业筹建开业管理及水路运输服务许可证的管理。

（2）运行成效。本项目建成后，一是为广西区内各级交通航运主管部门和水路运输（服务）企业提供统一业务处理平台，满足各级航运管理部门和企业日常业务工作需要，提高信息化应用水平，加强航运市场日常监督管理力度；

二是向主管部门提供航运市场统计分析，为制定相关法律法规和相关政策提供依据；三是进一步促进政务公开，更好地为行政相对人及公众提供信息服务。

9. 广西水路运单管理系统

水路货物运单具备下列内容：

（1）货物名称。

（2）重量、件数，按体积计费的货物应载明体积。

（3）包装。

（4）运输标志。

（5）起运港和到达港，海江河联运货物应载明换装港。

（6）托运人、收货人名称及其详细地址。

（7）运费、港口费和有关的其他费用及其结算方式。

（8）承运日期。

（9）运到期限（规定期限或商定期限）。

（10）货物价值。

（11）双方商定的其他事项。

运单一式8份，顺序如下：

第一份：货票(起运港存查联)。

第二份：货票(起运港解缴联)起运港→第一航运企业。

第三份：货票(托运人收据联)起运港→托运人。

第四份：货票(换装港结算联)起运港→换装港→第一航运企业。

第五份：货票(换装港解缴联)起运港→换装港→第二航运企业。

第六份：货票(收货人存查联)起运港→换装港。

第七份：货票(收货人存查联)起运港→换装港→到达港→收货人。

第八份：水水联运货物运单(提货凭证)起运港→换装港→到达港→收货人→到达港存。

每增加一个换装港，由起运港加抄3份。

该系统进一步加强了对广西内河航运市场的监管，规范了广西内河航运市场经营行为，构建了广西内河水路运输的信息支持保障系统。目前该系统已在广西内河航运市场全面推广使用，全区所有的内河运单都要通过该系统生成，通过该系统自治区港航管理部门实现对运单基础数据的准确掌握。

10. 广西港口管理信息系统

广西港口管理信息系统总体设计可概括为“一中心、十大子系统”，一中心指的是“港口数据（信息）中心”，十大子系统指的是“港口经营管理系统、港口安全及保安管理系统、港口设施保安模拟训练演习系统、港口地理信息系统（PortGIS）、港口重大危险源监控与预警系统、港口岸线资源管理系统、港口视频动态监控系统、港口经济运行分析系统、港口综合（移动）执法系统、渡口码头管理信息系统”。

（1）港口经营管理系统。主要包括港口经营人基本信息、资质证书、基础设施等信息管理。

（2）港口安全及保安管理系统。包括港口安全、港口应急、港口保安、危险货物申报、查询统计、决策分析 6 个功能模块。

（3）港口设施保安模拟训练演习系统。主要包括通信管理、演习管理、演习实现、模型管理、训练考核、动作考核、培训辅助等功能模块。本系统既可用于港口管理部门每年的演习组织、实施工作，又可作为港口设施经营人日常保安训练、学习的辅助工具。

（4）港口地理信息系统（PortGIS）。港口地理信息系统采用二、三维结合的方式呈现广西港口的电子沙盘图，为港口各类信息（港口、港区、码头泊位、在港船舶、港口企业、港口应急资源等信息）提供一个集中整合直观展现的平台，港口管理部门可通过本系统将港口、港区、码头泊位等港口设施属性信息、在港船舶、港口应急资源、危险源等业务信息与其空间位置信息关联，实现各类港口信息在电子地图上的集中直观展现，使港口管理部门对港口全要素信息的直观、实时掌握，辅助港口管理部门进行日常业务管理。

（5）港口重大危险源监控与预警系统。包含重大危险源地图展现、重大危险源预警、突发事故模拟、应急指挥与调度等功能模块。

（6）港口岸线资源管理系统。包含岸线资源地图展现、岸线资源审批、岸线资源查询与统计、岸线资源利用评价等功能模块。

（7）港口视频动态监控系统。港口视频动态监控系统连接广西港口行政管理部门和主要港口企业的视频监控系统，主要布设在客运及危险品码头等，初步计划布设 30 个内河港口视频监控点、20 个沿海视频监控点。

（8）港口经济运行分析系统。港口经济运行分析系统主要在整合港口生产、港口保安、港口安全等信息的基础上，通过数据分析和数据挖掘，掌握广西港口市场、生产、安全及保安相关情况的时空分布特点，分析其变动趋势，为宏观管理和领导决策提供支持，也为港口企业把握形势、开拓市场提供信息支撑。

① 制定适合广西港口经济发展现状的指标体系。

② 根据具体指标体系制定数据采集方案。

③ 定期生成经济运行分析报告，并具备预警提醒。

（9）港口综合（移动）执法系统。港口管理部门现场执法人员可通过移动执法终端（如 PDA、智能手机）获取自己的检查工作任务、工作流程规范及检查内容（检查表格），并根据相应流程规范及检查内容到现场进行规范的执法检查并在移动执法终端中及时记录检查情况，并能够现场打印检查结果，交给被检查人签字确认。同时，现场执法人员可通过移动执法终端采用现场拍照、录音、录像等手段进行执法检查取证，提升执法检查工作规范性和权威性。在执法检查过程中现场执法人员还可以通过移动执法终端查询被检查企业港口经营管理、安全管理、应急管理等信息及相关的法律法规，给执法检查工作提供必要依据，从而提高现场执法人员的“单兵作战”能力。

（10）渡口码头管理信息系统。开发建设广西渡口码头管理信息系统，通过建立包括渡口码头的批复设立情况、更新改造情况、基本建设规模和水工结构、码头实地照片、渡口管理人员情况以及各项管理制度建立落实情况等电子信息档案，建立广西渡口码头电子信息分布图，可以有效地全面提高渡口码头档案、更新改造和安全监管的效率，有效缓解因管理人员不足和交通不便而难以监管到位的突出问题。

截至目前，“港口经营管理”、“港口安全管理”、“港口危险货物申报”、“港口设施保安”、“港口应急”、“港口信息公告”、“港口统计分析”、“港口市场运行监测系统模块”8 个子系统模块已上线正式运行。根据计划安排，2014 年启动港口设施保安重大科目训练演习系统和港口重大危险源监控与预警功能模块研发工作。

11. 广西北部湾港港口引航调度系统

该项目主要包括四个系统：引航监控子系统、引航调度子系统、指挥中心监控系统、船舶引航子系统。

（1）引航监控子系统，该系统在北海、钦州、防城三个港口运行，通过 AIS 设备获取港口水域 AIS 船舶的动态和静态信息，以 AIS 基站网络实现 AIS 信息传输存储，以电子海图为背景，实现水域船舶的动态监视、实时标绘、船位推算、信息查询，特别是对引航船舶的实时动态监视。该系统主要由通信管理系统、港口引航监控系统组成。

（2）引航调度子系统，该系统主要包括引航申请管理、船舶预确报管理、作业计划管理、编制引航初始计划、制定引航作业计划（包括引航自动排班子系统）、引航计划管理、生成初始电子签证单、报表统计打印和基础资料维护及综合信息平台等功能。制定引航作业计划和引航计划管理是其核心功能。

（3）指挥中心监控系统，该系统是港口引航调度系统的上一级管理系统，在广西港航管理局运行。指挥中心监控系统实现以高精度的电子海图显示平台为基础的高精度的船舶监控作业，包括船舶动态标绘、避碰推算、信息查询、历史回放等监控功能。引航调度管理系统根据引航调度中心关于引航员调度管理的模式和业务流程，定制开发相应功能。

（4）船舶引航子系统，该系统借助到港船舶提供的 AIS 信息源输出接口，实现引航员对被引航船舶高精度的引航作业。借助船舶引航系统，引航员可以方便查询他船动静态信息以及由系统处理输出的避碰信息，从而更加安全、高效、便捷地在港口航道内航行，提高水上交通效率，提高安全性。系统功能主要分六个模块，分别为："电子航道图显示与控制"、"船舶动态监控与查询"、"报警与预警"、"引航管理"、"设备连接管理"和"相关辅助功能"。

该项目在北海、钦州、防城分别建立 AIS（船站）基站（根据调研情况来决定每个站点的 AIS 基站架设数量），实现三个港口 AIS 网络全覆盖；开发了基于电子海图的船舶动态监控系统，实现对港口 AIS 船舶的实时监控，特别对引航船舶重点跟踪和监控，保证船舶航行安全，实现了引航调度业务的数字化、信息化管理，提升了引航管理的水平和效率；开发了以船载 AIS 为船舶动态信息来源、以便携式电脑为运行环境的引航应用系统，满足引航员各种引航业务需求，为引航员提供直观、快捷、智能的引航指导和辅助，提高了引航安全和效率。

12. 广西船检发证系统

船检信息系统主要包括：交换中心、船检信息管理系统和船检综合信息服务系统。

（1）以广西区船舶检验局为交换中心，建立覆盖广西船检系统，包括局域的网络互联（LAN）和远程的网络互联（WAN），能够适应 Client / Server（客户机 / 服务器）、Web / Server（浏览器 / 服务器）以及透明数据信息共享，Internet / Intranet 等多种要求的内部网，具备良好的网络扩充性，实现与国家交通部海事局船舶检验证书发证系统的无缝连接，为领导决策层及业务人员的正常工作提供有效的事务处理手段。

（2）重点是开发一套符合广西船舶检验局船舶法定检验质量管理体系（ISO9001:2000）的，面向基层船检业务的，包括船舶检验、船舶计算、焊工考试、图纸审批、工厂管理等信息管理系统。

（3）开发面向船检系统业务人员和领导使用的综合信息服务系统，包括：

对内：它架构在基层业务数据的基础上，对船检业务管理数据进行更高、更深入的分析。为领导决策分析、业务人员的日常工作提供有效的分析手段。

对外：通过 Internet（国际互联网）和 Intranet（企业内部网）向客户提供信息服务，建立信息服务体系，并通过上述网络实现对客户的实时网上业务，如远程授号、检验申请等，同时提供其他的系统服务。

本系统于广西交通厅 1993 年下达的科研计划项目港监信息管理系统的基础上开发，曾获广西交通厅科技进步三等奖，有 10 年的实际应用经验，具有很强的针对性、实用性。该系统的数据库是以交通运输部海事局船舶检验证书打印系统的数据库为蓝本，结合 ISO9000 质量体系质量控制机制进行设计，符合我国船检系统制定的数据标准。本系统与交通运输部海事局船舶检验证书打印系统的无缝接合，确保证书打印的有效性、权威性，为系统推广应用提供前提条件。

13. 广西水运工程建设市场信用信息管理系统

（1）信用信息管理系统的构成。信用信息管理系统由水运工程建设市场责任主体基本信息子系统和水运工程建设市场责任主体信用信息子系统构成。

① 水运工程建设市场责任主体基本信息系统主要以水运工程建设市场责任主体的法人、资质、主要工程业绩为主线，获取企业的基本情况（包括法人名称、注册地点、法人代码编号、营业执照注册号、注册资本金、法定代表人、资质证书编号等）、企业近五年主要代表性工程业绩、不良行为处罚记录、技术装备状况及自有专利名称编号、代表性水运工程建设在建项目等信息，并可根据上述信息对各类责任主体进行分类统计、查询或检索。

② 水运工程建设市场责任主体信用信息系统，主要用于水运工程建设市场各类责任主体的信用信息采集、审核、汇总、上报和发布等工作。

（2）信用系统主要功能：

① 市场责任主体管理信用信息功能，包括基本信息的查询、采集和上报，良好行为信用信息及不良行为信用信息的查询、采集和上报。

② 管理部门管理信用信息功能，包括信用信息的查询、采集、上报、审核、发布和维护管理。

③ 公众查询信用信息功能，包括社会公众对市场责任主体的基本信息、良好行为记录信息和不良行为记录信息的查询。

④ 信息统计功能，提供对市场责任主体良好行为记录信息和责任主体不良行为记录信息的分类统计。

⑤ 用户管理功能，包括系统内单位、用户及用户权限管理。

⑥ 公众服务功能，对企业和社会公众提供相关信息服务。

通过该系统的建设，建立了广西水运工程建设市场信用信息管理系统，完善了水运工程建设市场信用体系建设，规范了水运工程建设市场的运行，记录各个用户的信用情况，为企业、公众提供及时、全面、准确的市场及信用信息，营造了良好的市场秩序和氛围，使得交通工程建设市场交易活动依法透明，信息资源共享的诚信体系逐步完善，法规制度建设不断推进，为适应快速发展的经济建设提供了强大的保障。该系统的运行有利于广西水运工程建设市场的管理，进一步规范广西港口工程建设市场秩序，为全社会信用体系的建立做出贡献。

14. 广西港航视频监控系统

（1）系统架构。依据数字视频监控技术特点，结合广西港航的具体实际，广西港航视频监控系统分为通信、视频数据库、现场监控、监控中心四个子系统，各子系统间彼此分工又相互协调。

（2）系统功能：

① 通信网络以光纤专线、无线网桥中继、以太网线为主要传输方法，根据监控摄像机的安装环境，灵活选用其中一项具体方法或采取多项结合方式。各监控摄像机以星形或树形拓扑结构逐段上联到视频监控中心。

② 通过计算机网络中心的视频存储数据库，使用大容量磁盘存储阵列，满足历史视频回查的时间长度要求，支持高速读写，实现历史视频备份、查询、处理以及信息共享。设计系统开发接口，为向其他应用系统共享使用视频数据预留对接条件。

（3）通过监控中心屏幕能监控港口码头、航道航标、桥梁船闸等现场实时情况及运行状况。依托监控中心的环境条件，建立视频监控值守机制，具备快速发现异常情况能力，提高应急事件处置效率。值守、管理人员可以在智能监控系统的辅助下，进行港口管理和航道维护的信息采集，外业协作联动等工作。监控中心液晶大屏幕能够同时显示多个视频信号和 RGB 信号，任意位置任意尺寸开窗口显示，屏间拼缝不产生图像和文字错位现象，各通道信号控制切换自如，自动适应各种分辨率，能够显示港航各业务信息系统所支持的数据、表格及图形。

（4）能够为地方政府、海事、水利、农业等涉水相关管理部门和社会应急服务部门提供信息交换共享平台，为水上协同行政执法提供在信息技术上的有利条件。

2008 年 4 月依托贵梧航道整治工程信息化建设建立的视频监控系统建成并投入运行，实现对长洲枢纽船闸上下引航道、下关赤水检查站实时视频监控。截至目前，在南宁至梧州的西江干线航道布设了 30 个前端摄像机，对贵港、西津、桂平、长洲等西江干线船闸枢纽实现远程监控功能。

港航视频监控系统有效降低港口码头、航道航标、桥梁船闸等现场巡查人员的劳动强度，降低巡查成本，对于人力资源不足和不能及时到达的偏远航道重点滩险尤其具有重要的实用意义。

港航监控系统的运用，使港航管理部门能随时快捷了解各监控现场的具体情况，形成了人工巡查不可比拟的效率优势，大大提高了管理的智能化和有效性、及时性，极大地提高了日常维护与服务监督工作的主动性，为港航运输网络体系提供了提升安全保障的有效措施，使得水上交通事件造成的损失和影响控制在最低限度，实现了良好的社会经济效益。

14.1.5 建设中存在的问题

广西港航信息化建设虽然取得了较快的进展，已经打下了较好的基础，但总体来看，港航系统的信息化建设与应用尚处于基础信息管理阶段，尚未进入信息资源整合和综合利用的阶段，港航信息化的效益和效果还没有得到充分发挥，港航信息化发展水平与港航行业自身发展的需求、社会公众的需求之间还存在一定的差距。目前存在的问题主要表现在以下方面：

（1）信息化发展水平不平衡。主要体现在：一方面，港航企业相对于港航行业管理部门来说，信息化水平偏低，除了一些行业内的大型企业外，大部分的中小型企业基本上还未应用信息技术，从业人员信息技术素质普遍不高，影响了全行业的信息技术应用的深入普及；另一方面，港航系统各业务管理信息化发展不平衡，信息化程度还不够高，甚至还有空白，信息化发展水平的不平衡阻碍了港航行业信息化的整体、全面推进，影响综合应用系统的建设；第三，存在重复建设现象，比如不同单位分别开发同一类信息资源，造成同一种信息资源需再次整合才能共享利用造成了资源的浪费。

（2）信息交换与共享体系建设滞后。发展现代港航业要求充分有效利用各种港航信息资源、发挥信息的最大效益，同时要向现代服务业转型，提高公共服务水平，建立安全、畅通、便捷、经济、可靠、和谐的水路运输体系。这就使得港航行业主管部门内部，不同行业管理部门之间，行业管理部门与行业企业、社会公众之间以及交通运输行业与其他行业、政府部门之间进行信息交互的需求越来越迫切。而目前广西港航行业信息交换与共享体系建设滞后，包括缺乏有效的信息共享机制、信息交换与共享基础平台还未建成、信息交换与共享的标准规范不明确等，这将成为阻碍广西港航业信息化水平进一步提升的关键因素。

（3）信息资源挖掘利用不够，信息资源基本没有得到有效的综合利用。目前各业务信息系统中的数据应用基本还停留在基本应用层面，缺乏深层次、广泛的综合分析和应用，信息查询、数据应用的广度非常有限，数据共享交换体系还未建成，直接影响了行业宏观决策效能和决策质量，影响行业综合监管、综合执法、综合调度、综合服务能力的提升，与行业快速深入发展对信息资源整合与综合利用需求不协调。

（4）公共信息服务水平有待提高。目前广西港航行业整理、挖掘公共信息资源的手段有较大的局限性，主要提供各种静态数据服务，如政策法规、办事指南等，动态、时效性较强的信息资源匮乏。另外，在信息发布方面，缺乏多样、分层次、个性化的公共信息发布手段。这两方面因素导致港航行业公共信息服务水平较低，不能满足广大社会公众日益提高的港航综合信息服务的需求。

（5）信息化保障体系建设有待进一步完善。当前港航行业的发展还是将绝大部分的资金和精力集中在基础设施建设和设备的购置上，用信息化手段来提高港航行业管理水平和服务水平的意识还有待于加强。主要表现在：港航系统各级单位专门负责信息化建设的人员不足，信息化人才引进和培训的力度还不够，导致信息化推进工作难度较大；信息化建设缺乏稳定的资金来源，信息系统维护更新费用更是缺乏保障。

此外，不论是信息安全管理体系，还是信息化标准规范体系，都不够完善。信息安全管理的组织机构不健全，信息安全保护级别低，同时缺乏异地数据备份和热站式灾难恢复能力，不能适应 24 × 7 小时不间断工作的要求。

（6）现代港航物流公共信息服务平台的建设尚需加快推进。广西现代港航物流公共信息服务平台目前尚处理论研究阶段，尚未开展具体的建设工作。广西港航物流平台建设仍处在初级发展阶段，整体基础薄弱，运行效率不高。因而加快港航现代物流的发展，全面提升港航物流业发展水平，推进现代港航物流公共信息服务平台建设已成为广西港航发展面临的一项十分重要而又紧迫的战略任务。

（7）水路安全畅通与应急处置系统建设尚未启动。广西气象灾害种类多、分布广、活动频繁、危害严重，经常受到干旱、洪涝、低温冷害、霜冻、大风、冰雹、雷暴等危害，其中以旱涝最突出，给广西交通运输基础设施的正常运行造成了较大危害，使得广西公路水路安全保畅和应急处置任务较为繁重。

水路安全畅通和应急处置系统的建设，通过缓解航道大范围、长时间拥堵和阻断现象，提高水路基础设施运行效率，减少出行者在途时间，保障国民经济的平稳运行。通过加强源头管理和日常安全监管，消除安全隐患，保障人民生命财产安全。减少能源浪费，减轻环境污染。

对加强交通基础设施和运输装备的运行监测能力，提高其运营管理水平和运行效率，保障路网水网畅通，提升交通运输安全监管和应急处置的监测预警、通信保障和决策支持水平，提高面向公众的应急信息服务能力，维护社会稳定等具有重要的作用。

14.2 西江黄金水道多梯级、多线船闸智能联合调度平台

14.2.1 项目概况

西江是我国内河水运主通道的“一纵两横两网”中重要的“一横”，是西南水运出海通道的重要组成部分，是我国现代综合交通运输体系的重要组成部分。西江航运干线作为珠江水系的主通道，其货运量约占珠江干线运输量的70%，是一条名副其实的黄金水道。

长洲枢纽船闸作为西江干线的重要节点，是广西、云南、贵州通往粤港澳的唯一水运通道。2007 年 3 月开通至 2012 年年底，每年都存在滞航现象，滞航船舶数量最多达到 1600 多艘，延绵十几公里，滞航事件的发生，社会影响强烈，引起了中央政府及交通运输部和地方政府的高度关注，相关领导多次赴事故现场组织多个部门协调解决碍航问题。随着扩建的三线、四线船闸的完成，长洲枢纽船闸通过能力将得到大幅提升，但是面临交通流复杂条件下，缺乏科学船闸调度管理技术支撑和管理方法的问题依然严峻，如何通过技术手段和管理措施保障长洲枢纽船闸的通过能力和通航安全是非常迫切需要解决的问题，也是关系到西江黄金水道建设顺利开展实施的重点。

广西港航管理局为了解决该问题，通过科研立项的方式（2011 年度西部交通科技项目“黄金水道通过能力提升技术”重大专项）与交通运输部水运科学研究院合作完成了广西西江多梯级、多线船闸联合调度平台（以下简称：船闸联合调度平台）的研发工作。现平台已完成系统上线，正在进行优化调试工作。

14.2.2 建设任务

本项目以西江多梯级、多线船闸联合调度为切入点，通过形成流域内各交通部门与其他部门统一的集成化调度平台，切实提升西江流域多梯级船闸枢纽组织调度能力，缓解西江滞航、堵航问题，全面提高对船舶、船闸、航道等的管理水平与综合服务水平，满足西部地区日益增长货物运量的实际需求。

船闸联合调度平台软件，通过综合运用系统建模、整体优化等原理和人工智能、地理信息等技术手段，采用 SOA 体系架构实现了航程管理、过闸调度管理、待闸管理、船舶动态管理、统计分析等功能，为提高西江航运决策和管理水平提供了技术支撑。

14.2.3 平台的结构

1. 平台硬件及网络架构

硬件和网络方面主要依托广西港航管理局、长洲船闸、贵港船闸的现有服务器、网络连接、客户机终端（计算机）等设备。硬件结构如图 14.1 所示。

2. 平台软件实现架构

考虑到系统的实用性与今后可扩展性的需求，软件采用 SOA 的 Client/Server 架构，系统软件结构如图 14.2 所示。

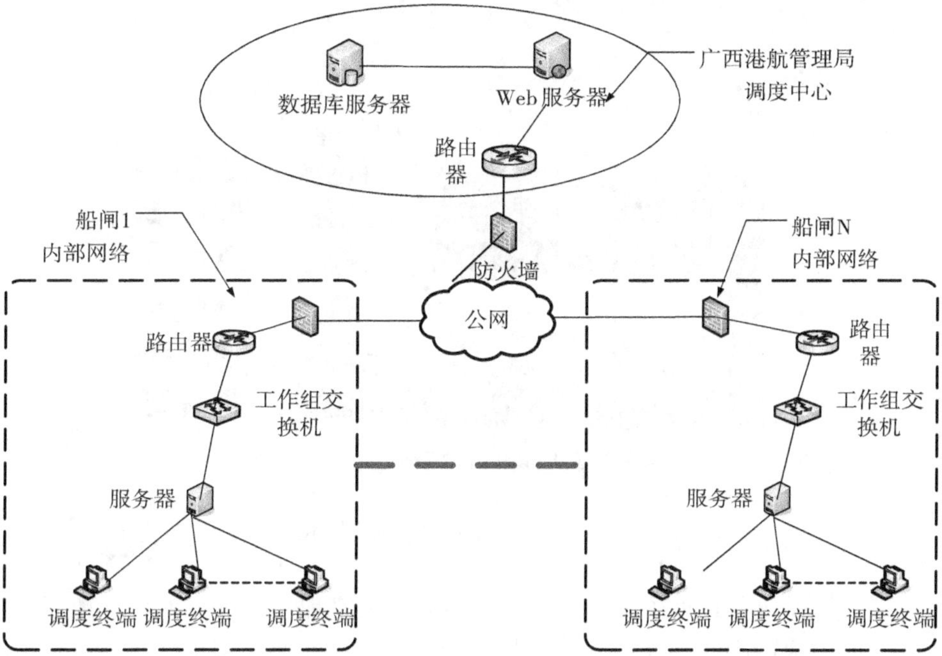

图 14.1 网络及硬件架构示意图

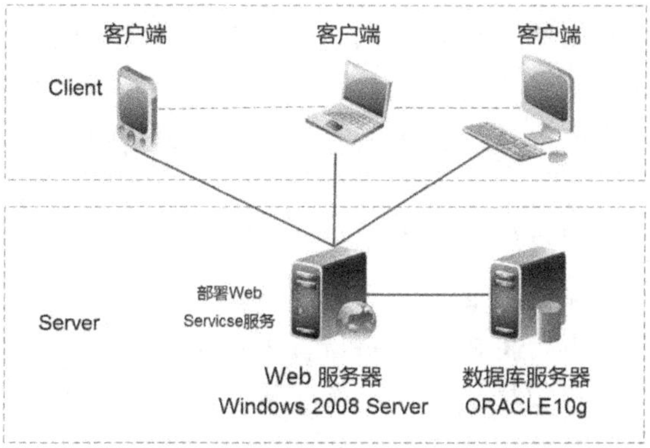

图 14.2 平台软件实现架构示意图

14.2.4 平台的功能

平台分为管理支撑子平台、调度业务管理子平台、统一门户、权限管理、SOA 子平台五大组成部分，如图 14.3 所示，其功能如下：

（1）管理支撑子平台。该子平台重点实现船闸联合平台所需的船闸、天气、水文、航程、用户等基础数据的信息化管理功能。该子平台为调度业务管理子平台提供必要的信息支撑。

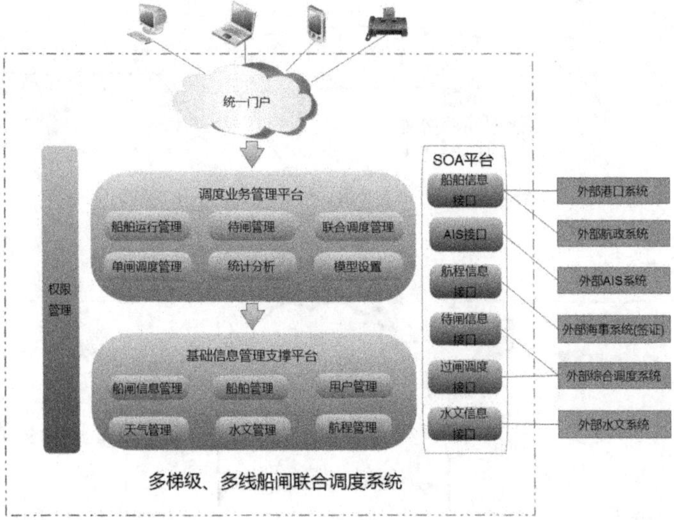

图 14.3　平台功能组成及系统边界示意图

（2）调度业务管理子平台。该子平台重点实现船闸调度广西西江船闸调度所涉及的宏观调度和微观调度两大核心业务。其中，联合调度功能通过构建广西西江船闸链二叉树模型实现宏观优调度。待闸管理和单闸调度管理功能重点实现单船闸（包括多线船闸）微观调度，并通过提供智能化、自动化的船闸排档功能，充分优化利用闸室有效面积，提高单闸调度管理水平。船舶动态管理功能通过 AIS 技术实现了在途船舶状态的跟踪，为船闸调度提供预判依据。统计分析功能针对历史调度情况，予以总结分析，为宏观调度决策和改进、完善调度模型提供支撑。

（3）统一门户。通过定制客户端开发模式，研发了门户软件。统一门户为用户实现平台功能的操作的唯一接口。

（4）权限管理。平台将权限控制与管理贯穿于整个子平台和功能节点，采用按用户权责，分级授权模式，限定操作权限。此外，为了保证平台操作的可追溯性，还实现了重要操作的日志记录与跟踪。

（5）SOA 子平台。该子平台实现平台与现有系统间的数据共享。平台采用 SOA 体系架构，开放了船舶、AIS、航程、待闸信息、过闸调度、水文等 Web Services 对外服务接口。

14.2.5　建设的重点与难点

1. 系统建设的 8 个重点

（1）重点解决好数据传输的带宽问题。

（2）重点解决好地理数据的获取，更新问题。

（3）重点解决好元数据提供的问题。

（4）重点解决好港航行业公共地理来源、采集与更新问题。

（5）重点解决好标准地址库的建设和建立更新机制问题。

（6）重点解决好对船闸智能联合调度平台标准的理解问题。

（7）重点解决好业务地理、船舶关联数据的上图问题。

（8）重点解决好技术支持系统的建设问题。

2. 系统建设的 6 个难点

（1）获取数据困难。

（2）数据建设方面的困难。

（3）标准地址库的建设困难。

（4）业务地理、船舶关联数据的实时更新上图困难。

（5）技术支撑系统的建设困难。

（6）智能联合调度平台与港航行业业务相结合，产生应用实效困难。

14.2.6 建设的成效

船闸联合调度平台研发集成应用了计算机数学优化技术、数据库技术、网络技术、船舶识别技术、地理信息技术等一批具有代表性的高新技术手段，成功解决了长洲四线船闸调度、自动闸室排布、多梯级船闸联合调度方案自动生成等一系列问题，成功解决了西江多梯级船闸优化调度问题。其研究成果具体如下：

（1）面向多梯级多线船闸联合调度的功能需求，参考待过闸船舶权重设定方案，将闸室排布问题抽象成数学问题，提出了单闸闸室自动排布算法，为通航管理提供辅助决策支持，在提高闸室使用率的同时，有效降低人为因素对枢纽通航公平性的影响。通过数据验证，闸室平均利用率达到 80% 以上。

（2）以西江黄金水道干线主要船闸、港口为控制节点，以航运船舶为调度主体，通过分析船闸枢纽、港口、在航船舶的实际情况，结合各船闸的通过能力、港口吞吐能力，提出了多梯级调度算法，算法可为航运管理部门自动生成保障航运资源的优化利用的联合调度方案。

（3）依托西江信息化建设情况（包括：网络、通信、信息系统等），研发了船闸联合调度平台，并以该平台为主要智能调度载体，服务于航运管理部门，规范了调度管理行为，提升了航运管理部门的综合管理水平和服务能力，为保障西江安全、畅通提供了技术支撑。

14.2.7 建设体会

西江黄金水道无疑将成为重要的水运大动脉，与广西、广东沿江经济发展密切相关，据预测，到2015年和2020年，西江黄金水道货运量分别为10 230万吨和12 700万吨；港口货物吞吐量分别为11 290万吨和13 690万吨。科学、合理、可行、有效地解决好西江船闸优化调度问题，对于加快西江航运发展，推动西部地区经济又好又快发展将起到积极促进作用。

在项目的研发过程中，积累一些经验体会，特别是船闸调度管理应按宏观、微观调度两个层面划分。宏观调度面向航运主管部门，以船闸为控制点重点解决西江航运调度总体优化问题；微观调度面向船闸具体运行管理单位，以单闸规范管理、船闸优化利用为目标重点，实现单闸调度管理信息化等微观调度问题。宏观调度通过指令下达，微观调度通过反馈调度情况实现联动。通过该模式可以对船闸调度实现精细化分工，权责明晰，平台功能间耦合度低，便于完善、升级，更利于推广应用。

在我国的内河航道中，梯级渠化已大势所趋，对于船闸联合调度的需求也必将逐步增强，船闸联合调度平台的成果推广应用前景广阔。

14.3 广西数字航道系统

14.3.1 项目概况

随着近年广西内河水运事业进入建设发展快车道，水路运输需求增长和航道等级提升对航道航标管理维护提出了越来越高的要求，把信息化技术应用于航道航标管理成为努力提高航道管理水平，改进行业服务的重要环节。GIS是能够收集、管理、查询、分析、操作以及表现与地理相关的数据信息的计算机信息系统，在航标定位、遥测遥控、电子航道图系统采集、生产与构建中都需要GIS平台的支撑。建设基于航道航标运行状况的GIS平台，形成航道地理地图信息系统和航标定位系统，成为港航管理部门的必然选择。

14.3.2 建设任务

该项目基于水运行业中成功推广应用的GPS坐标定位技术、电子航道图生产技术和虚拟航标技术，通过系统集成技术，采用当前先进的网络技术、移动通信GPRS技术、GPS技术、GIS系统设计，中间件技术研究整合和建立航道与航标GIS系统，提供地理信息和地图定位后台服务，航道、航标、水位、航运、港口、船检、征费、物流等综合信息管理和信息服务系统可以使用相关服务，调取地理地图数据，从而提高港航系统的行政效能，为行业从业者提供优质、便捷的行政事项公共服务和港航综合信息服务。

广西航标与航道 GIS 系统建设，依托西江航运干线贵港至梧州航道工程，在地理信息服务 GIS 技术与地图定位 GPS 技术成果在水路交通管理推广应用方面具有实践性很强的示范意义。该系统的应用和运行，对推动内河智能交通的研究和应用产生积极的促进作用。

14.3.3 系统的结构

系统主要组成包括电子航道图显示与控制分系统、航标定位监测分系统、船舶导航定位分系统。

14.3.4 系统的功能

电子航道图生产系统以国际海道测量组织数字海道测量数据传输标准（IHO S57）为依据，以国际海道测量组织数字海道测量数据检验标准（IHO S58）为准则，并利用先进的计算机网络技术、数据通信技术和地理信息处理技术，确保数据的高精度、高质量的输出。

航标定位监测系统基于国际标准的电子航道图基础平台建立的基于 GPRS 通信网络，借助前进的航标遥测终端，能遥测浮标经纬度（采用 DGPS 差分定位）和运动速度、时间，并计算与预置的基准点经纬度的偏移值。

14.3.5 建设的重点与难点

1. 系统建设的 8 个重点

（1）重点解决 GIS 概念的理解、GIS 的组成问题。

（2）重点解决空间数据的数字化、栅格数据和矢量数据的压缩编码方法、地理空间数据库的问题。

（3）重点解决栅格数据分析的基本模式、矢量数据分析的基本方法、空间数据的分析方法、数字地面模型及其应用的问题。

（4）重点解决后期建设、拓展 3S 集成技术的问题。

（5）重点解决数字地球关键技术的问题。

（6）重点解决网络 GIS、组件式 GIS 的问题。

（7）重点解决地理信息系统设计的模式、地理信息系统设计与开发的步骤的问题。

（8）重点理解 GIS 标准化的内涵。

2. 系统建设的 8 个难点

（1）弄清 GIS 与相关学科的关系的困难。

（2）实现空间数据数字化的空间坐标转换、栅格数据和矢量数据的压缩编码方法、空间信息查询应用的困难。

（3）实现栅格数据分析的基本模式、矢量数据分析的基本方法、空间数据的分析方法、数字地面模型及其应用的困难。

（4）理解、实现 3S 集成技术的困难。

（5）理解数据挖掘与知识发现内涵的困难。

（6）理解网络 GIS、组件式 GIS 概念的困难。

（7）实现地理信息系统的标准化的困难。

（8）理解 GIS 相关标准化层次的困难。

14.3.6 建设的成效

经过历时将近 2 年的开发实施、运行、培训及试运行过程，项目组按时按期、保质保量地完成了电子航道图生产系统、航标定位监测系统两个系统的预期开发任务，较好地达到了预期的开发目标。

电子航道图基础地理地图信息的生成，为建设航道、航标、船舶等管理信息系统提供了必不可缺的信息共享服务平台，为航道管理信息化长期可持续发展奠定了坚实基础，为平安航道、畅通航道提供数据支撑。

航标定位监测系统有效服务于航标设备故障的快速定位和及时恢复，航标及时维修率得到提高，航标运行管理费用有效降低，促进了航标管理现代化，提高了航标服务质量。

14.4 发展规划

14.4.1 概述

广西港航系统把发展现代港航业作为当前和今后一个时期的重要战略举措。发展现代港航业要求以信息化作为基本手段和必要支撑。在港航业深入和广泛应用信息技术，能有效促进各种运输方式的高效衔接，提高运行效率；能提升公众信息服务水平，增强应急处置能力；能促进行业发展方式的转变，推进资源节约型、环境友好型行业的建设，即以信息化带动水路运输现代化是发展现代港航业的必经之路。

14.4.2 发展需求

根据对广西港航信息化发展存在的问题和面临的形势分析，广西港航信息化建设有如下需求：

1. 网络基础设施建设需求

“十一五”期间，广西港航系统基础网络平台得到了较大的升级扩展，基本覆盖了港航行业主管部门各级工作机构，网络性能也有了很大提高，但是行业重点企业与行业管理部门之间还没有覆盖，无法实现安全的信息交换。此外，与相关行业、部门（如：海事、水电等）的信息沟通还不顺畅，这已经成为广西港航信息化深入发展的一个制约因素。要解决这一问题，“十二五”期间一方面还需加大港航系统内部网络基础设施建设，提高网络覆盖率，不断完善港航系统内部基础网络平台；另一方面还要建设与相关行业、相关企业进行信息共享、交换的安全信息通道。

2. 政务信息化与业务管理信息化建设需求

建设广西“数字港航”、打造服务型政府、提高行业监管和服务水平的一个基本途径就是各级行业管理部门从自身做起，提高政务办公的效率和质量。目前，办公应用系统在港航系统各级行业管理部门得到了较好的应用，“十二五”期间要扩大办公应用系统的应用范围，继续完善数据处理的模式和功能拓展，不仅能实现公文的收发，而且能实现各条线管理机构统一的公文流转，以满足提高政务办公效率和质量的需求。

“十一五”期间，广西港航系统基本完成了各类业务处理的信息化，但是尚有部分业务处理还没实现或有待进一步完善，还需大力推进港航政务信息化与业务管理信息化建设，为“十二五”港航信息资源的综合利用提供全面的信息化支撑。

3. 数据中心建设需求

行业管理部门的决策水平是影响行业监管的效率与质量的重要因素，推进政府职能转变要求政府部门的决策行为做到高效、科学、规范。这就要求港航管理部门加强港航信息资源的整合、挖掘和利用，提高决策支持的能力。

目前，港航系统已开发的基础信息资源分散在各业务部门内部，缺乏信息共享的机制和条件，形成了信息孤岛，并且数据存储和表现形式多样，行业管理部门的具体业务处理和宏观决策缺乏足够、准确、及时、全面的信息资源，阻碍了港航行业综合监管效率的提高。因此，有必要建立一个广西港航系统统一的港航数据中心，将分散在各业务部门的基础信息资源有机的整合在一起，统一数据来源，提升数据质量，促进信息资源共享交换。同时加强信息资源的开发和利用，提高数据利用效率，为行业管理部门的管理、决策提供强有力的数据支持，为综合应用系统的建设提供基础信息支持。

4. 综合应用系统建设需求

“十一五”期间，广西港航信息化得到了较快发展，基本实现日常业务处理的信息化、网络化，为广西港航信息化的深入发展打下了良好的基础。但从信息化发展规律的角度来审视，广西港航信息化仍处于信息管理的初级阶段，信息资源还未得到有效的整合和综合利用。要打造“数字港航”、构建“智能港航”，必须充分挖掘、整合、综合利用各种信息资源，建立针对特定综合业务管理和服务的综合应用系统，充分发挥信息技术的特点，实现业务逻辑、业务流程的再造和优化，提高港航信息资源的综合利用效率，整体提高港航行业管理的工作效率，提升行业的监管、应急处置、决策支持的能力和服务水平。在交通运输部领导下，珠江航务管理局自2011年起，协调水系四省区，组织开展了珠江航运综合信息服务系统建设的相关工作。该系统立足于珠江，服务于政府、行业和社会公众，集行业各参与要素、各类业务需求于一体，充分体现整合、共享与服务的本质特征。结合广西业务需求，目前比较迫切的综合应用系统建设需求主要有：以整体提高内河船闸通航效率为目的综合调度系统；整合利用港航各种执法资源、提高行政执法效率的水路综合执法平台；提高行业监管效率的综合监控系统、提高港航宏观决策支持能力的综合运行分析系统、提高港航建设项目规范性的港航市场信用信息管理系统等。

5. 现代港航物流公共信息服务平台建设需求

随着北部湾地区经济开放、开发的不断深入，西江黄金水道建设规划的深入实施，以及我国与东盟各国的经济纽带关系日益紧密，港航物流将成为这种纽带关系的重要一环，因此亟需应用现代物流技术提升北部湾地区港口物流、西江黄金水道航运物流信息服务水平。信息化作为现代物流技术中的重要特点，是打造大西南区域性物流基地的必然选择，是全面提升北部湾地区港口物流公共信息服务能力和水平，是推动北部湾地区、西江黄金水道港航物流发展的有效途径。

（1）增强广西港航物流信息化协同共享程度，促进港口物流跨系统、跨区域应用集成的迫切需要。由于交通电子口岸的港口物流供应链中涉及行业广泛、地域性强、信息时效性要求高，因此会带来跨行业、跨地域的信息交换、协同与共享。但目前物流供应链中的集装箱货物、散杂货物、集疏运状态、单据等重要信息不能进行顺畅的交换共享，降低了物流活动的运行效率。亟需通过信息技术，建立一套满足港航物流需要的交换指标要求、接口规范及信息共享交换平台，从而实现港航物流活动的协同工作，促进港航物流信息集成化、标准化程度。

（2）优化港航物流供应链中各类资源配置方式，提高物流生产组织效率的需要。目前广西港航物流枢纽、企业信息化程度不足，应用先进信息化技术手段对物流行业进行监控和管理，物流生产组织效率较低，各类资源配置方式粗放，要打造“港航强省”，需要针对北部湾地区港口物流行业的现状，将消息中间件、电子商务、数据仓库、商务智能、RFID、卫星定位、无线应用等现代信息化技术引入广西港航物流行业发展，应用消息中间件技术解决物流信息交换共享的问题，应用电子商务技术解决物流交易方式落后的问题，应用数据仓库和商务智能解决物流信息分析与辅助决策手段不足的问题，应用RFID电子标签技术解决物流枢纽智能化管理的问题，应用无线应用技术实现物流信息服务的移动化和便捷化，为各物流参与方提供方便的在途物流信息服务，一定程度上可降低运输工具的空载率。引入先进的信息网络技术，对于转变港口物流管理运行模式，提高物流生产组织效率，打造便捷的广西港航交通通道，都具有非常重要的实践意义。

6. 信息化保障体系建设需求

针对港航信息化专职人员匮乏的现状，各级行业管理部门要提高信息化建设的重视程度，配备充足的专职信息化人员。同时要加强对信息化人员的培训，为行业信息化人才的发展提供保障机制。

（1）资金缺乏也是港航信息化发展的一个关键制约因素，为了保障港航信息化的顺利开展，适应新时期港航信息化发展需求，要求为港航信息化的发展提供稳定的资金来源。另外，信息系统的后期维护、更新也需要有专项资金支持。

（2）标准规范建设滞后于信息系统的开发，已经成为制约港航信息化发展的一个重要因素。因此，亟需加强标准规范的建设，形成广西统一的港航信息化标准规范体系，避免出现各信息系统间数据标准规范不统一，造成数据资源互不兼容、共享交换不顺畅的问题。

（3）信息安全保障体系是港航信息化总体框架的重要组成部分，随着互联网和网络技术的发展，对于港航管理部门和企业的信息系统面临着更大的风险和挑战。这就需要建立强有力的信息安全保障体系，通过信息安全管理体系、信息安全技术体系以及信息安全运维体系的综合有效的建设，提升港航信息化建设安全保障能力，进一步提升信息系统的运行效率。

14.4.3 发展目标

《广西北部湾经济区发展规划》和《西江黄金水道建设规划》的深入实施对广西港航信息化的发展提出了更高、更新的要求。

（1）大力推进交通电子政务建设，进一步提升行业监管与公共服务水平。

电子政务深入发展是广西“数字港航”建设的切入点之一，要求广西港航系统以信息化手段进一步提高行业管理和服务的科学性、高效性、规范性和透明性，推进政府职能转变、打造服务型政府。要落实广西“数字港航”建设的要求，需以政务信息化建设为先导，加大港航主管部门自身信息化建设的力度，加强港航信息资源的开发和利用，规范水路运输和建设市场，不断提高行业监管、调控、决策和公共服务的水平，全方位提升依法执政、民主执政和科学执政的能力。

（2）加强对交通基础设施与设备的动态监测，提高港航系统的管理水平和运营效率，满足不断增长的经济社会发展需求。

未来5年，随着社会经济的发展，北部湾经济区发展规划和西江黄金水道建设规划的深入实施，钦州保税区正式启用，我国与东盟各国国际贸易量的不断增长，广西水路运输和港口吞吐需求总量仍将保持稳定、快速的增长趋势，同时对于港航服务水平提高的需求更加迫切。预计到2015年，广西北部湾港的吞吐量将达到3亿吨，内河通过量将达到1亿吨以上，除了大力发展港航基础设施和港航装备外，还应遵循科学发展观理念，注重港航系统运行效率的提高。在物联网技术进入快速发展期的关键时期，需要将AIS、卫星定位、传感器、宽带无线传输、云计算等信息技术融合进港航基础设施与设备、货物、人员的建设、管理、运营和服务中，以显著提升港航系统的信息化、智能化水平，提高水路运输服务能力和服务水平，满足经济发展和社会生活对港航业不断增长的需求。

（3）完善交通安全保障体系，以信息技术为重要支撑，全面提高安全监管、监测预警、应急处置水平。

未来5年是我国全面建设小康社会、实现社会可持续发展的关键时期，安全、社会稳定等问题将受到更大的关注。港航行业是安全监管的重点行业之一，由于港航行业安全隐患较为集中，水路运输和港口生产安全问题不仅给人民生命财产带来重大损失，还会给社会安定带来巨大的负面效应。另外，随着未来港航设施和设备规模、数量的增长，种类的多样化以及船舶通航密度、港口规模不断加大，安全隐患有日益增长的趋势，港航安全形势依然严峻，不容懈怠。保障水路运输和港口生产安全，是港航发展面临的重大挑战。

因此，广西港航业应充分应用先进的信息技术对重点安全隐患进行信息采集、动态监测、及时预警，减少各种事故发生的概率；加强应急通信保障建设和应急决策分析，提高应急指挥与调度能力，降低紧急事件造成的影响；同时，综合利用各种信息发布手段，在重大紧急事件发生时，及时向社会公众发布信息，维护社会稳定。

（4）提升综合枢纽经济区地位、打造国际物流中心，借助信息化手段促进多种运输方式的协同发展。

广西是国家确定的实施西部大开发新崛起的综合交通枢纽区域，承东启西、背靠大西南，面向东盟，连南贯北，具有促进各种运输方式相互衔接、优化运输结构的重要作用。依托其良好的区位优势，国家公布实施《北部湾经济区发展规划》，同时广西也出台了相应的专项规划，提出了把北部湾经济区打造成具有口岸功能的现代化国际物流中心的发展战略。

由于组织和管理的原因，交通运输行业各种运输方式之间缺乏有效的联系，阻碍了整体效率的发挥。这就要求以信息技术为手段，统筹协调多种运输方式，加快区内多种运输方式的公共信息平台建设，促进各种交通方式的有效衔接，推进多式联运的发展；加快广西物流公共信息平台的建设，优化配置物流资源，提升物流运作效率。水路运输是交通综合体系建设的重要组成部分，港口是物流的重要节点，加快港航信息化建设，提高港航信息化水平具有十分重要的意义。

14.4.4 总体框架

综合考虑广西港航信息化发展的需求及其指导思想、基本原则和发展目标，构建了广西港航信息化发展的总体框架。以“四化”（办公自动化、监管立体化、服务网络化、决策智能化）为特点的广西“智慧港航”“4141”总体框架见图 14.4。

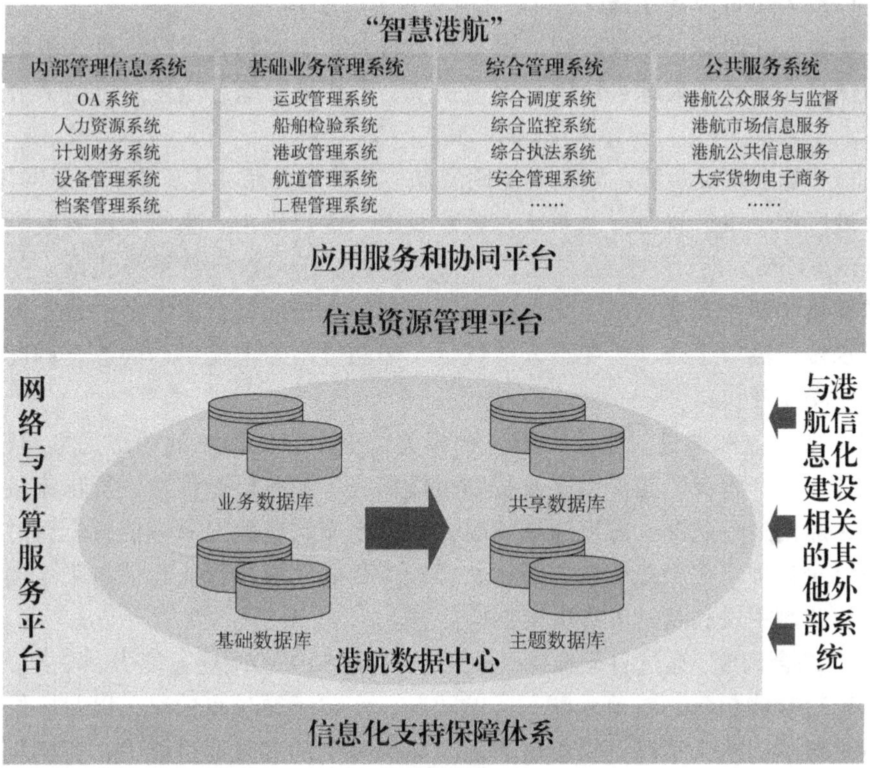

图 14.4 广西港航信息化“4141”总体框架

（1）“4”是指港航信息化四个基础平台：网络与计算服务平台、信息资源管理平台、应用服务和协同平台、数据中心。

（2）“1”是指建设一个强有力的港航信息化支撑保障体系。

（3）“4”是指四大应用系统：内部管理信息系统、基础业务管理系统、综合管理系统、公众服务系统。

（4）“1”是指逐步建成智能化的“智慧港航”平台。

14.4.5 主要任务

“十二五”期间，广西港航信息化建设的主要任务是：在现有港航信息化建设的基础上，运用视频监控与检测识别、卫星定位、RFID/AIS/GIS、智能传感、虚拟计算和云计算等多种现代化的信息采集和管理手段，开展以“5331”项目为重点的建设：建设五大综合应用系统、升级扩建三大信息化基础工程、新建三个行业信息化平台、完善一个信息化支持保障体系，为建设集政府管理部门、监管单位和航运相关企业为一体的实现数据共享和协同工作的广西“数字港航”打下基础。

1. 五大综合应用系统

建设综合调度、综合监管、阳光电子政务、港航综合运行分析、港航市场信用信息管理等五大综合应用与服务系统，形成港航综合应用和协同平台的主框架。

（1）综合调度系统。以提高船闸通畅、高效为目标，基于港航物联网体系，完善推广黄金水道智能导航系统；扩建航道、港口码头、船闸等视频监测和船舶AIS（GPS、北斗）监控系统，特别是加强船闸通航应急系统建设，基于应急联动机制和预案建立水上交通综合管理与应急协同综合调度平台，实现航道水情水位、港口生产、船舶出入港签证、船舶过闸等港航活动的综合调度。包括以下功能模块：

① 实时监测通过对水路交通各种相关数据和视频信息的动态采集和整合，监测港口生产情况、船舶动态及货物运输情况、船舶检验信息、货物流量流向情况、船闸运行状况、航道通航状况、航道水文水位和气象等信息。通过物联网系统全过程定位跟踪船舶的航行状况，为更好地履行行业管理与服务提供现代化的监测手段和及时丰富决策支持信息。

② 综合调度。通过自动监测、采集、分析各梯级船闸通过能力、各港口（港点）堆存货物数量、航道水深、通航状况、实载船舶分布情况，以及区域内其他重要气候、水文情况，根据航道通航瓶颈节点的实时通过能力，智能化地计算黄金水道范围内各港点的船舶签证科学合理控制数量、各梯级枢纽上下航船舶科学合理的控制数量以及船舶吃水的控制数。通过对船舶签证和过闸的控制和调度实现：一是有效避免大量船舶滞航在某个航段上，确保整个黄金水道船舶的安全、畅通，提高船舶通航效率；二是通过科学的综合引导和控制、调度，有利于相关企业合理、及时调整生产和运输，减少由于出现堵船事件造成的损

失；三是有利于确保滞航时期重点货物的水路运输；四是可以有效缓解和分散滞航区域的通航压力。

③ 水污染应急模拟。危化品在水上运输过程中如果因为突发事件泄露，需要及时进行处置，否则对人民的生命和财产会造成很大的损失。通过 GIS 技术和扩散模型模拟不同污染物在水上的扩散和影响范围，确定受影响的目标对象以及影响程度，从而为科学应对和紧急预警提供辅助支持，同时还能指导未来处理同类型突发事件的处置策略。

④ 预警与应急处置。以西江黄金水道智能航运综合管理与调度系统为基础，结合语音联网调度、视频分级监控和港航物联网系统，以黄金水道上的船舶通航密度与待过闸船舶数量动态变化的分析研究为切入点，建立智能化的滞航预警系统，依据现有应急预案各参与方的职责和应急处置工作流程进行平台开发。提高滞航事件的预警能力、应急反应能力和应急处置效率。

⑤ 船舶过闸联合调度。一是实现西江黄金水道范围内每座船闸船舶过闸调度的信息化、自动化、智能化；二是实现整个西江黄金水道范围内长洲、桂平、贵港、西津、老口、金鸡、鱼梁、那吉、山绣、大藤峡、红花、桥巩等 12 座梯级船闸的船舶过闸监控和联合调度，整体提高西江黄金水道船舶过闸效率。

⑥ 应急信息发布。整合全系统重要港航信息发布节点，如可变情报板、交通广播、船载终端、公众服务门户网站等，将应急调度及相关突发事件进展情况及时发布，保证应急调度的响应速度和执行效果。

（2）综合监管系统。利用物联网等技术，建立支持跨部门、跨区域、可视化、智能化的港航综合监管系统，重点建设船舶综合监管、危险品运输管理、基于 3G 等无线网传输的现场执法、航标水位自动监测、工程管养、港航运输生产、货物流向流量统计分析等系统，提升综合监管能力。通过综合监管系统建设，强化港航日常运行监测，健全沿海港口重点水域及内河高等级航道的船舶交通、通航环境、航道变迁、港航设施、水文气象等状态的实时监测和安全预警体系，整合现有各种交通动态监控资源，合理调度船舶安全通过风险水域，防止航道阻塞，及时发布航行通（警）告、航道通告（通电）等信息，避免船舶交通事故发生，并为水上人命救助、通航水域清障、船舶污染防治、船舶消防等应急抢险提供信息支撑。包括：

① 监控中心：建设区级监控中心 1 个。

② 监控分中心：建设南宁、柳州、梧州、桂林、北部湾港等 5 个区域监控分中心。

③ 日常运行监测系统：建设航道运行环境监测预警子系统、港航异常事件管理子系统、船舶运行监测子系统、港口运行情况监测子系统。

④ 视频监控系统：扩展港航视频监控系统，整合现有港口、船闸、航道视

频监控资源，形成覆盖整个港航系统统一的视频监控平台。

⑤ 水路综合执法系统：整合港口行政、水路运政、航道行政执法资源，建立规范、高效水路综合执法系统。

⑥ 监控软件平台：实现各种监控信息资源的整合与展示。

（3）阳光电子政务系统。基于权力阳光运行机制，根据《中华人民共和国行政许可法》、《中华人民共和国港口法》等法律法规及相关管理规定，对现有行政许可审批、行政执法等系统进行改建、升级，提供港政、航道行政、运政等的依法行政审批与处罚，为公众提供公正、规范、方便的服务。

（4）港航综合运行分析系统。结合交通运输部《公路水路交通运输信息化"十二五"发展规划》的要求以及提高自治区科学决策管理水平的需求，建设与港航建设、港航运输业务相融合的港航综合运行分析系统。

港航综合运行分析系统以整合的港航信息资源为基础，通过数据共享、数据综合应用，应用数据深度挖掘分析技术，按照港航管理职能的需求，提供相应数据主题下的数据查询及分析功能，直观有效地展现查询和分析结果，开发面向交通行业管理部门与领导科学决策的港航综合运行分析系统。系统在调用广西交通数据中心数据的基础上，以业务建模、分析建模为主要手段，以数据查询技术、多维分析技术以及报表展现技术等关键技术为主要支撑，面向领导决策、行业监管提供综合信息查询分析功能。

通过港航综合运行统计分析系统，实现对水运基建、航道、船舶、航务、船检、水路运输、港口生产等进行综合分析，实现水运建设、港航基本运行环境、水运生产等重点因素的统计和分析。

（5）港航市场信用信息管理系统：

① 广西水运工程建设市场信用信息管理系统：深化完善广西水运工程建设市场信用管理系统，不仅仅采集发布市场责任主体的信用评价信息，同时还要对建设项目的全过程进行管理。依托《交通运输"十二五"发展规划》四大工程中的信用建设，以项目全生命周期为主线，以信用信息服务为主要切入点，涵盖对水路建设单位、施工单位、监理单位、试验检测单位、勘察设计单位、招标代理单位等市场行为主体管理，以及对项目建设各环节审批、项目招标投标、项目建设管理、信用信息服务等功能的软件产品，将信用信息服务融入整个项目周期。提高水路建设市场的监督管理工作的规范化、科学化水平，形成"政府监管、企业自律、社会监督"的市场诚信体系，规范港航建设市场秩序。

② 广西水路运输市场信用信息管理系统：交通运输部和广西尚未颁布针对水路运输市场信用评价办法，也尚没有奖励办法和激励机制，因此在水路运输市场信用体系方面，本系统侧重于解决信用信息采集、公布与服务。待相应的政策法规出台，再对水路运输市场信用体系进行完善。依据部《中华人民共和

国水路运输服务业管理规定》、《国内水路运输经营资质管理规定》、《国内水路运输经营资质预警管理办法》、《航运公司安全诚信管理办法（试行）》、《中华人民共和国海事局安全诚信船舶、安全诚信船长评选规定》及广西相关规范，通过采集水路运输企业信息、水路运输服务企业信息、从业人员信息、船舶信息、违法信息、表彰信息、政策法规信息等分类信息，按照统一标准、平等披露的原则，经主管部门对相关信用信息进行完整性检查后，即向社会公布，但涉及个人隐私及商业秘密等信息除外。周期性公开信息每年度更新一次，违法信息、表彰信息不定时更新。

2. 三大信息化基础工程

新建扩建三大信息化基础工程。

（1）港航数据中心。配合数据集中化管理和统一信息平台建设，对中心数据交换设施进行扩容与改造；升级现有数据中心，构建异地数据备份和容灾系统，建立区局容灾数据中心；统一布局研究构建虚拟计算服务基础平台，以达到降低成本、节能环保等效果。数据中心框架如图 14.5 所示。

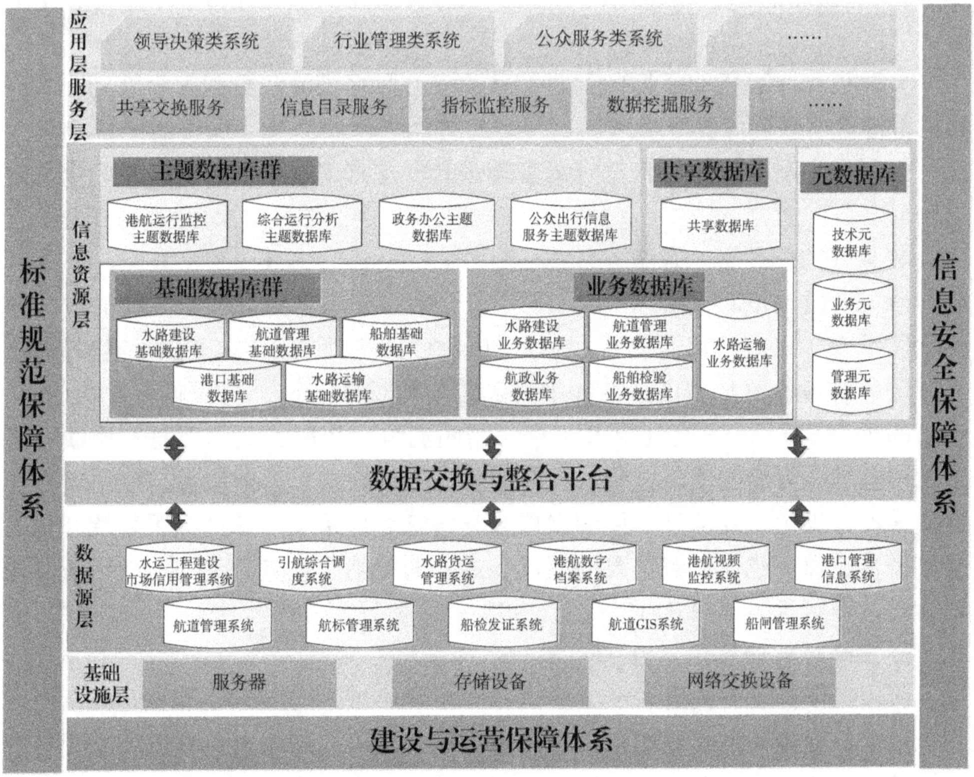

图 14.5 广西港航数据中心总体框架图

根据广西港航管理机构职能设置、数据需求的现状、信息化的发展规律，广西港航系统应建成“业务分布、行业共享”的基础数据库架构，由港航局数据中心将各类应用系统数据根据共享需求进行抽取和整理，形成面向广西的港航行业共享的数据中心，建成“一数一源、按需应用”的数据库架构，满足不同层次的应用需求，具有较低的耦合度和较强的扩展性数据仓库。

（2）信息资源管理平台。在现有数据交换和综合数据库平台基础上，进一步完善港航信息资源管理体系，以信息资源库建设为核心，完善升级港航综合数据库建设和GIS主题数据库建设，扩展行业信息资源管理，建立跨部门、跨行业的港航信息资源管理平台，拓展信息的应用。对航道管理信息系统进行升级改造，运用先进技术完善航道管理工作全过程的信息化处理能力，提高航道管理业务信息化水平。

① 对已建成在运行的港航系统内的应用系统根据共享需求开发进行数据实时抽取和整理功能模块，完成所有在运行应用系统数据入仓（数据中心数据仓）建设。

② 制定数据交换和数据入仓规则，供各类新建信息化项目在实施时严格遵循。

③ 建设与相关行业、部门共享信息的安全数据交换和数据入仓规则，扩展和完善港航信息资源。

④ 建设港航数据中心信息资源管理平台，重点编制电子数据目录和全息电子数据字典。

⑤ 建立港航数据综合服务系统。

（3）港航物联网基础平台。利用电子标签技术（RFID）、卫星定位技术（GPS、北斗）以及传感器技术，构建港航物联网基础平台，重点建设港口码头、航道、船舶等各类基础信息智能采集、传输与识别系统，包括码头货物信息，航道的水位/航标/水文气象等信息，船舶流量、密度、流向信息，岸线开发利用信息等，为船舶动态监管、综合调度、行政执法、公众服务、航道管养和岸线管理等提供有效信息，用于支撑业务信息管理系统、综合应用系统和信息服务平台建设。建设覆盖重要的港点、主要的船闸、重点关注的通航区域、水路运输检查站等区域性RFID系统，扩展港航物联网的架构体系。

3. 三个行业信息化平台

新建三个行业信息化平台。

（1）广西现代港航物流信息公共服务平台。以北部湾港口物流基地建设和西江黄金水道建设为契机，主要服务于港航企业、广大船员和社会公众，解决水上交通信息服务程度低的问题。构建公共数据交换和服务平台，实现底层数据交换，协调交通物流平台、广西交通电子口岸、进出口数据平台、港口物流等系统，推进与东盟等国港口物流公共信息平台的对接，实现集物流信息、信用保证、海港通关、航运服务、船舶经纪、会计与管理咨询、技术与工程咨询、国际金融保险等于一体的公共服务功能。

（2）港航业市场信息服务平台。以船舶交易市场为基础，加强跨地区联盟建设，打造广西集船舶交易、船员信息、货物信息、船舶信息等港航市场信息一体化的服务平台，建设便民、惠民工程，通过便捷的信息交流平台，提高港航业运营效率，提升行业主管部门的服务水平。

（3）港航通航信息服务平台。建设港航公共信息服务平台，提供航运综合信息服务，依托海事、航道和运政管理信息系统建设和完善，强化航道状况、水位水深、水上水下施工、交通管制、水文气象等信息服务，并利用网站、呼叫中心、航行广播、短信平台等多种服务方式在内河干线和重要水网地区为通航船舶提供航行信息服务。

港航信息化建设涉及行业管理部门和机构、行业企业、科研教育单位，牵涉面非常广泛，纵横交错。另外，港航信息化建设实质上是一场管理方式、服务方式的变革，难免会产生一定的冲突。同时，港航信息化建设本身又具有综合性、技术性强，开创性和复杂性等特点，因此，港航信息化实施过程中必须调动各方的积极性，排除存在的诸多困难和阻碍，积极营造良好的发展环境。“十二五”期间广西港航系统各相关部门尤其是行业主管部门要积极构建完善的港航信息化支持保障体系，确保港航信息化发展目标的顺利实现，为港航信息化的深入发展保驾护航。

4. 一个信息化支持保障体系

（1）组织机构保障。一个完善的、强有力的组织机构体系是推动港航信息化快速、健康发展的关键保障。“十二五”期间，广西港航管理局应采取有力措施，加强各级港航管理部门信息化发展组织机构建设，理顺管理体制，明确机构职能，增加必要的人员编制，健全信息化建设领导机构，完善各级信息化领导小组，使信息化建设组织机构能够真正发挥其职能。

（2）人才保障。创造完善的信息化人才保障环境，建立良好的人才培养、引进和使用机制，为港航信息化的发展提供人才保障。

（3）资金保障。资金不足是制约港航信息化发展的一个关键因素，要实现“十二五”期间广西信息化的顺利发展，必须提供资金保障。

（4）技术保障。信息化的建设与发展离不开各种先进技术（包括港航工程技术、通信技术、信息技术、控制技术、人工智能等领域）的支持，尤其是一些关键技术。这些关键技术制约着港航信息化的发展，其水平的高低直接影响着交通信息化建设的水平以及进度。因此，广西港航系统要加强与国际、国内其他地区的技术成果交流，积极引进先进技术。同时，行业管理部门要发挥引导和支持作用，借助社会上技术较强的信息技术企业的力量，根据实际情况加强关键技术的自主研发；缩短技术研究到实际应用的周期，为其提供良好的试验平台；缩短技术转化为产品的周期，对于市场上成熟的技术要加紧推广应用。

（5）标准保障。完善的信息化发展标准规范是港航信息化快速、健康发展的前提条件，因此各级行业管理部门要加强港航信息化标准建设工作的重视程度，把港航信息化标准的建设作为广西港航行业信息化发展的一个突破口来抓。

（6）信息安全保障。信息安全问题是阻碍港航行业不同部门之间信息共享的一个重要因素。因此，应着力加强港航信息化安全保障体系的构建。在国家和交通运输部信息网络安全保障体系框架之下，港航信息化建设的各个领域和各个技术层面都要采用多种信息安全技术加强安全保障。安全系统建设内容包括信息安全管理规章制度、信息资源安全、应用安全、系统安全、网络安全等方面。

① 信息安全管理规章制度。建立信息安全培训机制，提高人员的信息安全意识，对行业的全体职工进行信息安全教育。推行信息化安全认证制度，新建信息化项目建设之前要进行信息安全的总体设计，系统验收时对信息系统安全进行测评认证；已建信息系统要完善信息安全的总体设计和信息系统安全工程，进行系统安全测评认证。

② 信息资源安全。注意信息资源的保密，实行信息资源的分级、分类管理，做好信息资源和数据在采集、存储、使用上的安全保密机制。尤其要加强各级港航主管部门的信息安全，避免信息系统故障或受到攻击，影响正常运营；避免重要信息的泄漏，造成重大损失。

③ 应用安全。应用系统涉及信息发布服务（如：涉及以 WWW 方式为用户提供信息共享服务）、信息交流服务（如：涉及以 E-mail、FTP 等方式为用户提供方便的信息交流服务）、专用的应用系统（如：OA 系统、公文处理系统、决策支持服务系统等）。应用系统应采用身份鉴别、访问控制、信息加密、审计跟踪、电磁泄漏发射防护等措施来确保信息的完整性、可用性和抗抵赖以及保密性。

④ 系统安全。配备安全性扫描系统，定期对应用系统进行安全性扫描，检测其认证强度、系统完整性等。对数据库服务器中的数据库进行安全备份，通过网络备份系统把重要数据信息通过网络备份到远程存储设备上。同时，利用灾难恢复系统对数据库以及操作系统做整体的备份。尽量不要开放有些不经常使用的应用服务器；加强登录身份认证，确保用户使用的合法性，并限制登录者的操作权限；充分利用应用系统本身的日志功能，对用户所访问的信息做记录，为事后审查提供依据。

⑤ 网络安全。网络安全问题主要来自公用互联网的安全威胁，应通过防火

墙或物理隔离等技术手段将来自外网的安全威胁减至最低。

14.4.6 保障措施

1. 提高认识，加强港航信息化建设的重视程度

信息化水平是行业现代化水平和综合实力的重要标志。各级港航管理部门、行业企业要站在改革与发展的全局和战略高度，充分认识加快建设行业信息化建设的重要性和紧迫性，立足当前，着眼长远，加强规划和领导，加大资金、技术和人力投入，确保规划的顺利实施。

2. 充分调动各方积极性

广西港航管理局统一组织与协调广西港航信息化的建设与管理，负责关键性重大信息化项目的具体实施；同时，要抓大放小，让各部门在相关项目的建设中充分发挥自主性，按照统一的规划和标准，根据自己的具体业务需求和实际情况实施。

3. 积极争取部、区港航信息化示范工程

根据交通运输部、广西区确定的港航信息化示范工程的方向和内容，结合广西港航信息化的特点和优势，积极争取获得交通运输部、广西区交通信息化示范工程，比如争取把现代港口物流公共信息服务平台、多梯级多线船闸综合调度系统等广西具有较好基础和特点的项目列入“十二五”期重点建设工程，应积极准备、提前入手。

4. 推动港航信息化的市场化运作

各级港航管理部门要充分调动社会力量的积极性，积极引导、推进、规范港航信息化的市场化发展，在充分发挥港航信息化社会效益的同时，注重经济效益的提高，使市场在信息资源配置中逐步发挥基础性作用，引导社会力量（资金、技术等）广泛参与到港航信息化的建设与运营中，尤其是在公共信息服务、市场信息服务、现代物流公共信息服务平台等领域，积极探索新形势下港航信息化建设的管理体制与运营模式，使港航信息化建设和服务逐步走向市场化。

5. 充分借鉴先进经验

广西港航信息化建设过程中，应充分借鉴其他省市以及交通运输部支持的示范工程、重大工程的先进经验，减少摸索的过程，多快好省地建设港航信息化工程，尽快缩小与港航信息化水平较高省市之间的差距。

6. 根据需求更新规划的内容

由于信息技术本身发展非常迅速，日新月异，因此可根据实际情况更新本规划的内容，真正做到规划内容与实际情况紧密结合。必要时可邀请专家、学者从多个角度对规划内容提出一些改进的建议，完善该规划的内容。

14.5 发展展望

今后广西港航信息化要融入以云计算、物联网、移动互联为代表的新技术，要与物流、港航领域中的智能化改造技术为主要切入点，拓展云计算、物联网、移动互联技术在港航信息化中的应用。

14.5.1 广西港航云计算中心

探索建设“数字港航与云计算”，形成一个面向广西港航系统的数据资源云及水路出行信息服务云。

（1）基于云计算体系架构的开放式海量港航数据汇聚、处理融合、发布、共享和交换关键技术，包括海量港航数据实时汇聚、智能海量港航服务数据处理与融合、基于云计算的水路出行服务体系架构、面向个性化应用的港航信息服务自适配与服务组合、面向多模异构导航终端的水路出行信息发布编码、水路出行信息共享交换等技术。

（2）面向水路出行的基础云计算工具，包括并行数据挖掘工具、分布式海量数据仓库、弹性计算系统、云存储系统和Map-Reduce并行计算执行环境等云基础工具。

（3）建设形成海量异构港航数据聚合管理、水路出行信息处理融合、水路出行服务质量管理、多模式水路信息开放服务等基础服务系统。水路出行基础服务系统提供多源异构海量交通数据汇聚、管理、融合处理、共享和交换等基础服务，支持水路数据、业务处理和出行服务的全方位开放、分布式可扩展、安全隔离和细粒度运行机制，并保障第三方应用服务并发访问的高效性与吞吐量，以及平台运行的稳定性与可靠性。

通过集成后台数据中心的高性能计算服务、海量存储系统和异构复杂港航数据，提供分布式文件系统、分布式海量数据仓库、分布式计算框架、集群管理、云存储系统、弹性计算系统、并行数据挖掘工具等关键功能。

云计算基础设施主要分为三个层次：虚拟化资源层、云计算基础工具层、云计算基础服务层。虚拟化资源层构建在海量同质化PC与不可靠硬盘的基础上，使用开源的Xen提供计算资源的虚拟化，运行在开源的Linux系统之上，虚拟化资源层能够最大化利用硬件资源。云计算基础工具层主要提供了分布式计算工具，包括MapReduce分布式并行计算框架、结构化数据存储工具、分布式海量数据文件存储系统、海量对象存储系统以及云计算平台系统管理。云计算基础服务层提供云服务基础工具，包括数据挖掘工具库、云存储中间件、搜索引擎核等。

未来的港航服务云平台将具有依托移动互联网云服务模式的通用海量交通数据智能处理和服务开放基础体系架构，适用于面向交通行业的多种业务模式，提供基于交通数据、业务处理和出行服务的多层次开放式接口；平台具有数据虚拟化、业务虚拟化和架构虚拟化机制，充分支持服务提供商业务应用的安全可靠透明运营需求；采用组件式容器，支持分布式封装和热部署，满足覆盖增值业务的生产、测试、服务、运营全生命周期容器式业务管理。基于平台可进行二次开发定制应用，面向公众出行进行业务的整合和优化，提供多模港航信息服务，覆盖面向交通及通用业务应用，支持第三方港航信息服务商的服务开发和运营。

14.5.2 广西港航船联网管理平台

船联网是一种基于实现航运管理精细化、行业服务全面化、出行体验人性化的目标，融合了物联网技术的智能航运信息服务的网络。

船联网将物联网概念与技术引入内河航运领域，是一个全新的方向、具有一定的创造性和探索性。在物联网产业蓬勃发展的背景下，基于内河信息服务领域的现状与不足，结合政府、行业和公众的各层次需求，确定船联网的定位，并对需求的优先级有所排序。 需求分析是一切工作的基础。只有立足于需求，才能明晰功能，定位数据来源，确定合适的技术，进而构建系统。

针对广西港航船联网管理平台建设，进行船联网总体架构是非常有必要的，船联网是一个涉及多行业、多部门、跨地域的复杂项目，必然涉及业务的整合、数据的协同、原有系统的升级和整合、技术的选择与使用、若缺少一个宏观的、正确的总体架构，各项工作很难无缝整合在一起。必须从业务、数据、应用和技术几个方面，开展船联网的总体架构研究。

14.5.3 广西港航 3S 立体综合展示平台

3S 技术是遥感技术 (Remote Sensing，RS)、地理信息系统 (Geography Information System，GIS) 和全球定位系统 (Global Positioning System，GPS) 的统称，是空间技术、传感器技术、卫星定位与导航技术和计算机技术、通信技术相结合，多学科高度集成的对空间信息进行采集、处理、管理、分析、表达、传播和应用的现代信息技术。

将 3S 技术手段引入，建立广西港航 3S 立体综合展示平台，使广西港航行业在分析方法、设计方法、管理方法、施工方法都发生根本性的变化。随着 3S 技术的不断发展，将遥感、全球卫星定位系统和地理信息系统紧密结合起来的“3S”一体化技术已显示出更为广阔的应用前景。以 RS、GIS、GPS 为基础，将 RS、GIS、GPS 三种独立技术中的有关部分有机集成起来，构成一个强大的技术体系，可实现对各种空间信息和环境信息的快速、机动、准确、可靠的收集、处理与更新。

参考文献

[1] 交通运输部．公路水路交通运输信息化“十二五”发展规划．2011. 04

[2] 交通运输部．公路水路交通信息资源目录体系总体框架

[3] 王劼耘，刘昕，岑春等编著．公路水路交通信息资源整合与服务体系建设．北京：科学出版社，2013. 07

[4] 杨永志，高建华．试论物联网及其在我国的科学发展．中国流通经济．2009, (2)

[5] 邓倩妮，陈全．云计算及其关键技术．高性能计算发展及应用．2009. 01

[6] 钱哨，张云鹏，黄少波．智能交通云：基于云计算的智能交通系统．计算机与现代化．2010, (11)

[7] 赵蕴颖．建设智慧航运中心 走进大数据时代．大连日报，2014-01-25

[8] 大数据 MBA 智库百科．http://wiki. mbalib. com/wiki

[9] 交通运输部科技司．交通信息化标准体系（征求意见稿）

[10] 交通运输部．交通运输电子政务网络及业务应用系统建设技术指南（试行）．2008. 12

[11] 交通运输部．省级公路信息资源整合工程建设指南．厅规划字 [2007]158 号

[12] 黄铠，Fox, G. C.，Dongarra, J. J. 著；武永卫等译．云计算与分布式系统：从并行处理到物联网．2013. 01

[13] 魏秩彬，田凌．基于企业服务总线的云设计平台的研究实现．现代制造工程．2012. 08

[14] 柯冰．信息化技术在港航业发展的新定位和发展趋向——胡国丹新解港航信息化建设．世界海运．2009. 05

[15] 吴忠泽．大数据：智能交通发展的机遇与挑战．科技日报，2013-12-23

[16] 邹伟平，曾勍炜，邓庚盛，武丹．南昌大学：数据云平台弹性组合新系统

[17] 顾大伟，郭建兵，黄伟．数据中心建设与管理指南．北京：电子工业出版社，2010. 5

[18] 姚强，杨志武．基于集中数据中心的统一数据发布平台建设分析．内蒙古电力技术．2010, 28

[19] 王坤，刘晓亮等．基于集成共享的数据中心建设

[20] 李峰．政府数据中心建设误区及建设方法浅析．电子政务．(97)

[21] 刘振华，岑晏青．省级交通数据中心建设模式浅析．中国交通信息产业．2007, (2)

[22] 交通运输部科技司．交通运输部级数据中心建设方案

[23] 李聪．交通行业信息资源整合平台设计

[24] 林小村．数据中心建设与运行管理．北京：科学出版社，2011. 02

[25] 董延红，高瑛，陈敏，申玮玮．陕西省“一张图”数据制作关键技术研究 [J]. 测绘技术装备．2011，13(03)

[26] 刘力，于秀娟，冯新强，季英业．我国内河电子航道图建设的现状及对策 [J]. 中国水运．2011，11(04)

[27] 陈磊，王志云，王良玉．电子海图领域一些概念名词的梳理 [J]. 航海技术．2009，1

[28] 电子海图及应用 (手册)

[29] 刘平．地理信息系统在港航管理中的应用探讨 [J]. 福建省科协第五届学术年会数字化制造及其他先进制造技术专题学术年会论文集．2005，

[30] 黄健生 . 港航地理信息系统平台的设计与实现 . 2011. 5
[31] 赵锐 , 朱祖礼 . 基于北斗二号和 GPRS 的物资运输监控系统
[32] 百度 . 北斗卫星导航系统
[33] 北斗导航 GPS 卫星定位监控系统
[34] 郭俊良 , 陈岚 , 刘强 . 运用信息化技术监控危险品船舶运输 . 水上消防 . 2009, (6)
[35] 何芊易 . 基于物联网技术的内河危险品运输安全监管体系研究
[36] 佚名 . 危险物品集装箱监控系统 . 2012-10-17
[37] 中华人民共和国船舶载运危险货物安全监督管理规定 . 交通部令 (2003 年第 10 号)
[38] 赵锐，朱祖礼，钟榜 . 北斗导航民用示范工程启动
[39] 危险品运输监管平台 . 上海佳依佳信息科技有限公司 . 2011-03-22
[40] 李清洲 . 一种船舶运输危险品集装箱智能监测系统 . www. ggsgg. com[2012-08-20]
[41] 金微 . 北斗导航民用示范工程启动 . 每日经济新闻 . 2013-01-16
[42] 周晓菱 . 基于 Web 技术的船岸一体化信息平台研究 . 2010-06-15
[43] 大连陆海科技有限公司船岸综合信息平台 . 2012-12-20
[44] 上海海事大学 . 船岸信息一体化 IT 架构分析 . 2010-01-19
[45] 关英敏 , 许振文 . 关于构建长春区域性物流平台的研究 [J]. 长春师范学院学报 , 2004, (4)
[46] 熊传光 . 基于 . NET 平台的第三方物流管理信息系统的构建 [D] . 上海 : 复旦大学 , 2008
[47] 申金升等 . 现代物流信息化及其实施 [M]. 北京 : 电子工业出版社，2006
[48] 翁文博 . 物流业发展的灵魂 : 信息化 [J]. 中国道路运输 . 2006(1)
[49] 柴晓路 . Web 服务架构与开放互操作技术 [M]. 北京 : 清华大学出版社 , 2002
[50] 戴露思 , 廖文和 , 田宏 . 基于 Web Service 的 B2B 电子商务系统研究和实现 [J]. 中国制造信息化 . 2003, 29(4): 20-23
[51] 刘小卉 . 物流管理信息系统 [M]. 上海 : 复旦大学出版社 , 2006
[52] 张长森 , 杨振华 . 湖州交通物流基地规划 [R]. 湖州市交通局 . 2009
[53] 车丽娜 . 口岸公共物流信息平台建设规划 [D]. 上海交通大学优秀硕士论文 . 2007
[54] 佚名 . 浙江港口信息化发展研究 . 百度文库 [2009-12-11]
[55] 张杰 . 港口信息化建设的一些认识 . 2006-05-15
[56] 沈毅 . 厦门“数字港口”建设的实践高思考 . 港口科技 . 2010
[57] 佚名 . 中国航海家 . 2009-04-14
[58] 广西港航管理局 . 广西港口综合管理信息系统建设方案 . 2012
[59] 新闻管理员 . 全国港口管理信息系统 . 全国港口管理信息系统工作网 . 2011-11-15
[60] 佚名 . 智慧港口 - 物联网时代的港口建设与发展 . 百度文库 [2013-10-26]
[61] 交通运输部水运局 . 新理念—内河航道建设指南（2011 版）
[62] 交通运输部水运科学研究院 . 广西西江黄金水道港航信息化建设规划研究报告 (2012. 03)
[63] 广西区交通规划勘察设计研究院 . 西江航运干线贵港至梧州航道工程（桂平 ~ 梧州段）施工图设计航标及配套设施工程 (2006. 08)
[64] 交通部科学研究院大连海事大学南宁市航通电子科技有限公司 . 广西航标远程测控系统与航道 GIS 系统施工图设计方案 (2007. 12)
[65] 交通部科学研究院 . 广西航道管理信息系统需求分析报告 (2008. 05)
[66] 交通部科学研究院 . 航道管理信息系统详细设计说明书
[67] 长江航道局 . 长江数字航道总体建设方案

[68] 长江航道局 . 长江兰家沱至大埠街河段智能航道示范工程实施方案 (2012. 11)
[69] 交通运输部 . 全国航道管理与养护发展纲要（2011—2015 年）
[70] 广西港航管理局 . 广西港航信息化“十二五”建设规划
[71] 刘清，曾旭虹 . 国内外内河航道发展阶段对比分析 . 武汉理工大学交通学院
[72] 长江航道局 . 长江“数字航道”简介 (2006. 03)
[73] 交通运输部 . 公路水路建设与运输市场信用信息服务系统建设指南 . 2013. 08
[74] 交通运输部 . 交通运输经济运行监测预警与决策分析系统工程建设指南 . 2013. 08
[75] 陈梓松 . 建立航运企业诚信评价管理体系 . 水运管理 . 2012. 06
[76] 李青平、杜国光、李迎春 . 中华人民共和国船舶检验管理信息化与应用系统基础教程 . 北京 : 人民交通出版社 , 2007
[77] 邹力 . 物联网与智能交通 . 北京 : 电子工业出版社 , 2012. 05
[78] 张爽 . 鲍君忠船舶远程识别与跟踪（LRIT）进展概况 . 2012. 02
[79] 船舶远程识别和跟踪系统 . 中国交通通信信息中心 . 2013. 03. 18
[80] 交通运输部海事局 . 海事信息系统顶层设计报告 . 2011. 06
[81] 梁雄健 . 物联网的应用和发展研究 [D]. 北京 : 北京邮电大学 , 2011.
[82] 王伟 . 物联网标准体系的构建研究 [D]. 吉林 : 吉林大学 , 2013
[83] 柏堃 . 船联网 RFID 数据处理研究 [D]. 大连 : 大连海事大学 , 2013
[84] 孙伟 , 覃柳豫等 . 船联网工程标准体系研究 [J]. 学术讨论 , 2014(1):65-69
[85] 刘克中 , 占真等 . 基于航运信息服务的船联网标准体系框架 [J]. 中国航海 , 2014, 37(1) : 6-10
[86] 陈琛 . 长江内河“船联网”及其关键技术研究 [J]. 装备制造技术 , 2014(2) : 96-98
[87] 董耀华 , 孙伟 . 我国内河“船联网”建设研究 [J]. 水运工程 , 2012(8) : 145-149
[88] 赵学洋 , 李海红等 . 基于船联网的内河智能航行体系探讨研究 [J]. 新技术新工艺 , 2013, (6) : 117-121
[89] 李丽 , 郭力 . 交通遥感概论 . 北京 : 科学出版社 , 2012. 02
[90] http://essi. nju. edu. cn/tianqingjiu/chengguo/9. htm
[91] 焦阳 . 海上溢油遥感图像智能边缘检测算法的研究 . 大连海事大学硕士学位论文 . 2005
[92] 刘彦呈，袁士春，林建国等 . 海上溢油应急反应地理信息系统的开发 . 大连海事大学学报 , 2001, 27(2) : 42-45
[93] 廖国祥 . 基于 WebGIS 的海上溢油应急信息系统研究 . 大连海事大学硕士学位论文 . 2005
[94] 李洪灵 , 张鹰 , 姜杰 . 基于遥感方法反演悬浮泥沙分布 . 水科学进展 , 2006, (2) : 242-245
[95] 王伟 , 许全喜 , 熊明 . 长江水文泥沙信息分析管理系统研究 . 人民长江 . 2006, 37(2) : 8-11
[96] 何文社，戴会超，曹叔尤等 . 三峡水库水文泥沙信息分析管理系统设计 . 2005, 24(6) : 95-99
[97] 李海艳 . 极化 SAR 图像海面船只监测方法研究 . 中国科学院海洋研究所博士学位论文 . 2007
[98] 吴樊 , 王超 , 张红等 . 基于空间信息的 SAR 图像船只交通监测方法 . 遥感信息 . 2010, 5:15-19
[99] 广西港航管理局 . 广西港航信息化发展报告 . 2014. 6

专业术语中英文对照

英文的专业术语尤其是缩略语有不少是一词多义的，对不同专业往往有不同的词义，以下专业术语中的英文对照仅针对本书主题所涉及的专业内容进行解读。

【A】

ADSL	Asymmetric Digital Subscriber Line	非对称数字用户线路
AIS	Automatic Identification System	船舶自动识别系统
ANSI	American National Standards Institute	美国国家标准学会
API	Application Programming Interface	应用程序编程接口
ARPA	Automatic Radar Plotting Aid	自动雷达标绘仪
ASP	Active Server Page	动态服务器页面
AWT	Applied Weather Technology	亚太达科技有限公司

【B】

B / S	Browser/Server	浏览器 / 服务器模式
BBS	Bulletin Board System	网络论坛 / 网络社群

【C】

C / S	Client/Server	客户 / 服务器模式
CAN	Controller Area Network	控制器局域网络
CBMS	China Bridge Management System	中国公路桥梁管理系统
CDMA	Code Division Multiple Access	码分多址
CDMI	Cloud Data Management Interface	云数据管理接口
CEDEX	Container Equipment Data Exchange	集装箱设备数据交换
CORBA	Common Object Request Broker Architecture	公共 / 通用对象请求代理体系结构
CPA	Closest Point of Approach	最近会遇点
CPMS	China Pavement Management System	路面管理系统

【D】

DBMS	Database Management System	数据库管理系统
DEM	Digital Elevation Model	数字高程模型

DNC	Digital Nautical Chart	数字航海图
DMZ	Demilitarized Zone	隔离区
DSC	Digital Selective Calling Terminals	数字选择性呼叫
DSMIS		国内航行船舶检验管理系统
DSRC	Dedicated Short Range Communications	专用短程通信技术

【E】

ECDIS	Electronic Chart Display and Information System	电子海图显示与信息系统
ECS	Electronic Chart System	电子海图系统
EDI	Electronic Data Interchange	电子数据交换
EDIFACT	Electronic Data Interchange For Administration, Commerce and Transport	行政、商业和运输业电子数据交换
EJB	Enterprise JavaBean	J2EE 的一部分，定义了一个用于开发基于组件的企业多重应用程序的标准
EMC		易安信公司
ENC	Electric Nautical/Navigational Chart	电子航海图
ESA	Environmentally Sensitive Area	海洋环境敏感地带
ESB	Enterprise Service Bus	企业服务总线
ETL	Extract-Transform-Load	数据提取、转换和加载

【F】

FC	Fiber Channel	光纤通道
FCC	Freight Costs Code	运费代码
FE	Fast Ethernet	快速以太网
FLV	FLASH VIDEO	一种视频格式
FTP	File Transfer Protocol	文件传输协议

【G】

GIS	Geographic Information/Geo-Information System	地理信息系统
GMDSS	Global Maritime Distress and Safety System	全球海上遇险和安全系统

GML	Geography Markup Language	地理标记语言
GNSS	Global Navigation Satellite System	全球导航卫星系统 / 全球卫星导航系统
GPS	Global Positioning System	全球定位系统
GSM	Global System for Mobile Communication	全球移动通信系统

【H】

HBA	Host Bus Adapter	主机总线适配器
HDFS	Hadoop Distributed File System	分布式文件系统
HF	High Frequency	高频
HFC	Hybrid Fiber – Coaxial	混合光纤同轴电缆网
HTML	Hypertext Markup Language	超文本标记语言
HTTP	Hypertext Transfer Protocol	超文本传输协议

【I】

IaaS	Infrastructure as a Service	基础设施即服务
IALA	International Association of Lighthouse Authorities	国际航标协会
IC	Integrated Circuit	集成电路
ID	IDentity	身份识别号码
IEC	International Electrotechnical Commission	国际电工委员会
IENCs	Inland Electronic Navigation Charts	内河电子航道图
IHO	International Hydrographic Organization	国际海道测量组织
IIS	Internet Information Services	互联网信息服务
IMO	International Maritime Organization	国际海事组织
IOT	Internet Of Things	物联网
IOV	Internet Of Vessels	船联网
ISO	International Organization for Standardization	国际标准化组织
IT	Information Technology	信息技术
ITS	Intelligent Transport System	智能运输系统

【J】

J2EE	Java 2 Platform, Enterprise Edition	Java2 平台企业版

JDBC	Java Data Base Connectivity	JAVA 数据库连接

【K】

KML	Keyhole Markup Language	Keyhole 标记语言

【L】

LDAP	Lightweight Directory Access Protocol	轻量目录访问协议
LED	Light Emitting Diode	发光二极管
LIN	Local Interconnect Network	串行通信网络

【M】

M2M	Machine to Machine	机器对机器
MCN	Beijing Marine Communication & Navigation Company	北京船舶通信导航公司
MF/HF	Medium Frequency/ High Frequency	中 / 高频
MIS	Management Information System	管理信息系统
MMSI	Maritime Mobile Service Identify	水上移动通信业务标识码
MODIS	moderate-resolution imaging spectroradiometer	中分辨率成像光谱仪
MPA	Marine Protected Area	海洋保护区

【N】

NBDP	Narrow Band Direct Printing	窄带直接印字电报
NGN	Next Generation Network	下一代网络
NOAA	National Oceanic and Atmospheric Administration	美国国家海洋和大气管理局

【O】

OA	Office Automation	办公自动化
OGC	Open Geospatial Consortium	开放地理信息联盟
OLAP	On-Line Analytical Processing	联机分析处理

【P】

PaaS	Platform as a Service	平台即服务
PC	Personal Computer	个人计算机

PDA	Personal Digital Assistant	掌上电脑
PMS		船舶管理信息系统
PSTN	Public Switched Telephone Network	公共交换电话网络
PSMIS		船用产品检验管理系统

【Q】

QoS	Quality of Service	服务质量

【R】

R2D2	RIS Data Exchange Reference Documentation	数据交换参考文档
RDBMS	Relational Database Management System	关系数据库管理系统
RDS	Radio Data System	广播数据系统
REST	Representational State Transfer	表述性状态转移
RFID	Radio Frequency IDentification	射频识别
RIS	River Information Services	内河信息服务
RNC	Raster Navigational Chart	栅格电子海图
RNSS	Radio Navigation Satellite System	卫星无线电导航业务
RS	Remote Sensing	遥感
RTU	Remote Terminal Unit	遥测遥控终端

【S】

SaaS	Software as a Service	软件即服务
SART	Search and Rescue Radar Transponder	搜救雷达应答器
SCADA	Supervisory Control And Data Acquisition	船舶动态数据采集控制器
SDE	Spatial Database Engine	空间数据库引擎
SENC	System Electric Nautical/Navigational Chart	系统电子航海图
SHF	Super High Frequency	超高频
SMS	Short Message Service	短信息服务
SNMP	Simple Network Management Protocol	简单网络管理协议
SOA	Service-Oriented Architecture	面向服务的体系结构
SOAP	Simple Object Access Protocol	简单对象访问协议

SSMIS		国际航行船舶检验管理系统
SSO	Single Sign On	单点登录

【T】

TAA	Technical & Administrative Agreement	RIS 技术管理协议
TCO	Total Cost of Ownership	总所有成本
TCP	Transmission Control Protocol	传输控制协议
TCPA	Time to Closest Point of Approach	最小会遇时间
TEU	Twenty-foot Equivalent Unit	国际标准箱单位
TIA	Telecommunications Industry Association	美国通信工业协会
TM		Landsat 卫星的传感器
TMC	Traffic Message Channel	交通报文频道
TOS	Type of Service	服务类型

【U】

UDB	Universal Data Base	超图 UDB 跨平台文件型数据格式
UPS	Uninterruptible Power System/Supply	不间断电源
URL	Uniform Resource Locator	统一资源定位符
UWB	Ultra Wide Band	超宽带

【V】

VHF	Very High Frequency	甚高频
VLAN	Virtual Local Area Network	虚拟局域网
VOD	Video On Demand	视频点播技术
VPN	Virtual Private Network	虚拟专用网络
VSAT	Very Small Aperture Terminal	交通应急宽带卫星系统
VTS	Vessel Traffic Services	船舶交通管理(服务)系统
VMM	Virtual Machine Monitor	虚拟机监视器

【W】

WCS	Web Coverage Service	栅格数据服务

WCF	Windows Communication Foundation	Windows 通信开发平台
WFS	Web Feature Services	矢量数据服务
Wi-Fi	WirelessFidelity	无线保真 / 无线宽带
WINMAX	World Interoperability for Microwave Access	全球微波接入互操作性
WLAN	Wireless Local Area Networks	无线局域网
WMS	Web Map Service	网络地图服务
WMTS	Web Map Tile Service	网络地图瓦片服务
WPAN	Wireless Personal Area Network	无线个人局域网
WPS	Web Processing Services	网络处理服务
WSN	Wireless Sensor Network	无线传感器网络

【X】

XML	Extensible Markup Language	可扩展标记语言

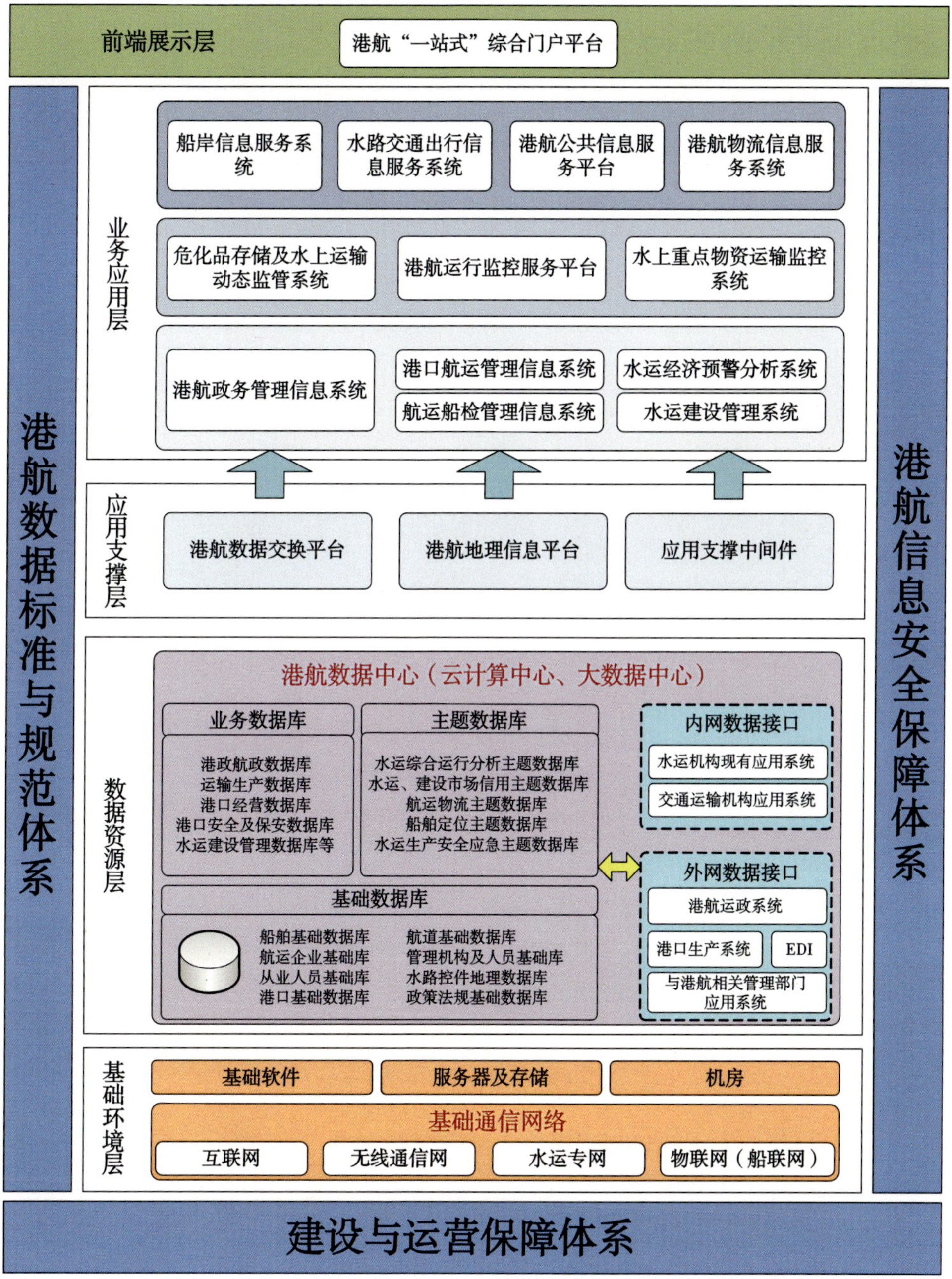

图 1　数字港航体系总体结构图

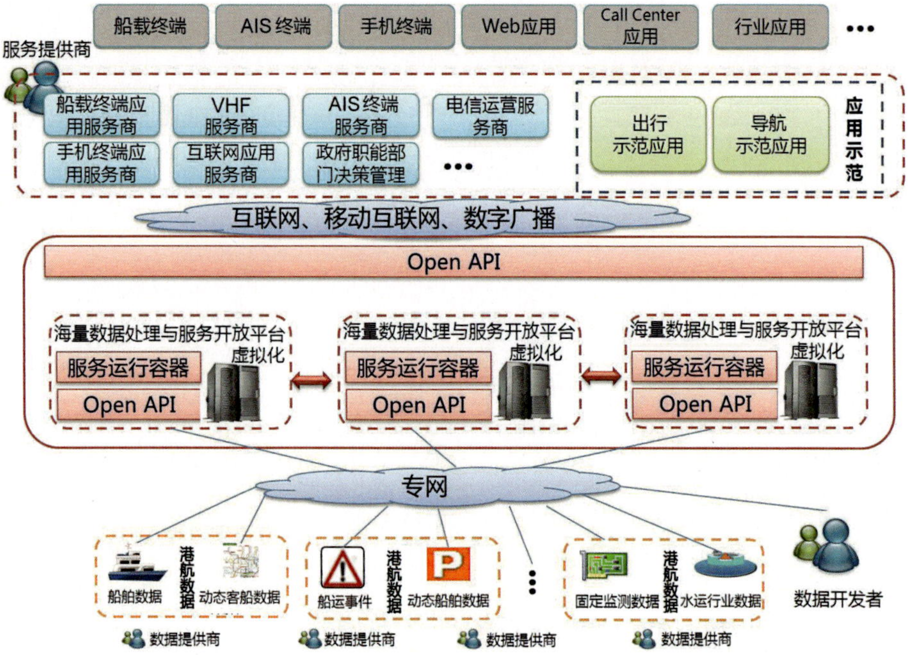

图 2　基于云基础设施的水路交通出行服务云部署结构图

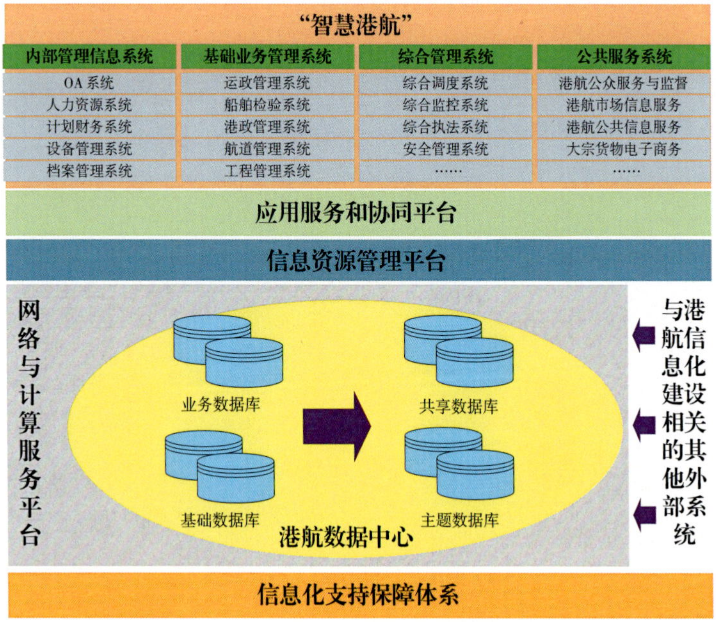

图 3　广西港航信息化总体框架

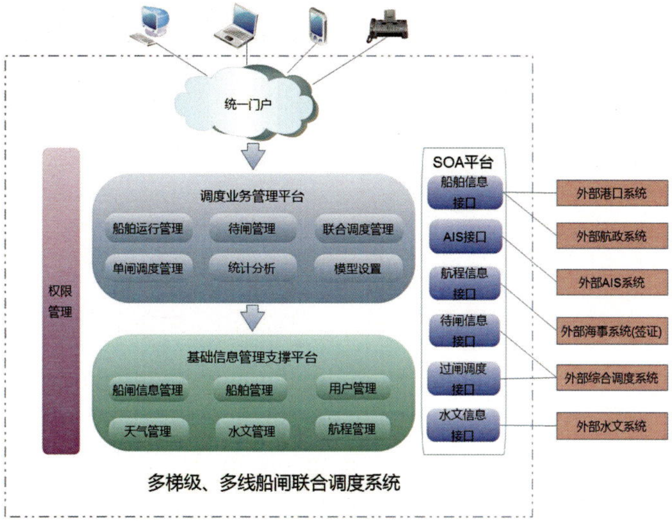

图 4　西江黄金水道多梯级、多线船闸智能联合调度平台

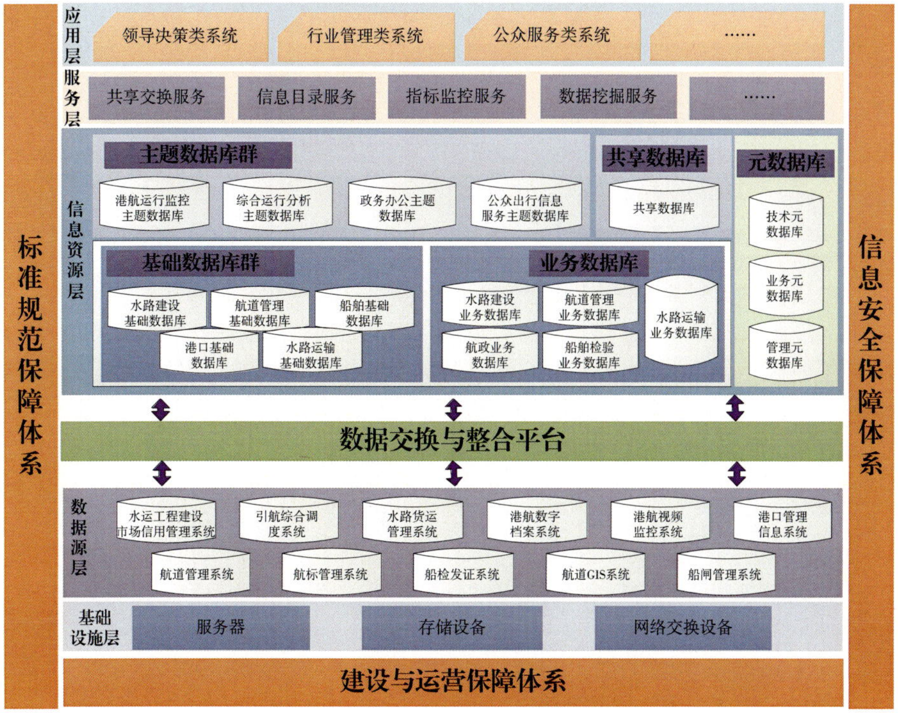

图 5　广西港航数据中心总体框架图

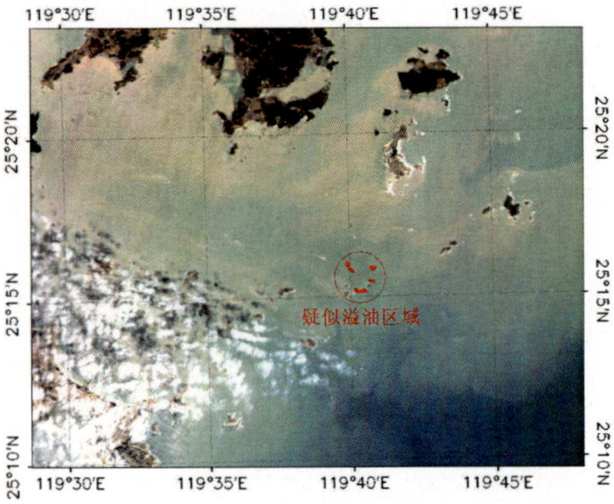

图 6　基于卫星遥感的溢油事故监测

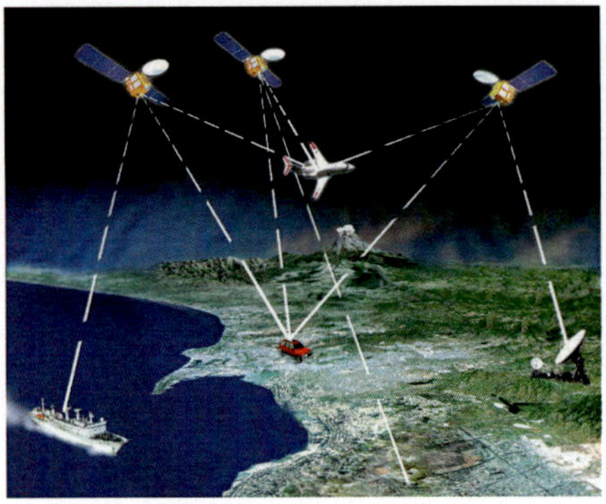

图 7　北斗卫星导航系统示意图

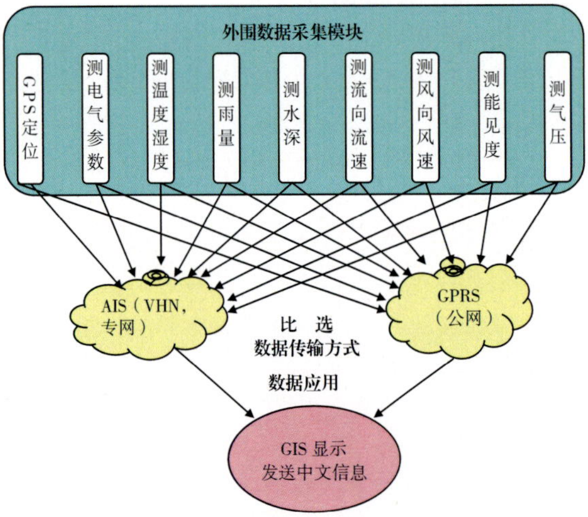

图 8　航标感知范围的功能

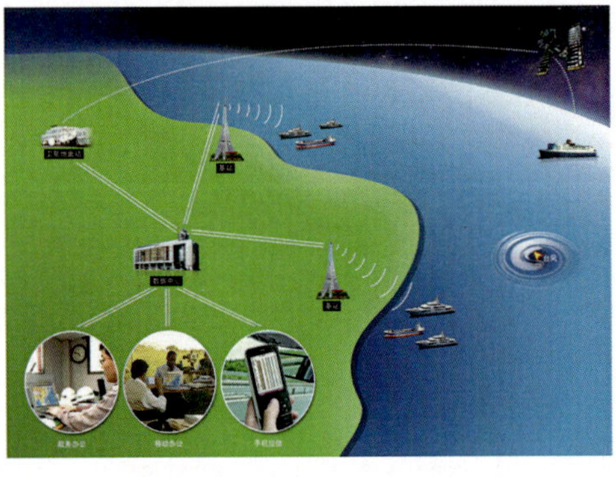

图 9　基于船舶位置的海上综合信息服务平台

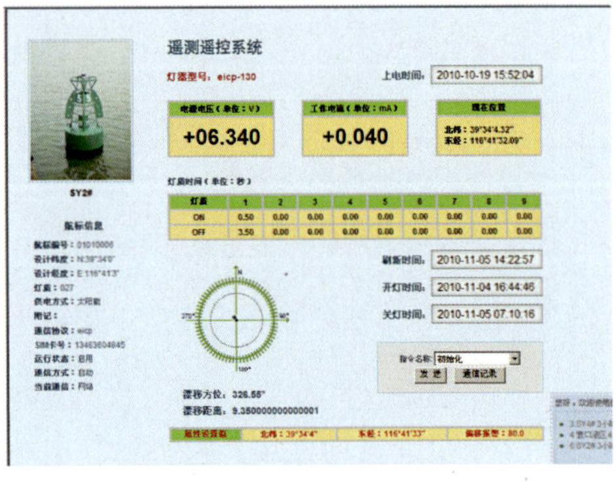

图 10　航标遥测遥控系统

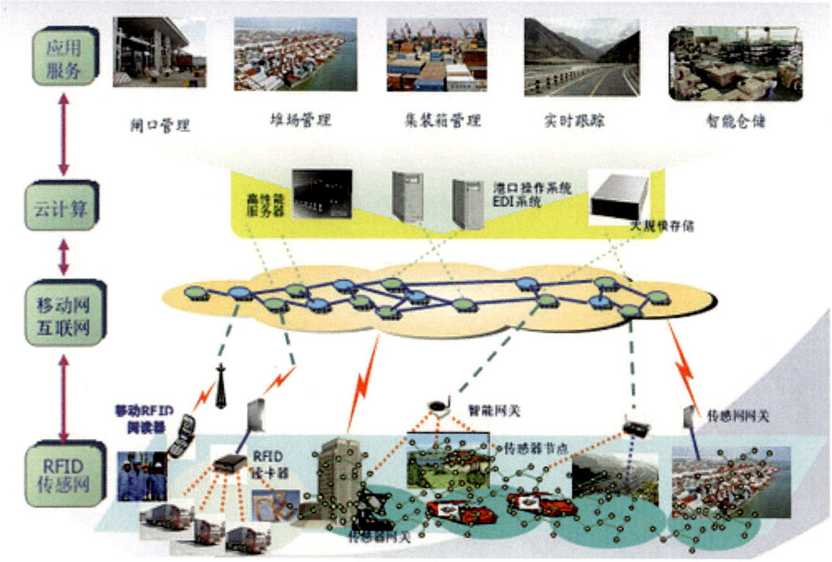

图 11　基于物联网的智慧港口规划

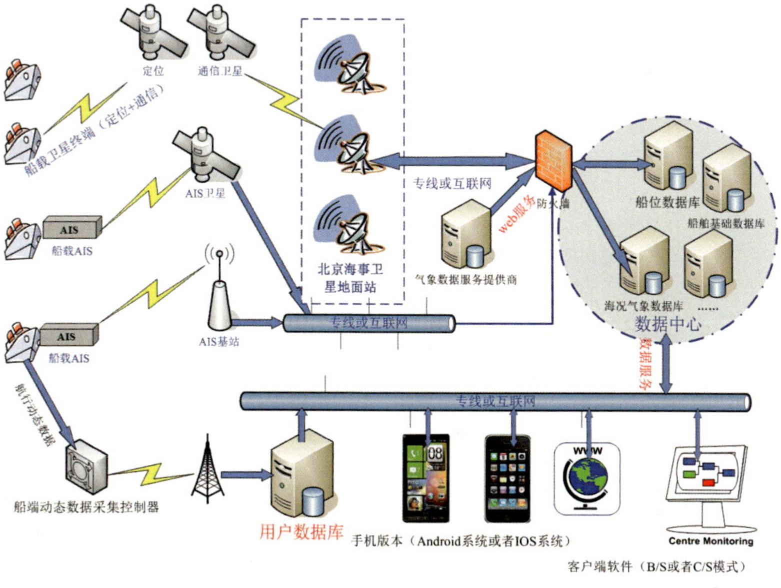

图 12　宝船网技术架构

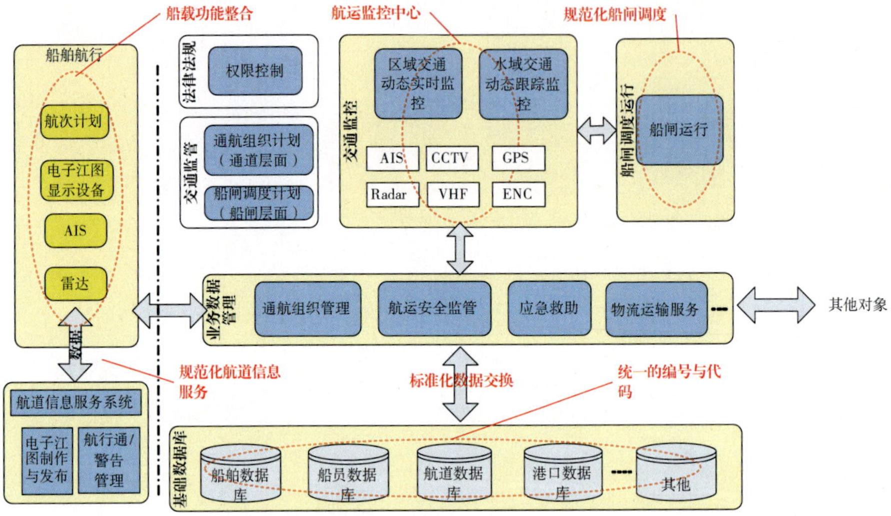

图 13　欧洲内河航运综合信息服务系统架构图

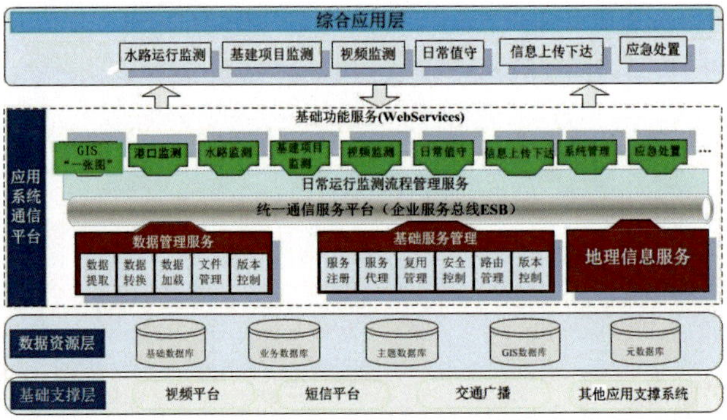

图 14　水路交通运行监测系统应用体系架构

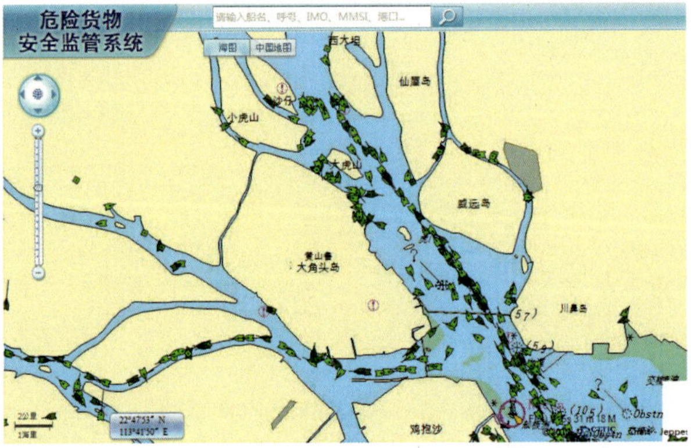

图 15　广州港危险货物安全监管系统—船舶动态分布

图 16　广西港口管理信息系统

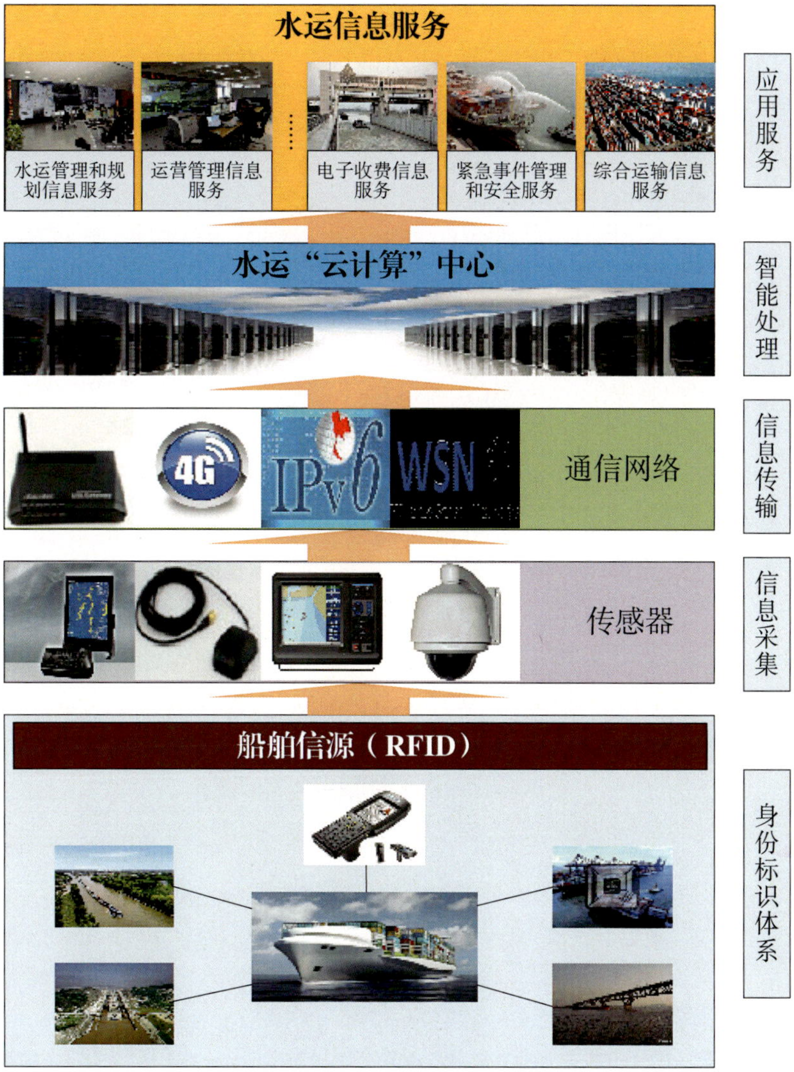

图 17　船联网体系结构

图 18　宝船网—全球 AIS 船位信息

图 19　宝船网覆盖全球的电子海图和 AIS 数据

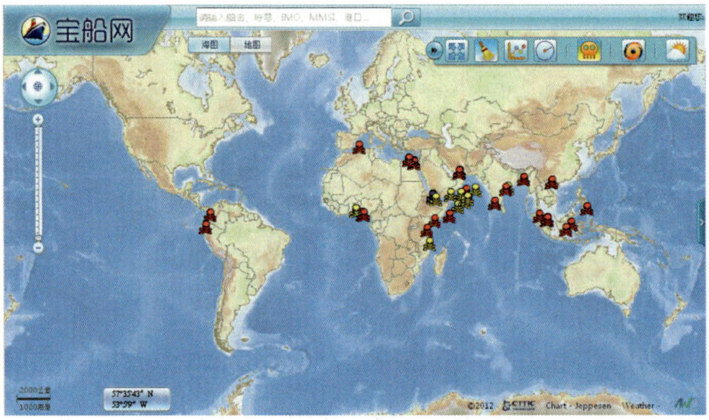

图 20　宝船网—海盗活跃区域